Thomas Krist

**Formeln und Tabellen
Zerspantechnik**

Aus dem Programm
Fertigungstechnik

Zerspantechnik
von E. Paucksch

Umformtechnik
von K. Grüning

Spanlose Fertigung: Stanzen
von W. Hellwig und E. Semlinger

Fertigungsmeßtechnik
von E. Lemke

Schweißtechnik
von H. J. Fahrenwaldt

Schweißtechnisches Konstruieren und Fertigen
von V. Schuler (Hrsg.)

Arbeitshilfen und Formeln für das technische Studium
von A. Böge

Das Techniker Handbuch
von A. Böge

Handbuch Fertigungs- und Betriebstechnik
von W. Meins (Hrsg.)

Handbuch Umformtechnik
von H. Tschätsch

Spanende Formgebung
von H. Tschätsch

Vieweg

Thomas Krist

Formeln und Tabellen Zerspantechnik

Formeln, Daten und Begriffe der Metallindustrie

23., verbesserte Auflage

unter Mitarbeit von
Hermann Becker, Wilhelm Grosse,
Franz Hellinger, Peter Kant und
Werner Meurer

Mit 564 Bildern

vieweg

Mitarbeiter

Dipl.-Ing. Werner Meurer	Zerspantechnik, Werkzeuge/Handhabung
Dipl.-Ing. Wilhelm Grosse	Bohren/Senken/Aufbohren/Reiben
Betriebsleiter Hermann Becker	Gewindeschneiden/Drehen
Dr.-Ing. Franz Hellinger	Fräsen/Sägen/Metalle/Nichtmetalle/Toleranzen und Passungen
Dipl.-Ing. Peter Kant	Betriebskunde/Numerische Steuerungen

Bis zur 22. Auflage erschien das Buch unter dem Titel
Metallindustrie – Zerspantechnik – im Hoppenstedt Verlag, Darmstadt
23. Auflage 1996

Alle Rechte vorbehalten
© Friedr. Vieweg & Sohn Verlagsgesellschaft mbH, Braunschweig/Wiesbaden, 1996

Der Verlag Vieweg ist ein Unternehmen der Bertelsmann Fachinformation GmbH.

Das Werk und seine Teile sind urheberrechtlich geschützt. Jede Verwertung in anderen als den gesetzlich zugelassenen Fällen bedarf deshalb der vorherigen schriftlichen Einwilligung des Verlages.

Umschlaggestaltung: Klaus Birk, Wiesbaden
Druck und buchbinderische Verarbeitung: Lengericher Handelsdruckerei, Lengerich
Gedruckt auf säurefreiem Papier
Printed in Germany

ISBN 3-528-14975-2

Vorwort

Die Grundlagen der Zerspanungstechnik sind eingangs allgemeinverständlich in tabellarischer Form dargestellt und durch Abbildungen transparent gemacht worden.

Fertigungstechniken, Werkzeuge, Einstelldaten, Hilfstabellen, Werkstoffkennwerte etc. sind systematisch nach den einzelnen Zerspanverfahren geordnet. Damit hat man die Möglichkeit einer fachgerechten Auswahl der Werkzeuge und eines optimalen Einsatzes der einzelnen Fertigungsverfahren.

Der neueste Stand der Normung ist genauso beachtet wie ein guter Praxisbezug. Das macht das Buch zu einem idealen Nachschlagewerk für Leser unterschiedlicher Ausbildung: Facharbeiter, Meister, Techniker, Ingenieure.

Über Resonanzen aus dem Benutzerkreis, die der Verbesserung des Buches dienen, sind wir stets dankbar.

Allen Mitarbeitern und Beratern gebührt besonderer Dank.

Darmstadt, Herbst 1995
Thomas Krist
und Mitarbeiter

Inhaltsverzeichnis

1 ZT Zerspanungstechnik (Grundlagen)

1. Grundlagen der Fertigungstechnik
   - 1.1 Entwicklung der Fertigungsverfahren .... 1 – 1
   - 1.2 Unterteilung der Trennverfahren (Merkmale) .... 1 – 2
   - 1.3 Allgemeines über den Spanungsvorgang .... 1 – 6
2. Spanungsvorgang: Bewegungen, Richtungen, Wege, Schnittgeschwindigkeiten . 1 – 8
3. Spanungsvorgang: Schnittflächen, Schnitt- und Spanungsgrößen .... 1 – 14
4. Schneidengeometrie (am Schneidkeil): Flächen, Schneiden, Ecken .... 1 – 18
5. Schneiden- und Spanungsgeometrie: Winkel, Bezugssysteme .... 1 – 21
6. Kräfte und Leistungen beim Spanen .... 1 – 30
7. Verschleiß- und Standbegriffe beim Spanen .... 1 – 34
8. Einflußgrad der Arbeitsbedingungen .... 1 – 36

2 WH Werkzeuge/Handhabung

1. Bereiche der Werkzeug-Anwendungsgruppen N-H-W-NF-NR-HF/HR nach DIN 1836 .... 2 – 1
2. Wichtige Schneidstoffe: Zusammensetzung, Anwendung .... 2 – 2
3. Merkmaltendenz wichtiger Schneidstoffe .... 2 – 7
4. Eigenschaften verschiedener Schneidstoffe (außer SS, HSS) .... 2 – 8
5. Hochleistungs-Schnellarbeitsstähle (HSS): Zusammensetzung, Anwendungsbereiche .... 2 – 9
6. Schnellarbeitsstähle (SS, HSS, VHSS): Analyse, Härtung .... 2 – 10
7. Wärmebehandlung von Schnellarbeitsstählen: SS und HSS .... 2 – 11
8. Gestaltung und Oberflächenbehandlung der SS- und HSS-Werkzeuge .... 2 – 12
9. Masse (Gewicht) von Rund-, Vier-, Sechs- und Achtkantstahl .... 2 – 13
10. Arbeitsbedingungen und Merkmale der Hartmetall-Gruppen .... 2 – 14
11. Zusammensetzung und Eigenschaften von Hartmetallen (HM) .... 2 – 15
12. Zerspanungs-Anwendungsgruppen für gesinterte Hartmetalle (HM) .... 2 – 16

13. Nachschleifen und Schärfen von Hochleistungs-Schnellarbeitsstahl-Werkzeugen ... 2–18
14. Schleifen von Werkzeugen (SS, HSS, HM): Schleifmittel ... 2–19
15. Wichtige Schleifmittel: Zusammensetzung und Anwendung ... 2–20
16. Körnung, Härtegrad, Struktur der Schleifscheibe (Bezeichnung) ... 2–21
17. Einteilung der Kühlschmierstoffe nach Zusammensetzung ... 2–22
18. Wassermischbare Kühlschmierstoffe: Aufbau, Anwendung ... 2–23
19. Nichtwassermischbare Kühlschmierstoffe: Aufbau, Anwendung ... 2–24
20. Kühlschmierstoffe für Schneidstoffe (Zusammenfassung) ... 2–26
21. ISO-Toleranzen für Präzisionswerkzeuge ... 2–27
22. Schneidenwinkel an verschiedenen Werkzeugen ... 2–28
23. Werkzeugkegel: Kegelschäfte für Werkzeuge (DIN 228) ... 2–30
24. Werkzeugschäfte mit Anzugsgewinde (DIN 2207) ... 2–33
25. Steilkegelschäfte mit Anzugsgewinde für Werkzeuge/Spannzeuge ... 2–34
26. Mitnehmer an Werkzeugen mit Zylinderschaft (DIN 1809) ... 2–36
27. Werkzeug Vierkante (DIN 10) ... 2–37
    27.1 ISO-Werkzeug-Vierkante und ISO-Schaftdurchmesser ... 2–37
    27.2 Werkzeug-Vierkante nach alter Norm (DIN 10) ... 2–39
28. Erreichbare Oberflächengüte beim spanenden Formen ... 2–40
29. Erreichbare Bohrungstoleranz mit spanenden Werkzeugen ... 2–42
30. Bestimmung von Leistung und Drehmoment (Diagramm) ... 2–43
31. Spezifische Schnittkraft k_c (in N je mm² Spanungsquerschnitt A) ... 2–44
32. Werkstoffgruppen: DIN-Kurzzeichen und SEL-Nr. der Metallarten ... 2–46
33. Wendeschneidplatten: Kurzzeichen, Bezeichnung und Daten ... 2–49
34. HM-Schneidplatten für normale und leichte Schnitte ... 2–52

3 B Bohren

1. Aufbau und Wirkungsweise der Bohrwerkzeuge ... 3–1
    1.1 Schaft ... 3–1
    1.2 Schneidenteil (Spannuten, Führungsfasen) ... 3–1
    1.3 Schneidenwinkel ($\delta, \psi, \gamma, \beta, \alpha$) ... 3–2
2. Vorschub beim Bohren verschiedener Werkstoffe mit Drallbohrer ... 3–11

3. Schnittgeschwindigkeit (Grenzwerte) für Drallbohrer . . . . 3 – 14
4. Schnittgeschwindigkeit und Vorschub für verschiedene Tieflochbohrer (HSS) . 3 – 15
5. Schnittgeschwindigkeit und Vorschub für Tieflochbohrer mit
   Hartmetallschneiden . . . . 3 – 15
6. Schnittgeschwindigkeit und Vorschub für Spindel- und Hohlbohrer (HSS) . . . 3 – 15
7. Schnittgeschwindigkeit für Bohrstange und Öllochbohrer . . . . 3 – 16
8. Anschliffwinkel an Feinstbohrmeißeln (HM-Bestückung) . . . . 3 – 17
9. Bohrertyp und Winkelgröße je nach der zu bohrenden Werkstoffart . . . . . . 3 – 17
10. Daten zum Bohren von Kunst- und Isolierstoffen . . . . 3 – 20
11. Durchgangslöcher für Schrauben, Bohrer u. ä. . . . . 3 – 22
12. Übermaße gebohrter Löcher in Stahl und Leichtmetallen . . . . 3 – 23
13. Bohrer- und Aufbohrerdurchmesser der Gewinde-Kernlöcher (DIN) . . . . . 3 – 23
14. Abhilfe bei verlaufenen Bohrlöchern . . . . 3 – 26
15. Kühlschmiermittel beim Bohren verschiedener Werkstoffe . . . . 3 – 27
16. Bohrleistungen von Säulen- und Ständer-Bohrmaschinen . . . . 3 – 28
17. Instandhaltung (Nachschleifen) von Spiralbohrern . . . . 3 – 29
18. Bohrsenker aus Voll-Hartmetall (VHM): Daten, Konstruktion . . . . 3 – 34
19. Instandhaltung: Nachschleif-Daten für Voll-Hartmetall-(VHM-) Bohrsenker . . . 3 – 35
20. HM-Schneidplatten für Bohrer (für große/kleine Schnittkräfte) . . . . 3 – 36

4 Sk Senken

1. Aufbau und Lieferbedingungen der Kegel-/Form-/Zapfsenker (DIN) . . . . . . 4 – 1
   1.1 Kegelsenker . . . . 4 – 1
   1.2 Formsenker . . . . 4 – 3
   1.3 Zapfensenker . . . . 4 – 3
   1.4 Sondersenker . . . . 4 – 4
2. Schnittgeschwindigkeit und Vorschub für Drall- und Aufstecksenker . . . . . 4 – 6
3. Schnittgeschwindigkeit und Vorschub für Senker aus HSS . . . . 4 – 6
4. Schnittgeschwindigkeit und Vorschub für Senker aus HM . . . . 4 – 7
5. Instandhaltung: Nachschärfen der Kegelsenker . . . . 4 – 8
6. Senkungen nach DIN 74 T. 1 für Senkschrauben . . . . 4 – 9
7. Senkungen nach DIN 74 T. 2 für Zylinderschrauben . . . . 4 – 12

8. Zentrierbohrungen: $\alpha_2 = 60°$, Formen R, A, B, C, D, (DIN 332) . . . . 4 – 14
   8.1 Formen R, A, B, C (Tl. 1) . . . . 4 – 14
   8.2 Formen D, DR und DS mit Innengewinde (Tl. 2) . . . . 4 – 16
9. Maße für Zentrierbohrungen und die anwendbaren Senker (A/B) . . . . 4 – 17
10. Fehler beim Senken und ihre Ursachen . . . . 4 – 17
11. HM-Schneidplatten für Senker, Reibahlen und Schaftfräser . . . . 4 – 19

5 Ab Aufbohren

1. Technische Lieferbedingungen für HSS-Aufbohrer mit Schaft (DIN) . . . . 5 – 1
2. HSS-Schaftaufbohrer: Mindest$\varnothing$ der Vorbohrung beim Aufbohren (DIN) . . . . . 5 – 5
3. HSS-Aufsteck-Aufbohrer: Anschnitt$\varnothing$ und Vorbohrungs$\varnothing$ (DIN) . . . . 5 – 6
4. Schnittwerte für HSS-Aufbohrer . . . . 5 – 7
5. Instandhaltung: Nachschleifen der Aufbohrer . . . . 5 – 9
6. Schnittkräfte und Leistungen beim Aufbohren . . . . 5 – 10
7. Aufstech-Aufbohrer mit HM-Schneidplatte . . . . 5 – 11

6 R Reiben

1. Ausreiben durch Aufbohren der Paßlöcher . . . . 6 – 1
2. Vergleiche zwischen Reiben und Fertig- bzw. Feinbohren . . . . 6 – 1
3. Untermaße (Reibzugabe) für vorgebohrte Löcher zum Reiben . . . . 6 – 2
4. Aufbau und Lieferbedingungen: Reibahlen (DIN) . . . . 6 – 3
5. Lauftoleranzen für Hand- und Maschinen-Reibahlen (DIN) . . . . 6 – 10
6. Schnittgeschwindigkeit und Vorschub für HSS- und HM-Reibahlen . . . . . . 6 – 12
7. Schleif- und Läppmaße für Reibahlen zur ISO-Einheitsbohrung . . . . 6 – 13
8. Reibzugabe (Spanabnahme) beim Reiben von Paßlöchern . . . . 6 – 14
9. Reibüberweite je nach Art des Kühlmittels . . . . 6 – 15
10. Empfohlene Reibahlen-Ausführung je nach Werkstoff . . . . 6 – 16
11. Zulässiges Abmaß vom Nenndurchmesser der Reibahle . . . . 6 – 18
12. Frei- und Hinterläppwinkel an HSS- und HM-Reibahlen . . . . 6 – 19
13. Instandhaltung (Nachschleifen) von Reibahlen: Grundregeln . . . . 6 – 20

7 Gw Gewindeherstellen (Schneiden, Formen)

1. Gewindearten: DIN-Nummer, Flankenwinkel und Anwendung . . . . 7 – 1
2. Gewindearten: Kurzzeichen, Maßangabe, Beispiel (DIN) . . . . 7 – 2
   2.1 Für eingängige Rechtsgewinde . . . . 7 – 2
   2.2 Für links- und mehrgängige Gewinde . . . . 7 – 3
   2.3 Durchmesserbereich und Anwendung (eingängige Rechtsgewinde) . . . . 7 – 4
3. Internationale Gewindearten (Auswahl) . . . . 7 – 7
4. Metrische ISO-Gewinde nach DIN 13 Tl. 1 (Regelgewinde) . . . . 7 – 8
5. Metrische ISO-Feingewinde nach DIN, Auswahlreiche . . . . 7 – 10
6. Maße für Whitworth-Gewinde (nicht mehr nach DIN genormt) . . . . 7 – 12
7. Whitworth-Rohrgewinde (nach DIN ISO 228 und DIN 2999) . . . . 7 – 13
8. Whitworth-Rohrgewinde mit Spitzenspiel (nicht genormt) . . . . 7 – 14
9. Normung der Trapez- und Sägengewinde: Steigung und Nenndurchmesser . . . 7 – 15
10. Maße für metrisches ISO-Trapezgewinde: . . . . 7 – 16
    10.1 Profilabmessungen . . . . 7 – 16
    10.2 Metrisches Trapezgewinde, eingängig (DIN 103) . . . . 7 – 18
11. Maße für Rundgewinde (DIN 405) . . . . 7 – 19
12. Maße für eingängiges Sägengewinde (DIN 513) . . . . 7 – 20
13. Mittlerer Steigungswinkel verschiedener Gewindearten . . . . 7 – 22
14. Gewindemaß-Toleranzen für Gewindebohrer: Rohrgewinde (G/Rp) . . . . 7 – 23
15. Amerikanische und britische Gewindearten (Kurzzeichen) . . . . 7 – 24
    15.1 Amerikanische Gewindearten (American Threads) . . . . 7 – 24
    15.2 Britische Gewindearten (British Threads) . . . . 7 – 25
    15.3 Angelsächsische Gewindearten: Norm und Bezeichnung . . . . 7 – 26
16. UNIFIED-Gewinde (UNC Grobgewinde), USA . . . . 7 – 27
17. UNIFIED-Gewinde: Gewindemaß-Toleranz für Fertigschneider . . . . 7 – 28
    17.1 Grobgewindereihe UNC: Grenzmaße (Fertigtoleranz)
         2A Bolzengewinde/2B Muttergewinde . . . . 7 – 28
    17.2 Feingewindereihe UNF: Grenzmaße (Fertigtoleranz)
         2A Bolzengewinde/2B Muttergewinde . . . . 7 – 30
18. Bohrer-Durchmesser für Gewinde-Kernlöcher nach UNIFIED-Gewinde (USA) . 7 – 32
    a) Grobgewinde (UNC) . . . . 7 – 32
    b) Feingewinde (UNF) . . . . 7 – 33

19. Begriffe und Konstruktionselemente: Gewindebohrer .... 7 – 34
20. Technische Lieferbedingungen: Gewindebohrer (DIN 2197) .... 7 – 44
21. Gewindeschneideisen: Arbeitsprinzip und Ausführungen .... 7 – 49
22. Gewindeformen (-furchen) von Innengewinde .... 7 – 52
23. Formbohrungs⌀ beim Innengewinde-Formen (Richtwerte) .... 7 – 56
24. Gewindeformen (-rollen, -walzen) von Außengewinde .... 7 – 57
25. Technische Daten zum Gewindewalzen (-rollen) mit Rollköpfen .... 7 – 60
26. Schnittgeschwindigkeiten beim Gewindeschneiden (SS und HSS) .... 7 – 61
27. Schneidenwinkel für Gewindeschneidwerkzeuge (SS und HSS) .... 7 – 62
28. Kühlschmiermittel zum Gewindeschneiden .... 7 – 63
29. Instandhaltung: Nachschleifen der Gewindebohrer .... 7 – 64
30. Fehler beim Gewindeschneiden: Fehler/Fehlerquellen .... 7 – 67
    30.1 Fehler: Folgen, Ursachen, Behebung .... 7 – 67
    30.2 Fehlerquellen: Suche nach beobachteten Fehlern .... 7 – 70

8 Fr Fräsen

1. Aufbau und Anwendung: Walzen-, Stirn- und Schaftfräser .... 8 – 1
2. Schnitt- und Vorschubgeschwindigkeit für HSS-Fräser .... 8 – 6
3. Vorschubgeschwindigkeit für verschiedene SS- und HSS-Fräser .... 8 – 6
4. Schnitt- und Vorschubgeschwindigkeit für verschiedene HSS-Fräser ...... 8 – 7
5. Vorschub je Zahn für verschiedene HSS-Fräser (Richtwerte) .... 8 – 8
6. Vorschub je Umdrehung für verschiedene HSS-Fräser .... 8 – 9
7. Schnittgeschwindigkeit und Vorschub für HSS-Messerköpfe .... 8 – 9
8. Schnittgeschwindigkeit und Vorschub für HSS-Sonderfräser .... 8 – 10
9. Schnitt- und Vorschubgeschwindigkeit für HSS-Zahnformfräser .... 8 – 10
10. Schnittgeschwindigkeit und Vorschub für HSS-Abwälzfräser .... 8 – 11
11. Schnittgeschwindigkeit für HSS-Gewindefräser .... 8 – 12
12. Vorschubgeschwindigkeit für HSS-Kurzgewindefräser .... 8 – 12
13. Vorschubgeschwindigkeit für HSS-Langgewindefräser .... 8 – 13
14. Vorschub und Vorschubgeschwindigkeit für HM-Fräser (Grenzwerte) ..... 8 – 14
15. Schnittgeschwindigkeit für HM-Fräser (Richtwerte) .... 8 – 15
16. Vorschub je Zahn für HM-Walzenstirnfräser .... 8 – 16

17. Schnittgeschwindigkeit und Vorschub beim Schlagzahnfräsen . . . . 8 – 16
18. Schnittgeschwindigkeit und Vorschub für HM-Messerköpfe . . . . 8 – 17
19. Abmessungen von Zahnformfräsern nach Modul . . . . 8 – 18
20. Beziehungen zwischen Modul, Diametral Pitch und Circular Pitch . . . . 8 – 18
21. Schneidenwinkel an verschiedenen HSS-Fräsern, nach Werkstoff . . . . 8 – 19
22. Schneidenwinkel an HM-Walzen- und Scheibenfräsern . . . . 8 – 20
23. Schneidenwinkel an HM-Fräsern mit negativen Winkeln . . . . 8 – 20
24. Schneidenwinkel an HM-Fräsern je nach Werkstoff (allgemein) . . . . 8 – 21
25. Kühlschmiermittel beim Fräsen . . . . 8 – 22
26. Schneid- und Drallrichtung, Axialdruck beim Fräsen (DIN 857) . . . . 8 – 23
27. Kriterien bei der Auswahl verschiedener Fräserarten . . . . 8 – 24
28. Spannfläche an Zylinder-Schäften für Schaftfräser . . . . 8 – 26
29. Instandhaltung: Nach- und Scharfschleifen von Schaftfräsen . . . . 8 – 27
30. HM-Wendeschneidplatten mit Planschneiden: Zum Fräsen . . . . 8 – 29

9 Sä Sägen

1. Metall-Sägeblätter: Zahnformen, Winkel, Freischliff, Querschnitt . . . . 9 – 1
2. Zahnteilung, Zähnezahl und Anwendung der Handsägeblätter . . . . 9 – 5
3. Zahnteilung, Zähnezahl und Anwendung der Maschinensägeblätter . . . . . 9 – 6
4. Blattdurchmesser und Zähnezahlen an Metallkreissägen (HSS) . . . . 9 – 6
5. Zahnformen von Kreissägeblättern mit Hochleistungsverzahnung . . . . . . 9 – 6
6. Abmessungen der Stahltrennsägeblätter für Schmelzschnitt . . . . 9 – 7
7. Schneidenwinkel für Kaltkreissägen aus HSS (zum Nachschleifen) . . . . . . 9 – 7
8. Schnittgeschwindigkeit und Vorschub je nach Zahnteilung . . . . 9 – 8
9. Schnittgeschwindigkeit und Vorschub für HSS-Sägen je nach Werkstoff . . . 9 – 9
10. Schnittgeschwindigkeit und Vorschub je nach Schnittiefe; HSS-Kreissägen . . 9 – 9
11. Zahlenwerte für Zähnezahl und Zahnform verschiedener Sägeblätter . . . . 9 – 10
12. Schnittgeschwindigkeit und Schnittleistung von HSS-Kaltkreissägen . . . . . 9 – 11
13. Zahnteilung und Schnittgeschwindigkeit von Metallbandsägen . . . . 9 – 11
14. Voll-Hartmetall-(VHM-) Kreissägeblätter: Baumaße (DIN) . . . . 9 – 12
15. Genormte Metall-Kreissägeblätter, HSS: Schnittwerte . . . . 9 – 13

16. Kühlschmiermittel beim Sägen . . . . 9 – 15
17. Hauptmaße und Schnittbereich an Sägemaschinen für Metalle . . . . 9 – 15
18. Schärfen der Kreissägeblätter auf Schärfmaschinen . . . . 9 – 16

10 D Drehen

1. Vorschub und Drehfrequenz beim Drehen von Stahl und Gußeisen . . . . . . 10 – 1
2. Schnittgeschwindigkeit für verschiedene Dreharbeiten und Werkzeuge . . . . 10 – 1
3. Schnittgeschwindigkeit für Dreharbeiten auf Revolverdrehmaschinen . . . 10 – 2
4. Schnittgeschwindigkeit und Spanverhältnis beim Drehen mit HSS-Meißeln . . . 10 – 3
5. Schnittgeschwindigkeit je nach Spanquerschnitt A beim Drehen
   mit HSS-Meißeln . . . . 10 – 4
6. Schnittgeschwindigkeit und Vorschub beim Drehen auf Drehautomaten . . . . 10 – 5
7. Schnittgeschwindigkeit beim Schruppen und Schlichten mit HM-Meißeln . . . 10 – 6
8. Vorschub und Zerspanungsleistung beim Schruppen mit HM-Meißeln . . . 10 – 8
9. Schnittgeschwindigkeit und Vorschub beim Überdrehen
   von aufgespritzten Werkstoffen . . . . 10 – 9
10. Schnittiefe, Vorschub und Schnittgeschwindigkeit für das Drehen
    mit Diamantwerkzeugen . . . . 10 – 10
11. Zerspanungswinkel für SS- und HSS-Meißel (Grenz-Richtwerte) . . . . 10 – 11
12. Anwendung und Schneidenwinkel genormter HSS-Meißelarten . . . . 10 – 13
13. Anwendung und Schneidenwinkel verschiedener HSS-Meißelarten . . . . 10 – 14
14. Zerspanungs-, Schnitt- und Meißelwinkel für HM-Meißel . . . . 10 – 15
15. Arbeitsregeln für das Arbeiten mit Diamantwerkzeugen . . . . 10 – 19
16. Kühlschmiermittel beim Drehen mit HM-Werkzeugen . . . . 10 – 21
17. Richtwerte für Rändel-, Kreuzrändel- und Kordelteilung . . . . 10 – 23
18. Arten und Abmessungen von Zentrierbohrungen für das Drehen . . . . . . 10 – 23
19. HSS-Schneidplatten für Dreh- und Hobelmeißel . . . . 10 – 25
20. HM-Wendeschneidplatten mit Eckenrundungen: Zum Drehen . . . . 10 – 26
21. HM-Wendeschneidplatten mit Bohrungen und Eckenrundungen:
    Zum Drehen . . . . 10 – 28
22. Keramik-Wendeschneidplatten (mit Eckenrundungen): Zum Drehen . . . . 10 – 30
23. Drehen mit Oxid-Keramik-Schneidplatten: Schnittwerte . . . . 10 – 32

11 MN Metalle/Nichtmetalle

1. Gewerbliche und chemische Benennung einiger technisch wichtiger Stoffe . . 11 – 1
2. Chemisch-physikalische Kennwerte wichtiger Elemente . . . . 11 – 2
3. Zugfestigkeit, Dehnung und Härte wichtiger Gebrauchsmetalle . . . . 11 – 6
4. Dichte verschiedener Stoffe (in kg/dm^3, Gase in kg/m^3) . . . . 11 – 8
5. Neue Stahlsorten-Bezeichnungen: Allgemeine Baustähle . . . . 11 – 9
6. Einfluß von Legierungselementen auf die Werkstoffeigenschaften
 (Stahllegierungen) . . . . 11 – 10
7. Elektrochemische Konstanten der Elemente . . . . 11 – 11
8. Elektrolytische Spannungsreihe . . . . 11 – 12
9. Thermoelektrische Spannungsreihe . . . . 11 – 12

12 Bk Betriebskunde

1. Arbeitszeitermittlung (Hauptzeit t_h) . . . . 12 – 1
   a) Bohren . . . . 12 – 1
   b) Drehen . . . . 12 – 1
   c) Fräsen . . . . 12 – 2
   d) Flächenschleifen mit der Umfangsschleifscheibe . . . . 12 – 2
   e) Rundschleifen . . . . 12 – 3
   f) Hobeln . . . . 12 – 3
   g) Grundzeit . . . . 12 – 3
   h) Auftragszeit . . . . 12 – 3
   i) Stückzeit . . . . 12 – 3
2. Schnittkräfte: Drehen . . . . 12 – 4
3. Erreichbare Oberflächengüte beim spanenden und spanlosen Formen . . . . 12 – 5

13 G Geometrie

1. Formeln für Flächenberechnung (Planimetrie) . . . . 13 – 1
2. Formeln für Körperberechnung (Stereometrie) . . . . 13 – 5

14 TP Toleranzen und Passungen

1. Grundbegriffe: Maße und Toleranzen (Auszug aus DIN 7182) .... 14 – 1
2. Passungen: Grundlagen .... 14 – 4
3. Paßsysteme: Grundlagen .... 14 – 5
4. ISO-Passungen .... 14 – 6
   - 4.1 ISO-Toleranzsystem .... 14 – 8
   - 4.2 ISO-Paßsystem .... 14 – 8
   - 4.3 ISO Grenzmaßsystem für Lehren .... 14 – 8
5. ISO-Grundtoleranzen für Längenmaße (nach DIN 7151) .... 14 – 9
6. Bildung von Toleranzfeldern aus den ISO-Grundabmaßen .... 14 – 10
   - 6.1 Grundmaße für Außenmaße (Wellen): .... 14 – 10
     - a) Obere Grenzabmaße A_o .... 14 – 10
     - b) Untere Grenzabmaße A_u .... 14 – 10
   - 6.2 Grundabmaße für Innenmaße (Bohrungen): Auswahl .... 14 – 11
     - a) Untere Grenzabmaße A_u .... 14 – 11
     - b) Obere Grenzabmaße A_o .... 14 – 12
7. ISO-Abmaße für Außenmaße, Wellen (DIN 7160): Auswahl .... 14 – 13
8. ISO-Abmaße für Innenmaße, Bohrungen (DIN 7161): Auswahl .... 14 – 14
9. ISO-Passungen der Auswahlreihe 1 (DIN 5171) .... 14 – 15
10. Erläuterungen zu den Tabellen 6 bis 9 .... 14 – 16
11. Allgemein-Toleranzen: Längen-, Winkel-, Radien- und Formabmaße .. 14 – 16
    - a) Zahlenwerte für Längenmaße .... 14 – 16
    - b) Zahlenwerte für Winkelmaße .... 14 – 16
    - c) Zahlenwerte für Rundungshalbmaße und Fasen .... 14 – 17
    - d) Zahlenwerte für Form und Lage bei spanender Fertigung .... 14 – 17

15 NS. Numerische Steuerungen

1. Beschreibungsschlüssel für NC-Werkzeugmaschinen (DIN) . . . . 15 – 1
2. Symbole (Bildzeichen) für NC-Werkzeugmaschinen (DIN) . . . . 15 – 1
   - a) Grundsymbole . . . . 15 – 1
   - b) Programm, Satz, Speicher, Bezugspunkt . . . . 15 – 2
   - c) Anzeigeelemente (Aktivität usw.) . . . . 15 – 3
3. Steuerungsarten der NC-Werkzeugmaschinen . . . . 15 – 6
   - 3.1 Punktsteuerung; 3.2 Streckensteuerung . . . . 15 – 6
   - 3.3 Bahnsteuerung . . . . 15 – 7
4. Koordinatenachsen und Bewegungsrichtungen für NC-Maschinen . . . . . 15 – 9
5. Bezugspunkte an Werkzeugmaschinen (Koordinatensystem) . . . . 15 – 12
6. Bezugsmaß- und Kettenmaß-Programmierung . . . . 15 – 15
7. Numerische Steuerung (NC, CNC): Bedeutung/Anwendung . . . . 15 – 16
8. Speicherprogrammierbare Steuerungen (SPS) der Werkzeugmaschinen . . . . 15 – 20

16 Anhang

- 16.1 Normblatt-Verzeichnis . . . . 16 – 1
- 16.2 Literaturverzeichnis . . . . 16 – 7
- 16.3 Stichwortverzeichnis . . . . 16 – 10

1. Grundlagen der Fertigungstechnik

1.1 Entwicklung der Fertigungsverfahren

Geschichtlich betrachtet, waren die ersten Fertigungsverfahren, die die Menschen beherrschten, Trennverfahren. In der Steinzeit hatten die Menschen gelernt, mit Faustkeilen aus Stein Gebrauchsgegenstände aus Holz oder Stein durch Kratzen, Schaben, Sticheln und Bohren also durch Spanen (Abspanen) von Werkstoff, zu formen.

Im Laufe der Zeit kamen weitere Verfahren der Formgebung, wie Gießen, Schmieden, Biegen, Treiben und Walzen, hinzu. Sie wurden schon im frühen Mittelalter angewendet. Bis zur industriellen Revolution waren das die wichtigsten Fertigungsverfahren.

Mit dem Einsatz von Maschinen in der neuerstandenen Industrie wurden mehr und mehr höhere Genauigkeiten gefordert. Dies konnten durch die alten und bisherigen Fertigungsverfahren nicht erzielt werden. Es mußten neue, wie Bohren, Hobeln, Drehen, Fräsen oder Schleifen, entwickelt werden, durch die die geforderten Genauigkeiten erreicht wurden.

Mit den Anfängen der industriellen Entwicklung und technisch-wissenschaftlichen Forschung wurden vorrangig die spanenden Fertigungsverfahren, wie das Spanen sowie das Schneiden (Zerteilen) und Abtragen, gefördert. Sie werden zum Begriff Trennen zusammengefaßt.

Die Fertigung hat allgemein die Aufgabe, Güter (Gebrauchs- und Dienstleistungsgüter, Unterhaltungsgüter u. a.) herzustellen. Bei geringem Aufwand an Werkstoff, Arbeitskraft, Energie und Zeit sollte eine größmögliche Menge bei bester Qualität (Genauigkeit, Güte) angefertigt werden.

Um diese Aufgabe zu erfüllen und damit die zunehmenden Bedürfnisse und Forderungen maximal befriedigen zu können, stehen heute Handwerk und Industrie zahlreiche Fertigungsverfahren zur Verfügung.

Bei den Fertigungsverfahren unterscheidet man sechs Gruppen:

1. Urformen:	z. B. Gießen, Sintern, Kunststoffspritzen.
2. Umformen:	z. B. Biegen, Verdrehen, Schmieden, Stauchen, Pressen, Drücken, Treiben, Walzen, Ziehen, Prägen.
3. Trennen:	z. B. Zerteilen (Schneiden), Spanen (Abspanen), Abtragen (zum Teil auch Reinigen, Evakuieren, Zerlegen, Auspressen).
4. Fügen:	lösbar, z. B. Schrauben, Keilen, Preßpassen, Klemmen;
	unlösbar, z. B. Nieten, Schweißen, Löten, Kleben, Plattieren, Falzen, Schrumpfen.
5. Beschichten	z. B. Aufdampfen, Verzinken, Galvanisieren, Emaillieren, Oxidieren, Inkromieren
6. Stoffeigenschaftsändern	z. B. Glühen, Härten, Anlassen, Vergüten, Tempern, Altern, Nitrieren

1 – 1

| Gruppen-Nr. 7.1.2 | **Zerspanungstechnik** | Abschn./Tab. ZT/1.1, 1.2 |

Entwicklung der Fertigungsverfahren

Durch die Verfahren der ersten vier Gruppen erhält der Werkstoff seine bestimmte und in der Zeichnung festgelegten Formen und Abmessungen. Beim Veredeln wird die Struktur der Werkstoffe, entweder im ganzen bis zum Kern oder nur in der Randzone, verbessert.

Es ist stets das Verfahren anzuwenden, daß bei bestimmtem Werkstoff und bestimmter Stückzahl und Qualität das wirtschaftlichste ist.

Viele Werkstücke müssen durch trennende Verfahren, insbesondere durch S p a n e n (Abspanen, Zerspanen) bearbeitet werden, wenn sie durch Urformen oder durch Umformen nicht mit der geforderten Genauigkeit, Oberflächengüte (Bild 1.1) bzw. nicht wirtschaftlich hergestellt werden können.

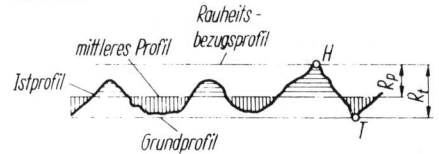

Bild 1.1
Oberflächengestalt und -güte
(Rauhigkeit; Rauhtiefe R_t, Glättungstiefe R_p)

1.2. Unterteilung der Trennverfahren (Merkmale)

Trennverfahren sind alle die Techniken, die darauf gerichtet sind, eine Änderung der Form eines festen Körpers durch Aufheben eines lokalen (örtlichen) stofflichen Zusammenhalts herbeizuführen. Beim Trennen werden Werkstoff zerstört und Fasern unterbrochen.

Die wichtigsten Verfahren bei denen Werkstoff entfernt wird sind:

1. das Zerteilverfahren	(zum Beispiel Scheren und Schneiden), bei dem der abzutrennende Werkstoff als Ganzes abgehoben wird. – Es wird die Kohäsion (Anziehungskraft der Moleküle) zwischen ihm und dem übrigen Teil überwunden (Abspanen).
2. das Spanverfahren	(zum Beispiel Feilen, Sägen, Räumen, Hobeln, Bohren, Drehen, Fräsen, Schleifen, Honen, Läppen), bei dem der abzutrennende Werkstoff zerspant, das heißt in Einzelteile zerlegt wird.
3. das Abtragungsverfahren	bei dem winzig kleine Teilchen chemisch oder elektrisch abgetragen wird (zum Beispiel, Erodieren, Elysieren, Eltronieren, Fotonieren, Brenn-, Schmelz- und Laserschneiden).

| Gruppen-Nr. 7.1.2 | **Zerspanungstechnik** | Abschn./Tab. **ZT/1.2** |

Unterteilung der Trennverfahren (Merkmale)

Zusammenfassend kann man die Gliederung der Zerspanverfahren nach folgenden unterschiedlichen Merkmalen vornehmen.

Ordnungsmerkmale der Zerspanverfahren (siehe Übersicht auf Seite 4/5)

Merkmale		Zerspanverfahren (Beispiele)
1. Schneidengeometrie	geometrisch bestimmt	Sägen, Bohren, Drehen, Hobeln, Stoßen, Fräsen
	geometrisch unbestimmt	Schleifen, Honen, Läppen
2. Schneidenzahl	einschneidig	Drehen, hobeln, Meißeln
	mehrschneidig	Bohren, Senken, Fräsen
	vielschneidig	Schleifen, Läppen
3. Wirkungskreis	spanende Wirkung	Drehen, Hobeln, Fräsen
	schabende Wirkung	Schaben, Reiben
4. Kontinuität der Spanabnahme	kontinuierlich	Bohren, Drehen, Senken
	diskontinuierlich	Hobeln, Stoßen
5. Bewegungen	Werkzeug: geradlinig / kreisförmig	Stoßen, Räumen / Bohren, Senken, Fräsen
	Werkstück: geradlinig / kreisförmig	Hobeln / Drehen, Fräsen, Schleifen
6. Oberflächengüte; Genauigkeit	geschruppt ▽	Hobeln, z. B. Drehen
	geschlichtet ▽▽	Drehen, Fräsen
	feingeschlichtet ▽▽▽	Reiben, Schleifen

Die Zerspanverfahren nehmen deshalb noch einen breiten Raum in der Fertigungstechnik ein, weil in der Regel:

a) noch größere **Aufmaße** bei Ur- oder Umformteilen vorhanden sind;

b) noch viele Teile aus dem Vollen gearbeitet werden und dementsprechend **Schrupparbeit** geleistet werden muß;

c) eine **Schlichtbearbeitung** erwünscht wird, um Fertigmaße zu erreichen, ohne das Schleifen als letzte Stufe der Bearbeitung einzuschalten.

1–3

Zerspanungstechnik

Unterteilung der Trennverfahren (Merkmale)

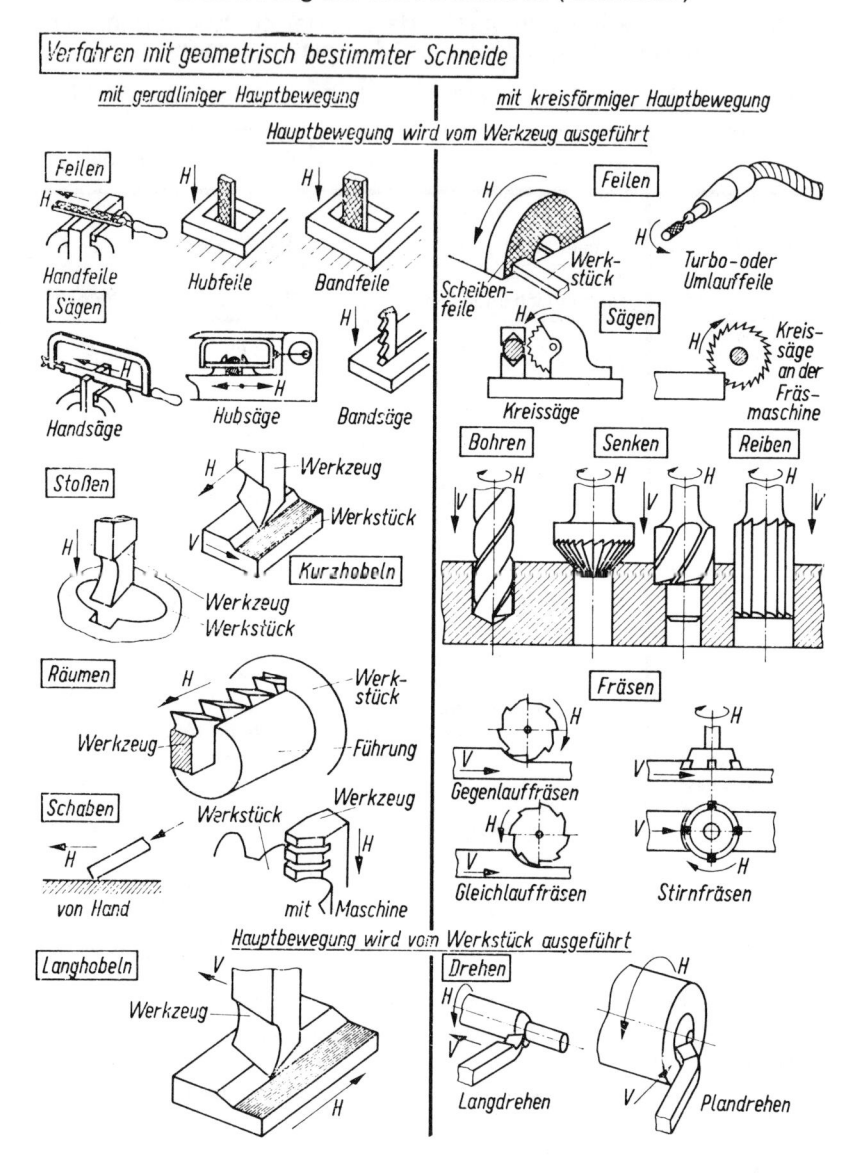

Bild 1.2 Spanende Verfahren (Übersicht): mit geometrisch bestimmter Schneide

| Gruppen-Nr. 7.1.2 | **Zerspanungstechnik** | Abschn./Tab. ZT/1.2 |

Unterteilung der Trennverfahren (Merkmale)

Verfahren mit geometrisch unbestimmter Schneide

mit kreisförmiger Hauptbewegung | *mit geradliniger Hauptbewegung*

Hauptbewegung wird vom Werkzeug ausgeführt

Flächenschleifen — Stirnschleifen — Walzschleifen

Rundschleifen — Außenschleifen — Innenschleifen

Transportscheibe — Schleifscheibe — Auflage — spitzenloses Schleifen

Läppen — Innenrundläppen — Honen — Läppdorn — Kupferhülse — Honahle — Honsteine — Bohrung

Läppen — Flachläppen — Läppfeile

Läppen — Stoßläppen (früher Ultraschallbearbeitung) — Bohrrüssel — aufgeschlämmtes Schleifmittel — Werkstück

Läppen — Strahlläppen — Düse — aufgeschlämmtes Schleifmittel — Werkstück

Läppen — Tauchläppen — Werkstück — Strömung des aufgeschlämmten Schleifmittels

Hauptbewegung wird vom Werkstück ausgeführt

Läppen — Außenrundläppen — Klemmring — Läpphülse — Läppwerkzeug — Werkstück

$H \cong$ Hauptbewegung
$V \cong$ Vorschubbewegung

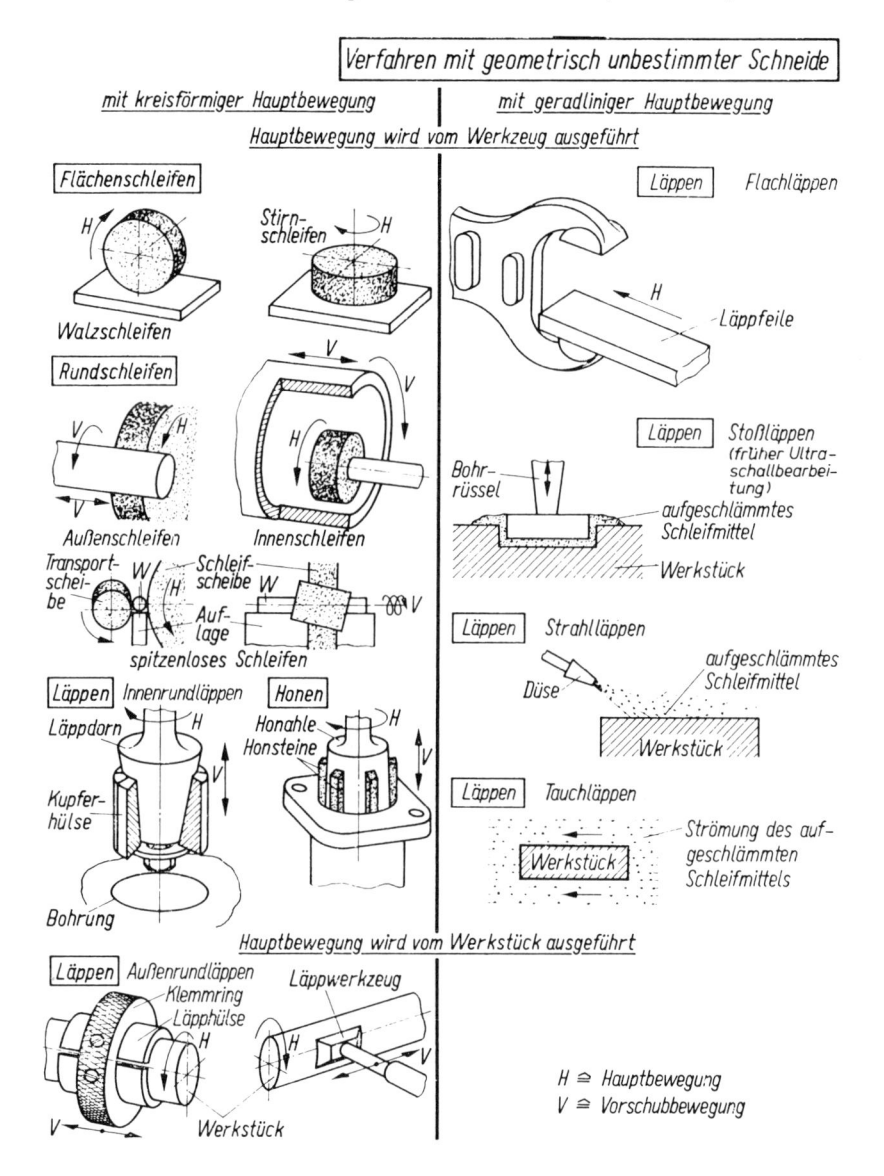

Bild 1.3 Spanende Verfahren: mit geometrisch unbestimmter Schneide

Gruppen-Nr. 7.1.2	**Zerspanungstechnik**	Abschn./Tab. ZT/1.3

1.3 Allgemeines über den Spanungsvorgang

Bei allen manuellen und mechanischen Zerspanvorgänge benutzt man prinzipiell Werkzeuge mit keilförmigen Schneiden. Diese werden so geführt (bewegt), daß sie von den Werkstücken den überschüssigen Werkstoff in Form von Spänen abtrennen. Hierdurch wird dem Werkstück die vorherbestimmte bzw. gewünschte Gestalt, Form- und Maßgenauigkeit, Oberflächenglätte gegeben.

Keilförmige Handmeißel und Scherenmesser teilen ohne Werkstoffverlust größere Stücke ab, der Werkstoff wird zerteilt. Keilförmige Schneiden an Dreh- und Hobelmeißeln, Bohrern, Feilen, Fräsern usw. spanen kleinere Stoffteilchen ab, es entstehen Späne, der Werkstoff wird zerspant.

Um in den Werkstoff eindringen zu können, muß das Werkzeug in allen Fällen härter sein, als der zu trennende bzw. spanende Werkstoff. – Beispielsweise Schnellarbeitsstahl (SS oder HSS), Hartmetall (HM), Metall- und Oxid-Keramik für die Schneiden wählen, wenn Stahl bzw. Stahllegierung zerspant wird.
Der Keil dringt durch äußere Krafteinwirkung in dem Werkstoff ein und reißt die Werkstoffteilchen auseinander (Bilder 1.4 und 1.5).

Beim Drehen und Hobeln führt beispielsweise das Werkstück die Haupt- oder Schnittbewegung und der Dreh- bzw. Hobelmeißel die Vorschubbewegung aus. Beim Bohren, Stoßen und Fräsen ist es umgekehrt.

Für das Spanen ist es aber unwesentlich, von welchem Teil diese Bewegung ausgeführt wird. Zur Untersuchung des Zerspanvorganges wird in nachfolgenden Abschnitten das Werkstück ruhend und das Werkzeug bewegt angenommen.

Beim Spanen kann auch der Schneidvorgang unterschiedlich sein. Ein Drehmeißel schneidet meist nur einmal an, Hobel- und Stoßmeißel sowie Fräser dagegen mehrmals.
Beim Stirndrehen ist der Spanquerschnitt (A) rechteckig, beim Walzenfräsen werden kommaförmige Späne abgehoben. Beim Bohren arbeitet man mit gleichbleibender Schnittgeschwindigkeit, aber jeder Punkt der Schneide hat entsprechend seinem Abstand von der Bohrerachse eine andere Schnittgeschwindigkeit. Beim Stoßen schwankt sie zwischen Null, einem Maximalwert und wieder Null.

Trotz der Verschiedenheit innerhalb der einzelnen Zerspanvorgänge gelten für alle Fertigungsverfahren gleichbedeutende Begriffe und Größen, wie Bewegungen (siehe Tabelle ZT/2), Richtungen, Wege, Schnittgeschwindigkeit (s. Tab. ZT/2), Flächen und Winkel (s. Tab. ZT/3 und ZT/5), Kräfte und Leistungen (s. Tab. ZT/6) und Verschleißgrößen (s. Tab. ZT/7). Sie werden gegenübergestellt, untersucht und verallgemeinert, um Werkzeugmaschine, Werkzeug und Werkstoff wirtschaftlich einsetzen zu können.

Zusammengefaßt, sind folgende Werkzeugkriterien von besonderer Bedeutung:

- Die Art, Größe, Form, Starrheit und Spannung des Werkzeugs;
- die Schneidengeometrie (siehe Tabelle ZT/4);
- Die Anordnung der Schneiden (siehe Tabelle ZT/1.2);
- der Schneidenwerkstoff (siehe Tabellen WH/1 bis 8).

Nachfolgende Abschnitte enthalten somit einen Überblick über die technologische Charakteristik wichtiger Spanverfahren. Hierbei wird das Zusammenwirken von Schnitt- und Vorschubbewegung stets besonders herausgestellt.

Gruppen-Nr. 7.1.2	**Zerspanungstechnik**	Abschn./Tab. ZT/1.3

Allgemeines über den Spanungsvorgang

Wirtschaftliche Zerspanung bedeutet, daß in der Zeiteinheit ein großes Spanvolumen erzielt werden soll. Dabei sind Maschine und Werkzeug voll auszulasten und darf die Antriebskraft nicht gesteigert werden.

Ein wirtschaftliches (rentables) maschinelles Spanen wird im einzelnen durch folgende Einflußfaktoren bestimmt:

1. durch das Werkstück – Werkstoffart, herzustellende Form, geforderte Genauigkeit und Oberflächengüte (Rauheit); weiterhin sind Gefüge, Gleichmäßigkeit, Verformungsart und Wärmebehandlung des Werkstoffes ebenfalls entscheidend.

2. durch das Werkzeug – besonders Schneidwerkstoff und -form (Schneidengeometrie), Werkzeugspannung (Spannart); aber auch Gefüge, Härte, chemische Zusammensetzung, Verformungsart, Anlaß- und Härtebedingungen spielen eine bedeutende Rolle.

3. durch die Werkzeugmaschine – Art und Größe, Antriebsart und Starrheit, Werkstückspannung (Spannart); aber auch Bewegungsvorgänge (Drehzahlen, Vorschübe) und Zerspanbedingungen (wie Schnittart und -tiefe), Schnittweg und -zeit, Kühlungsart (und Schmierfähigkeit der Kühlungsmittel).

4. durch den Menschen (Einrichter, Facharbeiter, Meister) – seine Kenntnisse, Fähigkeiten, Fertigkeiten, Eignung (Fingerspitzengefühl, Routine).

Die spanende Formgebung erfordert ein optimales Zusammenwirken aller dieser Faktoren, die wechselseitig das Ergebnis der Bearbeitung beeinflussen (siehe Tabelle 8).

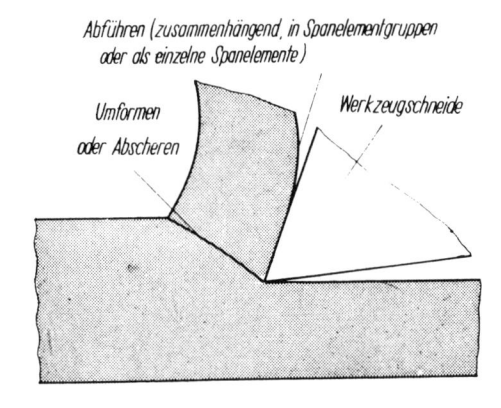

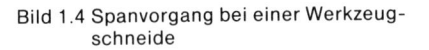

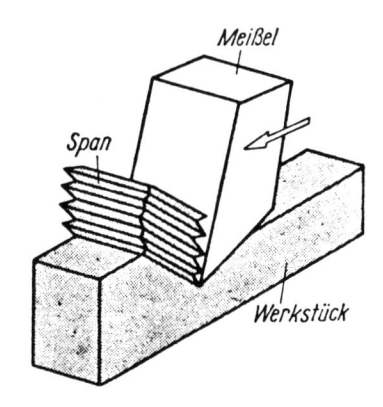

Bild 1.4 Spanvorgang bei einer Werkzeugschneide

Bild 1.5 Spanbildung z.B. beim Hobeln

1 – 7

| Gruppen-Nr. 7.1.2 | **Zerspanungstechnik** | Abschn./Tab. ZT/2 |

2. Spanungsvorgang: Bewegungen, Richtungen, Wege, Geschwindigkeiten
(Bewegungen zwischen Werkstück und Werkzeug)

Begriffe (Grundbegriffe)	Definitionen (Erläuterungen)
1. Schnittfläche	ist die am Werkstück von der Schneide momentan erzeugte Fläche (Bild 2.1). Siehe Tabelle 3.
2. Bewegungen	Siehe Bild 2.2
2.1 Schnittbewegung	ist diejenige Bewegung zwischen Werkstück und Werkzeug, die ohne Vorschubbewegung nur eine einmalige Spanabnahme während einer Umdrehung oder eines Hubs bewirken würde. Die Schnittbewegung kann sich aus mehreren Komponenten zusammensetzen (Bilder 2.3 a bis c).
2.2 Vorschubbewegung	ist diejenige Bewegung zwischen Werkstück und Werkzeug, die zusammen mit der Schnittbewegung eine mehrmalige oder stetige Spanabnahme während mehrerer Umdrehungen oder Hübe ermöglicht (Bild 2.3). Sie kann schrittweise oder stetig vor sich gehen. Die Vorschubbewegung kann sich aus mehreren Komponenten zusammensetzen (Bild 2.4).
2.3 Wirkbewegung	ist die resultierende Bewegung aus Schnittbewegung und gleichzeitig ausgeführter Vorschubbewegung (Bilder 2.2 und 2.3). Beachte: Erfolgt keine gleichzeitige Vorschubbewegung, dann ist die Schnittbewegung auch die Wirkbewegung.
3. Hilfsbewegungen	sind die nicht unmittelbar an der Spanentstehung beteiligten Bewegungen, z. B. Anstellbewegung, Zustellbewegung, Nachstellbewegung.
3.1 Anstellbewegung	ist diejenige Bewegung zwischen Werkstück und Werkzeug, mit der das Werkzeug vor dem Spanen an das Werkstück herangeführt wird.
3.2 Zustellbewegung	ist diejenige Bewegung zwischen Werkstück und Werkzeug, die die Dicke der jeweils vom Werkstück abzunehmenden Schicht (Spandicke h) im voraus bestimmt (z. B. beim Drehen, Z in Bild 2.5).
3.3 Nachstellbewegung	ist eine Korrekturbewegung zwischen Werkstück und Werkzeug, die z. B. den Werkzeugverschleiß ausgleichen soll.
4. Richtungen	der Bewegungen siehe auch Bild 2.2.
4.1 Schnittrichtung	ist die momentane Richtung der Schnittbewegung.
4.2 Vorschubrichtung	ist die momentane Richtung der Vorschubbewegung.
4.3 Wirkrichtung	ist die momentane Richtung der Wirkbewegung. Beachte: Entsprechend den Hilfsbewegungen (Punkt 3) kann unterschieden werden zwischen Anstell-, Zustell- und Nachstellrichtung.

| Gruppen-Nr. 7.1.2 | **Zerspanungstechnik** | Abschn./Tab. **ZT/2** |

Spanungsvorgang: Bewegungen, Richtungen, Wege, Geschwindigkeiten
(Bewegungen zwischen Werkstück und Werkzeug)

Begriffe (Grundbegriffe)	Definitionen (Erläuterungen)
5. Wege	des Werkzeugs gegenüber dem Werkstück. Beispielsweise der Fräserzähne (1 und 2) beim Gegenlauffräser (siehe Bild 2.6).
5.1 Schnittweg w	ist derjenige Weg (Summe der Wegelemente), der der betrachtete Schneidpunkt auf dem Werkstück in Schnittrichtung schneidend zurücklegt.

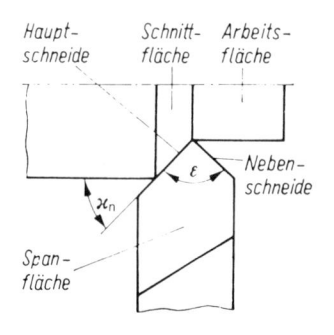

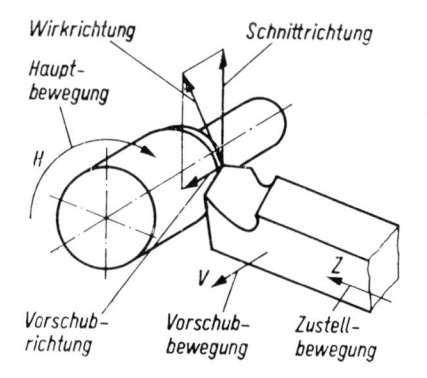

Bild 2.1 Schnittfläche (Haupt-) und Arbeitsfläche (Nebenschnittfläche) am Werkstück, z. B. beim Drehen

Bild 2.2 Bewegungen und Bewegungsrichtungen beim Spanvorgang (z. B. Drehen)

1−9

| Gruppen-Nr. 7.1.2 | **Zerspanungstechnik** | Abschn./Tab. **ZT/2** |

Spanungsvorgang: Bewegungen, Richtungen, Wege, Geschwindigkeiten
(Bewegungen zwischen Werkstück und Werkzeug)

Bild 2.3 Schnitt-, Vorschub- und Wirkbewegung:
a) beim Bohren,
b) beim Fräsen,
c) beim Schleifen

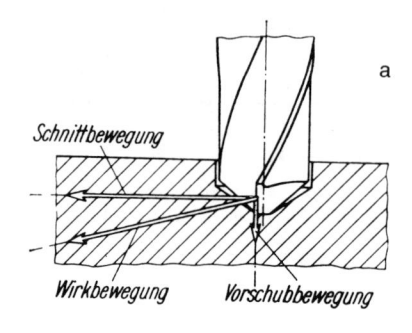

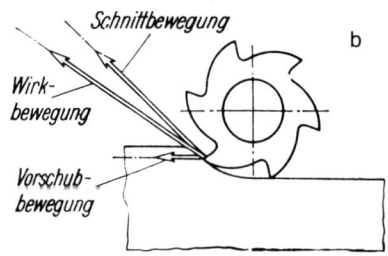

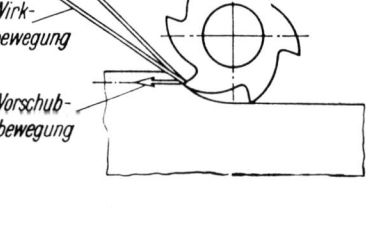

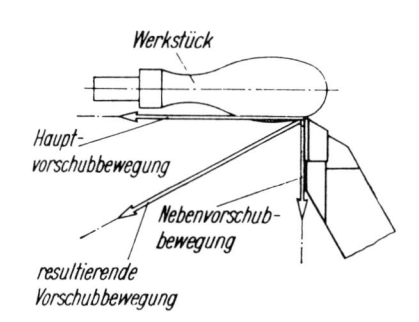

Bild 2.4 Zusammengesetzte Vorschubbewegung:
Beispiel beim Formdrehen.

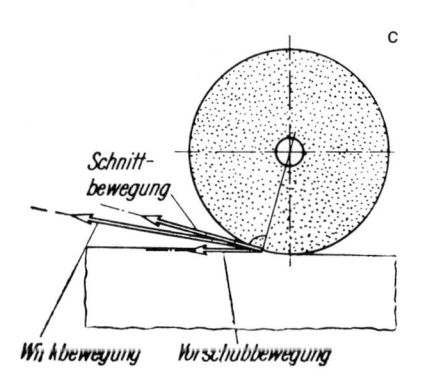

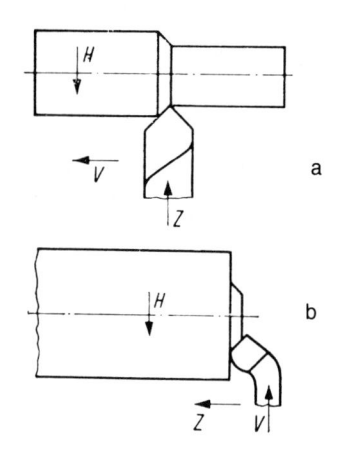

Bild 2.5 Zustellbewegung und -richtung, z. B. beim Drehen (Z)
a) Langdrehen,
b) Plandrehen

1 – 10

| Gruppen-Nr. 7.1.2 | **Zerspanungstechnik** | Abschn./Tab. **ZT/2** |

Spanungsvorgang: Bewegungen, Richtungen, Wege, Geschwindigkeiten (Bewegungen zwischen Werkstück und Werkzeug)

Begriffe (Grundbegriffe)	Definitionen (Erläuterungen)
5.2 Vorschubweg w_f	ist derjenige Weg (Summe der Wegelemente), den das Werkzeug (bzw. Werkstück) in Vorschubrichtung zurücklegt. Es ist gegebenenfalls zwischen den verschiedenen Komponenten des Vorschubwegs zu unterscheiden.
5.3 Wirkweg w_e	ist derjenige Weg (Summe der Wegelemente), den der betrachtete Schneidepunkt auf dem Werkstück in Wirkrichtung schneidend zurücklegt. Beachte: Entsprechend den Hilfsbewegungen (Punkt 3) kann unterschieden werden zwischen Anstell-, Zustell- und Nachstellweg.
6. Geschwindigkeiten	Siehe Bild 2.7.
6.1 Schnittgeschwindigkeit v_c (auch v)	ist die momentane Geschwindigkeit des betrachteten Schneidepunkts in Schnittrichtung. Es ist gegebenfalls zwischen den verschiednen Komponenten der Schnittbewegungen zu unterscheiden.
6.2 Vorschubgeschwindigkeit v_f	ist die momentane Geschwindigkeit des Werkzeugs in Vorschubrichtung. Es ist gegebenenfalls zwischen den verschiedenen Komponenten der Vorschubgeschwindigkeit zu unterscheiden, z. B. beim Schleifen zwischen v_{fw} und v_{ft}. Beachte: In der Literatur findet man oft noch s' oder u statt v_f, beim Schleifen auch v_{cw} bzw. v_{ct} (s' oder u ist unzulässig).
6.3 Wirkgeschwindigkeit v_e (effektiv)	ist die momentane Geschwindigkeit des betrachteten Schneidenpunkts in Wirkrichtung (s. a. Punkt 7) $v_e = (v_c \cdot \sin\varphi)/\sin(\varphi - \eta) = (v_f + v_c \cdot \cos\varphi)/\cos(\varphi - \eta)$ In vielen Fällen ist das Verhältnis v_f/v_c so klein, daß die Näherung gilt $v_e \approx v_c$. Beachte: Entsprechend den Hilfsbewegungen (Punkt 3) kann zwischen Anstell-, Zustell- und Nachstellgeschwindigkeit unterschieden werden.
7. Hilfsbegriffe	dienen der einheitlichen Betrachtung der verschiedenen Spanungsverfahren.
7.1 Arbeitsebene	ist eine gedachte Ebene, die die Schnittrichtung und die Vorschubrichtung (in dem jeweils betrachteten Schneidenpunkt) enthält (Bilder 2.7 und 2.8) In ihr vollziehen sich die Bewegungen, die an der Spanentstehung beteiligt sind.

1 – 11

| Gruppen-Nr. 7.1.2 | **Zerspanungstechnik** | Abschn./Tab. **ZT/2** |

Spanungsvorgang: Bewegungen, Richtungen, Wege, Geschwindigkeiten
(Bewegungen zwischen Werkstück und Werkzeug)

Begriffe (Grundbegriffe)	Definitionen (Erläuterungen)
7.2 Vorschubrichtungswinkel φ (phi)	ist der Winkel zwischen Vorschubrichtung und Schnittrichtung (Bilder 2.7 bis 2.9). Bei verschiedenen Spanungsvorgängen, z. B. beim Fräsen (Bilder 2.8 b und c), ändert sich φ laufend während des Schneidens. Dagegen ist z. B. beim Langdrehen φ konstant = 90° (Bild 2.8).
7.3 Wirkrichtungswinkel η (eta)	ist der Winkel zwischen Wirkrichtung und Schnittrichtung (Bilder 2.7 bis 2.9). Bei φ = 90° ist $\tan \eta = v_f/v$. (Sonst $\tan \eta = \sin \varphi / v_c/v_f + \cos \varphi$).

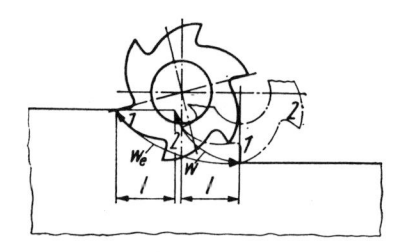

Bild 2.6 Schnitt-, Vorschub- und Wirkweg beim Gegenlauffräsen (Fräserzähne 1 und 2)

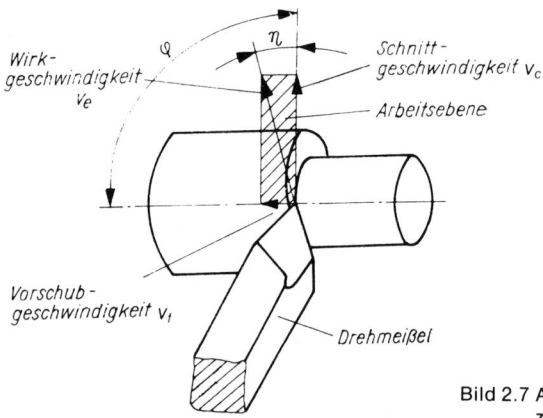

Bild 2.7 Arbeitsebene und Geschwindigkeiten, z. B. beim Drehen

| Gruppen-Nr. 7.1.2 | **Zerspanungstechnik** | Abschn./Tab. **ZT/2** |

Spanungsvorgang: Bewegungen, Richtungen, Wege, Geschwindigkeiten
(Bewegungen zwischen Werkstück und Werkzeug)

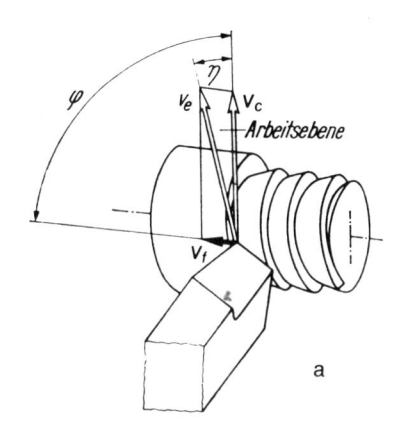

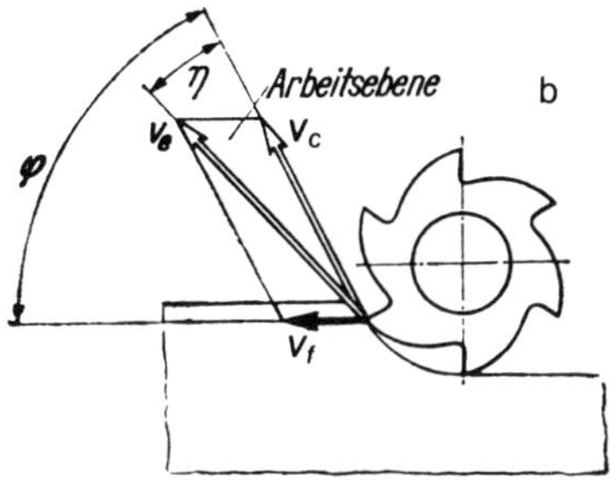

Bild 2.8 Arbeitsebene und Richtungswinkel
(φ und η) beim Drehen,
b) beim Gegenlauffräsen ($\varphi < 90°$),
c) beim Gleichlauffräsen ($\varphi < 90°$) mit Walzenfräser

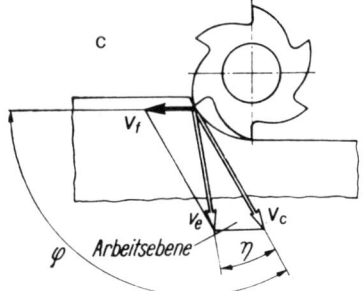

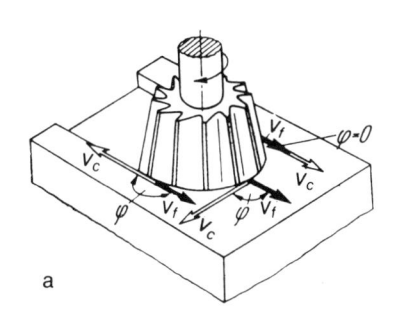

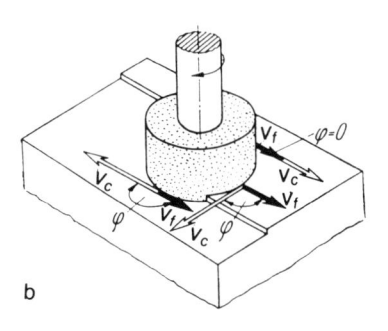

Bild 2.9 Vorschubrichtungswinkel (φ):
a) beim Fräsen (Stirnfräser),
b) beim Schleifen

1 – 13

| Gruppen-Nr. 7.3.1 | Zerspanungstechnik | Abschn./Tab. ZT/3 |

3. Spanungsvorgang: Schnittflächen, Schnitt- und Spanungsgrößen

Begriffe (Grundbegriffe)	Definitionen (Erläuterungen)
1. Schnittflächen	sind die am Werkstück von den Schneiden momentan erzeugten Flächen (siehe Bild 3.1). Die am Werkstück verbleibenden Schnittflächen bilden die wirkliche Oberfläche des bearbeiteten Werkstücks.
1.1 Hauptschnittfläche	ist die von einer Hauptschneide (s. Tabelle 4 Punkt 2) momentan erzeugte Fläche (Bild 3.1).
1.2 Nebenschnittfläche	ist die von einer Nebenschneide momentan erzeugte Fläche (Bild 3.1). Beim Schleifen muß in diesem Zusammenhang die Schleifscheibe als Ganzes betrachtet werden.
2. Schnittgrößen	sind die Werte, die zur Spanabnahme unmittelbar oder mittelbar eingestellt werden müssen.
2.1 Vorschub f	ist der Vorschubweg je Umdrehung oder je Hub (Bilder 3.1 und 3.3).
2.2 Zahnvorschub f_z	ist der Vorschubweg zwischen zwei unmittelbar nacheinander entstehenden Schnittflächen, also der Vorschub je Zahn oder je Schneide (Bild 3.2). Es ist $f_z = f/z$ (z Anzahl der Schneidenträger bzw. Zähne). Ist $z = 1$, z. B. beim Drehen oder auch beim Fräsen mit einem Einzahnfräser, so wird damit $f_z = f$. Beim Räumen entspricht dem Zahnvorschub die Zahnstaffelung. Vom Zahnvorschub f_z abgeleitet sind der Schnittvorschub f_c (s. Punkt 2.3) und der Wirkvorschub f_e (s. Punkt 2.4).
2.3 Schnittvorschub f_c	ist der Abstand zweier unmittelbar nacheinander entstehenden Schnittflächen, gemessen in der Arbeitsebene und senkrecht zur Schnittrichtung (Bild 3.2). Es ist $f_c = f_z \cdot \sin \varphi$ Bei Spanungsvorgängen mit $\varphi = 90°$ (z. B. beim Drehen, Hobeln) ist damit $f_c = f_z$.
2.4 Wirkvorschub f_e (effektiv)	ist der Abstand zweier unmittelbar nacheinander entstehenden Schnittflächen, gemessen in der Arbeitsebene und senkrecht zur Wirkrichtung (Bild 3.2). Es ist $f_e \approx f_z \cdot \sin(\varphi - \eta)$. In vielen Fällen ist das Verhältnis v_f/v_c so klein, daß η vernachlässigbar ist. Dann ist mit genügender Genauigkeit $f_e \approx f_z \cdot \sin \varphi \approx f_c$.
2.5 Schnittbreite, Schnittiefe a_p, a	ist die Breite bzw. Tiefe des Eingriffs der Hauptschneide (s. Tabelle 4, Punkt 2) senkrecht zur Arbeitsebene gemessen (Bilder 3.3 und 3.4). Beachte: Beim Bohren entspricht a dem halben Bohrendurchm., beim Lang- und Plandrehen, Stirnfräsen und Seitenschleifen entspricht a der Eingriffstiefe (Schnitt), beim Einstechen, Räumen, Walzenfräsen und Umfangsschleifen entspricht a der Eingriffsbreite (Schnitt).

| Gruppen-Nr. 7.3.1 | **Zerspanungstechnik** | Abschn./Tab. **ZT/3** |

Spanungsvorgang: Schnittflächen, Schnitt- und Spanungsgrößen

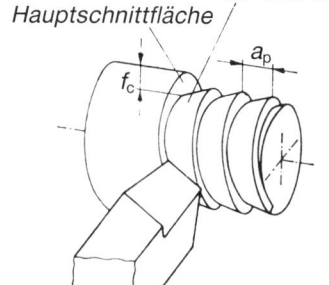

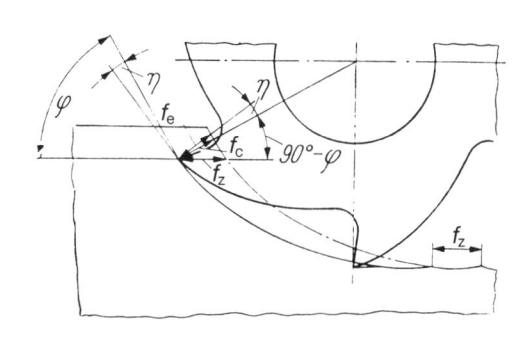

Bild 3.1 Schnittflächen (Haupt-/Neben-), z. B. beim Drehen

Bild 3.2 Schnittgrößen, z. B. beim Fräsen (Gegenlauffräsen)

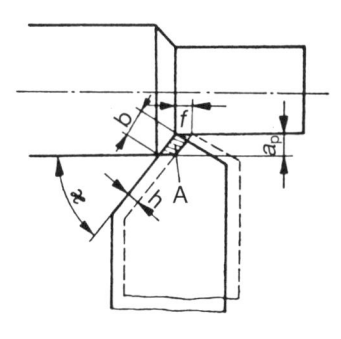

Bild 3.3 Schnittgrößen, z. B. beim Drehen

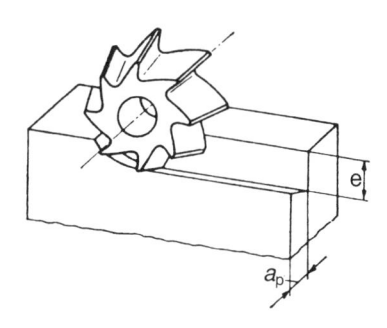

Bild 3.4 Schnittgrößen (a_p und e), z. B. beim Fräsen

1 – 15

| Gruppen-Nr. 7.3.1 | **Zerspanungstechnik** | Abschn./Tab. **ZT/3** |

Spanungsvorgang: Schnittflächen, Schnitt- und Spanungsgrößen

Begriffe (Grundbegriffe)	Definitionen (Erläuterungen)
2.6 Eingriffsgröße e	ist vorwiegend beim Fräsen und Schleifen von Bedeutung (Bild 3.4). Sie ist die Größe des Eingriffs der Schneide je Hub oder Umdrehung (gemessen in der Arbeitsebene und senkrecht zur Vorschubrichtung).
3. Spanungs- größen	sind aus den Schnittgrößen abgeleitete Größen. Sie sind nicht identisch mit den Abmessungen der entstandenen Späne (Spangrößen); s. a. Bild 3.3.
3.1 Spanungsbreite b	ist die Breite des abzunehmenden Spans senkrecht zur Schnittrichtung, gemessen in der Schnittfläche. Bei Werkzeugen mit geraden Schneiden und ohne Eckenrundung ist $b = a_p/\sin \kappa$ (sprich kappa), wenn κ (kappa) Einstellwinkel der Hauptschneide ist.
3.2 Wirkspanungs- breite b_e (effektiv)	ist die Breite des abzunehmenden Spans senkrecht zur Wirkrichtung, gemessen in der Schnittfläche (Bild 3.6). Meist kann mit genügender Genauigkeit gesagt werden $b_e \approx b$ (für $\kappa = 90°$ ist immer $b_e \approx b$).
3.3 Spanungsdicke h Spanungshöhe	ist die Dicke des abzunehmenden Spans senkrecht zur Schnittrichtung, gemessen senkrecht zur Schnittfläche (Bilder 3.3 und 3.5). Bei Werkzeugen mit geraden Schneiden und ohne Eckenrundung ist $h = f_c \cdot \sin \kappa$, wenn κ Einstellwinkel der Hauptschneide ist.
3.4 Wirkspanungs- dicke h_e	ist die Dicke des abzunehmenden Spans senkrecht zur Wirkrichtung, gemessen senkrecht zur Schnittfläche (Bild 3.6). Meist kann mit genügender Genauigkeit gesagt werden $h_e \approx h$. Für $\kappa = 90°$ ist $h = f_c$ und $h_e = h \cdot \cos \eta$.
3.5 Spanungsquer- schnitt A	ist der Querschnitt des abzunehmenden Spans senkrecht zur Schnittrichtung (Bilder 3.5 und 3.7).
3.6 Wirkspanungs- querschnitt A_e (effektiv)	ist der Querschnitt des abzunehmenden Spans senkrecht zur Wirkrichtung (Bilder 3.6 und 3.7). In den meisten Fällen gilt $A = a_p \cdot f_c$ und $A_e = a_p \cdot f_e$. Beim Drehen und Hobeln ($\varphi = 90°$) ist $A = a_p \cdot f$. Bei Werkzeugen mit geraden Schneiden und ohne Eckenrundung ist auch $A = b \cdot h$ und $A_e = b_e \cdot h_e$.

Zerspanungstechnik

Spanungsvorgang: Schnittflächen, Schnitt- und Spanungsgrößen

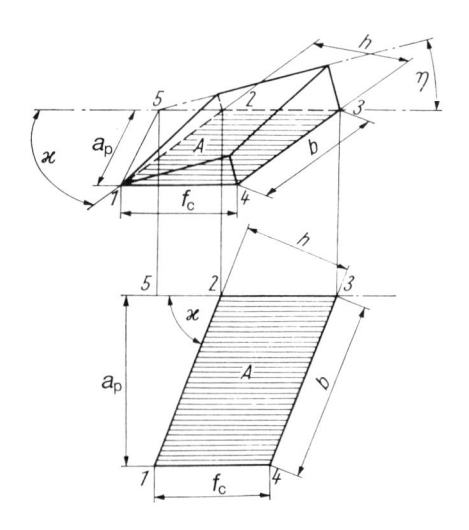

Bild 3.5 Spanungsbreite und -dicke (b und h), Spanungsquerschnitt A, z. B. beim Drehen

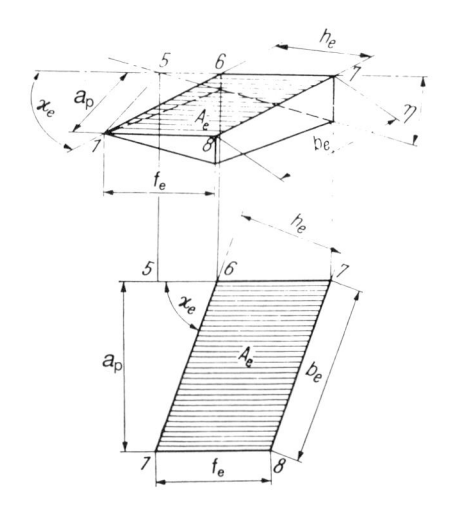

Bild 3.6 Wirkspanungsbreite, -dicke und -querschnitt (b_e, h_e und A_e)

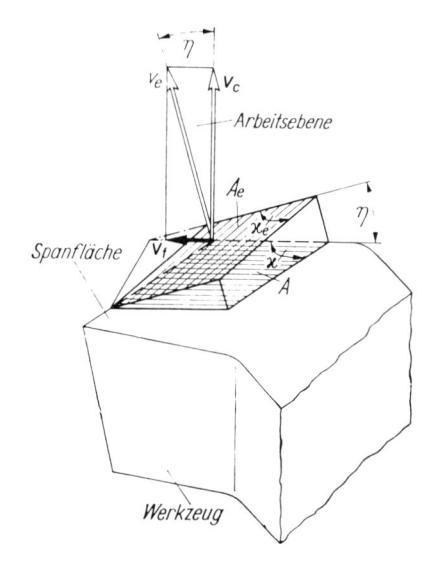

Bild 3.7 Spanungsquerschnitt A und Wirkspanungsquerschnitt A_e, z. B. beim Drehen

1–17

| Gruppen-Nr. 7.4.1 | Zerspanungstechnik | Abschn./Tab. ZT/4 |

4. Schneidengeometrie: Flächen, Schneiden und Ecken

Begriffe (Grundbegriffe)	Definitionen (Erläuterungen)
1. Schneidkeil	ist der Teil des Werkzeugs, an dem durch die Relativbewegung zwischen Werkzeug und Werkstück der Span entsteht (Bild 4.1).
2. Schneiden	sind die Schnittlinien der den Keil begrenzenden Flächen. Sie können gerade, geknickt oder gekrümmt sein.
3. Flächen	Siehe Bilder 4.1 bis 4.3
3.1 Freiflächen	sind die Flächen an einem Schneidkeil, die den entstehenden Schnittflächen (s. Tab. 3) zugekehrt sind.
● Hauptfreiflächen	sind die Freiflächen an den Hauptschneiden.
● Nebenfreiflächen	sind die Freiflächen an den Nebenschneiden.
● Freiflächenfase ($b_{f\alpha}$)	ist der an der Schneide liegende Teil der Freifläche, wenn eine Freifläche in der Nähe der Schneide abgewinkelt wird (Ihre Breite ist $b_{f\alpha}$).
3.2 Spanfläche	ist die Fläche am Schneidkeil, auf der der Span abläuft.
● Spanflächenfase ($b_{f\gamma}$)	ist der an der Schneide liegende Teil der Spanfläche, wenn die Spanfläche in der Nähe der Schneide abgewinkelt wird. Ihre Breite ist $b_{f\gamma}$. Ist die Schneide abgezogen, so gehört der Schneidenabzug mit zur Spanflächenfase.
4. Keilschneiden	Siehe Punkt 2 Schneiden und Bilder 4.1 bis 4.5.
4.1 Hauptschneiden	sind Schneiden, deren Schneidkeil bei Betrachtung in der Arbeitsebene in Vorschubrichtung weist (Bilder 4.1 bis 4.5).
4.2 Nebenschneiden	sind Schneiden, deren Schneidkeil bei Betrachtung in der Arbeitsebene nicht in Vorschubrichtung weist (Bilder 4.1 bis 4.5). Bei Fräswerkzeugen setzt diese Schneidenbestimmung die Betrachtung bei einem Vorschubrichtungswinkel φ (phi) von etwa 90° voraus (Bild 4.3).
5. Ecken	Siehe hierzu Bilder 4.1 bis 4.6.
5.1 Schneidenecke	ist diejenige Ecke, an der eine Hauptschneide und eine Nebenschneide mit gemeinsamer Spanfläche zusammentreffen. Vielfach wird an der Schneidenecke eine Rundung oder Fase angebracht.
5.2 Eckenrundung	ist die Rundung der Schneidenecke (Bild 4.6). Ihr Radius wird in der Werkzeug-Bezugsebene gemessen und mit R bezeichnet.
5.3 Eckenfase	ist die Fase an der Schneidenecke (Bild 4.6). Ihre Breite wird in der Spanfläche gemessen und mit $b_{f\varepsilon}$ bezeichnet.

| Gruppen-Nr. 7.4.1 | **Zerspanungstechnik** | Abschn./Tab. ZT/4 |

Schneidengeometrie: Flächen, Schneiden und Ecken

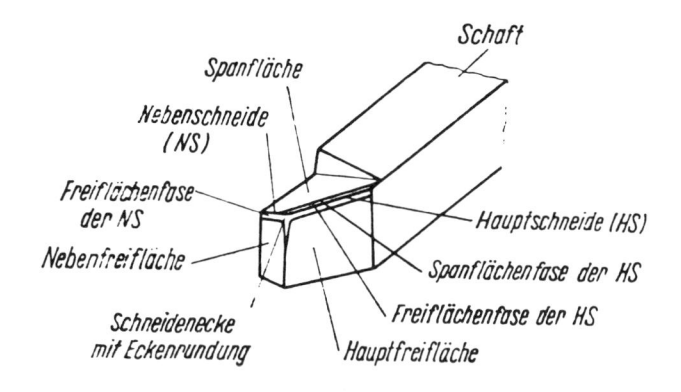

Bild 4.1 Flächen, Schneiden und Schneidenecken am Dreh- und Hobelmeißel

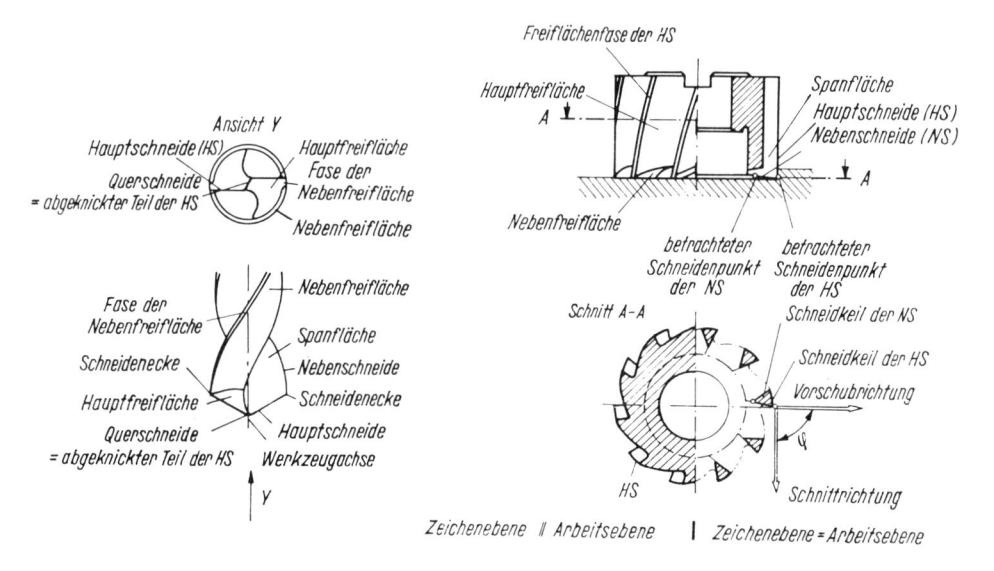

Bild 4.2 Flächen, Schneiden und Schneidenecken am Spiralbohrer (Drallbohrer)

Bild 4.3 Flächen, Schneiden und Schneidenecken am Walzenstirn-Fräser

1 – 19

Gruppen-Nr. 7.4.1	**Zerspanungstechnik**	Abschn./Tab. ZT/4

Schneidengeometrie: Flächen, Schneiden und Ecken

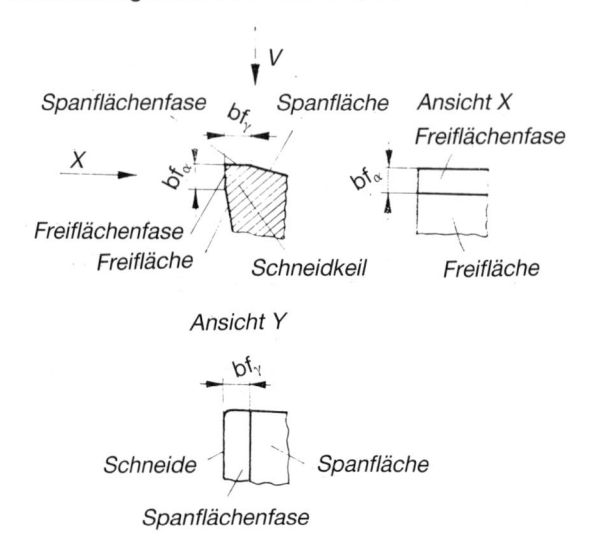

Bild 4.4 Freiflächenfase und Spanflächenfase

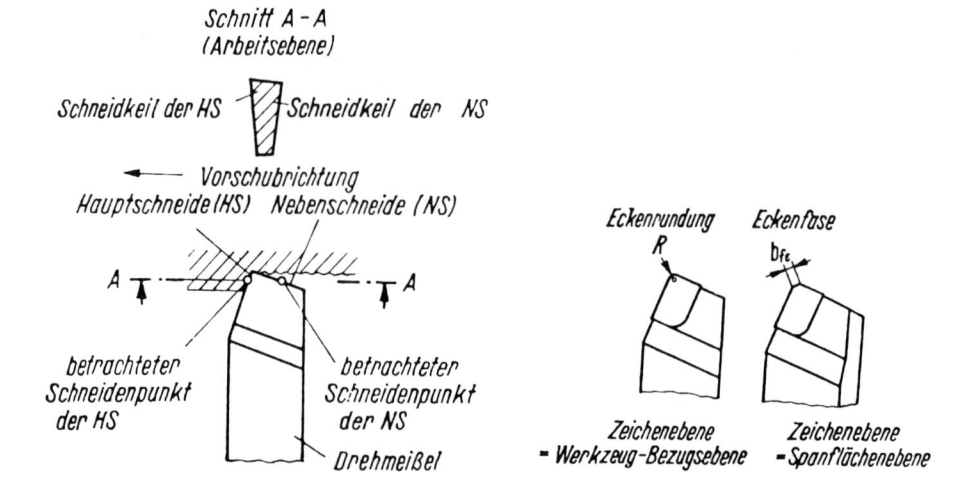

Bild 4.5 Hauptschneide, Nebenschneide und ihre Schneidkeile in der Arbeitsebene an einem Drehmeißel

Bild 4.6 Eckenrundung und Eckenfase am Meißel (Dreh- und Hobelmeißel)

1 – 20

5. Schneiden- und Spanungsgeometrie: Winkel, Bezugssysteme

Begriffe (Grundbegriffe)	Definitionen (Erläuterungen)
1. Bezugssysteme	Bei den Winkeln ist es notwendig, zwischen den Winkeln im Werkzeug-Bezugssystem und den Winkeln im Wirk-Bezugssystem zu unterscheiden.
1.1 Werkzeugwinkel	Sie beziehen sich auf das nicht im Einsatz befindliche Werkzeug. Sie sind hauptsächlich für die Herstellung und die Instandhaltung der Werkzeuge notwendig (Bilder 5.1, 5.3)
1.2 Wirkwinkel	Sie beziehen sich auf das Zusammenwirken von Werkzeug und Werkstück und beschreiben damit den Spanungsvorgang (Bilder 5.2, 5.4). Die Wahl der Bezugssysteme erfolgt so, daß a) für die Bestimmung der Wirkwinkel die Bezugsebene zur Wirkrichtung liegt; b) für die Bestimmung der Werkzeugwinkel die Bezugsebene dagegen meist nur näherungsweise senkrecht zur angenommenen Schnittrichtung liegt und am Werkzeug selbst festgelegt wird. – Wirk- und Werkzeugwinkel unterscheiden sich also nur duch die Lage der Bezugsebene. Ihre Definitionen sind gleichlautend.
2. Bezugsebenen	Für die Bestimmung der Winkel am Schneidkeil wird ein rechtwinkliges Bezugssystem angewendet, das aus der Bezugsebene, der Schneidenebene und der Keilmeßebene besteht (Bilder 5.1 bis 5.4). Als zusätzliche Ebene wird die Arbeitsebene benötigt. Es wird zwischen dem Wirk-Bezugssystem für das arbeitende Werkzeug und dem Werkzeug-Bezugssystem für das nicht im Einsatz befindliche unterschieden. Die beiden Bezugssysteme bauen also auf verschiedenen Bezugsebenen auf (Bilder 5.1 bis 5.4). Kurzzeichen für „Wirk" ist Buchstabe mit den Index e (e = effektiv). Alle Begriffe beziehen sich auf den jeweils betrachteten Schneidenpunkt.
2.1 Wirk-Bezugsebene	ist eine Ebene durch den betrachteten Schneidenpunkt, die senkrecht zur Wirkrichtung (bzw. Schnittrichtung, wenn η sehr klein ist) steht.
2.2 Werkzeug-Bezugsebene	Es wird eine Ebene durch den betrachteten Schneidenpunkt so gelegt, daß sie möglichst senkrecht zur angenommenen Schnittrichtung steht. Sie muß aber nach einer Ebene, Achse oder Kante des Werkzeugs ausgerichtet sein (Bilder 5.1 und 5.3).
3. Schneidenebene	ist eine die Schneide enthaltende Ebene senkrecht zur jeweiligen Wirk- bzw. Werkzeug-Bezugsebene (Bilder 5.1 bis 5.4). – Bei gekrümmten Schneiden ist sie eine Tangentialebene zur Schneide im betrachteten Schneidenpunkt.
4. Keilmeßebene	ist eine Ebene senkrecht zur Schneidenebene und senkrecht zur jeweiligen Wirk- bzw. Werkzeugebene (Bilder 5.1 bis 5.3).
5. Arbeitsebene (im Wirk-Bezugssystem)	ist eine gedachte Ebene, die die Schnittrichtung und die Vorschubrichtung (in dem jeweils betrachteten Schneidenpunkt) enthält. In ihr vollziehen sich die Bewegungen, die an der Spanentstehung beteiligt sind.

| Gruppen-Nr. 7.5.1 | **Zerspanungstechnik** | Abschn./Tab. **ZT/5** |

Schneiden- und Spanungsgeometrie: Winkel, Bezugssysteme

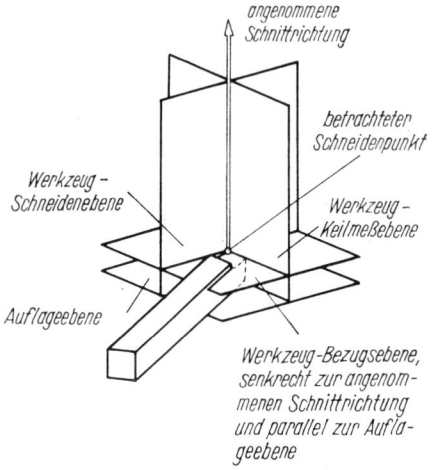

Bild 5.1 Werkzeug-Bezugssystem an einem Drehmeißel

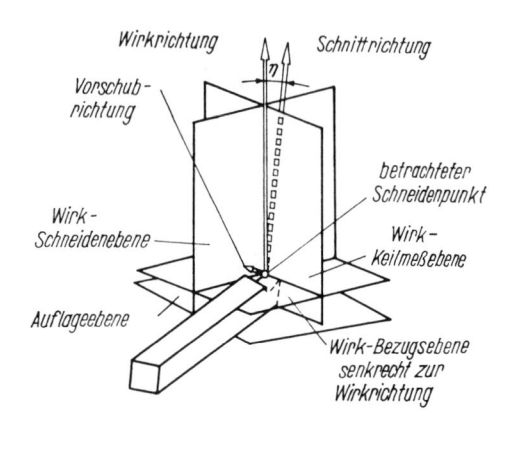

Bild 5.2 Wirk-Bezugssystem an einem Drehmeißel

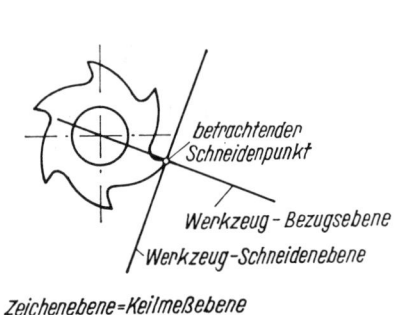

Bild 5.3 Werkzeug-Bezugssystem an einem Fräser bei $\kappa = 90°$

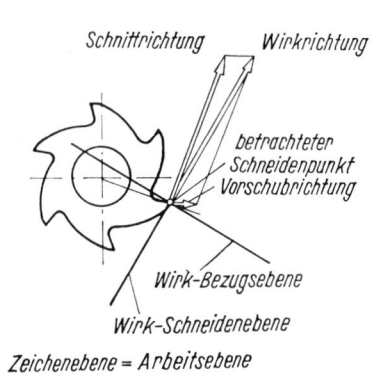

Bild 5.4 Wirk-Bezugssystem an einem Fräser bei $\kappa = 90°$

| Gruppen-Nr. 7.5.1 | **Zerspanungstechnik** | Abschn./Tab. ZT/5 |

Schneiden- und Spanungsgeometrie: Winkel, Bezugssysteme

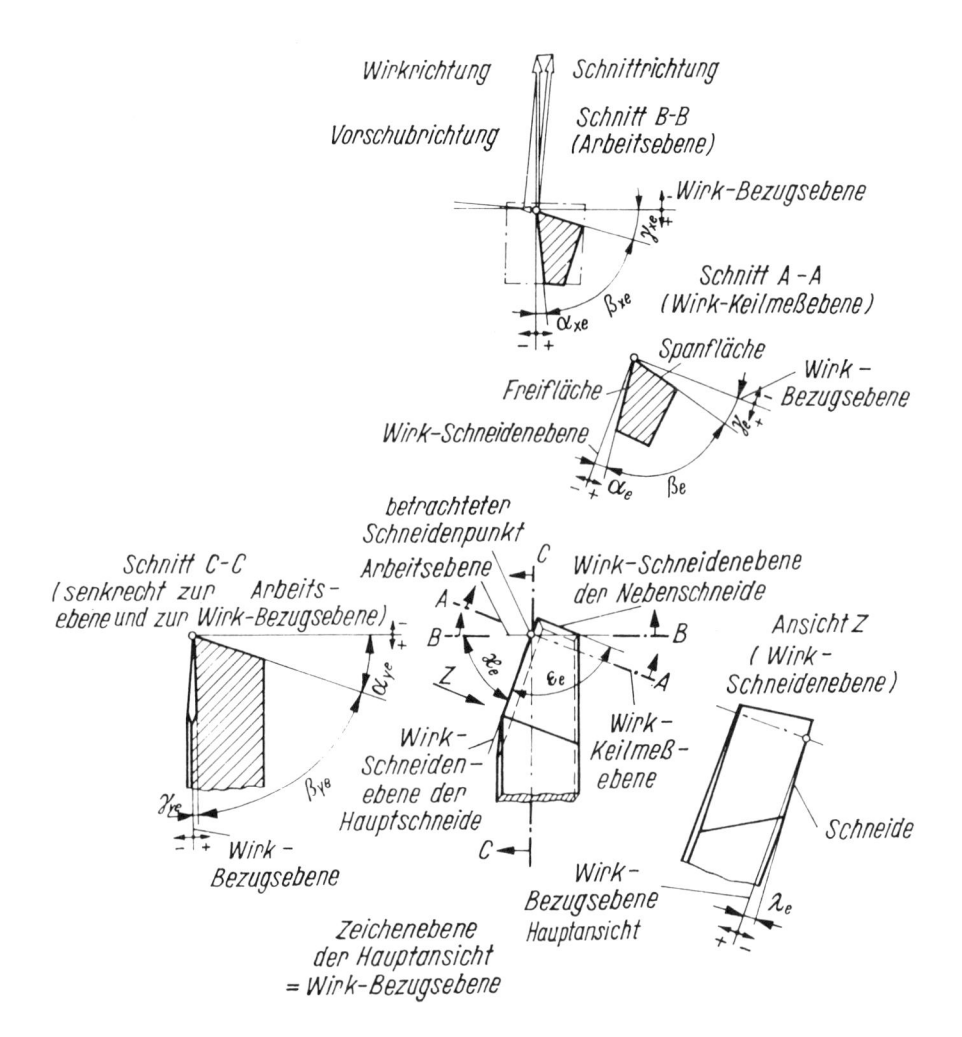

Bild 5.5 Wirkwinkel für einen Punkt der Hauptschneide am Drehmeißel

1–23

| Gruppen-Nr. 7.5.1 | **Zerspanungstechnik** | Abschn./Tab. ZT/5 |

Schneiden- und Spanungsgeometrie: Winkel, Bezugssysteme

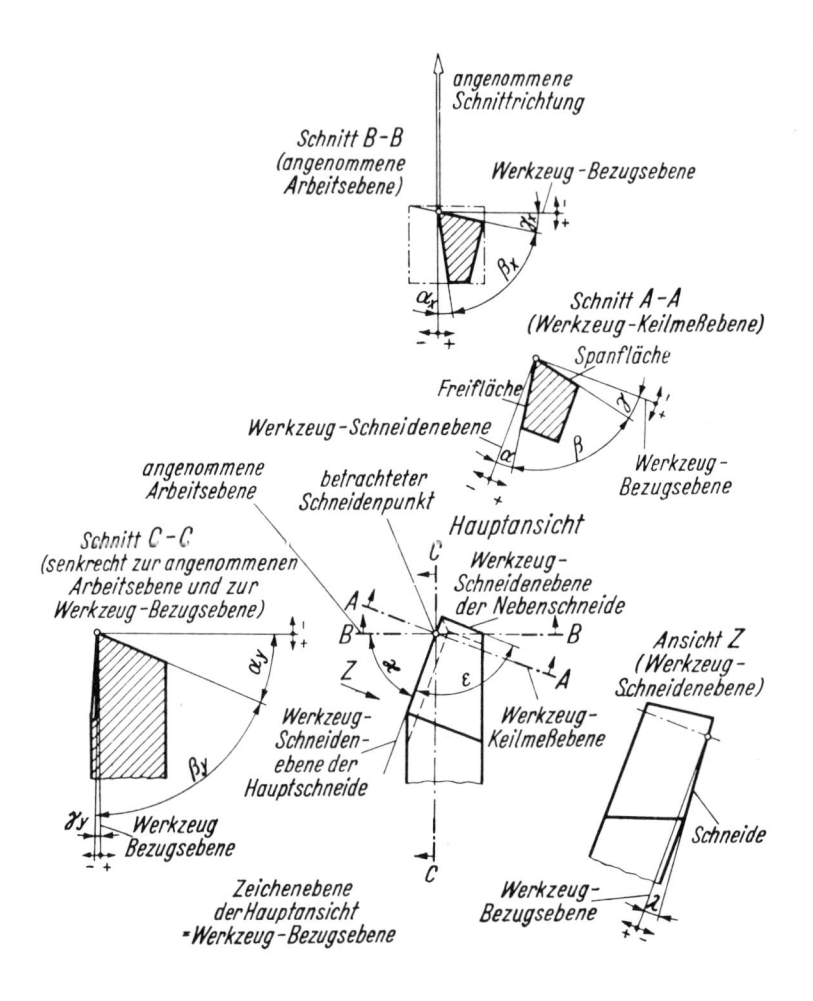

Bild 5.6 Werkzeugwinkel für einen Punkt der Hauptschneide am Drehmeißel

| Gruppen-Nr. 7.5.1 | Zerspanungstechnik | Abschn./Tab. ZT/5 |

Schneiden- und Spanungsgeometrie: Winkel, Bezugssysteme

Begriffe (Grundbegriffe)	Definitionen (Erläuterungen)
6. Angenommene Arbeitsebene (im Werkzeug-Bezugssystem)	Es wird eine Ebene senkrecht zur Werkzeug-Bezugsebene durch den betrachteten Schneidenpunkt so gelegt, daß sie möglichst die angenommene Vorschubrichtung enthält. Sie muß aber nach einer Ebene, Achse oder Kante des Werkzeugs ausgerichtet sein. Anmerkungen: Bei Bohr- und Räumwerkzeugen ist sie meist eine Ebene parallel zum Schaft (oder zur Achse). Bei Dreh- und Hobelwerkzeugen ist sie meist eine Ebene senkrecht oder parallel zum Schaft. Bei Fräswerkzeugen ist sie eine Ebene senkrecht zur Fräserachse.
7. Winkel am Schneidkeil	Sie dienen zur Bestimmung von Lage und Form des Schneidkeils. Es ist zwischen den Winkeln an der Hauptschneide (Kurzzeichen ohne Index) und den Winkeln an der Nebenschneide (Kurzzeichen mit Index n) zu unterscheiden. a) In der Bezugsebene gemessen (Bilder 5.5, 5.6, 5.9, 5.10):
7.1 Einstellwinkel κ (kappa)	ist der Winkel zwischen der Schneidenebene und der Arbeitsebene (gemessen in der Bezugsebene). Dieser Winkel ist immer positiv und liegt immer außerhalb des Schneidkeils (bzw. dessen Projektion auf die Bezugsebene), aber so, daß seine Spitze zur Schneidenecke hinweist.
7.2 Eckenwinkel ε (epsilon)	ist der Winkel zwischen den Schneidenebenen von zusammengehörenden Haupt- und Nebenschneiden (gemessen in der Bezugsebene). Es ist $\kappa + \varepsilon + \kappa_n = 180°$. b) In der Schneidenebene gemessen (Bilder 5.5, 5.6, 5.9, 5.10):
7.3 Neigungswinkel λ (lambda)	ist der Winkel zwischen der Schneide und der Bezugsebene (gemessen in der Schneidenebene). Dieser Winkel liegt immer so, daß seine Spitze zur Schneidenecke hinweist. Er ist positiv, wenn die in den betrachteten Schneidenpunkt gelegte Bezugsebene, in der Projektion auf die Schneidenebene betrachtet, außerhalb des Schneidkeils liegt. c) In der Keilmeßebene gemessen (Bilder 5.5, 5.6, 5.9, 5.10):
7.4 Freiwinkel α (alpha)	ist der Winkel zwischen der Freifläche und der Schneidenebene (gemessen in der Keilmeßebene). Dieser Winkel ist positiv, wenn die durch den betrachteten Schneidenpunkt gelegte Schneidenebene in der Keilmeßebene außerhalb des Schneidkeils liegt (Bild 5.7). Ist eine Freiflächenfase vorhanden, so heißt der entsprechende Winkel Fasenfreiwinkel α_f (Bild 5.8).

1–25

| Gruppen-Nr. 7.5.1 | **Zerspanungstechnik** | Abschn./Tab. ZT/5 |

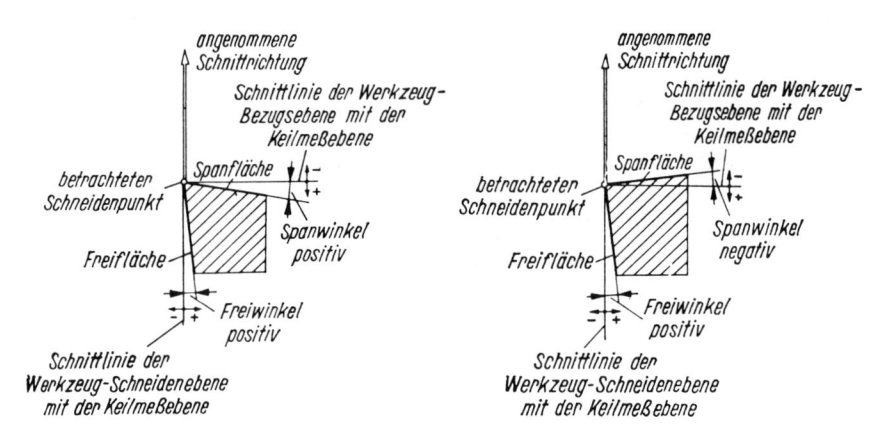

Schneiden- und Spanungsgeometrie: Winkel, Bezugssysteme

Bild 5.7 Vorzeichen für den Spanwinkel γ und den Freiwinkel α

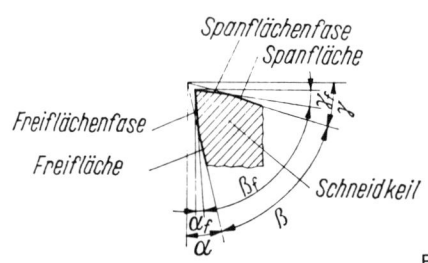

Bild 5.8 Flächen und Winkel am Schneidkeil beim Vorhandensein von Fasen an der Freifläche und der Spanfläche

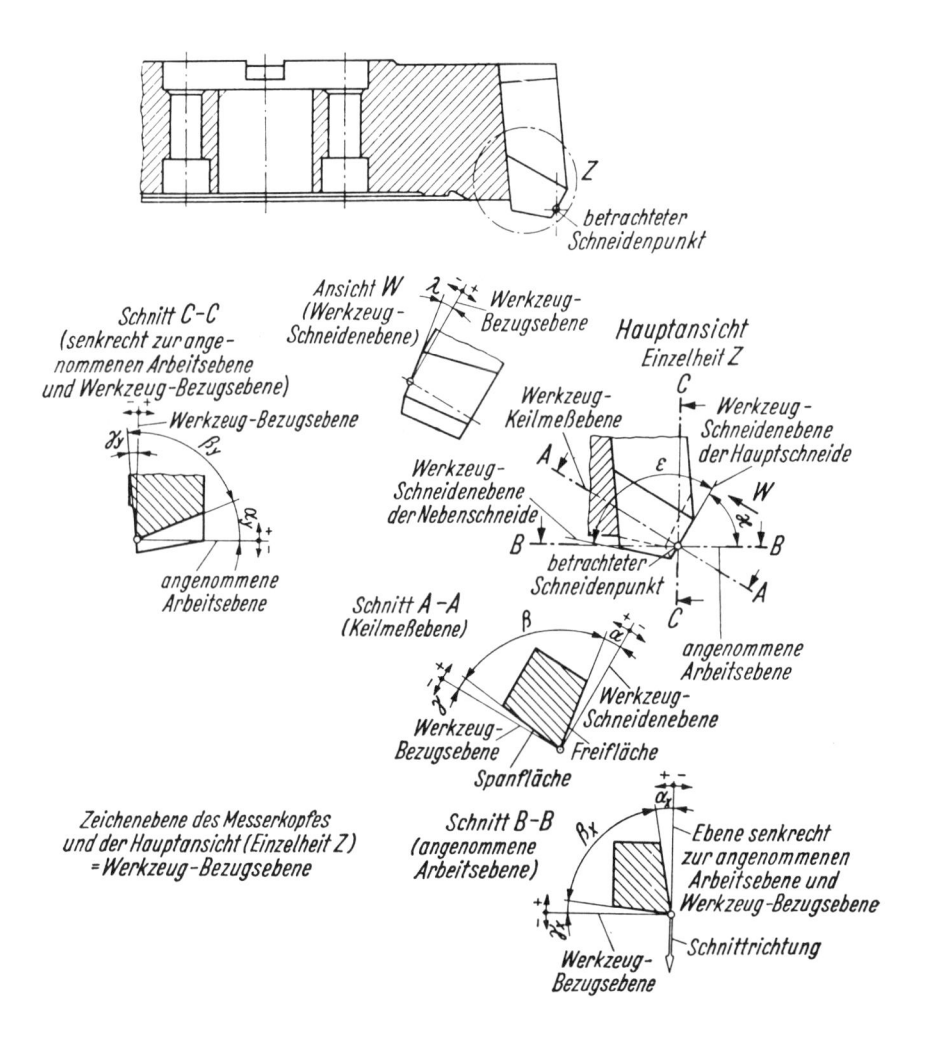

| Gruppen-Nr. 7.5.1 | **Zerspanungstechnik** | Abschn./Tab. ZT/5 |

Schneiden- und Spanungsgeometrie: Winkel, Bezugssysteme

Bild 5.9 Werkzeugwinkel am Messerkopf (zum Fräsen)

| Gruppen-Nr. 7.7.5 | **Zerspanungstechnik** | Abschn./Tab. **ZT/5** |

Schneiden- und Spanungsgeometrie: Winkel, Bezugssysteme

Begriffe (Grundbegriffe)	Definitionen (Erläuterungen)
7.5 Keilwinkel β (beta)	ist der Winkel zwischen der Freifläche und der Spanfläche (gemessen in der Keilmeßebene). Beim Vorhandensein von Fasen heißt der entsprechende Winkel Fasenkeilwinkel β_f (Bild 5.8).
7.6 Spanwinkel γ (gamma)	ist der Winkel zwischen Spanfläche und der Bezugsebene (gemessen in der Keilmeßebene). Dieser Winkel ist positiv, wenn die durch den betrachteten Schneidenpunkt gelegte Bezugsebene in der Keilmeßebene außerhalb des Schneidkeils liegt. Die Schneide eilt dann der Spanfläche in Wirk- bzw. angenommener Schnittrichtung voraus (Bild 5.7). Ist eine Spanflächenfase vorhanden, so heißt der entsprechende Winkel Fasenspanwinkel γ_f (Bild 5.8). Bemerkung: Für Frei-, Keil- und Spanwinkel gilt immer $\alpha + \beta + \gamma = 90°$ und $\alpha_f + \beta_f + \gamma_f = 90°$.
8. Besondere Winkel	d) In anderen Ebenen gemessene Winkel, z. B. die Neigung der Freifläche und Spanfläche.
8.1 Seitenwinkel (mit Index x oder f)	Winkel in der **Arbeitsebene**. Es werden der Seiten-Freiwinkel α_x, der Seiten-Keilwinkel β_x und der Seiten-Spanwinkel γ_x gemessen (Bilder 5.5, 5.6, 5.9, 5.10). Es gilt $\alpha_x + \beta_x + \gamma_x = 90°$ bzw. $\alpha_f + \beta_f + \gamma_f = 90°$.
8.2 Rückwinkel (mit Index y oder r)	Winkel in der **Ebene senkrecht zur Arbeitsebene und senkrecht zur Bezugsebene**. Es werden der Rück-Freiwinkel α_y, der Rück-Keilwinkel β_y und der Rück-Spanwinkel γ_y gemessen (Bilder 5.5, 5.6 und 5.9). Es gilt $\alpha_y + \beta_y + \gamma_y = 90°$ bzw. $\alpha_r + \beta_r + \gamma_r = 90°$.

| Gruppen-Nr. 7.7.5 | **Zerspanungstechnik** | Abschn./Tab. **ZT/5** |

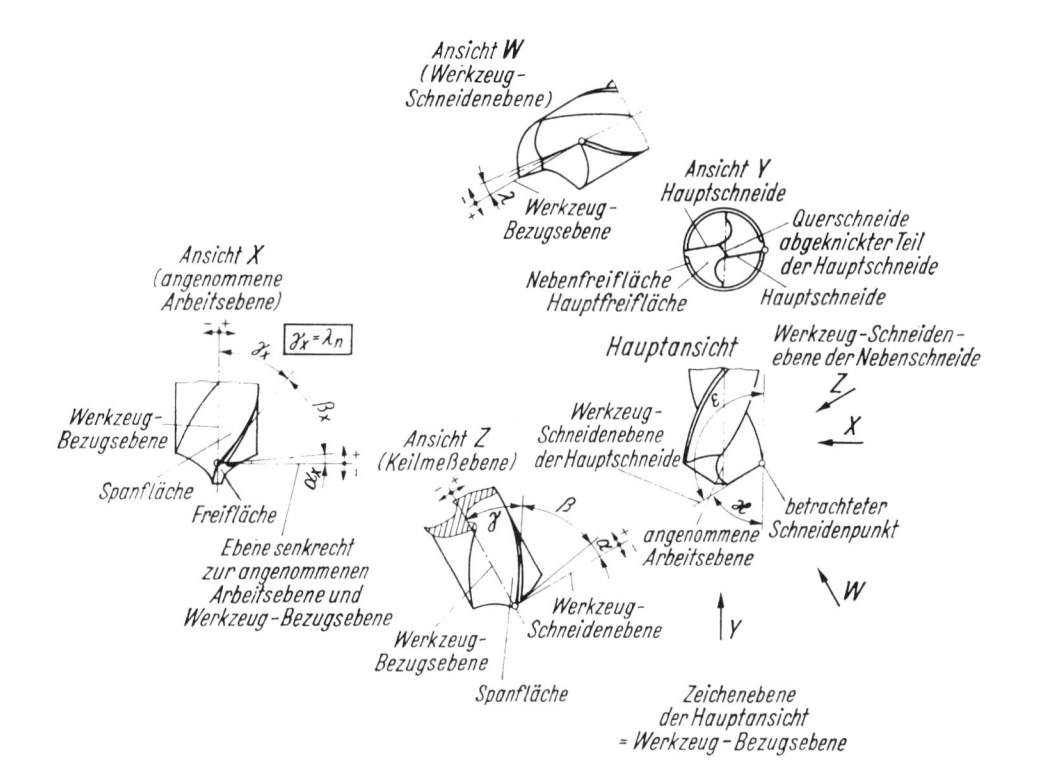

Schneiden- und Spanungsgeometrie: Winkel, Bezugssysteme

Bild 5.10 Werkzeugwinkel am Spiralbohrer
Geometrie am Schneidteil eines Spiralbohrers (nach DIN 6581)

| Gruppen-Nr. 7.6.1 | **Zerspanungstechnik** | Abschn./Tab. **ZT/6** |

6. Kräfte und Leistungen beim Spanen
a) Kräfte beim Spanen

Hauptbegriffe	Definitionen (Erläuterungen)
Kräfte	werden in Richtung auf das Werkzeug wirkend betrachtet. Dabei wird vereinfacht angenommen, daß die flächenhaft verteilten Kräfte an einem **Punkt** angreifen (Bild 6.1).
1. Spanungskraft F_z, F_s (früher F_g)	ist die bei einem Spanungsvorgang auf einen Schneidkeil wirkende **Gesamtkraft**. Sie ist beim Schleifen sinngemäß auf den im Eingriff befindlichen Teil des Schleifwerkzeugs zu beziehen.
2. Komponenten der Spanungskraft	Die einzelnen Kraftkomponenten Schnittkraft, Vorschubkraft und Wirkkraft tragen ihre Namen nach der Spanungsbewegung, in deren Richtung sie wirken. Aktivkraft und Passivkraft sind nach ihrer Beteiligung an der Spanungsleistung benannt: ● **Aktivkraft** ist die leistungsverursachende Komponente der Spanungskraft. ● **Passivkraft** ist – da sie auf sämtlichen Bewegungsrichtungen senkrecht steht – an der Spanungsleistung völlig unbeteiligt. Die **Stützkraft** wirkt senkrecht zur Vorschubrichtung und ist im allgemeinen Fall nicht durch eine Bewegungsrichtung bestimmt. Jede in einer beliebigen Ebene oder in einer beliebigen Richtung gesuchte Komponente ergibt sich durch Projektion der Spanungskraft F_z auf diese Ebene oder auf diese Richtung (also durch rechtwinklige Zerlegung). In der Praxis sind dabei besonders die Komponenten in der Arbeitsebene bzw. in der Wirk-Bezugsebene von Bedeutung.
	a) Komponenten von F_z in der Arbeitsebene: Alle in der Arbeitsebene liegenden Komponenten der Spanungskraft sind an der Spanungsleistung **beteiligt** (s. Bilder 6.1 und 6.2).
2.1 Aktivkraft F_a	ist die Projektion der Spanungskraft F_z (Zerspanungskraft) auf der Arbeitsebene (Schnittbreite bzw. -tiefe a oder a_p).
2.2 Schnittkraft F_c (früher F_s)	ist die Projektion der Spanungskraft F_z (bzw. der Aktivkraft F_a) auf die Schnittrichtung. $F_c = a \cdot f \cdot k_c = A \cdot k_c$. Früher Hauptschnittkraft F_H genannt. k_c ist spezifische Schnittkraft (Schnittdruck).
2.3 Vorschubkraft F_t (früher F_v)	ist die Projektion der Spanungskraft F_z (Zerspanungskraft) bzw. der Aktivkraft F_a auf die Vorschubrichtung.
2.4 Stützkraft F_{st}	ist die Projektion der Spanungskraft F_z (Zerspanungskraft, kurz Zerspankraft), bzw. der Aktivkraft F_a, auf eine in der Arbeitsebene liegende Senkrechte zur Vorschubrichtung.

| Gruppen-Nr. 7.6.1 | **Zerspanungstechnik** | Abschn./Tab. **ZT/6** |

Kräfte und Leistungen beim Spanen

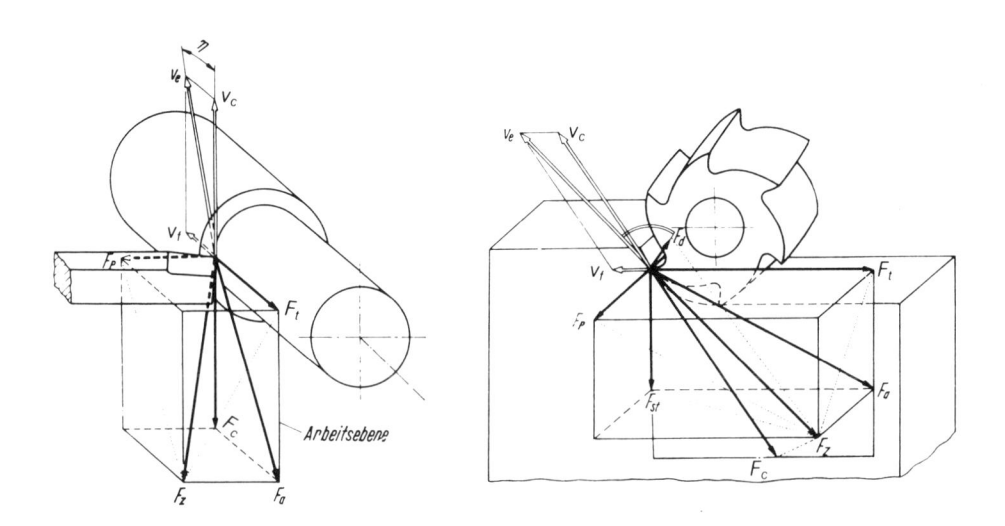

Bild 6.1 Kraftkomponenten am Drehmeißel

Bild 6.2 Kraftkomponenten beim Walzfräsen

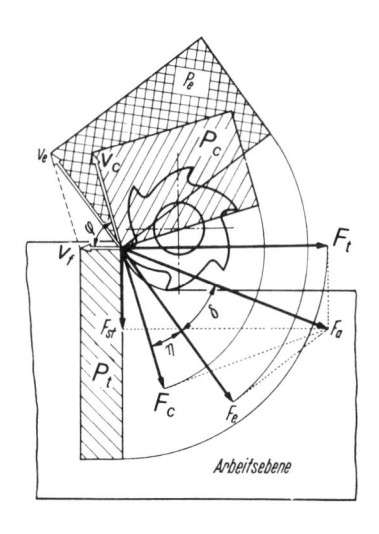

Bild 6.3 Kräfte und Leistungen beim Walzfräsen

1 – 31

| Gruppen-Nr. 7.6.1 | **Zerspanungstechnik** | Abschn./Tab. ZT/6 |

Kräfte und Leistungen beim Spanen

Hauptbegriffe	Definitionen (Erläuterungen)
	Zwischen Aktivkraft F_a, Stützkraft F_{st} und Vorschubkraft F_f gilt die Beziehung $$F_a = \sqrt{F_{st}^2 + F_f^2} \text{ und damit } F_{st} = \sqrt{F_a^2 - F_f^2}$$ Ist der Vorschubrichtungswinkel $\varphi = 90°$, z. B. beim Drehen, dann ist die Stützkraft F_{st} mit der Schnittkraft F_c identisch (F_{st} fällt in die Schnittrichtung). Nur dann ist $F_a = \sqrt{F_c^2 + F_f^2}$ und damit $F_c = \sqrt{F_a^2 - F_f^2}$ F_{st} ist diejenige Kraftkomponente, die: ● beim **Gegenlauffräsen** das „Ansaugen" des Fräsers bewirkt, ● beim **Gleichlauffräsen** das gefürchtete „Klettern" des Fräsers hervorruft
2.5 Wirkkraft F_e (Effektivkraft)	ist die Projektion der Spanungskraft F_z auf die Wirkrichtung (Geschwindigkeit v_e, Bild 6.2).
	b) Komponenten von F_z in der Wirk-Bezugsebene: Alle in dieser Bezugsebene liegenden Komponenten sind an der Spanungsleistung **unbeteiligt**. Aus meßtechnischen Gründen wird statt in der Wirk-Bezugsebene oft vereinfacht in der Ebene senkrecht zur Schnittrichtung gemessen.
2.6 Passivkraft F_p	ist die Projektion der Spanungskraft F_z auf eine Senkrechte zur Arbeitsebene (früher Rückkraft F_R). Es ist $F_p = \sqrt{F_z^2 - F_a^2}$ und damit $F_p = \sqrt{F_z^2 - (F_{st}^2 + F_f^2)}$. Nur wenn der Vorschubrichtungswinkel $\varphi = 90°$ ist, z. B. beim Drehen, gilt $F_p = \sqrt{F_z^2 - (F_c^2 + F_f^2)}$
2.7 Drangkraft F_d	ist die Projektion der Spanungskraft F_z auf eine Senkrechte zur Hauptschnittfläche. Sie ist diejenige Kraft, die den Schneidkeil des Werkzeugs aus dem Eingriff „drängen möchte"; sie wirkt senkrecht zur Schnittfläche.

| Gruppen-Nr. 7.6.1 | **Zerspanungstechnik** | Abschn./Tab. **ZT/6** |

Kräfte und Leistungen beim Spanen
b) Leistungen beim Spanen

Hauptbegriffe	Definitionen (Erläuterungen)
3. Erforderliche Leistungen	Die für das Spanen (Zerspanen) erforderlichen Leistungen ergeben sich als Produkt aus den betreffenden Geschwindigkeitskomponenten und den in ihrer Richtung wirkenden Komponenten der Spanungskraft (s. Bilder 6.1 bis 6.3).
3.1 Schnittleistung P_c	ist das Produkt aus Schnittkraft F_c und der Schnittgeschwindigkeit v_c. $P_c = F_c \cdot v_c$ $F_c = a \cdot f \cdot k_c = A \cdot k_c$; $v_c = \pi \cdot d \cdot n$; k_c = spezif. Schnittkraft (statt a auch a_p); ($f = f_c$)
3.2 Vorschubleistung P_t	ist das Produkt aus Vorschubkraft F_t und Vorschubgeschwindigkeit v_f; $P_t = F_t \cdot v_f$
3.3 Wirkleistung P_e (Effektivleist.)	ist das Produkt aus Wirkkraft F_e und Wirkgeschwindigkeit v_e. Sie ist damit auch die Summe aus Schnittleistung P_c und Vorschubleistung P_t (Bild 6.3). $P_e = F_e \cdot v_e = P_c + P_t$.
Anmerkungen	Die Einheit für Kraft F ist N (Newton), die für Leistung P ist Nm/s bzw. W (Watt), wenn v_e in m/s eingesetzt wird. 1 m/min = 1/60 m/s.

| Gruppen-Nr. 7.3.1 | Zerspanungstechnik | Abschn./Tab. ZT/7 |

7. Verschleiß und Standbegriffe beim Spanen

Begriffe	Definitionen (Erläuterungen)
1. Verschleiß	ist die Bezeichnung für die Abnutzung des unter Schnitt stehenden Schneidenteils des Werkzeugs durch die mechanische und thermischen Beanspruchungen während des Schnitts (Bild 7.1).
1.1 Freiflächenverschleiß KV_F	ist die Bezeichnung für den annähernd gleichmäßigen Abtrag von Schneidstoff an der Freifläche des Werkzeugs. Dabei liegt die Verschleißfläche, die sog. Verschleißmarke, etwa parallel zur Schnittrichtung (Bild 7.2).
1.2 Verschleißmarkenbreite VB (früher B)	wird in der Schneidenebene senkrecht zur Schneidkante gemessen, von der tatsächlichen Schneidkante (Bild 7.2): a) bis zu einer ausgleichenden Geraden, die parallel zur Schneidkante durch die Verschleißgrenze gelegt wird (mittlerer Freiflächenverschleiß) oder b) bis zur maximalen Verschleißgrenze (maximaler Freiflächenverschleiß).
1.3 Kantenversetzung KV_S	ist eine durch den Freiflächenverschleiß sich ergebende Rückversetzung der Schneidkante an der Spanfläche (im Bild 7.2 von 0 bis 1). Sie wird auf der Spanfläche senkrecht zur Schneidkante gemessen und erstreckt sich von der ursprünglichen bis zur tatsächlichen Kante.
1.4 Schneidkantenverschleiß	ist die Bezeichnung für den gleichmäßigen Abtrag von Schneidstoff entlang der Schneidkante, die sich dabei etwa in Form eines Kreiszylindersegments ausbildet. Der Radius R_S dieses Segments wird in einer Ebene senkrecht zur Schneidkante gemessen.
1.5 Kolkverschleiß	ist die Bezeichnung für den muldenförmigen Abtrag von Schneidstoff auf der Spanfläche. Es bildet sich der sogenannte Kolk (Bild 7.2). Folgende Abmessungen (Maße) werden ausgemessen:
● Kolklippenbreite KL	ist der Abstand von der tatsächlichen Schneidkante bis zum Kolkanfang, gemessen auf der Spanfläche und senkrecht zur Schneidkante.
● Kolkbreite KB	ist der Abstand von Kolkanfang bis Kolkende, gemessen auf der Spanfläche und senkrecht zur Schneidkante.
● Kolktiefe KT	ist der Abstand von der Spanfläche bis zur tiefsten Stelle des Kolks, gemessen senkrecht zur Spanfläche.
● Kolkmittenabstand KM	ist der Abstand von der ursprünglichen Schneidkante bis Kolkmitte.
Anmerkung:	bei Drehmeißel mit SS-/HSS-Schneide ist $KT/KM < 0{,}25$, bei Drehmeißel mit HM-Schneide ist $KT/KM < 0{,}4$ zulässig.
1.6 Thermisches Erliegen	ist ein plötzlich eintretendes Unbrauchbarwerden einer Schneide infolge zu hoher Wärmebelastung. Bei SS-Werkzeugen wird es oft „Blankbremsung" genannt.

| Gruppen-Nr. 7.3.1 | **Zerspanungstechnik** | Abschn./Tab. **ZT/7** |

Verschleiß und Standbegriffe beim Spanen

Begriffe	Definitionen (Erläuterungen)
2. Standgrößen	sind Größen, mit denen das Standvermögen eines Werkzeugs (oder auch die Spanbarkeit eines Werkstoffs) bezeichnet werden kann.
2.1 Standzeit T	ist diejenige Zeit, die ein Werkzeug oder eine Schneide schneidend bis zum Erreichen des gewählten Standkriteriums (siehe Punkt 3) im Einsatz sein kann. Früher auch Zeit zwischen zwei Nachschliffen genannt (Bearbeitungszeit).
2.2 Standweg L	ist derjenige Weg, den ein Werkzeug oder eine Schneide bis zum Erreichen des gewählten Standkriteriums (s. Punkt 3) im Einsatz sein kann. Früher auch zurückgelegter Weg zwischen zwei Nachschliffen genannt (Bearbeitungsweg).
2.3 Standmenge M	ist diejenige Anzahl von Werkstücken oder Arbeitsverrichtungen, die ein Werkzeug bis zum Erreichen des gewählten Standkriteriums bearbeiten kann.
3. Standkriterien	sind kennzeichnende Merkmale für die Grenze einer unerwünschten Veränderung von Werkstück oder Werkzeug durch den Spanungsvorgang. Die Auswahl der Standkriterien richtet sich: a) nach der Art des Bearbeitungsverfahrens, b) nach den Anforderungen, die an das herzustellende Teil gestellt werden, und c) nach wirtschaftlichen Überlegungen.
Beispiele wichtiger Standkriterien	1. am Werkzeug – z. B. die Grenzen des Werkzeugverschleißes. 2. am Werkstück – z. B. die Grenzen einer unerwünschten Veränderung von Form, Maß oder Oberflächengüte oder sonstiger Eigenschaften des Werkstücks. 3. des Spanungsvorgangs – z. B. die Grenzen einer Änderung der Spanungskraft oder ihrer Komponenten, der Schnitttemperatur, der Spanbildung oder des dynamischen Verhaltens.

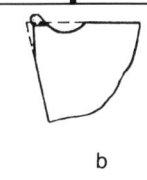

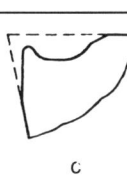

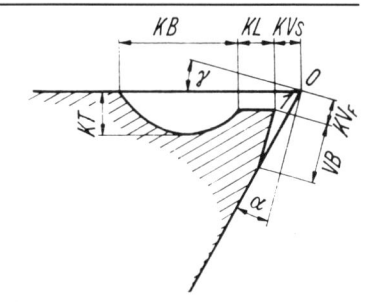

Bild 7.1 Verschleißarten:
 a) Span- und Freiflächenverschleiß
 b) Kolkverschleiß und kleiner Freiflächenverschleiß
 c) Kolk- und Freiflächenverschleiß

Bild 7.2 Verschleißgrößen am Schneidenkeil (z. B. am Drehmeißel)

1–35

| Gruppen-Nr. 7.3.1 | **Zerspanungstechnik** | Abschn./Tab. ZT/8 |

8. Einflußgrad der Arbeitsbedingungen: Zerspantechnik

Qualitative Zusammenfassung der Auswirkungen des Spanbildungsprozesses beim Zerspanen mit geometrisch bestimmter Schneide (also Keilwerkzeuge).

x starker Einfluß; + normaler Einfluß; 0 geringer Einfluß

a) Allgemein

auf \ Einfluß von	Schnittkraft	Schnittemperatur	Werkzeug-Verschleiß
Werkstück: Schruppen ▽	+	+	0
Schlichten ▽▽	+	+	x
Werkzeug: Schruppen ▽	x	x	x
Schlichten ▽▽	+	x	x
Werkzeugmaschine: Schruppen ▽	x	0	+
Schlichten ▽▽	+	+	+

b) Schnitt-, Spanungs- und Winkelgrößen

auf \ Einfluß von	Schnitt-tiefe a	Schnitt-geschwindigkeit v_c	Vorschub s	Span-winkel γ	Frei-winkel α	Einstell-winkel κ
Schnittkraft: Schruppen ▽	x	x	x	+	0	+
Schlichten ▽▽	+	+	+	+	0	+
Schnitt-Temperatur: Schruppen ▽	x	x	x	+	0	0
Schlichten ▽▽	x	+	+	+	0	0
Werkzeugverschleiß:	+	x	x	+	0	+
Oberflächengüte des Werkstücks: Schlichten ▽▽	+	x	x	+	0	+

Hinweis zu Tab. WH/1 oben, S. 2 — 1: Bedeutung der Kurzzeichen

Gruppe	Anwendungsbereich	Gruppe	Anwendung: Schruppfräser
N	Werkstoffe mit normaler Festigkeit und Härte.	NF/HF	Spanleiter mit **f**lachem Profil
H	Harte u. zähharte Werkstoffe und/oder kurzspan. Werkstoffe	NR/HR	Spanleiter mit **r**undem Profil
W	Weiche u. zähe Werkstoffe und/oder langspan. Werkstoffe		

1. Bereiche der Werkzeug-Anwendungsgruppen
N-H-W-NF-NR-HF/HR (n. DIN 1836); (s. a. Seite 1—36 unten)
x = Regelfall   (x) = Sonderfall, bedingt möglich

	Zu bearbeitender Werkstoff Bezeichnung		Zugfestigkeit R_m in N/mm²	\multicolumn{5}{c}{Werkzeug-Anwendungsgruppe}
				N	H	W	NF	NR	HF HR
Stahl und Stahlguß	Automatenstahl:		370... 600 550...1000	x x	 (x)	(x) 	x x	x x	 (x)
	Allgemeiner Baustahl:		bis 600 500... 900	x x		(x) 	x x	x x	
	Einsatzstahl:		bis 600 500... 800	x x		(x) 	x x	x x	
	Nichtrostender Stahl und Stahlguß¹):		450... 950	x			x	x	
	Nitrierstahl:	weichgeglüht vergütet	700... 900 800...1250	x x	 (x)		x x	x (x)	 x
	Stahlguß:		400...1100	x			x	x	
	Vergütungsstahl:	weich o. normal geglüht unlegiert, vergütet legiert, vergütet	500... 750 700...1000 700...1000 900...1250	x x x x	 (x)	 	x x x x	x x x x	 x
	Werkzeugstahl:	legiert, vergütet unlegiert oder legiert, weichgeglüht hochgekohlt und/oder hochlegiert, weichgegl.	900...1250 Brinellhärte HB = 180... 240 HB = 220... 300	x x (x)	(x) x	 	x x (x)	x x (x)	x x
Gußeisen und Temperguß	Gußeisen:	mit Lamellengraphit mit Kugelgraphit	Brinellhärte HB = 100... 240 HB = 230... 320 HB = 100... 240 HB = 230... 320	 x (x) x (x)	 x x		 x x x x	 x (x) (x) x	 x (x) x
	Temperguß		HB = 100... 270	x			x	(x)	(x)
Nichteisenmetalle	Aluminium-Knet und Gußlegierungen mit Si-Gehalt > 10 %		Zugfestigkeit R_m in N/mm² bis 180	 (x)		 x			
	Aluminium-Gußlegierungen mit Si-Gehalt > 8 %		150... 250	x			(x)	(x)	
	Kupfer		200... 400	(x)		x			
	Kupferlegierung:	mit hohem Cu-Gehalt mit geringem Cu-Gehalt und/oder höherer Festigkeit mit spanbrechenden Zusätzen (Pb, Ph, Te)	200... 550 250... 850 250...500	(x) x (x)	 x	x (x) 	 (x) 		
	Magnesium-Knet- und Gußlegierungen		150... 300	x		(x)			
	Titanlegierungen:	mittlere Festigkeit hohe Festigkeit	bis 700 600...1100	x (x)	 x		x (x)	x 	 x

¹) In Fällen schwieriger Zerspanung, z. B. beim Bearbeiten von Werkstoffen mit hoher Dehnung, ist eine Korrektur der Schneidengeometrie erforderlich. Siehe auch Tab. WH/12.

| Gruppen-Nr. 8.3 | Werkzeuge/Handhabung | Abschn./Tab. WH/2 |

2. Wichtige Schneidstoffe: Zusammensetzung und Anwendung

Einleitung:

1. Grundsätzlich wird das Spanen möglich, wenn die Härte des Schneidstoffs bei geeigneter Geometrie und Lage der Schneide größer als die des zu bearbeitenden Werkstoffs (des Werkstücks) ist.
2. Da beim Spanen Belastungsschwankungen und -stöße auftreten, wird vom Schneidstoff hohe Biegefestigkeit und Zähigkeit verlangt. Hohe Warmfestigkeit und Temperaturwechsel Beständigkeit sind begleitende Forderungen.
   – Die Vereinigung aller positiven (gewünschten) Eigenschaften in einem Schneidstoff ist nicht möglich, da teilweise Gegenläufigkeit des physikalischen Verhaltens vorliegt.
3. Zwei Arten von Schneidstoffen sind vorherrschend. Zieht man die Werkzeugkosten und die erzielbaren Spanvolumen in Betracht, sind Schnellarbeitsstähle zusammen mit Hartmetall (beschichtet oder unbeschichtet) mit über 90 % des Aufkommens an Werkzeug-Schneidstoffen vertreten.

   Diese Tatsache darf jedoch nicht zu der Annahme verleiten, daß

   a) nur wenig für die Entwicklung neuer Schneidstoffe getan wird oder
   b) sich die Entwicklungstätigkeit ganz auf den Bereich Schnellarbeitsstahl (SS bzw. HSS) und Hartmetall (HM) konzentriert.

Schneidstoff-Gruppe	Zusammensetzung	Anwendung/Eigenschaften
1. Werkzeug- stahl (WS) legiert unlegiert	C-Stähle; legierte Stähle. mit rd. 0,5 bis 1,7 % C. Warmhärte bis 200°C. mit Chrom, Wolfram, Vanadin und Molybdän; hohe Verschleißfestigkeit. Warmhärte bis 300°C.	Allgemein kaum noch eingesetzt. Nur für Spanarbeiten mit Temperaturen von maximaler Warmhärte, also bei niedrigen Schnittgeschwindigkeiten und geringer Wärmeentwicklung (wie Reiben, Räumen, Gewindeschneiden).
2. Schnellarbeits- stahl (SS) Hochleistungs-SS (HSS)	Legierte Stähle, die durch Zusatz von carbidbildenden Legierungselementen eine Warmhärte bis etwa 600°C besitzen (darüber geht die Schneidfähigkeit der Werkzeuge verloren). Wolfram(W) verbessert die Warmhärte und Zähigkeit. Vanadin(V): erhöht die Warmhärte und Anlaßbeständigkeit. Chrom (Cr): steigert die Härtefähigkeit und die Durchhärtung. Cobalt (Co): erhöht die Anlaßbeständigkeit.	Besonders bei mehrschneidigen Werkzeugen wie Spiralbohrern, Aufbohrern, Fräsern, Räumwerkzeugen, Sägeblättern, Gewinde-Schneidwerkzeugen; auch für Form- und Stech-Drehmeißel. Erzielbare Warmhärte ist relativ gering und deshalb kann höchstens eine Standweg- oder Standzeitgeschwind. von 40 m/min erwartet werden. Bedingung ist: reichliche Verwendung von Kühlschmierstoffen. Neuerdings auch Beschichtung von SS mit Titannitrid (TiN) und Titancarbid (TiC).

2–2

Wichtige Schneidstoffe: Zusammensetzung und Anwendung

Schneidstoff-Gruppe	Zusammensetzung	Anwendung/Eigenschaften
3. Hochleistungs-Schnellarbeitsstahl (HSS, als Basisschneidstoff) mit Hartstoffbeschichtung	HSS z. B. WMoVCo-Legierung (6-5-2-5% bzw. 6-5-3-8%). Mögliche Beschichtung: a) TiN (Titannitrid), goldfarbig. b) TiC (Titancarbid). c) HfN (Hafniumnitrid) oder d) AlO (Aluminiumoxid, Al_2O_3). Schichtmetalle (z. B. TiN) wird im Hochvakuum bei Temperaturen von 400 bis 500 °C auf HSS-Basismaterial aufgedampft; allgemein nach CVD- oder PVD-Verfahren (chemische bzw. physikal. Abscheidung (Vapour).	Sehr hohe Härte (HSS-TiN z. B. HV = 2300); verschleißfester Schichtstoff mit Festigkeit über 800 N/mm^2; sehr geringe Wärmedurchlässigkeit; hohe Standzeit. Hohe Schnittgeschwindigkeit (über 80 m/min) erzielbar. Bedingungen: stabile Werkzeugmaschinen, solide Aufspanungen. Anwendung: Serien- und Großserienfertigung.
4. Pulvermetallurgisch hergestellter HSS-Schneidstoff (PM HSS)	Asca-Stora-Stahl (ASP-Stahl). Allgemein WMoVCo-Legierung (6-5-3-8 %)	Festigkeit über 800 N/mm^2; großer Kolkverschleiß, abrasiv wirkender Werkstoff. Erreichbare Schnittgeschwindigkeit 75 m/min. Bedingungen: solide Werkzeugmaschinen, stabile Aufspannung. Anwendung: für Serienfertigung.
5. Gegossene Hartlegierungen (GHL) (Stellite)	sind C-haltige Gußlegierungen, die aus einem Grundmetall der Eisengruppe (Fe, Ni, Co) und zum überwiegenden Teil aus Carbidbildern wie Cobalt (Co), Chrom (Cr), Molybdän (Mo), Vanadin (V), Wolfram (W) bestehen. Formgebung der Werkzeuge erfolgt durch Gießen und anschließend Schleifen.	Wegen hoher Verschleißfestigkeit hat die Hartlegierung eine höhere Warmhärte als SS, sie ist aber sehr spröde. Besser ist deshalb Schnellarbeitsstahl und Hartmetall (HM). In Europa kaum eingeführt, obwohl besonders vorteilhaft als Aufschweißlegierung. Anmerkung: Legierung wird seit 1907 in den USA eingesetzt.
6. Gegossene Hartmetalle (GHM)	Metallcarbid-Legierungen (WC, CoC, TiC, TaC) wurden schon 1914 von Lohmann und Voigtländer zum Patent angemeldet.	Sie haben sich bis jetzt noch nicht durchgesetzt, wegen ihrer großen Sprödigkeit.

2–3

| Gruppen-Nr. 8.3 | Werkzeuge/Handhabung | Abschn./Tab. WH/2 |

Wichtige Schneidstoffe: Zusammensetzung und Anwendung

Schneidstoffgruppe	Zusammensetzung	Anwendung/Eigenschaften
7. (Sinter-) Hartmetalle (SHM, kurz HM)	Hartmetalle auf Wolfram-Basis, Carbide des Wolframs u. a. Schwermetalle (Cobalt, Titan, Tantal) sind durch Sintern (in Pulverform) zu Plättchen geformt (unter hohem Druck). HM sind gegenüber SS wesentlich härter und spröder und damit schlagempfindlicher. Sie haben sehr hohe Wärmehärte und Erweichungstemper. (über 1000 °C). Knoop-Härte HK bis 20 kN/mm^2, Biegefestigkeit bis 1,7 kN/mm^2 erreichbar. Hartmetall-Gruppen: a) WC, Co-HM (titancarbidfreies HM) Eventuell mit TaC und VC, Nb und Hf. b) WC, TiC, Co-HM (titancarbidhaltiges HM). Allgemein höhere Zähigkeit und geringere Härte. c) WC, TiC, TaC, Co-HM (mit mehr TaC als TiC). Besondere Eignung zur Formgebung kurzspanender Werkstoffe.	Allgemein von großer Bedeutung für die spanende und spanlose Formung (Fertigung). HM kann im Vergleich zu SS beim Spanen von Stahl die neunfache Spanmenge je Stunde abheben. Anmerkung: HM wurde 1923 von Schröter erfunden, 1926 von Krupp angefertigt als „Widia" (Wie Diamant). Neuerdings werden den Hartmetallen noch andere, sehr hochschmelzende Carbide von Hafnium (Hf), Tantal (Ta) Niob (Nb) und Vanadin (V) zugesetzt (z. B. den K-Sorten). z. B. „K"-Gruppe für kurzspanende Werkstoffe (Aluminium, Kupfer. Nichteisenguß, gehärteter Stahl, Kunststoffe). z. B. „P"-Gruppe für langspanende Werkstoffe (Stahl, Stahlguß, Temperguß). z. B. „M"-Gruppe (Mehrzweck- oder Universalsorte) für kurz- und langspanende Werkstoffe (Stahl, Gußeisen, Mangan-Hartstahl usw.).
8. Beschichtete Hartmetalle (BS HM, kurz LHM)	Wolframcarbid-Cobalt-HM ist beschichtet (festgelötet) mit Titancarbid (TiC), Titannitrid (TiN). Hafniumnitrid (HfN) oder Aluminiumoxid (Al$_2$O$_3$) in Form von Folien (4 bis 8 μm dick). Ein optimales Resultat wird nur erzielt durch ein ideales Zusammenwirken von Schichteigenschaften, Unterlageneigenschaften und Schneidengeometrie.	Die weitere Entwicklung derartiger Verbundwerkstoffe (mehrlagig aufgebaute Beschichtung) hat zu bedeutend größerer Leistungsfähigkeit der Schneidplättchen geführt. Von den häufig angewendeten Beschichtungsstoffen bietet Al$_2$O$_3$ die höchste chem. Beständigkeit wie auch die größte Härte bei höheren Temperaturen (als SHM).

| Gruppen-Nr. 8.3 | Werkzeuge/Handhabung | Abschn./Tab. WH/2 |

Wichtige Schneidstoffe: Zusammensetzung und Anwendung

Schneidstoffgruppe	Zusammensetzung	Anwendung
9. Schneidkeramik (SK) gesintert (1928 von Osenberg erfunden; seit 1950 eingesetzt)	ist ein Sinterhartstoff, deren Grundsubstanz Al_2O_3 besteht. Die oxidkeramischen Stoffe bestehen aus zwei Gruppen, den reinen oxidkeramischen Sorten (weiß) und den mischkeramischen Sorten (schwarz), die aus Oxiden und Karbiden aufgebaut sind. Arten: a) Oxid-Keramik (OK); ist reines Aluminiumoxid (Al_2O_3); weiß bis rosa. b) Oxid-Metall-Keramik (OMK) ist Aluminiumoxid mit Metallkomposition wie Molybdän und Titan; grauschwarz. c) Oxid-Carbid-Keramik (O CK): ist Aluminiumoxid mit Metallcarbide wie WC, TiC, MoC + TiC; schwarz Allgemein: Knoop-Härte HK bis 17,5 kN/mm^2 (GPa), Biegefestigkeit 0,25 kN/mm^2 (GPa). In der Fertigungstechnik in Form von keramischen Schneidplatten der Qualität SN 60 oder SH 80 eingesetzt.	SK hat eine außerordentliche Härte und Sprödigkeit und damit hohe Verschleißfestigkeit (je nach Al_2O_3 Gehalt), hohe Warmhärte und Warmverschleißfestigkeit. Deshalb ist SK (z. B. SN) besonders für leichte Schnitte und sehr hohe Schnittgeschwindigkeit geeignet. als Mehrzweck-Schneidstoff z. B. für Zerspanung von Stahl und Gußmetallen. wird auch Cermets genannt. Allgemein für langspanende Werkstoffe. Mehrzwecksorte für Stahl und Gußmetalle, hochlegierte und hochwarmfeste Stähle. Allgemeine Bemerkungen: 1. Möglichst ohne Kühlung arbeiten, da sonst Risse und Ausbrüche entstehen. 2. Empfindlich gegen Schwingungen und Stöße, da geringe Zähigkeit und Biegefestigkeit. 3. Nachschleifen der Keramikplättchen nur mit Diamantscheiben möglich.

| Gruppen-Nr. 8.3 | Werkzeuge/Handhabung | Abschn./Tab. WH/2 |

Wichtige Schneidstoffe: Zusammensetzung und Anwendung

Schneidstoff-Gruppe	Zusammensetzung	Anwendung/Eigenschaften
10. Bornitride (BN)	Dieser Schneidstoff ist eine chem. Verbindung von Bor- und Stickstoff (Dichte 2,34 g/cm³). Diese Legierung ändert ihr Kristallgitter unter dem Einfluß hoher Temperaturen (1500 bis 2100°C) und extremer Drücke (60 bis 100 kbar = 6 bis 10 GPa). Knoop-Härte HK allgemein bis 44 kN/mm² (GPa), Biegefestigkeit bis 0,6 kN/mm² (GPa). Zu unterscheiden sind: a) kubische Bornitride (CBN, Cone BN). b) polykristalline kubische Bornitride (PK CBN); sog. Superlegierungen mit sehr hoher Verschleißfestigkeit. c) hexagonale Borntride; Kristalle mit Wurtzitform (deshalb Abkürzung WBN) Schneidstoff hat eine außergewöhnlich hohe Härte.	Sehr hohe Härte, deshalb ist Einsatz für Spanarbeit bei großen Spandicken oder unterbrochenem Schnitt nur bedingt zulässig. Dieser Schneidstoff verbindet sonst hohe Verschleißfestigkeit sehr hoher Temperaturbeständigkeit und Wärmeleitfähigkeit; er ist unempfindlich gegen Temperaturschocks (deshalb kühl- und schmierfähig). Allgemein für Stähle, Gußeisen, gehärtete Stähle. Für Hartguß und hochlegierte Stähle (hochtemperaturfeste Legierungen) wie Inconel, Incoloy, K-Monel, Stellite, Colmonoy, Waspoloy. Für gehärtete Legierungen wie Kokillenguß, Meehanite, Moly-Chrom-Guß u. a. Für Spanarbeiten bei Werkstoffen mit äußerst hoher Festigkeit und Härte geeignet (als sog. WBN auf dem Markt).
11. Diamant (D)	wird sowohl natürlich als auch synthetisch (reines C) eingesetzt. Es ist äußerst hart (Knoop-Härte bis 50 kN/mm², 4mal so hart als HM), hat sehr hohe Verschleißfestigkeit (40- bis 50mal höhere Standzeit erreichbar als bei HM).	Allgemein für die Feinbearbeitung von Metallen, Glas, Keramik und Kunststoff mit geometrisch bestimmter Schneide (Diamant zum Bohren, Drehen) bzw. unbestimmter Schneide (Pulverform.) Biegefestigkeit allg. 1,1 kN/mm² (GPa).
a) Natur-Diamant	Monoklistalliner Diamant (MKD, kurz Dia). Er kann, parallel zu einer seiner Spaltebene beansprucht, leicht spalten.	zum Läppen, Honen, Schleifen mit geometrisch bestimmten Schneiden auch zur Bohr- und Drehbearbeitung.
b) Kunst-Diamant	Polykristalliner Diamant (PKD). Er wurde 1954 von Dr. H. Tracy Hall, bei General Electric, erfunden. PKD oxidiert oberhalb 800°C, wenn Sauerstoff hinzukommt.	Das Kristallhaufwerk überträgt Kräfte in beliebiger Richtung gleich gut. Diamant widersteht Abrieb und Stößen, wenn er gesintert wird (in Korngrößen von 10 bis 75 μm).

| Gruppen-Nr. 8.3 | Werkzeuge/Handhabung | Abschn./Tab. WH/3 |

3. Merkmaltendenz wichtiger Schneidstoffe (Schneidenwerkstoffe)

Als Schneidstoff bezeichnet man den Werkstoff, aus dem der aktive Teil des Werkzeugs – der eigentliche Schneidenteil – besteht. Er wird oft auch als Schneidenwerkstoff oder Werkzeugwerkstoff bezeichnet.

Hauptgruppe/ Werkstoffart	Eigenschaften				Spanungsbeding.		Carbid-/ Oxidbildender Hartstoffanteil in %
	Härte	Zähigkeit	Wärmefest	Verschleißfest.	Schnittgeschw. v_c	Vorschub s, v_f	
Werkzeugstahl unleg. (WS)							5... 10
Schnellarbeitsstahl (SS)							20... 30
Hochleistungsschnellarbeitsstahl (HSS)							25... 40
Gegossene Hartlegierungen, CoCrW (Stellite)							30... 40
Hartmetall, -Sinter (HM): a) WC, Co („K") b) WC, TiC, Cö („P") c) WC, TiC, TaC, Co („M") d) Beschichtete Legier. (HM mit eingebundenen Carbiden)							80... 40
Schneid-Keramik (SK): Al_2O_3-Basis: a) Oxid-Keramik (OK) b) Oxid-Metall-Keramik (OMK) (Cermets) c) Oxidcarbid-Keramik (OCK) WC, TiC, MoC							80... 97 90... 98 95...100
Bornitrid, kubischer (polykrist.) (CBN)							naturhart
Diamant (Dia) (monokrist.)							naturhart

Beachte: Richtungspfeile bedeuten zunehmende Eigenschaften/Spanungswerte

Hauptforderungen an Schneidstoffen (für den zweckmäßigen Einsatz):

1. Große Härte und Druckfestigkeit — Der Schneidstoff muß die Werkstoffteilchen abtrennen und zerkleinern
2. Hohe Biegefestigkeit und Zähigkeit — Das Werkzeug muß die stoßweise Belastung überstehen
3. Hohe Verschleißfestigkeit — Eine bestimmte Kombination von Härte und Zähigkeit ergibt die gewünschte Verschleißfestigkeit und damit auch die verlangte hohe Standzeit.
4. Hohe Temperaturbeständigkeit — Schneidstoff muß die oft hohen Schnittemperaturen ohne merklichen Härteverlust ertragen können. Deshalb ist eine große Warmhärte und, besonders bei unterbrochenem Schnitt, eine entsprech. Temperaturwechselfest. erwünscht.

– Es hängt von der Spanungsaufgabe ab, welchem der 4 Punkte die größte Bedeutung zukommt. –

2 – 7

| Gruppen-Nr. 8.3 | Werkzeuge/Handhabung | Abschn./Tab. WH/4 |

4. Eigenschaften verschiedener Schneidstoffe (außer SS, HSS)

E-Modul = Elastizitätsmodul E; G-Modul = Schub- (Gleit-) Modul G;
K-Modul = Kompressionsmodul K;

Natur-Diamant (Monokristalliner Diamant) = D (Dia) = MKD

Kunst-Diamant (Polykrsitalliner Diamant) = PKD; z. B. Syndite 025

Kubisches Bornitrid = CBN; Polykristalliner kubisches Bornitrid = PK CBN

Schneidkeramik = Oxid-Keramik (OK): z. B. V (Valenite) und SPK (Feldmühle)

Größen (Werte) in GN/m^2 (GPa)	Hartmetall HM (K 10)	Oxid-Keramik (OK) Al_2O_3+TiC		Bornitrid		Diamant	
		V	SPK	CBN	PK CBN	MKD	PKD
E-Modul	630	365	374	680		964	841
G-Modul	258	147	151	279		401	345
K-Modul	375	234	240	405		541	501
Grenzzugfestigkeit (Druckfest.)	1,01	0,24	0,34	0,45		2,6	1,29
Biegefestigkeit	1,7	0,26	0,39	0,57		–	1,1
Knoop-Härte HK bei 20 N bei 10 N	17,9 17,6	17,4 15	28 25	42 40	28 26	56-100 75	50 48
Wärmeleitfähigkeit in W/m·K Zul. Temperatur °C	800 900	1850 950 ··· 1300		1400 1100 ··· 1200		830 1250	1200 1400

Knoop-Härte HK: Borcarbid bis 28
Siliciumcarbid <26
Wolframcarbid <24
Korund bis 24

Vickers-Mikrohärte (bei 5 N):
Wolframcarbid bis 25
Vanadincarbid bis 29
Titancarbid bis 33

Anmerkung: Seit 1975 werden mit HM-Wendeschneidplatten bestückte Bohrer, Drehmeißel und Fräser auf dem Markt angeboten (siehe Kapitel WH/9).

| Gruppen-Nr. 8.3 | **Werkzeuge/Handhabung** | Abschn./Tab. WH/5 |

5. Hochleistungs-Schnellarbeitsstähle: Zusammensetzung, Anwendungsbereiche

(Auswahlreihe für Präzisionswerkzeuge; Chrom-Gehalt allg. 4,5 %)
Die Ziffern der Kurznamen bedeuten nacheinander Wolfram- (W-),
Molybdän- (Mo-), Vanadium- (V-) bzw. Cobalt- (Co-) Gehalt in %.

Kurzname DIN 17350 neu (alt)	Werkstoff-Nummer DIN 17007	C-Gehalt in %	Anwendungsbereiche Merkmale (DIN- und SEL-Erfahrungsdaten)
S 6-5-2-5 (EMo5 Co5)	1.3243	0,82	Bohrer, Reibahlen, Fräser, Räumnadeln, Zähne/Segmente f. Kreissägen, Dreh- und Hobelmeißeln. Profilwerkzeuge jeder Art für Höchstbeanspruchung. Hohe Schneidleistung.
S 6-5-2 (DMo5)	1.3343	0,82	Bohrer, Reibwerkzeuge, Räumnadeln, Segmente/Zähne f. Kreissägen, Fräser, Dreh- und Hobelmeißel. Hohe Schneidleistung und Zähigkeit; für Werkstoffe mit Festigkeit über 850 N/mm².
S 6-5-3 (EMo5 V3)	1.3344	1,2	Gewindebohrer, Hochleistungsfräser, hochbeanspruchte Räum- und Reibwerkzeuge. Hohe Schnittleistung.
SC 6-5-2 (BMo9 V2)	1.3342	0,96	Fräswerkzeuge, Schneidräder, Spiralbohrer, Räum- u. Reibwerkzeuge, Gewindebohrer, Feinschneidwerkzeuge, Umformwerkzeuge und ähnliche Werkzeuge hoher Schneidhärte.
S 18-0-2 (C 18)	1.3357	0,74	Spiral- (Drall-) und Gewindebohrer Fräser, Räumwerkzeuge und ähnliche. Ziffern der Kurznamen bedeuten, 18,5 % Wolfram (W), 0,5 % Molybdän und 1,5 % Vanadium.
S 12-1-4-5 (EV4 Co)	1.3202	1,32	Reibahlen, Fräser, Dreh- und Einstechmeißel; Form-, Schrupp- und Schlichtwerkzeuge größten Verschleißwiderstandes. Bei guter Kühlung für Automatenarbeit. Besonders hohe Verschleiß- und Warmhärte; hohe Schneidleistung.
S 10-4-3-10 (EV4)	1.3207	1,25	Formmeißel, Fräs- und Schlichtwerkzeuge, Reibwerkzeuge, Schneidräder. Hohe Schneidleistung. Besonders für saubere Schlichtarbeit auf Metall hoher Festigkeit.

2 – 9

| Gruppen-Nr. 8.3 | Werkzeuge/Handhabung | Abschn./Tab. WH/6 |

6. Schnellarbeitsstähle (SS, HSS, VHSS): Analyse, Härtung

Kurzname nach DIN 17 350	Stoff-Nr. nach DIN 17 007	a) Chem. Zusammensetzung in % (Richtwerte) (Si < 0,4; Mn < 0,4; P/S je max. 0,025)						b) Wärmebehandlungs- temperatur (in °C) Härten (Salzbad/Ofen)	
		C ≈	Cr <	V <	Mo <	W <	Co <	einf. Werkz.	kompl. Werkz.
S 10-4-3-10 *	1.3207	1,25	4,5	3,5	4,0	11,0	11,0	1230...1260	1210...1240
S 12-1-2-3	1.3211	0,90	4,2	2,5	1,0	12,5	3,0	1230...1260	1210...1240
S 18-1-2-3	1.3245	0,82	4,2	1,5	1,0	18,5	3,0	1260...1290	1230...1270
S 2-9-2-8	1.3249	0,90	4,0	2,2	9,0	2,0	8,5	1200...1230	1190...1220
S 12-1-2-5	1.3251	0,82	4,2	2,0	1,2	12,5	5,5	1260...1290	1250–1280
S 18-1-2-5 *	1.3255	0,79	4,5	1,7	0,8	18,5	5,0	1270...1300	1260...1290
S 18-1-2-15	1.3257	0,79	4,5	2,0	1,5	18,5	15,0	1270...1300	1260...1290
S 18-1-2-10	1.3265	0,76	4,5	1,7	0,8	18,5	10,0	1270...1300	1260...1290
S 9-1-2	1.3316	0,82	4,5	2,0	1,0	9,0	–	1230...1260	1220...1250
S 12-1-2	1.3318	0,88	4,5	2,6	1,0	12,5	–	1240...1270	1220...1250
S 3-3-2	1.3333	1,00	4,5	2,5	2,8	3,5	–	1200...1230	1180...1210
S 2-9-1	1.3346	0,82	4,2	1,3	9,2	2,0	–	1200...1230	1180...1210
S 18-0-1	1.3355	0,74	4,5	1,2	–	18,5	–	1250...1280	1240...1270
S 12-1-4-5 *	1.3202	1,35	4,5	4,0	1,0	12,5	5,0	1230...1260	1210...1240
S 6-5-2-5 *	1.3243	0,82	4,5	2,0	5,2	6,7	5,0	1230...1260	1210...1240
S 12-1-4	1.3302	1,25	4,5	4,0	1,0	12,5	–	1240...1270	1220...1250
S 6-5-2 *	1.3343	0,82	4,5	2,0	5,2	6,7	–	1220...1250	1200...1230
S 6-5-3 *	1.3344	1,20	4,5	3,5	5,2	6,7	–	1220...1250	1200...1230
S 2-9-2	1.3348	0,97	4,0	2,2	9,2	2,0	–	1200...1230	1100...1220
S 18-0-2	1.3357	0,74	4,5	2,2	0,5	18,5	–	1250...1280	1240...1270

| Weichglühen: bei 770...820 °C (Härte HB 30: 240...300) | Abkühlung in: trock. Druck- luft, angewärmt. Öl (60 °C) oder Warmbad (500...550 °C) |

* SS-Stähle nach DIN 17 350

Beachte: Norm- und Erfahrungsdaten sowie SEL-Daten

| Gruppen-Nr. 8.3 | Werkzeuge/Handhabung | Abschn./Tab. WH/7 |

7. Wärmebehandlung von Schnellarbeitsstählen (SS, HSS)

Das Härten der Schnellarbeitsstähle erfolgt in drei Stufen: Weichglühen, Härten und Anlassen.

1. **Weichglühen**: Werkzeuge aus SS müssen nach dem Umformen (Schmieden), vor der spanenden Bearbeitung und vor jeder Härtung weichgeglüht werden. Diese Schneidstoffe sind schlechte Wärmeleiter und müssen daher langsam erwärmt und abgekühlt werden.

Nach Erreichen der im Tafel angegebenen Glühtemperaturen werden die Werkzeuge 2 bis 4 Stunden auf Glühtemperatur gehalten, dann im Ofen auf 500 bis 600°C abgekühlt und anschließend in ruhiger Luft abgelegt.

2. **Härten**: Die Werkzeuge werden im Muffelofen auf 500 bis 600°C, dann im Salzbad auf 1000 bis 1050°C vorgewärmt.
Aus der letzten Vorwärmstufe werden die Werkzeuge im Salzbad auf Härtetemperatur (siehe Tafel) erhitzt und einige Zeit auf Härtetemperatur gehalten. Danach wird im Warmbad (von 500 bis 550°C) oder im Ölbad (von 60°C) abgeschreckt und in trockener Luft (eventuell angewärmt) auf Raumtemperatur abgekühlt.

Die sog. **Tauchzeit** (= Verweilzeit im Härtebad) und die Höhe der Härtetemperatur sind für die Leistungsfähigkeit der Werkzeuge von großer Bedeutung.

4. **Anlassen**: SS-Werkzeuge müssen unmittelbar nach dem Härten in Warmbädern mehrfach angelassen werden. Zwischen aufeinanderfolgenden Anlaßbehandlungen wird auf Raumtemperatur abgekühlt.

Nach 2- bis 3maligem Anlassen auf die in nachfolgender Tafel angegebenen Temperaturbereiche wird die **Höchsthärte** erreicht.

Zu vierter Spalte: E = einfache Werkzeuge, K = komplizierte Werkzeuge. Erfahrungs- und SEL-Daten.

Stahlklasse (* n. DIN)		Wärmebehandlungs-Temperaturen in °C (von/bis)		
neu	alt	Weichglühen	Härten	Anlassen
S 6-5-2-5 *	EMo5 Co5	800...830	E: 1230...1260 K: 1210...1240	550...580
S 6-5-2 *	DMo5	800...825	E: 1200...1240 K: 1190...1225	540...560
S 6-5-3 *	EMo5 V3	775...820	E: 1225...1250 K: 1200...1230	560...580
SC 6-5-2	BMo9 V2	790...820	E: 1200...1235 K: 1150...1210	550...570
S 18-0-2	C18	780...820	E: 1250...1280 K: 1230...1270	530...560
S 12-1-4-5 *	EV4Co	790...830	E: 1230...1260 K: 1210...1240	560...580
S 12-1-4 *	EV4	780...810	E: 1240...1270 K: 1220...1250	550...570
S 3-3-2		775...825	1180...1220	530...550
S 6-5-2-5 *		770...820	1210...1250	560...580
S 10-4-3-10 *		770...820	1210...1250	560...580
S 12-1-2		770...820	1220...1260	540...560

Angestrebte Härte im weich geglühten Zustand allg. HB 240 bis 300.

Anmerkung: Warmumformtemperatur liegt allgemein zwischen 1100 und 900° C;
Abkühlung nach der Warmumformung: in Asche, Sterchamol oder Ablegeofen.

8. Gestaltung und Oberflächenbehandlung der SS- und HSS-Werkzeuge

a) Die Gestaltung der Schnellarbeitsstahl-Werkzeuge kann sein:

1. massiv aus SS bzw. HSS	bei kleinen Werkzeugabmessungen (z. B. kleine Spiralbohrer, Fräser).
2. auf einen Grundkörper aus Stahl (St 60/St 70) hartaufgelötete oder geklemmte SS-Platten bzw. HSS-Platten	z. B. bei großen Dreh- und Hobelmeißeln, Fräsköpfen, Räumwerkzeugen.
3. auf einen Grundkörper aus Stahl (St 60/St 70) auftragsgeschweißter SS bzw. HSS	Anwendung wie bei Punkt 2.
4. stumpfgeschweißte Werkzeuge: Schaftteil aus Stahl Schneidenteil aus SS bzw. HSS	z. B. bei großen Spiralbohrern und Drehmeißeln, Hobel- und Stoßmeißeln.

b) Oberflächenbehandlung der SS- und HSS-Werkzeuge (Schneidenteil)

Zur Erhöhung der Leistungsfähigkeit und der Standzeit, durch Verbesserung des Verschleißverhaltens (höhere Verschleißfestigkeit), sowie zur Erweiterung der Anwendungsgebiete sind folgende Verfahren bekannt:

1. Hartverchromen (Chrombeschichten)
2. Nitrieren (Ionitrieren)
3. Zyanieren (Carbonitrieren)
4. Phosphatieren
5. Elektrofunkenmethode
6. Behandlung mit Molybdändisulfid.

Beachte:

Zur weiteren Erhöhung der Standzeit bzw. zur Senkung der Schnitt-Temperatur sollte unbedingt mit Kühlung gearbeitet werden (entsprechendes Kühlschmiermittel verwenden).

| Gruppen-Nr. 8.3 | Werkzeuge/Handhabung | Abschn./Tab. WH/9 |

9. Masse von Rund-, Vier-, Sechs- und Achtkantstahl (in kg/m)

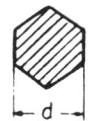

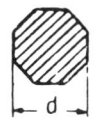

Rund-, Vierkant-, Sechskantstahl z. T. nach DIN 1013, 1014, 1015

d mm	Rund	Vierkant	Sechskant	Achtkant	d mm	Rund	Vierkant	Sechskant	Achtkant
5	0,154	0,196	0,170	0,163	47	13,619	17,341	15,017	14,366
6	0,222	0,283	0,245	0,234	48	14,205	18,086	15,663	14,983
7	0,302	0,385	0,333	0,319	49	14,803	18,848	16,323	15,614
8	0,395	0,502	0,435	0,416	50	15,414	19,625	16,996	16,258
9	0,499	0,636	0,551	0,527	51	16,036	20,418	17,682	16,915
10	0,617	0,785	0,680	0,650	52	16,617	21,226	18,383	17,585
11	0,746	0,950	0,823	0,787	53	17,319	22,051	19,096	18,267
12	0,888	1,130	0,979	0,936	54	17,978	22,891	19,824	18,963
13	1,042	1,327	1,149	1,099	55	18,650	23,746	20,565	19,672
14	1,208	1,539	1,330	1,275	56	19,335	24,618	21,319	20,394
15	1,387	1,766	1,530	1,463	57	20,031	25,505	22,088	21,129
16	1,578	2,010	1,740	1,665	58	20,740	26,407	22,869	21,877
17	1,782	2,269	1,965	1,879	59	21,462	27,326	23,665	22,638
18	1,998	2,543	2,203	2,107	60	22,195	28,260	24,474	23,412
19	2,226	2,834	2,454	2,348	61	22,941	29,210	25,296	24,198
20	2,466	3,140	2,719	2,601	62	23,700	30,175	26,133	24,998
21	2,719	3,462	2,998	2,868	63	24,470	31,157	26,982	25,811
22	2,984	3,799	3,290	3,148	64	25,253	32,154	27,846	26,637
23	3,261	4,153	3,596	3,440	65	26,05	33,17	28,72	27,48
24	3,551	4,522	3,916	3,746	66	26,86	34,20	29,61	28,33
25	3,853	4,906	4,249	4,065	67	27,68	35,24	30,52	29,19
26	4,168	5,307	4,596	4,396	68	28,51	36,30	31,44	30,07
27	4,495	5,723	4,956	4,741	69	29,35	37,37	32,37	30,96
28	4,834	6,154	5,330	5,099	70	30,21	38,46	33,31	31,87
29	5,185	6,602	5,717	5,469	71	31,08	39,57	34,27	32,78
30	5,549	7,065	6,118	5,853	72	31,96	40,69	35,24	33,71
31	5,925	7,544	6,533	6,250	73	32,86	41,83	36,23	34,66
32	6,313	8,038	6,961	6,659	74	33,76	42,99	37,23	35,61
33	6,714	8,549	7,403	7,082	75	34,68	44,16	38,24	36,58
34	7,127	9,075	7,859	7,518	76	35,61	45,34	39,27	37,56
35	7,553	9,616	8,328	7,966	77	36,56	46,54	40,31	38,56
36	7,990	10,200	8,811	8,428	78	37,51	47,76	41,36	39,56
37	8,440	10,747	9,307	8,903	79	38,48	48,99	42,43	40,59
38	8,903	11,335	9,817	9,391	80	39,46	50,24	43,51	41,62
39	9,378	11,940	10,340	9,891	81	40,45	51,50	44,60	42,67
40	9,865	12,560	10,877	10,405	82	41,46	52,78	45,71	43,73
41	10,364	13,196	11,428	10,932	83	42,47	54,08	46,83	44,80
42	10,876	13,847	11,992	11,472	84	43,50	55,39	47,97	45,89
43	11,400	14,515	12,570	12,024	85	44,55	56,72	49,12	46,99
44	11,936	15,198	13,162	12,590	86	45,60	58,06	50,28	48,10
45	12,485	15,896	13,767	13,169	87	46,67	59,42	51,46	49,22
46	13,046	16,611	14,385	13,761	88	47,75	60,79	52,65	50,36

Werkstoff: Für Rund- und Sechskantstähle alle Baustahlsorten (z. B. 9 S 20), für Quadratstähle vorzugsweise U St 37 K; Stangenlänge 8 m.

2−13

| Gruppen-Nr. 8.3 | Werkzeuge/Handhabung | Abschn./Tab. WH/10 |

10. Arbeitsbedingungen und Merkmale der Hartmetall-Gruppen (ISO)

Haupt-Einsatz-Gruppe	Dichte ρ	Biege-festigk. Zähigkeit	Härte	Anwend. Fein-spanen	Schnitt-geschwin-digkeit v_c	Vor-schub f_c
(P 01) P 10 P 20 P 30 P 40	↓	↓	↑	Schlichten ↑ ↓ Schruppen	↑ ↓	↑ ↓
(K 01) K 10 K 15 K 20 K 30 K 40*	↓	↓	↑	Schlichten ↑ ↓ Schruppen	↑ ↓	↑ ↓
M 10 M 20 M 30* M 40*	↓	↓	↑	Schlichten ↑ ↓ Schruppen	↑ ↓	↑ ↓

Pfeilrichtung bedeutet: zunehmend.

Bemerkungen:

1. Mit zunehmender Härte und Verschleißfestigkeit sinkt die Biegefestigkeit und Zähigkeit der Hartmetalle (HM). Mit steigender Zähigkeit (höherer Kobaltgehalt) verschlechtert sich das Verschleißverhalten bzw. die Warmhärte.

2. Die Weiterentwicklung der Hartmetalle ergab
   a) hochtitankarbidhaltige Hartmetalle (z. B. P 01.3) hoher Härte, die ein ausgezeichnetes Verschleißverhalten aufweisen und das Spanen mit hohen Schnittgeschwindigkeiten zulassen. Bedingt durch ihre hohe Härte, weisen sie aber eine geringe Zähigkeit auf und sind deshalb nur für die Feinbearbeitung (kleine Spanungsquerschnitte, geringe Kräfte) geeignet. Diese HM-Sorten kommen in ihren Eigenschaften und ihrer Anwendung der Schneidkeramik nahe.
   b) Hartmetallsorten hoher Zähigkeit für schwere und unterbrochene Schnitte (z. B. für Schruppdrehen und Hobeln) und niedrige Schnittgeschwindigkeiten (große Spanungsquerschnitte, hohe Kräfte).
   Sie stellen ein Bindeglied zwischen Schnellarbeitsstahl (SS, HSS) und Hartmetall (den Norm-Hartmetallen für Stahl P 10, P 20, P 30) dar.
   Für die Stahlspanung ist dies die Sorte P 40 mit einem relativ hohen Kobaltanteil.

3. Hartmetall hat eine wesentlich höhere Warmhärte und Erweichungstemperatur (über 1000°C) als Schnellarbeitsstahl. Hartmetall ist allerdings gegenüber Schnellarbeitsstahl (SS, HSS) bedeutend härter und spröder und damit schlagempfindlicher.

* nach DIN 4990 nicht mehr genormt

| Gruppen-Nr. 8.3 | Werkzeuge/Handhabung | Abschn./Tab. WH/11 |

11. Zusammensetzung und Eigenschaften von Hartmetallen (HM)

Spanungs-Hauptgruppe (Nummer deutet Anwendungsgruppe an) nach ISO;
P für langspanende Werkstoffe; K für kurzspanende Werkstoffe;
M Universalsorte für lang- und kurzspanende Werkstoffe.

Anwen- dungs- gruppe	Chemische Zusammensetzung			Dichte ρ g/cm^3 von - bis	Biege- festig- keit N/mm^2	Vickers- Härte HV
	WC (%)	TiC (%)	Co (%)			
(P 01)	34,5	60	5,5	6,4 - 6,8	800	185
P 10	78	16	6	11,2 - 11,8	1250	170
P 20	78	14	8	11,3 - 11,8	1400	160
P 30	88	5	7	13,3 - 14,1	1500	155
K 10	94	–	6	14,2 - 14,8	1500	160
K 20	94	–	6	14,8 - 14,9	1600	160
K 40 *	89	–	11	14,2 - 14,6	2050	130
M 20	84	10*	6	12,9	1350	175
M 30 *	82	10,5*	7,5	13,7	1650	155

* Die M-Gruppe enthält TiC + TaC.

Bemerkung:

1. In neuerer Zeit werden den Hartmetallen noch andere, sehr hochschmelzende Carbide (Karbide) von Hafnium, Niob, Tantal und Vanadin zugesetzt; z. B. werden in einigen Fällen den K-Sorten TiC, TaC und VC zugesetzt. Dadurch gilt die Unterteilung in Titancarbidfreie (K-Sorte) und titancarbidhaltige Hartmetalle (P- und M-Sorte) nur noch bedingt.

2. Für die heute in der spanenden Formung eingesetzten Hartmetallwerkzeuge verwendet man weitgehend genormte HM-Formkörper. Diese Formkörper werden vielfach auf den Werkzeugträger aus St 60 oder St 70 hart aufgelötet, vereinzelt auch aufgeklebt. Sie können aber auch durch besondere Klemmhalter gehalten werden, wobei im allgemeinen Wendeschneidplatten Verwendung finden.

3. Wendeschneidplatten (s. Bilder) bestehen aus Hartmetall oder oxidkeramischen Schneidstoffen (Cermets = ceramic metals) und besitzen 3, 4, 6 oder 8 Hauptschneiden. Ist eine Schneidkante abgenutzt, so wird die Wendeschneidplatte im Klemmhalter gedreht und nach dem Stumpfwerden aller Schneidkanten weggeworfen (Wegwerfplatten). Die Einsparung von Arbeitszeit durch verkürzten Werkzeugwechsel und Wegfall des Nachschleifens macht den Einsatz von Wegwerfplatten besonders wirtschaftlich (s. Tabellen auf Seite 2 – 47...50, 3 – 36, 4 – 18, 5 – 11, 8 – 29, 10 – 24...30). Schneidkeramik s. S. 2 – 5 und S. 2 – 8

Befestigungsarten für Wendeplatten:

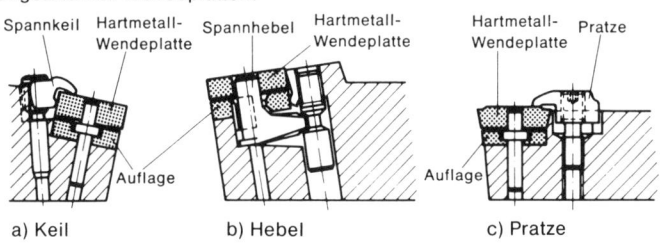

a) Keil   b) Hebel   c) Pratze

| Gruppen-Nr. 8.3 | Werkzeuge/Handhabung | Abschn./Tab. WH/12 |

12. Zerspanungs-Anwendungsgruppen für gesinterte Hartmetalle (HM)

Zum Teil nach DIN 4990. Kennfarbe: P blau, M gelb, K rot

Zerspan-Hauptgruppe/Nebengruppe	Spanbildung Verfahren	Anwendungsbeispiele (Rockwell-Härte HRC)
P	langspanend	HM-Härte HRC = 93,0 bis 87,8
P 01	Schlichten, Feinschlichten	Feindrehen und Feinbohren von Stahl und Stahlguß. Hohe Schnittgeschwindigkeit, kleine Vorschübe, hohe Maßgenauigkeit und Oberflächengüte.
P 10	Schruppen, Schlichten	Drehen, Kopierdrehen, Fräsen, Bohren, Senken, Reiben, Hobeln von Stahl, Stahlguß, Temperguß, Manganhartguß. Gewindeherstellung. Mittlere bis hohe Schnittgeschwind., kleine bis mittlere Vorschübe.
P 15 *	Schruppen, Schlichten	Drehen, Kopierdrehen, Feinfräsen und Tieflochbohren (auf starren Maschinen) von Stahl, Stahlguß, langspanender Temperguß. Hohe Schnittgeschwind., größere Vorschübe als bei P 10.
P 20	Schruppen, Schlichten	Drehen, Kopierdrehen und Fräsen von Stahl, Stahlguß, langspanender Temperguß. Mittlere Schnittgeschwind. und Vorschübe; Hobeln bei kleinem Vorschub.
P 25 *	Schruppen, Schlichten	Drehen, Kopierdrehen, Fräsen, Schlichthobeln von Stahl, Stahlguß, langspanender Temperguß, auch für Fräsen und Tieflochbohren von Stahl geeignet. Mittlere Schnittgeschwind., größere Vorschübe als bei P 20.
P 30	Schruppen, Schlichten	Drehen, Hobeln, Fräsen v. Stahl, Stahlguß, langspanendem Temperguß. Mittlere bis niedrigere Schnittgeschwind., mittlere bis große Vorschübe, auch unter weniger günstigen Arbeitsbedingungen.
P 40	Schruppen	Drehen, Hobeln, Stoßen, z.T. Automatenarbeiten von Stahl, Stahlguß mit Guß-(Schmiede-) Kruste. Niedrige Schnittgeschwind., große Vorschübe, große Spanwinkel möglich unter ungünstigen Arbeitsbedingungen.
P 50 *	Schruppen	Wie P 40, bei höchsten Anforderungen an die Zähigkeit des Hartmetalls.
M	lang- oder kurzspanend	Mehrzweck-Schneidstoff; HRC = 91,0 bis 87,5
M 10	Schruppen, Schlichten	Drehen von Stahl, Manganhartstahl, Stahlguß, Gußeisen und legiertem Gußeisen. Mittlere bis hohe Schnittgeschwind., kleine bis mittlere Vorschübe.
M 20	Schruppen, Schlichten	Drehen und Fräsen von Stahl, austenitischen Stählen, Manganhartstahl, Stahlguß, Gußeisen, sphärolit. Gußeisen, Temperguß. Mittlere Schnittgeschwind. und Vorschübe.
M 30 *	Schruppen, Schlichten	Drehen, Hobeln und Fräsen von Stahl, austenit. Stähle, hochwarmfeste Legierungen, Stahlguß, Gußeisen. Mittlere Schnittgeschwind. bis große Vorschübe.

2-16

| Gruppen-Nr. 8.3 | Werkzeuge/Handhabung | Abschn./Tab. WH/12 |

Zerspanungs- Anwendungsgruppen für gesinterte Hartmetalle (HM)
Zum Teil nach DIN 4990. Kennfarbe: P blau, M gelb, K rot

Zerspan-Hauptgruppe/ Nebengruppe	Spanbildung Verfahren	Anwendungsbeispiele (Rockwell-Härte HRC)
M 40 *	Schruppen, Schlichten	Drehen, Formdrehen und Abstechen von Stahl niedriger Festigkeit; Automatenstahl (weich) und Nichteisenmetalle auf Automaten.
K K 01, 05 *	kurzspanend –	HM-Härte HRC = 93,0 bis 86,8 Drehen, Feindrehen, Feinbohren, Schlichtfräsen und Schaben von gehärtetem Stahl, Kokillen-Hartguß (mit HRC 60), Gußeisen hoher Härte; Aluminiumlegierung mit hohem Siliciumgehalt; stark verschleißend wirk. Kunststoffe; keramische Werkstoffe, Hartpapier.
K 10	Schruppen, Schlichten	Drehen, Bohren, Senken, Reiben, Fräsen, Räumen und Schaben von gehärtetem Stahl, Gußeisen (mit HB 220), kurzspan. Temperguß, siliciumhaltiger Al-Legier., Kupferlegier.; Porzellan, Glas, Gestein; Kunststoffe, Hartgummi, Hartpapier.
K 20	Schruppen, Schlichten	Drehen, Hobeln, Senken, Reiben, Fräsen und Räumen (bei höheren Ansprüchen an die Zähigkeit des Hartmetalls) von Gußeisen (mit HB 220), Kupfer, Messing, Aluminium; Schichthölzer (verschleißend wirkend).
K 30	Schruppen, Schlichten	Drehen, Hobeln, Stoßen und Fräsen (große Spanwinkel möglich bei ungünstigen Arbeitsbeding.) von Stahl niedriger Festigkeit, Gußeisen niedriger Härte; Schichthölzer.
K 40 *	–	Drehen, Hobeln und Stoßen (große Spanwinkel möglich bei ungünstigen Arbeitsbeding.) von Nichteisenmetallen, Weichhölzer und Harthölzer im Naturzustand.

Anmerkung:
1. Firmenmarke:

Kurzzeichen:	Krupp „Widia"	Böhler „Böhlerit"	DEW „Titanit"
für HM „P"	TT...	SB...	STi...
„M"	AT...	EB...	UTi...
„K"	TH...	HB...	HTi...

2. DIN-Blätter: Zerspanungs-Anwendungsgruppe für Hartmetalle — DIN 4990
HM-Schneidplatten: f. Dreh-/Hobelmeißel — DIN 4950
    f. leichte Schnitte — DIN 4966
    f. Bohrer, bei Spitzenwinkel von
    85°, für kleine Schnittkräfte — DIN 8013
    115°, für große Schnittkräfte — DIN 8010
    f. Reibahlen, Senker, Schaftfräser — DIN 8011
HM-Wendeschneidplatten, f. leichte Schnitte — DIN 4987
Fräsköpfe für HM-Wendeplatten — DIN 8030

3. Stahl-Eisen-Betriebsblätter SEB 75 1010 „Maschinentechnik; Hartmetalle für Spanen mit geometrisch bestimmten Schneiden; Anforderungen";

* Nach DIN 4990 nicht mehr genormt.

2–17

| Gruppen-Nr. 8.3 | Werkzeuge/Handhabung | Abschn./Tab. WH/13 |

13. Nachschleifen und Schärfen von Hochleistungs-Schnellarbeitsstahl-Werkzeugen

Für das Nachschleifen spanabhebender Hochleistungsschnellstahl-Werkzeuge werden folgende Schleifscheiben empfohlen:

Werkzeugart	Schleifvorgang	Schleifmittel	Körnung	Härte
Spiralbohrer (bis 10 Ø)	Schärfen	Edelkorund	60	K
Spiralbohrer (über 10 Ø)	Schärfen	Edelkorund	46	Jot-K
Reibahlen	Rundschleifen	Edelkorund	60	K
	Spanbrust schleifen	Edelkorund	80	Jot
	Hinterschleifen	Edelkorund	46	K
Gewindebohrer	Anschnittschleifen	Edelkorund	60	M
	Nutenschleifen	Edelkorund	60	N
Schneideisen	Anschnittschleifen	Edelkorund	70 80	N O
Schaftfräser	Stirnzähne scharfschleifen	Edelkorund	60-80	Jot-K
	Spanbrust schleifen	Edelkorund	80	Jot
	Hinterschleifen	Edelkorund	46	K
Metallkreissägeblätter feingezahnt	Schärfen	Edelkorund	80-100	L
Metallkreissägeblätter grobgezahnt	Schärfen	Edelkorund	60	L
Hartmetall-Werkzeuge	Schärfen	Silicium-Carbid	60	Jot-K

| Gruppen-Nr. 8.3 | Werkzeuge/Handhabung | Abschn./Tab. WH/14 |

14. Schleifen von Werkzeugen: Schleifmittel (Körnung, Härte)
(Bindemittel: meist Keramik) (HM = Hartmetall)

Werkzeug (SS, HSS, HM)	Schleifarbeit		Schleifmittel		Körnung	Härte
Spiralbohrer (Drall-) groß (SS,HSS)	Schärfen	von Hand	NK	A	40	N
		maschinell	EK	A	40	K
klein		von Hand	NK	A	32	M
	Anspitzen	von Hand	NK	A	32	Jot
		maschinell	EK	A	40	K
(mit HM)	Planschliff		SK	C	20	I
	Scharfschliff		SK	C	32-10	I
Reibahlen (SS, HSS)	Hinterschliff		EK	A	40, 32	K
	Nutenschliff		EK	A	40, 32	L
(mit HM)	Vorschliff		SK	C	32	I
	Fertigschliff		SK	C	20	I
Sägeblätter, Band- (SS, HSS), Kreis-			EK	A	32	M
			EK	A	40,32	J, K
(mit HM)	Vorschliff		SK	C	32	I
	Fertigschliff		SK	C	20	I
Dreh-/Hobelmeißel (SS, HSS)						
groß	Schärfen	von Hand	NK	A	50,40	M, N
klein	Schärfen	von Hand	NK	A	40, 32	M
		maschinell	NK	A	40	L, M
(mit HM)	Vorschliff:	von Hand	SK	C	40	K
	Fertigschliff:	von Hand	SK	C	20	Jot
	Spanleitstufen:	von Hand	SK	C	10	L
	Schaftmaterial:	von Hand	NK	A	63, 80	N
		maschinell	NK	A	63,80	K
Fräser (SS, HSS)			EK	A	32	K, J
(mit HM)	Vorschliff		SK	C	32	I
	Fertigschliff		SK	C	20	I
für Holz			EK	A	40,32	Jot
Lehren, Vorrichtungen			EK	A	32, 20	J, K

Auch das Schleifen mit **Diamant**(-Pulver) ist vorteilhaft

Bemerkungen:

1. Die Härte der Schleifscheiben bezieht sich nicht auf die Härte der Schleifkörner. Sie bedeutet das Haftvermögen der Körner in der Bindung (z. B. Keramik) und wird durch Buchstaben angegeben. Harte Schleifscheiben haben eine festere Bindung als weiche.

2. Anwendung: weiche Scheiben für harte Werkstoffe, harte Scheiben für weiche Werkstoffe (der Werkzeuge).

3. Das Gefüge der Schleifscheiben ergibt sich aus den Schleifkörnern, dem Bindemittel und den durch das Schrumpfen entstandenen Hohlräumen. Je größer die Spanleistung sein soll, um so größer müssen die Hohlräume zur Aufnahme der Späne sein.

| Gruppen-Nr. 8.3 | Werkzeuge/Handhabung | Abschn./Tab. WH/15 |

15. Wichtige Schleifmittel: Zusammensetzung und Anwendung
(geordnet nach Mohr-Härte HM)

Bezeichnung Kurzzeichen Schleifmittel	MH	Zusammensetzung	Anwendung
Schmirgel (SL)	8	Al_2O_3 + $Fe_2/_3$ + weitere Bestandteile (60...65 % Al_2O_3)	für Stahl, Temperguß, Polierarbeiten; Bestreuungsmittel für Schleifpapier und -gewebe
Korund, schwarz (KS)	8 9	Al_2O_3 + Fe_2O_3 + weitere Bestandteile (72...75 % Al_2O_3)	für Stahl; Bestreuungsmittel für Schleifpapier und -gewebe
Naturkorund (KO)	9	Al_2O_3 + Fe_2O_3 in kristall. Form (90...98 %) Al_2O_3)	für Stahl, insbesondere zähe Sorten, die zum Verschmieren der Scheibe neigen
Normalkorund (NK) **A**	9	Al_2O_3 + weitere Bestandteile	für Stahl und Stahlguß, Holz, Kunststoff; Bestreuungsmittel für Schleifpapier und -gewebe
Halbedelkorund (HK)	9	Mischung von EK + NK (etwa 1:1)	
Siliciumcarbid (SK) **C** grün SKG schwarz SKS	9,3	SiC in kristalliner Form	für Gußeisen, Hartguß, Gestein, Glas, Kunststoffe, Weichmetalle, Hartmetalle
Edelkorund (EK) **A**	9,5	Al_2O_3 in kristalliner Form	für Stahl und Stahlguß; zum Werkzeugschliff (SS, HSS, HM)
Borkarbid (BK) Bornitrid (BN) **B**	üb. 9,5	B_4C in krsitalliner Form	für Hartmetalle; als loses Schleifmittel
Diamant (DT) **D**	10	C in kristall. Form	zum Werkzeugschliff; Feinbearbeitung, insbesond. von Eisenwerkstoffen

Bindemittel (für Schleifmittel)	Bezeichnung/Kurzzeichen	
	anorganische	organische
	Keramik (Ker) **V** Magnesit (Mag) **Mg** Silikat (Sil) **Si**	Gummi (Gum) **R**; **RF** Kunstharz (Khz) **B**; **BF** Naturharz (Nhz) **Nh** Schellack **E**

Beim Werkzeugschleifen kommt Keramikbindung am meisten vor (maximal zulässige Umfangsgeschwindigkeit v_c = 45 m/s) F bedeutet faserverstärkt.

Empfohlene Höchst-Umfangsgeschwindigkeit v_c beim Schleifen
a) von Schnellarbeitsstahl (SS, HSS): 25 m/s
b) von Hartmetall (HM): Hand 22 m/s
   Maschine 12...14 m/s

| Gruppen-Nr. 8.3 | **Werkzeuge/Handhabung** | Abschn./Tab. WH/16 |

16. Körnung, Härtegrad, Struktur der Schleifscheibe: Bezeichnung

Kennzeichnung: Schleifscheibe 250 × 25 × 76 „DIN 69120 — A 60 K 5 V — 35"
A = Edelkorund, 60 = Körnung, K = Härtegrad (weich), 5 = Gefüge, Struktur (mittel),
V = Keramik; zuläss. Umfangsgeschwindigkeit 35 m/s, + = bevorzugt verwenden (n. DIN).

a) **Körnung**

grob	mittel-grob	fein	sehr fein
6	30+	70+	220
8	36	80+	240
10	46+	90	280
12	54	100	320
14	60+	120	400
16		150	500
20		180	600
24		200	

b) **Härtegrad**

sehr weich	weich	mittel	hart	sehr hart
E	H+	L	P+	T
F	I+	M+	Q+	U
G	Jot+	N	R+	V
	K+	O	S	W

X, Y, Z: äußerst hart

c) **Struktur/Gefüge**

Gefügedichte	Kennzahl	Porenanteil %
sehr dicht; dicht	1, 2, 3, 4	bis 30
mittel	5, 6, 7, 8	bis 50
offen (locker)	9, 10, 11	bis 65
porig (sehr offen)	12, 13, 14 15, 16, 17	bis 75

Beachte:
1. Jede Schleifscheibe ist mit einem Etikett versehen. Es enthält Angaben über Maße, Schleifmittel, Körnung, Härte, Bindung und Gefüge der Schleifscheibe (siehe „Kennzeichnung").
2. Durch zusätzliche diagonale **Farbstreifen** auf dem Etikett und auf dem Schleifkörper sind gekennzeichnet: für Höchst-Umfangsgeschwindigkeit v_c ist

   15 bis 20 m/s bei langsamlaufenden Schleifkörpern — weiß (mineralische Bindung)
   < 45 m/s bei schnellaufenden Schleifkörpern — blau (Gummi- oder Kunstharzbindung)
   < 60 m/s bei schnellaufenden Keramik-Schleifkörpern — gelb
   < 80 m/s bei Schruppscheiben — rot   < 125 m/s grün + blau
   < 100 m/s bei Trennscheiben — grün   < 140 m/s grün + gelb
                                          < 160 m/s grün + rot

Korngröße (in μm) je nach **Korn**-Nr. (Kennzahl), z.B.

Korn-Nr.	10	12	20	30	46	60	70	80	90	100	120
Korngröße	2500	2000	1000	630	400	315	250	200	160	125	100
Korn-Nr.	150	180	220	240	280	320	400	600	800	1000	
Korngröße	80	71	63	56	50	45	36	28	15	10	

| Gruppen-Nr. 8.3 | **Werkzeuge/Handhabung** | Abschn./Tab. WH/17 |

17. Einteilung der Kühlschmierstoffe nach Zusammenstellung

Die Kühlschmierstoffe (KSS) kommen in Form von Flüssigkeiten oder von Pasten (Fetten) vor. Sie spielen in der spanenden als auch in der spanlosen Fertigung eine bedeutende Rolle. DIN 51385, VDI RL 3035/0

Einteilung in Gruppen

a) nach DIN und VDI	Zum Teil Mineralöle + Aktivierungs-/Inhaltsstoffe
1. Wassermischbare KSS (enthalten meist bis zu 60 % Mineralöl) **E**	1.1 Emulgierbare Kühlschmierstoffe 1.2 Emulgierende Kühlschmierstoffe 1.3 Wasserlösliche Kühlschmierstoffe
2. Wassergemischte KSS **E**	2.1 Kühlschmier-Emulsionen: z. B. E 1…10 % (% Ölgehalt) .1 feindispers: Emulsionen sind mineralölarm, z. B. Öl in Wasser. .2 grobdispers: Emulsionen mit hohem Mineralöl-Gehalt, z. B. Wasser in Öl. 2.2 Kühlschmierlösung mit Inhaltsstoffen, z. B. .1 organischer Art, .2 anorganischer Art.
3. Nichtwassermischbare KSS **N (S)**	Mineralöle + Aktivierungsstoffe wie 1.1 Fettöle 1.2 Chlor, Chlorparaffine oder Chlorschwefel 1.3 Phosphate oder Phosphatschwefel
b) nach VDI-Richtlinien	
Wassergemischte Fertigprodukte:	Orientierung nach dem Mineralöl-Gehalt
1. Mineralöl-Emulsionen **E**	Konventionelle Emulsionen mit hohem Mineralölgehalt. Europa: 70–75 % d. Gesamtproduktion
2. Mineralölhaltige Emulsionen (halbsynthetisch)	mit niedrigem Mineralölgehalt.
3. Mineralölfreie Lösungen	In Europa 6 bis 8 % der Gesamtproduktion eingesetzt.
4. Salzlösungen **L** Kühlschmierlösungen	Substanzen: anorganische Salze (Natriumnitrit, Alkalicarbonate/-borate/-nitrate usw.). Gute Kühl-, geringe Schmierwirkung.

Beachte:

1. Die **Konzentrate**, wie sie vom KSS-Hersteller dem Anwender angeliefert werden, nennt man **wassermischbare KSS**.
2. Die **Fertigprodukte**, wie sie vom Anwender durch verdünnen mit Wasser hergestellt werden, bezeichnet man **wassergemischte KSS**.
3. Die herkömmlichen Bezeichnungen wie Bohröl, Bohr- und Schleifwasser oder Kühlmittel sollten nach und nach verschwinden.
4. Für die Emulsionsbildung der wassergemischten (und wassermischbaren) KSS müssen **Emulgatoren** vorausgesetzt werden.

| Gruppen-Nr. 8.3 | **Werkzeuge/Handhabung** | Abschn./Tab. WH/18 |

18. Wassermischbare Kühlschmierstoffe: Aufbau und Anwendung

Diese Gruppe ist die mengenmäßig bedeutendste der Kühlschmierstoffe in der Bundesrepublik Deutschland (70 bis 75 % der Gesamtproduktion an KSS).
Diese Kühlschmierstoffe sind heute in fast allen möglichen Anwendungsfällen kostengünstiger als nichtwassermischbare Produkte, z. B. bei hoher Schnittgeschwindigkeit und geringer Flächenpressung.

Die Emulsionen sind in der spanenden Fertigung (Zerspantechnik) mit Abstand die wichtigsten Produkte. Ihre Konzentrate enthalten folgende bedeutende Inhaltsstoffe:

1. Mineralöl-Kohlenwasserstoffe	
2. Synthetische Kohlenwasserstoffe	z. B. synthet. Ester; Fettöle
3. Emulgatoren (Tenside)	zum Herstellen feinst verteilter Gemische von Flüssigkeiten (Emulsionen), die ineinander nicht lösbar sind, z. B. Öl und Wasser.
4. Inhibitoren (Antioxgene)	Schutzmittel gegen Korrosion und Oxidation, z. B. Amine, Amide, Carbonsäure, Phenole, Sulfonate.
5. Stabilisatoren (Lösungsvermittler)	Stoffe, die unbeständigen Körpern zugesetzt, deren Beständigkeit erhöhen, z. B. Alkohole, Glykole.
6. Antischaummittel (Entschäumer)	meist auf Silikonbasis (vor allem Dimethylsiloxane).
7. Hochdruck-Zusätze EP-Additive (extreme pressure)	z. B. chlor-, phosphor- oder schwefelhaltige EP-Additive.
8. Mikrobizide (Anti-Mikroorganismen) (auch kurz Biozide genannt)	Konservierungsmittel gegen mikrobielle Anfälligkeit, zur Vermeidung einer Zerstörung der Inhaltsstoffe wie Inhibitoren, Emulgatoren und andere organische Stoffe. Beispiele: Aldehyde, Phenolderivate.
9. Komplexbildner (mit Enthärtungseffekt)	werden verwendet, wenn zum Mischen des Kühlschmierstoffs nichtentsalztes Wasser eingesetzt wird. Beispiel: Derivate der Ethylendiamintetraessigsäure (EDTA).

Für die Auswahl dieser KKS-Gruppen sind folgende Probleme von großer Bedeutung:

1. Zerspanungsleistung	z. B. Spanvolumen je Min. oder Std.
2. Kühlen und Schmieren	Wirkungsverhältnis; Flüssigkeitsdruck und -menge.
3. Gesundheitsschutz am Arbeitsplatz	schädigende Wirkung der Haut (Ätzung) und Lungen (durch Dunst).
4. Mikrobiologie, Hygiene	insbesondere Entsorgung der verbrauchten Flüssigkeiten.
5. Veränderungen der Flüssigkeit durch Fremdeinflüsse	machen unter Umständen einen erheblichen Pflegeaufwand notwendig.

2−23

| Gruppen-Nr. 8.3 | **Werkzeuge/Handhabung** | Abschn./Tab. WH/19 |

19. Nichtwassermischbare Kühlschmierstoffe: Aufbau, Anwendung
(z. T. nach 51 385)

Bemerkungen:

1. Die Mehrheit der nichtwassermischbaren Kühlschmierstoffe besteht in der Grundsubstanz aus **Mineralöl-Kohlenwasserstoffen**. Diese Kühlschmierstoffe verfügen über **Additive** zur Verbesserung der Schmiereigenschaften, häufig noch in Verbindung mit anderen Zusätzen.

2. Oft steigt mit dem Mengenanteil der schmierwirksamen Zusätze die Schneidleistung der Kühlschmierstoffe (KSS). Trotzdem können Schneid- und Schleiföle nicht an ihrem Schwefel-, Chlor- und Phosphor-Gehalt gemessen werden.

3. Bei vielen Ölherstellern findet man eine grobe Einteilung in
   a) schwefelaktive (kupferaktive) Produkte und
   b) schwefelinaktive (kupferinaktive) Produkte.
             N (S: früher Schneidöle, Schleiföle, Kühlmittelöle)

Gruppe	Mineralöl enthält folgende Aktivierungsstoffe	Wirkung der Aktivierungsstoffe / Anwendung der Kühlschmierstoffe (Anw.)
A	ohne polare Zusätze und EP-Additive (Hochdruck-)	Anw.: bei anspruchslosen Spanungsprozessen, z. B. bei Kupferbearbeitung.
B	Fettöle **N1** (S1)	Verbesserung der Benetzungs- und Schmiereigenschaften. Anw.: Kupfer, Messing, auch Kupferwerkstoffe höherer Festigkeit.
C	geschwefelte Fettöle (kupferinaktiv) **N2** (S2)	Herstellung von Produkten mit guten EP-Eigenschaften (EP = extrem pressure = Hochdruck) und guter Benetzung. Anw.: z. B. Gewindeschneiden.
D	geschwefelte Mineralöle (kupferaktiv) **N3** (S3)	Verbesserung der EP-Eigenschaften; kostengünstige Herstellung, aber negatives Schmierverhalten. Auch Mischungen mit geschwefelten Fettölen liefern gute Spanungsbedingungen. Anw.: allgemein empfohlen bei Spanungsarbeiten.
E	geschwefelte Fettöle und geschwefelte Mineralöle **N4** (S4)	Zur Erreichung guter EP-Eigenschaften. Anw.: Nicht geeignet für Kupfer- und Kupferlegierungen, sonst brauchbar.
F	Chlorparaffine	Sprechen schon bei relativ niedrigen Temperaturen als EP-Additive an. Anw.: besonders bei schwerspanenden Metallen, z. B. Nickellegierungen und kupferhaltigen Metallen.
G	Chlorparaffine und geschwefelte Fettöle	Wichtige Additivkombination. Anw.: Mehrbereichöle in der Zerspanungstechnik.

| Gruppen-Nr. 8.3 | **Werkzeuge/Handhabung** | Abschn./Tab. WH/19 |

Nichtwassermischbare Kühlschmierstoffe: Aufbau, Anwendung

Gruppe	Mineralöl enthält folgende Aktivierungsstoffe	Wirkung der Aktivierungsstoffe Anwendung der Kühlschmierstoffe (Anw.)
H	chlorierte Fettöle	Anw.: für Eisenmetalle und Nichteisenmetalle einsetzbar. Besonders als Tiefloch-Bohröle und Honöle geeignet.
I	chlorierte und geschwefelte Fettöle	Additivkombination, auch mit Deaktivatoren und Inhibitoren. Anw.: Mehrbereichöle für alle Spanungsarbeiten. Sie verursachen (auch langzeitig) keine Korrosion auf Eisen- und Nichteisen-Metallen.
J	sulfochlorierte Fettöle	Sehr reaktiv, zeigt aber Korrosionsprobleme bei Eisenmetallen. Anw.: beim Zerspanen schwerstspanender Werkstoffe, z. B. rostfreier Stähle.
K	Schwefel-/Phosphor-Verbindungen	Korrosionsschützend für Eisenmetalle. Anw.: zum Zerspanen von Stählen und Nichteisenmetallen (ohne Kupferaktivität). Bewirkt bedeutend niedrigeren Werkzeugverschleiß.
L	Phosphorverbindungen	Anw.: zum Zerspanen von Stahllegierungen u. a. hochfesten Legierungen (ohne Spanungsriß-Korrosion).

Beachte:

Diese Kühlschmierstoffart ist die mengenmäßig unbedeutenste Gruppe der Metallbearbeitungs-Flüssigkeiten in der Bundesrepublik Deutschland.
In anderen Ländern, wie beispielsweise England, Frankreich, Japan, den USA, ist das Verhältnis zwischen wassermischbaren Kühlschmierstoffen ausgeglichen. Zum Teil überwiegen die nichtwassermischbaren Produkte, obwohl sie nicht so kostengünstig sind wie wassermischbare Produkte.

Erforderliche Kühlschmierstoff-(KSS-) Mengen Q (in l/min): **Zu Tabellen WH/18 und 19**

Richtwerte für „Wassergemischte KSS" (E, E-EP); VDI E 3035/'86:

- beim **Bohren,** je Bohrer $\varnothing$ d: Q = 5...8 bei d bis 10; Q = 8...12 bei d = 10...20; Q = 12...20 bei d = 20...30; Q = 20...50 bei d = 30...100 mm.
- beim **Gewindeschneiden:** Q = 3 bei bis M10; Q = 5 bei M10 bis M20; Q = 8 bei M20 bis M40.
- beim **Fräsen,** je Fräser $\varnothing$ d: Q = 20...30 bei d bis 100; Q = 30...50 bei d = 100...200; Q = 50...75 bei d = 200...300 mm.
- beim **Drehen:** Q = 10...20 l/min je Zerspanwerkzeug.

Bei Gußeisen und Leichtmetallen sind 20 % höhere Q-Werte zu wählen.
Bei nichtwassermischbaren KSS (N1 bis N 5) sind Q-Werte = 1,5fache zu wählen.

20. Kühlschmierstoffe für Schneidstoffe (Zusammenfassung)

Schneidstoff	Merkmale der Schneidstoffe Einsatz der Kühlschmierstoffe (s. a. Tab. 17 bis 19)
1. Werkzeugstähle (WS) unlegiert/legiert (Co, W, Cr)	Kaum noch verwendet, wegen der geringen Warmfestigkeit. Bei niedrigen Schnittgeschwindigkeiten wird Einsatz mit wassergemischten Produkten empfohlen.
2. Schnellarbeitsstähle (SS), hochleg. Edelstähle Hochleistungs-SS (HSS = High Speed Steels)	Hohe Zähigkeit, gut bearbeitbar und kostengünstig herzustellen. Bei niedrigen und mittleren Schnittgeschwindigkeiten sind wassergemischte und nichtwassermischbare Kühlschmierstoffe geeignet. Bei sehr hohen Schnittgeschwindigkeiten werden bevorzugt wassergemischte Produkte eingesetzt.
3. Gegossene Hartlegierungen (Stellite)	Eisenfreie Legierungen (mit Co, W, Cr). In Europa allgemein vom Hartmetall verdrängt.
4. Hartmetalle (HM) (CC Cemented Carbides)	Bei Sintermetallen bringt die metallische Phase die Zähigkeit, die Carbide die Härte; Titancarbid vermindert die Klebeneigung der Spanfläche (für die Späne). Empfindlich gegenüber thermischen Schocks. Deshalb bevorzugt nichtwassermischbare Produkte einsetzen, da sie geringere und gleichmäßigere Kühlwirkung bewirken.
5. Beschichtete Hartmetalle (SHM)	Beschichtung der Hartmetalle mit Hartstoffen (Titancarbid, Titannitrid, Hafniumnitrid oder Aluminiumoxid). Empfohlen werden nichtwassermischbare Produkte.
6. Schneidkeramik (SK) (Oxid-, Sinterkeramik) Cermets (= ceramic metals)	Ist bei höheren Temperaturen noch verschleißfester als Hartmetall. Es reagiert aber noch empfindlicher auf schnelle Temperaturänderungen wie Hartmetall. Deshalb wird meistens trocken gearbeitet. Wenn gleichmäßige Kühlung (ohne Temperaturschock) garantiert werden kann, wird oft auch wassergemischter Kühlschmierstoff eingesetzt.
7. Diamant (natürlich oder als synthetisches Sintermaterial)	Meist in Trockenbearbeitung eingesetzt. Bewährt hat sich aber auch der Einsatz wassergemischter Produkte (Vorsicht vor Temperaturschocks!).

| Gruppen-Nr. 15a | Werkzeuge/Handhabung | Abschn./Tab. WH/21 |

21. ISO-Toleranzen für Präzisionswerkzeuge

Werte in µm (= 1/1000 mm)

Toleranzen für Präzisionswerkzeuge		Schaft-Ø und sonstige Maße	ISO Tol.	bei Durchmesserbereich D [mm]						
Nenn-Ø			über bis	1 / 3	3 / 6	6 / 10	10 / 18	18 / 30	30 / 50	50 / 80	80 / 120
Langloch Bohr-Nutenfräser			e 8	− 14 / − 28	− 20 / − 38	− 25 / − 47	− 32 / − 59	− 40 / − 73	− 50 / − 89	− 60 / −106	− 72 / − 126
		Schneideisen-Außen-Ø	f 9				− 16 / − 59	− 20 / − 72	− 25 / − 87	− 30 / −104	− 36 / − 123
		Schaftfräser Bohr-Nutenfräser	h 7	0 / − 10	0 / − 12	0 / − 15	0 / − 18	0 / − 21	0 / − 25	0 / − 30	0 / − 35
			h 6	0 / − 6	0 / − 8	0 / − 9	0 / − 11	0 / − 13	0 / − 16	0 / − 19	0 / − 22
Spiralbohrer Mehrfasenbohrer Aufbohrer		Spiralbohrer mit Hartmetall-schneiden	h 8	0 / − 14	0 / − 18	0 / − 22	0 / − 27	0 / − 33	0 / − 39	0 / − 46	0 / − 54
Mehrfasenbohrer (Bohrer-Ø)		Reibahlen und Kegelreibahlen m. zyl. Schaft, Zentrierbohrer Gewindebohrer-Fertigschneider	h 9	0 / − 25	0 / − 30	0 / − 36	0 / − 43	0 / − 52	0 / − 62	0 / − 74	0 / − 87
		Gewindebohrer-Vor- und Mittelschneider: Vierkante	h 12	0 / −100	0 / −120	0 / −150	0 / −180	0 / −210	0 / −250	0 / −300	0 / −350
		Breite der Metallkreissägen	js 11	+ 30 / − 30	+ 37,5 / −37,5	+ 45 / − 45					
Schaftfräser			js 16	+ 300 / −300	+ 375 / −375	+ 450 / −450	+ 550 / −550	+ 650 / −650	+ 800 / −800	+ 950 / −950	+ 1100 / −1100
			h 10	0 / − 40	0 / − 48	0 / − 58	0 / − 70	0 / − 84	0 / −100	0 / −120	0 / − 140
Nietlochreibahlen			k 11				+ 90 / 0	+ 110 / 0	+ 130 / 0	+ 160 / 0	
		Bohrung der Metallkreissägen	H 7			+ 12 / 0	+ 15 / 0	+ 18 / 0	+ 21 / 0	+ 25 / 0	
Bei Durchmesserbereich D in mm			über bis	10 / 18	19 / 30	30 / 50	50 / 80	80 / 120	120 / 180	180 / 250	250 / 315
Metallkreissägen			js 15	+ 350 / −350	+ 420 / −420	+ 500 / −500	+ 600 / −600	+ 700 / −700	+ 800 / −800	+ 925 / −925	+ 1050 / −1050

2−27

| Gruppen-Nr. 8.3 | **Werkzeuge/Handhabung** | Abschn./Tab. **WH/22** |

22. Schneidenwinkel an verschiedenen Werkzeugen

Nach der Zerspanbarkeit der Werkstoffe richtet sich gemäß DIN 1836 die Anwendung der Werkzeugtypen. Siehe Werkzeug-Typen N, H, W, NF, NR, HF, HR in Tabelle WH/1.

Typ N: für normale Stähle, weiches Gußeisen, mittelharte Nichteisenmetalle
Typ H: für harte und zähharte Werkstoffe
Typ W: für weiche und zähe Werkstoffe

Schneidwinkel

α = Freiwinkel (alpha)
β = Keilwinkel (beta)
γ = Spanwinkel (gamma)
$\varkappa$ = Einstellwinkel (kappa)
ε = Spitzenwinkel (epsilon)
λ = Neigungswinkel (lambda) = Drallwinkel (Fräser)
φ = Spitzenwinkel (phi)

Vorschub

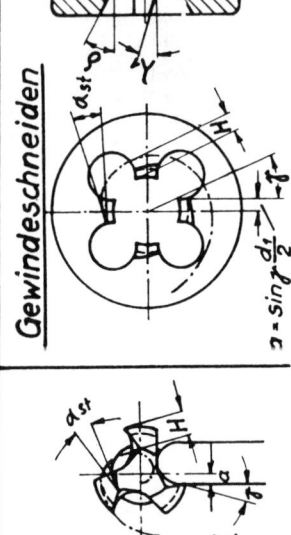

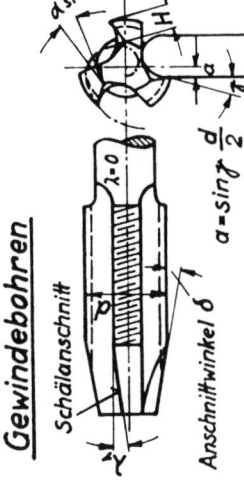

f, f_c = Vorschub in mm/Umdr.
v_f = Vorschub in mm/min
f_z = Vorschub je Zahn
$v_f = f_z \cdot n \cdot z$

Schnittgeschwindigkeit

$$v_c = \frac{d \cdot \pi \cdot n}{1000} \text{ m/min}$$

Gewindebohren

Schälanschnitt
Anschnittwinkel δ

Gewindeschneiden

Freiwinkel α im Gewinde = 0; bei hinterschliffenen Gew.-Eohrern $\approx$ 10'; Freiwinkel α am Anschnitt wird durch Hubhöhe H des Anschliffs, Winkel δ und Winkel λ_1 bestimmt. Meßbarer Winkel α st.

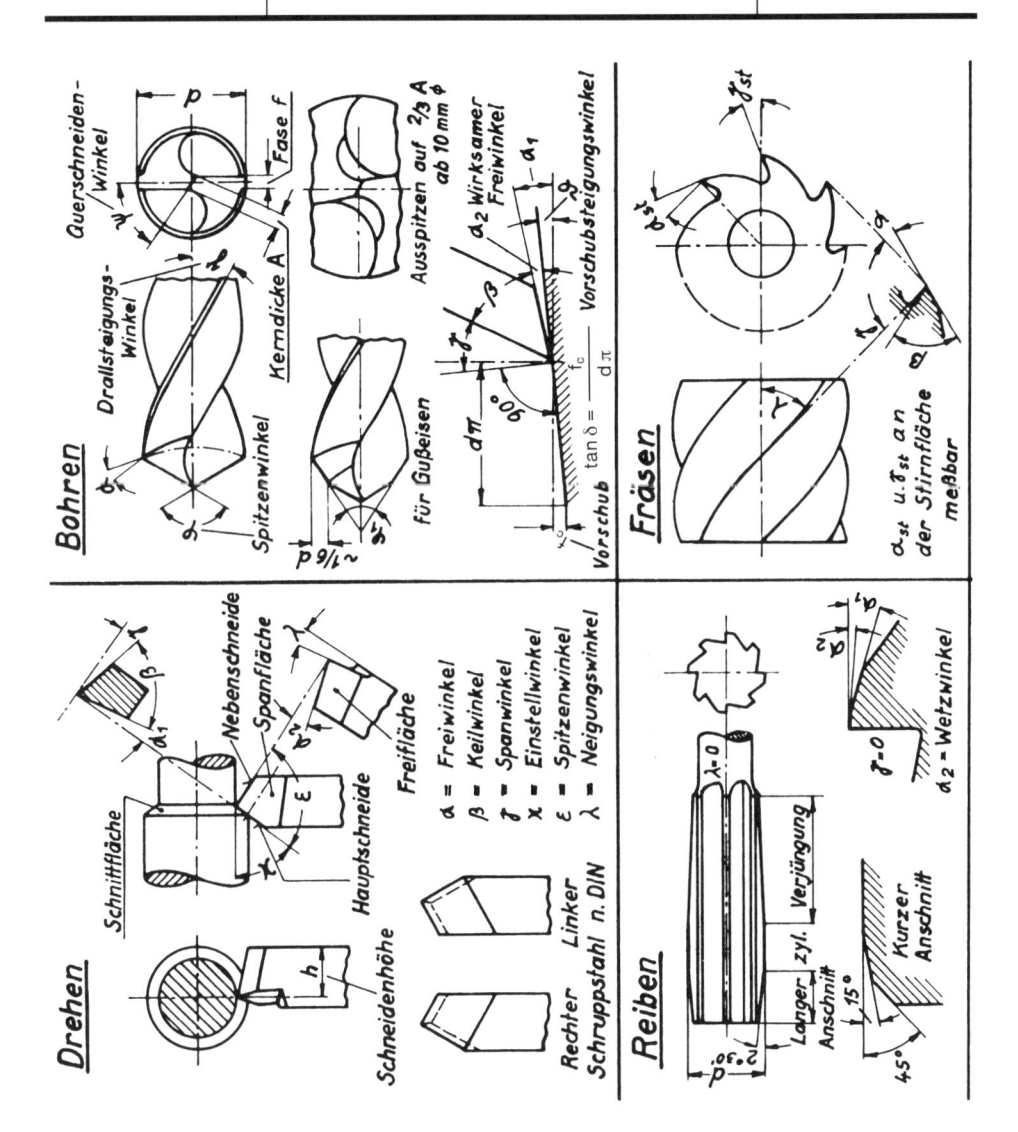

Werkzeuge/Handhabung

Gruppen-Nr. 8.3 — **Abschn./Tab. WH/22**

Bohren

- Querschneiden-Winkel
- Fase f
- Ausspitzen auf $2/3$ A ab 10 mm ϕ
- Drallsteigungs-Winkel
- Kerndicke A
- α_1
- α_2 Wirksamer Freiwinkel
- Vorschubsteigungswinkel
- Spitzenwinkel
- für Gußeisen
- $\tan\delta = \dfrac{f_c}{d\pi}$
- Vorschub
- $\approx 1/6\, d$

Fräsen

- γ_{st}
- α_{st} u. γ_{st} an der Stirnfläche meßbar

Drehen

- Nebenschneide
- Spanfläche
- Freifläche
- Schnittfläche
- Hauptschneide
- Schneidenhöhe h
- α = Freiwinkel
- β = Keilwinkel
- γ = Spanwinkel
- $\varkappa$ = Einstellwinkel
- ε = Spitzenwinkel
- λ = Neigungswinkel
- Rechter / Linker Schruppstahl n. DIN

Reiben

- α_1
- α_2 = Wetzwinkel
- $\gamma = 0$
- $\lambda = 0$
- Langer zyl. Anschnitt
- Verjüngung
- Kurzer Anschnitt
- $45°$
- $15°$
- $2°30'$

2 – 29

| Gruppen-Nr. 8.3 | Werkzeuge/Handhabung | Abschn./Tab. WH/23 |

23. Werkzeugkegel: Kegelschäfte für Werkzeuge (DIN 228, Bl. 1)

Form A Kegelschaft mit Anzuggewinde

Zentrierbohrung R

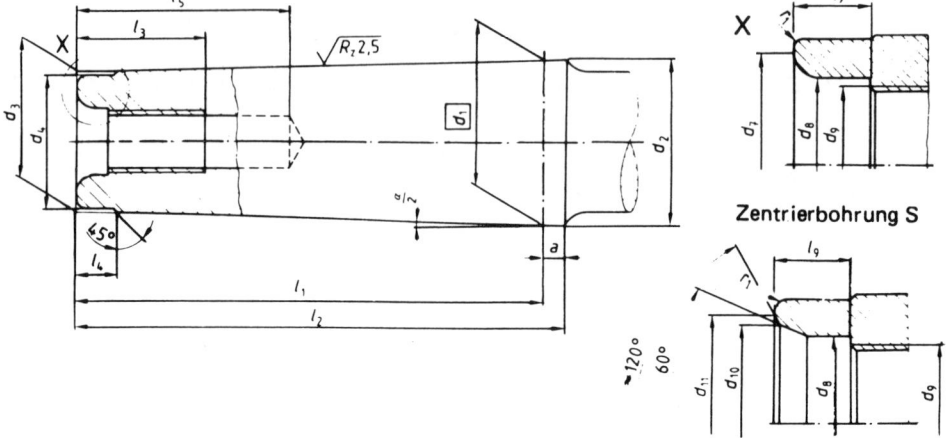

Zentrierbohrung S

Form B Kegelschaft mit Austreiblappen

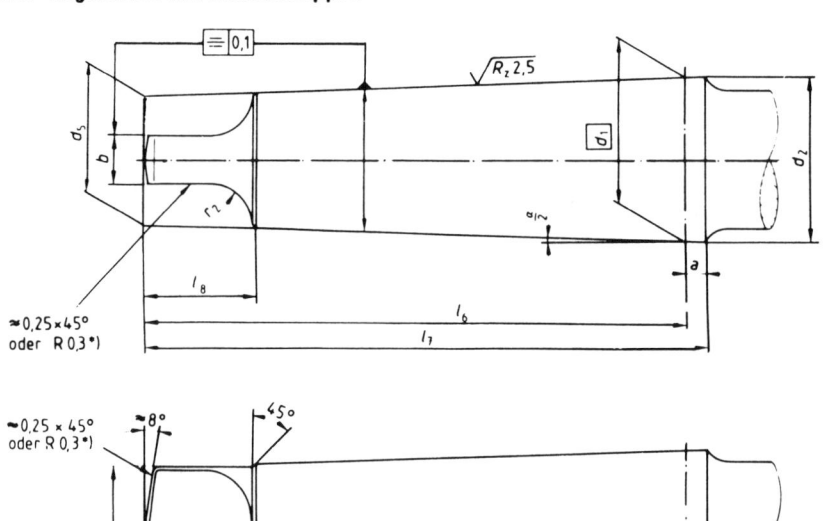

Zentrierbohrung nach DIN 332 Teil 1 Form B oder R

2 – 30

Gruppen-Nr. 8.3 — **Werkzeuge/Handhabung** — **Abschn./Tab. WH/23**

Werkzeugkegel: Kegelschäfte für Werkzeuge (DIN 228, Bl. 1)
a) Morse-Kegel; b) Metrische Kegel

Maße in mm		d_1	d_2	d_3	d_9	d_5	d_6	d_4	l_1	l_2	l_6	l_7
0	a) Morsekegel	9,045	9,2	6,4	—	6,1	6	6	50	53	56,5	59,5
1		12,065	12,2	9,4	M 6	9,0	8,7	9	53,5	57	62	65,5
2		17,780	18,0	14,6	M 10	14,0	13,5	14	64	69	75	80
3		23,825	24,1	19,8	M 12	19,1	18,5	19	81	86	94	99
4		31,267	31,6	25,9	M 16	25,2	24,5	25	102,5	109	117,5	124
5		44,399	44,7	37,6	M 20	36,5	36,0	35,7	129,5	136	149,5	156
6		63,348	63,8	53,9	M 24	52,4	51,0	51	182	190	210	218
4 A	b) Metr. Kegel	4	4,1	2,9	—	—	—	2,5	23	25	—	—
6		6	6,2	4,4	—	—	—	4	32	35	—	—
80		80	80,4	70,2	M 30	69	67	67	196	204	220	228
100		100	100,5	88,4	M 36	87	85	85	232	242	260	270
120		120	120,6	106,6	M 36	105	102	102	268	280	300	312
(140)		140	140,7	124,8	M 48	123	120	120	304	318	340	354
160		160	160,8	143	M 48	141	138	138	340	356	380	396
(180)		180	180,9	161,2	M 48	159	156	156	376	394	420	438
200		200	201	179,4	M 48	177	174	174	412	432	460	480

2–31

| Gruppen-Nr. 8.3 | Werkzeuge/Handhabung | Abschn./Tab. WH/23 |

Maße in mm

	a Größt-maß	b h13	l_8 max.	l_3 min	r_2	r_3	r_1	l_9	l_4	d_8	d_{10} max.	d_{11} max.	Kegelver-hältnis C =	Einstellwin-kel α/2
a) Morsekegel														
0	3	3,9	10,5	—	4	1	0,2	—	4	—	—	—	1 : 19,212	1°29'27"
1	3,5	5,2	13,5	16	5	1,2	0,2	4	5	6,4	8	8,5	1 : 20,047	1°25'43"
2	5	6,3	16	24	6	1,6	0,2	5	5	10,5	12,5	13,2	1 : 20,020	1°25'50"
3	5	7,9	20	28	7	2	0,6	5,5	7	13	15	17	1 : 19,922	1°26'16"
4	6,5	11,9	24	32	8	2,5	1	8,2	9	17	20	22	1 : 19,254	1°29'15"
5	6,5	15,9	29	40	11	3	2,5	10	10	21	26	30	1 : 19,002	1°30'26"
6	8	19	40	50	13	4	4	11,5	16	25	31	36	1 : 19,180	1°29'36"
b) Metr. Kegel													1 : 20 = 0,05	α/2 = 1°25'56"
4	2	—	—	—	—	—	0,2	—	2	—	—	—		
6	3	—	—	—	—	—	0,2	—	3	—	—	—		
80	8	26	48	59	24	5	5	14	24	31	38	45		
100	10	32	58	70	30	5	5	16	30	37	45	52		
120	12	38	68	70	36	6	6	16	36	37	45	52		
(140)	14	44	78	70	42	8	8	16	42	37	45	52		
160	16	50	88	92	48	8	8	20	48	50	60	68		
(180)	18	56	98	92	54	10	10	20	54	50	60	68		
200	20	62	108	92	60	10	10	20	60	50	60	68		

Bezeichnung: „Kegelschaft DIN 228-MK-A 4 AT 6" (Toleranzqual. AT 6)

24. Werkzeugschäfte mit Anzugsgewinde (DIN 2207)
z. B. für Frässpindelköpfe (DIN 2201)

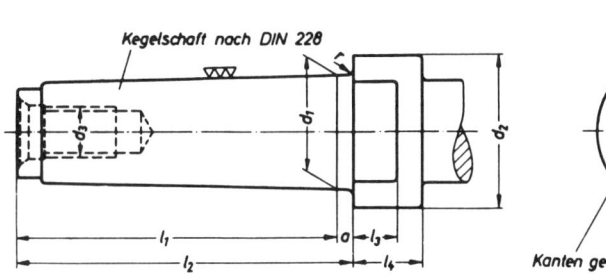

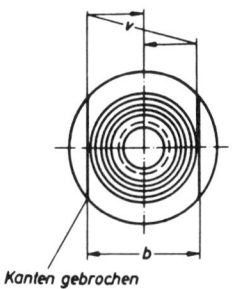

Anschlußmaße in mm		Kegel nach DIN 228. a) **Morsekegel**			
		3	4	5	6
Gewinde d_3 Metrisch	(mittel) (mm)	M 12	M 16	M 20	M 24
a		5	6,5	6,5	8
b	d9	24	32	45	65
d_1		23,825	31,267	44,399	63,348
d_2		36	43	60	84
l_1	max	81	102,5	129,5	182
l_2	max	86	109	136	190
l_3		12	15	18	25
l_4	min	18	23	28	39
r		1,6	1,6	2	3
v		0,03	0,03	0,03	0,03

		b) **Metrischer Kegel**				
		80	100	120	160	200
Gewinde d_3 Metrisch	(mittel) (mm)	M 30	M 36	M 36	M 48	M 48
a		8	10	12	16	20
b	d9	80	100	120	160	200
d_1		80	100	120	160	200
d_2		120	145	170	220	270
l_1	max	196	232	268	340	412
l_2	max	204	242	280	356	432

2 – 33

| Gruppen-Nr. 8.3 | **Werkzeuge/Handhabung** | Abschn./Tab. WH/24, 25 |

Werkzeugschäfte mit Anzugsgewinde (DIN 2207)
z. B. für Frässpindelköpfe (DIN 2201)

Gewinde d_3 Metrisch	(mittel) (mm)	80 M 30	100 M 36	120 M 36	160 M 48	200 M 48
l_3		28	30	34	42	50
l_4	min	44	48	54	66	78
r		3	3	4	4	6
v		0,04	0,04	0,04	0,05	0,07

Bezeichnung: „Werkzeugschaft Metr. 80 x M36 DIN 2207" (Beispiel)

25. Steilkegelschäfte mit Anzugsgewinde für Werk-/Spannzeuge (DIN 2080)
z. B. für Schaftfräser

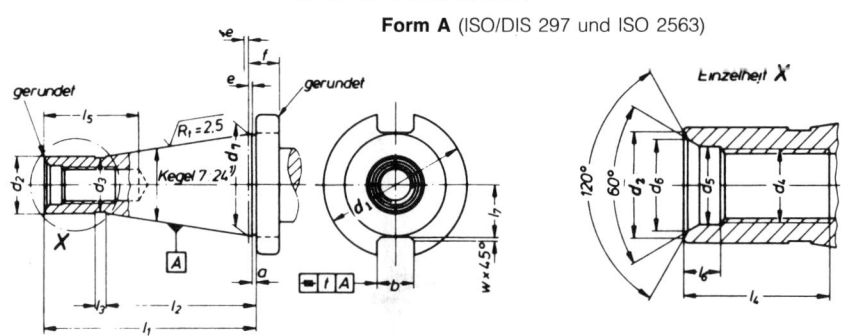

Form A (ISO/DIS 297 und ISO 2563)

Bezeichnung: „Steilkegelschaft DIN 2080-A 50 AT4" (Toleranz-Qualität AT4; Kegelwinkel)

Maße in mm		Steilkegel-Nr. (Kegelverjüngung C = 1 : 3,429)				
		30	40	45	50	55
Gewinde d_4		M 12	M 16	M 20	M 24	M 24
a	± 0,2	1,6	1,6	3,2	3,2	3,2
b	H12	16,1	16,1	19,3	25,7	25,7
d_1		31,75	44,45	57,15	69,85	88,9
d_2	DN a 10	17,4	25,3	32,4	39,6	50,4
	max	17,11	25,00	32,09	39,29	50,06
	min	17,04	24,92	31,99	39,19	49,94

Kegelwinkel α_K = 16,594°; Einstellwinkel κ = 8,297°

| Gruppen-Nr. 8.3 | Werkzeuge/Handhabung | Abschn./Tab. WH/25 |

Steilkegelschäfte mit Anzugsgewinde für Werk-/Spannzeuge (DIN 2080) z.B. für Schaftfräser

Maße in mm		Steilkegel-Nr. Kegelverhältnis C = 1 : 2,439				
		30	40	45	50	55
Gewinde d_4		M 12	M 16	M 20	M 24	M 24
d_3		16,5	24	30	38	48
d_5		13	17	21	26	26
d_6	max	16	21	27	32	31
d_7		50	63	80	97,5	130
k		8	10	12	12	14
l_1		68,4	93,4	106,8	126,8	164,8
l_2		48,4	65,4	82,8	101,8	126,8
l_3		3	5	6	8	9
l_4		24	32	40	47	47
l_5		33,5	42,5	52,5	61,5	61,5
l_6	+ 0,5	5,5	8,2	10	11,5	11,5
l_7	max	16,2	22,5	29	35,3	45
t		0,12	0,12	0,12	0,2	0,2
w		1,6	1,6	1,6	2	2

Maße in mm		60	65	70	75	80
Gewinde d_4		M 30	M 36	M 36	M 48	M 48
a	± 0,2	3,2	4	4	5	6
b	H12	25,7	32,4	32,4	40,5	40,5
d_1		107,95	133,35	165,1	203,2	254
d_2	DN a 10	60,2	75	92	114	140
d_3		58	72	90	110	136
d_5		32	38	38	50	50
d_6	max	44	45	45	60	60
d_7		156	195	230	280	350
k		16	18	20	22	38
l_1		206,8	246	296	370	469
l_2		161,8	202	252	307	394
l_3		10	12	14	16	18
l_4		59	70	70	92	92
l_5		76	89	89	115	115
l_6	+ 0,5	14	16	16	20	20
l_7		60	72	86	104	132
t		0,2	0,3	0,3	0,3	0,3
w		2	2,5	2,5	2,5	2,5

Anmerkung: w wahlweise als Rundung mit Radius r = w; DN = Nenndurchmesser

| Gruppen-Nr. 8.3 | Werkzeuge/Handhabung | Abschn./Tab. WH/26 |

26. Mitnehmer an Werkzeugen mit Zylinderschaft (DIN 1809)

Für Durchmesserbereich d in mm		Mitnehmer			v
über	bis	Breite b (h12)	Höhe l (± IT16)	Radius r	
3	3,5	1,6	2,2		
3,5	4	2	2,2		
4	4,5	2,2	2,5	0,2	0,05
4,5	5,5	2,5	2,5		
5,5	6,5	3	3		
6,5	8	3,5	3,5	0,2	
8	9,5	4,5	4,5	0,4	
9,5	11	5	5	0,4	0,06
11	13	6	6	0,4	
13	15	7	7	0,4	
15	18	8	8	0,4	0,08
18	21	10	10	0,4	
21	24	11	11	0,6	
24	27	13	13	0,6	
27	30	14	14	0,6	0,10
30	34	16	16	0,6	
34	38	18	18	0,6	
38	42	20	19	0,6	
42	46	22	20	1,0	0,15
46	50	24	22	1,0	

Bemerkung: Klemmhülsen, kegelig, für Werkzeuge mit Zylinderschaft und Mitnehmer siehe DIN 6329.

27. Werkzeug-Vierkante (DIN 10)

27.1 ISO-Werkzeug-Vierkante und ISO-Schaftdurchmesser (Maße in mm)

In DIN 10, Ausgabe April 1973, wurden neben den Vierkanten nach der ISO-Empfehlung R 237 – 1961 auch die Werte der DIN-Norm 10, Ausgabe Oktober 1970, aufgeführt. Da bis zur Umstellung aller betroffenen Normen noch ein längerer Zeitraum vergehen wird, wurde diese Maßnahme nötig.

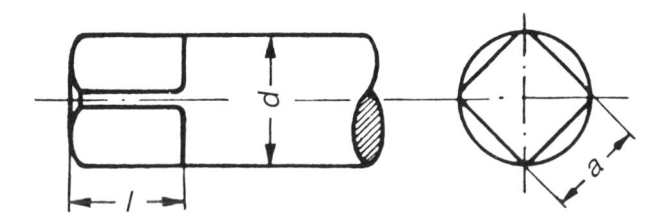

Nenn-maß a	Vierkant					Für Durchmesser d			
	Außenvierkant			Innenvierkant			Vorzugs-durchmesser[2]		Durchmesser bereich	
	a (h 11)		l	a (D 11)		e[1] Eck-maß	Reihe		
	max.	min.		max.	min.	min.	1 (R 10)	2 (R 20)	über	bis
0,9	0,90	0,840		0,980	0,920	1,24		1,12	1,06	1,18
1	1,00	0,940	4	1,080	1,020	1,38	1,25	1,25	1,18	1,32
1,12| 1,12	1,060		1,200	1,140	1,56		1,4	1,32	1,5
1,25| 1,25	1,190		1,330	1,270	1,76	1,6	1,6	1,5	1,7
1,4	1,40	1,340	4	1,480	1,420	1,96		1,8	1,7	1,9
1,6	1,60	1,540		1,680	1,620	2,18	2	2	1,9	2,12
1,8	1,80	1,740		1,880	1,820	2,42		2,24	2,12	2,36
2	2,00	1,940	4	2,080	2,020	2,71	2,5	2,5	2,36	2,65
2,24| 2,24	2,180		2,320	2,260	3,06		2,8	2,65	3
2,5	2,50	2,440	5	2,580	2,520	3,42	3,15	3,15	3	3,35
2,8	2,80	2,740		2,880	2,820	3,82		3,55	3,35	3,75
3,15| 3,15	3,075	6	3,255	3,180	4,32	4	4	3,75	4,25
3,55| 3,55	3,475		3,665	3,580	4,82		4,5	4,25	4,75
4	4,00	3,925	7	4,105	4,030	5,37	5	5	4,75	5,3
4,5	4,50	4,425		4,605	4,530	6,07		5,6	5,3	6
5	5,00	4,925	8	5,105	5,030	6,79	6,3	6,3	6	6,7
5,6	5,60	5,525		5,705	5,630	7,59		7,1	6,7	7,5
6,3	6,30	6,210	9	6,430	6,340	8,59	8	8	7,5	8,5
7,1	7,10	7,010	10| 7,230	7,140	9,59		9	8,5	9,5
8	8,00	7,910	11	8,130	8,040	10,71	10	10	9,5	10,6
9	9,00	8,910	12	9,130	9,040	11,91		11,2	10,6	11,8

| Gruppen-Nr. 8.3 | Werkzeuge/Handhabung | Abschn./Tab. WH/27.1 |

Werkzeug-Vierkante (DIN 10)
ISO-Werkzeug-Vierkante und ISO-Schaftdurchmesser (Maße in mm)

Nenn-maß a	Vierkant						Für Durchmesser d			
	Außenvierkant			Innenvierkant			Vorzugs-durchmesser[2] Reihe		Durchmesser bereich	
	a (h 11)		l	a (D 11)		Eck-maß e[1]				
	max.	min.		max.	min.	min.	1 (R 10)	2 (R 20)	über	bis
10	10,00	9,910	13	10,130	10,040	13,31	12,5	12,5	11,8	13,2
11,2	11,20	11,090	14	11,360	11,250	15,11		14	13,2	15
12,5	12,50	12,390	16	12,660	12,550	17,11	16	16	15	17
14	14,00	13,890	18	14,160	14,050	19,13		18	17	19
16	16,00	15,890	20	16,160	16,050	21,33	20	20	19	21,2
18	18,00	17,890	22	18,160	18,050	23,73		22,4	21,2	23,6
20	20,00	19,870	24	20,195	20,065	26,63	25	25	23,6	26,5
22,4	22,40	22,270	26	22,595	22,465	30,13		28	26,5	30
25	25,00	24,870	28	25,195	25,065	33,66	31,5	31,5	30	33,5
28	28,00	27,870	31	28,195	28,065	37,66		35,5	33,5	37,5
31,5	31,50	31,340	34	31,740	31,580	42,66	40	40	37,5	42,5
35,5	35,50	35,340	38	35,740	35,580	47,66		45	42,5	47,5
40	40,00	39,840	42	40,240	40,080	53,19	50	50	47,5	53
45	45,00	44,840	46	45,240	45,080	60,19		56	53	60
50	50,00	49,840	51	50,240	50,080	67,19	63	63	60	67
56	56,00	55,810	56	56,290	56,100	75,19		71	67	75
63	63,00	62,810	62	63,290	63,100	85,22	80	80	75	85
71	71,00	70,810	68	71,290	71,100	95,22		90	85	95
80	80,00	79,810	75	80,290	80,100	106,22	100	100	95	106

[1] Eckmaß e = Größtmaß von d + oberem Abmaß von H 11.
[2] Die Schaftdurchmesser nach Reihe 1 sind zu bevorzugen.
Toleranzen der Schaftdurchmesser, soweit nicht in den betreffenden Werkzeug-Normen anders festgelegt
  bei Werkzeugen mit höherer Genauigkeit: h 9; bei allen übrigen Werkzeugen: h 11

Fortsetzung

| Gruppen-Nr. 8.3 | Werkzeuge/Handhabung | Abschn./Tab. WH/27.2 |

27.2 Werkzeug-Vierkante nach alter Norm (DIN 10)
z. B. für Gewindebohrer angewendet

Nenn-maß a	Vierkant						Für Durchmesser d	
	Außenvierkant			Innenvierkant				
	a (h 11)		l	a (D 11)		e		
	max.	min.		max.	min.	min.	über	bis
2,1	2,10	2,01	5	2,260	2,120	2,89	2,47	2,83
2,4	2,40	2,31	5	2,560	2,420	3,27	2,83	3,20
2,7	2,70	2,61	6	2,860	2,720	3,67	3,20	3,60
3,0	3,00	2,91	6	3,160	3,020	4,08	3,60	4,01
3,4	3,40	3,28	6	3,610	3,430	4,60	4,01	4,53
3,8	3,80	3,68	7	4,010	3,830	5,15	4,53	5,08
4,3	4,30	4,18	7	4,510	4,330	5,86	5,08	5,79
4,9	4,90	4,78	8	5,110	4,930	6,61	5,79	6,53
5,5	5,50	5,38	8	5,710	5,530	7,41	6,53	7,33
6,2	6,20	6,05	9	6,460	6,240	8,35	7,33	8,27
7	7,00	6,85	10	7,260	7,040	9,54	8,27	9,46
8	8,00	7,85	11	8,260	8,040	10,77	9,46	10,67
9	9,00	8,85	12	9,260	9,040	12,10	10,67	12,00
10	10,00	9,85	13	10,260	10,040	13,43	12,00	13,33
11	11,00	10,82	14	11,320	11,050	14,77	13,33	14,67
12	12,00	11,82	15	12,320	12,050	16,10	14,67	16,00
13	13,00	12,82	16	13,320	13,050	17,43	16,00	17,33
14,5	14,50	14,32	17	14,820	14,550	19,44	17,33	19,33
16	16,00	15,82	19	16,320	16,050	21,44	19,33	21,33
18	18,00	17,82	21	18,320	18,050	24,11	21,33	24,00
20	20,00	19,79	23	20,395	20,065	26,78	24,00	26,67
22	22,00	21,79	25	22,395	22,065	29,44	26,67	29,33
24	24,00	23,79	27	24,395	24,065	32,12	29,33	32,00
26	26,00	25,79	29	26,395	26,065	34,79	32,00	34,67
29	29,00	28,79	32	29,395	29,065	38,79	34,67	38,67
32	32,00	31,75	35	32,470	32,080	42,80	38,67	42,67
35	35,00	34,75	38	35,470	35,080	46,80	42,67	46,67
39	39,00	38,75	42	39,470	39,080	52,20	46,67	52,06
44	44,00	43,75	47	44,470	44,080	58,81	52,06	58,67
49	49,00	48,75	52	49,470	49,080	65,48	58,67	65,33
55	55,00	54,70	58	55,560	55,100	73,48	65,33	75,33
61	61,00	60,70	64	61,560	61,100	81,50	73,33	81,33
68	68,00	67,70	71	68,560	68,100	90,83	81,33	90,66
76	76,00	75,70	79	76,560	76,100	101,51	90,66	101,33

Bemerkung: Eckmaß = Größtmaß von d + oberem Abmaß von H 11.

| Gruppen-Nr. 8.3 | Werkzeuge/Handhabung | Abschn./Tab. WH/28 |

28. Erreichbare Oberflächengüte beim spanenden Formen

Rauhtiefe und Traganteil, die durch ein bestimmtes Bearbeitungsverfahren erreicht werden kann (allgemeine Erfahrungswerte zum Teil nach DIN 4765).
Nach W. **Schenkel** u. W. **Schmidt** und DIN 4766

Bearbeitungsverfahren		Erreichbare gemittelte Rauhtiefe R_z in μm		Erreichbarer Mindesttraganteil[1] in %	
				t_{ap} für Rauheit	t_{ap} für Welligkeit
Drehen	Schruppen	40	... 250		
	Schlichten	10	... 40		
	Feindrehen (Hartmetall)	2,5	... 10	25	16
	Feinstdrehen (Diamant)	1	... 2,5	40	25
Hobeln	Schruppen	40	... 250		
	Schlichten	10	... 40		
Fräsen	Schruppen	25	... 100		
	Schlichten	10	... 25		
	Feinfräsen	4	... 10	25	10
	Feinstfräsen	1,6	... 4	40	25
Bohren	Schruppen	25	... 100		
	Schlichten	10	... 25		
	Feinbohren (HM, D)	4	... 10	25	10
	Feinstbohren (Diamant)	1,6	... 4	40	25
	Aufbohren	0,5	... 20	15	
Senken		10	... 40	10	
Räumen	Räumen	4	... 25	10	
	Feinräumen	1	... 4	40	
Schaben	1...3 Pkt/cm^2	10	... 40		
	3...5 Pkt/cm^2	2,5	... 10		
Reiben	Reiben	4	... 16	10	
	Feinreiben	1	... 4	25	
Schleifen	Schleifen	4	... 25	10	
	Feinschleifen	1	... 4	40	25
	Feinstschleifen	0,25	... 1	63	40
	Läppschleifen	0,06	... 0,25	80	63

| Gruppen-Nr. 8.3 | Werkzeuge/Handhabung | Abschn./Tab. WH/28 |

Erreichbare Oberflächengüte beim spanenden Formen

Bearbeitungsverfahren		Erreichbare gemittelte Rauhtiefe R_z in µm		Erreichbarer Mindesttraganteil[1] in %	
				t_{ap} für Rauheit	t_{ap} für Welligkeit
Zieh-schleifen	Honen	0,4	... 1,6	63	40
	Feinziehschleifen[2]	0,16	... 0,6	80	63
	Feinstziehschleifen[2]	0,04	... 0,16	90	80
	Strahlhonen	0,4	... 4		
Läppen	Läppen mit Maschinen	0,25	... 0,6	63	40
	Feinläppen	0,1	... 0,25	80	63
	Feinstläppen	0,04	... 0,1	90	80

1 µm = 0,001 mm

1) Traganteil (Mikroflächen-Traganteil) ist das Verhältnis der Traglänge zur Bezugsstrecke t_{ap} = 100 · L_t / S_b %. Hierbei ist die Traglänge L_t die Summe der Längen, die eine Linie im Abstand 0,1 R von der Hüll-Linie aus dem Profilausschnitt innerhalb der Bezugsstrecke herausschneidet. R ist die dabei gemessene Rauhtiefe. Die Bezugsstrecke S_b erfaßt lediglich die Rauheit, aber nicht die Welligkeit. Diese entsteht vorwiegend durch Schwingungen am Werkzeug und an der Maschine. Sie beeinflußt oft den Traganteil wesentlich stärker als die Rauheit. Deshalb ist in der rechten Spalte t_{ap} der Profiltraganteil unter Berücksichtigung der Welligkeit noch zusätzlich aufgenommen. (Vgl. hierzu DIN 4760 bis 4768.)

2) Entspricht superfinish

Anmerkung: Die in dieser Tabelle sowie die in DIN 4766 angegebenen Werte (erreichbare gemittelte Rauhtiefe R_z) sind Orientierungs- und **Erfahrungswerte,** die unter den üblichen Fertigungsbedingungen nach dem jetzigen Stand der Technik erreicht werden können.

Gemittelte Rauhtiefe R_z = arithmetisches Mittel aus den Einzelrauhtiefen fünf aneinander grenzender Einzelmeßstrecken.

Wichtige Bezeichnungen zur Kennzeichnung der **Oberflächenrauhigkeit:**
R_t = Rauhtiefe, R_p = Glättungstiefe, t_{pc} = Traganteil ≈ t_{ap}

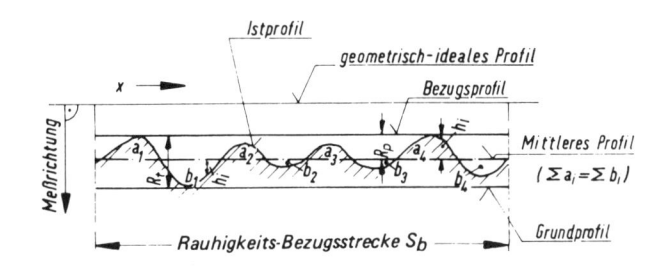

| Gruppen-Nr. 8.3 | Werkzeuge/Handhabung | Abschn./Tab. WH/29 |

29. Erreichbare Bohrungstoleranzen mit spanenden Werkzeugen

Werkzeug	Zustand	Bohrungstoleranz							
		H13	H12	H11	H10	H9	H8	H7	H6
Spiralbohrer	1	+							
	2		+						
	3			+					
Aufbohrer (Spiralsenker)	1		+						
	2			+					
	3				+				
Einlippen-Tieflochbohrer	4			(+)	(+)	+	+		
Reibahlen				(+)	(+)	+	+	+	+

„Zustand":
1 Werkzeuge nach DIN (normaler Ausführung)
2 Werkzeug sehr sorgfältig geschliffen und unverrückbar festgespannt (ebenfalls das Werkstück)
3 Werkzeug in Bohrvorrichtung oder durch Bohrbuchse geführt (Spiralbohrer, Aufbohrer)
(4) **Erreichbare Bohrungstoleranz** sind besonders abhängig von: Werkstoffart (Werkstück), Bohrtiefe, Werkzeugstandheit, Vorschub (möglichst niedrig), Kühlschmierung (möglichst reinlich und gleichmäßig).

Anmerkung: Zwischen (ISO-)Maßtoleranzen und der Oberflächenrauheit (-glätte) besteht kein gesetzmäßiger Zusammenhang. Trotzdem bestimmt die erreichbare Rauhtiefe (siehe Tabelle 15) entscheidend die Lage der tolerierten Grenzflächen (besonders bei kleineren Durchmessern).

Bei 3 und 4 folgende besondere **Arbeitsbedingungen** beachten: guter Maschinenzustand, genaue Spindelführung und starre Werkstückspanung.

| Gruppen-Nr. 8.3 | **Werkzeuge/Handhabung** | Abschn./Tab. WH/30 |

30. Bestimmung von Leistung und Drehmoment (Diagramm)

Beispiel: $M = 225$ Nm $n_c = 1000$ 1/min $P_1 = \dfrac{M \cdot n_c}{100}$ [kW]; $P_2 = \dfrac{M \cdot n_c}{7190}$ [PS];
$P_1 \approx 23$ kW; $P_2 = \approx 31{,}3$ PS

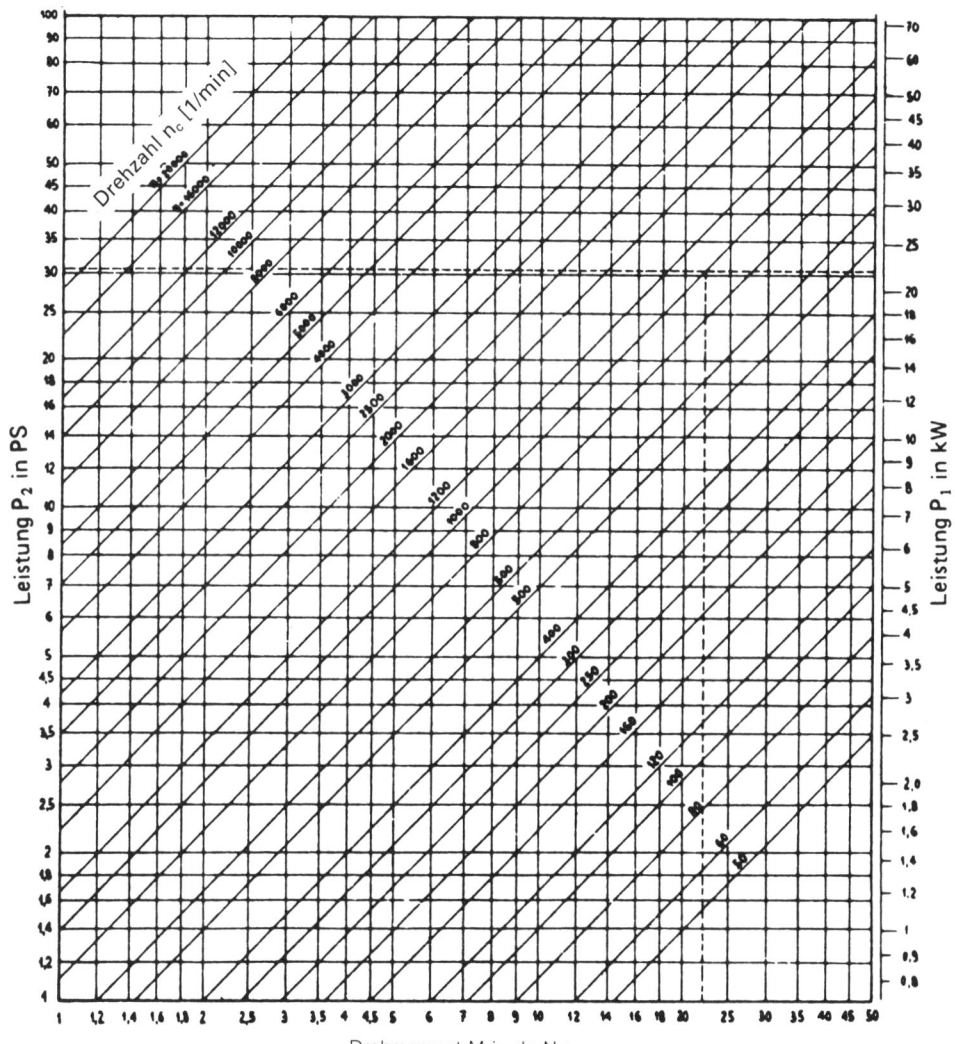

Beachte: Einheiten PS und kpm sind seit 1978 unzulässig. 1 PS $\approx$ 736 W $\approx$ 736 Nm/s; 1 kpm $\approx$ 10 Nm (Newtonmeter) $\approx$ 10 J; 1 da N (Deka-Newton) = 10 N; 1da Nm (Deka-Newtonmeter) = 10 Nm

2 – 43

| Gruppen-Nr. 8.3 | Werkzeuge/Handhabung | Abschn./Tab. WH/31 |

31. Spezifische Schnittkraft k_c (in N je mm² Spanungsquerschnitt A)
(nach Prof. Kienzle, König, Raimund u. a.)

Spezif. Schnittkraft k_c ist das Verhältnis der Schnittkraft F_c zum Spanungsquerschnitt A (= b.h); b = Spanungsbreite, h = Spanungsdicke; b.h = $a_p \cdot f$ (a_p = Schnittiefe, f = Vorschub). Die spezif. Schnittkraft ist ein werkstoffabhängiger Zerspanungswert, der kaum von der Spanungsbreite b, sondern ausschließlich von der Spanungsdicke h bzw. dem Vorschub f abhängt.
Beim Fräsen wird die mittlere Spanungsdicke h_m eingesetzt; siehe betreffende Tabelle im Abschnitt "Schaftfräsen". h_m = f. sin x_r (x_r = Einstellwinkel = σ/2).
Spezif. Schnittkraft $k_{c1.1}$ gibt die auf b = 1 mm und h = 1 mm bezogene Schnittkraft an (auch mit Hauptwert bezeichnet).
Das unterschiedliche Schnittkraftverhalten eines Werkstoffes bei kleinen und großen Spanungsdicken h wird durch den **Anstiegswert** 1−m berücksichtigt, z.B. h^{1-m} (wobei der Exponent m im Koordinatensystem die Steigung der Geraden bezeichnet).

Werkstoff	Anstiegswert 1−m	Hauptwert $k_{c1.1}$	Spezifische Schnittkraft k_c (in N/mm²) bei Spanungsdicke h in mm (bzw. h_m)				
			0,1	0,125	0,16	0,2	0,25
Stahl St 42	0,75	1740	3090	2920	2750	2600	2450
St 50	0,74	1950	3550	3360	3140	2960	2800
St 60	0,83	2070	3060	2940	2830	2710	2620
St 70	0,84	2380	3440	3330	3200	3080	2970
C 22*	0,84	1770	2550	2460	2360	2290	2210
C 45	0,83	1520	2700	2560	2400	2280	2150
9 S 20 *	0,90	1570	1980	1940	1880	1840	1810
34 Cr 4	0,65	1760	3930	3640	3340	3080	2850
GG−20	0,75	1010	1800	1700	1600	1510	1430
GG−30	0,70	2220	2210	2070	1920	1800	1680
GTW−35	0,79	1180	1910	1820	1730	1650	1580
GS−45	0,83	1570	2320	2240	2140	2060	1990
CuZn 40	0,62	420	1010	930	840	770	720
CuSn 8	0,75	800	1430	1350	1280	1210	1140
AlMg 5	0,84	440	640	620	590	570	550
MgAl 9	0,66	240	520	480	440	400	370

* Nicht mehr genormte Werkstoffe

| Gruppen-Nr. 8.3 | Werkzeuge/Handhabung | Abschn./Tab. WH/31 |

Spezifische Schnittkraft k_c (in N je mm² Spanungsquerschnitt A)
(nach Prof. Kienzle, König, Raimund u. a.)

Werkstoff	Spezifische Schnittkraft k_c (in N/mm²) bei Spanungsdicke h in mm (bzw. h_m)						
	0,315	0,4	0,5	0,63	0,8	1,25	1,6
Stahl St 42	2320	2190	2060	1950	1830	1640	1540
St 50	2640	2480	2330	2200	2070	1840	1730
St 60	2520	2420	2330	2240	2150	1990	1900
St 70	2860	2760	2620	2570	2470	2300	2200
C 22*	2130	2040	1970	1900	1830	1700	1640
C 45	2030	1910	1800	1710	1610	1440	1350
9 S 20*	1770	1720	1680	1650	1610	1530	1500
34 Cr 4	2630	2420	2240	2060	1900	1630	1490
GG–20	1340	1280	1200	1140	1070	950	900
GG–30	1680	1460	1360	1280	1190	1040	960
GTW–35	1500	1420	1360	1290	1240	1130	1070
GS–45	1910	1840	1770	1700	1630	1510	1450
CuZn 40	660	600	550	500	460	390	350
CuSn 8	1070	1010	960	900	850	770	720
AlMg 5	530	510	490	470	460	420	200
MgAl 9	350	320	290	270	260	220	200

| Gruppen-Nr. 8.3 | Werkzeuge/Handhabung | Abschn./Tab. WH/32 |

32. Werkstoffgruppen: Kurzzeichen und SEL-Nr. der Metallarten

Werkstoffgruppe	Zugfestigkeit R_m in N/mm²	Kurzzeichen (n. DIN) z. B.	SEL-Nr.
1. Unlegierter Stahl	bis 700	St 37-2 St 44-2 C 10 C 15 C 35 H I H II H III 9 S 20 9 S Mn Pb 28 35 S 20 Ck 10 Ck 15	1.0037 1.0044 1.0301 1.0401 1.0501 1.0345 1.0425 1.0435 1.0711 1.0718 1.0726 1.1121 1.1141
2. Unlegierter Stahl Legierter Stahl	über 700 bis 1000	C 45 Ck 45 34 Cr 4 31 NiCr 14 34 CrMo 4 60 S 20 36 Mn 5 20 MnCr 5 16 MnCr 5 37 MnSi 5	1.0503 1.1191 1.7033 1.5755 1.7220 1.0728 1.1167 1.7147 1.7131 1.5122
3. Legierter Stahl	über 1000	42 CrMo 4 100 CrMo 7 36 CrNiMo 4 20 MnCr 5	1.7225 1.3537 1.6511 1.7147
4. Stahl, gehärtet	HRc 40...45 HRc bis 63		
5. Rost- und säure- best. Stahl (siehe auch AISI 304, 316, 321)		X 20 Cr 13 X 10 CrNiTi 18 9 X 10 CrNiMoTi 18 10 X 22 CrNi 17	1.4021 1.4541 1.4571 1.4057
6. Hitzebeständiger Stahl		X 10 CrSi 13 X 15 CrNiSi 20 12 X 20 CrMoV 12 1	1.4722 1.4828 1.4922

| Gruppen-Nr. 8.3 | Werkzeuge/Handhabung | Abschn./Tab. WH/32 |

Werkstoffgruppen: DIN-Kurzzeichen und SEL-Nr. der Metallarten

Werkstoffgruppe	Zugfestigkeit R_m in N/mm²	Kurzzeichen (n. DIN u. WN) z. B.	SEL-Nr.
7. **Sonder-Legierungen**		Hastelloy A/B/C Haynes Alloy 713 Inconel-702 Nimonic-75 K-Monel Waspaloy ATS (WN = Werks-Norm	
8. **Federband-Stahl**	1200 bis 1500	50 CrV 4 60 SiMn 7 46 Si 7	1.8159 1.0909 1.0902
9. **Mangan-Hartstahl**		X120 Mn 12	1.3401
10. **Gußeisen mit Lamellengraphit** a)		GG-15 GG-20 GG-25	0.6015 0.6020 0.6025
b)		GG-30 GG-35 GG-40	0.6030 0.6035 0.6040
11. **Hartguß**	HB bis 350 HB üb. 450		
12. **Gußeisen mit Kugelgraphit**		GGG-40 GGG-50 GGG-60	0.7040 0.7050 0.7060
13. **Temperguß**		GTW-40 GTW-45 GTW-55 GTS-35 GTS-55	0.8040 0.8045–55 0.8135–55
14. **Kupfer, unlegiert**		E-Cu F-Cu SF-Cu SE-Cu	2.0060 2.0080 2.0090 2.0070
15. **Elektrolyt-Kupfer**		KE-Cu (99,9 % Cu)	2.0050
16. **Bronze:** a) weich Zinnbronze		G-CuSn 14 (G-SnBz 14) CuSn 4 (SnBz 4) G-CuSn 10 Zn (Rg 10) G-CuZn 7 ZnPb (Rg 7)	2.1056 2.1016 2.1086 2.1090

Gruppen-Nr.	Werkzeuge/Handhabung	Abschn./Tab.
8.3		WH/32

Werkstoffgruppen: Kurzzeichen und Nr. der Werkstoffarten

Werkstoffgruppe	Zugfestigkeit R_m in N/mm²	Kurzzeichen (n. DIN) z. B.	SEL-Nr.
b) hart Alu-Bronze		G-CuAl 10 Ni (AlBz 10 Ni) G-CuAl 8Fe (AlBz 8Fe)	2.0966 2.0932
17. Kupfer-Nickel-Zink- Legierung		Ns 62 18 Pb Ns 47 11 Pb	2.0790 2.0770
18. Messing: a) zäh		CuZn 36 CuZn 36 Pb 1 CuZn 36 Pb 3	2.0335 2.0330 3.0375
b) spröde		CuZn 39 Pb 2 CuZn 39 Pb 3 CuZn 40 Pb 2	2.0380 2.0401 2.0402
19. Sondermessing, zäh		CuZn 31 Si (SoMs68) CuZn 28 Sn (SoMs 71)	2.0490 2.0470
20. Aluminium-Legierung niedrig legiert		AlMg SiPb AlMgSi 1 AlMg 3	3.0615 3.2315 3.3535
21. AlSi-Legierungen: a) bis 11 % Si		G-AlSi 5 Mg G-AlSi 6 Cu 4 G-AlSi 10 Mg	3.2341 3.2151 3.2381
b) 11 ... 14 % Si		G-AlSi 12	3.2581
c) über 14 % Si			
22. Magnesium-Legierung		MgAl 6 Zn MgAl 8 Zn G-MgAl 9 Zn 2	3.5612 3.5812
23. Zink-Legierung		GD-ZnAl 4 GB-ZnAl 4 Cu 3 ZnCu 4 Pb 1	2.2140.05 2.2143
24. Titan, Titan-Legierung		Ti 99,4 TiAl 6 V 4	3.7034 3.7164

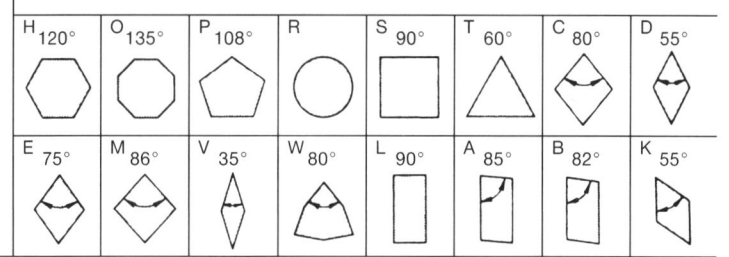

Gruppen-Nr. **8.3** | **Werkzeuge/Handhabung** | Abschn./Tab. **WH/33**

33. Wendeschneidplatten: Kurzzeichen, Bezeichnung und Daten (DIN)
Gültig für genormte und nicht genormte Wendeschneidplatten (WSP)
aus **Hartmetall** (HM), **Schneidkeramik** (SK) und anderen Schneidstoffen
(Auszug DIN 4987)

Bezeichnung einer Wendeschneidplatte:

① wirksamer Freiwinkel — Freiwinkel an der Platte
② wirksamer Freiwinkel — Freiwinkel an der Platte = 0°
③

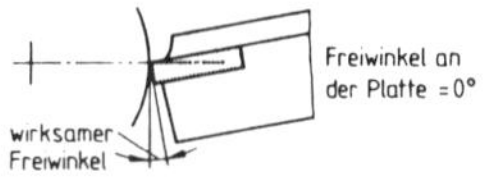

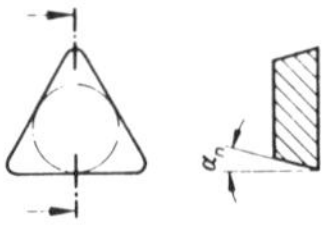

Schneidplatte **DIN... -T P G N 16 03 04 E N -P20**
- Benennung
- Norm-Nummer
- Grundform
- Normal-Freiwinkel
- Toleranzklasse
- Spanformer(-brecher)
- Befestigungsmerkmale
- Plattengröße
- Plattendicke
- Schneidenecke
- Schneide
- Schneidrichtung
- Schneidstoff (n. DIN 4990 u. a.)

Grundformen:

H, O, P, R, S, T	gleichseitig und gleichwinklig
C, D, E, M, V, W	gleichseitig und ungleichwinklig (rhombisch)
L	ungleichseitig und gleichwinklig (rechteckig)
A, B, K	ungleichseitig und ungleichwinklig (rhomboidisch)

H 120°	O 135°	P 108°	R	S 90°	T 60°	C 80°	D 55°
E 75°	M 86°	V 35°	W 80°	L 90°	A 85°	B 82°	K 55°

2 – 49

| Gruppen-Nr. 8.3 | **Werkzeuge/Handhabung** | Abschn./Tab. WH/33 |

Wendeschneidplatten: Kurzzeichen, Bezeichnung und Daten (DIN)
Gültig für genormte und nicht genormte Wendeschneidplatten (WSP)
aus **Hartmetall** (HM), **Schneidkeramik** (SK) und anderen Schneidstoffen
(Auszug DIN 4987)

Normal-Freiwinkel: an der Platte (Bild 3)	A 3°	B 5°	C 7°	D 15°	E 20°	F 25°	G 30°	N 0°	P 11°	O bes. Ang.
Toleranzklasse: Zul. Abweich. für	A, F	C, H	E	G	J	K	L	M	U	
Prüfmaß m bis ±	0,005	0,013	0,025	0,025	0,005	0,014	0,025	0,08 0,18	0,13 0,38	
Dicke s	0,025	0,025	0,025	0,13	0,025	0,025	0,025	0,13	0,13	
Spanformer und **Befestigungsmerkmale** (Bohrung)	N	A	R	M	F	G	X Extras n. Zeichn.			

Spanformer auf den Spanflächen sind z. B. Spanformrillen oder -stufen.
Befestigungsmerkmal ist z. B. durchgehende Bohrung.

Plattengröße:
Als Schneidenlänge wird bei ungleichseitigen Platten die längere Schneide angegeben, bei runden Platten der Durchmesser.
Die Dicke s wird ohne Dezimalstellen in mm angegeben.

Ausführung der Schneidenecke:
Der Radius an der Schneidenecke r_ε wird in mm angegeben (Eckenradius).
Bei runden Schneidplatten oder solchen mit scharfkantigen Schneidenecken ($r_\varepsilon = 0$) ist die Kennzahl 00.

Kennbuchstaben:

1. für den Einstellwinkel $\varkappa_r$ der Hauptschneide	A 45°	D 60°	E 75°	F 85°	P 90°

2. für den Freiwinkel α'_n an der Planscheibe (Eckenfase) (s. Bild)	A 3°	B 5°	C 7°	D 15°	E 20°	F 25°	G 30°	N 0°	P 11°

| Gruppen-Nr. 8.3 | **Werkzeuge/Handhabung** | Abschn./Tab. WH/33 |

Wendeschneidplatten: Kurzzeichen, Bezeichnung und Daten (DIN)
Gültig für genormte und nicht genormte Wendeschneidplatten (WSP) aus **Hartmetall** (HM), **Schneidkeramik** (SK) und anderen Schneidstoffen
(Auszug DIN 4987)

Schneide und Schneidrichtung (s. Bild 4)	F scharf	E gerundet	T gefast	S gefast und gerundet	R rechtsschneidend	L linksschneidend	N links- u. rechtsschneidend

Beispiel der **Bezeichnung** einer Wendeschneidplatte aus Hartmetall (HM)

F, E, T, S (Spanfläche / Freifläche) ④

a) **mit Eckenrundungen** (DIN 4968)
bevorzugt zum **Drehen**
(gerader/ungerader Seitenanzahl)
dreieckig (T)
Normal-Freiwinkel $\alpha_n = 11°$ (P),
Toleranzklasse G (G),
ohne Besonderheiten (N),
mit der Länge $l = 16,5$ mm (16),
der Dicke $s = 3,18$ mm (03),
Eckenradius $r_\varepsilon = 0,8$ (08),
des Schneidstoffes (Sorte) P 20:
„Schneidplatte DIN 4968 – TPGN 160308 – P 20"

Bild (60° ± 30', 11°)

b) **mit Planschneiden** (DIN 6590)
bevorzugt zum **Fräsen**
quadratisch (S),
Normal-Freiwinkel $\alpha_n = 0°$ (N),
Toleranzklasse C (C),
ohne Besonderheiten (N),
mit der Länge $l = 15,875$ mm (15),
der Dicke $s = 4,76$ mm (04),
Einstellwinkel $\varkappa_r = 45°$ (A),
Freiwinkel an der Planscheibe $\alpha_n' = 0°$ (N),
Schneidstoff (Sorte) P 10:
„Schneidplatte DIN 6590 – SNAN 1504 AN – P 10".

Bild (90° ± 15', 45° ± 30')

2 – 51

| Gruppen-Nr. 8.3 | Werkzeuge/Handhabung | Abschn./Tab. WH/34 |

34. HM-Schneidplatten für normale und leichte Schnitte

HM = Hartmetall: Sorte bei Bestellung angeben (Zerspanungs-Anwendungsgruppe nach DIN 4990. Maße in mm
Normal-Freiwinkel α_n · Abmessungen sind Kleinstmaße

a) **Platten für normale Schnitte** (Formen A bis E); DIN 4950, Auswahl

Platten-länge / Nennmaß	Abmessungen der Plattenformen									α_n
	A, B,			C		D		E		
	t	s	r	t	s	t	s	t	s	
3	–	–	–	–	–	8	3	–	–	18°
4	–	–	–	–	–	10	4	10	2,5	
5	3	2	2	3	2	12	5	12	3	
6	4	2,5	2,5	4	2,5	14	6	14	3,5	
8	5	3	3	5	3	16	8	16	4	
10	6	4	4	6	4	18	10	18	5	
12	8	5	5	8	5	20	12	20	6	
16	10	6	6	10	6	–	–	22	7	
20	12	7	7	12	7	–	–	25	8	
25	14	8	8	14	8	–	–	28	9	
32	18	10	10	18	10	–	–	32	10	

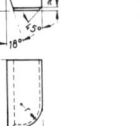

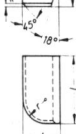

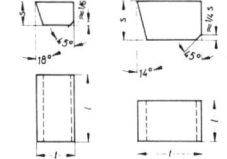

Form A/G B/H C/J D

b) **Platten für leichte Schnitte** (Formen G bis J); DIN 4966, Auswahl

Platten-länge / Nennmaße	Abmessungen der Plattenformen					α_n
	G, H			J		
	t	s	r	t	s	
6	4	2	2,5	4	2	12°
8	5	2	3	5	2	
10	6	2,5	4	6	2,5	
12	8	3	5	8	3	
16	10	4	6	10	4	

Allgemein: **Bezeichnung** z. B. „Schneidplatte C 16 DIN 4950 –..." (C 1)

Platten mit Dicken unter 4 mm werden ohne Bodenfase oder Bodenrundung (ohne Freiwinkel) hergestellt.

An Stelle der Bodenfase unter 45° kann auch eine Bodenrundung gewählt werden.

| Gruppen-Nr. 15a | Bohren | Abschn./Tab. B/1, 1.1, 1.2 |

1. Aufbau und Wirkungsweise der Bohrwerkzeuge

Der Spiralbohrer besteht grundsätzlich aus Schaft und Schneidenteil

Begriff	Ausführung/Einteilung	Anmerkung/Erläuterung
1.1 Schaft	Aufnahmeschaft Ausführung z.B. nach DIN:	

	1. **Zylinderschaft**
	• **ohne** Mitnehmer (Bild 1);
	  nach DIN 338, 340, 1897
	• **mit** Mitnehmer (Bild 2);
	  nach DIN 339, 8037, 8038 und 8039, Bohrer mit HM-Bestückung
		zur Aufnahme z.B. in Spannzangen oder 3-Backen-Futter.
		vorwiegend für die Aufnahme in Klemmhülsen und Spannzangen. Bestückung ist aus Bildern nicht zu ersehen.

	2. **Kegelschaft** (Morsekegel mit Austreiblappen), massiv (Bild 3) nach DIN 341, 345, 346.	für Kegelhülsen-Aufnahmen. Austreiblappen nach DIN 317
	3. **Kegelschaft** (w. o.) und Schneidenteil mit innenliegender Kühlmittelzuführung (Bild 4)	Für waagrechte oder tiefe Bohrungen.
1.2 Schneidenteil (Bild 5)	hat zwei drallförmig verlaufende Längsnuten und Führungsfasen	Technische Lieferbedingungen für **HSS-Spiralbohrer** siehe DIN 1414.
a) Spannuten	Diese Drallnuten sind so bemessen, daß ein Kern mit der Dicke k stehenbleibt, der dem Bohrer ausreichende Widerstandsfähigkeit gibt. Die Nuten sind so geformt, daß bei vorgegebenem Spitzenwinkel σ (sigma) zwei gerade Schneidlippen oder -kanten (Hauptschneiden) entstehen. Für eine gute Spanabfuhr, besonders aus tiefen Bohrungen, sind große, weite Nuten vorteilhaft, die bei weichen und langspanenden Werkstoffen außerdem in einem engen Drall verlaufen (= großer Seiten-Spanwinkel γ_x). Bei einer derart ausgelegten Schnei-	Die Drallnuten dienen zur Späneabfuhr (deshalb auch Spannuten genannt) und ermöglichen den Zutritt des Kühlschmiermittels. Die Größe, die Form und die Schräglage richten sich nach dem zu zerspanenden Werkstoff und dem Einsatzfall. **Wichtig!** Form und Steigung der Drall- oder Spannuten bestimmen die Größe des Spanwinkels (γ, γ_w), der entlang der Hauptschneide nicht konstant ist, sondern von seinem größten Wert an der Schneidenecke (γ_x) zur Bohrer-

| Gruppen-Nr. 15a | Bohren | Abschn./Tab. B/1.2 |

Aufbau und Wirkungsweise der Bohrwerkzeuge

Begriff	Ausführung/Einteilung	Anmerkung/Erläuterung
	denkonstruktion müssen zwangsläufig Kern und Steg klein ausfallen. Die Stabilität des Bohrers nimmt ab.	mitte hin abnimmt und beim Übergang zur Querschneide negativ wird.
	Die Festlegung aller Konstruktionsdaten erfolgt immer unter Berücksichtigung **vieler Einflußfaktoren** nach einem Kompromiß. Grundsätzliche Richtung: · für weiche, langspanende Werkstoffe: · für Stähle bis ca 1200 N/mm^2 Festigkeit und Gußeisen: · für Stähle und Bronzen hoher Festigkeit und Mangan-Hartstahl: · für spröde Messingsorten und harte Kunststoffe: · für große Bohrtiefen:	 großer Seiten-Spanwinkel γ_x dünner Kern normaler Seiten-Spanwinkel γ_x, normaler Kern kleiner Seiten-Spanwinkel γ_x, dicker Kern kleiner Seiten-Spanwinkel γ_x, dünner Kern großer Seiten-Spanwinkel γ_x Sonder Nutenform
b) **Führungsfasen** (Bild 5)	Die Führungsfasen b begrenzen den Außendurchmesser des Bohrers (d_1). Sie entstehen, wenn die Stege zwischen den Nuten so durch Hinterfräsen oder -schleifen nachgearbeitet werden, daß schmale Fasen stehenbleiben. Die Führungsfasen stützen sich an der Bohrungswandung ab und beeinflussen stark die Bohrungsqualität: Durchmesser-Passung, Rundheit, Fluchtung.	Sie vermeiden, daß die ganze Mantelfläche des Bohrers an der Bohrungswand reibt und sichern ausreichende Führung des Bohrers in der Bohrung. Die Schneide an einer Seite der Fase (Fasenschneide) trennt im Grund der Bohrung den Werkstoff von der Bohrungswand ab. **Wichtig!** Der Bohrerdurchmesser verjüngt sich in Richtung Schaft, wodurch sich die Reibung an der Bohrungswandung weiterhin verringert.
1.3 Schneidenwinkel	Man unterscheidet hier Spitzenwinkel (σ), Querschneidenwinkel (ψ), Freiwinkel (α), Keilwinkel (β) und Spanwinkel (γ). Siehe Bilder 5 und 6.	Frei-, Keil- und Spanwinkel (α, β bzw. γ) werden in der Keilmeßebene gemessen. Siehe hierzu auch Tabelle ZT/5 (nach DIN 6581)

| Gruppen-Nr. 15a | **Bohren** | Abschn./Tab. B/1.1 bis 1.3 |

Aufbau und Wirkungsweise der Bohrwerkzeuge

Bild 1

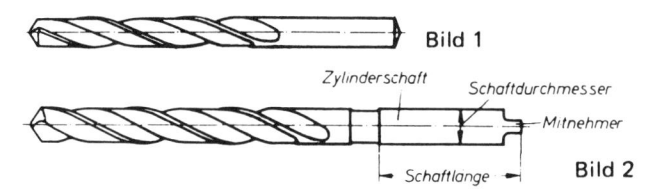

Bild 2 — Zylinderschaft, Schaftdurchmesser, Mitnehmer, Schaftlänge

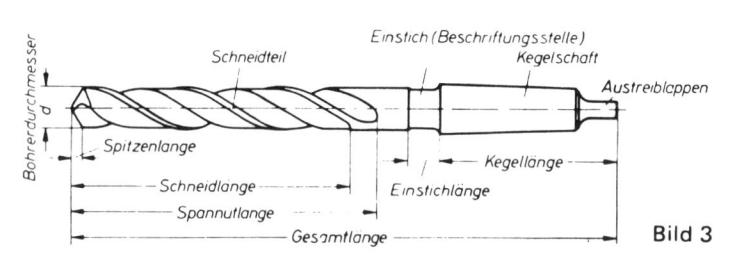

Bild 3 — Bohrerdurchmesser d, Schneidteil, Einstich (Beschriftungsstelle), Kegelschaft, Austreiblappen, Spitzenlänge, Schneidlänge, Einstichlänge, Spannutlänge, Kegellänge, Gesamtlänge

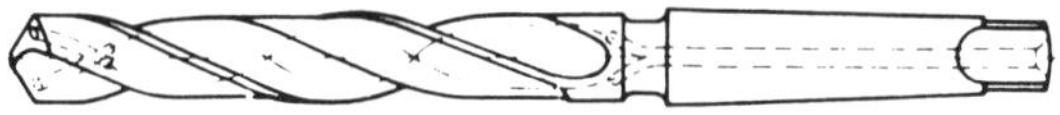

Bild 4

Schneidteil

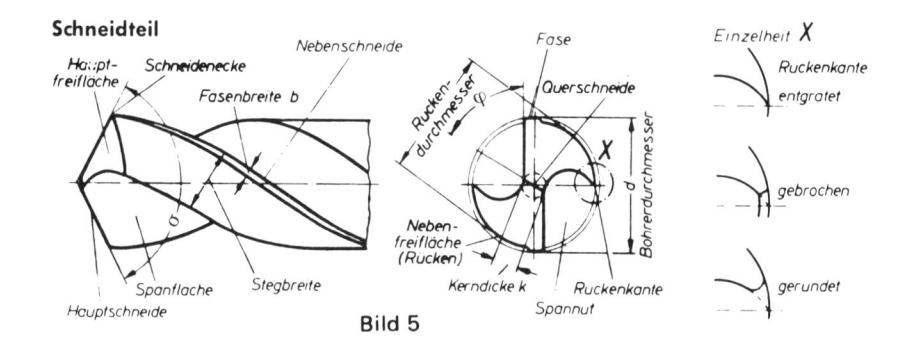

Bild 5 — Hauptfreifläche, Schneidenecke, Nebenschneide, Fasenbreite b, Fase, Rückendurchmesser, Querschneide, Bohrerdurchmesser d, Spanfläche, Stegbreite, Hauptschneide, Nebenfreifläche (Rücken), Kerndicke k, Rückenkante, Spannut

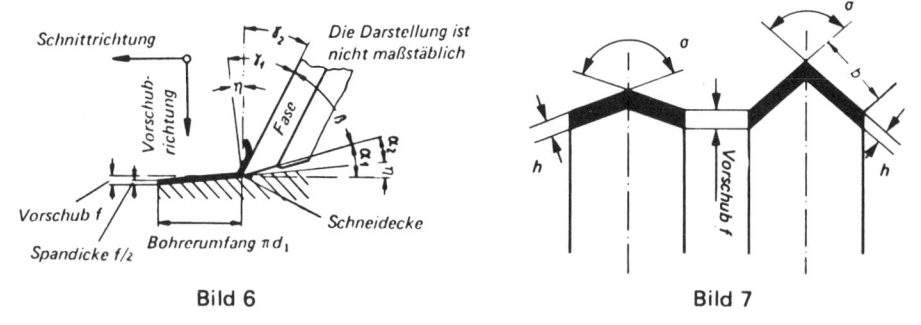

Einzelheit X: Rückenkante entgratet / gebrochen / gerundet

Bild 6 — Schnittrichtung, Vorschubrichtung, Fase, Vorschub f, Spandicke f/2, Bohrerumfang πd_1, Schneidecke, Die Darstellung ist nicht maßstäblich

Bild 7 — Vorschub f, h, σ

3 – 3

| Gruppen-Nr. 15a | **Bohren** | Abschn./Tab. B/1.3 |

Aufbau und Wirkungsweise der Bohrwerkzeuge

Begriff	Ausführung/Einteilung	Anmerkung/Erläuterung
1.3.1 Spitzen- winkel σ (sigma)	ist der Winkel der die beiden Hauptschneiden einschließt (Bild 5). Er übt großen Einfluß auf die Leistung des Bohrers aus und richtet sich nach: a) dem zu bearbeiteten Werkstoff (Werkstückstoff). b) der Späneabfuhr. c) dem Werkstück sowie der Werkzeuggeometrie (Bearbeitungsfall!). Bei unterschiedlichen Spitzenwinkeln aber gleichem axialen Vorschub (f) ändern sich Spanlänge (Spanungsbreite) b und Spanungsdicke h (Bild 7). Kraftrichtung und Spanführung bei unterschiedlichen Spitzenwinkeln siehe Bilder 8a bis d.	Normal sind folgende Winkel: · für Stahl σ ca. $118°$ · für weiche, langspanende Werkstoffe $\sigma = 130° \ldots 140°$ · für harte Werkstoffe σ ca. $130°$ **Wichtig!** Ein spitzer Winkel klemmt sich ein. Starke Reibung, geringere Spandicke (siehe Bild 7).
Sonderspitzen- winkel	Bedingungen: a) Für langspanende **Leichtmetalle** Aluminium- und Magnesium-Legierungen) $\sigma = 130 \ldots 140°$ wählen (Bild 8a), da der größere Winkel leichtere Spanabfuhr sichert (die Späne gleiten sofort in die Drallrichtung). b) Für **harte Kunststoffe** wird bevorzugt $\sigma = 90°$ gewählt (Bild 8c). Zu beachten ist, daß diese Kunststoffe sehr harte Füllstoffe enthalten können, die den Bohrer besonders auf Verschleiß beanspruchen. Achtung! Wird von einem Spitzenwinkel $118°$ auf $90°$ umgeschliffen, liegen die Schneidecken zurück (Bild 9c). Bei Bohreranfertigung speziell auf $90°$ wird die Nutenform so ausgelegt, daß gerade Hauptschneiden entstehen.	Die Leichtmetalle werden allgemein mit sehr hohen Schnittgeschwindigkeiten und Vorschüben bearbeitet. Bei hohem Spananfall müssen Spanstauungen unbedingt vermieden werden. Wirkung der kleinen Spitzenwinkel σ: · Erhöhung der Widerstandsfähigkeit der Schneidecken (von den Hauptschneiden zu den Führungsfasen geformt), weil diese zwangsläufig einen sehr großen Winkel haben (stumpfer Übergang). · Ungünstige Spanbildung, wenn die Hauptschneiden nicht gerade sind; notfalls Spanfläche (Spanbrust) gerade schleifen. · Erleichterung des Durchbohrens der harten Kunststoffe (weniger bröckeln).

| Gruppen-Nr. 15a | **Bohren** | Abschn./Tab. B/1.3 |

Aufbau und Wirkungsweise der Bohrwerkzeuge

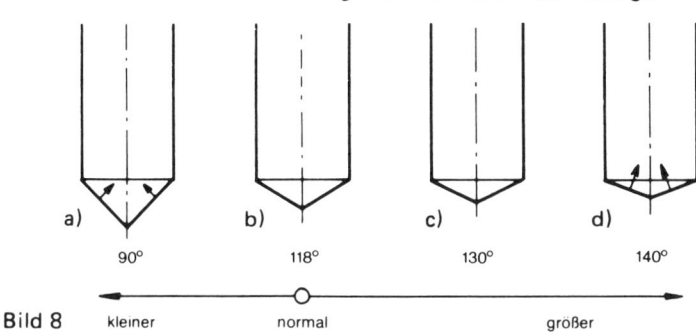

a) 90° b) 118° c) 130° d) 140°

kleiner ←—— normal ——→ größer

Bild 8

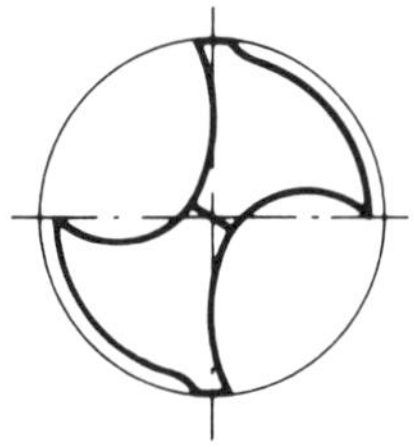

a) umgeschliffen auf 140°

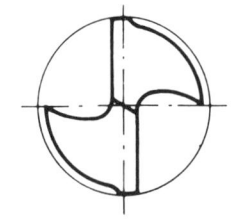

b) Spitzenwinkel normal 118°

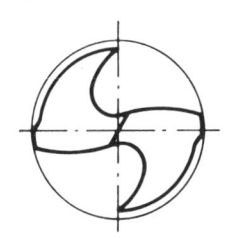

c) umgeschliffen auf 90°

Bild 9

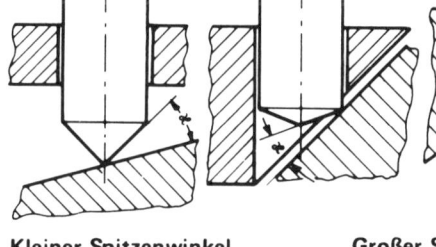

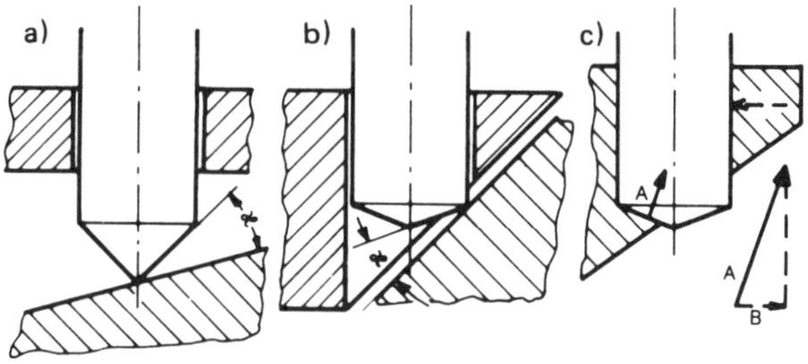

Kleiner Spitzenwinkel
Die Bohrspitze bohrt zuerst an. Damit ist die Führung gesichert.

Großer Spitzenwinkel
Die Schnittkraft A geht vorwiegend in axiale Richtung. Der Bohrer gleitet weniger ab.

Bild 10

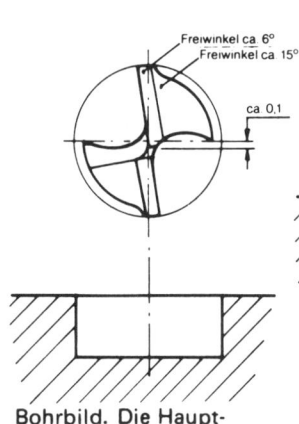

Freiwinkel ca. 6°
Freiwinkel ca. 15°
ca. 0,1

Bohrbild. Die Hauptschneiden sind korrigiert.

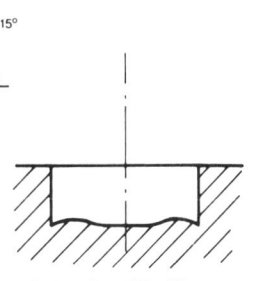

Bohrbild. Die Hauptschneiden wurden nicht korrigiert.

3 – 5

Gruppen-Nr.	Bohren	Abschn./Tab.
15a		B/1.3

Aufbau und Wirkungsweise der Bohrwerkzeuge

Begriff	Ausführung/Einteilung	Anmerkung/Erläuterung
	c) Bei **schrägen Anbohrflächen** sollte man σ keiner oder größer wählen, damit der Winkel zwischen Hauptschneide und Werkstückoberfläche (Winkel *k*) möglichst groß ist (Bild 10a/10b).	Die Bohrerspitze bohrt zuerst an. Damit ist die Bohrerführung gesichert.
	d) Bei **Querbohrungen** und bei **schrägem Bohreraustritt** sollte der Spitzenwinkel σ größer (stumpfer) gewählt werden (Bild 10b, c). Auch bei Anwendung von Bohrbuchsen besonders zu empfehlen.	Die Schnittkraft F_S (A) geht vorwiegend in axialer Richtung des Bohrers, der weniger abgleitet; Ablenkkraft F_A (bzw. B) ist kleiner.
	e) Beim Bohren von **harten Stählen** ist darauf zu achten, daß die Schnittkräfte gering bleiben und daß die Schneiden möglichst unter die durch Reibung entstandene, verfestigte Schicht schneiden.	Ein großer Spitzenwinkel ist vorzuziehen, weil dickere, aber kürzere Späne entstehen.
1.3.2 **Querschneide** Querschneidenwinkel ψ (psy)	ist die Kante auf dem Kern an der Spitze des Bohrers Bild 5), die die Hauptschneiden verbindet. Sie entsteht durch das Anschleifen des Spitzenwinkels und das Schleifen der Haupt-Freifläche (α) an den Bohrerschneiden. In diesem Bereich ist bei einem normalen Kegelmantelschliff der Spanwinkel γ stark negativ. Hinzu kommt, daß die Schnittgeschwindigkeit v_c zu gering ist und bis zum Zentrum (zur Mitte) auf 0 abfällt. Eine normale Zerspanung kann nicht stattfinden, da die Querschneide nicht schneidend wirkt, sondern schabend. Der Werkstoff wird nur zur Seite verdrängt. Aus diesem Grund wird allein für die Querschneide 50 % der gesamten Vorschubkraft benötigt. Um diese Nachteile zu verringern, sowie für spezielle Bearbeitungsfälle	**Querschneidenwinkel** ψ ist der Winkel zwischen Querschneide und einer parallel zu den Hauptschneiden (Schneidlippen) gezogenen Geraden (Bild 5). Er muß zweckmäßig dem zu bohrenden Werkstoff angepaßt sein, damit eine günstige Schneidenform entsteht. Am günstigsten ist ψ = 50 bis 55°. Durch Hinterschliff an den Hauptschneiden wird die Schneidwirkung ermöglicht, wodurch die dem Drehmeißel entsprechenden Winkel (Frei-, Keil- und Spanwinkel: α, β und γ) und der dem Spiralbohrer eigentümliche Hinterschliffwinkel auftreten. Diese Winkel sind die eigentlichen **Werkzeugwinkel** (Kurzzeichen $\alpha_x, \beta_x, \gamma_x$), im Gegensatz zu den Wirkwinkeln. Die Querschneide soll symmetrisch und möglichst kurz ausge-

Gruppen-Nr.	Bohren	Abschn./Tab.
15a		B/1.3

Aufbau und Wirkungsweise der Bohrwerkzeuge

Begriff	Ausführung/Einteilung	Anmerkung/Erläuterung
Spitzenschliffe:	können nachfolgende Sonder-Anschliffe angebracht werden: (Siehe auch Tabellen Sb/5 und 6 für „Instandhaltung und Nachschleifen von Spiralbohrern")	spitzt werden, besonders bei Bohrern mit größerem Durchmesser; dadurch Verminderung der Vorschubkräfte um 20 bis 30 % möglich.
	Sonderschliffe nach DIN 1412 und Werksnormen (V und U)	Besonders bei überlangen Bohrern (gegen Ausknicken), bei dicken Bohrern ab 14 mm ∅. Formen A bis D haben Kegelmantelschliff.
Form A	Ausgespitzte Querschneide (Bild 12) Verbleibende Querschneidenlänge ≈ 0,1 d (bei d <40 mm) und ca. 0,08 d (bei d >40 mm).	Vorteile: a) geringerer Bohrdruck; b) unempfindlich gegen Überbeanspruchung; c) leicht schleifbar.
Form B	Ausgespitzte Querschneide. Kern mit korrigierter Hauptschneide (Y-Korrektur ca. 2 ... 5°), Bild 13.	Vorteil: Durch geringen Spanwinkel γ und großen Keilwinkel β sehr stabile, widerstandsfähige Schneiden.
Form C	Kreuzanschliff (Bild 14): Querschneide ist bis auf ein geringes Restmaß durch zwei neue Schneiden ersetzt. Spitzenwinkel σ ca. 130°.	Zum Bohren von Stahl normaler Festigkeit und hochlegierten Stählen. Vorteile: Geringerer Bohrdruck, leichtes und zentrisches Anbohren.
Form D	Anschliff für Gußeisen (Bild 15): Kern ausgespitzt, Schneidecken unter 90° facettiert. Spitzenwinkel σ ca. 118°/90°.	Allgemein für Gußeisen, besonders, wenn der Guß eine harte, rauhe Haut hat. Vorteile: a) geschützte, widerstandsfähige Schneidecken; b) geringer Bohrdruck; c) leichtes, zentrisches Anbohren.
Form E	Zentrumspitze (Bild 16) Spitzenwinkel σ ca. 90°/180°	Besonders für Bleche und dünne Platten. Vorteile: a) zentrisches Anbohren; b) runde und gratarme Bohrungen.

| Gruppen-Nr. 15a | **Bohren** | Abschn./Tab. B/1.3 |

Aufbau und Wirkungsweise der Bohrwerkzeuge

Begriff	Ausführung/Einteilung	Anmerkung/Erläuterung
Werksnormen V	z. B. Titex Plus Vierflächenschliff (Bild 17) Spitzenwinkel σ ca. 118°	Wird bevorzugt dann eingesetzt, wenn der Kegelmantelschliff schlecht anzubringen ist, z.B. bei Bohrer⌀ unter 1,0 mm oder bei HM-Bohrern. Vorteile: a) Läßt sich mit hoher symmetrischer Genauigkeit schleifen b) Leichtere Schleifmöglichkeit bei kleinen Bohrerdurchmessern.
U	Anschliff U (Bild 18) Spitzenwinkel σ ca. 130°	Für hohe Leistung auch bei VA-Stählen (nichtrostenden Stählen), vorteilhafte Spanbildung bei großen Bohrtiefen.

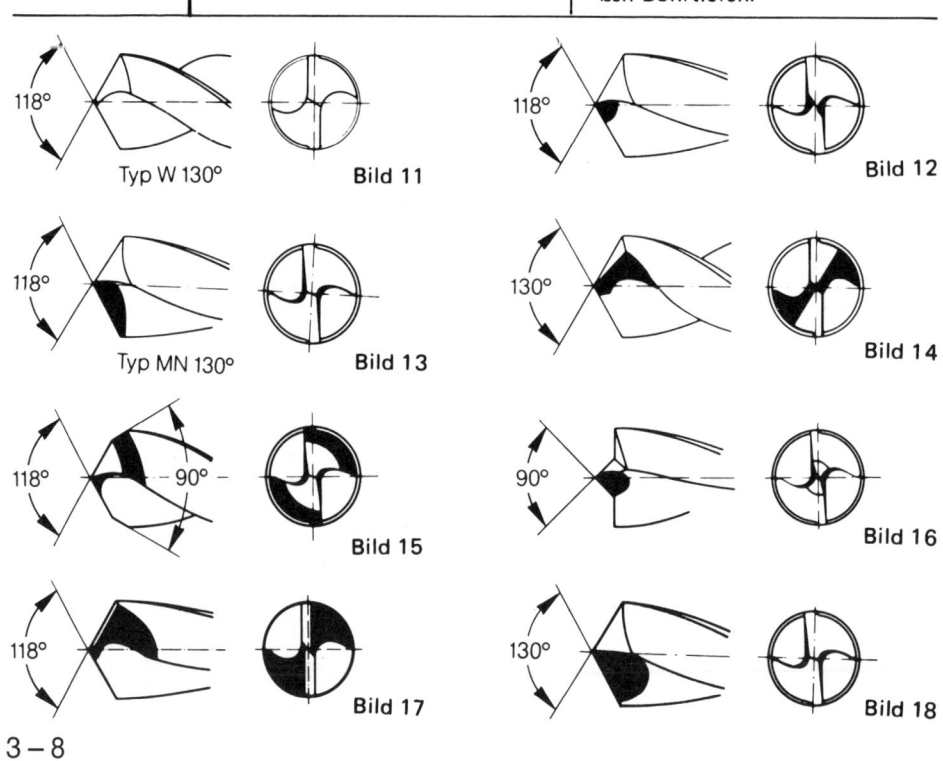

118° Typ W 130° Bild 11

118° Bild 12

118° Typ MN 130° Bild 13

130° Bild 14

118° — 90° — Bild 15

90° Bild 16

118° Bild 17

130° Bild 18

Gruppen-Nr.		Abschn./Tab.
15a	**Bohren**	B/1.3

Aufbau und Wirkungsweise der Bohrwerkzeuge

Begriff	Ausführung/Einteilung	Anmerkung/Erläuterung
1.3.3 Span-winkel, Seiten-Spanwinkel γ od. γ_x	ist der Winkel, den die Schneide mit der Stirnfläche des Bohrers bildet, d.h. der Winkel zwischen der Spanfläche und der Senkrechten auf die Bewegungsrichtung (Bild 6). Der Spanwinkel wird nach der Bohrermitte zu kleiner, wodurch sich zur Mitte hin eine geringere Schneidwirkung ergibt. Dies kann zum Teil durch Spitzenkorrektur (bestimmte Ausspitzung) wieder ausgeglichen werden (siehe Spitzenschliffe unter Punkt 3.2 Querschneide). Der Seiten-Spanwinkel γ_x ermittelt sich nach $\tan \gamma_x = \pi \cdot d_1/P$, wenn d_1 = Bohrer-Nenn$\varnothing$ und P = Nutensteigung (in mm) am Umfang ist. Zu unterscheiden sind gemessener und wirksamer Spanwinkel, also Werkzeug-Seitenspanwinkel γ_x und Wirk-Seitenspanwinkel γ_{xe} (siehe Bild 19). γ_{xe} ist um den Wirk-Richtungswinkel η größer als γ_x. $\gamma_{xe} = \gamma_x + \eta$	Dieser Winkel dient zur Erzielung der Schneidwirkung. Bild 19 zeigt die Beziehung zwischen dem Werkzeugwinkel γ_x und Wirkwinkel γ_{xe} (Effektivwinkel), also Wirk-Seiten-Spanwinkel. Spanwinkel: γ_x = klein $10° \ldots 15°$ normal $25° \ldots 30°$ groß $35° \ldots 40°$ gebrochen $\gamma_{x1} = 10°$, $\gamma_{x2} = 35° \ldots 40°$ (z.B. für sehr harte Werkstoffe) Bei der Bestimmung der Seiten-Spanwinkel γ_x ist zu berücksichtigen, daß das Verhältnis $f : d_1$ (Vorschub : Bohrer$\varnothing$) bei kleinen Durchmessern größer ist als bei größeren (siehe Tab. Sb/3.4), das heißt Wirk-Richtungswinkel η ist bei kleineren Durchmessern d_1 größer als bei größeren. $\tan \eta$ (eta) = $f/\pi \cdot d_1$
1.3.4 Keil-winkel β_x Seiten-Keilwinkel	ist der in der Keilmeßebene gemessene Winkel an der Hauptschneide zwischen Freifläche und Grund der Spannut (Bild 6 und 19). Dieser Winkel entspricht allgemein $\beta_x = 90° - (\alpha_x + \gamma_x)$.	Er bestimmt die Belastbarkeit der Hauptschneiden. Der Keilwinkel β_x ändert sich bei verschieden großen Spanwinkeln und gleichbleibendem Freiwinkel α_x.

3–9

| Gruppen-Nr. 15a | **Bohren** | Abschn./Tab. B/1.3 |

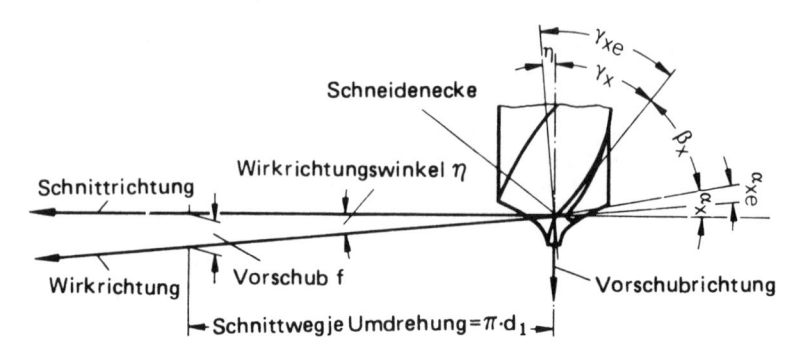

Aufbau und Wirkungsweise der Bohrwerkzeuge

Schneidenecke
Wirkrichtungswinkel η
Schnittrichtung
Wirkrichtung
Vorschub f
Vorschubrichtung
Schnittweg je Umdrehung = $\pi \cdot d_1$

$\alpha_x = \alpha_f$ Seitenfreiwinkel (Alpha)
$\alpha_{xe} = \alpha_{fe}$ Wirk-Seitenfreiwinkel
$\beta_x = \beta_f$ Seiten-Keilwinkel (Beta)
$\gamma_x = \gamma_f$ Seitenspanwinkel (Gamma)
$\gamma_{xe} = \gamma_{fe}$ Wirk-Seitenspanwinkel
$\eta =$ Wirkrichtungswinkel (Eta)

Bild 19

Begriff	Ausführung/Einteilung	Anmerkung/Erläuterung
1.3.5 **Freiwinkel**, Seiten- Freiwinkel α_x (alpha)	ist der Winkel zwischen Seiten-Freifläche und Bohrungsgrund plus Wirk-Richtungswinkel η (auch Vorschubsteigungswinkel genannt): siehe Bilder 6 und 19. Der Winkel entsteht durch Frei- oder Hinterschleifen der Hauptschneide und wird rechtwinklig zur Bohrerachse gemessen. Deshalb ist bei der Auslegung neben dem Werkstückstoff auch der Spitzenwinkel σ sowie der Bohrer⌀ d_1 zu beachten. Seiten-Freiwinkel α_x = Wirk-Seitenfreiwinkel $\alpha_{xe} - \eta$ (Wirk-Richtungswinkel). Allgemein: $\alpha_x + \beta_x + \gamma_x = 90°$.	Er muß unbedingt eingehalten werden. Erforderliche Zwischenwerte müssen entsprechend geschätzt werden, z. B. bei Messing u. a. Metallen um 10 bis 20 % höher wählen. Bedeutung des richtigen Freiwinkels. Nachteile, wenn α_x **zu groß** ist: Ausbrüche, Rattern, Einziehen des Bohrers beim Austritt aus dem Werkstückstoff. α_x **zu klein** ist (Schneiden stabil!): geringe Standlänge (Verschleißfasenbreite wächst schneller); nur geringer Vorschub möglich (Bohrer drückt).

| Gruppen-Nr. 15a | **Bohren** | Abschn./Tab. B/2 |

2. Vorschub beim Bohren verschiedener Werkstoffe mit Drallbohrer

Nachstehende Werte sind in zahlreichen Großbetrieben gesammelte Erfahrungswerte, sie weichen zum Teil von den genormten Werten ab. Fettgedruckte Werte der Schnittgeschwindigkeit sind am wirtschaftlichsten.

HSS Hochleistungs-Schnellarbeitsstahl, SS Schnellarbeitsstahl, HM Hartmetall

Zu bohrender Werkstoff R_m in kN/cm² Brinellhärte HB	Bohrerwerkstoff (HM-Sorte)	Schnittgeschwindigkeit v_c in m/min	Bohrerdurchmesser d in mm							
			1	2	5	8	12	16	25	40	50
			Vorschub f in mm/U.							
1. Metallische Stoffe										
a) Baustahl										
$R_m < 50$	HSS	30...45	0,02	0,05	0,12	0,18	0,24	0,28	0,34	0,50	0,55
	SS	28...40	0,015	0,04	0,11	0,16	0,22	0,26	0,30	0,45	0,50
	HM	50...75	0,020	0,03	0,06	0,10	0,12	0,15	0,18	0,22	0,25
$R_m = 50...70$	HSS	25...40	0,02	0,05	0,12	0,16	0,20	0,24	0,32	0,42	0,50
	SS	25...35	0,015	0,03	0,10	0,14	0,18	0,22	0,28	0,40	0,45
	HM	40...60	0,010	0,02	0,04	0,08	0,10	0,12	0,15	0,18	0,22
$R_m > 70$	HSS	20...35	0,015	0,04	0,10	0,14	0,18	0,24	0,28	0,36	0,45
	SS	20...30	0,010	0,02	0,07	0,12	0,16	0,20	0,25	0,32	0,38
	HM	40...60	0,010	0,02	0,04	0,06	0,08	0,12	0,15	0,16	0,20
b) Leg. Stahl										
$R_m < 90$	HSS	15...30	0,01	0,03	0,08	0,12	0,16	0,22	0,25	0,32	0,40
	SS	12...25	0,008	0,015	0,06	0,10	0,14	0,18	0,22	0,28	0,35
	HM	30...60	0,008	0,01	0,03	0,04	0,06	0,08	0,10	0,12	0,15
$R_m < 110$	HSS	15...25	0,01	0,02	0,05	0,10	0,14	0,16	0,20	0,25	0,32
	SS	8...15	0,007	0,01	0,04	0,08	0,12	0,14	0,18	0,23	0,28
	HM	25...50	−	0,01	0,03	0,04	0,06	0,08	0,10	0,12	0,15
$R_m < 140$	HM	25...35 15...30 (mind. 12)	−	0,01	0,02	0,03	0,05	0,06	0,08	0,10	0,12
$R_m < 160$	HM	12...15	−	0,01	0,02	0,02	0,04	0,05	0,06	0,08	0,10
$R_m > 160$	HM	10...20	−	0,01	0,02	0,02	0,03	0,04	0,05	0,06	0,08
c) CrNi-Stahl	SS	7...12	0,006	0,02	0,05	0,08	0,12	0,16	0,20	0,24	0,28
	HSS	8...16	0,01	0,03	0,06	0,10	0,14	0,18	0,22	0,28	0,32
d) Rostfreier Stahl (V2A)	SS	7...15	0,008	0,02	0,06	0,10	0,14	0,18	0,22	0,28	0,30
	HM	20...30	−	−	0,03	0,05	0,08	0,10	0,12	0,15	0,18
	HSS	8...18	0,01	0,03	0,06	0,12	0,16	0,20	0,24	0,30	0,32
e) Mn-Hartstahl (12% Mn)	HM	8...16	−	−	0,02	0,02	0,04	0,06	0,08	0,12	0,15
	HSS	2...8	0,01	0,02	0,04	0,06	0,10	0,12	0,16	0,20	0,24

10 N/mm² = 1 kN/cm²; R_m = Zugfestigkeit, HB = Brinellhärte   Fortsetzung

3−11

| Gruppen-Nr. 15a | | | Bohren | | | | | | | Abschn./Tab. B/2 | |

Zu bohrender Werkstoff R_m in kN/cm² Brinellhärte HB	Bohrer-werkstoff (HM-Sorte)	Schnitt-geschwin-digkeit v_c in m/min	Bohrerdurchmesser d [mm]							
			1	2	5	8	12	16	25	40	50
			Vorschub f in mm/U.								
f) Gußeisen HB < 200 Temperguß	SS	8...15	0,025	0,06	0,10	0,15	0,20	0,25	0,30	0,35	0,42
	HSS	20...35	0,030	0,08	0,16	0,25	0,30	0,35	0,45	0,50	0,60
	HM	60...80 75...90	–	0,04	0,08	0,10	0,16	0,20	0,25	0,30	0,36
HB > 200	SS	6...10	0,015	0,04	0,08	0,12	0,14	0,16	0,18	0,22	0,28
	HSS	15...25	0,018	0,05	0,09	0,15	0,20	0,25	0,32	0,40	0,45
	HM	30...60 50...75	–	0,02	0,04	0,06	0,08	0,12	0,16	0,20	0,22
g) Kokillen-hartguß	HM	6...10	von Hand	0,02	0,03	0,04	0,05	0,08	0,12	0,15
	HSS	6...16	0,030	0,06	0,10	0,16	0,28	0,32	0,40	0,50	0,60
h) Stahlguß R_m < 50	HSS	18...25	0,020	0,04	0,08	0,12	0,20	0,25	0,32	0,40	0,45
	HM	40...60 (mind. 25)	–	0,02	0,06	0,08	0,10	0,12	0,18	0,22	0,26
R_m < 70	HM	25...40 (mind. 15)	–	0,02	0,04	0,06	0,08	0,10	0,12	0,15	0,20
i) Kupfer, Rotguß, Bronze, Zink	SS	25...40	0,015	0,03	0,08	0,12	0,16	0,18	0,20	0,22	0,25
	HSS	40...70	0,020	0,04	0,10	0,16	0,22	0,25	0,32	0,40	0,45
	HM	80...100	0,020	0,04	0,06	0,08	0,12	0,16	0,22	0,28	0,30
k) Phosphor-bronze	HM	50...85	–	0,02	0,04	0,06	0,08	0,10	0,15	0,18	0,22
	HSS	25...40	0,030	0,05	0,08	0,12	0,20	0,25	0,32	0,40	0,45
l) Zink-legierung	HM	80...120	–	0,03	0,05	0,08	0,10	0,12	0,15	0,20	0,25
m) Messing, spröde HB < 80	HM	80...120	–	0,06	0,08	0,10	0,16	0,20	0,25	0,30	0,32
	SS	40...90	0,03	0,07	0,14	0,20	0,25	0,30	0,38	0,45	0,50
	HSS	60...100	0,03	0,07	0,16	0,25	0,32	0,40	0,48	0,60	0,72
zähe, HB > 80	SS	20...45	0,02	0,03	0,08	0,10	0,14	0,16	0,18	0,22	0,24
	HSS	30...75	0,02	0,04	0,10	0,15	0,18	0,20	0,24	0,28	0,32
n) Al-Leg., zäh, weich langspanend	SS	80...120	0,03	0,07	0,14	0,20	0,26	0,30	0,36	0,40	0,45
	HSS	120...200	0,02	0,06	0,16	0,22	0,32	0,40	0,50	0,62	0,70
	HM	200...300 150...200	0,02	0,08	0,16	0,20	0,25	0,28	0,36	0,45	0,50

10 N/mm² = 1 kN/cm²; R_m = Zugfestigkeit, HB = Brinellhärte

Fortsetzung

| Gruppen-Nr. 15a | | **Bohren** | | Abschn./Tab. B/2 | | | | | |

Zu bohrender Werkstoff R_m in kN/cm² Brinellhärte HB	Bohrer- werk- stoff (HM- Sorte)	Schnitt- geschwin- digkeit v_c in m/min	Bohrerdurchmesser d [mm]							
			1	2	5	8	12	16	25	40	50
			Vorschub f in mm/U.							
Fortsetzung v. n ausgehärtet kurzspanend	HSS HM	100...160 150...250 60...150	0,02 —	0,05 0,03	0,14 0,06	0,20 0,10	0,25 0,14	0,32 0,16	0,38 0,20	0,42 0,24	0,48 0,28
o) Al-Kolben- legierung.	HM	60...150	—	0,03	0,05	0,08	0,10	0,12	0,14	0,16	0,20
p) Mg-Le- gierungen	HSS SS HM	150...300 80...200 125...250	0,03 0,02 —	0,07 0,07 —	0,18 0,14 0,06	0,28 0,20 0,08	0,35 0,25 0,12	0,42 0,30 0,16	0,55 0,35 0,22	0,68 0,40 0,26	0,75 0,50 0,32

2. Nichtmetallische Stoffe

a) Kunststoffe Thermoplaste	HM HSS	80...150 30...80	— —	0,02 0,03	0,04 0,05	0,06 0,08	0,10 0,12	0,12 0,16	0,18 0,22	0,24 0,28	0,28 0,35
b) Preßstoffe Duroplaste	HM HSS	80...120 15...25	— —	0,03 0,05	0,08 0,10	0,12 0,12	0,16 0,20	0,22 0,25	0,30 0,32	0,40 0,42	0,48 0,50
c) Hartpapier	HM	60...100	—	0,02	0,04	0,08	0,10	0,15	0,20	0,28	0,35
d) Schiefer	HM	15...20	—	von Hand		0,16	0,22	0,30	0,40	0,48	0,55
e) Marmor	HM	25...30	—	von Hand		0,08	0,10	0,12	0,15	0,20	0,28
f) Granit	HM	6...10	—	von Hand			0,33	0,06	0,10	0,15	0,20
g) Glas, Glimmer	HM	15...30	—	von Hand		0,05	0,06	0,08	0,10	0,12	0,15
h) Porzellan	HM	10...30	—	von Hand		0,03	0,04	0,06	0,08	0,10	0,12

Bemerkungen:

1. Im allgemeinen wird empfohlen, bei Bohrerdurchmessern bis 5 mm den Vorschub möglichst von Hand vorzunehmen.

2. Hartmetallsorten bei Stahl und Stahlguß allgemein:
   a) für hohe Schnittgeschwindigkeit Sorte P 10;
   b) für mittlere Schnittgeschwindigkeit Sorte P 20;
   c) für niedrige Schnittgeschwindigkeiten P 30, P 40 und P 50.

   Für die Sorten P 10 und P 20 liegen die Schnittgeschwindigkeiten um etwa 50 bzw. 100% höher als bei P 30, für P 40 und P 50 liegen sie niedriger und nähern sich denen von SS bei wesentlich höheren Standzeiten.

10 N/mm² = 1 kN/cm²; R_m = Zugfestigkeit, HB = Brinellhärte

| Gruppen-Nr. 15a | Bohren | Abschn./Tab. B/3 |

3. Schnittgeschwindigkeit (Grenzwerte) für Spiralbohrer (Drallbohrer)

(Grenzwerte sind Erfahrungswerte verschiedener Großbetriebe)

Werkstoff	Zugfestigkeit R_m in kN/cm²	Schnittgeschwindigkeit v_c in m/min für Bohrer		
		Schnellarbeits-stahl	Hochleist.-Schnellstahl	mit Hartmetall-schneiden
a) Metalle				
Baustahl (St)				
weich	bis 40	20...28	30...35	36...42
mittelhart	„ 60	18...25	20...30	30...35
hart	„ 80	15...20	15...25	20...30
sehr hart	„ 100	10...15	10...25	15...30
Werkzeugstahl (WS)				
weich	„ 100	10...15	10...25	15...25
mittelhart	„ 140	8...10	10...20	12...25
hart	„ 180	6...10	6...15	12...20
Gußeisen (GGG, GGL)				
$HB = 140...180$ kN/cm²	„ 18	15...25	30...40	40...80
$HB = 160...220$ kN/cm²	„ 22	15...20	25...35	30...60
$HB = 180...240$ kN/cm²	„ 26	10...20	15...25	20...40
Stahlguß (GS)				
weich	„ 38	10...20	20...30	25...40
mittelhart	„ 50	8...15	18...25	20...30
hart	„ 60	6...10	12...18	18...25
Temperguß (GT)				
weich	„ 35	20...25	25...40	40...60
mittelhart	„ 45	18...20	20...35	35...50
hart	„ 60	12...18	20...30	30...45
Kupfer, rein		30...50	50...80	—
Messing (Ms), Rotguß (Rg), Weißmetall				
weich	„ 15	25...75	50...100	80...150
mittelhart	„ 35	20...50	40...80	60...120
hart	„ 50	15...25	30...60	50...80
sehr hart	„ 60	12...20	25...50	—
Bronze (Bz)				
weich	„ 38	20...30	25...45	30...80
mittelhart	„ 50	15...25	25...40	25...60
hart	„ 60	15...20	20...35	20...50
sehr hart	„ 70	5...15	—	—
Zn-Legierungen		25...30	60...90	—
Aluminium, rein	„ 12	25...40	60...100	70...125
	„ 20	20...30	30...80	40...90
Al-Legierungen	„ 40	60...100	100...180	100...200
Al-Automatenlegierungen		50...80	80...150	80...150
Al-Kolbenlegierungen		30...50	50...80	60...120
Mg-Legierungen		70...200	200...300	—

10 N/mm² = 1 kN/cm²   SS   HSS   HM

4. Schnittgeschwindigkeit und Vorschub für verschiedene Tieflochbohrer (Hochleistungs-Schnellarbeitsstahl)

Zum Bohren von Stahl bis $R_m = 70$ kN/cm²

Bohrerart	Nenndurchmesser d in mm	Schnittgeschwindigkeit v_c in m/min bis	Vorschub f in mm/U.
a) Einlippenbohrer	bis 8	15	0,01 ...0,015
	8...20	25	0,025...0,03
	20...50	20	0,03 ...0,05
b) Zweilippenbohrer	—	25	0,05 ...0,15
c) Kronenbohrer	—	15	0,10 ...0,20
d) Bohrköpfe	—	15	0,05 ...0,08
e) Fertigreibahlen s. a. Abschn. R „Reiben"	bis 15	8	0,25 ...0,40

5. Schnittgeschwindigkeit und Vorschub für Tieflochbohrer mit Hartmetallschneiden

(Richtwerte, abhängig von HM-Sorten)

Zu bohrender Werkstoff	Zugfestigkeit R_m in kN/cm²	Schnittgeschwindigkeit v_c in m/min	Vorschub f in mm/U.
a) Stahl	< 70	50...90	0,08...0,15
	> 70	40...70	0,08...0,12
b) Stahlguß	< 70	30...60	0,08...0,10
	> 70	25...50	0,08...0,10

6. Schnittgeschwindigkeit und Vorschub für Spindel- und Hohlbohrer (Schnellarbeitsstahl)

Bohrerdurchmesser d [mm]	Schnittgeschwind. v_c in m/min für Bohrer aus		Vorschub f in mm/U. für Werkstücke aus	
	Schnellarbeitsstahl (SS)	Hochleistungs-Schnellarbeitsstahl (HSS)	Stahl $R_m = 60...70$ kN/cm²	Nickelstahl für Einsatzhärtung
1. Spindelbohrer				
7...10	20...25	30...40	0,015	0,01
10...15	20...25	25...30	0,020	0,015
15...25	18...20	20...25	0,025	0,02
25...40	18...20	20...25	0,030	0,025
40...60	15...18	20...22	0,035	0,03
2. Hohlbohrer				
60...100	16...20	20...30	0,05...0,1	—
100...200	16...20	20...25	0,2...0,4	—
200...400	16...18	18...20	0,2...0,4	—
400...600	16...18	18...20	0,2...0,5	—

10 N/mm² = 1 kN/cm²

| Gruppen-Nr. 15a | **Bohren** | Abschn./Tab. B/7 |

7. Schnittgeschwindigkeit für Bohrstange und Öllochbohrer

Grenzwerte sind Erfahrungswerte verschiedener Großbetriebe

Werkstoff	Zugfestigkeit R_m und in kN/cm² Brinellhärte HB	Schnittgeschwindigkeit v_c in m/min			
		für Bohrstange		für Öllochbohrer	
		Hochleist.-Schnellstahl HSS	Schnellarbeitsstahl SS	Hochleist.-Schnellstahl HSS	Schnellarbeitsstahl SS
Baustahl					
weich	bis 40	25...30	18...25	35...40	30...35
mittelhart	„ 60	20...25	15...20	30...35	25...30
hart	„ 80	15...20	10...16	25...30	20...25
sehr hart	„ 100	12...18	6...12	18...25	15...20
Werkzeugstahl					
weich	„ 100	10...18	8...12	18...25	15...20
mittelhart	„ 140	8...12	6...10	12...20	—
hart	„ 180	6...10	5...8	—	—
Gußeisen					
$HB = 140...180$	„ 18	25...35	22...25	—	—
$HB = 160...220$	„ 22	20...30	16...22	—	—
$HB = 180...340$	„ 26	10...22	10...18	—	—
Stahlguß					
weich	„ 38	20...28	15...20	25...32	24...28
mittelhart	„ 50	18...25	12...18	20...28	20...25
hart	„ 60	15...20	8...12	18...25	16...20
Temperguß					
weich	„ 35	25...35	18...20	30...40	24...28
mittelhart	„ 45	20...28	14...16	25...35	20...25
hart	„ 60	15...22	10...12	20...30	16...18
Messing, Rotguß, Lagermetall					
weich	„ 15	50...80	40...60	65...100	60...70
mittelhart	„ 35	40...65	30...50	60...80	50...60
hart	„ 50	35...50	25...40	50...65	40...50
Bronze					
weich	„ 38	30...40	22...30	35...45	28...35
mittelhart	„ 50	25...35	18...25	30...40	25...30
hart	„ 60	18...25	10...18	25...30	20...25
Aluminium	„ 12	50...100	40...60	80...120	60...85
	„ 20	40...80	25...40	60...100	40...75
Al-Legierungen		50...160	60...120	80...180	100...150

Bemerkung: Standzeit etwa 120...180 min. Für Schnittgeschwindigkeit je nach Bohrerdurchmesser und Vorschub s. Tab. B/2

10 N/mm² = 1 kN/cm²

Gruppen-Nr.	Bohren	Abschn./Tab.
15a		B/8, 9

8. Anschliffwinkel an Feinstbohrmeißeln (HM-Bestückung)

Zerspanungsvorgang	Frei-winkel α [°]	Span-winkel γ [°]	Neigungs-winkel der Schneide λ [°]	Haupt-einstell-winkel $\varkappa$ [°]	Neben-einstell-winkel $\varkappa_1$ [°]
a) Gleichmäßig und stoßfrei	5...8	0...5	2...8	35...40	6...10
b) Mit Unterbrechungen	6...8	2...7	20...40	35...42	12...15

Spitzenabrundung r bis 0,4 mm. Allgemein für St 37...St 50.

9. Bohrertyp und Winkelgröße je nach der zu bohrenden Werkstoffart

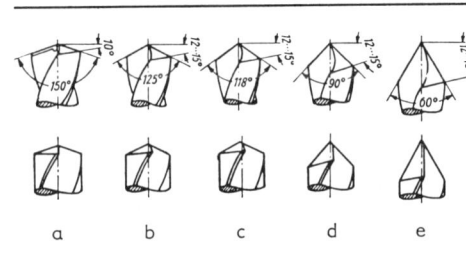

Die Bilder zeigen Frei- und Spitzenwinkel an Drallbohrern bzw. Spiralbohrern (Richtwerte):
a) für sehr harten Stahl,
b) für mittelharten Stahl,
c) Normalform, auch für Messing und Bronze geeignet,
d) für Aluminiumlegierungen,
e) für weiches Aluminium, Kunststoffe u. dgl.
Kurzzeichen für Drallsteigungs- u. Drallwinkel γ_2
Die unter Spalte „Bohrerwerkstoff" vorkommenden Kurzzeichen bedeuten: SS Schnellarbeitsstahl, HSS Hochleistungs-Schnellarbeitsstahl, HM Hartmetall (nur für Bohrerschneiden).

In Bildern angegebene Winkel sind außergewöhnliche Erfahrungswerte.

Zu bohrender Werkstoff	Zugfest. R_m in kN/cm² Brinellhärte HB		Bohrer-typ nach DIN	Bohrer-werkstoff	Frei-winkel α [°]	Span-winkel γ_1 [°]	Drall-winkel γ_2 [°]	Spitzen-winkel σ [°]
1. Allgemein								
kleiner Bohrerdmr.	d < 16 mm			HSS, SS	5...10	20...28	20...26	118
				HSS, SS	5...8	20	20	116
				HSS, SS	6...10	25	25	118
großer Bohrerdmr.	d > 16 mm			HM	5...9	10...20	13...25	115...120
2. Eisenmetalle				(normal oder etwas länger)				
a) Stahl: Bau-, Maschinenstahl	40...70 (100...170)		N	HSS, SS	6...8	22...28	25...35	118
			N	HM	5	22...28	25...30	118
	70...120 (170...310)		N	HSS, SS	6...8	22...28	20...35	130
			N	HM	5...6	22...28	22...28	140
			N	SS	8...10	25...30	25...30	118
vergütet	120...200 (330...350)		N	H	HSS	6...8	25...30	25...30	130
			N	H	HM	5	22...28	22...28	130

10 N/mm² = 1 kN/cm²

Fortsetzung

| Gruppen-Nr. 15a | Bohren | Abschn./Tab. B/9 |

Zu bohrender Werkstoff	Zugfest. R_m in kN/cm² Brinellhärte HB	Bohrertyp nach DIN 1836		Bohrerwerkstoff (Drallart)	Freiwinkel α [°]	Spanwinkel γ_1 [°]	Drallwinkel γ_2 [°]	Spitzenwinkel σ [°]
b) Legierter Vergütungsstahl	75...130	N	H	HM	5...6	15...20	13...16	118
			H	HSS	6...8	22...25	20...30	130
c) Legierter Einsatzstahl	60...125	N	H	HSS, SS	6...8	22...25	≈ 25	130
			H	HM	5...6	22...25	≈ 25	118
d) Dünne Bleche				HSS, SS	6...8	22...25	≈ 23	160
Sehr dünne Bleche				HSS, SS	6...8	22...25	≈ 23	90
e) Gußeisen GGG, GGL	(140...200)	N		HSS, SS	6...8	25...30	≈ 28	118
		N		HM	5...6	25...30	≈ 28	118
	(200...240)	N	H	HSS, SS	6...8	25...28	≈ 25	140
		N	H	HM	5...6	25...28	≈ 25	140
	(> 240)		H	HM	5	22...25	≈ 22	150
f) Stahlguß GS	s. u. Stahl							
g) Hartguß			H	HSS, HM	6...8	15...20	20...35	118
h) Manganhartstahl			H	HSS, HM	5...6	15...20	10	130
i) Temperguß GT		N		HSS, SS	6...8	28...30	25...35	118
3. Nichteisenmetalle								
a) Kupfer, rein	d bis 30 mm	N	W	(breite Nut) HSS, SS	7...10	40...45	40...50	130
	d über 30 mm	N		HSS, SS	7...9	40...45	40...50	140...150
	f. flache L. *	N		HSS, SS	7...10	30...40	30...35	120
	f. tiefe L.	N		HSS, SS	7...9	30...40	30...45	130
b) Messing CuZn 40 Schraubenmessing	(bis 60)	N		HSS, SS	7...10	10...12	10...15	118
CuZn 39, CuZn 37 Schmiedemessing	(bis 80)	N	H	(breite Nut) HSS, SS	7...9	18...20	20...35	118
Tombak, CuZn 20	f. flache L.		H	(breite Nut) HSS, SS	7...9	25...40	30...40	120...125
CuZn 10	f. tiefe L.		H	HSS, SS	7...9	30...45	30...40	125...130
c) Rotguß (Rg 7)		N	W	HSS, SS	7...10	18...23	18...20	118
d) Bronze (SnBz)	weich	N	W	HSS, SS	7...10	10...15	25...35	118
	hart	N	W	HSS, SS		15...20	20...30	130
e) Blei		N	W	HSS, SS	7...10	10...20	10...20	130
f) Lagermetall (Lg)	LgPb, LgSn	N	W	HSS, SS	7...10	15...20	15...25	130
g) Zink		N	W	HSS, SS	7...10	18...23	20...35	130
h) Aluminium, rein		N	W	HSS, SS	7...10	40...45	30...45	140
i) Al-Legierungen	weich, zäh, langspanend	N	W	(breite Nut) HSS, SS	7...15	30...45	(12...15) 30...45 12...15	(60) 140 (90)
	hart, ausgeh. kurzspanend	N	H	(breite Nut) HSS (normal)	7...9	25...40	25...35	118
dünne Bleche					7...9	25...30	25...30	118
Kolbenlegierungen	GALSi	N	H	HSS	7...9	10...18	20...30	118

3–18   10 N/mm² = 1 kN/cm²   * L = Löcher   Fortsetzung

| Gruppen-Nr. 15a | Bohren | Abschn./Tab. B/9 |

Zu bohrender Werkstoff	Zugfest. R_m in kN/cm² bzw. Brinellhärte HB		Bohrertyp nach DIN 1836	Bohrerwerkstoff (Drallart)	Freiwinkel α [°]	Spanwinkel γ_1 [°]	Drallwinkel γ_2 [°]	Spitzenwinkel σ [°]
Fortsetzung von i)								
Automatenleg.				H	HSS	7...10	10...15	20...35	118
Siliziumhaltige				H	HSS	7...10	≈ 20	15...20	130
Al-Legierungen				H	HM	5...6	≈ 20	15...20	140
k) AlCuMg-Legiergn.	„Duralumin"	N	H	HSS	7...8	35...40	35...45	130
l) Mg-Legierungen	kurzspanend	N	H	HSS	7...10	8...12	10...14	118
		N	H	HM	5...8	25...30	25...30	118
	f. flache L.	N	H	HSS	6...8	10...16	10...16	100
	f. tiefe L.	N	H	HSS	7...10	10...16	10...16	120
Typ A AlSi-Legier.		N	H	HSS	7...10	30...35	12	118
Typ M Mg-Legier.		N	H	HSS	7...10	40...45	12...15	118
4. Nichtmetallische Stoffe					(breite Nut)				
a) Kunststoffe (Plaste)	Thermo-		W	HSS, SS	6...15	25...28	25...30	140
allgemein	plaste		W	HM	6...7	13...18	13...20	90
b) Formmasse	Duroplaste	N	H	HSS, SS	6...7	≈ 15	≈ 15	90
geschichtet:	f. flache L,		H	HSS, SS	6...8	25...45	25...45	80
Hartpapier	f. tiefe L.		H	HSS, SS	6...7	18...40	18...40	100
z. B. Bakelit	Phenol-		H	HM	5...6	≈ 20	12	70...80
Pertinax	harze u.a.		H	HM	4...6	≈ 25	12...15	75...110
Vulkanfiber			H	HSS, SS	5...6	25...30	25...30	80...90
Hornex			H	HM	4...5	≈ 25	≈ 25	130...140
Trolitan								
Hartgewebe			H	HSS, SS	4...6	25...45	25...40	80...100
z. B. Novotext			H	HM	4...6	18...25	18...25	118 (140)
Dureoton								
c) Formmasse	Casein-							
nicht geschichtet;	Kunstst.	N	H	HSS, SS	0...2	10...18	10...20	50...80
z. B. Galalith, Tro-			H	H3S, SS	0...2	20...25	25...30	80...90
lit, Idealith								
d) Hartgummi		N	H	HSS, SS	6...8	18...30	18...30	30...50
z. B. Ebonit			H	HM	4...6	10...20	10...18	50...70
e) Cellulose-Kunst-								
stoffe								
z. B. Celluloid,		N	H	HM	4...6	10...25	10...25	100
Cellon, Cellidor								
5. Baustoffe								
a) Glas				H	HM-Dreikantbohrer		10...25	10...25	60...90
b) Porzellan				H	HM-Spitzbohrer		10...20	10...20	100...120

10 N/mm² = 1 kN/cm²   Fortsetzung

| Gruppen-Nr. 15a | Bohren | Abschn./Tab. B/9, 10 |

Zu bohrender Werkstoff	Zugfest. R_m in kN/cm² Brinellhärte HB	Bohrer-typ nach DIN	Bohrer-werkstoff	Frei-winkel α [°]	Span-winkel γ_1 [°]	Drall-winkel γ_2 [°]	Spitzen-winkel σ [°]
c) Klinker, Granit, Bodenplatten		H	HM	4...8	≈ 15	≈ 15	90...100
a) Gestein, Ziegel Kacheln		H	HM	6...8	13...18	13...18	85...90
e) Beton		H	HM	4...8	13...20	13...18	90...100
f) Schiefer, Kohle		H	SS	6...10	10...15	10...15	80...90
			HM	6...8	≈ 25	≈ 25	65...70
g) Marmor			SS	6...10	15...25	15...25	80...90
		H	HM	6...7	25...30	22...30	80...90

10 N/mm² ≈ 1 kN/cm² ≈ 10 MPa

Bemerkung:
Obengenannte Werte sind in zahlreichen Großbetrieben gesammelte Erfahrungswerte. Hiermit wurden die höchsten Schnittleistungen sowie die saubersten und wirtschaftlichsten Bohrarbeiten erzielt. Die Werte weichen zum Teil erheblich von den genormten Winkelmaßen ab.
L. in der zweiten Spalte bedeuten Löcher.

10. Daten zum Bohren von Kunst- und Isolierstoffen

Bohrer aus Schnellstahl (SS), Hochleistungs-Schnellstahl (HSS) oder mit Hartmetallschneiden (HM)
d [mm] Bohrdurchmesser, Spiralbohrer = Drallbohrer

Zu bohrender Werkstoff	Bohrerart Bohrerform	Umdrehungsfre-quenz n in 1/min	Schnitt-geschwindigkeit v_c in m/min	Vorschub f in mm/U bzw. Bemerkungen
1. Kunsthorn (CS) Galalith, Ergolith, Idealith	Marmorbohrer (Bohrer öfter lüften, Vorsicht b. Durch-bohren), weite Drallnut	2500 bei d = 5 1600 bei d = 8 1000 bei d = 12	15...25 bei SS 38...40 bei HSS 16...25 bei HSS	
2. Kunstharze (Phenol-, Kresolharze) z. B. Tro-litan, Pollopas, Neo-resit	Drallbohrer, weite Drallnut, Spitzenwinkel = 90...110°		bis 35 bei SS bis 50 bei HSS bis 70 bei HM	Zur Span-abfuhr öfter lüften, kühlen mit Druckluft
3. Cellulosekunststoffe, (CA) z. B. Celluloid, Cellon, Cellit, Cellidor	Drallbohrer, enge Drallnut, Spitzenwinkel = 130...140° (HSS) 40... 60° (HM)	bis 1200 bei SS bis 2000 bei HSS	50...100 bei SS bis 200 bei HSS	$d = \dfrac{1000\,v}{\pi\,n}$
4. Formmasse, geschich-tet; Hartgewebe, -papier: z. B.	Drallbohrer, weite Drallnut, Spitzenwinkel		15...22 bei SS 20...35 bei HSS 30...45 bei HM	Große Löcher mit Zapfen-bohrer bohren

Umdrehungsfrequenz n = Drehzahl (alt) in 1/min

Fortsetzung

| Gruppen-Nr. 15a | **Bohren** | Abschn./Tab. B/10 |

Zu bohrender Werkstoff	Bohrerart Bohrerform	Umdrehungsfrequenz n in 1/min	Schnittgeschwindigkeit v_c in m/min	Vorschub f in mm/U bzw. Bemerkungen
Fortsetzung von 4. a) Phenolharze (PF) z.B. Novotext, Harex, Pertinax b) Vulkanfiber, Dynos, Lederstein	δ = 90...110° (HSS) 70... 80° (HM) 125...140° (HSS) 80... 90° (HM)			
5. Formmasse, nicht geschichtet, z. B. Galalith, Trolit, Idealith	Drallbohrer (sog. Messingbohrer), weite Drallnut, Spitzenwinkel δ = 50...80° (HM)	1500...1800	20... 30 bei SS 30... 50 bei HSS 50...100 bei HM	Einwandfreier Hinterschliff an d. Schneide erforderlich
6. Hartgummi, z. B. Ebonit	Drallbohrer, weite Drallnut, Spitzenwinkel δ = 30...50° (HM)		20... 30 bei SS 30... 50 bei HSS 60...120 bei HM	
7. Polyvinylchlorid-Kunststoffe (PVC), z.B. Dynadur, Hostalit, Mipolam, Vinidur, Astralon	Drallbohrer, weite Drallnut, Spitzenwinkel $\delta \approx 85°$		40... 50 bei HSS 40... 70 bei HM	0,1...0,2 0,2...0,4
8. Polymethakrylat-Kunststoffe, z. B. Plexiglas, Acrylglas	Drallbohrer, steile tiefe Drallnut, Spitzenwinkel $\delta \approx 75°$		30 bei HSS 50...60 bei HM	0,1...0,2 0,2...0,4
9. Hartholz, geschichtet	Drallbohrer mit langem Drall (SS)	800...1000 bei d bis 10 mm 600 bei d = 10...20 400 bei d = 20...30 350 bei d = 30	30...25 20...38 25...38 33...56	Abhängig von der Härte des Holzes Meist Handvorschub

Bemerkungen: Genauere Bohrwinkel s. Tab. B/9, Schnittgeschwindigkeit s. a. Tab. B/3.

| Gruppen-Nr. 15a | **Bohren** | Abschn./Tab. B/11 |

11. Durchgangslöcher für Schrauben mit Gewinde, Bohrer u. ä.
(nach DIN ISO 273) fein/mittel/grob (Maße in mm)

Metrische ISO-Gewinde nach DIN 13 Tl. 1 – Regelgewinde; Klammerwerte sind nicht genormt

Gewindebezeichnung Nenn$\varnothing$ d = D	Durchgangsloch-Durchmesser d_h für Schrauben		
	fein (H 12)	mittel (H 13)	grob (H 14)
M 1	1,1	1,2	1,3
(M 1,1)	1,2	1,3	–
M 1,2	1,3	1,4	1,5
M 1,4	1,5	1,6	1,8
M 1,6	1,7	1,8	2
M 1,8	2	2,1	2,2
M 2	2,2	2,4	2,6
(M 2,2)	2,4	2,6	–
M 2,5	2,7	2,9	3,1
M 3	3,2	3,4	3,6
M 3,5	3,7	3,9	4,2
M 4	4,3	4,5	4,8
M 5	5,3	5,5	5,8
M 6	6,1	6,6	7
M 8	8,4	9	10
M 10	10,5	11	12
M 12	13,5	13,5	14,5
M 14	15	15,5	16,5
M 16	17	17,5	18,5
M 18	19	20	21
M 20	21	22	24
M 22	23	24	26
M 24	25	26	28
M 27	28	30	32
M 30	31	33	35
M 36	37	39	42
M 42	43	45	48
M 48	50	52	56
M 56	58	62	66
M 64	66	70	74

Anwendung der Durchgangslöcher:

fein (H 12): Feinmechanik (auch für Preßstoffe, Porzellan usw.) und Feinwerkzeug-Maschinenbau

mittel (H 13): Allgemeiner Maschinenbau einschließlich Preßdruckleitungen

grob (H 14): Rohrleitungsbau, gegossene Löcher usw.

Gruppen-Nr. **15a** — **Bohren** — Abschn./Tab. **B/12, 13**

12. Übermaße gebohrter Löcher in Stahl und Leichtmetallen (Maße in mm)

Bohrer-durchmesser d in mm	Übermaße $ü$ [mm] beim Bohren von			
	Stahl		Leichtmetall	
	weich	hart	weich	ausgehärtet
5	0,16	0,12	0,45	0,25
10	0,18	0,14	0,75	0,40
15	0,20	0,16	0,90	0,48
20	0,22	0,18	1,00	0,52
25	0,24	0,20	1,10	0,55
30	0,26	0,22	0,15	0,60

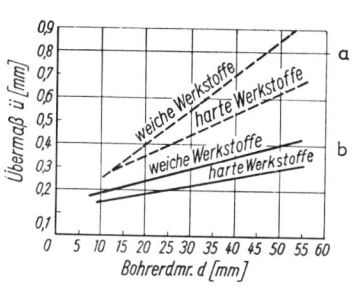

Im Bild: *a* für gut gelagerte Maschinen; *b* für ältere, weniger gut gelagerte Maschinen.

13. Bohrer- und Aufbohrerdurchmesser für Gewinde-Kernlöcher DIN 336 T1

(Klammerwerte vermeiden; sind im Metrischen ISO-Gewinde nicht enthalten)

Metrische ISO-Regelgewinde (nach DIN 13 T1)

Metrisches Gewinde		Metrisches Gewinde	
Gewinde-Nenn⌀	Bohrer-Durchmesser Metrisches ISO-Gewinde	Gewinde-Nenn⌀	Bohrer-Durchmesser Metrisches ISO-Gewinde
M 1	0,75	M 1,8	1,5
M 1,1	0,85	M 2	1,6
M 1,2	0,95	(M 2,2)	1,8
M 1,4	1,1	(M 2,3)	1,9
M 1,6	1,3	M 2,5	2,1
(M 1,7)	1,3	(M 2,6)	2,1

3–23

| Gruppen-Nr. 15a | **Bohren** | Abschn./Tab. B/13 |

Bohrer- und Aufbohrerdurchmesser für Gewinde-Kernlöcher (DIN)

Metrisches Gewinde		Metrisches ISO-Feingewinde	
Gewinde-Nenn⌀	Bohrer-Durchmesser Metrisches ISO-Gewinde in mm	bei Steigung P in mm	Bohrer-⌀ = Nenn-⌀ minus folg. Wert in mm
M 3	2,5	0,2	0,2
M 3,5	2,9	0,25	0,25
M 4	3,3	0,35	0,35
(M 4,5)	3,7	0,5	0,5
M 5	4,2	0,75	0,8
M 6	5	1	1
(M 7)	6	1,25	1,2
M 8	6,8	1,5	1,5
(M 9)	7,8	2	2
M 10	8,5	3	3
(M 11)	9,5	4	4
M 12	10,2	5	5
M 14	12	6	6
M 16	14		
M 18	15,5		
M 20	17,5		
M 22	19,5		
M 24	21		
M 27	24		
M 30	26,5		
(M 33)	29,5		
M 36	32		
(M 39)	35		
M 42	37,5		
M 45	40,5		
M 48	43		
(M 52)	47		
M 56	50,5		
(M 60)	54,5		
(M 64)	58		
(M 68)	62		

Richtwerte: Gewindekern ⌀ = Nenn⌀ minus Steigung P
(Auszug DIN 336)

| Gruppen-Nr. 15a | Bohren | Abschn./Tab. B/13 |

Bohrer- und Aufbohrerdurchmesser für Gewinde-Kernlöcher (DIN)

Whitworth-Gewinde (nicht mehr genormt)		Whitworth-Rohrgewinde nach DIN ISO 228 (DIN 259) G (R)		Stahlpanzerrohr-Gewinde	
Gewinde-Nenn-∅ in Zoll W	Bohrer-∅ in mm	Gewinde-Nenn-∅ in Zoll	Bohrer-∅ in mm	Gewinde-Nenn-∅	Bohrer-∅ in mm
1/16	1,2	G 1/8	8,8	Pg 7	11,5
3/32	1,9	G 1/4	11,8	Pg 9	14
1/8	2,5	G 3/8	15,25		
5/32	3,2	G 1/2	19	Pg 11	17,25
3/16	3,6			Pg 13,5	19
7/32	4,5	G 5/8	21	Pg 16	21,25
		G 3/4	24,5	Pg 21	27
1/4	5,1	G 7/8	28,25		
5/16	6,5			Pg 29	35,5
		G 1	30,75	Pg 36	45,5
3/8	7,9	G 1 1/8	35,5		
				Pg 42	52,5
7/16	9,3	G 1 1/4	39,5	Pg 48	58
1/2	10,5	G 1 3/8	42		
5/8	13,5				
		G 1 1/2	45		
3/4	16,5	G 1 3/4	51		
7/8	19,25	G 2	57		
		G 2 1/4	63		
1	22				
1 1/8	24,75	G 2 1/2	73		
1 1/4	28,0	G 2 3/4	79		
1 3/8	30,5	G 3	85		
1 1/2	33,5				
1 5/8	35,5				
1 3/4	39				
1 7/8	41				

Gewinde-Kernlöcher für NPT-Gewinde (USA-Norm USAS B 1.20.3–1976) Kegeliges Rohrgewinde 1:16

Gewinde-Nenn-∅	NPT	NPTF	Gewinde-Nenn-∅	NPT	NPTF
1/8"	8,5	8,6	1"	29,0	29,5
1/4"	11,1	11,1	1 1/4"	38,0	38,0
3/8"	14,5	14.75	1 1/2"	44,0	44,0
1/2"	17,75	17,75	2"	56,0	56,0
3/4"	23,0	23,5			

2	44,5
2 1/4	50
2 1/2	57
2 3/4	62
3	68

Bekanntlich liegt die Genauigkeit der gebohrten Kernlöcher und der Kerndurchmesser nach dem Gewindeschneiden weit gestreut, weil dies von einer Anzahl von Faktoren abhängig ist, die berücksichtigt werden müssen. Daher sind die genannten Werte nur Richtwerte, die aber im allgemeinen für fast alle Werkstoffe angewandt werden können. **Für schwer zerspanbare Werkstoffe ist die vergrößerte Kernlochbohrung unerläßlich.**

Gruppen-Nr.	**Bohren**	Abschn./Tab.
15 a		B/14

14. Abhilfe bei verlaufenden Bohrlöchern

1. Wenn das gerade angebohrte Loch wenig verlaufen ist, weil der Körner schief eingeschlagen wurde, dann:

   a) mit Flachstahl den Bohrer während des Bohrens etwas abdrücken (Bild a), so daß er genau an der gewünschten Stelle anbohrt, oder

   b) zwischen Werkstück und Bohrtisch eine dünne Unterlage legen, damit der Bohrer sich nach der entgegengesetzten Seite abdrängt (Bild b).

2. Wenn das Loch stärker verlaufen ist, dann:

   a) Nachsetzen durch einen kräftigen Körner (Bild c) im Bereich der größten Differenz zwischen Kontrollriß und Rand des Bohrtrichters;

   b) Werkstück so weit verstellen, daß Bohrer- und Lochmitte wieder zusammenfallen (Bild d);

   c) zunächst sehr vorsichtig (ohne Einschaltung des selbsttätigen Vorschubes) anbohren, dann prüfen und nachbohren.

3. Wenn die Bohrung stark verlaufen (Bild e) und ein Nachkörnen (Bild h) unmöglich ist, dann

   a) mit Flachmeißel vormeißeln (Bilder f, g);

   b) mit einem feinen Nutenmeißel kleine Nuten im Bereich der größten Differenz zwischen Kontrollriß und Rand des Bohrtrichters einmeißeln (Bilder i, k);

   c) vorschaben;

   d) vorfeilen;

   e) nötigenfalls dicht am Rand des vorgebohrten Loches kleine Löcher auf geringe Tiefe anbohren;

   f) wie unter 2b (Bild d) vorgehen;

   g) wie unter 2c vorgehen.

4. Wenn das Loch schon fertig aber versetzt gebohrt ist (Bild l), dann:

   a) mit Hilfe einer Bohrlehre und Bohrbuchse das Loch an der gewünschten Stelle bohren;

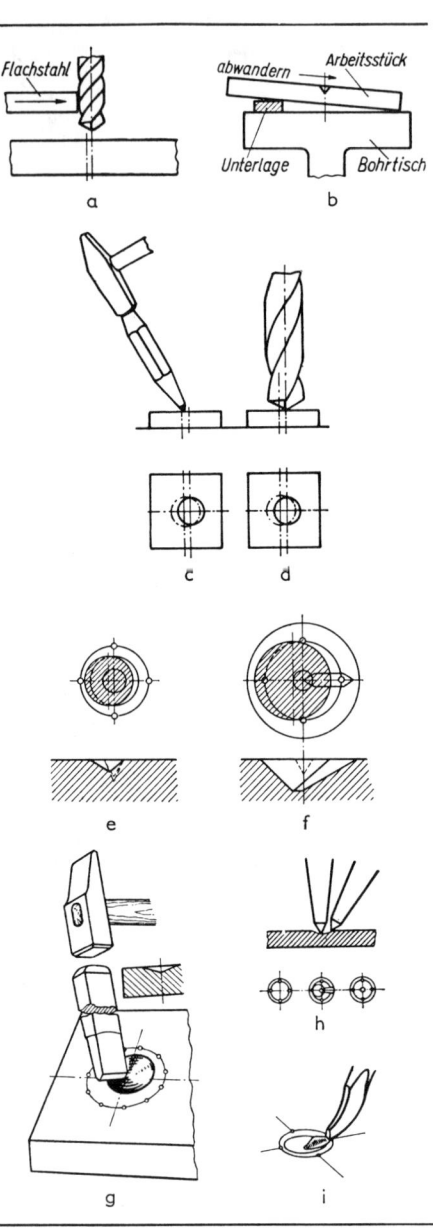

Fortsetzung

| Gruppen-Nr. 15a | **Bohren** | Abschn./Tab. B/14, 15 |

Fortsetzung von 4.

b) nötigenfalls oder notfalls vorher in das falsch gebohrte Loch einen Dorn als Füllstück schlagen;
c) ist vielfach zu empfehlen, ein größeres Loch zu bohren, in dieses einen Dorn zu treiben und ein neues Loch an der gewünschten Stelle zu bohren (vorher erst anreißen und körnen).

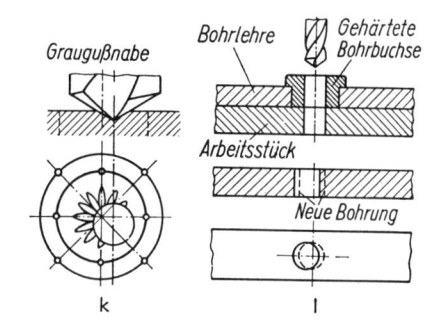

k   l

15. Kühlschmiermittel beim Bohren verschiedener Werkstoffe

Bemerkungen:
Bohremulsion = Suspension aus Wasser und Bohröl mit Bohrfett, meist handelsübliches Präparat. Kühlschmierstoff nach DIN 51385 (siehe Tabelle WH/17 bis 20)

Zu bohrender Werkstoff	Kühl- und Schmiermittel
1. Aluminium, rein	Bohremulsion, wenn es schmiert (E 2–5 %)
2. Al-Legierungen, Al-Kolbenlegierungen,	Bohremulsion oder in Sonderfällen Mineralöle
3. Blei	Mineralöle
4. Bronze (Bz)	trocken, Bohremulsion (zähe Bz) oder Schneidöl (harte Bz)
5. Glas	Mischung von Terpentin und Petroleum, seltener Wasser
6. Granit	klares Wasser oder Druckluft
7. Gußeisen = GG, GGG	trocken (GG –15 bis –25) oder Bohremulsion (GG 30 usw. und GGG); Druckluft
8. Hartgewebe, z. B. Schichtpreßstoff	trocken oder Druckluft
9. Hartgummi	trocken oder Druckluft
10. Hartguß	allgemein Bohröl
11. Hartpapier	trocken oder Druckluft
12. Kacheln (Ton)	Terpentinöl
13. Kohle	trocken oder Wasser
14. Kunstharze	trocken oder Druckluft
15. Kunststoffe, thermische: z. B. PA, PC, PP, PVC, PS, PMMA	Wasser, (selten Terpentin oder Maschinenöl) trocken oder Druckluft
16. Kupfer, rein	Bohremulsion, Bohröl oder Mineralöl
17. Messing (Ms), Cu Legier.	Bohremulsion (zähe Ms) oder ohne Kühlschmierung (harte Ms)
18. Mg-Legierungen	trocken, Bohremulsion, 4 % wäßrige Natriumfluoridlösung, Talg; Druckluft

Fortsetzung

| Gruppen-Nr. 15a | Bohren | Abschn./Tab. B/15, 16 |

Zu bohrender Werkstoff	Kühl- und Schmiermittel
19. Marmor	klares Wasser oder trocken
20. Messing Ms (CuZn): Ms 63, 58	Bohremulsion, Mineralöl od. trocken (spröde Ms)
21. Neusilber Ns (CuNiZn)	Öl; auch Bohremulsion, oft trocken
22. Nickel	Bohremulsion oder trocken
23. Porzellan	Terpentinöl
24. Rotguß Rg (CuSnZk)	Bohremulsion, Schneidöl oder trocken
25. Schiefer	trocken oder klares Wasser
26. Lagermetall Lg (LgPbSn)	Schneidöl, Bohremulsion
27. Stahl, unlegiert	Bohremulsion oder Mineralöl
Stahl, legiert	Bohremulsion, Schneidöl (z. B. hochleg. St.)
28. Stahlguß	Bohremulsion oder Mineralöl
29. Temperguß	Bohremulsion; seltener Mineralöl
30. Werkzeugstahl	Bohremulsion oder Schneidöl
31. Ziegel (Ton)	trocken oder Wasser
32. Zink	Bohremulsion
33. Zinn	Rübölersatz (Rüböl-Petroleum-Gemisch)

16. Bohrleistungen von Säulen- und Ständer-Bohrmaschinen

Größter Bohrdurchmesser d [mm]	Leistungsgruppe A (hohe Dauerbeanspruchung), vorzugsweise für Massen- und Fließfertigung gebaut			Leistungsgruppe B (unterbrochener Betrieb), besonders in der Einzel- und Serienfertigung verwendet		
	Schnittgeschwindigkeit v_c in m/min	Mindest-Vorschub f in mm/U.	Dauerleistung P_m in kW	Schnittgeschwindigkeit v_c in m/min	Mindest-Vorschub f in mm/U.	Dauerleistung P_m in kW
6	35	0,1	0,3	18	—	0,2
10	32	0,16	0,7	18	—	0,3
16	28	0,2	1,4	18	0,1	0,6
25	28	0,22	2,2	18	0,125	1,0
32	28	0,25	3,4	18	0,125	1,5
40	25	0,28	4,6	18	0,16	2,0
50	25	0,32	5,9	—	—	—
63	25	0,36	8,2	—	—	—
80	25	0,40	11,8	—	—	—

Gruppen-Nr.	Bohren	Abschn./Tab.
15a		B/17

17. Instandhaltung (Nachschleifen) von Spiralbohrern: Grundregeln

(Schleifscheibendaten siehe auch Tabellen Wz/20 bis 22)

Begriffe	Grundregeln	Anmerkungen
1. **Zweck** des Nachschleifens	a) Gewährleistung des wirtschaftlichen Einsatzes der Spiralbohrer. b) Sicherung der Arbeitsgenauigkeit des Bohrers innerhalb der Toleranzgrenzen am Werkstück. c) Ausgleichung der abgestumpften, abgenutzten · Hauptschneiden und/oder Schneidecken, · Fasen und/oder Querschneide. d) Herstellung „meißelähnlicher" Schneiden an den Hauptschneiden oder zum Schärfen der Hauptschneiden.	Allgemein zu erreichen bei rechtzeitigem, formgerechtem Nachschleifen bzw. Schärfen der Hauptschneiden, Schneidenecken, Fasen und Querschneide. Beachte: Zur Sicherung des Fertigungsflusses sollten die abgestumpften Bohrwerkzeuge regelmäßig (in bestimmten Zeitabständen) ausgewechselt werden.
2. **Kegelmantelschliff**	Verwirklicht am einfachsten und genauesten die dargestellten Schneidengeometrie: Freifläche wird als Teil eines Kegelmantels (s. Bild 1) ausgebildet. Diese Schliffart ergibt einen nach der Mitte zu ansteigenden Seiten-Freiwinkel α_x. Sie gestattet die Größe des Freiwinkels frei zu wählen durch entsprechende Bestimmungen des Ausschnittes aus dem in den Bildern 1 bis 3 gezeichneten Kegelmantel: 1. **Schneidkante** im Abstand a unter die Schwenkachse stellen und so wählen, daß der Querschneidenwinkel ψ stets 55° ist. 2. **Winkel** zwischen Schwenkachse und Bohrerachse (Kegelmantelwinkel) mit etwa 20° wählen (Bild 2). 3. Abstand A des Schnittpunktes der Schwenk- und Bohrerachse (in der Projektion, Bild 3) von Schleifscheibenumfang wählen (veränderlich).	Verfahren wird allgemein am meisten verwendet, da es auch auf Schleifmaschinen einfacher Bauart ausführbar ist. Moderne Spiralbohrer-Spitzenschleifmaschinen besitzen die für optimalen Spitzenanschliff nötigen **Einstellmöglichkeiten.** Spiralbohrer-Meßzeuge: · Bohrer-Schleiflehren (feste oder einstellbare) · Prismenlehren (Zylinderlehren) · Bohrerlupe und -mikroskop · Winkelschmiege Beachte: a) Werte für Seiten-Freiwinkel α_x (α_f) und Querschneidenwinkel gelten für gut bohrbare Werkstoffe mittlerer Festigkeit. b) **Freiwinkel** α_x (α_f) muß · **kleiner** sein für Werkstoffe höherer Festigkeit beim Bohren mit geringem Vorschub. · **größer** sein für weiche Werk-

3–29

| Gruppen-Nr. 15a | **Bohren** | Abschn./Tab. B/17 |

Instandhaltung (Nachschleifen) von Spiralbohrern: Grundregeln

Begriffe	Grundregeln	Anmerkungen
	Beachte: Seiten-Freiwinkel α_x (s. Bild 9) nach Bild 20 (Diagramm) Seite 71 wählen.	stoffe geringerer Festigkeit beim Bohren mit großem Vorschub.
3. **Zylindermantelschliff** (Zylinderschliff)	Die Seiten-Freiwinkel α_x (α_f) bilden den Ausschnitt eines Zylindermantels (Bilder 4 ... 6 und 9). Bedingungen: 1. Richtige Untermittestellung der Bohrerspitze unter der Schwenkachse (a Bild 4, 6) 2. Gleichbleibender Abstand A der Schwenkachse vom Schleifscheibenumfang.	Verfahren kann nur bei **kleineren** Bohrern angewendet werden, da es schwierig ist, gleichzeitig aus Außendurchm. und an den Durchmessern um die Querschneide herum günstige Schnittwinkel zu erzielen. Allgemein **ungünstig,** da schädliche Untermittestellung der Bohrerecke unter die Schwenkachse b (in Bildern 4/6). Diese dient zur Erzielung richtiger Querschneidenanlage.

Bild 1

Bild 4

Bild 2

Bild 5

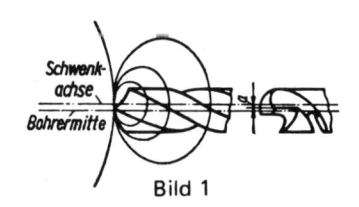

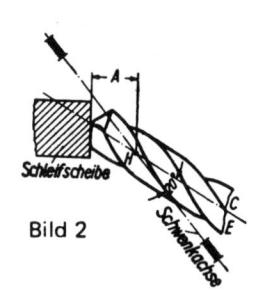

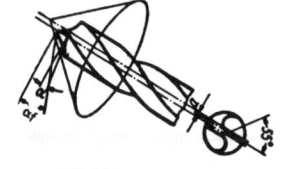

Bild 3

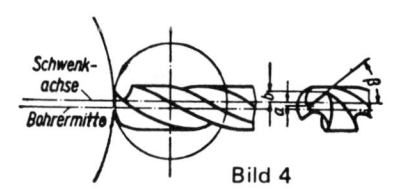

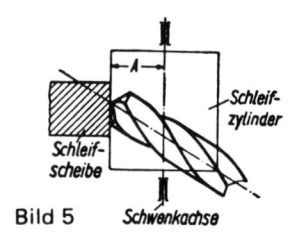

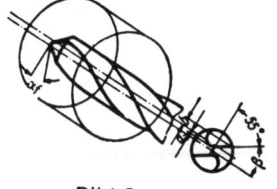

Bild 6

3–30

Gruppen-Nr.		Abschn./Tab.
15a	**Bohren**	B/17

Instandhaltung (Nachschleifen) von Spiralbohrern: Grundregeln

Begriffe	Grundregeln	Anmerkungen
4. **Schrauben-flächen-schliff** (Spiral point)	Freiflächen werden als Schraubenflächen mit überall gleicher Steigung P (früher h) ausgebildet. Gibt einen nach der Mitte zu ansteigenden Seiten-Freiwinkel α_x (α_f) (Bilder 7/8), also größere α_x (α_f) in Querschneidennähe; siehe auch Bild 9 „Winkel". Nachteilig kann sein, daß die um die Querschneide liegenden Bohrerteile zu sehr geschwächt werden; Bohrer kann leicht ausbrechen.	Nur mit Hilfe einer Spezial-Spitzenschleifmaschine durchführbar. Schliffart ist **günstig** für leichtes und zentrisches Anbohren des Bohrwerkzeugs. Verbesserung erreichbar durch **Korrekturen** z.B. durch: · Ausspitzen der Bohrer, · Anpassen des Seiten-Spanwinkels γ_f an den Werkstückstoff.
5. **Flächen-anschliff**	Zu unterscheiden sind: a) 2-Flächenanschliff b) 4-Flächenanschliff c) 6-Flächenanschliff (Bild 10) mit Ausspitzung (3-Facettenschliff, System Avyac).	bei kleineren Bohrern unter 1 mm ⌀. für größere Bohrer. Schliff hat gute Zentriereigenschaft.
6. **Sonderan-schliffe)** (Bild 11) Werksnorm	Sonderanschliffe nach DIN 1412 (Anschnittarten): Form A Form B Form C Form D Form E Form U	 Ausgespitzte Querschneide. wie oben, aber mit korrigierter Hauptschneide. **Kreuzanschliff** (s. Punkt 8) Anschliff für Gußeisen Zentrumspitze Spitzenschliff „U" (S. Punkt 9)
a) **Ausspitzung Form A** (Bild 12)	Vorgang: Wegschleifen der von der Querschneide und Hauptschneide gebildeten Ecke. Dadurch wird eine schräge Verbindungslinie zwischen Quer- und Hauptschneide gebildet und gleichzeitig der Bohrerrücken abgeschrägt sowie die Querschneide verkürzt.	bevorzugt für größere Bohrer notwendig bzw. empfohlen. Vorteile: 1. Vergrößerung des Spanraumes in der Nähe der Querschneide bedeutet günstigeren Spanfluß. 2. Großer Spanraum und Verkürzung der Querschneide an der Stirnseite des Bohrers ergibt Herabsetzung der Vorschubkräfte (unter 30 %). Es gibt besondere Spiralbohrer-Ausspitzmaschinen.

3-31

| Gruppen-Nr. 15a | **Bohren** | Abschn./Tab. B/17 |

Instandhaltung (Nachschleifen) von Spiralbohrern: Grundregeln

Bild 7

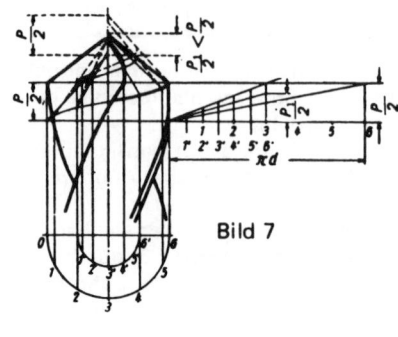

Bild 8

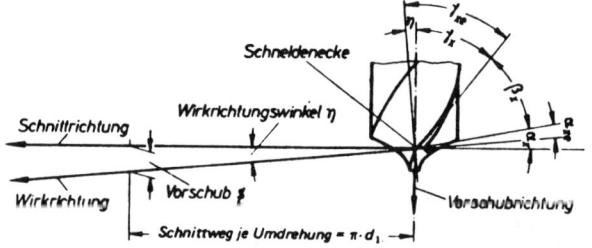

Bild 9

$\alpha_x = \alpha_f$ Seitenfreiwinkel (Alpha)
$\alpha_{xe} = \alpha_{fe}$ Wirk-Seitenfreiwinkel
$\beta_x = \beta_f$ Seitenkeilwinkel (Beta)

$\gamma_x = \gamma_f$ Seitenspanwinkel (Gamma)
$\gamma_{xe} = \gamma_{fe}$ Wirk-Seitenspanwinkel
η Wirkrichtungswinkel (Eta)

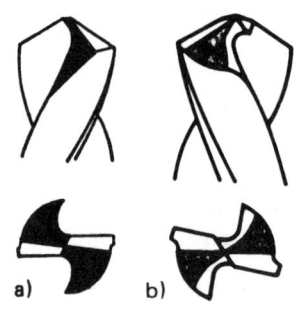

a) b)

Bild 10

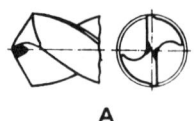

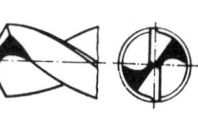

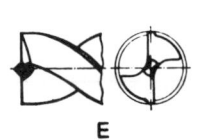

A B C D E

Bild 11

3 – 32

| Gruppen-Nr. 15a | **Bohren** | Abschn./Tab. B/17 |

Instandhaltung (Nachschleifen) von Spiralbohrern: Grundregeln

Begriffe	Grundregeln	Anmerkungen
	Empfohlene **Schleifmaße** bei Bohrer⌀ d_1 in mm	l_q = Querschneidenlänge ($\approx k$), b_1 = Parallelfase in mm.
	d_1 | l_q bis 40 | $0{,}1 \cdot d_1$ über 40 | $0{,}08 \cdot d_1$	b_1 $0{,}2 \cdot d_1$ bis $\quad$ je nach Kern- $0{,}3 \cdot d_1$ $\quad$ dicke (Typ)
b) **Spanwinkel**-Korrektur Form B	Verkleinern des Seiten-**Spanwinkels** γ_x (γ_f) z.B. durch: Anschleifen einer Fläche längs der Hauptschneide (Bild 13).	ist erforderlich, wenn z.B. günstige Spanformen bei bestimmten Werkstoffen erreicht werden sollen. Besonders bei HM-Werkzeuge empfohlen (für Stabilität gerade Schneidkanten vorsehen).

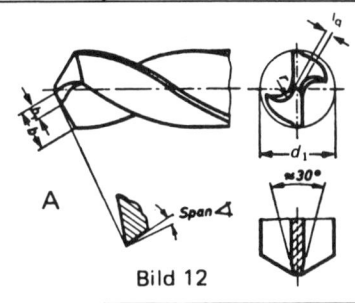

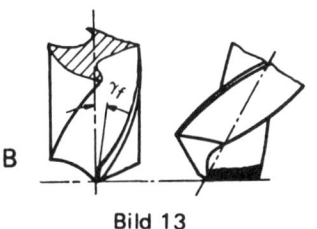

Bild 12 $\quad$ Bild 13

| c) **Kreuzanschliff** Form C (Bild 4) | mit Spitzwinkel $\sigma = 130°$ oder $120°$ (nach DIN 1412). Er entsteht, wenn die Freiflächen des Bohrers mit normalem Mantelschliff so weit weggeschliffen werden, daß an den Querschneiden sich Spanflächen mit **positivem Winkel** bilden. Allgemeiner **Arbeitsvorgang**: Kegelmantelschliff auf Spiralbohrer-Spitzenschleifmaschine.

 Anmerkungen:
 1. Die geschliffenen Flächen sollen zueinander unter mindestens 90° stehen. Es darf jedoch nicht mehr als die halbe Stegbreite entfernt werden. | Bevorzugt bei Spiralbohrern mit großem Kerndurchm., z.B. Tieflochbohrern durchgeführt; besonders beim Bohren von Stahl oder Gußeisen.
 Diese Schliffart gewährleistet: <br> a) ein leichtes Anbohren und nur geringes Verlaufen des Bohrers (zentrische Lage der Bohrungen mit guten Oberflächen).
 b) eine Verringerung des Vorschubdruckes und somit Reduzierung des Kraftaufwandes und der Schnittzeit beim Bohren. |

3–33

| Gruppen-Nr. 15a | **Bohren** | Abschn./Tab. B/18 |

18. Bohrsenker aus Voll-Hartmetall (VHM): Daten/Konstruktion

Hochleistungswerkzeuge mit 3-Nuten/Schneiden und selbstzentrierender Spitze zum Bohren in den vollen Werkstoff.

Schneidstoff: HM P 40 oder K 10/20
Schaftform: Zylindrisch mit Mitnehmer (n. DIN 1809) bzw. Morsekegel (n. DIN 228).
Durchmesser: d_1: 3 bis 20 mm
Spitzenwinkel σ: 150°
Die 3 Schneiden laufen im Zentrum in eine Querschneide aus (Bild b)
Seiten-Spanwinkel τ_f ca. 30° (korrigiert auf 0° bis 20°)
Baumaße: 3 bis 20 mm Durchmesser
Schnittwerte:
a) **Schnittgeschwind.** v_c allgemein 4- bis 5mal höher als bei HSS-E-Spiralbohrer, bei Mangan-Hartstahl oder Titan-Legier. auch 10mal höher anzusetzen.
b) **Schnittvorschub** f kann wie für HSS-E-Spiralbohrer gewählt werden
Empfohlene **Bohrtiefe** t maximal 3 · d_1 bei langspanenden und max. 6 · d bei kurzspanenden Werkstoffen; darüber besteht die Gefahr von Spanstauungen in den Drallnuten.

Anwendung:
Lang- und kurzspanende Werkstoffe, auch für Metalle **hoher Festigkeit**, z.B.
· Stahl über 1200 N/mm² Zugfest.
· Mangan-Hartstahl
· Titan-Legierungen
· Gußeisen, harte Sorten
· harte Bronzen
· AlSi-Legierungen (über 13 % Si)

Für nichtrostende CrNi-Stähle (VA) ist ein Vorversuch zu empfehlen.

Trotz der hohen Spanmengen sind gute **Standzeiten** und Bohrqualitäten wie beim Aufbohren zu erreichen.

Auch bei schrägen Anbohrflächen, Unterbrechungen durch Querbohrungen, Nuten, Absätze usw. anwendbar.
Geringere Gratbildung beim Durchgangsbohren.

Anmerkungen:

1. Der **Spitzenschliff** ermöglicht, unterstützt durch die äußerst stabile Konstruktion des Werkzeuges, ein positionsgenaues Anbohren.
Positionierungs-**Genauigkeit** der Bohrung (bei glatter Oberfläche) ± 0,01 mm (exklusiv Positionsfehler der Maschine)
2. Drei **Führungsfasen** bewirken eine ausgezeichnete Maßgenauigkeit. Sie liegt bei etwa **H 11** bis **H 9** (zum Vergleich: Spiralbohrer „nur" H 13 bis H 12).

Bild a   Bild b

3. Durch die besondere Schneidengeometrie sind **drei Arbeitsgänge** Zentrieren-Bohren-Aufbohren auf einmal möglich.
4. Es können sehr große **Spanmengen** bei gleichzeitig hohen Schnittgeschwindigkeiten erreicht werden.

| Gruppen-Nr. 15a | **Bohren** | Abschn./Tab. B/19 |

19. Instandhaltung: Nachschleif-Daten für Voll-Hartmetall-(VHM-)Bohrsenker

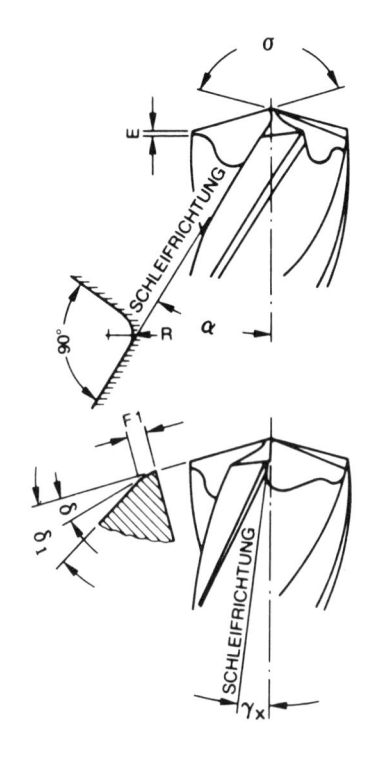

σ (sigma) = 150°
α (alpha) = 30°
γ_x (gamma) = 0°
 kann in Sonderfällen
 bis 20° werden
δ_1 (delta) = 16°

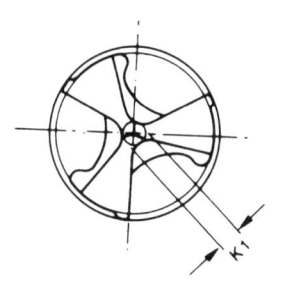

Schleifdaten	bei Durchmesser d_1 in mm							
	3	4	6	8	10	13	16	20
E	0,14	0,17	0,23	0,3	0,34	0,41	0,48	0,57
R	0,4	0,5	0,8	1	1,3	1,7	2,1	2,6
K1	0,3	0,4	0,6	0,8	1	1,3	1,5	1,9
F1	0,21	0,28	0,42	0,56	0,7	0,85	1,1	1,4
δ (delta)	10	9	8	7	7	6	6	6

Anmerkung:
Der Bohrsenker hat eine einfache **Spitzengeometrie**. Dadurch ist er leicht nachzuschleifen.
Beim Einsatz von **Diamant-Schleifscheiben** (D 76, Konzentration: 75), mit 75 bis 100 mm ⌀, kann das Nachschleifen auf jeder normalen Werkzeug-Schleifmaschine erfolgen.
Schleifscheibe: scharfkantig beim Freiwinkel-Schleifen, mit Eckenradius R beim Spanfläche-Schleifen.

3–35

| Gruppen-Nr. 15a | **Bohren** | Abschn./Tab. B/20 |

20. HM-Schneidplatten für Bohrer (für große/kleine Schnittkräfte)

HM = Hartmetall: bevorzugt K 10 und K 20; andernfalls Sorte bei Bestellung angeben (n. DIN 4990). DIN 8010/8013, Auswahl

Für Bohrer-durchm. d	a) für **große Schnittkräfte** Spitzenwinkel $\varphi = 115°$ Plattenabmessungen (mm)				b) für **kleine Schnittkräfte** Spitzenwinkel $\varphi = 85°$ Plattenabmessungen (mm)			
	Länge l	Tiefe t	Dicke s	zul. Abw.	Länge l	Tiefe t	Dicke s	zul. Abw.
1,5	2,5	3	0,3	−0,1	2	4	0,3	−0,1
2	2,5	3,5	0,4		2,5	4,5	0,3	
2,5	3	4	0,5		3	5	0,4	
3	3,5	4,5	0,6		3,5	5,5	0,5	
3,5	4	4,5	0,6		4	6	0,6	
4	4,5	5	0,8		4,5	7	0,6	
4,5	5	5	0,8		5	7	0,8	
5	5,5	5,6	0,8	−0,1	5,5	8	0,8	
5,5	6	6	1,0	−0,2	6	8	0,8	−0,1
6	6,5	6	1,0		6,5	9	1,0	−0,2
6,5	7	6,3	1,2		7	9	1,0	
7	7,5	6,3	1,2		7,5	9	1,0	
7,5	8	7,1	1,6		8	10	1,2	
8	8,5	7,1	1,6		8,5	10	1,2	
8,5	9	8	2		9	10	1,2	
9	9,5	8	2		9,5	11,5	1,4	
9,5	10	8,5	2		10	11,5	1,4	
10	10,5	8,5	2,2		10,5	11,5	1,4	
10,5	11,3	9,5	2,2		11,3	12,5	1,6	
11	11,8	9,5	2,2	−0,2	11,8	12,5	1,6	
11,5	12,3	10,6	2,5	−0,3	12,3	12,5	1,9	
12	12,8	10,6	2,5		12,8	14	1,9	
13	13,8	12,5	2,5		13,8	14	1,9	
14	14,8	12,5	2,5		14,8	14	2,2	
15	15,8	14	2,8		15,8	17	2,2	
16	16,8	14	2,8		16,8	17	2,2	
17	17,8	16	3		17,8	20	2,2	
18	18,8	16	3		18,8	20	2,2	−0,2
19	19,8	18	3,5		19,8	23	2,5	−0,3
20	20,8	18	3,5		20,8	23	2,5	

Bild 1: l = 2 bis 4 mm
Bild 2: l = 4,5 bis 8 mm
Bild 3: l = 8,5 bis 31 mm

Bild 1: l = 2 bis 4 mm
Bild 2: l = 4,5 bis 31 mm

| Gruppen-Nr. 15a | **Bohren** | Abschn./Tab. B/20 |

HM-Schneidplatten für Bohrer (für große/kleine Schnittkräfte)

HM = Hartmetall: bevorzugt K 10 und K 20; andernfalls Sorte bei Bestellung angeben (n. DIN 4990).
DIN 8010/8013, Auswahl

Für Bohrer-durchm. d	a) für **große Schnittkräfte** Spitzenwinkel $\varphi = 115°$				b) für **kleine Schnittkräfte** Spitzenwinkel $\varphi = 85°$			
	Plattenabmessungen (mm)				Plattenabmessungen (mm)			
	Länge l	Tiefe t	Dicke s	zul. Abw.	Länge l	Tiefe t	Dicke s	zul. Abw.
21	22	18	3,5	−0,3	22	23	2,5	
22	23	19	4	−0,4	23	26	2,5	
23	24	19	4		24	26	2,8	
24	25	20	4,5		25	26	2,8	
25	26	20	4,5		26	26	3	
26	27	21,2	4,5		27	26	3	
27	28	21,2	4,5		28	29	3	
28	29	22,4	5		29	29	3,5	
29	30	22,4	5		30	29	3,5	
30	31	22,4	5	−0,4	31	29	3,5	−0,3

Bild 1: l = 2 bis 4 mm
Bild 2: l = 4,5 bis 8 mm
Bild 3: l = 8,5 bis 31 mm

Bild 1: l = 2 bis 4 mm
Bild 2: l = 4,5 bis 31 mm

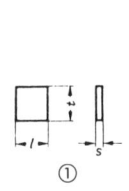

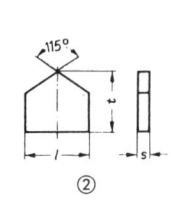

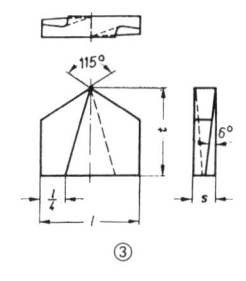

3−37

Notizen

| Gruppen-Nr. 9.2.7 | **Senken** | Abschn./Tab. Sk/1.1 |

1. Aufbau und Lieferbedingungen der Kegel-/Form-/Zapfen-Senker (n. DIN)

Senkerarten	Aufbau/Ausführung	Anwendung
1.1 Kegel-senker	sind kegelförmige Innen-Spitzsenker, deren Spitzentrierung, d.h. Senkwinkel σ 45°, 60°, 75° oder 120° sein kann. Sie sind außen mit einer geraden oder ungerader Anzahl spitzer Schneiden besetzt und schneiden am Kegelmantel. Die **Schneidenzahl** ist verschieden je nach Senkerart, Senkwinkel und Senker-durchmesser (Senker⌀ d_1, Bilder 1, 2). Sie haben vorwiegend 3 Schneiden. Die früher gebräuchlichen Senker mit großer Schneidenzahl (z.B. bei ⌀ 16 mm 6 oder 7 Schneiden) werden nur noch selten angewendet, weil diese Ausführung stark zum Rattern neigt. **Schaft** entweder zylindrisch oder mit Morsekegel. **Werkstoff**: HSS oder HSS-E. Für **Senkerwahl** sind die Senkwinkel σ der genormten Senknieten und -schrauben maßgebend (nach DIN).	Allgemein für kegelige Senkungen (Aussenken von Vertiefungen) auch zum An- und Versenken, Entgraten und Katenbrechen von Bohrungen und Rohren. Insbesondere für Senknieten und Senk-schrauben. Es muß immer eine Vorbohrung vorhanden sein, im Gegensatz zum Arbeiten mit **Bohrsenker** (s. Tab. B/18 und 19, 3–34 und 3–35).
Einteilung	der **Senker** nach Spitzen- oder Senk-winkel σ: a) σ = 45°	zum Ansenken von Löchern für Senkniete (nach DIN 302 und 661) mit ⌀ d = 30 bis 36 mm.
	b) σ = 60° (DIN 334), Bild 3 – Form A und C mit Zylinderschaft, Form B und D mit Morsekegel-Schaft. **Schneidenzahl**: Form **A** – 5, 6 oder 7 (⌀ d_1 = 8; 12,5; 16; 20 mm). Form **B** – 6 bis 18 (je nach ⌀ d_1 = 16 bis 80 mm). Form **C** und **D** – 3-schneidig. Schneiden sind axial-radial hinter-schliffen.	1. zum Ansenken von Vertiefun-gen für Köpfe der Halbrund-, Halbsenk- und Senkniete (nach DIN 302 und 661) mit ⌀ d = 20 bis 27 mm. 2. zum Anfasen oder Entgraten der Kanten von Bohrungen und an Rohren (Bild 5)

| Gruppen-Nr. 9.2.7 | **Senken** | Abschn./Tab. Sk/1 |

Aufbau und Lieferbedingungen der Kegel-/Formsenker (n. DIN)

Senkerarten	Aufbau/Ausführung	Anwendung
	c) $\sigma = 75°$ (Senker nach DIN 1863)	zum An- und Aussenken von Vertiefungen für Köpfe von Halbrund-, Halbsenk- und Senknieten (nach DIN 302 und 661) mit $\varnothing\, d = 1$ bis 118 mm
	d) $\sigma = 90°$ (Senker nach DIN 335, 1866 und 1867) Bild 4 Form A und C mit Zylinderschaft, Form B und D mit Morsekegelschaft. **Schneidenzahl:** Form **A** – 5, 6 oder 7 (je nach $\varnothing\, d_1 =$ 8 bis 20 mm). Form **B** – 6 bis 18 (je nach $\varnothing\, d_1 =$ 16 bis 80 mm). Form **C** und **D** – 3-schneidig. Schneiden axial-radial hinterschliffen. Kegelsenker mit festem bzw. auswechselbarem **Führungszapfen** sind nach DIN 1866/67 genormt.	1. allgemein zum Entgraten benutzt. 2. zum Ansenken z. B. von Gewinde-Kernlöchern. 3. zum Aussenken von Vertiefungen in vorgebohrte Löcher nach DIN 74 für Senk- und Linsensenkschrauben sowie für Senknieten. 4. zum Herstellen von Schutzsenkungen für Zentrierbohrungen (n. DIN 332); s. Tab. Sk/8 Beachte: Für tiefe Senkungen gut geeignet, wenn Außen $\varnothing$ verjüngt geschliffen sind. 5. zum Aussenken von Rohrenden (Bild 5).
	e) $\sigma = 120°$ (Senker nach DIN 347) **Schneidenzahl:** Form **A** – 6 bis 7 (bei $\varnothing\, d_1 = 16$ mm). Form **B** – 7 bis 9 (bei $\varnothing\, d_1 = 25$ mm). 10 – 12 (bei $\varnothing\, d_1 = 40$ mm).	1. zum An- und Aussenken von Vertiefungen (in vorgebohrten Löchern) für Niet- und Schraubenköpfe. 2. zum Herstellen von Schutzsenkungen für Zentrierbohrungen (n. DIN 332); s. Tab. Sk/8.

| Gruppen-Nr. 9.2.7 | Senken | Abschn./Tab. Sk/1.2, 1.3 |

Aufbau und Lieferbedingungen der Kegel-/Formsenker (n. DIN)

Senkerarten	Aufbau/Ausführung	Anwendung
1.2 Form-senker (Profilsenker, Stufensenker)	Umfaßt einen Grund-, Hohl- und Abrundungssenker ohne od. mit Vorbohrer aus einem Stück. Ist als Vollsenker stufenförmig (2 und mehr Stufen ohne Vorbohrer) profiliert mit wahlweise geraden oder schrägen bzw. kurvenförmigen Schneiden (Bild 6). Meist spezielle Anfertigungen.	Allgemein zum Ein-, An- und Aussenken vorgebohrter Löcher mit ebenem, abgeschrägtem oder abgerundetem Stufenboden in einem einzigen Arbeitsgang. Auch zum Aus- und Einsenken kurvenförmiger profilierter oder kugelförmiger Bohrungen bzw. Vertiefungen.

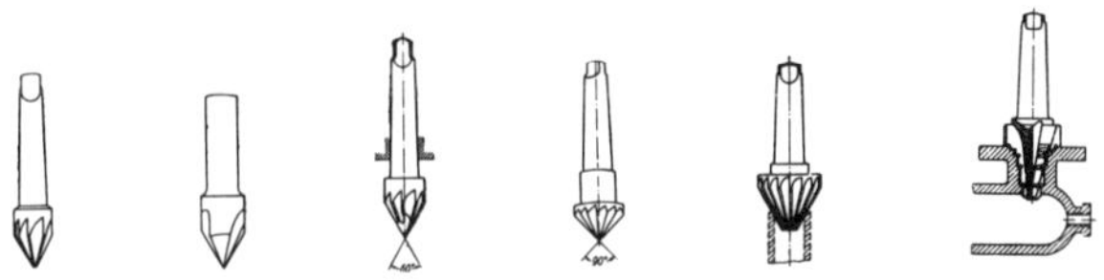

Bild 1 Bild 2 Bild 3 Bild 4 Bild 5 Bild 6

1.3 Zapfensenker
 	
Ausführungen
	Senker beliebiger Form mit gleitendem oder schneidendem Führungszapfen.
	
	a) mit festem Führungszapfen:
	  1. **Flachsenker** – aus dem Spitzbohrer entwickelt.
	
	  2. **Vollsenker** (Bild 1, 2)
	    zu unterscheiden sind:
	    • **Kopf-** und **Halssenker**
	    • Zentriersenker (s. Pkt. 4.2)
	
	b) mit auswechselbarem Führungszapfen (Bild 3, 4).
	c) mit auswechselbarer Führungszapfen und Flachmesser (Bild 5)
	d) mit federndem Führungszapfen (Bild 6, 7)
		Zum Aus-, An- und Einsenken nicht genau maßhaltiger flacher, zylindrischer oder kegeliger Senkungen.
		
		Heute nur noch behelfsmäßig angewendet (z. B. in Entwicklungsländern)
		
		Allgemein zum Aus- und Einsenken. Drallwinkel $\gamma = 13°$, Schnittwinkel $\delta = 77°$
		
		Zapfen ist entweder eingeschraubt oder festgeschraubt. Allgemein zum Aus- und Ansenken
		
		Zum Aussenken zylindrischer Senklöcher mit flachem Grund (in einem einzigen Arbeitsgang).

Bild 1 Bild 2 Bild 3 Bild 4 Bild 5 Bild 6 Bild 7

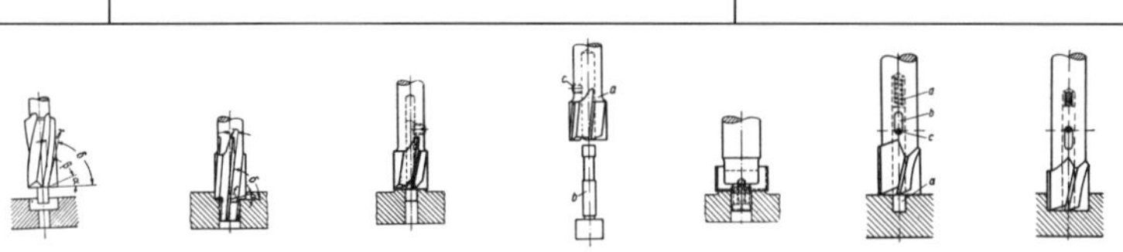

4 – 3

| Gruppen-Nr. 9.2.7 | Senken | Abschn./Tab. Sk/1.4 |

1.4 Sonder-Senker: Ansenker, Zentriersenker, Stufensenker

Senker-/Bohrerart	Ausführung	Anwendung
4.1 Ansenker, Anbohrer HSS–	Nutenform: normal (Bild a) flach (Bild b) Seitenspanwinkel γ_f: Nuten normal 30° Nuten flach 0° Spitzenwinkel σ: flach/normal 120°/90° Schneidenlänge $l_2 = 22 \ldots 53$ mm Gesamtlänge $l_1/l = 66 \ldots 131$ mm Durchmesser d_1 z. B. 6, 10, 16 bzw. 20 mm Schaft zylindrisch; Form A	Zum positionsgenauen Anbohren (Zentrieren) und Ansenken ohne Führungsbuchsen, z. B. auf NC-Maschinen, Bohrwerken. Bild a Bild b
4.2 Zentriersenker, bohrer HSS– (n. DIN 333)	Senkwinkel Form A: 60° Form B: 60°/120° Spitzenwinkel $\sigma = 118°$ • einseitig bei $d_1 = 0,5$ bzw. 0,8 mm; • doppelseitig bei d_1 über 0,8 mm Senker rechts- oder evtl. linksschneidend. Schaft: allg. zylindrisch glatt bzw. mit Abflachung Toleranz Schaft $\varnothing$ = h9	Für Zentrierungen 60°: • Schutzsenkung Form B 120°, Form A und R ohne • Laufflächen (DIN 332): gerade (A/B) oder gewölbt (R) Beispiele: Bild a Bild b
4.3 Stufen-Zentriersenker, -bohrer	Form Lauffläche Schutzsenkung mit Abflachung D gerade ohne DR gewölbt mit Spitzenwinkel allgem. $\sigma = 118°$ Nutenform/-zahl: normal/2 Schaft $\varnothing$ d_3: Toleranz h7 Durchmesser $d_1 = 3,3 \ldots 21$ mm, $d_2 = 4,3 \ldots 25$ mm, $d_3 = 8 \ldots 40$ mm.	Für Zentrierbohrungen, 60° Senkwinkel mit Gewinde (M4 bis M24) für Wellenenden elektr. Maschinen (DIN 332 T.2). L = Gesamtlänge l_1, l_2, l_3 = Stufenlänge

| Gruppen-Nr. 9.2.7 | **Senken** | Abschn./Tab. Sk/1.4 |

Sonder-Senker: Ansenker, Zentriersenker, Stufensenker

Senker-/Bohrerart	Ausführung			Anwendung
4.4 **Mehrfasen-Stufenbohrer, Stufensenker** Für Gewindedurchmesser d in mm	a) DIN 8374 8375 Senkwinkel 90° M3...M10 M5...M16	b) DIN 8378 8379 90° M3...M12 M8...M20	c) DIN 8376 8377 180° M3...M10 M5...M20	zu a) Für Durchgangslöcher (ISO DIN 273); Senkungen (DIN 74: A und B). Für Schrauben DIN 963... 966, 7513, 7516, Senkschrauben DIN 7991 (Senkungen Form A)
	Spitzenwinkel $\sigma = 118°$ Seiten-Spanwinkel γ_f nach DIN 1414, Typ N (Fasen bis Nutenende). Schaft: zylindrisch bzw. MK			zu b) Für Kernloch-Bohrungen (n. DIN 336 T. 1), Freisenkungen (entsprechend den Durchgangslöchern).
	Abmessungen (s. Bilder): d_1 = Stufen $\varnothing$, d_2 = Schneiden $\varnothing$, l_1 = Gesamtlänge, l_2 = Schneidenlänge, l_3 = Stufenlänge.			zu c) Für Durchgangslöcher (ISO-DIN 273); Senkungen (DIN 74 T. 2: Formen H, J, H_3, J_3, K_3). Für Schrauben nach DIN 84, 912, 6912, 7513, 7984.
				Anwendung für fein = f bzw. mittel = m. Maße der Senkungen: DIN 74

4 – 5

| Gruppen-Nr. 9.2.7 | **Senken** | Abschn./Tab. Sk/2, 3 |

2. Schnittgeschwindigkeit und Vorschub für Drall- und Aufsenker
nach DIN 343 und 222

Werkstoff	Festigkeit R_m in kN/cm²	Schnellarbeitsstahl (SS)		Hochleist.-Schnellstahl (HSS)	
		v_c in m/min	f in mm/U	v_c in m/min	f in mm/U
Stahl und Stahlguß (GS)	< 50	15...25	0,1 ...0,3	20...35	0,1 ...0,65
	> 50...75	10...20	0,1 ...0,3	20...30	0,1 ...0,55
	> 75	8...15	0,05...0,2	15...25	0,05...0,4
Gußeisen (GGG, GG)	< 18	12...20 (10...15)	0,1 ...0,4	20...35	0,15...0,7
	> 18...30 kN/cm²	8...12	0,1 ...0,25	15...20 (12...18)	0,1 ...0,5
Nichteisenmetalle		25...40	0,05...0,4	35...60	0,1 ...0,6
Aluminiumlegierungen	hart	25...60	0,4 ...1,0	60...150	0,4 ...1,2
Kunststoffe	weich	12...25	0,1 ...0,4	20...40	0,15...0,6

Bemerkungen: f ist Vorschub in mm je Umdrehung
1. Klammerwerte sind Erfahrungswerte in verschiedenen Betrieben.
2. Bearbeitungszugabe je nach Bohrungsdurchmesser für Aluminiumlegierungen z = 0,3...0,8 mm.

3. Schnittgeschwindigkeit und Vorschub für Senker aus Schnellarbeitsstahl

	Stahl St 50, 60		Gußeisen GG, GGG		Kupfer, Bronze Messing, Rotguß		Al-Legierungen	
	Senken	Abflächen	Senken	Abflächen	Senken	Abflächen	Senken	Abflächen
Schnittgeschwindigkeit v_c in m/min	25...15	12,5...10	28...16	12,5...10	50...30	25...20	80...63	50...28
Werkzeugdurchmesser d in mm	Vorschübe f in mm/U (je Umdrehung)							
5	0,36	0,05	0,25	0,05	0,36	0,05	0,25	0,05
6,3	0,36	0,056	0,28	0,056	0,36	0,056	0,28	0,056
8	0,4	0,06	0,28	0,06	0,4	0,06	0,28	0,06
10	0,4	0,07	0,32	0,07	0,4	0,07	0,32	0,07
12,5	0,45	0,08	0,32	0,08	0,45	0,08	0,32	0,08
16	0,45	0,09	0,36	0,09	0,45	0,09	0,36	0,09
20	0,5	0,1	0,36	0,1	0,5	0,1	0,36	0,1
25	0,5	0,11	0,4	0,11	0,5	0,11	0,4	0,11
31,5	0,56	0,12	0,4	0,12	0,56	0,12	0,4	0,12
40	0,56	0,14	0,45	0,14	0,56	0,14	0,45	0,14
50	0,63	0,16	0,45	0,16	0,63	0,16	0,45	0,16
63	0,63	0,18	0,5	0,18	0,63	0,18	0,5	0,18
80	0,7	0,2	0,5	0,2	0,7	0,2	0,5	0,2

Bemerkungen siehe nächste Seite

| Gruppen-Nr. 9.2.7 | **Senken** | Abschn./Tab. Sk/3, 4 |

Bemerkungen zu Tab. 3:
Bei der Drehzahlermittlung sind für die kleinen Bohrerdurchmesser die hohen, für die großen Bohrerdurchmesser die niedrigen Schnittgeschwindigkeiten zugrunde zu legen.
Senken mit Senker; Abflächen mit Zapfensenker oder Abflächmesser.

4. Schnittgeschwindigkeit und Vorschub beim Senken mit HM-Werkzeugen
(Richtwerte)

Zu bearbeitender Werkstoff	Festigkeit R_m in kN/cm²	Schnittgeschwindigk. v_c in m/min	Vorschub f in mm (je Umdreh.)
Stahl	30...50	50... 60	0,1 ...0,3
	50...75	40... 50	0,1 ...0,3
Gußeisen (GGG, GG)	14	60... 75	0,1 ...0,4
	22	40... 50	0,1 ...0,3
Leichtmetall, Aluminiumlegierungen	hart	30... 80	0,05...1,0
	weich	150...250	0,2 ...0,5

Bemerkungen:
Bei harten, rauhen Werkstückoberflächen und eventuell stoßweisen Belastungen sind geringere Schnittgeschwindigkeiten und Vorschübe zu wählen. Sonst Gefahr des Ausbröckelns der verhältnismäßig breiten Schneiden. 10 N/mm² $\approx$ 1 kN/cm²

Bilder zu Tabelle Sk/5:

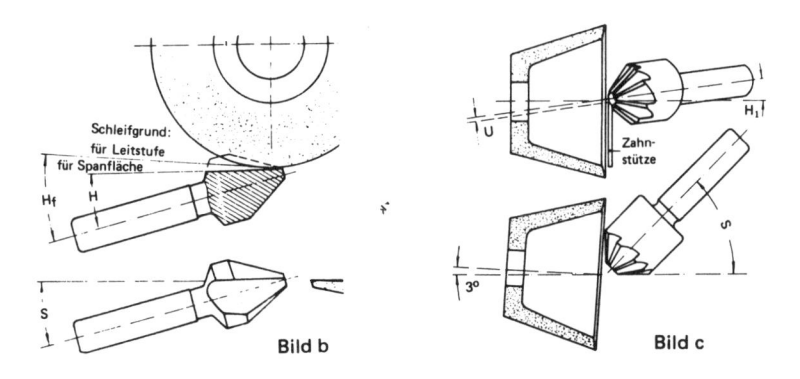

Bild b

Bild c

| Gruppen-Nr. 9.2.7 | Senken | Abschn./Tab. Sk/5 |

5. Instandhaltung: Nachschärfen der Kegelsenker

1. Dreischneidige Kegelsenker

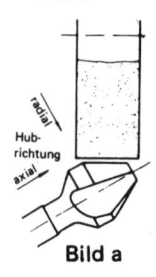

Diese Senkerarten haben **drei** gleichmäßig geteilte Schneiden.
Bei Werkzeugtyp **N**: ist der Seiten-**Spanwinkel** τ_f vom kleinen zum großen Ø ansteigend (etwa 16°). Die Freiflächen werden axial und radial hinterschliffen (Bild a); L = Leitstufe.

Beim Schärfen ergibt sich der Spanwinkel durch Hoch- bzw. Schräg-Stellwinkel (H bzw. S Bild b). Winkel H ergibt den Schleifgrund für Spanfläche, H_f den für Leitstufe (Bild b).

Bild a

Bild d

Arbeitsregeln:
1. Das Schärfen erfolgt hierbei lediglich an der Spanfläche (Bild a) oder an der Spanflächenfase (Leitstufe).
2. Bei geringer Abnutzung wird wird nur die Spanflächenfase nachgeschliffen.
3. Nach mehrmaligem Schleifen ist die gesamte Spanfläche nachzuziehen, sonst entsteht Spanstau.
Teller-Schleifscheibe: EK, Ke-Bindung, 80 Jot, Gefüge 6.

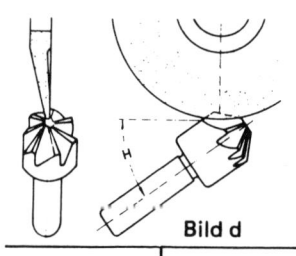

Winkel der:	bei Spitzenwinkel σ	
	60°	90°
Spanfläche	H = 15° S = 15°	15° 20°
Leitstufe	H_f = 20° S_f = 30°	14° 25°

2. Mehrschneidige Kegelsenker

sind fein- und geradverzahnte Werkzeuge mit gerader oder ungerader Schneidenzahl, je nach Durchm. d_1 5 bis 18 Zähne, ungleich geteilt.
Bei Werkzeugtyp H:
Freiwinkel α_f = 7° (4 ... 5°)
Spanwinkel τ_f = 0°

a) **Freiflächenschleifen** (Bild c):
Schrägstellwinkel S = σ/2
Werkzeug-Neigungswinkel H_1
bei σ = 60°   75°   90°   120°
H_1 = 4°   5,5°   7°   12°

b) **Spanflächenschleifen** (Bild d):
Hochstellwinkel H = (σ/2) −10°

c) **Rundschleifen**:
zulässige Abweichung: σ = −1° an Schneidkanten max.
0,05° bei Ø d_1 bis   30 mm,
0,08° bei Ø d_1 über 30 mm.

Arbeitsregeln:
1. Bei geringem Verschleiß genügt das Schärfen an den Freiflächen (Zahnrücken) der Umfangschneiden (Freiwinkel α_f = 4 bis 7°).
2. Bei starker Abstumpfung (oder Schneidenausbrüchen) sind, nach vorherigem Rundschleifen, die Spanflächen nachzuschleifen.
3. Beachte das eventuelle Nachschleifen des Senkwinkels σ.
Beachte: Zahnstütze am großen Durchmesser um Abstand U unter Mitte stellen (entsprechend α_f = 7°); Spankopfteilung. Werkzeugmaschine angewenden.

Schleifkörper:
zu c) Topfscheibe, EK, Keramikbindung, 60 Jot, 6-Gefüge.
zu d) Tellerschleifscheibe, EK, Keramikbindung, 80 Jot, 6-Gefüge.

| Gruppen-Nr. 9.2.7 | **Senken** | Abschn./Tab. Sk/6 |

6. Senkungen nach DIN 74 Teil 1 für Senkschrauben

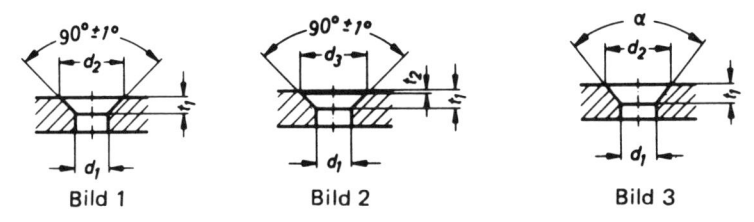

Bild 1   Bild 2   Bild 3

Form A	Ausführung **mittel** (m), Bild 1				Ausführung **fein** (f), Bild 2			
Für Gewinde- durchm. in mm	d_1 [1] H13	d_2 H13	t_1 $\approx$	α $\pm 1°$	d_1 [1] H12	d_3 H12	t_1 $\approx$	t_2 $+0{,}1$ -0
Allgemein				90°				
1	1,2	2,4	0,6		1,1	2	0,7	0,2
1,2	1,4	2,8	0,7		1,3	2,5	0,8	0,15
1,4	1,6	3,3	0,8		1,5	2,8	0,9	0,15
1,6	1,8	3,7	0,9		1,7	3,3	1	0,2
1,8	2,1	4,1	1,0		2,0	3,8	1,2	0,2
2	2,4	4,6	1,1		2,2	4,3	1,2	0,15
2,5	2,9	5,7	1,4		2,7	5	1,5	0,35
3	3,4	6,5	1,6		3,2	6	1,7	0,25
3,5	3,9	7,6	1,9		3,7	7	2	0,3
4	4,5	8,6	2,1		4,3	8	2,2	0,3
4,5 [2]	5	9,5	2,3		4,8	9	2,4	0,3
5	5,5	10,4	2,5		5,3	10	2,6	0,2
5,5 [2]	6	11,4	2,7		5,8	10,8	2,8	0,3
6	6,6	12,4	2,9		6,4	11,5	3	0,45
7 [2]	7,6	14,4	3,3		7,4	13	3,5	0,45
8	9	16,4	3,7		8,4	15	4	0,7
10	11	20,4	4,7		10,5	19	5	0,7
12	13,5	23,9	5,2		13	23	5,7	0,7
14	15,5	26,9	5,7		15	26	6,2	0,7
16	17,5	31,9	7,2		17	30	7,7	1,2
18 [2]	20	36,4	8,2		19	34	8,7	1,2
20	22	40,4	9,2		21	37	9,7	1,7

Anmerkungen:
1) Durchgangsloch mittel bzw. fein nach DIN ISO 273 (früher DIN 69)
2) Nur für Holzschrauben; Gewindedurchm. entspr. Nenndurchm.

| Gruppen-Nr. 9.2.7 | Senken | Abschn./Tab. Sk/6 |

Senkungen nach DIN 74 Teil 1 für Senkschrauben

Anwendung: a) für Senkschrauben (DIN 963 und 965)
Form A
b) für Linsensenkschrauben (DIN 964 und 966)
c) für Gewindeschneidschrauben Form F und G (DIN 7513)
   Form D und E (DIN 7516)
d) Gewindefurchende Schrauben Form K, L, M und N (DIN 7500)
e) Senk-Holzschrauben (DIN 97 und 7997)
f) Linsensenk-Holzschrauben (DIN 95 und 7995)

Bezeichnung: z.B. „Senkung DIN 74-A m 3" (Form A, Ausführung m, Gew.⌀ 3 mm).

Für Gewinde-durchm. in mm	Ausführung **mittel** (m), Bild 3				Ausführung **fein** (f), Bild 2			
	d_1 [1]) H13	d_2 H13	t_1 ≈	α ±1°	d_1 [1]) H12	d_3 H12	t_1 ≈	t_2 +0,1 -0
Form B				90°				
(3)	3,4	6,6	1,6		3,2	6,3	1,7	0,2
4	4,5	9	2,3		4,3	8,3	2,4	0,4
5	5,5	11	2,8		5,3	10,4	2,9	0,5
6	6,6	13	3,2		6,4	12,4	3,3	0,5
8	9	17,2	4,1		8,4	16,5	4,4	0,5
10	11	21,5	5,3		10,5	20,5	5,5	0,5
12	13,5	25,5	6		13	25	6,5	0,5
14	15,5	28,5	6,5		15	28	7	0,5
16	17,5	31,5	7		17	31	7,5	0,5
18	20	35	7,5		19	34	8	0,5
20	22	38	8		21	37	8,5	0,5
22	24	38	12,5	60°				
24	26	41	13,5	60°				

Anmerkung: 1) Durchgangsloch mittel bzw. fein nach DIN ISO 273
Anwendung: für Senkschrauben mit Innensechskant (DIN 7991)
Bezeichnung: z.B. „Senkung DIN 74-B f 6"(Gewinde-Durchm. 6 mm, Ausführung fein)
Gewinde-⌀ in Klammern, nicht für Neukonstruktionen.

| Gruppen-Nr. 9.2.7 | Senken | Abschn./Tab. Sk/6 |

Senkungen nach DIN 74 Teil 1 für Senkschrauben

Form C

Für Nenn-durchm. d	d_1	d_2	t_1 ≈	
2,2	2,4	4,6	1,3	
2,9	3,1	5,9	1,7	
3,5	3,7	7,2	2,1	
3,9	4,2	8,1	2,3	
4,2	4,5	8,7	2,5	
4,8	5,1	10,1	3	
5,5	5,8	11,4	3,4	
6,3	6,7	13	3,8	

Siehe Bild 3: $\alpha = 80° \pm 1°$

Beachte: d_1 und d_2 H12

Bezeichnung: z.B.
„Senkung DIN 74-C3,5"

Anwendung:
a) für Senk-Blechschrauben
   (DIN 7972 und 7982)
b) Linsensenk-Blechschrauben
   (DIN 7973 und 7983)

Für Gewinde-durchm. in mm	d_1 [1]) H 13	d_2 H 13	t_1 ≈	α ±1°

Form E

10	10,5	19	5,5	75°	
12	13	24	7		
16	17	31	9		
20	21	34	11,5	60°	
22	23	37	12		
24	25	40	13		

Siehe Bild 3

Zu d_1: Durchgangsloch fein
nach DIN ISO 273

Beachte: d_1 H12 und d_2 H13
Bezeichnung:
Senkung DIN 74-E12"

Anwendung: für Senkschrauben (DIN 7969) in Stahlkonstruktionen

4–11

| Gruppen-Nr. 9.2.7 | **Senken** | Abschn./Tab. Sk/7 |

7. Senkungen nach DIN 74 Teil 2 für Zylinderschrauben

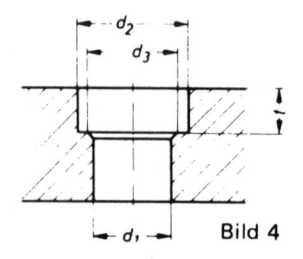

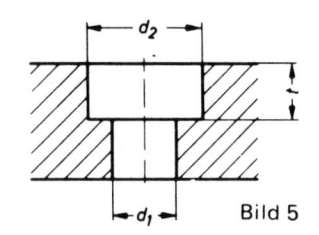

Bild 4

Bild 5

Maße in mm

Form H, J und K (m mittel, f fein), siehe Bild 4

Für Gewinde-durchm. d	d_1 Ausführ.[1] m H13	f H12	d_2 H13	d_3	t für Senkung: Form H	J	K	Zul. Abw. −0
1	1,2	1,1	2,2	—	0,8	—	—	+0,1
1,2	1,4	1,3	2,5	—	0,9	—	—	
1,4	1,6	1,5	2,8	—	1	—	1,6	
1,6	1,8	1,7	3,3	—	1,2	—	1,8	+0,2
1,8	2,1	2	3,8	—	1,5	—	—	
2	2,4	2,2	4,3	—	1,6	—	2,3	
2,5	2,9	2,7	5	—	2	—	2,9	+0,3
3	3,4	3,2	6	—	2,4	—	3,4	
3,5	3,9	3,7	6,5	—	2,9	—	—	
4	4,5	4,3	8	—	3,2	3,4	4,6	+0,4
5	5,5	5,3	10	—	4	4,2	5,7	
6	6,6	6,4	11	—	4,7	4,8	6,8	
8	9	8,4	15	—	6	6	9	
10	11	10,5	18	—	7	7,5	11	
12	13,5	13	20	16	8	8,5	13	
14	15,5	15	23	18	9	9,5	15	
16	17,5	17	26	20	10,5	11,5	17,5	
18	20	19	30	22	11,5	12,5	19,5	
20	22	21	33	24	12,5	13,5	21,5	

Anmerkung: 1) Durchgangsloch mittel (bevorzugt) bzw. fein nach DIN ISO 273
2) 90°-Senkung oder gerundet, unter 12 mm GewindeØ) nur entgratet

Bezeichnung: z.B. „Senkung DIN 74-H m 8" (Form H, mittel, 8 mm GewindeØ)

Anwendung: a) Form H für Zylinderschrauben (DIN 84 und 7984), Gewinde-Schneidschrauben B (DIN 7513); Gewindefurchende Schrauben A (DIN 7500)
b) Form J für Zylinderschrauben (DIN 6912)
c) Form K für Zylinderschrauben (DIN 912)

| Gruppen-Nr. 9.2.7 | **Senken** | Abschn./Tab. Sk/7 |

Senkungen nach DIN 74 Teil 2 für Zylinderschrauben

Maße in mm

Form H1 bis K3   (m mittel, f fein), siehe Bild 5

Für Gewindedurchm. d	d_1 Ausführ.[1)]		d_2 H13 für Senkung Form			t für Senkung Form		
	m H13	f H12	H1/J1 K1	H2/J2 K2	H3/J3 K3	H1/H2 H3	J1/J2 J3	K1/K2 K3
2	2,4	2,2	5,5	6	–	2,2	–	–
2,5	2,9	2,7	6,5	8	–	2,7	–	–
3	3,4	3,2	7	9	6	3,3	–	4,3
3,5	3,9	3,7	8	9	6,5	3,8	–	–
4	4,5	4,3	9	10	8	4,5	4,5	5,5
5	5,5	5,3	11	13	10	5,5	5,5	7
6	6,6	6,4	13	13	11	6,5	6,5	8,5
8	9	8,4	18	20	15	8	8	11
10	11	10,5	20	24	18	9,5	9,5	13,5
12	13,5	13	24	26	20	11	11	16

Anmerkung: 1) Durchgangsloch mittel (m) bzw. fein (f) nach DIN ISO 273

Bezeichnung: z.B. ,,Senkung DIN 74 – H1 m 10'' (Formel H1, Durchgangsloch mittel (m), Gewinde ϕ d_1 = 10 mm)

Anwendung: Siehe Anwendung der Formen H, J und K (oben);
Ziffer **1** bedeutet mit Federring (DIN 127, 128 oder 6905) bzw. Federscheibe A (DIN 137) oder Scheibe (DIN 433) oder Zahnscheibe (DIN 6797 oder 6906) oder Fächerscheibe (DIN 6798 oder 6907).
Ziffer **2** bedeutet mit Scheibe (125) bzw. A (DIN 6902) oder Federscheibe B (DIN 137 oder 6904).
Ziffer **3** bedeutet mit Federring (DIN 7980).

| Gruppen-Nr. 9.2.7 | **Senken** | Abschn./Tab. Sk/8, 8.1 |

8. Zentrierbohrungen: $\alpha_2 = 60°$, Formen R, A, B, C, D nach DIN 332 Teil 1 und 2
Maße in mm – Siehe auch Bilder

Formen:

a) **ohne Schutzsenkung**
- Form R – mit gewölbten Laufflächen
- Form A – mit geraden Laufflächen
- Form D – mit Gewinde und geraden Laufflächen
- Form DR – mit Gewinde und gewölbten Laufflächen

b) **mit Schutzsenkung:** kegelförmig
- Form B – mit geraden Laufflächen

kegelstumpfförmig
- Form C – mit geraden Laufflächen (nicht ISO)

8.1 Formen R, A, B, C
(a ist Abstechmaß, wenn Zentrierbohrung nicht am Werkstück verbleibt)

Bohrungs-dmr. d_1	d_2 R/A B/C	a R/A	a B/C	b B	b C	Senkungs⌀ d_3 B	Senkungs⌀ d_4 C	Senkungs⌀ d_5 C	Gesamttiefe t_{min} R	Gesamttiefe t_{min} A/C	Gesamttiefe t_{min} B
0,5	1,06	2	–	–	–	–	–	–	1,4	1	–
0,8	1,7	2,5	–	–	–	–	–	–	1,5	1,5	–
1	2,12	3	3,5	0,3	0,4	3,15	4,5	5	1,9	1,9	2,2
1,25	2,65	4	4,5	0,4	0,6	4	5,3	6	2,3	2,3	2,7
1,6	3,35	5	5,5	0,5	0,7	5	6,3	7,1	2,9	2,9	3,4
2	4,25	6	6,6	0,6	0,9	6,3	7,5	8,5	3,7	3,7	4,3
2,5	5,3	7	8,3	0,8	0,9	8	9	10	4,6	4,6	5,4
3,15	6,7	9	10	0,9	1,1	10	11,2	12,5	5,8	5,9	6,8
4	8,5	11	12,7	1,2	1,7	12,5	14	16	7,4	7,4	8,6
5	10,6	14	15,6	1,4	1,7	16	18	20	9,2	9,2	10,8
6,3	13,2	18	20	1,6	2,3	18	22,4	25	11,4	11,5	12,9
8	17	22	25	1,6	3	22,4	28	31,5	14,7	14,8	16,4
10	21,2	28	31	2	3,9	28	35,5	40	18,3	18,4	20,4
12,5	26,5	36	B 38 C 42,5	2	4,3	33,5	45	50	23,6	23,6	25,6

Bezeichnung: z.B. „Zentrierbohrung DIN 332 – A 4 x 8,5" (Form A von $d_1 = 4$ mm und $d_2 = 8,5$ mm)

Anmerkungen:
Form A/B: Winkel ist $\alpha_1 = 120°$, $\alpha_2 = 60°$ und $\alpha_3 = 120°$

| Gruppen-Nr. 9.2.7 | **Senken** | Abschn./Tab. Sk/8.1 |

Zentrierbohrungen: 60°, Formen R, A, B, C, D nach DIN 332 Teil 1 – Bilder

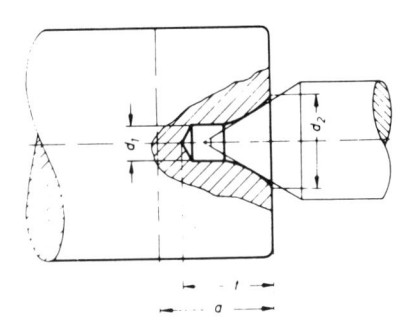

Form R

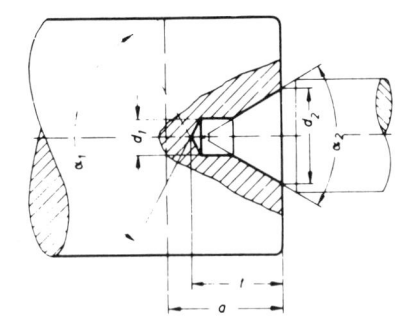

Form A

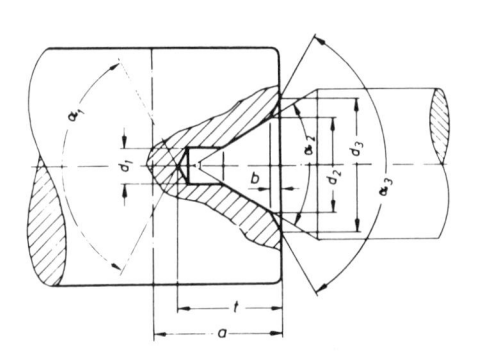

Form B

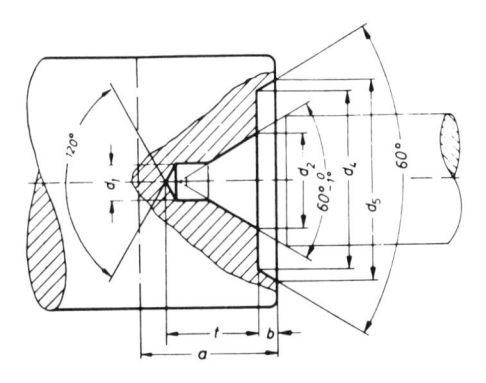

Form C

| Gruppen-Nr. 9.2.7 | Senken | Abschn./Tab. Sk/8.2 |

8.2 Formen D, DR und DS mit Innengewinde nach DIN 332 Teil 2 für Wellenenden Maße in mm

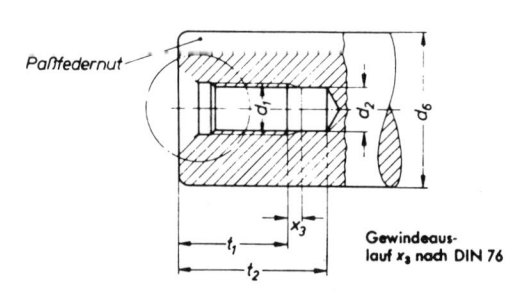

Gewinde∅ d_1	Bohrer∅ d_2	Senkungsdurchm.			Radius r	Tiefe					Für Werkstückdurchm. d_6	
		d_3	d_4	d_5		t_1 min.	t_2	t_3	t_4	t_5	über	bis
M 3	2,5	3,2	5,3	5,8	4	9	13	2,6	1,8	0,2	7	10
M 4	3,3	4,3	6,7	7,4	5	10	14	3,2	2,1	0,3	10	13
M 5	4,2	5,3	8,1	8,8	6,3	12,5	17	4	2,4	0,3	13	16
M 6	5	6,4	9,6	10,5	8	16	21	5	2,8	0,4	16	21
M 8	6,8	8,4	12,2	13,2	10	19	25	6	3,3	0,4	21	24
M 10	8,5	10,5	14,9	16,3	16	22	30	7,5	3,8	0,6	24	30
M 12	10,2	13	18,1	19,8	20	28	37,5	9,5	4,4	0,7	30	38
M 16	14	17	23	25,3	25	36	45	12	5,2	1,0	38	50
M 20	17,5	21	28,4	31,3	31,5	42	53	15	6,4	1,3	50	85
M 24	21	25	34,2	38	40	50	63	18	8	1,6	85	130

Anmerkungen: d_2 ist Richtwert für Bohrerdurchmesser; Zentrierbohrer 60°, Form R, A und D siehe DIN 333.
Paßfedern (hohe Form) und Paßfedernuten siehe DIN 6886 Bl. 1.

Bezeichnung: z.B. „Zentrierbohrung A 8 x 17 DIN 332" (Form A, d_1 = 8, d_2 = 17 mm)
bzw. „Zentrierbohrung DR M 8 DIN 332" (Form DR, Gewinde d_1 = M 8)

Paßfedernut
Gewindeauslauf x_3 nach DIN 76

Einzelheit X (siehe Bild oben links)

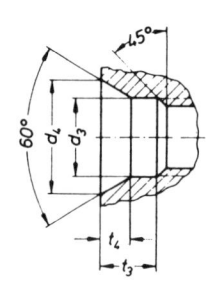

Form D

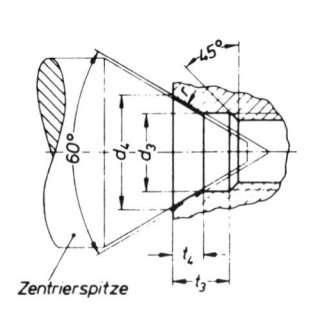

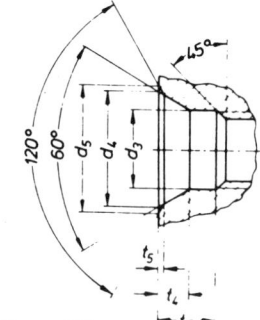

Form DR
Zentrierspitze

Form DS

| Gruppen-Nr. 9.2.7 | **Senken** | Abschn./Tab. Sk/9, 10 |

9. Maße für Zentrierbohrungen und die anwendbaren Senker (A/B)

Durchmesserbereich des fertigen Werkstückes D		Zentrierbohrung n. DIN 332 (Maße in mm)						Zentriersenker			
		Nenndurchmesser	Größter Durchmesser	Gesamttiefe t		Höhe der Schutzsenkung b	Abstechlänge A/B,C a	Schaftdurchmesser nach DIN		Gesamtlänge l nach DIN	
				ohne	mit					A	B
				Schutzsenkung							
				A	B						
von	bis	d	d_1	d_2				333	332	333	332
—	4	0,5	1,06	—	1	—	—	2	3,15	—	20	—
4	6	0,8	1,7	—	1,5	—	—	2,5	3,15	—	20	—
6	10	1	2,12	3,15	1,9	2,2	0,3	3/3,5	3,15	6,3	31,5	40
10	15	1,6	3,35	5	2,9	3,4	0,5	5/5,5	5	8	40	50
15	20	2	4,25	6,3	3,7	4,3	0,6	6/6,6	6,3	10	45	56
20	30	2,5	5,3	8	4,6	5,4	0,8	7/8,3	8	11,2	50	63
30	40	3,15	6,7	10	5,9	6,8	0,9	9/10	10	14	56	71
40	63	4	8,5	12,5	7,4	8,6	1,2	11/12,7	12,5	16	63	80
63	100	5	10,6	16	9,2	10,8	1,4	14/15,6	16	20	71	90
100	150	6,3	13,2	18	11,5	12,9	1,6	18/20	20	25	80	100
150	200	10	21,2	28	18,4	20,4	2	28/31	31,5	—	125	—

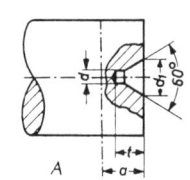

Bemerkungen:
1. Darf die Zentrierbohrung am fertigen Werkstück nicht stehenbleiben, erfolgt das Abstechen im Abstand a.
2. Anwendung der Zentrierbohrungen (DIN 333):
   a) Senkwinkel 60° für Werkstücke bis 100 kg Gewicht und bei geringen mittleren Schnittkräften.
   b) Senkwinkel 90° für Werkstücke bei D über 100...160 mm, über 100 kg Gewicht oder bei großen Schnittkräften.

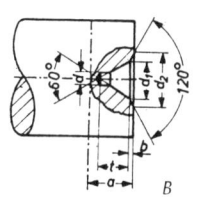

10. Fehler beim Senken und ihre Ursachen

(Siehe auch Tab. B/14 „Fehler beim Bohren und ihre Behebung")

Fehler	Ursache/Bemerkungen
1. Bohrung und Senkung schief	a) Späne unter Unterlage, Schraubstock oder Werkstück. b) Schiefe oder ungleiche Unterlagen. c) Werkstück schief eingespannt.
2. Wulst- und Gratbildung	a) Bohrer oder Vorbohrer am Spitzsenker ist abgestumpft. b) Bohrspindel hat axiales und radiales Spiel.

| Gruppen-Nr. 9.2.7 | **Senken** | Abschn./Tab. **Sk/10** |

Fehler	Ursache/Bemerkungen
3. Unrunde Bohrungen und Senkungen	a) Bohrspindel hat axiales und radiales Spiel. b) Bohrer und Senker falsch angeschliffen.
4. Bohrung und Senkung verlaufen (Bild 4)	a) Führungszapfen oder Vorbohrer am Senker für vorgebohrtes Loch zu klein. b) Vorgebohrtes Loch zu groß gewählt.
5. Senkungen nicht maßhaltig	a) Senkung nicht tief genug. Schraubenköpfe stehen vor (Bilder a, b, e). b) Aussenkung zu tief (Bilder b, d, e). Bei Kegelsenkung fehlt Senkung für zylindrischen Kopfteil (Schutzdeckel). c) Kopfsenker im Durchmesser zu groß oder zu klein (Bild d). d) Kegelsenkung zu groß (Bilder e, f).
6. Innensenkung falsch abgestuft	Die Reihenordnung der verschiedenen Senkerdurchmesser nicht beachtet. Durch richtige Anordnung der Abstufung beim Senken werden Werkzeuge geschont und saubere Arbeit gewährleistet. Wirtschaftlicher ist die Anwendung von Stufensenkern.

4 – 18

| Gruppen-Nr. 9.2.7 | Senken | Abschn./Tab. Sk/11 |

11. HM-Schneidplatten für Senker, Reibahlen und Schaftfräser

HM = Hartmetall, bevorzugt K 10 und K 20; andernfalls Sorte nach DIN 4990 bei Bestellung angeben. Maße in mm; DIN 8011, Auswahl

Platten U und V werden aufgelötet; Toleranzen für Dicke s sind bei Form R und T enger, weil diese Platten in Schlitze eingelötet werden.

Länge l	Abmessungen der Schneidplatten nach Form									
	R					T				
	t	s	zul. Abw.	c	e	t	s	zul. Abw.	c	r	e
12	2	0,8	−0,1	0,8	5	3	1,2	−0,2	1	15	4,5
16	2,5	1,2	−0,2	1	7,1	3,5	1,6	−0,2	1	15	7,5
19	3	1,4	−0,2	1	9	4,5	2	−0,2	1,8	25	7,5
22	3,5	1,8	−0,2	1,4	11,2	5,6	2,5	−0,3	2,5	25	9,5
25	4	2,2	−0,2	1,4	15	8	2,8	−0,3	3	25	10
30	5	2,8	−0,3	1,4	18						

r = 26; zuläss. Abweichungen für l = + 0,6 bis + 0,9 mm

l	U						V				
	t	s	zul. Abw.	c	r	e	t	s	zul. Abw.	a	c	e
12	5,6	1,2	± 0,2	1	15	1,4						
16	6,7	1,6	± 0,2	1	15	4						
19	8	1,8	± 0,2	1,8	25	2,5						
22	11,2	2,5	± 0,3	2,5	25	2,8	5,6	2,5	± 0,3	4	2,5	9
25	14	2,8	± 0,3	3	25	4	8	2,8	± 0,3	5	3	10
30							12	4	± 0,3	8	3	11

r = 25 mm

Zulässige Abweichungen für l = 0,6 bis 0,9 (je nach Länge)

Allgemein: Bezeichnung z. B. „Schneidplatte U 22 DIN 8011 − K 20"

Form R, T und U siehe Bild 1
Form V siehe Bild 2

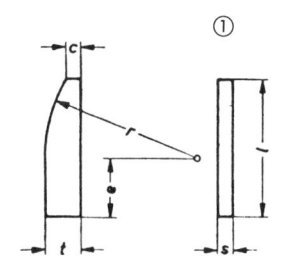

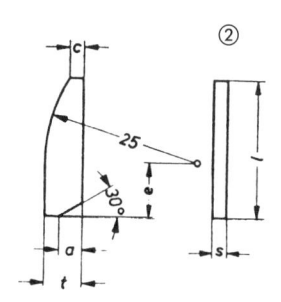

Notizen

| Gruppen-Nr. 9.2.8 | **Aufbohren** | Abschn./Tab. Ab/1 |

1. Technische Lieferbedingungen für HSS-Aufbohrer mit Schaft (DIN 2155)
Anwendung

(VHM-Aufbohrer siehe Tab. Ab/8)

1.1 Lauftoleranzen

Nachfolgende Tabelle zeigt die Lauftoleranzen für Aufbohrer mit genormten Längen.
Prüfstellen sind in Bild 1 bzw. 2 angegeben.
Prüfmittel: Lauf-Prüfgerät mit Spitzenbock und Feinanzeiger

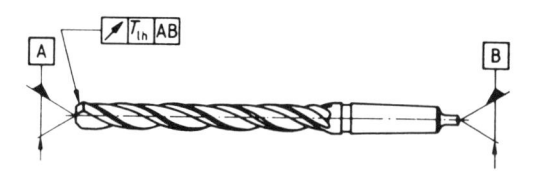

Bild 1: Lauftoleranz T_{lh} der Hauptschneide

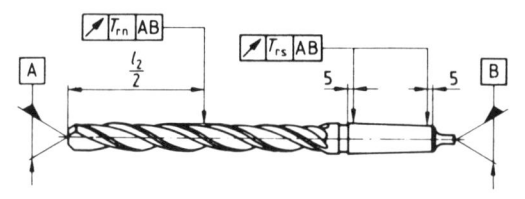

Bild 2: Lauftoleranz T_{rn} der Nebenschneide und T_{rs} des Schaftes.

Maße in mm

Aufbohrer⌀ = Schneiden⌀ d_1		Hauptschneide T_{lh}	Nebenschneide T_{rn} Schaft T_{rs}
über	bis		
3	10	0,025	0,015
10	18	0,030	0,018
18	30	0,035	0,021
30	50	0,040	0,025

Anmerkung:

1. Zum Messen der Laufabweichung wird der Aufbohrer zwischen **Spitzen** gespannt (soweit Zentrierungen vorhanden, sonst Meßmethode wie bei Spiralbohrern bei entsprechend größeren Meßwerten), und an der vorgesehenen Prüfstelle ein anzeigendes Meßgerät auf die Mantelfläche aufgesetzt.

2. Die Laufabweichungen lassen sich bei einer vollständigen Umdrehung des zu prüfenden Aufbohrers aus dem **Gesamt-Ausschlag** des Meßwerkzeuges, d.h. der Differenz zwischen der größten und kleinsten Anzeige, ermitteln.

5−1

| Gruppen-Nr. 9.2.8 | **Aufbohren** | Abschn./Tab. **Ab/1** |

Technische Lieferbedingungen für HSS-Aufbohrer mit Schaft (DIN 2155)
Anwendung

1.2	Längen-Toleranzen	Für die Gesamt-Länge l_1 und die Schneidenlänge l_2 entspricht die Längentoleranz dem Genauigkeitsgrad **"sehr grob"** nach DIN 7168. In **Sonderfällen**, z.B. wenn eine schnelle Lieferung von Aufbohrern mit Zwischendurchmessern notwendig ist, dürfen nach Vereinbarung · die Gesamtlänge l_1 (Toleranz nach DIN 7168), · die Schneidenlänge l_2 sowie · die übrigen Baumaße dem nächstgrößeren oder -kleineren Aufbohrer-Durchmesserbereich entsprechen.
1.3	Werkstoff	— **HSS** (kobaltfrei und weniger als 2,6 % Vanadium) z.B. Sorte S 6-5-2; Härte 780 ... 900 HV — **HSS-E** (kobalthaltig oder über 2,6 % Vanadium) z.B. Sorte S 6-5-2-5; Härte 820 ... 920 HV
1.4	**Ausführungen** — 1. **Anschnittlänge** l_a (gemessen in Achsrichtung) — 2. (Orthogonal-)**Spanwinkel** τ_0 der Hauptschneide	**Schneidengeometrie** (Bild 3) im Werkzeug-Bezugssystem ergibt sich aus den in den Maßnormen aufgeführten Werten · des Anschnitt-Durchmessers d_a und · des Einstellwinkels κ_r (kappa) = 60° ergibt sich aus · dem Einstellwinkel κ_r · dem Rückspanwinkel der Nebenschneide γ_p (allgemein $-3°$ bis $+3°$) und · Seiten-Spanwinkel γ_f

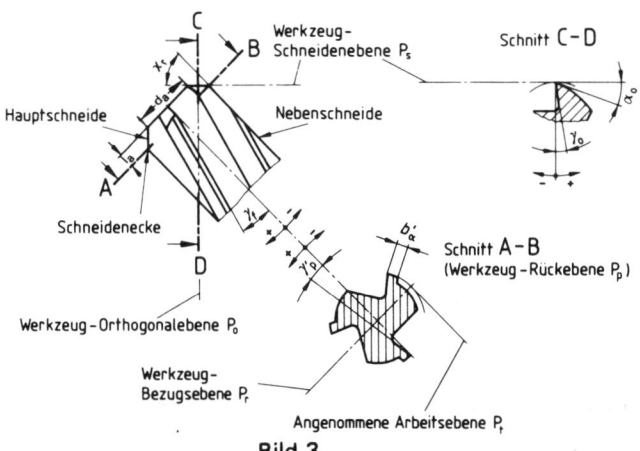

Bild 3

| Gruppen-Nr. 9.2.8 | **Aufbohren** | Abschn./Tab. Ab/1 |

Technische Lieferbedingungen für HSS-Aufbohrer mit Schaft (DIN 2155)
Anwendung

	a) **HSS-Aufbohrer:** Werkzeug-Anwendungsgruppe $N - \gamma_f = 15°\ldots 25°$ $W - \gamma_f = 25°\ldots 40°$	
	b) **HM-Aufbohrer** (HM-Schneidplatten) $\gamma_f = 3°\ldots 15°$	
– 3. (Orthogonal-) **Freiwinkel** α_0 der Hauptschneide	soll so groß sein, daß der **Schneidkeil** bei üblichem Vorschub mit Sicherheit frei schneidet. Er soll mindestens $5°$ sein.	
– 4. **Fasenbreite** b'_α der Nebenfreifläche (Rundfase)	a) **HSS-Aufbohrer** Für Anwendungsgruppe: $N - b'_\alpha$-Grenzwert siehe Bild 4 $W - b'_\alpha$-Grenzwert = 50 % der Wert in Bild 4	Prüfmittel: Meßschieber Prüfstelle: 5 mm hinter der Schneidenecke
	b) **HM-Aufbohrer** b'_α ist etwa $0,5 \times$ Schneidplattendicke	Prüfstelle: wie oben und hinter der Schneidplatte (am verlängerten Schneidteil). b_α des verlängerten Schneidteils siehe Bild 4.

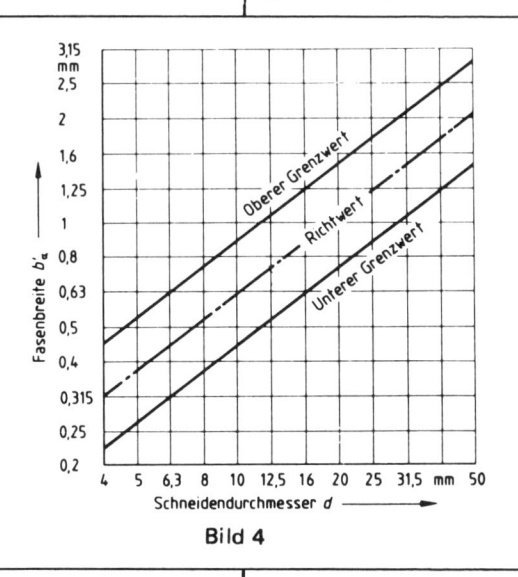

Bild 4

| 1.5 **Allgemeine Anwendungsgebiete** | für den Einsatz des Aufbohrers (Bild 5a bis c): 1. zur Fertigstellung genau | Erreichbare Genauigkeit H12 bis H9; |

5 – 3

| Gruppen-Nr. 9.2.8 | **Aufbohren** | Abschn./Tab. **Ab/1** |

Technische Lieferbedingungen für HSS-Aufbohrer mit Schaft (DIN 2155)
Anwendung

er Bohrungen mit (Bild 5a) · **Vollmaß-Aufbohrer** (ohne zusätzliches Reiben) · **Untermaß-Aufbohrer** zum Vorarbeiten für das Reiben.	Vorbohrung liegt meist zentrisch zur Bohrerachse und ergibt daher gute Führung für den Bohrer. Allgemeine Anmerkung: Nur bei guter Kühlschmierung ist/wird die Oberflächengüte und Maßgenauigkeit gewährleistet.
2. zum Aufbohren versetzt liegender Bohrungen (Bild 5b)	Bohrungsversatz sollte nach Möglichkeit beseitigt werden, z.B. durch einwandfreie Führung des Aufbohrers in der aufliegenden Platte. Auch Nietloch-Reibahlen anwendbar.
3. zum Aufbohren geschmiedeter oder vorgegossener Löcher (Bild 5c)	Die erheblichen Formabweichungen fordern genaue Führung des Aufbohrers in einer Bohrbuchse.

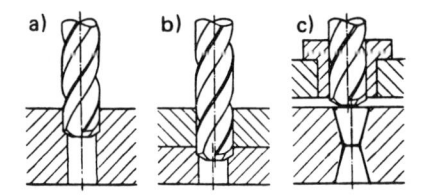

Bild 5

Beachte	Zum Aufbohren vorgebohrter oder gelochter Teile und vorgegossener Löcher dienen bevorzugt **Aufbohrer** (Spiralsenker) oder **Aufsteck-Aufbohrer** mit mindestes 3 (allgemein 4) Schneiden.	Zweischneidige Werkzeuge, wie Spiralbohrer, sind denkbar ungeeignet. Grund: · sie neigen zum Rattern und Einhaken, · sie liefern unsaubere Arbeit, · sie belasten unnötig die Maschine.
Wichtig!	Aufbohrer sind **genormt** und so dimensioniert, daß beim Aufbohren **maximal 30 %** des dem Aufbohrer-Durchmesser d_1 entsprechenden vollen Bohrungsquerschnitt zerspant werden kann. (Maße siehe Tab. Ab/2.) **Kleinster Durchmesser der Vorbohrung** · d_3 (DIN 343 und 344 sowie 1864) oder · d_4 (DIN 222) oder · d_{min} allgemein mindestens 70 % von d_1 (Vollmaß-Durchmesser).	

| Gruppen-Nr. 9.2.8 | **Aufbohren** | Abschn./Tab. Ab/2 |

2. HSS-Schaftaufbohrer: Mindestdurchmesser der Vorbohrung beim Aufbohren mit Aufbohrern nach DIN 343, 344 und 1864

Auswahl (Maße in mm)

Aufbohrer Nenn-Dmr. d_1	Aufbohrer Anschnittdurchm. d_2	Kleinst⌀ der Vorbohrung d_3	Aufbohrer Nenn-Dmr. d_1	Aufbohrer Anschnittdurchm. d_2	Kleinst⌀ der Vorbohrung d_3
5	3,2	3,5	28	18,3	19,3
6	3,9	4,2	29	19	20
7	4,5	4,9	30	19,5	20,5
8	5,2	5,6	31	20	21
9	5,8	6,3	32	21	22
10	6,5	7	33	21,5	23
11	7,1	7,7	34	22	24
12	7,8	8,4	35	23	25
13	8,4	9,1	36	23,5	25,5
14	9,1	9,8	37	24	26
15	9,7	10,5	38	24,5	26,5
16	10,4	11,2	39	25	27
17	11	11,9	40	26	28
18	11,7	12,6	41	26,5	28,5
19	12,3	13,3	42	27	29
20	13	14	43	28	30
21	13,6	14,6	44	28,5	30,5
22	14,3	15,3	45	29	31
23	15	16	46	30	32
24	15,6	16,6	47	30,5	32,5
25	16,3	17,3	48	31	33
26	17	18	49	32	34
27	17,6	18,6	50	32,5	34,5

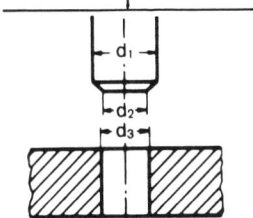

Werkstoff: s. Tabelle Ab/1 Pkt. 1.3 (nach DIN 2155)

Aufbohrer: mit **Zylinderschaft** (DIN 344)
d_1 (h8) : 5 bis 20 mm

mit **Morsekegel-(MK-)Schaft**
d_1 (h8) : 9 bis 50 mm (DIN 343)
lange Ausführung d_1 : 9 bis 31 mm (DIN 1864)

Aufbohrer-Durchmesser d_1 für nachfolgendes Reiben:

Durchm. der geriebenen Bohrung d_r in mm	über bis	4,75 10	10 18	18 30	30 50
d_1 (h8) in mm		$d_r-0{,}2$	$d_r-0{,}25$	$d_r-0{,}3$	$d_r-0{,}4$

| Gruppen-Nr. 9.2.8 | **Aufbohren** | Abschn./Tab. Ab/3 |

3. HSS-Aufsteck-Aufbohrer: Anschnitt⌀ und Vorbohrungs⌀

Kleinster Anschnitt⌀ d_3 und Vorbohrungs⌀ d_4 für Aufsteck-Aufbohrer nach DIN 222
Maße in mm

Nenn-Dmr. d (h8)	Durchmesser-Bereich über	bis	Aufbohrer-länge l_1	Anschnitt⌀ d_3 min.	Vorbohrungs⌀ d_4 min.
25...35	23,6	35,5	45	$d_1 - 5$	$d_1 - 4$
36...45	35,5	45	50	$d_1 - 6$	$d_1 - 5$
46...52	45	53	56	$d_1 - 8$	$d_1 - 6$
55...62	53	63	63	$d_1 - 9$	$d_1 - 7$
65...75	63	75	71	$d_1 - 11$	$d_1 - 8$
80...90	75	90	80	$d_1 - 13$	$d_1 - 10$
95/100	90	100	90	$d_1 - 15$	$d_1 - 12$

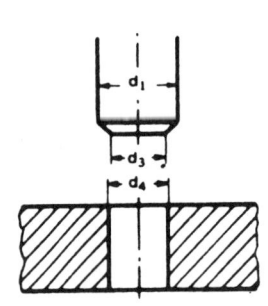

Die Werte der vorgearbeiteten Bohrung müssen größer sein als d_3

Werkstoff: siehe Tabelle Ab/1 (nach DIN 2155)

Aufsteck-Aufbohrer (Aufstecksenker), mit kegeliger Bohrung 1 : 30, sind den Baumaßen der Aufsteck-**Reibahlen** (nach DIN 219) angeglichen.
Es können die gleichen **Aufsteckhalter** (nach DIN 217) angewendet werden.

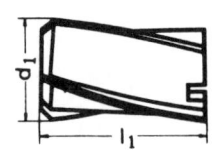

Aufbohrer-Durchmesser d_1 für nachfolgendes Reiben:

Durchm. der geriebenen Bohrung d_r in mm	über bis	23,6 30	30 50	50 100
d_1 (h8) in mm		$d_r - 0,3$	$d_r - 0,4$	$d_r - 0,5$

| Gruppen-Nr. 9.2.8 | **Aufbohren** | Abschn./Tab. **Ab/4** |

4. Schnittwerte für HSS-Aufbohrer

Schnittgeschwindigkeit v_c in m/min, Schnittvorschub f in mm/U

Die **Schnittgeschwindigkeit** kann beim Aufbohren maximal so groß gewählt werden wie beim Bohren mit Spiralbohrer. Werte bis 30 % niedriger wählen als in Tabelle B/3...7 angegeben. (v_c-Werte sind Größtwerte.)

Der **Schnittvorschub** f (auch f_c), 100 % bis 150 % der Werte wie bei Spiralbohrern, richtet sich
· nach dem zu zerspanenden Restquerschnitt und
· nach der verlangten Oberflächengüte.

– Die in der Tafel angegebenen f-Werte sind Kleinstwerte und allgemein ca. 30 % höher als beim Bohren mit Spiralbohrern.

Zahlenwerte unter Spalte „**Werkstoff**" bedeuten entweder Zugfestigkeit R_m in kN/cm² (= × 10 N/mm²) oder Brinellhärte (HB). Erfahrungswerte nach **Finkbeiner**.

Werkstoff-Gruppe	Schnitt-geschw. v_c in m/min		Schnittvorschub f in mm/U bei Aufbohrer-Durchm. d_1 in mm					
			5	10	16	25	35	50 (63)
Unleg. Stahl								
<70	25...30	von	0,12	0,2	0,28	0,32	0,4	0,5
		bis	0,15	0,25	0,35	0,45	0,5	0,65
<90	18...25	von	0,1	0,15	0,20	0,25	0,3	0,45
		bis	0,14	0,20	0,28	0,35	0,4	0,6
Legiert. Stahl								
<90	12...22	von	0,08	0,12	0,16	0,22	0,25	0,3
		bis	0,12	0,16	0,24	0,28	0,32	0,45
<125	8...12	von	0,06	0,1	0,15	0,18	0,22	0,3
		bis	0,08	0,12	0,18	0,24	0,28	0,4
Ni-, CrNi-Stahl rostfrei/warmfest Zerspanbarkeit:								
gut	6...12	von	0,05	0,1	0,15	0,18	0,22	0,28
		bis	0,08	0,15	0,18	0,22	0,3	0,40
schwer	4...6	von	0,03	0,07	0,12	0,15	0,18	0,22
		bis	0,05	0,09	0,15	0,18	0,25	0,35
Gußeisen/Temperguß: <200 HB	18...30	von	0,15	0,25	0,32	0,4	0,5	0,6
		bis	0,22	0,35	0,42	0,5	0,65	0,8
200 Hb	12...22	von	0,12	0,2	0,25	0,32	0,4	0,5
		bis	0,18	0,25	0,35	0,4	0,5	0,7

5–7

| Gruppen-Nr. 9.2.8 | **Aufbohren** | Abschn./Tab. Ab/4 |

Schnittwerte für HSS-Aufbohrer

Werkstoff Gruppe	Schnittgeschw. v_c in m/min		Schnittvorschub f in mm/U bei Aufbohrer-Durchm. d_1 in mm					
			5	10	16	25	35	50(63)
Kupfer: Allg.	25 ... 35	von bis	0,15 0,2	0,2 0,25	0,25 0,35	0,32 0,45	0,42 0,55	0,52 0,75
E-Cu	20 ... 25	von bis	0,1 0,15	0,16 0,22	0,22 0,3	0,3 0,4	0,35 0,5	0,45 0,62
Messing Ms 58	50 ... 65	von bis	0,16 0,24	0,25 0,35	0,3 0,4	0,4 0,5	0,5 0,65	0,6 0,8
Ms 60	28 ... 50	von bis	0,14 0,2	0,22 0,25	0,25 0,32	0,3 0,4	0,4 0,5	0,5 0.7
Bronze Bz **Neusilber** Ns	15 ... 30 20 ... 35	von bis	0,14 0,2	0,20 0,25	0,25 0,30	0,3 0,4	0,4 0,5	0,5 0,65
Zinklegierungen	30 ... 50	von bis	0,12 0,16	0,18 0,25	0,25 0,35	0,3 0,42	0,4 0,5	0,5 0,7
Al-Legierungen langspanend	40 ... 60	von bis	0,18 0,25	0,25 0,32	0,32 0,4	0,4 0,6	0,5 0,75	0.7 1,0
kurzspanend Silumin	25 ... 40 30 ... 50	von bis	0,12 0,2	0,2 0,25	0,25 0,35	0,3 0,4	0,4 0,5	0,5 0,8
Magn.-Legier.	40 ... 60	von bis	0,2 0,3	0,3 0,45	0,4 0,55	0,5 0,65	0,65 0,8	0,8 1,0
Kunststoffe, Duroplaste	15 ... 30	von bis	0,1 0,15	0,15 0,2	0,22 0,25	0,25 0,30	0,3 0,4	— —

| Gruppen-Nr. 9.2.8 | **Aufbohren** | Abschn./Tab. Ab/5 |

5. Instandhaltung: Nachschleifen der Aufbohrer

1. Die **Freiflächen** der Stirnschneiden der Dreischneider-Aufbohrer werden ähnlich den Spiralbohrern nach dem Kegelmantelschliff geschliffen.
2. Die **Schneidlippen** mit ihren Kegelmantelflächen müssen gleichmäßig hinterschliffen werden hinsichtlich:
   · Anschnitt- und Freiwinkel (α),
   · Schneidenlänge (l)

Allgemeine Beachtung:
Die Schwenkbewegung der Schleifvorrichtung (Pinole mit Anschlag- und Teilscheibe) an der Spiralbohrer-**Schleifmaschine** (Bild a) muß so begrenzt werden, daß die nächste Schneide nicht beschädigt werden kann.

Nachschleifen ist auch mit einer Topfscheibe möglich.

3. Die **Teilung**: Die **Aufsteck-Aufbohrer** (Vierschneider) werden zum Nachschleifen auf ein Dorn gesteckt, dessen Kegelschaft in einer Pinole mit Teilscheibe sitzt.

Anmerkung:
Die Teilung kann auch durch Anlegen der Zähne (Schneiden) an einen Anschlag oder einer Zunge vorgenommen werden (Bild b).

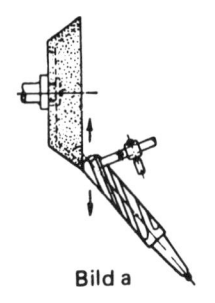

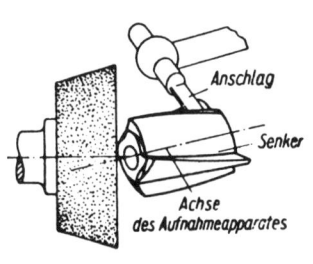

Bild a

Bild b (Anschlag, Senker, Achse des Aufnahmeapparates)

5 – 9

| Gruppen-Nr. 9.2.8 | **Aufbohren** | Abschn./Tab. **Ab/6** |

6. Schnittkräfte und Leistungen beim Aufbohren

1. **Schnittkraft** F_c (F_s)	ist abhängig von: · Schnittiefe-, breite a_p $a_p = 0{,}5\,(d_1 - d_2)$ in mm · Vorschub f in mm/U · spezif. Schnittkraft k_c in N/mm² · Einstellwinkel $\varkappa_r$ (= 60°) $F_c = a_p \cdot f \cdot k_c \cdot c_{eA} \cdot k_{Ver}$ in N	Anschnittwinkel $\varphi = 30°$. Er ändert sich mit Werkzeug- und Werkstückstoff und Vorschub f (auch Schnittvorschub genannt). Erfahrungs-Tafeln enthalten F_c- und F_t-**Richtwerte** für $a_p = 1$ mm und dienen zur Umrechnung bei anderen Schnittkräften a_p. Für k_c-Werte siehe Tab. WH/31.
2. **Vorschubkraft** F_t (F_v)	ist abhängig von: · Schnittiefe a_p in mm · Vorschub f in mm/U · spezif. Vorschubkraft k_t in N/mm² · Einstellwinkel $\varkappa_r$ (= 60°) $F_t = a_p \cdot f \cdot k_t \cdot \sin \varkappa_r$ (in N) k_t = spezif. Vorschubkraft in N/mm² F_t-Werte siehe Seite 242	c_{eA} = Verfahrensfaktor (z. B. 1,2) k_{Ver} = Verschleißkoeffizient (z. B. 1,4)
3. **Schnittleistung** P_c	$P_c = F_c \cdot v_c / 60000$ in kW	**Beispiel:** für Stahl St 60, $d_1 = 16$ und $d_2 = 14$ mm; aufbohren von 14 auf 16 mm; $a_p = 1$ mm [= 0,5 $(d_1 - d_2)$] $v_c = 28$ m/min, f = 0,25 mm/U. Laut Erfahrungs-Tafeln ist $F_c = 660$ N, $F_t = 240$ N. Also $P_c = F_c \cdot v_c / 0000 =$ $= 660 \cdot 28 / 60000 = 0{,}3$ kW. $P_m = 0{,}3 / 0{,}75 =$ 0,4 kW.
4. **Maschinenleistung, erford.** P_m (P_e)	$P_m = P_c / \eta$ in kW, wenn η Wirkungsgrad der Maschine ist (allgemein zwischen 0,75 und und 0,9 liegend).	

5 – 10

| Gruppen-Nr. 9.2.8 | Aufbohren | Abschn./Tab. Ab/7 |

7. Aufsteck-Aufbohrer mit HM-Schneidplatte

HM-Hartmetall. Aufbohrer mit kegeliger Bohrung (Kegel 1:30) und Quernut nach DIN 138 (DIN 8022, Auswahl). Schneidplatten V nach DIN 8011, Auswahl; Maße in mm

Außendurchmesser d_1 (h8)			Durchmesser			Länge		HM-Schneidplatte Nr.	Durchm.: vorgebohrtes Loch $d_v = d_1 -$
Nennmaß	Bereich über	bis	d_2	d_3	$d_4 = d_1 -$	l_1	l_2		
32 33 34 35	31,5	35,5	13	21	8	45	36	V 22	6
36 37 38 40 42 44 45	35,5	45	16	27	8	50	40	V 22	6
46 47 48 50 52	45	53	19	32	10	56	45	V 25	8
55 58 60 62	53	63	22	39	16	63	50	V 30	13
65	63	75	27	46	16	71	56	V 30	13

Bezeichnung: z. B. bei X_1 d_1 = 40 mm
„Aufbohrer DIN 8022 – 40"

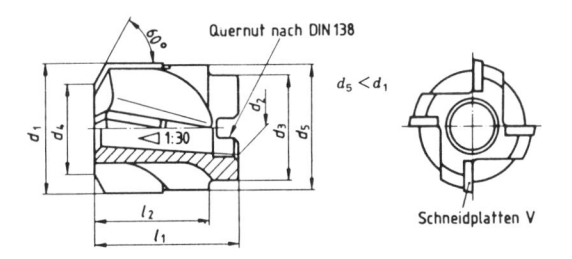

5 – 11

Notizen

| Gruppen-Nr. 9.2.10 | **Reiben** | Abschn./Tab. R/1, 2 |

1. Ausreiben durch Aufbohren der Paßlöcher

Das Reiben wird mehr und mehr durch vorheriges Feinbohren ergänzt, z.T. sogar durch dieses verdrängt, da das Arbeiten mit Reibahlen:
1. großen Aufwand für die Instandhaltung erfordert:
   a) dauernde Überprüfung;
   b) häufiges Nachschleifen und Läppen.
2. relativ hohe Ausschußquoten ergibt, wobei es sich sowohl um zu groß ausgefallene Bohrungsdurchmesser oder um zu rauhe, d.h. aufgerissene Oberflächen handeln kann.
3. wegen der Reibwirkung zum vorzeitigen Abstumpfen der Schneiden (außer bei mit Hartmetall bestückten) führt.

Vorgang:
1. Vorbohren mit Drall- oder Spiralbohrer;
2. Aufbohren mit Mehrlippen-Aufbohrer;
3. Vorreiben (wahlweise), wenn erforderlich;
4. Fertigreiben mit Fertigreibahle.

Der Durchmesserunterschied zwischen Vor- und Fertigreibwerkzeug darf allgemein höchstens 0,05...0,08 mm betragen, d.h., daß das Fertigreiben nur ganz wenig Material abtragen darf.

Vorteile:
1. Verhinderung von Ausschuß ohne Verteuerung des Vorganges.
2. Verringerung der Gestehungskosten.

Reibzugaben (Lochabmessungen) bei der Herstellung von Paßlöchern
(Maße in mm)

Paßloch H7	Vorbohrer d_1	Mehrlippen-Aufbohrer d_2
5	4,8	—
8	7,5	7,9
10	9,5	9,85
12	11,5	11,85
14	13,5	13,85
16	15,5	15,85
18	17,5	17,8
20	19,5	19,8
25	24	24,8
30	29	29,8
35	34	34,8
40	39	39,8
45	44	44,8
50	49	49,8

Durchmesser d_3 der Fertigreibahle gleich dem erforderlichen Paßloch wählen.

2. Vergleiche zwischen Reiben und Fertig- bzw. Feinbohren

Bemerkung:
Das Reiben wird immer mehr vom Fertig- oder Feinbohren verdrängt, wenn geeignete Maschinen und Einrichtungen zur Verfügung stehen. Die nachfolgenden Vergleiche sollen die Begründung hierzu angeben.

Reiben (mit Reibahlen)	Fertig- und Feinbohren (mit Diamant); in Sonderfällen mit Hartmetall P 10
1. Reiben ist das Abheben feiner Späne (Schlichtarbeit) an der kegeligen und zylindrischen Lochwandung, wodurch die Bohrung geglättet und auf genaues Maß (Paßgenauigkeit) gebracht wird.	1. Fertig- und Feinbohren ist das Abheben sehr feiner Späne (Schlichtarbeit, Feinschlichtarbeit) an der kegeligen und zylindrischen Lochwandung, wodurch die Bohrung geglättet und auf genaues Maß (Paßgenauigkeit) gebracht wird.
2. Großer Werkzeug- und Instandhaltungsaufwand sind erforderlich, weil das Werkzeug ständig geprüft, häufig nachgeschliffen und geläppt werden muß.	2. Geeignete Maschinen und Einrichtungen sind erforderlich.
	3. Gleichmäßigere Lochwand wird erzielt, da Fließspan glatt abgeschnitten wird und Gefüge sich erhält.

Fortsetzung

| Gruppen-Nr. 9.2.10 | **Reiben** | Abschn./Tab. R/2, 3 |

Reiben (mit Reibahlen oder Bohrstangen)	Fertig- und Feinbohren (mit Diamant); in Sonderfällen mit Hartmetall F1 oder HT
3. Bei Reibahlen mit parallel zur Längsachse verlaufenden Schneiden geben die Schneidkanten dem Werkstück eine eindeutige Richtwirkung, d.h. sie haben keine Mittenverlagerung, d.h. sie verlaufen nicht. 4. Reibahlen laufen dem vorgearbeiteten Loch nach und können falsch gebohrte Lochstellungen nicht berichtigen. 5. Im Gegensatz zum Bohren gilt für Reiben der Grundsatz: kleine Schnittgeschwindigkeit, großer Vorschub.	4. Enge Toleranzen, auch bei längeren Bohrungen über ganze Länge, lassen sich einhalten. 5. Richtigstellen falscher Lochstellungen ist möglich, sofern die vorhandene Bearbeitungszugabe (Untermaß) ausreicht. 6. Genaue Lochformen und Lochstellungen sind unabhängig vom vorgearbeiteten Zustand. 7. Durch die höhere Schnittgeschwindigkeit gegenüber dem Reiben ist die Arbeitsleistung bedeutend höher.

3. Untermaße (Reibzugabe) für vorgebohrte Löcher zum Reiben
(Maße in mm)

Lochdurchmesser nach dem Reiben d		1. nach Bohrwerkzeug: HSS			2. nach Reibwerkzeug		3. nach Werkstoff	
		Drallbohrer	Dreischneider	Vierschneider	Mantelreibahle	Stirnreibahle	Stahl, Gußeisen Stahlguß	Cu- und Al-Legierungen
		Vor- und Nachreiben		Nach-, Fertigreiben				
über	bis	Untermaß u für das vorgebohrte Loch						
0,8	1,2	0,05	—	—	0,1	0,2	0,05	0,05 (0,2)
1,2	1,6	0,1	—	—	0,1	0,2	0,05…0,1	0,05…0,1 (0,3)
1,6	3	0,15	—	— }0,08…0,1	0,1	0,3	0,05…0,1	0,1 …0,2 (0,4)
3	5	0,1 …0,2	—	—	0,15	0,4	0,1 …0,2	0,1 …0,4 (0,5)
5	10	0,2 …0,3	—	0,08…0,1	0,15	0,5	0,2 …0,3	0,2 …0,6
10	20	0,25…0,3 (1,0)	0,3	—	0,1 …0,15	0,2	0,6	0,2 …0,3	0,6 …0,8
20	30	0,3 …0,4 (1,5)	0,4	0,3	0,15…0,2	0,3	1,0	0,3 …0,4	0,8 …1,0 (0,8)
30	50	0,4 …0,5 (2,0)	0,5	0,4	0,15…0,2	0,4	1,5	0,4 …0,6	1,0 …1,2 (0,8)
50	70	0,5 …0,8 (2,5)	0,6	0,5	0,2	—	0,6 …0,8	1,2 …1,5
70	120	1,0 …1,2 (3,0)	0,8	0,6	0,3	—	0,8 …1,2	1,5 …1,8
120	150	1,3 …1,5	1,0	0,6	0,3	—	—	—

Bemerkungen:
1. Die Untermaße müssen möglichst genau eingehalten werden, weil:
   a) bei zu kleiner Bohrung die Zähne der Reibahle überlastet werden und die Bohrung nur verformt wird;
   b) bei zu großer Bohrung das Loch nicht mehr sauber aufgerieben werden kann.
2. Normal wird das vorgebohrte Loch in einem Reibvorgang fertiggerieben.
   Bei harten Werkstoffen wird vor- und nachgerieben; die Zugaben für Fertigreiben (6. Spalte) sind zusätzlich zu den schon vorgeriebenen Bohrungen einzuhalten!

| Gruppen-Nr. 9.2.10 | Reiben | Abschn./Tab. R/4 |

4. Aufbau und Lieferbedingungen für Reibahlen (nach DIN 2172)

Aufgabe der Reibahle: Fertigbearbeitung von Bohrungen, die in der vorgeschriebenen Durchmessertoleranz oder in der Oberflächengüte durch einfaches Bohren oder Aufbohren nicht mit Sicherheit hergestellt werden können.

Begriffe	Definition/Erläuterung	Anmerkungen/Anwendung
1. **Reiben**	a) ist eine Feinbearbeitung (Schlichtarbeit) und ergibt **Paßgenauigkeit** der geriebenen Bohrungen (normal von IT8 bis IT6). b) ist also Schlichtarbeit zur Herstellung maßgenauer und sauberer Bohrungen für **Passungen** bzw. Kegelbohrungen. Das Reibergebnis ist von mehreren **Einflußfaktoren** (Größen) abhängig, z. B.: · Werkzeugstoff/-konstruktion; · Werkstückstoff und -form; · Vorbohrung (Durchmesser und Oberflächengüte) · Kühlschmierung und Schnittwerte; · Stabilität und Laufruhe der Werkzeugmaschine.	Die Arbeit wird, wie beim Aufbohren, vom **Anschnitt** der Reibahle (Schnittfläche, Bild 1) geleistet. Die erforderliche Genauigkeit ist nur sichergestellt, wenn bereits nach der **Vorbearbeitung** ausreichende Form- und Lagegenauigkeit vorhanden sind. **Arbeitsvorgang** z.B. 1. Bohren (mit Spiralbohrer), z.B. auf 0,3 mm Untermaß. Siehe hierzu Punkt 3. 2. Aufbohren. Bei $\varnothing < 12$ und $\geq$ IT7 kann darauf verzichtet werden. 3. Vorreiben mit Vor- oder Schälreibahle. Erzeugen der genauen Form, eventuell Aufbohren auf 0,1 mm Untermaß. 4. Fertigreiben, d.h. Nachglätten der Lochwandungen (mit festen oder nachstellbaren Reibahlen).
2. **Reibzugabe** z'	ist die durch Reiben zu entfernende gesamte Werkstoffschicht. Sie ist beim Vorbohren durch Wahl eines kleineren Bohrungsdurchmessers als das Fertigloch (d) zu berücksichtigen.	
3. **Reibuntermaß** u	ist das für geriebene Löcher erforderliche Maß, um das das zum Reiben vorgebohrte Loch kleiner gebohrt werden muß. Genaue Werte für u siehe Tab. R/3.	Allgemein $u = 2z'$ bzw. $2a_p$. Je nach Werkzeug $\varnothing$ d_1 liegt u etwa zwischen 0,1 und 0,4 mm bei $d_1 = 2$ bis 80 mm. Abgerundet: | d_1 | 2 | 2...12 | 16...80 | 100 | | u | 0,05 | 0,1...0,2 | 0,3...0,4 | 0,5 |

6–3

Gruppen-Nr.	Reiben	Abschn./Tab.
9.2.10		R/4

Aufbau und Lieferbedingungen für Reibahlen (nach DIN 2172)

Begriffe	Definition/Erläuterung	Anmerkungen/Anwendung
4. **Reibübermaß** ü	ist die unerwünschte Reibüberweite des geriebenen Loches gegenüber dem Reibahlen⌀ d_1. Es beeinflußt wesentlich die Maßhaltigkeit und Oberflächengüte.	Dieses Maß ist besonders abhängig von der Art des Kühlschmiermittels. Bei Passungslöchern maximal 15 % der Bohrungspassung zulässig.

5. **Aufbau/Konstruktion** (Bild 2)	Einteilung:
	 1. Schneidenteil
	   a) Anschnitt
	   b) Führungsteil:
	     Zylinderteil
	     Kegelteil
	 2. Hals H
	
	 3. Schaft S:
	   a) zylindrisch, mit oder ohne Vierkantzapfen oder Mitnehmer
	   b) kegelig, mit Morsekegel
		Siehe Punkt 7
		
		 Durchm. ist kleiner als am Führungsteil und Schaft.
		 Zum Aufnehmen und Einspannen in die Maschine.
		 Meist bei Handreibahlen.
		
		 bei Maschinen Reibahlen.

6. **Schneidenteil** (Bilder 3 und 4)	wird gestaltet nach den Erfordernissen der Bearbeitungsaufgabe. 1. Kegel-Reibahlen 2. Zylinder-Reibahlen 3. Stufen-Reibahlen Bezeichnung der **Normmaße** (Klammerangaben im Bild): 1. Nenn-Durchmesser Werkzeug d_1 2. Anschnittdurchm. d_2 3. Schaft-Durchm. d_s 4. Kegelbohrung-Durchm. (größter) d_3 5. Hals-Durchm. d_4 6. Gesamt-Länge l_1 7. Schneiden-Länge l_2 (auch l_s) 8. Schaft-Länge l_3 9. Anschnitt-Länge l_a (auch l_2) 10. Zylinderteil-Länge l_z bzw. Führungsteil-Länge l_f 11. Kegelteil-Länge l_a	Die Maßbezeichnungen sind nach DIN. Nenndurchmesser der geriebenen Bohrung ist d. $l_3 = l_a + l_f + l_k$
7. **Anschnitt** (Bilder 1, 3, 4)	ist der vordere, kegelförmig verjüngte Kantenteil des Schneidenteils	Zerspant wird in diesem Bereich.

| Gruppen-Nr. 9.2.10 | **Reiben** | Abschn./Tab. R/4 |

Aufbau und Lieferbedingungen für Reibahlen (nach DIN 2172)

Begriffe	Definition/Erläuterung	Anmerkungen/Anwendung
a) Anschnitt-Länge l_a (l_2)	und bei Reibahlen mit Zylinderschaft der einzige in der Bohrung arbeitende Zerspanungsteil. in Achsrichtung ist abhängig von z.B.: 1. Festigkeit und Härte des Werkstückstoffes 2. der Art des Reibwerkzeuges (gerad-, drall- oder schräggenutete). 3. der Form der Bohrungen: für Durchgangsbohrungen für Grundbohrungen 4. dem Reibuntermaß u der Bohrung	Ergibt sich aus dem Anschnittwinkel κ_r und dem Anschnitt⌀.

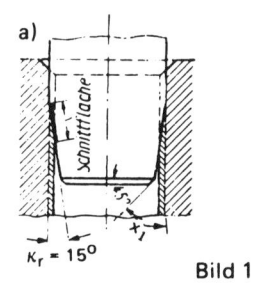

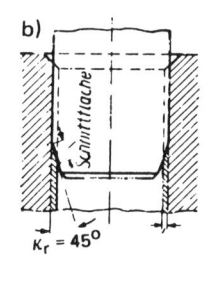

Bild 1

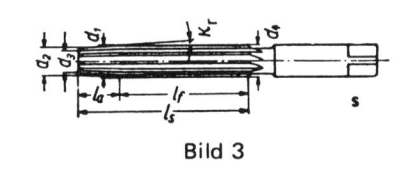

Bild 2

Bild 3

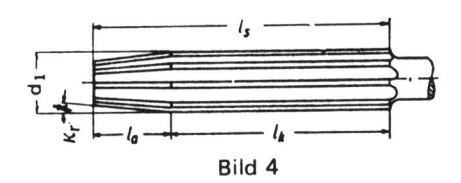

Bild 4

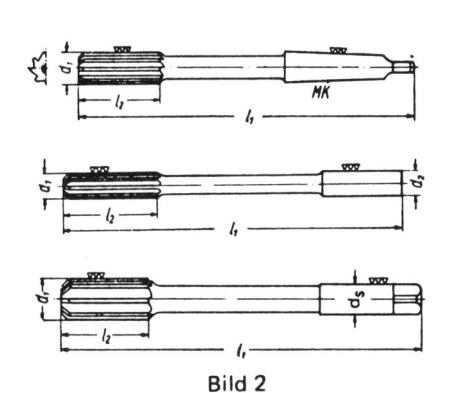

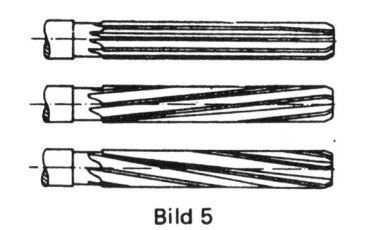

Bild 5

6 – 5

| Gruppen-Nr. 9.2.10 | **Reiben** | Abschn./Tab. R/4 |

Aufbau und Lieferbedingungen für Reibahlen (nach DIN 2172)

Begriffe	Definition/Erläuterung	Anmerkungen/Anwendung
b) Anschnitt- winkel κ_r (auch κ_1)	ist der Winkel am vordersten Teil des Anschnittes (Dmr. d_2), auch Einstellwinkel genannt, siehe Bild 7. Vorschubkraft F_f · ist gering bei $\kappa_r < 5°$ · ist hoch bei κ_r über $15°$ Nach Ausführung des Anschnittes: einfacher, doppelter Anschnitt bzw. Schälanschnitt.	Bei Hand-Reibahlen (mit langem Anschnitt) κ_r liegt zwischen 15' und 45' (über 1/4 Schneidenlänge). Bei **Maschinen-Reibahlen**: gerade genutet $\kappa_r = 45°$ (für Stahl, Stahlleg., für GG, GS, Bz u.ä., Gußmetalle, auch GT). Linksdrall $\kappa_r = 45°/15°$ Schäldrall $\kappa_r = 1,5°$ Nuten mit Linksdrall
c) Übergangs- winkel ϵ (auch κ_2)	ist Abschrägungswinkel an den Schneidenecken, vom Anschnitt zum zylindr. Führungsteil (oft Fase von $a = 1$ bis 2 mm Länge). Er wird besonders für Werkstoffe geringerer und mittlerer Festigkeit verwendet.	Bei Maschinen-Reibahlen (je nach Werkstoffart und bei Reibahlen mit Linksdrall). $\epsilon = 8° \ldots 15°$.
8. **Nuten** (Bild 5)	Nach Verlauf der Nuten (und damit der Schneiden) sind zu unterscheiden: 1. **Geradgenutete Reibahlen** – Nuten stehen parallel zur Achse ($\tau_f = 0°$). 2. **Drall-** oder **spiralgenutete Reibahlen** mit schwachem **Linksdrall** (τ_f zwischen $7°$ und $15°$). Späne werden in Vorschubrichtung abgeführt. Kühlschmiermittel gelangen leichter an die Schneiden. 3. **Schäl-Reibahlen** haben einen Drallwinkel τ_f von $45°$. 4. Reibahlen mit **Rechtsdrall** (rechtsschneidend) sind nicht zu empfehlen.	Drallnuten sind für Spänetransport notwendig. Drallwinkel τ_f entspricht hierbei dem Seiten-Spanwinkel τ_f. Besonders für glatte Bohrungen angewendet; allgemeiner Einsatz. Nur bedingt für Grundlöcher anwendbar. Erzeugen Bohrungen mit geringer Formabweichung. Bevorzugt für Durchgangslöcher in langspanenden Werkstoffen mit geringer Festigkeit (z.B. weiche Stähle, Kupfer, Kupferleg., Aluminium und Al-Legier.) geeignet. Auch für große Spanabnahme geeignet, z.B. kegelige Bohrungen bei zylindrischer Vorbohrung. Sie neigen dazu, sich in die Bohrung zu ziehen.

| Gruppen-Nr. 9.2.10 | Reiben | Abschn./Tab. R/4 |

Aufbau und Lieferbedingungen für Reibahlen (nach DIN 2172)

Begriffe	Definition/Erläuterung	Anmerkungen/Anwendung
9. **Zähnezahl** Z Schneidenzahl	a) entspricht der Nutenzahl und wird **gerade** (ab 4 usw.) gewählt, so daß 2 Zähne auf dem gleichen Durchmesser einander gegenüberliegen (besseres Messen!). b) ist abhängig von: · dem Nenn-Durchmesser d_1 · der Bauart der Reibahle · dem zu bearbeitenden Werkstoff	Z sollte möglichst groß sein (sonst Bildung von Polygonecken). Beachte, daß **größere** Zähnezahlen: · längere Standzeiten ergeben; · größere Drehmomente M_d zeigen; · maßgenauer arbeiten.
10. **Zahnteilungen** (Winkel φ_t) (Bild 6)	und damit die **Schneidenabstände** sind **bei Zylinder**-Reibahlen **ungleichmäßig** gewählt. Die Teilungswinkel φ_t der Zähne (Schneiden) sind verschieden groß ($\varphi_1 \neq \varphi_2 \neq \varphi_3$). Die ungleiche Teilung wiederholt sich nach dem halben Umfang, d.h. die gegenüberliegenden Teilungen sind einander gleich (je um 180° versetzt). Differenz der Zahnteilung ($\varphi_1 - \varphi_2$ usw.) beträgt bis zu 8°. **Kegel-Reibahlen** haben allgemein ungerade Zähnezahl bei gleicher Zahnteilung.	Zweck: Vermeidung von Polygonbildung in der Bohrung sowie Verhinderung von Eigenschwingungen und Rattermarken. Diese Teilungsart ermöglicht auch ein Messen des Durchmessers mittels Schraublehren. Auch hierbei entstehen keinerlei Polygonbildungen und Rattermarken.
11. **Schneidenform** (Zahnform)	Die Schneidengeometrie zeigt gleiche Winkel wie der Bohrer, Aufbohrer, Formsenker (siehe Bild 7)	Frei-, Span-, Einstellwinkel (α, γ, κ)

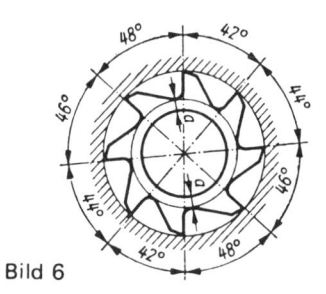

Bild 6

| Gruppen-Nr. 9.2.10 | **Reiben** | Abschn./Tab. R/4 |

Aufbau und Lieferbedingungen für Reibahlen (nach DIN 2172)

Begriffe	Definition/Erläuterung	Anmerkungen/Anwendung
a) **Freiwinkel** α_o	ist der sich unmittelbar anschließende Winkel an der Hauptschneide. Freiwinkel ist erforderlich: · damit der Schneidkeil bei üblichem Vorschub mit Sicherheit frei schneidet. · damit die Schneide in der Bohrung nicht drückt.	**Winkelgröße** ist abhängig von: · der Anschnittform · dem Reibahlen-Durchm. (d_1) · dem Werkstückstoff (Festigkeit/Härte) · dem Vorschub f
	Er soll nicht kleiner als 5° sein. Für Werkstoffe mittl. Festigkeit wird $\alpha_o = 6°\ldots 8°$ empfohlen.	Wenn bei der Reibahle Nenn$\varnothing$ d_1 und Einstellwinkel $\varkappa$ klein sind muß α_o größer sein.
b) **Rückfreiwinkel** α_p	ist der Freiwinkel an der Nebenschneide und begrenzt die Fasenbreite der Nebenfreifläche. Er liegt in der Regel zwischen 8° und 10° und ist abhängig von: · dem Reibahlendurchm. d_1 · der Dicke des Schneidstollens. Die Nebenschneide soll sich an der Bohrungswandung so abstützen, daß nur ein geringes Spiel entsteht, die Oberfläche geglättet wird und die Zylindrizität möglichst genau eingehalten wird.	Dieser Winkel übt keinen Einfluß auf den Zerspanungsvorgang aus. **Wichtig!** Die **Nebenschneide** hat vor allem die Aufgabe, die Reibahle zu führen und damit Richtungs- und Längsänderungen der Reibbohrung zu vermeiden. Siehe auch Tab. R/13 „Nachschleifen".

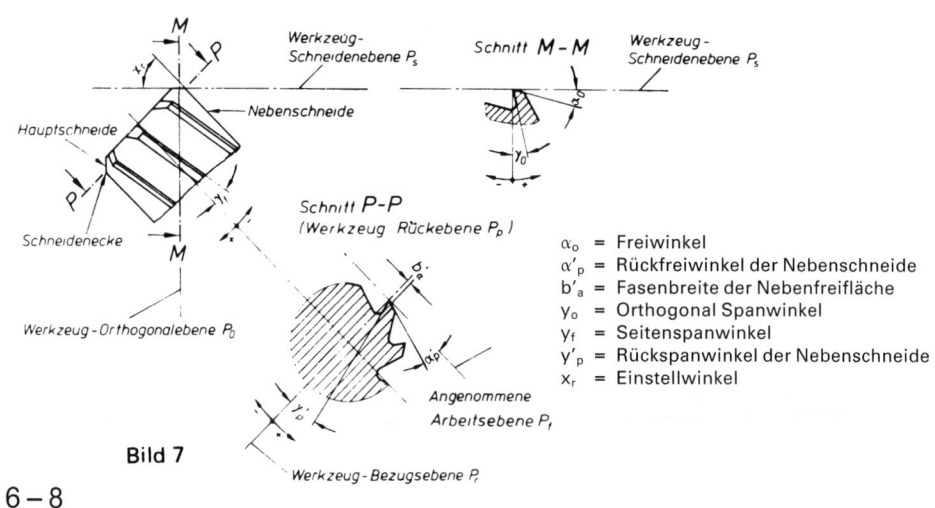

α_o = Freiwinkel
α'_p = Rückfreiwinkel der Nebenschneide
b'_a = Fasenbreite der Nebenfreifläche
γ_o = Orthogonal Spanwinkel
γ_f = Seitenspanwinkel
γ'_p = Rückspanwinkel der Nebenschneide
$\varkappa_r$ = Einstellwinkel

Bild 7

| Gruppen-Nr. 9.2.10 | **Reiben** | Abschn./Tab. R/4 |

Aufbau und Lieferbedingungen für Reibahlen (nach DIN 2172)

Begriffe	Definition/Erläuterung	Anmerkungen/Anwendung
c) **Fasenbreite** b_α	ist die Breite der Rundfase an der Nebenschneide, am Führungsteil. Hinter dieser Fase beginnt der Freiwinkel α_o.	Sie richtet sich nach: · der Reibahlenart · dem Reibahlendurchm. d_1 · dem Werkstückstoff (Festigkeit/ Härte) Beispielsweise b_α = 0,1 mm für kleine Durchmesser d_1 und bis 0,3 mm für größere **Wichtig!** **Kegel-Reibahlen** werden möglichst scharf angeschliffen; max. Rundfase b_x = 0,05 mm (damit Kegelgenauigkeit gesichert bleibt!).
d) **Spanwinkel** γ_o	ist der orthogonale Spanwinkel der Hauptschneide, der radial steht und bestimmt, ob die Reibahle schneidet oder schabt. Er soll möglichst **negativ** gewählt werden, da die Reibahle mehr schaben (reiben) als schneiden soll (abhängig von der Art des Werkstückstoffes). Spanwinkel γ_o ergibt sich aus: · dem Anschnitt- oder Einstellwinkel κ_r · dem Seiten-Spanwinkel γ_f · dem Rückspanwinkel γ_p'	Winkelwerte γ_o = 0 ... +5° für weiche und langspanende Werkstoffe, γ_o = 0 ... −2° für zähe und harte Werkstoffe. Nur bei Reibahlen mit **Schälanschnitt** kann der γ_o der Hauptschneide dem zu bearbeitenden Werkstoff genau angepaßt werden. Siehe Punkt 7b Siehe Punkt 11e Siehe Punkt 11f
e) **Seiten-Spanwinkel** γ_x (γ_f)	ist Spanwinkel der **Nebenschneide** und abhängig vom Spanwinkel (orthog.) γ_o. 1. **HSS-Reibahlen** werden gerad- oder drallgenutet mit Linksdrall, HSS-Automaten-Reibahlen auch mit Rechtsdrall hergestellt. 2. **HM-bestückte** Reibahlen (mit Schneidplatten) werden geradgenutet u. linkssteigend hergestellt. 3. Reibahlen mit aufgeschraubten **Messern** werden gerad- oder schräggenutet hergestellt.	Winkelwerte für γ_f allgemein: · etwa 7° bis 15° bei drallgenuteten Maschinen-Reibahlen · über 30° bei Schälreibahlen. Siehe Winkelwerte oben! Bei schräggenuteten Reibahlen beträgt γ_f etwa 3° bis 10°. Auch mit wechselweise rechts- und linkssteigenden Messern ausgeführt.

6 – 9

| Gruppen-Nr. 9.2.10 | **Reiben** | Abschn./Tab. R/4,5 |

Aufbau und Lieferbedingungen für Reibahlen (nach DIN 2172)

Begriffe	Definition/Erläuterung	Anmerkungen/Anwendung
f) **Rückspanwinkel** γ_p'	der Nebenschneide, zum Werkzeug-Bezugsebene P_r. Nach Werkzeugtyp: **N:** γ_p' = 0° bis 5° **W:** γ_p' = 8° bis 15°	Bild 7. Winkel ist abhängig von γ_o und γ_f.
12. **Verjüngung Führungsteil**	der Reibahle wird leicht verjüngt (z.B. 0,015 bis 0,025 mm auf 100 mm Schneidenlänge) geschliffen, damit ein Klemmen in der Bohrung und die Bildung von Rückzugsriefen verhindert wird. **Verjüngung** beginnt unmittelbar hinter dem Anschnitt (Schneidecke)	Eine Verjüngung erst nach einem zylindrischen Teil zu beginnen, wie früher üblich, wird heute nicht mehr ausgeführt. Erhöhte Reibungswärme und Neigung zum Klemmen kann Bruchgefahr zur Folge haben.

5. Lauftoleranzen für Hand- und Maschinen-Reibahlen (n. DIN 2172)

a) **Prüfwerte:** Lauftoleranzen (in mm)

Schneiden-Durchmesser d (entspricht ≈ d_1)		Maschinen-Reibahlen			Hand-Reibahlen
		Hauptschneide	Nebenschneide	Schaft	Hauptschneide
über	bis	T_{lh}	T_{rm}	T_{rs}	T_{lh}
1	3	0,018	0,004	0,010	0,030
3	6	0,018	0,005	0,012	0,030
6	10	0,018	0,006	0,015	0,030
10	18	0,018	0,008	0,018	0,036
18	30	0,021	0,009	0,021	0,042
30	50	0,025	0,011	0,025	0,050
50	80	0,030	0,013	0,030	0,060

Beachte! Die Prüfwerte gelten nur für **genormte Reibahlen-Längen** und entsprechen:
- für T_{lh} an **Maschinen-Reibahlen**, der Toleranzreihe IT 7, jedoch nicht kleiner als 0,018 mm.
- für T_{rn} der Toleranzreihe IT 5
- für T_{rs} der Toleranzreihe IT 7
- für T_{lh} an **Hand-Reibahlen** den doppelten Werten der Toleranzreihe IT 7, jedoch nicht kleiner als 0,030 mm.

| Gruppen-Nr. 9.2.10 | **Reiben** | Abschn./Tab. R/5 |

Lauftoleranzen für Hand- und Maschinen-Reibahlen (nach DIN 2172)

b) **Prüfvorgang** (Prüfmittel und Prüfstelle)

Prüfmittel: Laufprüfgerät mit Prisma und Feinanzeiger bzw. mit Spitzenbock und Feinzeiger

Zum Messen der Laufabweichungen wird die Reibahle in das Prisma gelegt (siehe Bild 1) bzw. zwischen Spitzen gespannt (siehe Bilder 2 bis 4) und an der vorgesehenen Prüfstelle ein anzeigendes Meßgerät auf die Mantelfläche aufgesetzt.

Die **Laufabweichungen** lassen sich dann bei einer vollständigen Umdrehung der zu prüfenden Reibahle aus dem Gesamtausschlag des Feinanzeigers, d.h. der Differenz zwischen der größten und kleinsten Anzeige ermitteln.

Bild 1. Lauftoleranz T_{lh} und Prüfanordnung für die Laufabweichung an der Hauptschneide von Maschinen-Reibahlen mit durchgehendem Zylinderschaft.

Bild 2. Lauftoleranz T_{lh} der Hauptschneide an Reibahlen mit kurzem Anschnitt.

Bild 3. Lauftoleranz T_{lh} der Hauptschneide an Reibahle mit langem Anschnitt (Hand- und Schäl-Reibahle.

Bild 4. Lauftoleranz der Nebenschneide T_{rn} und des Schaftes T_{rs} an Maschinen-Reibahlen mit abgesetztem Zylinderschaft und MK-Schaft.

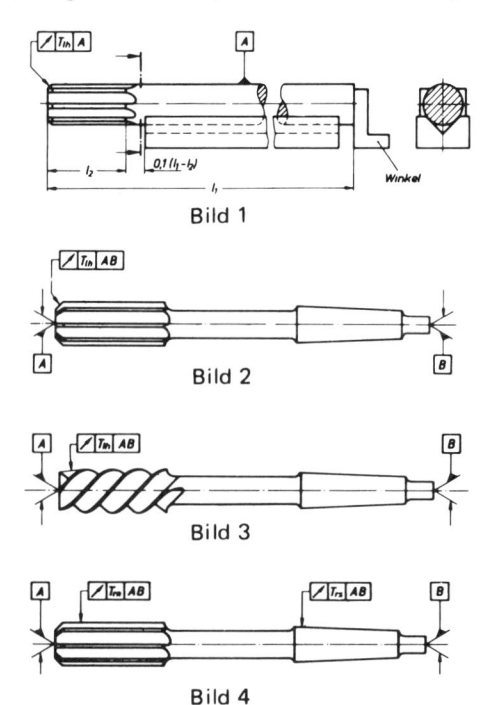

Bild 1

Bild 2

Bild 3

Bild 4

| Gruppen-Nr. 9.2.10 | **Reiben** | Abschn./Tab. R/6 |

6. Schnittgeschwindigkeit und Vorschub für HSS- und HM-Reibahlen

a) **aus VHSS** = vanadium-legiert und **aus HSS-E** = kobaltlegiert

Werkstoff	Schnittgeschwind. v_c in m/min	\multicolumn{7}{c}{Vorschub f in mm/Umdrehung bei Reibahlen-Durchmesser d in mm}						
		2,5	5,0	10	16	25	40	50	80
Stahl bis 500 N/mm²	15...28	0,08	0,14	0,20	0,28	0,32	0,40	0,50	0,63
Stahl bis 700 N/mm²	12...20	0,06	0,14	0,20	0,28	0,32	0,40	0,50	0,63
Stahl bis 900 N/mm²	8...12	0,05	0,14	0,20	0,28	0,32	0,40	0,50	0,63
Stahl über 900 N/mm²	4... 8	0,04	0,07	0,12	0,16	0,25	0,36	0,40	0,56
Stahlguß bis 700 N/mm²	8...12	0,06	0,14	0,20	0,28	0,32	0,40	0,50	0,63
Nichtrostende Stähle	4... 8	0,04	0,07	0,12	0,16	0,25	0,36	0,40	0,56
Hochwarmf. Stähle	2... 6	0,045	0,09	0,18	0,22	0,28	0,36	0,40	0,56
Gußeisen bis HB 200	15...25	0,10	0,18	0,28	0,36	0,45	0,56	0,80	1,2
Gußeisen über HB 200	6...12	0,08	0,12	0,18	0,22	0,25	0,33	0,40	0,56
Temperguß bis HB 200	15...25	0,10	0,18	0,28	0,36	0,45	0,56	0,80	1,2
Kupfer bis ~ HB 50	16...28	0,10	0,15	0,22	0,32	0,36	0,45	0,50	0,63
Elektrolyt-Kupfer	14...25	0,12	0,20	0,25	0,30	0,36	0,50	0,60	1,0
Kupferleg. Bronze zh.	15...25	0,12	0,22	0,32	0,40	0,45	0,56	0,63	1,0
Kupferleg. (Ms 58)	20...36	0,08	0,22	0,32	0,40	0,45	0,56	0,63	1,0
Kupferleg. über Ms 58	15...25	0,08	0,22	0,32	0,40	0,45	0,56	0,60	0,80
Alu-Leg. langspan.	30...50	0,08	0,15	0,25	0,32	0,36	0,45	0,50	0,63
Alu-Leg. kurzspan.	15...25	0,08	0,15	0,25	0,32	0,36	0,45	0,50	0,63
Elektron, Magnesium	50...90	0,10	0,18	0,25	0,30	0,32	0,36	0,40	0,56
Titan u. Ti-Leg.	4... 8	0,04	0,08	0,16	0,20	0,25	0,32	0,36	0,45
Kunststoffe (Thermopl.)	8...12	0,12	0,25	0,32	0,36	0,45	0,50	0,60	0,80
Kunststoffe (Duropl.)	4... 8	0,10	0,20	0,25	0,32	0,40	0,50	0,60	0,80

b) mit Hartmetall-(HM-)Schneiden

Werkstoff	Schnittgeschwind. v_c in m/min	\multicolumn{6}{c}{Vorschub f in mm/Umdrehung bei Reibahlen-Durchmesser d in mm}					
		5,0	10	16	25	40	50
Stahl bis 500 N/mm²	12...16	0,15	0,20	0,25	0,30	0,40	0,50
Stahl bis 700 N/mm²	10...15	0,12	0,16	0,20	0,25	0,30	0,36
Stahl bis 900 N/mm²	8...12	0,08	0,12	0,16	0,20	0,25	0,30
Stahl über 900 N/mm²	6...10	0,08	0,12	0,16	0,20	0,25	0,30
Stahlguß bis 700 N/mm²	12...20	0,10	0,16	0,20	0,22	0,28	0,32
Nichtrostende Stähle	10...15	0,06	0,10	0,12	0,16	0,20	0,25
Gußeisen bis HB 200	12...16	0,20	0,30	0,36	0,40	0,50	0,60
Gußeisen über HB 200	10...12	0,15	0,20	0,25	0,30	0,40	0,50
Temperguß bis HB 200	8...12	0,15	0,20	0,25	0,30	0,40	0,50
Kupferleg. Bronze zh.	15...30	0,22	0,32	0,40	0,50	0,80	1,0
Kupferleg. (Ms 58)	15...30	0,18	0,25	0,32	0,40	0,50	0,63
Kupferleg. über Ms 58	20...35	0,10	0,16	0,28	0,36	0,50	0,63
Alu-Leg. langspan.	15...30	0,22	0,32	0,40	0,50	0,80	1,0
Alu-Leg. kurzspan.	10...18	0,12	0,20	0,28	0,32	0,40	0,50
Kunststoffe (Thermopl.)	20...40	0,30	0,36	0,45	0,60	1,0	1,2
Kunststoffe (Duropl.)	15...30	0,30	0,36	0,45	0,60	1,0	1,2

6 – 12

| Gruppen-Nr. 9.2.10 | Reiben | Abschn./Tab. R/7 |

7. Schleif- und Läppmaße für Reibahlen zur ISO-Einheitsbohrung

Maße in μm (1 μm = 0,001 mm)

Nenn-durch-messer d in mm	a) Schleifmaße (Toleranz) für Passung				b) Läppmaße (Toleranz) für Passung		
	H 6	H 7	H 8	H 11	H 6	H 7	H 8
1 … 3	+ 7 + 3	+ 9 + 4	+ 14 + 10	+ 60 + 45			
3 … 6	+ 8 + 4	+ 12 + 6	+ 18 + 8	+ 75 + 55	+ 6 + 2	+ 8 + 4	+ 12 + 6
6 … 10	+ 9 + 4	+ 15 + 7	+ 22 + 12	+ 90 + 70	+ 6 + 1	+ 10 + 5	+ 15 + 7
10 … 18	+ 11 + 5	+ 18 + 9	+ 27 + 15	+ 110 + 80	+ 7 + 1	+ 12 + 6	+ 18 + 9
18 … 30	+ 13 + 6	+ 21 + 11	+ 33 + 19	+ 130 + 100	+ 8 + 2	+ 14 + 8	+ 22 + 12
30 … 50	+ 16 + 8	+ 25 + 15	+ 39 + 22	+ 160 + 130	+ 11 + 4	+ 17 + 10	+ 26 + 16
50 … 80	+ 19 + 9	+ 30 + 20	+ 46 + 26	+ 190 + 160	+ 14 + 6	+ 20 + 12	+ 30 + 20
80 … 120	+ 22 + 12	+ 35 + 23	+ 54 + 30	+ 220 + 190	+ 16 + 7	+ 23 + 14	+ 36 + 24

Bemerkungen:
1. Der Außendurchmesser der Reibahle muß so gehalten werden, daß eine Bohrung innerhalb der vorgeschriebenen Toleranz erzeugt wird. Darüber hinaus soll die Reibahle gleichzeitig auch möglichst viele Bohrungen toleranzhaltig herstellen und ist daher in ihrer Herstellungsgenauigkeit ganz bestimmten Anforderungen unterworfen.
2. Soll z. B. eine Bohrung von 16 mm Dmr. mit der ISO-Passung H8 erzeugt werden, so beträgt die Herstellungstoleranz der Bohrung + 0,027 bzw. + 0 mm. Für die Reibahle darf niemals die gleiche Herstellungstoleranz vorgeschrieben werden, denn das Werkzeug ist einem gewissen Verschleiß unterworfen. Es würde, falls es zufällig mit dem unteren Maß (etwa mit 16,001 mm) geschliffen wäre, noch innerhalb des zulässigen Toleranzfeldes liegen, aber schon nach dem Reiben weniger Bohrungen nachzuarbeitende Bohrungen mit zu kleinem Durchmesser erzeugen. Die Herstellungstoleranz der Reibahle muß also kleiner sein und an der oberen Grenze des Toleranzfeldes der Werkstückbohrung liegen. Ihre Größe richtet sich nach der Güte und Art des Schliffes, möglichst das Höchstmaß (z. B. 16,027 mm) wählen.
3. Bei geläppten Reibahlen wird als oberstes Maß 2/3 der Bohrungstoleranz, weil der geläppte, am Umfang scharf geschliffene Zahn zum Größerreiben neigt; also 16,018 bzw. 16,009 mm.
4. Bei der Tolerierung der Reibahle ist ferner noch die Größe der Reibüberweite zu berücksichtigen, die in der Hauptsache vom Werkstoff und dem verwendeten Kühlmittel beeinflußt wird. Der Einfluß verschiedener Kühlmittel bewegt sich in engen Grenzen zwischen 4…7 μm für Eisenlegierungen, 4…10 μm für Kupferlegierungen und 10…30 μm für Aluminiumlegierungen.

| Gruppen-Nr. 9.2.10 | Reiben | Abschn./Tab. R/8 |

8. Reibzugabe (Spanabnahme) beim Reiben von Paßlöchern (Untermaße)

Werkstoff	Bohrungsdurchmesser in mm				
	bis 2	über 2 bis 5	über 5 bis 10	über 10 bis 20	über 20
	Spanabnahme in mm				
Baustähle	bis 0,1	0,1 – 0,2	0,2	0,2 – 0,3	0,3 – 0,4
Nichtrostende Stähle	bis 0,1	0,1 – 0,2	0,2	0,2 – 0,3	0,3
Stahlguß	bis 0,1	0,1 – 0,2	0,2	0,2	0,2 – 0,3
Gußeisen, Grauguß	bis 0,1	0,1 – 0,2	0,2	0,2 – 0,3	0,3 – 0,5
Temperguß	bis 0,1	0,1 – 0,2	0,2	0,3	0,4
Bronze, Bz (CuSn)	bis 0,1	0,1 – 0,2	0,2	0,2 – 0,3	0,3
Messing, Ms (CuZn)	bis 0,1	0,1 – 0,2	0,2	0,2 – 0,3	0,3
Leichtmetalle	bis 0,1	0,1 – 0,2	0,2 – 0,3	0,3 – 0,4	0,4 – 0,5
Kupfer	bis 0,1	0,1 – 0,2	0,2 – 0,3	0,3 – 0,4	0,4 – 0,5
Kunststoffe, hart	bis 0,1	0,1 – 0,2	0,3	0,4	0,5
weich	bis 0,1	0,1 – 0,2	0,2	0,2	0,3

Beachte:
1. Soweit für langspanende Werkstoffe Schälreibahlen verwendet werden, sind die angegebenen Tabellenwerte um 50 bis 100 % zu erhöhen (bedingt durch die besondere Arbeitsweise des Schäldralls).
2. Bei Verwendung von Reibahlen mit geschlitztem Körper und Reibahlen mit eingesetzten Messern soll die Reibzugabe verringert werden.
3. Bei sehr hohen Anforderungen an die Lochwandungsgüte und bei besonders harten Werkstoffen wird vor- und fertiggerieben, wobei zweckmäßigerweise die obengenannten Reibzugaben in zwei gleichen Teilen gerieben werden. Zu geringe Spanabnahme hat meistens vorzeitige Abstumpfung zur Folge, weil die Zähne nicht mehr zum Schneiden kommen, sondern lediglich die Bohrung aufdrücken.

| Gruppen-Nr. 9.2.10 | Reiben | Abschn./Tab. R/9 |

9. Reibüberweite je nach der Art des Kühlmittels

Erfahrungswerte (z. T. nach Killmann) mit einer Aufsteckreibahle von 30 mm Dmr.
Spantiefe a_p = 0,07 mm; Vorschub f = 0,52 mm/U

Werkstoff	Mittlere Reibüberweite (Übermaß) in µm (= 0,001 mm)				
	Trocken	Bohröl-Emulsion 1:15	Rüböl	Mineralöl	Petroleum-Terpentin-Mischung 5:4
Baustahl, St 60	18...43	10...12	17	13	—
Legierter Stahl	26...36	13	19	15	—
Gußeisen GG-20	20...22	5	7	9	—
Gußmessing (G-CuZn 37)	18...20	14	14	16	—
Rotguß (Rg 5)	16...18	12	12	13	—
Gußbronze (G-SnBz 14)	14	6	6...7	7...10	—
Bleizinnbronze (GZ-Rg 7, 10)	13	7	9	11	—
Aluminium, rein	60...80	38...42	30	—	12
Aluminiumlegierungen:					
G-AlSi; G-AlSiMg	40...60	18...20	15	—	9
AlCu; AlCuMnSi	33...35	23	12	—	6

Bemerkungen:
1. Mit Hilfe dieser Tabelle ist der Werkstattmann in der Lage, die Auswahl des Kühlmittels so zu treffen, daß je nach dem Ausfall der Probebohrung eine Vergrößerung oder Verkleinerung des geriebenen Loches bewußt erzielt werden kann, ohne daß die Reibahle verstellt werden muß.
2. Die für eine bestimmte Bohrungsgröße eingestellten Reibahlen werden zunächst bei solchen Werkstoffen und mit solchen Kühlmitteln verwendet, die kleine Reibüberweiten ergeben. Ist die Reibahle später im Durchmesser abgenutzt, so ist die weitere Benutzung für den gleichen Toleranzbereich bei anderen Werkstoffen oder mit anderen Kühlmitteln, bei denen größere Überweiten zu erwarten sind, möglich.
3. Petroleum-Terpentin-Mischungen sind zu vermeiden, da sie physiologische Schäden (Hautschäden) verursachen.

Gruppen-Nr. 9.2.10 | **Reiben** | Abschn./Tab. R/10

10. Empfohlene Reibahlen-Ausführung je nach Werkstoff

Werkstoff	Reibahlen-Ausführung			
	Durchgangsloch		Grundloch	
	bis 1 × d Tiefe	über 1 × d Tiefe	bis 3 × d Tiefe	über 3 × d Tiefe
Stahl				
unleg. Stahl < 50 kN/cm^2	geradnutig 45° Anschnitt	Schäldrall	geradnutig 45° Anschnitt	rechts spiralgenutet 45° Anschnitt
unleg. Stahl 50 – 70 kN/cm^2	geradnutig 45° Anschnitt	geradnutig Schälanschnitt	geradnutig 45° Anschnitt	rechts spiralgenutet 45° Anschnitt
unleg. Stahl > 70 kN/cm^2	geradnutig 45° Anschnitt	geradnutig Schälanschnitt	geradnutig 45° Anschnitt	rechts spiralgenutet 45° Anschnitt
leg. Stahl 90 – 110 kN/cm^2	geradnutig 45° Anschnitt	geradnutig Schälanschnitt	geradnutig 45° Anschnitt	rechts spiralgenutet 45° Anschnitt
rost- und säurebeständige Stähle (hoch Cr, Ni legiert)	geradnutig 45° Anschnitt	geradnutig Schälanschnitt	geradnutig 45° Anschnitt	rechts spiralgenutet 45° Anschnitt
Guß				
Gußeisen bis GG-25	geradnutig 45° Anschnitt	geradnutig 45° Anschnitt	geradnutig 45° Anschnitt	geradnutig 45° Anschnitt
Gußeisen über GG-25	geradnutig 45° Anschnitt	geradnutig 45° Anschnitt	geradnutig 45° Anschnitt	geradnutig 45° Anschnitt
Temperguß (GTW/GTS)	geradnutig 45° Anschnitt	geradnutig Schälanschnitt	geradnutig 45° Anschnitt	rechts spiralgenutet 45° Anschnitt

10 N/mm^2 = 1 kN/cm^2; Zugfestigkeit R_m Fortsetzung

| Gruppen-Nr. 9.2.10 | **Reiben** | Abschn./Tab. R/10 |

Empfohlene Reibahlen-Ausführung je nach Werkstoff

Werkstoff	Reibahlen-Ausführung			
	Durchgangsloch		Grundloch	
	bis 1 × d Tiefe	über 1 × d Tiefe	bis 3 × d Tiefe	über 3 × d Tiefe
Kupfer und Kupferlegierungen				
Hüttenkupfer	geradnutig 45° Anschnitt	Schäldrall	geradnutig 45° Anschnitt	rechts spiralgenutet 45° Anschnitt
Elektrolytkupfer	geradnutig 45° Anschnitt	geradnutig Schälanschnitt	geradnutig 45° Anschnitt	rechts spiralgenutet 45° Anschnitt
Kupfer-Zink-Legierungen Messing, CuZn 40	geradnutig 45° Anschnitt	geradnutig 45° Anschnitt	geradnutig 45° Anschnitt	geradnutig 45° Anschnitt
Messing, CuZn 37	geradnutig 45° Anschnitt	geradnutig Schälanschnitt	geradnutig 45° Anschnitt	geradnutig 45° Anschnitt
Kupfer-Zinn-Legierungen Bronze	geradnutig 45° Anschnitt	geradnutig Schälanschnitt	geradnutig 45° Anschnitt	rechts spiralgenutet 45° Anschnitt
Kupfer-Nickel-Zink-Legierungen z.B. Neusilber, Argentan, Alpaka	geradnutig 45° Anschnitt	geradnutig Schälanschnitt	geradnutig 45° Anschnitt	rechts spiralgenutet 45° Anschnitt
Aluminium und Aluminium-Legierungen				
Aluminium	geradnutig 45° Anschnitt evtl. Senkreibahle	Schäldrall eventuell Senkreibahle	geradnutig 45° Anschnitt	rechts spiralgenutet 45° Anschnitt evtl. Senkreibahle
AlSi-Legierungen, Si < 12%	geradnutig 45° Anschnitt evtl. Senkreibahle	Schäldrall	geradnutig 45° Anschnitt	rechts spiralgenutet 45° Anschnitt evtl. Senkreibahle
AlSi-Legierungen, Si > 12%	geradnutig 45° Anschnitt evtl. Senkreibahle	geradnutig Schälanschnitt	geradnutig 45° Anschnitt	rechts spiralgenutet 45° Anschnitt evtl. Senkreibahle

$10 \text{ N/mm}^2 = 1 \text{ kN/cm}^2$; Zugfestigkeit R_m

| Gruppen-Nr. 9.2.10 | Reiben | Abschn./Tab. R/11 |

11. Zulässiges Abmaß vom Nenndurchmesser der Reibahle
(Auswahl aus DIN 1420)

Nenn-durchmesser d_1 in mm		Zuläss. oberes und unteres Abmaß (in µm) vom Nenndurchmesser (d_1 in mm) der Reibahle für Bohrungs-Toleranzfeld (eine Auswahl)						
über	bis	H 6	H 7	H 8	H 9	H 10	H 11	H 12
1	3	+ 5 / + 2	+ 8 / + 4	+ 11 / + 6	+ 21 / + 12	+ 34 / + 20	+ 51 / + 30	+ 85 / + 50
3	6	+ 6 / + 3	+ 10 / + 5	+ 15 / + 8	+ 25 / + 14	+ 40 / + 23	+ 63 / + 36	+ 102 / + 60
6	10	+ 7 / + 3	+ 12 / + 6	+ 18 / + 10	+ 30 / + 17	+ 49 / + 28	+ 76 / + 44	+ 127 / + 74
10	18	+ 9 / + 5	+ 15 / + 8	+ 22 / + 12	+ 36 / + 20	+ 59 / + 34	+ 93 / + 54	+ 153 / + 90
18	30	+ 11 / + 6	+ 17 / + 9	+ 28 / + 16	+ 44 / + 25	+ 71 / + 41	+ 110 / + 64	+ 178 / + 104
30	50	+ 13 / + 7	+ 21 / + 12	+ 33 / + 19	+ 52 / + 30	+ 85 / + 50	+ 136 / + 80	+ 212 / + 124
50	80	+ 16 / + 9	+ 25 / + 14	+ 39 / + 22	+ 62 / + 36	+ 102 / + 60	+ 161 / + 94	+ 255 / + 150
80	120	+ 18 / + 10	+ 29 / + 16	+ 45 / + 26	+ 73 / + 42	+ 119 / + 70	+ 187 / + 110	+ 297 / + 174
120	180	+ 21 / + 12	+ 34 / + 20	+ 53 / + 30	+ 85 / + 50	+ 136 / + 80	+ 212 / + 124	+ 340 / + 200

Bemerkung: Für die Ermittlung der Herstellungstoleranzen für Reibahlen sind im Normblatt bestimmte Grundregeln festgelegt worden, die sich in der Praxis bewährt haben.

12. Frei- und Hinterläppwinkel an HSS- und HM-Reibahlen

Bearbeiteter Werkstoff	Festigkeit R_m in kN/cm² Härte HB	Freiwinkel α [°] (Hinterschliff) Erfahrungswerte	Freiwinkel α [°] (Hinterschliff) nach Norm	Wetz-, Läppwinkel α_1 [°]	Spanwinkel γ [°]	Schnittgeschwindigkeit v_c in m/min
Stahl, unlegiert (Maschinenbaustahl)	40...50	1,5...2,5	1...1,5	0,75...1	8	15...20
	60...70	2...3	2	1	6	12...15
	>70	2,5...4	—	1	4	10...12
Stahl, legiert	80...110	2,5...3	2,5	1...1,5	5	12...15
Einsatz- u. Vergütungsstahl	...110	1...1,5	3	—	—	8...12
Einsatz-Nickelstahl	—	1...1,5	—	—	—	10...15
Chromnickelstahl	—	1,5...2	—	—	—	12...16
Werkzeugstahl, geglüht, gehärtet	52 (80...110)	2...2,5	2,5	1...1,5	5	10...12
Schnellarbeitsstahl, geglüht	100...160	1...1,8	1...1,5	0,75...1	5	6...10
Gußeisen ($HB<200$)	$HB<22$	1,5...2	2	1	8	20...30
($HB \geq 200...240$)	$HB>22$	2...3	3	1...1,5	8	15...30
($HB>240$)		3...4	3...4	1...2	8	—
Hartguß	—	—	—	—	—	6...10
Monelmetall (60% Ni, 40% Cu)	—	—	—	—	—	6...12
Stahlguß		2...3	1,5...2	0,75...1	5	12...16
Temperguß		2...2,5	1,5...2	0,75...1	5 (6)	15...18
Bronze, Messing normal	$HB<38$	0,5...1,5	—	0,75...1	6	40...60
	$HB<50$	2...3	3	1...1,5	5	40...60
sehr zähe	$HB>50$	3...4	3...4	1...2	5	15...25
Kupfer, Rotguß		2...3	3	1...1,5	5	—
Aluminium	—	0,5...1	0,5...1	—	12	40...60
Al-Si-Legierungen	—	—	0,5...1	—	10	45...75
10...13,5% Si usw.	—	0,5...1,5	—	—	10	40...60
Mg-Leg., (MgAlZnMn)	—	0,5...1	—	—	8	50...75
Preßstoffe,					8	20...30

Bemerkungen:
1. Bei geschliffener Ausführung der Reibahle wird Freiwinkel $\alpha = 3...7°$ und Spanwinkel γ wie in Tabelle oben gewählt.
2. Allgemein wird an gewetzten Reibahlen der Freiwinkel α:
   a) bei Anschnitt scharfgeschliffen ohne Rundschliffase;
   b) beim Übergang zum zylindrischen Teil mit Rundschliffase = ($f = 0,05...0,2$ mm) versehen.
3. Die Schnittgeschwindigkeit (in der Tabelle nur für HM; HSS ½ dieser Werte) nicht zu gering wählen, jedoch ist bevorzugt zunächst mit einem kleinen Wert anzufangen und dann allmählich bis zur Erreichung der günstigsten Bedingung zu steigern.

10 N/mm² = 1 k/N/cm²

| Gruppen-Nr. 9.2.10 | **Reiben** | Abschn./Tab. R/13 |

13. Instandhaltung (Nachschleifen) von Reibahlen: Grundregeln

Nachschärfen (Scharfschleifen) ist unbedingt erforderlich, sobald die Reibahle nicht mehr sauber und genau arbeitet.

Schleifvorgang	Grundregeln	Anmerkungen
1. **Nachschleifen**	a) des **Anschnittes** genügt dann, wenn/solange der Nenndurchm. d_1 noch innerhalb der Toleranzen liegt. Hierbei drückt die Zahnstütze gegen die einzelnen Zähne, da Schleifrichtung gegen Schneide ist. b) der **Spanfläche** zur Entfernung von evtl. Aufbauschneide wegen geringer Rundfasenbreite nur bedingt möglich. c) zur Herrichtung für kleineren Durchmesser, wenn Reibahle zu stark abgenutzt (also nicht mehr maßhaltig) ist.	Anstellwinkel (Bilder 1–3) muß entsprechend dem Anschnittwinkel κ_r (Einstellwinkel) berücksichtigt werden (Bild 1 und 2). Vorgang: Brustschliff (Spanwinkel), Rundschliff (für Rundfase), Anschnitt schleifen, Hinter- oder Rückenschliff (für Freiwinkel) und Feinstschliff.
2. **Rundschliff** (Bild 3)	des Schneidendurchmessers. Die zwischen zwei Spitzen drehbar eingespannte Reibahle wird mit Flach- oder Topfscheibe (Körnung 60/80, Härte M/N) rundgeschliffen. Entweder wird die Reibahle oder die Schleifscheibe hin- und hergefahren.	**Wichtig!** Rundschliff bevorzugt nach dem Schleifen der **Spanfläche** ausführen, damit der entstehende Grat dann mit entfernt werden kann.
3. **Spanbrustschleifen Spanschliff** (Bild 4)	Anschliff der Spanfläche (auch Brustschliff genannt). Einspannen der Reibahle wie unter Pkt. 2 Kegel- oder Tellerscheibe (Form C, Körnung 60, Härte J/K) oder die Reibahle wird hin- und hergefahren. Gute Kühlung ist unbedingt erforderlich.	Beim Schleifen mit Hilfe von Teilscheiben muß berücksichtigt werden, daß die Reibahlen ungleiche Teilungen haben. Deshalb sind Schleifautomaten kaum anwendbar. Richtigen Spanwinkel τ_f beachten!
4. **Freischliff** (Bilder 5 und 6)	Schneidzahn der Reibahle wird mit der Spanfläche auf einer feststehenden Führungszunge angelegt. Zungenspitze auf Einstellwert (Bild 5) unter der Reibahlenachse einstellen. Topfscheibe: Körnung 60, Härte J/K.	Beim Freischliff des Zahnrückens mit Rundschliff-Fase wird der Rundschliff bis auf eine geringe Fasenbreite ($f_n = 0{,}2 \ldots 0{,}3$ mm, je nach ∅) weggeschliffen. Freiwinkel α_f (α)

6–20

| Gruppen-Nr. 9.2.10 | **Reiben** | Abschn./Tab. R/13 |

Instandhaltung (Nachschleifen) von Reibahlen: Grundregeln

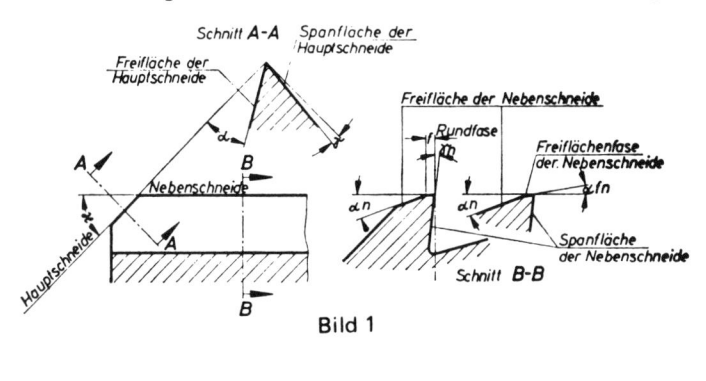

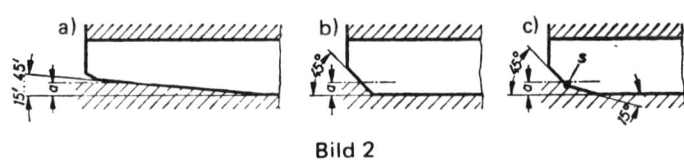

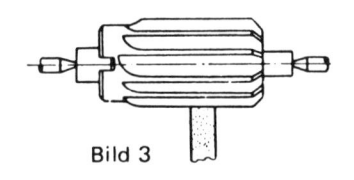

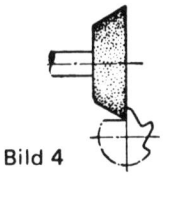

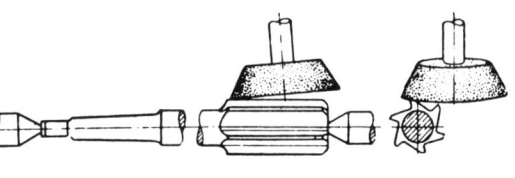

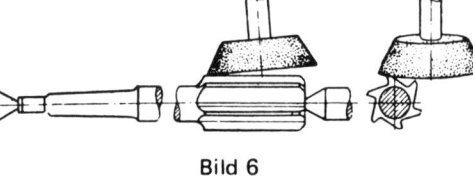

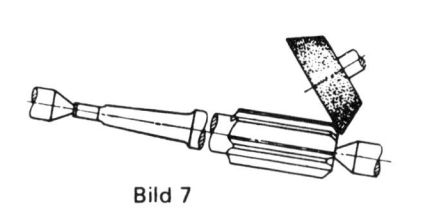

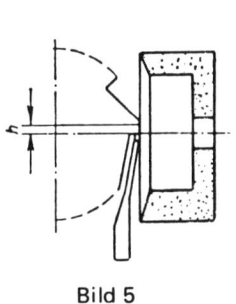

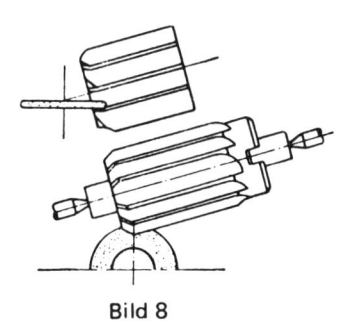

Bild 1

Bild 2

Bild 3

Bild 4

Bild 5

Bild 6

Bild 7

Bild 8

6−21

| Gruppen-Nr. 9.2.10 | **Reiben** | Abschn./Tab. R/13 |

Instandhaltung (Nachschleifen) von Reibahlen: Grundregeln

Schleifvorgang	Grundregeln	Anmerkungen
5. **Anschnittschliff** (Bild 7)	Freischliff der Zähne am Anschnitt unter Berücksichtigung des Freiwinkels α. Drehtisch wird um den Anschnittwinkel κ geschwenkt. Kegelscheibe Form E. Anschnitt- und Übergangswinkel (κ und ϵ) beachten.	Anschliffbereich darf keine Rundschliff-Fase erhalten (Scharfschliff erforderlich). **Wichtig!** Die Hauptschneiden müssen auf gleicher Höhe liegen. Andernfalls begünstigt die dadurch entstehende ungleichmäßige Zahnbelastung die Polygonbildung und Ratterneigung. Außerdem Überlastung und vorzeitiges Abstumpfen einzelner Schneiden.
6. **Schälanschliff** (Bild 8)	Einspannen der Reibahle zwischen Spitzen (s. Pkt. 2). Drehtisch mit Reibahle muß um etwa $10°$ gegen Maschinentisch (mit Flachscheibe) und letztgenannter ebenfalls um $5°$ bis $10°$ geschwenkt werden (Schälanschnitt in Linksdrall zur Achse. Flachscheibe: Form B, Körnung 60/80, Härte J/K; Seite etwas ballig abgezogen.	**Wichtig:** Schälanschnitt bewirkt ein Abführen der Späne in Vorschubrichtung, und ist deshalb für Grundlöcher ungeeignet.

| Gruppen-Nr. 15.2.4 | Gewindeherstellen | Abschn./Tab. Gw/1 |

1. Gewindearten: DIN-Nr., Flankenwinkel und Anwendung

Bezeichnung	DIN Nr.	Flanken-winkel α	Anwendung
1. Spitzgewinde			
a) Metrisches Gewinde / Metr. ISO-Gewinde	13, 14 / 158, 2510	60°	Befestigungs- und Dichtungsschrauben, Rohren, Regelspindeln, Muttern; Regelgewinde
b) Metr. Feingewinde / ISO-Feingewinde	13	60°	Befestigungsschrauben, Einstellschrauben, Regelspindeln (ISO-Feingew. nach DIN 13, Bl. 12)
c) Whitworth-Gewinde (nicht mehr genormt)	—	55°	Befestigungs- und Dichtungsschrauben, Rohren usw.; Bewegungsgewinde
d) Whithworth-Feingewinde	—	55°	Befestigungs- und Dichtungsschrauben, Regelspindeln usw.; Bewegungsgewinde
e) Whitworth-Rohrgewinde (früher Gasgewinde)	ISO 228	55°	Rohre, Muffen, Flanschen, Armaturen, Fittings usw. Als Dichtungsgewinde mit oder ohne Spitzenspiel nach DIN 2999 und DIN 3858
f) Löwenherzgewinde	—	53° 8'	in der feinmechanischen und optischen Industrie
2. Sondergewinde			
a) Metrisches kegeliges Feingewinde	158	60°	Für Rohrverschraub., Dichtungsgewinde Kegel 1 : 16
b) Trapezgewinde	103 / 263	29° oder 30°	Bewegungsgewinde für Spindeln aller Art, Leitspindeln, Schnecken; kann hoch beansprucht werden und kann auch durch Fräsen leicht hergestellt werden
c) Rundgewinde	405, 3182, 15403, 20400	30°	Kupplungs- und Ventilspindeln, Armaturen, Schlauchspindeln usw. Wenig empfindlich gegen Stoß, Schlag und Schmutz; leicht lösbar
	168	30°	Teile aus Glas und zugehörige Verschraubungen
d) Sägengewinde (auch Kraftgewinde genannt)	513 / 2781	30° / 45°	Für einseitige, sehr hohe Druckbeanspruchung Bewegungsgewinde für Druckspindeln und Pressen
e) Flachgewinde	—		Als Bewegungsgewinde zu Spindeln
f) Kordelgewinde	—		Kupplungs- und Bremsspindeln; durch das genormte Rundgewinde verdrängt
g) Elektrogewinde	40 400		Für Glühlampen (früher Edisongewinde genannt)
h) Panzerrohrgewinde	40 430	80°	Für elektr. Installationsleitungen u. dgl.
i) Sellergewinde	—	60°	Selten (veraltet)
k) Holzschraubengewinde	7998	60°	Kopfschrauben, deren Bolzengewinde sich beim Einziehen im Muttergewinde selbst drückt.
l) Gasflaschengewinde	477	55°	Für Gasflaschenventile
m) Ventilgewinde	7756	60°	Für Fahrzeugschlauchventile
n) Brillengewinde	5347	60°	Für Verbindungszwecke
o) Glasgewinde	40450	30°	Für Schutzgläser und Kappen
p) Blechgewinde	7970		Für Blechschrauben

7–1

2. Gewindearten: Kurzzeichen, Maßangabe, Beispiel, Anwendung
(in Anlehnung an DIN 202 „Gewinde, Übersicht")

2.1 Für eingängige Rechtsgewinde

Art des eingängigen Rechtsgewindes	Zeichen vor der Maßzahl	Maßangabe	Beispiel	für Gewinde nach DIN
Metrisches ISO-Gewinde	M	Gewindeaußendurchmesser in mm	M 60 M 0,8	13 Blatt 1 14 Blatt 2
Metrisches ISO-Feingewinde	M	Gewindeaußendurchmesser in mm mal Steigung in mm	M 30 × 1,5	13 Blatt 2…10
Metrisches Gewinde	M	Gewindeaußendurchmesser in mm	M 2,6	13 Blatt 1
Metrisches Feingewinde	M	Gewindeaußendurchmesser in mm mal Steigung in mm	M 2,6 × 0,25	nicht genormt
Whitworth-Gewinde	–	Gewindeaußendurchmesser in Zoll	2"	nicht genormt
Whitworth-Feingewinde	W	Gewindeaußendurchmesser in mm mal Steigung in Zoll	W 84 × ⅛"	nicht genormt
Whitworth-Rohrgewinde	G (R)	Nennweite des Rohres in Zoll	R 4"	ISO 228 (259) 3858
Trapezgewinde	Tr	Gewindeaußendurchmesser in mm mal Steigung in mm	Tr 48 × 8	263
Rundgewinde	Rd	Gewindenenn∅ × Steigung Gewindenenn∅ × Gang/Zoll Glas	Rd 40 × 7 Rd 40 × 6 GL 45 × 4	262, 264 405 168
Sägengewinde	S	Gewindeaußendurchmesser in mm mal Steigung in mm	S 70 × 10	20401, Bergbau 513
Elektrogewinde	E	Nenndurchmesser in mm	E 27	40400
Stahlpanzerrohrgew.	Pg	Nennweite des Rohres in mm	Pg 21	40430

| Gruppen-Nr. 15.2.4 | **Gewindeherstellen** | Abschn./Tab. Gw/2.1, 2.2 |

Gewindearten: Kurzzeichen, Maßangabe, Beispiel, Anwendung

Art des eingängigen Rechtsgewindes	Zeichen vor der Maßzahl	Maßangabe	Beispiel	für Gewinde nach DIN
Gewinde für Schutzgläser, Porzellan- und Gußkappen	Glasg	Gewindeaußendurchmesser (des Bolzens) in mm	Glasg 99	40450
Ventilgewinde	Vg	Gewindeaußendurchmesser in mm	Vg 12	7756
Gasflaschen-Gewinde	W 80 × 1/11		W 19,8 × 1/4 keg. W 80 × 1/11	477 4668
Kunststoff-Gewinde	KS KT	Sägengewinde Trapezgewinde	KS 10 KT 10	6063

2.2 Für links- und mehrgängige Gewinde

Bezeichnung des Zusatzes für	Abkürzung	Zeichenort	Beispiel	für Gewinde	Gültig für
Gas- und dampfdicht	dicht		M 20 dicht 2" dicht R 4" dicht	–	Metrisches Whitworth- und Whitworth-Rohrgewinde
Linksgewinde	links	hinter der Gewindebezeichnung	M 60 links W 104 × 1/8" links R 4" links TR 48 × 8 links	M W R Tr	Metrisches Whitworth-, Whitworth-Rohrgewinde
Mehrgängiges Gewinde rechts	(..gäng)		2" links (2gäng) Tr 48 × 16 (2gäng)	Tr Tr	Trapez-, Rund- und Sägengewinde
Mehrgängiges Gewinde links	links (..gäng)		2" links (2gäng) Tr 48 × 16 links (2gäng)	– Tr	

7 – 3

| Gruppen-Nr. 15.2.4 | **Gewindeherstellen** | Abschn./Tab. Gw/2.3 |

Gewindearten: Kurzzeichen, Maßangabe, Beispiel, Anwendung

2.3 Durchmesserbereich und Anwendung (eingängige Rechtsgewinde)

Gewindeart	Gewinde-profil	Kurzbe-zeichnung DIN ... (Beispiel)	Durchmes-ser-Be-reich (mm)	Anwendung
1. Metrisches ISO-Gewinde		M 0,8 DIN 14	0,3 ... 0,9	für Uhren und Fein-werktechnik
		M 30 DIN 13	1 bis 68	allgemein (Regelgewinde)
		M 20x1 DIN 13	1 ... 1000	allgemein, wenn Stei-gung des Regelge-windes zu groß
2. Metrisches Gewinde für Festsitz: a) nicht-dichtend		DIN 13, 14 M 30 Sn 4 M 30 Sk 6	1 ... 150	für Einschraubende an Stiftschrauben mit Festsitz: nichtdichtend
b) dichtend		M 30 Sn 4 dicht	1 ... 150	dichtend
3. Metrisches Zündkerzen-gewinde		M 18x1,5	18	für Zündkerzen
		M 14x1,25	14	wie oben
4. Metrisches Gewinde mit großem Spiel		M 36 DIN 2510	12 ... 180	für Schraubenverbin-dungen mit Dehn-schaft
5. Metrisches zylindrisches Innengewinde		M 30x2 DIN 158	6 ... 60	Innengewinde für Ver-schlußschrauben und Schmiernippel
6. Metrisches kegeliges Außengewinde	Kegel 1:16	M 20x2keg DIN 158	6 ... 60	für Verschlußschrau-ben und Schmier-nippel
7. Whitworth-Rohrgewinde: a) zylindrisch		G 3/4 DIN ISO 228 (R 3/4 DIN 259)	1/8 ... 6"	für Rohre, Rohrver-bindungen

| Gruppen-Nr. 15.2.4 | **Gewindeherstellen** | Abschn./Tab. Gw/2.3 |

Gewindearten: Kurzzeichen, Maßangabe, Beispiel, Anwendung

Gewindeart	Gewindeprofil	Kurzbezeichnung DIN ... (Beispiel)	Durchmesser-Bereich (mm)	Anwendung
b) zyl. Innengewinde		R_p 1/2 DIN 2999	½"...6"	für Gewinderohre und Fittings
		R 1/8 DIN 3858	⅛"...1½"	für Rohrverschraubungen
c) kegeliges Außengewinde		R 1/2 DIN 2999	1/16"...6"	für Gewinderohre und Fittings
		R 1/8 DIN 3858	⅛"...1½"	für Rohrverschraubungen
8. Metrisches ISO-Trapezgewinde		Tr 40x7 DIN 103 263	5,6...355	allgemein; mit Spiel; 1 und 2-gängig
9. Sägengewinde		S 48x8 DIN 513	10...640	allgemein
		S 630x20 DIN 2781	100...1250	für hydraulische Pressen
10. Rundgewinde		Rd 40 × 6/6 DIN 405	8...200	allgemein
		Rd 40x5 DIN 20400	10...300	für Rundgewinde mit großer Tragtiefe
		Rd 80x10 DIN 15403	50...320	für Lasthaken
		Rd 40 × ½" DIN 3182	40...110	für Atemschutzgeräte
		GL 50 DIN 168	8...45	für Glasbehältnisse
11. Elektrogewinde		E 27 DIN 40400	14...33	vorzugsweise für elektrische Glühlampenfassungen und Sockel
12. Glasgewinde		Glasg 74,5 40450	74,5...188	in der Elektrotechnik für Schutzgläser und Kappen

7–5

Gewindeherstellen

Gruppen-Nr. 15.2.4 — Abschn./Tab. Gw/2.3

Gewindearten: Kurzzeichen, Maßangabe, Beispiel, Anwendung

Gewindeart	Gewinde-profile	Kurzbe-zeichnung DIN... (Beispiel)	Durch-messer-Bereich in mm	Anwendung
13. Stahlpanzer-Rohrgewinde		Pg 21 DIN 40430	7...48	in der Elektrotechnik
14. Fahrrad-gewinde		FG 9,5 DIN 79012	2...34,8	für Fahrräder
15. Ventil-gewinde		Vg 12 DIN 7756	5,2...12	Ventile für Fahrzeug-schläuche
16. Whitworth-Feingewinde (kegelig)		W 28,8 × 1/14 keg DIN 477	19,8/28,8/ 31,3	in Gasflaschen-Ventilen
17. Gestänge-rohrgewinde (kegelig)		Gg 51 DIN 4941 Gg 4½″ DIN 20314	44,5...88,9 3½ bis 5½ inch	für Tiefbohrtechnik, Brunnenbau und Bergbau
18. Blech-schrauben-gewinde		ST 3,5 DIN 7970 DIN 7975	1,5...9,5	für Blechschrauben
19. Holzschrau-bengewinde		Gewinde 3,5 DIN 7998 DIN 95...97 DIN 571 DIN 7995...97	1,6...20	für Holzschrauben
20. Spannzangen-Gewinde		Tr	10...56	
21. Kältetechnik-Gewinde		UNF/UNS		
22. Kfz-Rund-gewinde		KRd	48/72	
23. Lampen-Gewinde		Gewinde DIN 49689	28 × 2 40 × 2,5	für Lampen-fassungen

| Gruppen-Nr. 15.2.4 | **Gewindeherstellen** | Abschn./Tab. Gw/3 |

3. Internationale Gewindearten (Auswahl)

Metrisches ISO-Gewinde Flankenwinkel 60°

Metrisches Gewinde Außen-ø mm	Steigung¹) mm	Metrisches Feingewinde Außen-ø mm	Steigung¹) mm
3	0,5		
4	0,7		
5	0,8		
6	1		
8	1,25	8	1
10	1,5	10	1,25
12	1,75	12	1,5
14	2	12	1,25
16	2	16	1,5
18	2,5	18	1,5
20	2,5	20	1,5
22	2,5	20	2
24	3	22	1,5
27	3	24	2
30	3,5	24	1,5

UNIFIED-Gewinde (USA) Einheitsgewinde²) Flankenwinkel 60° und BS-Gewinde (GB) britische Gewinde (Whitworth) Flankenwinkel 55°

Nenndurchmesser Zoll	UNC³) (grob) Außen-ø mm	Gänge/Zoll	UNF³) (fein) Außen-ø mm	Gänge/Zoll	NPTF (Rohrgew.) Außen-ø mm	Gänge/Zoll	BSW (grob) Außen-ø mm	Gänge/Zoll	BSF (fein) Außen-ø mm	Gänge/Zoll	BSP (Rohrgew.) Außen-ø mm	Gänge/Zoll
1/8					10,29	27					9,73	28
3/16							4,76	24	4,76	32		
1/4	6,35	20	6,35	28	13,72	18	6,35	20	6,35	26	13,16	19
5/16	7,94	18	7,94	24			7,94	18	7,94	22		
3/8	9,53	16	9,53	24	17,15	18	9,53	16	9,53	20	16,66	19
7/16	11,11	14	11,11	20			11,11	14	11,11	18		
1/2	12,70	12²)	12,70	20	20,34	14	12,70	12	12,70	16	20,96	14
9/16	14,29	12	14,29	18			14,29	12	14,29	16		
5/8	15,87	11	15,87	18			15,87	11	15,87	14		
3/4	19,05	10	19,05	16	26,47	14	19,05	10	19,05	12	26,44	14
7/8	22,22	9	22,22	14			22,22	9	22,22	11		
1	25,40	8	25,40	12²)	33,3	11½	25,40	8	25,40	10	33,25	11

Bezeichnungsbeispiel:

| 8 | 1,25 | 8 | 1 | | 6,35 | 20 | 6,35 | 28 | 13,72 | 18 | 6,35 | 18 | 6,35 | 26 | 13,16 | 19 |
| M8 | | M8 × 1 | | | 1/4"-20UNC | | 1/4"-28 UNF | | 1/4"-18NPTF | | 1/4"-20BSW | | 1/4"-26 BSF | | 1/4"-19 BSP oder R 1/4" | |

¹) tragende Gewindetiefe etwa 0,65 × Steigung
²) Abweichungen 1/2"-13 SAE und 1"-14 SAE
³) Das britisch-amerikanische Einheitsgewinde UNC und UNF entspricht im wesentlichen dem SAE-Gewinde. Es wird metrisches ISO-Gewinde und ISO-Feingewinde empfohlen (nach DIN 13 und 14)

7–7

| Gruppen-Nr. 15.2.4 | **Gewindeherstellen** | Abschn./Tab. Gw/4 |

4. Metrisches ISO-Gewinde nach DIN 13, Tl. 1: Regelgewinde

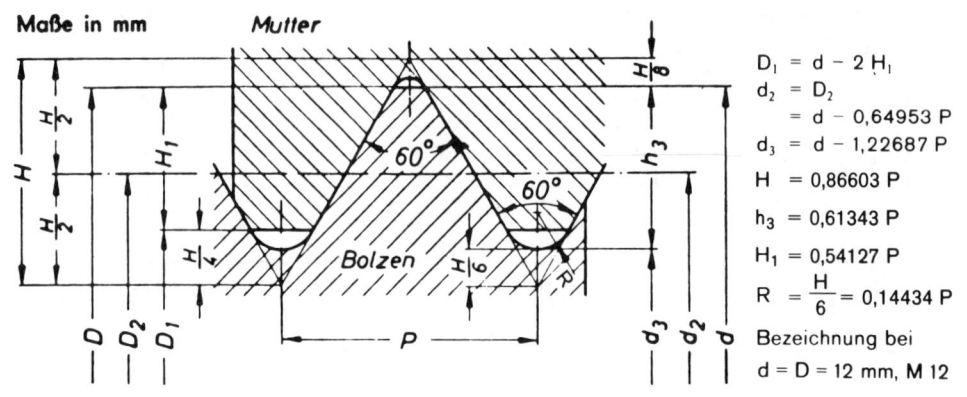

Maße in mm

$D_1 = d - 2H_1$
$d_2 = D_2$
$= d - 0{,}64953\ P$
$d_3 = d - 1{,}22687\ P$
$H = 0{,}86603\ P$
$h_3 = 0{,}61343\ P$
$H_1 = 0{,}54127\ P$
$R = \dfrac{H}{6} = 0{,}14434\ P$

Bezeichnung bei $d = D = 12$ mm, M 12

Metrisches Gewinde nicht nach ISO: nur für die Übergangszeit

Gewinde-Nenn-durchmesser	Steigung P	Flanken-messer $d_2 = D_2$	Kerndurch-messer d_1	Gewinde-tiefe t_1	Rundung R	Kernquer-schnitt mm²
1,7	0,35	1,473	1,246	0,227	0,04	1,22
2,3	0,4	2,040	1,780	0,260	0,04	2,49
2,6	0,45	2,308	2,016	0,292	0,05	3,19

Für Gewinde ohne Toleranzangabe gilt Toleranzklasse mittel (m) nach DIN 13 Blatt 15. Wird Toleranzklasse fein (f) benötigt, dann ist diese der Bezeichnung zuzufügen. Die Bezeichnung lautet dann z. B. M 2,6 f.

Metrisches ISO-Gewinde nach DIN 13, Bl. 1

Gewinde-Nenn-durchmesser d = D		Stei-gung	Flanken-durch-messer	Kerndurchmesser		Gewindetiefe		Run-dung
Reihe 1	Reihe 2	P	$d_2 = D_2$	d_3	D_1	h_3	H_1	R
1		0,25	0,838	0,693	0,729	0,153	0,135	0,036
	1,1	0,25	0,938	0,793	0,829	0,153	0,135	0,036
1,2		0,25	1,038	0,893	0,929	0,153	0,135	0,036
	1,4	0,30	1,205	1,032	1,075	0,184	0,162	0,043
1,6		0,35	1,373	1,170	1,221	0,215	0,189	0,050
	1,8	0,35	1,573	1,371	1,421	0,215	0,217	0,050
2		0,40	1,740	1,509	1,567	0,245	0,244	0,058
	2,2	0,45	1,908	1,648	1,713	0,276	0,244	0,065
2,5		0,45	2,208	1,948	2,013	0,276	0,244	0,065

Fortsetzung

Gruppen-Nr. 15.2.4		Gewindeherstellen					Abschn./Tab. Gw/4	

Fortsetzung

Gewinde-Nenn-durchmesser d = D		Stei-gung	Flanken-durch-messer	Kerndurchmesser		Gewindetiefe		Run-dung[1]
Reihe 1	Reihe 2 (3)	P	$d_2 = D_2$	d_3	D_1	h_3	H_1	R
3		0,5	2,675	2,387	2,459	0,307	0,271	0,072
	3,5	0,6	3,110	2,764	2,850	0,368	0,325	0,067
4		0,7	3,545	3,141	3,242	0,429	0,379	0,101
	4,5	0,75	4,013	3,580	3,688	0,460	0,406	0,108
5		0,8	4,480	4,019	4,134	0,491	0,433	0,115
6		1	5,350	4,773	4,917	0,613	0,541	0,144
	(7)	1	6,350	5,773	5,917	0,613	0,541	0,144
8		1,25	7,188	6,466	6,647	0,767	0,677	0,180
	(9)	1,25	8,188	7,466	7,647	0,767	0,677	0,180
10		1,5	9,026	8,160	8,376	0,920	0,812	0,217
	(11)	1,5	10,026	9,160	9,376	0,920	0,812	0,217
12		1,75	10,863	9,853	10,106	1,074	0,947	0,253
	14	2	12,701	11,546	11,835	1,227	1,083	0,289
16		2	14,701	13,546	13,835	1,227	1,083	0,289
	18	2,5	16,376	14,933	15,294	1,534	1,353	0,361
20		2,5	18,376	16,933	17,294	1,534	1,353	0,361
	22	2,5	20,376	18,933	19,294	1,534	1,353	0,361
24		3	22,051	20,319	20,752	1,840	1,624	0,433
	27	3	25,051	23,319	23,752	1,840	1,624	0,433
30		3,5	27,727	25,706	26,211	2,147	1,894	0,505
	33	3,5	30,727	28,706	29,211	2,147	1,894	0,505
36		4	33,402	31,093	31,670	2,454	2,165	0,577
	39	4	36,402	34,093	34,670	2,454	2,165	0,577
42		4,5	39,077	36,479	37,129	2,760	2,436	0,650
	45	4,5	42,077	39,479	40,129	2,760	2,436	0,650
48		5	44,752	41,866	42,587	3,067	2,706	0,722
	52	5	48,752	45,866	46,587	3,067	2,706	0,722
56		5,5	52,428	49,252	50,046	3,374	2,977	0,794
	60	5,5	56,428	53,252	54,046	3,374	2,977	0,794
64		6	60,103	56,639	57,505	3,681	3,248	0,866
	68	6	64,103	60,639	61,505	3,681	3,248	0,866

Bemerkungen:
1. Die Nenndurchmesser sind in erster Linie der Reihe 1 zu entnehmen. Falls diese Durchmesser nicht genügen, sind die der Reihe 2 und schließlich der Reihe 3 zu wählen.
2. Für Gewinde ohne Toleranzangabe gilt Toleranzklasse mittel und zwar Toleranzfeld 6 g beim Bolzengewinde und Toleranzfeld 6H beim Muttergewinde. Wird ein anderes Toleranzfeld benötigt, so ist der Bezeichnung das Toleranzfeld zuzufügen; die Bezeichnung lautet dann z. B. für ein Bolzengewinde mit dem Toleranzfeld 8 g: M 12−8 g.

5. Metrisches ISO-Feingewinde nach DIN 13, Auswahlreihe

Gewinde-Nenn-durchmesser $d = D$	Steigung P	Flanken-durchmesser $d_2 = D_2$	Kerndurchmesser d_3	Kerndurchmesser D_1	Gewindetiefe h_3	Gewindetiefe H_1	Rundung R
M 1	0,2	0,870	0,755	0,783	0,123	0,108	0,029
M 1,1	0,2	0,970	0,855	0,883	0,123	0,108	0,029
M 1,2	0,2	1,070	0,955	0,983	0,123	0,108	0,029
M 1,4	0,2	1,270	1,155	1,183	0,123	0,108	0,029
M 1,6	0,2	1,470	1,355	1,383	0,123	0,108	0,029
M 1,8	0,2	1,670	1,555	1,583	0,123	0,108	0,029
M 2	0,25	1,838	1,693	1,729	0,153	0,135	0,036
M 2,2	0,25	2,038	1,893	1,929	0,153	0,135	0,036
M 2,5	0,35	2,273	2,071	2,121	0,215	0,189	0,050
M 3,0	0,35	2,773	2,571	2,621	0,215	0,189	0,051
M 3,5	0,35	3,273	3,071	3,121	0,215	0,189	0,072
M 4	0,5	3,675	3,387	3,459	0,307	0,271	0,072
M 4,5	0,5	4,175	3,887	3,959	0,307	0,271	0,072
M 5	0,5	4,675	4,387	4,459	0,307	0,271	0,072
M 6	0,75	5,513	5,080	5,188	0,460	0,406	0,108
M 8	0,75	7,513	7,080	7,188	0,460	0,406	0,108
M 8	1	7,350	6,773	6,917	0,613	0,541	0,144
M 10	0,75	9,513	9,080	9,188	0,460	0,406	0,108
M 10	1	9,350	8,773	8,917	0,613	0,541	0,144
M 10	1,25	9,188	8,466	8,647	0,767	0,677	0,180
M 12	1	11,350	10,773	10,917	0,613	0,541	0,144
M 12	1,25	11,188	10,466	10,647	0,767	0,677	0,180
M 12	1,5	11,026	10,160	10,376	0,920	0,812	0,217
M 14	1	13,350	12,773	12,917	0,613	0,541	0,144
M 14	1,25	13,188	12,466	12,647	0,767	0,677	0,180
M 14	1,5	13,026	12,160	12,376	0,920	0,812	0,217
M 16	1	15,350	14,773	14,917	0,613	0,541	0,144
M 16	1,5	15,026	14,160	14,376	0,920	0,812	0,217
M 18	1	17,350	16,773	16,917	0,613	0,541	0,144
M 18	1,5	17,026	16,160	16,376	0,920	0,812	0,217
M 18	2,0	16,701	15,546	15,835	1,227	1,083	0,289
M 20	1	19,350	18,773	18,917	0,613	0,541	0,144
M 20	1,5	19,026	18,160	18,376	0,920	0,812	0,217
M 20	2,0	18,701	17,546	17,835	1,227	1,083	0,289
M 22	1	21,350	20,773	20,917	0,613	0,541	0,144
M 22	1,5	21,026	20,160	20,376	0,920	0,812	0,217
M 22	2,0	20,701	19,546	19,835	1,227	1,083	0,289
M 24	1	22,701	22,773	22,917	0,613	0,541	0,144
M 24	1,5	23,026	22,160	22,376	0,920	0,812	0,217
M 24	2,0	23,350	21,546	21,835	1,227	1,083	0,289
M 27	1,0	26,350	25,773	25,917	0,613	0,541	0,144
M 27	1,5	26,026	25,160	25,276	0,920	0,812	0,217
M 27	2,0	25,701	24,546	24,835	1,227	1,083	0,289

Gewindeherstellen

Gruppen-Nr. 15.2.4 — Abschn./Tab. Gw/5

Metrisches ISO-Feingewinde nach DIN 13, Auswahlreihe

Gewinde-Nenn-durchmesser $d = D$	Steigung P	Flanken-durchmesser $d_2 = D_2$	Kerndurchmesser d_3	Kerndurchmesser D_1	Gewindetiefe h_3	Gewindetiefe H_1	Rundung R
M 30	1,0	29,350	28,773	28,917	0,613	0,541	0,144
M 30	1,5	29,026	28,160	28,376	0,920	0,812	0,217
M 30	2,0	28,701	27,546	27,835	1,227	1,083	0,289
M 33	1,5	32,026	32,160	31,376	0,920	0,812	0,217
M 33	2,0	31,701	30,546	30,835	1,227	1,083	0,289
M 36	1,5	35,026	34,160	34,376	0,920	0,812	0,217
M 36	2,0	34,701	33,546	33,835	1,227	1,083	0,289
M 36	3	34,051	32,319	32,752	1,840	1,624	0,433
M 39	1,5	38,026	37,160	37,376	0,920	0,812	0,217
M 39	2,0	37,701	36,546	36,835	1,227	1,083	0,289
M 39	3,0	37,051	35,319	35,752	1,840	1,624	0,433
M 42	1,5	41,026	40,160	40,376	0,920	0,812	0,217
M 42	2,0	40,701	39,546	39,835	1,227	1,083	0,289
M 42	3,0	40,051	38,319	38,752	1,840	1,624	0,433
M 42	4,0	39,402	37,093	37,670	2,454	2,165	0,577
M 45	1,5	44,026	43,160	43,376	0,920	0,812	0,217
M 45	2,0	43,701	42,546	42,835	1,227	1,083	0,289
M 45	3,0	43,051	41,319	41,752	1,840	1,624	0,433
M 45	4,0	42,402	40,093	40,670	2,454	2,165	0,577
M 48	1,5	47,026	46,107	46,376	0,920	0,812	0,217
M 48	2,0	46,701	45,546	45,835	1,227	1,083	0,289
M 48	3,0	46,051	44,319	44,752	1,840	1,624	0,433
M 48	4,0	45,402	43,093	43,670	2,454	2,165	0,577
M 52	1,5	51,026	50,160	50,376	0,920	0,812	0,217
M 52	2,0	50,701	49,546	49,835	1,227	1,083	0,289
M 52	3,0	50,051	48,319	48,752	1,840	1,624	0,433
M 52	4,0	49,402	47,093	47,670	2,454	2,165	0,577
M 56	1,5	55,026	54,160	54,376	0,920	0,812	0,217
M 56	2,0	54,701	53,546	53,835	1,227	1,083	0,289
M 56	3,0	54,051	52,319	52,752	1,840	1,624	0,433
M 56	4,0	53,402	51,093	51,670	2,454	2,165	0,577
M 60	1,5	59,026	58,160	58,376	0,920	0,812	0,217
M 60	2,0	58,701	57,546	57,835	1,227	1,083	0,289
M 60	3,0	58,051	56,319	56,752	1,840	1,624	0,433
M 60	4,0	57,402	55,093	55,670	2,454	2,165	0,577
M 64	1,5	63,026	62,160	62,376	0,920	0,812	0,217
M 64	2,0	62,701	61,546	61,835	1,227	1,083	0,289
M 64	3,0	62,051	60,319	60,752	1,840	1,624	0,433
M 64	4,0	61,402	59,093	59,670	2,454	2,165	0,577
M 68	1,5	67,026	66,160	66,376	0,920	0,812	0,217
M 68	2,0	66,701	65,546	65,835	1,227	1,083	0,289
M 68	3,0	66,051	64,319	64,752	1,840	1,624	0,433
M 68	4,0	65,402	63,093	63,670	2,454	2,165	0,577

| Gruppen-Nr. 15.2.4 | **Gewindeherstellen** | Abschn./Tab. Gw/6 |

6. Whitworth-Gewinde (nicht mehr genormt)

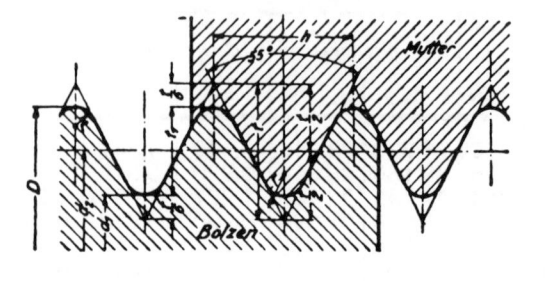

$$h = \frac{25{,}40095}{z} = P$$

$r = 0{,}13733\ h$

$t = 0{,}9605\ h = H$

$t_1 = 0{,}64033\ h = H_1$

Gewindemaße in mm

Nenn-durch-messer Zoll	Gewinde-durch-messer D	Kern-durch-messer d_1	Kern-quer-schnitt cm²	Ge-winde-tiefe t_1	Rundung r	Flanken-durch-messer d_2	Steigung h (P)	Gangzahl auf 1 Zoll z
(¹/₁₆)	1,587	1,045	0,009	0,270	0,058	1,315	0,423	60
(³/₃₂)	2,381	1,703	0,023	0,338	0,072	2,041	0,529	48
(¹/₈)	3,175	2,362	0,044	0,406	0,087	2,768	0,635	40
(⁵/₃₂)	3,969	2,952	0,068	0,507	0,108	3,459	0,793	32
(³/₁₆)	4,762	3,407	0,091	0,677	0,145	4,084	1,058	24
(⁷/₃₂)	5,550	4,201	0,138	0,677	0,145	4,878	1,058	24
¹/₄	6,350	4,724	0,175	0,813	0,174	5,537	1,270	20
⁵/₁₆	7,938	6,131	0,295	0,904	0,194	7,034	1,411	18
³/₈	9,525	7,492	0,441	1,017	0,218	8,509	1,588	16
(⁷/₁₆)	11,113	8,789	0,607	1,162	0,249	9,951	1,814	14
¹/₂	12,700	9,990	0,784	1,355	0,291	11,345	2,117	12
⁵/₈	15,876	12,918	1,311	1,479	0,317	14,397	2,309	11
³/₄	19,051	15,798	1,960	1,627	0,349	17,424	2,540	10
⁷/₈	22,226	18,611	2,720	1,807	0,388	20,419	2,822	9
1	25,401	21,335	3,575	2,033	0,436	23,368	3,175	8
1¹/₈	28,576	23,929	4,497	2,324	0,498	26,253	3,629	7
1¹/₄	31,751	27,104	5,770	2,324	0,498	29,428	3,629	7
1³/₈	34,926	29,505	6,837	2,711	0,581	32,215	4,233	6
1¹/₂	38,101	32,680	8,388	2,711	0,581	35,391	4,233	6
1⁵/₈	41,277	34,771	9,495	3,253	0,698	38,024	5,080	5
1³/₄	44,452	37,946	11,310	3,253	0,698	41,199	5,080	5
(1⁷/₈)	47,627	40,398	12,818	3,614	0,775	44,012	5,645	4¹/₂
2	50,802	43,573	14,912	3,614	0,775	47,187	5,645	4¹/₂
2¹/₄	57,152	49,020	18,873	4,066	0,872	53,086	6,350	4
2¹/₂	63,502	55,370	24,079	4,066	0,872	59,436	6,350	4
2³/₄	69,853	60,558	28,804	4,647	0,997	65,205	7,257	3¹/₂
3	76,203	66,909	35,161	4,647	0,997	71,556	7,257	3¹/₂

Anmerkung:
Die Werte der Zahlentafel sind die theoretischen Abmessungen des Gewindes.
Die ( ) eingeklammerten Gewinde sind möglichst zu vermeiden.

| Gruppen-Nr. 15.2.4 | Gewindeherstellen | Abschn./Tab. Gw/7 |

7. Whitworth-Rohrgewinde nach DIN ISO 228 und DIN 2999

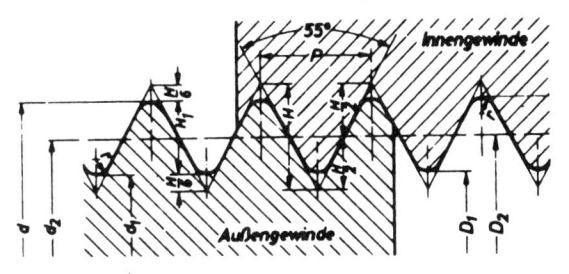

Gewinde-Kurzzeichen:
G nach DIN ISO 228
Nach DIN 2999: R für Außengewinde
R_p für zylindr. Innengewinde, R_c für kegel. Innengewinde (ISO 7/I)

$P = 25{,}40095/z$ $H = 0{,}960491\ P$
$r = 0{,}137278\ P$ $H_1 = 0{,}640327\ P$

Gewindemaße in mm

Gewindegröße Zoll G bzw. R	Außendurchmesser $d = D$	Steigung P	Gangzahl auf 1 Zoll z	Flankendurchmesser $d_2 = D_2$	Kerndurchmesser $d_1 = D_1$	Gewindetiefe $h_1 = H_1$	Rundung $r \approx$
1/8	9,728	0,907	28	9,147	8,566	0,581	0,125
1/4	13,157	1,337	19	12,301	11,445	0,856	0,184
3/8	16,662	1,337	19	15,806	14,950	0,856	0,184
1/2	20,955	1,814	14	19,793	18,631	1,162	0,249
(5/8)	22,911	1,814	14	21,749	20,587	1,162	0,249
3/4	26,441	1,814	14	25,279	24,117	1,162	0,249
(7/8)	30,201	1,814	14	29,039	27,877	1,162	0,249
1	33,249	2,309	11	31,770	30,291	1,479	0,317
(1 1/8)	37,897	2,309	11	36,418	34,939	1,479	0,317
1 1/4	41,910	2,309	11	40,431	38,952	1,479	0,317
(1 3/8)	44,323	2,309	11	42,844	41,365	1,479	0,317
1 1/2	47,803	2,309	11	46,324	44,845	1,479	0,317
(1 3/4)	53,746	2,309	11	52,267	50,788	1,479	0,317
2	59,614	2,309	11	58,135	56,656	1,479	0,317
(2 1/4)	65,710	2,309	11	64,231	62,752	1,479	0,317
2 1/2	75,184	2,309	11	73,705	72,226	1,479	0,317
(2 3/4)	81,534	2,309	11	80,055	78,576	1,479	0,317
3	87,884	2,309	11	86,405	84,926	1,479	0,317
(3 1/4)	93,980	2,309	11	92,501	91,022	1,479	0,317
3 1/2	100,330	2,309	11	98,851	97,372	1,479	0,317
(3 3/4)	106,680	2,309	11	105,201	103,722	1,479	0,317
4	113,030	2,309	11	111,551	110,072	1,479	0,317

Anmerkung: Die Werte der Zahlentafel sind die theoretischen Abmessungen des Gewindes. Die () eingeklammerten Gewinde gibt es nur als Rohrgewinde G (DIN ISO 228).

7–13

| Gruppen-Nr. 15.2.4 | **Gewindeherstellen** | Abschn./Tab. Gw/8 |

8. Whitworth-Rohrgewinde mit Spitzenspiel (nicht genormt)

Steigung $P = 25{,}40095 : z$
Gewindetiefe $t_1 = 0{,}56633 \cdot P$
Dreieckshöhe $t = 0{,}96049 \cdot P$
Rundung $r = 0{,}13733 \cdot P$
Abflachung $a = 0{,}074 \, P$
Tragtiefe $t_2 = 0{,}49233 \cdot P$

Das Bolzengewinde erhält am Kopf, das Muttergewinde am Kern ein Spiel a.

Bezeichnung:
z. B. „G ½" m Sp"; Rohrgewinde mit Spitzenspiel von ½".

Nenndurchmesser [Zoll]	Gewindedurchmesser D [mm]	Kerndurchmesser D_1 [mm]	Gewindedurchmesser d [mm]	Kerndurchmesser d_1 [mm]	Gewindetiefe t_1 [mm]	Flankendurchmesser d_2 [mm]	Steigung P [mm]	Gangzahl je Zoll z
⅛	9,729	8,701	9,594	8,667	0,514	9,148	0,907	28
¼	13,158	11,643	12,960	11,446	0,757	12,302	1,337	19
⅜	16,663	15,149	16,465	14,951	0,757	15,807	1,337	19
½	20,956	18,901	20,687	18,632	1,028	19,794	1,814	14
⅝	22,912	20,857	22,643	20,588	1,028	21,750	1,814	14
¾	26,442	24,387	26,174	24,119	1,028	25,281	1,814	14
⅞	30,202	28,147	29,933	27,878	1,308	29,040	1,814	14
1	33,250	30,634	32,908	30,293	1,308	31,771	2,309	11
(1⅛)	37,898	35,283	37,556	34,941	1,308	36,420	2,309	11
1¼	41,912	39,296	41,570	38,954	1,308	40,433	2,309	11
(1⅜)	44,325	41,709	43,983	41,367	1,308	42,846	2,309	11
1½	47,825	45,189	47,463	44,847	1,308	46,326	2,309	11
(1⅝)	51,990	49,374	51,648	49,032	1,308	50,511	2,309	11
1¾	53,748	51,133	53,407	50,791	1,308	52,270	2,309	11
2	59,616	57,001	59,274	56,659	1,308	58,137	2,309	11
2¼	65,712	63,097	65,371	62,755	1,308	64,234	2,309	11
(2⅜)	69,400	66,785	69,058	66,443	1,308	67,921	2,309	11
2½	75,187	72,571	74,845	72,230	1,308	73,708	2,309	11
2¾	81,537	— 22	81,195	78,580	1,308	80,058	2,309	11
3	87,887	85,272	87,545	84,930	1,308	86,409	2,309	11
3¼	93,984	91,368	93,642	91,026	1,308	92,505	2,309	11
3½	100,334	97,718	99,992	97,376	1,308	98,855	2,309	11
3¾	106,684	104,068	106,342	103,727	1,308	105,205	2,309	11
4	113,034	110,419	112,692	110,077	1,308	111,556	2,309	11
4½	125,735	123,119	125,393	122,877	1,308	124,256	2,309	11
5	138,435	135,820	138,093	135,748	1,308	136,957	2,309	11
5½	151,136	148,520	150,794	148,178	1,308	149,657	2,309	11
6	163,836	161,221	163,494	160,879	1,439	162,357	2,309	11
7	189,237	186,360	188,861	185,984	1,439	187,611	2,309	10
8	214,638	211,761	214,262	211,385	1,439	213,012	2,540	10

Fortsetzung

| Gruppen-Nr. 15.2.4 | **Gewindeherstellen** | Abschn./Tab. Gw/8, 9 |

Nenn-durch-messer [Zoll]	Gewinde-durch-messer D [mm]	Kern-durch-messer D_1 [mm]	Gewinde-durch-messer d [mm]	Kern-durch-messer d_1 [mm]	Ge-winde-tiefe t_1 [mm]	Flanken-durch-messer d_2 [mm]	Stei-gung P [mm]	Gang-zahl je Zoll z
9	240,339	237,162	239,663	236,786	1,439	238,412	2,540	10
10	265,440	262,563	265,064	262,187	1,439	263,813	2,540	10
11	290,841	287,245	290,371	286,775	1,798	288,808	3,175	8
12	316,242	312,645	315,772	312,176	1,798	314,209	3,175	8
13	347,485	343,889	347,015	343,417	1,798	345,452	3,175	8
14	372,886	369,290	372,416	368,820	1,798	370,853	3,175	8
15	398,287	394,691	397,817	394,221	1,798	396,254	3,175	8
16	423,688	420,092	423,218	419,623	1,798	421.655	3,175	8
17	449,089	445,492	448,619	445,023	1,798	447,056	3,175	8
18	474,490	470,893	474,020	470,424	1,798	472,457	3,175	8

Bemerkung:
Die eingeklammerten Werte werden nur bei Kupferröhren für hohen Druck und deren Armaturen verwendet und sind sonst möglichst zu vermeiden.

9. Normung der Trapez- und Sägengewinde: Steigung und Nenndurchmesser

Gewindedurchmesser d bzw. D [mm]	Steigung P in mm		
	fein	mittel DIN 103 DIN 513	grob
10, 12, 14	2	(3)!	—
16, 18, 20	2	(4)!	—
22, 24, 26, 28	3	5	8
30, 32, 34, 36	3	6	10
38	3	7	10
40, 42, 44	3	7	12
46, 48, 50, 52	3	8	12
55, (58), 60, (62)	3	9	14
65, (68), 70, (72), 75, (78), 80, (82)	4	10	16
85, (88), 90, (92), 95, (98)	4	12	18
100, 105, 110	4	12	20
115, 120, 125, 130	6	14	22
135, 140, 145	6	14	24
150, 155	6	16	24
160, 165, 170, 175	6	16	28

Fortsetzung

| Gruppen-Nr. 15.2.4 | **Gewindeherstellen** | Abschn./Tab. Gw/9, 10 |

Gewindedurchmesser d bzw. D [mm]	Steigung P in mm		
	fein	mittel DIN 103 DIN 513	grob
180	8	18	28
185, 190, 195, 200	8	18	32
210, 220, 230	8	20	36
240	8	22	36
250, 260	12	22	40
270, 280	12	24	40
290	12	24	44
300	12	24	44
320, 340	12	—	44
360, 380, 400	12	—	—
420, 440, 460, 480, 500	18	—	—
520, 540, 560, 580, 600, 620, 640	24	—	—

Bemerkungen:
Die eingeklammerten Durchmesser sind möglichst zu vermeiden. Die beiden eingeklammerten Steigungen ()! gelten nur für Trapezgewinde.

10. Maße für metrisches ISO-Trapezgewinde
10.1 Profilabmessungen

eingängig DIN 103: $d = 10$ bis 300, eingängig fein: $d = 10$ bis 640, grob: $d = 22$ bis 400

Flankendurchmesser	$d_2 = d - 0{,}5\,P$	Bolzengewindetiefe	$t_1 = 0{,}5\,P + a_c$
Bolzen-Kerndurchmesser	$d_1 = d - 2\,t_1$	Tragtiefe	$t_2 = 0{,}5\,P$
Mutter-Gewindedurchmesser	$D = d + 2\,a_c$	Muttergewindetiefe	$T = 0{,}5\,P + a_c$
Mutter-Kerndurchmesser	$D_1 = d - P$	Spiel	$a_c = r^3;\ c = 0{,}25\,P$

Für Steigung P [mm]	Bolzen-gewindetiefe t_1	Tragtiefe t_2	Spiel a_c	Rundung[1]	Muttergewindetiefe T	Bolzen-Gewindedmr. d; Maße in mm		
						fein	mittel bevorzugt	grob
2	1,25	1	0,25	0,125	1,25	10…20	10…12	—
3	1,75	1,5	0,25	0,125	1,75	22…60	12…14	—
4	2,25	2	0,25	0,125	2,25	65…110	16…20	—
5	2,75	2,5	0,25	0,125	2,75	—	22…28	—
6	3,25	3	0,5	0,25	3,5	120…170	30…36	—
7	3,75	3,5	0,5	0,25	4	—	38…44	—
8	4,25	4	0,5	0,25	4,5	180…240	46…52	22…28
9	4,75	4,5	0,5	0,25	5	—	55…60	—
10	5,25	5	0,5	0,25	5,5	—	65…80	30…40
12	6,25	6	0,5	0,25	6,5	250…300	85…110	40…52

Fortsetzung

| Gruppen-Nr. 15.2.4 | **Gewindeherstellen** | Abschn./Tab. Gw/10.1 |

Für Steigung P	Bolzen-gewinde-tiefe t_1	Trag-tiefe t_2	Spiel a_c	Rundung r_1[1]	Mutter-gewinde-tiefe T	Bolzen-Gewindedm. d Maße in mm		
						fein	mittel bevorzugt	grob
14	7,5	7	1	0,5	8	—	120...140	55...60
16	8	8	1	0,5	9	—	150...170	65...80
18	9,5	9	1	0,5	10	—	180...200	85...95
20	10	10	1	0,5	11	—	210...230	100...110
22	11,5	11	1	0,5	12	—	240...260	120...130
24	12	12	1	0,5	13	—	270...300	140...155
28	14,5	14	1	0,5	15	—	—	160...180
32	16	16	1	0,5	17	—	—	180...200
36	18,5	18	1	0,5	19	—	—	210...240
40	20	20	1	0,5	21	—	—	250...280
44	22	22	1	0,5	23	—	—	290...240

Ausgeführte Bolzendurchmesser d [mm]						
10	30	50	75	100	150	200
12	32	52	(78)	(105)	(155)	210
14	(34)	55	80	110	160	220
16	36	(58)	(82)	(115)	(165)	230
19	(38)	60	85	120	170	240
20	40	(62)	(88)	(125)	(175)	250
22	(42)	65	90	130	180	260
24	44	(68)	(92)	(135)	(185)	270
26	(46)	70	95	140	190	280
28	48	(72)	(98)	(145)	(195)	290

[1]) Werden Trapezgewinde als Kraftgewinde verwendet, so ist das Gewindeprofil im Kern der Spindel mit dem Halbmesser r auszurunden. Zwei-, drei- und mehrgängige Gewinde erhalten die zwei-, drei- oder mehrfache Steigung mit dem der einfachen Steigung entsprechenden Gewindeprofil. Abrundung des Bolzengewindes außen r_1 (siehe Tab.); Ausrundung $r = 2\,r_1$.

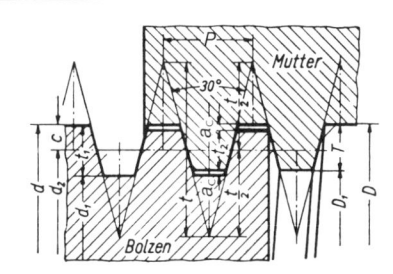

Bemerkung:
1. Mehrgängige Gewinde erhalten die entsprechend mehrfache Steigung mit dem zur einfachen Steigung gehörenden Gewindeprofil.
2. Die einzelnen genormten Durchmesser sind aus der Tabelle zu ersehen.

| Gruppen-Nr. 15.2.4 | **Gewindeherstellen** | Abschn./Tab. Gw/10.2 |

10.2. Metr. ISO-Trapezgewinde, eingängig (nach DIN 103)
Auswahlreihe; Bezeichnung z. B. **Tr** 10 × 2 (= d × P)

Bolzen					Mutter		Bolzen					Mutter	
Gewinde-durchm.	Kern-durchm.	Kern-querschnitt	Flanken-durchm.	Steigung	Gewinde-durchm.	Kern-durchm.	Gewinde-durchm.	Kern-durchm.	Kern-querschnitt	Flanken-durchm.	Steigung	Gewinde-durchm.	Kern-durchm.
d [mm]	d_1 [mm]	A [cm²]	d_2 [mm]	P	D [mm]	D_1 [mm]	d [mm]	d_1 [mm]	A [cm²]	d_2 [mm]	P	D [mm]	D_1 [mm]
10	7,5	0,33	9	2	10,5	8	90	77	47,17	84	12	91	78
12	8,5	0,57	10,5	3	12,5	9	(95)	82	53,46	89	12	96	83
(14)	9,5	0,71	12,5	3	14,5	11	100	87	60,18	94	12	101	88
16	11,5	1,04	14	4	16,5	12	(110)	97	74,66	104	12	111	98
(18)	13,5	1,43	16	4	18,5	14	120	104	86,59	113	14	122	106
20	15,5	1,89	18	4	20,5	16	(130)	114	103,87	123	14	132	116
(22)	16,5	2,14	19,5	5	22,5	17	140	124	122,72	133	14	142	126
24	18,5	2,69	21,5	5	24,5	19	(150)	132	138,93	142	16	152	134
(26)	20,5	3,30	23,5	5	26,5	21	160	142	160,61	152	16	162	144
28	22,5	3,98	25,5	5	28,5	23	(170)	152	183,85	162	16	172	154
(30)	23	4,34	27	6	31	24	180	160	203,58	171	18	182	162
32	25	5,11	29	6	33	26	(190)	170	229,66	181	18	192	172
(34)	27	5,94	31	6	35	28	200	180	257,30	191	18	202	182
36	29	6,83	33	6	37	30	(210)	188	280,55	200	20	212	190
(38)	30	7,31	34,5	7	39	31	220	198	311,03	210	20	222	200
40	32	8,30	36,5	7	41	34	(230)	208	343,07	220	20	232	210
(42)	34	9,35	38,5	7	43	35	240	216	369,84	229	22	242	218
44	36	10,46	40,5	7	45	37	(250)	226	404,71	239	22	252	228
(46)	37	11,04	42	8	47	38	260	236	441,15	249	22	262	238
48	39	12,25	44	8	49	40	(270)	244	471,44	258	24	272	246
(50)	41	13,53	46	8	51	42	280	254	510,71	268	24	282	256
52	43	14,86	48	8	53	44	(290)	264	551,55	278	24	292	266
(55)	45	16,26	50,5	9	56	45	300	274	585,35	288	24	302	276
60	50	20,03	55,5	9	61	51							
(65)	54	23,33	60	10	66	54							
70	59	27,81	65	10	71	60	**Ohne Toleranzangabe gilt:**						
(75)	64	32,67	70	10	76	65	Toleranzklasse mittel,						
80	69	37,94	75	10	81	70	Toleranzfeld 7e für Bolzengewinde,						
(85)	72	41,28	79	12	86	73	7H für Muttergewinde						

Vorzugsreihe (Reihe 1) ohne Klammern; in Klammern stehenden Durchm. möglichst vermeiden

7 – 18

| Gruppen-Nr. 15.2.4 | **Gewindeherstellen** | Abschn./Tab. Gw/11 |

11. Maße für Rundgewinde (nach DIN 405)

Maße in mm

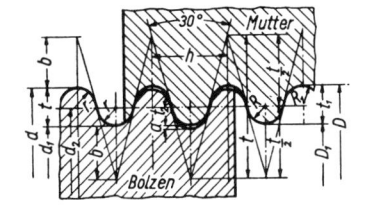

Steigung P = 25,40095 z
Tiefe t = 1,86603 P
Gewindetiefe t_1 = 0,5 P
Tragtiefe: t_2 = 0,0835 P
a = 0,05 P
b = 0,68301 P
r = 0,23851 P
R = 025597 P
R_1 = 0,22105 P

Gewinde-durch-messer d	Gang-zahl auf 1 [Zoll] z	Steigung P	Gewinde-tiefe t_1	Tragtiefe t_2	Rundungen Bolzen r	Mutter R	Mutter R_1
8...12	10	2,540	1,270	0,212	0,606	0,650	0,561
14...38	8	3,175	1,588	0,265	0,757	0,813	0,702
40...100	6	4,233	2,177	0,353	1,010	1,084	0,936
105...200	4	6,350	3,175	0,530	1,515	1,625	1,404

Bolzen			Mutter		Bolzen			Mutter	
Gewinde-durchm. d	Kern-durchm. d_1	Flanken-durchm. d_2	Gewinde-durchm. D	Kern-durchm. D_1	Gewinde-durchm. d	Kern-durchm. d_1	Flanken-durchm. d_2	Gewinde-durchm. D	Kern-durchm. D_1
8	5,460	6,730	8,254	5,714	26	22,825	24,412	26,318	23,142
9	6,460	7,730	9,254	6,714	28	24,825	26,412	28,318	25,142
10	7,460	8,730	10,254	7,714	30	26,825	28,412	30,318	27,142
12	9,460	10,730	12,254	9,714	32	28,825	30,412	32,318	29,142
14	10,825	12,412	14,318	11,142	(34)	30,825	32,412	34,318	31,142
16	12,825	14,412	16,318	13,142	36	32,825	34,412	36,318	33,142
18	14,825	16,412	18,318	15,142	(38)	34,825	36,412	38,318	35,142
20	16,825	18,412	20,318	17,142	40	35,767	37,883	40,423	36,190
22	18,825	20,412	22,318	19,142	(42)	37,767	39,883	42,423	38,190
24	20,825	22,12	24,318	21,142	44	39,767	41,883	44,423	40,190

7 – 19

Gruppen-Nr.		Abschn./Tab.
15.2.4	**Gewindeherstellen**	Gw/12

12. Maße für eingängiges Sägengewinde (nach DIN 513)

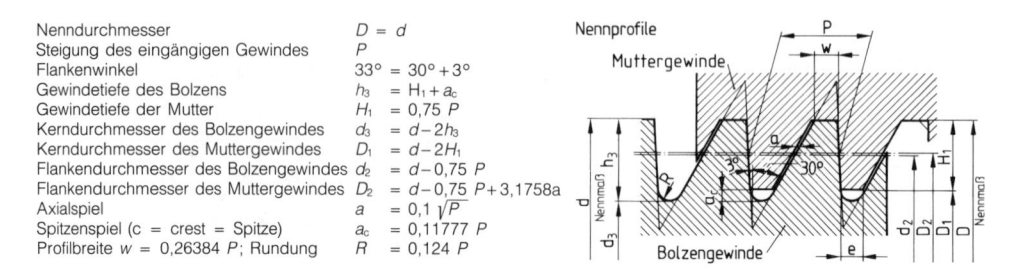

Nenndurchmesser $\quad D = d$
Steigung des eingängigen Gewindes $\quad P$
Flankenwinkel $\quad 33° = 30° + 3°$
Gewindetiefe des Bolzens $\quad h_3 = H_1 + a_c$
Gewindetiefe der Mutter $\quad H_1 = 0{,}75\ P$
Kerndurchmesser des Bolzengewindes $\quad d_3 = d - 2h_3$
Kerndurchmesser des Muttergewindes $\quad D_1 = d - 2H_1$
Flankendurchmesser des Bolzengewindes $\quad d_2 = d - 0{,}75\ P$
Flankendurchmesser des Muttergewindes $\quad D_2 = d - 0{,}75\ P + 3{,}1758a$
Axialspiel $\quad a = 0{,}1\ \sqrt{P}$
Spitzenspiel (c = crest = Spitze) $\quad a_c = 0{,}11777\ P$
Profilbreite $w = 0{,}26384\ P$; Rundung $\quad R = 0{,}124\ P$

Nennprofile
Muttergewinde
Bolzengewinde

Maße in mm

Steigung P	Gewindedurchmesser D		
	fein	mittel	grob
2	10...20	—	—
3	22...62	—	—
4	65...110	—	—
5	—	22...28	—
6	115...175	30...36	—
7	—	38...44	—
8	180...240	46...52	22...28
9	—	55...62	—
10	—	65...82	30...38
12	250...400	85...110	40...52
14	—	115...145	55...62
16	—	150...175	65...82
18	420...500	180...200	85...98
20	—	210...230	100...110
22	—	240...260	115...130
24	520...640	270...290	135...155
26	—	300	—
28	—	—	160...180
32	—	—	185...200
36	—	—	210...240
40	—	—	250...280
44	—	—	290...340

Bemerkungen:

1. Mehrgängige Gewinde erhalten die entsprechend mehrfache Steigung mit dem zur einfachen Steigung gehörenden Gewindeprofil.
2. Die einzelnen genormten Durchmesser sind aus der Tabelle zu ersehen.

Fortsetzung

Gewindeherstellen

Gruppen-Nr. 15.2.4 — Abschn./Tab. Gw/12

Gewinde-bezeichnung $d \times P$	Bolzen Kern$\varnothing$ d_3	Bolzen Gewindetiefe h_3	Mutter Kern$\varnothing$ D_1	Mutter Gewindetiefe H_1	Rundung R	Flanken-$\varnothing$ d_2
10 x 2	6,528	1,736	7,0	1,50	0,249	8,50
12 x 3	6,794	2,603	7,5	2,25	0,373	9,75
14 x 3	8,794	2,603	9,5	2,25	0,373	11,75
16 x 4	9,058	3,471	10,0	3,00	0,497	13,00
18 x 4	11,058	3,471	12,0	3,00	0,497	15,00
20 x 4	13,058	3,471	14,0	3,00	0,497	17,00
24 x 5	15,322	4,339	16,5	3,75	0,621	20,25
28 x 5	19,322	4,339	20,5	3,75	0,621	24,25
30 x 6	19,586	5,207	21,0	4,50	0,746	25,50
34 x 6	23,586	5,207	25,0	4,50	0,746	29,50
36 x 6	25,586	5,207	27,0	4,50	0,746	31,50
38 x 7	25,852	6,074	27,5	5,25	0,870	32,75
40 x 7	27,852	6,074	29,5	5,25	0,870	34,75
42 x 7	29,852	6,074	31,5	5,25	0,870	36,75
44 x 7	31,852	6,074	33,5	5,25	0,870	38,75
46 x 8	32,116	6,942	34,0	6,00	0,994	40,00
48 x 8	34,116	6,942	36,0	6,00	0,994	42,00
50 x 8	36,116	6,942	38,0	6,00	0,994	44,00
60 x 9	44,380	7,810	46,5	6,75	1,118	53,25
65 x 10	47,644	8,678	50,0	7,50	1,243	57,50
70 x 10	52,644	8,678	55,0	7,50	1,243	62,50
75 x 10	57,644	8,678	60,0	7,50	1,243	67,50
80 x 10	62,644	8,678	65,0	7,50	1,243	72,50
90 x 12	69,174	10,413	72,0	9,00	1,488	81,00
100 x 12	79,174	10,413	82,0	9,00	1,488	91,00

| Gruppen-Nr. 15.2.4 | **Gewindeherstellen** | Abschn./Tab. Gw/13 |

13. Mittlerer Steigungswinkel verschiedener Gewindearten

Whitworth-Rohrgewinde DIN 228 (alt 259)			Metrisches ISO-Gewinde DIN 13			Whitworth-Rohrgewinde DIN ISO 228/DIN 2999, 3858		
Bolzen-durchmesser d in Zoll	Steigung P in mm	Steigungswinkel α [°]	Bolzen-durchmesser d in mm	Steigung P in mm	Steigungswinkel α [°]	Nenn-⌀ d in Zoll G/R/Rp	Steigung P in mm	Steigungswinkel α [°]
R 1/16	0,423	$5^3/_4$	1	0,25	$5^1/_2$	1/8	0,907	$1^3/_4$
R 1/8	0,635	$4^1/_4$	1,2	0,25	$4^1/_2$	1/4	1,337	2
R 1/4	1,270	$4^1/_4$	2	0,4	$4^1/_4$	3/8	1,337	$1^1/_2$
R 5/16	1,411	$3^3/_4$	2,3	0,4	$3^1/_2$	1/2	1,814	$1^3/_4$
R 3/8	1,588	$3^1/_2$	3	0,5	$3^1/_2$	5/8	1,814	$1^1/_2$
R 7/16	1,814	$3^1/_2$	4	0,7	$3^1/_2$	3/4	1,814	$1^1/_4$
R 1/2	2,117	$3^1/_2$	4,5	0,75	$3^1/_2$	7/8	1,814	$1^1/_4$
R 9/16	2,117	3	5	0,8	$3^1/_4$	1	2,309	$1^1/_4$
R 5/8	2,309	3	6	1	$3^1/_2$	$1^1/_8$	2,309	$1^1/_4$
R 11/16	2,309	$2^3/_4$	8	1,25	$3^1/_4$	$1^1/_4$	2,309	1
R 3/4	2,540	$2^3/_4$	10	1,5	3	$1^3/_8$	2,309	1
R 13/16	2,540	$2^1/_2$	12	1,75	3	$1^3/_4$	2,309	$3/_4$
R 7/8	2,822	$2^1/_2$	14	2	$2^3/_4$	2	2,309	$3/_4$
R 1	3,175	$2^1/_2$	16	2	$2^1/_4$	$2^1/_4$	2,309	$3/_4$
R 1 1/8	3,629	$2^1/_2$	20	2,5	$2^1/_2$	$2^1/_2$	2,309	$3/_4$
R 1 1/4	3,629	$2^1/_4$	22	2,5	$2^1/_4$	$2^3/_4$	2,309	$1/_2$
R 1 3/8	4,233	$2^1/_2$	24	3	$2^1/_2$	3	2,309	$1/_2$
R 1 1/2	4,233	$2^1/_4$	30	3,5	$2^1/_4$	$3^1/_2$	2,309	$1/_2$
R 1 5/8	5,080	$2^1/_4$	36	4	$2^1/_4$	$3^3/_4$	2,309	$1/_2$
R 1 3/4	5,080	$2^1/_4$	39	4	2	4	2,309	$1/_2$
R 1 7/8	5,645	$2^1/_4$	42	4,5	2			
R 2	5,645	$2^1/_4$	48	5	2			
R 2 1/4	6,350	$2^1/_4$	56	5,5	2			
R 2 1/2	6,350	2	60	5,5	$1^3/_4$			
R 2 3/4	7,257	2	72	6	$1^3/_4$			
R 3	7,257	2	76	6	$1^1/_2$			
R 3 1/2	7,816	$1^3/_4$	84	6	$1^1/_2$			
R 3 3/4	8,467	$1^3/_4$	89	6	$1^1/_4$			
R 4	8,467	$1^1/_2$	99	6	$1^1/_4$			
R 5	9,237	$1^1/_2$	104	6	1			
R 6	10,160	$1^1/_2$	149	6	1			

| Gruppen-Nr. 15.2.4 | **Gewindeherstellen** | Abschn./Tab. Gw/14 |

14. Gewindemaß-Toleranzen für Gewindebohrer: Rohrgewinde (G/Rp)

Oberes Abmaß und unteres Abmaß (E_s bzw. E_i) des Flankendurchmessers sowie unteres Abmaß des Außendurchmesser (E_{id}) an den Gewindebohrern in μm
d = Nenn-Außen⌀ Rohr (in Zoll); d_1 = Nenn-Kern⌀; d_2 = Nenn-Flanken⌀.

	Gewindebohrer					
	für **Rohrgewinde** (G) (n. DIN ISO 228 Tl. 1)			für **Whitworth-Rohrgewinde** (Rp) (DIN 2999 Tl. 1)		
Nenn⌀ Rohr d_i	Flanken⌀ Oberes Abmaß Unteres (E_{sG}/E_{iG})		Außen⌀ Unteres Abmaß (E_{idG})	Nenn⌀ Rohr d_i	Flanken⌀ Oberes Abmaß Unteres (E_{sRp}/E_{iRp})	Außen⌀ Unteres Abmaß (E_{idRp})
G 1/16	+ 43			Rp 1/16	− 14	
G 1/8	+ 21		+ 32	Rp 1/8	− 43	− 43
G 1/4	+ 50			Rp 1/4	− 21	
G 3/8	+ 25		+ 37	Rp 3/8	− 63	− 63
G 1/2				Rp 1/2		
G 5/8	+ 57			—	− 29	
G 3/4	+ 28		+ 43	Rp 3/4	− 86	− 86
G 7/8				—		
G 1				Rp 1		
G 1 1/8				—		
G 1 1/4	+ 72			Rp 1 1/4	− 37	
G 1 1/2	+ 36		+ 54	Rp 1 1/2	−109	−109
G 1 3/4				—		
G 2				Rp 2		
G 2 1/4				Rp 2 1/2		
G 2 1/2				—		
G 2 3/4	+ 87			—	− 43	
G 3	+ 43		+ 65	Rp 3	−130	−130
G 3 1/2				—		
G 4				Rp 4		

Anmerkungen:
1. Die Maße des geschnittenen **Innengewindes** hängen nicht nur vom Gewindebohrer, sondern auch vom zu schneidenden Werkstoff und den jeweiligen Fertigungsbedingungen ab. Es kann deshalb in besonderen Bearbeitungsfällen erforderlich sein, von den in der vorliegenden Norm festgelegten Toleranzen und Grenzabmaßen, vor allem des Flanken- und Außendurchmessers, abzuweichen.
2. Be- und Kennzeichnung eines solchen vom Hersteller festgelegten Gewindebohrers erhalten nach dem Kurzzeichen für das Gewinde (z.B. G 3/4) und einem Trennstrich den Buchstaben X. Beispiel „Gewindebohrer DIN 5156 − C − G 3/4 − X − R 25 − HSS-E" (C = Form n. DIN 2197), R 25 = Rechtsdrall, Seitenspanwinkel $\tau_f = 25°$.

| Gruppen-Nr. 15.2.5 | **Gewindeherstellen** | Abschn./Tab. Gw/15, 15.1 |

15. Amerikanische und britische Gewindearten (Kurzzeichen)
15.1 Amerikanische Gewindearten (American Threads)

ACME-C	Acme threads, centralizing	Acme (Trapezgewinde) selbstzentrierend
ACME-G	Acme threads, general purpose (See also "STUB ACME")	Acme (Trapezgewinde) für allgemeine Zwecke (s. auch „STUB ACME")
AMO	American Standard microscope objective threads	Amerik. Standard Mikroskop-Objektiv-Gewinde
ANPT	Aeronautical National Form taper pipe threads	Flugwesen-Rohrgewinde, kegelig
API	American. Petrol. Inst. Stand. taper pipe threads 1:16	Gewinde d. am. Erdölinst. kegeliges Rohrgewinde 1:16
F-PTF	Dryseal fine taper pipe thread series	Trocken dichtendes kegeliges Rohrgewinde, Feinsteigung
M	Metric standard threads, (all except "S" threads)	Metrische Standard-Gewinde (ausgenommen „S"-Gewinde)
N BUTT	National Buttress threads	Amerik. National Sägezahngewinde
8N	American National 8-thread series	Amerik. National 8-Gang-Gewinde
12N	American National 12-thread series	Amerik. National 12-Gang-Gewinde
16N	American National 16-thread series	Amerik. National 16-Gang-Gewinde
NC	American National coarse thread series	Amerik. National Grobgewinde
NEF	American National extra-fine thread series	Amerik. National Extra-Feingewinde
NF	American National fine thread series	Amerikan. National Feingewinde
NGO	National gas outlet threads	Amerik. National Gas Auslaßgewinde
NGS	National gas straight threads	Amerik. National Gasgewinde, zylindr.
NGT	National Gas taper threads (See also "SGT")	Amerik. National Gasgewinde, kegelig (s. auch "SGT")
NH	American National hose coupling and firehose coupling threads	Amerik. National Schlauch-Kupplungs- und Feuerwehrschlauch-Kupplungsgewinde
NPSC	American Standard straight pipe threads in pipe couplings	Amerik. Standard-Rohrgewinde, zylindr., in Rohrkupplungen (m. Dichtmittel)
NPSF	Dryseal American Standard fuel internal straight pipe threads	Amerik. Standard-Innen-Rohrgewinde (f. Brennstoffleitungen), zylindr., trocken dichtend
NPSH	American Standard straight pipe threads for loose-fitting mechanical joints for hose couplings	Amerik. Standard-Rohrgewinde f. mechan. Verbindungen an Schlauchkupplungen
NPSI	Dryseal American Standard intermediate internal straight pipe threads	Amerik. Standard-(Verbindungs-)Innen-Rohrgewinde, zylindr., trocken dichtend
NPSL	American Standard straight pipe threads for loose-fitting mechanical joints with locknuts	Amerik. Standard-Rohrgewinde, zylindr. f. mechan. Verbindungen m. Abdichtmuttern
NPSM	American Standard straight pipe threads for free-fitting mechanical joints for fixtures	Amerik. Standard-Rohrgewinde, zylindr. f. mechan. Befestigungen
NPT	American Standard taper pipe threads for general use	Amerik. Standard-Rohrgewinde, kegelig, f. allgem. Gebrauch
NPTF	Dryseal American Standard taper pipe threads	Amerik. Standard-Rohrgewinde, kegelig, trocken dichtend
NPTR	American Standard taper pipe threads for railing joints	Amerik. Standard-Rohrgewinde, kegelig, f. Geländerfittings
NR	American National thread with a 0,108p to 0.144p controlled root radius	Amerik. National-Gewinde m. einem Kernradius von 0,108p bis 0,144p (p = Steigung)

NS	American National threads of special diameters, pitches, and length of engagements	Amerik. National-Gewinde m. speziellen Durchmessern, Steigungen und Einschraublängen
PTF-SAE, SHORT	Dryseal SAE short taper pipe threads	Trocken dichtendes SAE-Rohrgewinde, kegelig, kurz
PTF-SPL SHORT	Dryseal special short taper pipe threads	Trocken dichtendes Spezial-Rohrgewinde, kegelig, kurz
PTF-SPL, EXTRA SHORT	Dryseal special extra short taper pipe threads (See also "SPL-PTF")	Trocken dichtendes Spezial-Rohrgewinde, kegelig, extra kurz (s. auch „SPL-PTF")
- - - - - -	Surveying instrum. mounting threads	Gewinde f. Vermessungsinstrumente
S	Standard coarse metric threads to 5 mm incl.	Metr. Standard-Grobgewinde bis 5 mm einschl.
SGT	Special gas taper threads	Spezial-Gasgewinde, kegelig
SPL-PTF	Dryseal special taper pipe threads	Trocken dichtendes Spezial-Rohrgewinde, kegelig
STUB ACME	Stub Acme threads	Flaches Acme-Gewinde
UN	Unified constant-pitch thread-series	Einheitsgewinde m. konstanter Steigung
UNC	Unified coarse thread series	Einheits-Grobgewinde
UNEF	Unified extra-fine thread series	Einheits-Extra-Feingewinde
UNF	Unified fine thread series	Einheits-Feingewinde
UNR	Unified constant-pitch thread series with a 0,108 p to 0.144 p controlled root radius	Einheitsgewinde m. konstanter Steigung u. einem Kernradius v. 0,108 p bis 0,144 p
UNRC	Unified coarse thread series with a 0.108 p to 0.144 p controlled rr	Einheits-Grobgewinde m. einem Kernradius v. 0,108 p bis 0,144 p
UNRF	Unified fine thread series-with a 0.108 p to 0.144 p controlled rr	Einheits-Feingewinde m. einem Kernradius v. 0,108 p bis 0,144 p
UNREF	Unified extra-fine thread series with a 0.108 p to 0.144 p controlled rr	Einheits-Extra-Feingewinde m. einem Kernradius v. 0,108 p bis 0,144 p
UNM	Unified miniature thread series	Einheits-Miniaturgewinde
UNS	Unified threads of special diameters, pitches, or lengths of engagement	Einheitsgewinde m. speziellen Durchmessern, Steigungen u. Einschraublängen

15.2 Britische Gewindearten (British Threads)

B.S.W.	British Standard Whitworth Coarse Thread Series	Britisches Standard-Whitworth-Grobgewinde
B.S.F.	British Standard Fine Thread Series	Britisches Standard-Feingewinde
BSPT	British Standard Taper Pipe Thread	Britisches Standard-Rohrgewinde, kegelig
BSPP	British Standard Pipe (Parallel) Thread	Britisches Standard-Rohrgewinde, zylindr.
Whit	Whitworth Standard Spec. Thread	Whitworth Standard-Spezial-Gewinde
B.A.	British Assoc. Standard Thread	Britisches Association Standard-Gewinde
UNJ	Unified constant-pitch thread series with a 0.150 11 p to 0.180 42 p controlled root radius (rr)	Einheitsgewinde m. konstanter Steigung u. einem Kernradius v. 0,150 11 p bis 0,180 42 p
UNJC	Unified coarse thread series with a 0.150 11 p to 0.180 42 p controlled root radius (rr)	Einheits-Grobgewinde m. einem Kernradius v. 0,150 11 p bis 0,180 42 p
UNJEF	Unified extra-fine thread series with a 0.150 11 p to 0.180 42 p controlled root radius (rr)	Einheits-Extra-Feingewinde m. einem Kernradius v. 0,150 11 p bis 0,180 42 p
UNJF	Unified fine thread series with a 0.150 11 p to 0.180 42 p controlled root radius (rr)	Einheits-Feingewinde m. einem Kernradius v. 0,150 11 p bis 0,180 42 p

Amerikanische und britische Gewindearten (Kurzzeichen)

15.3 Angelsächsische Gewindearten: Norm und Bezeichnung

Gewindeart	Land	Norm	Kennbuchst.	Kurzbezeichnung
ISO-Zollgewinde	– USA GB	ISO 68 725 ISO 263 5864 ANSI B 1.1 BS 1580, Part 1.2	UN	2½–16 UN-2
ISO-Zollgewinde	– USA GB	ISO 68 725 ISO 263 5864 ANSI B 1.1 BS 1580, Part 1.3	UNC	¼–20 UNC-2
ISO-Zollgewinde	– USA GB	ISO 68 725 ISO 263 5864 ANSI B 1.1 BS 1580, Part 1.2	UNF	¼–28 UNF
Unified Zollgewinde,	USA GB	ANSI B 1.1 BS 1580, Part 1.2	UNS	¼–24 UNS
Unified Zollgewinde, Miniaturgew.	USA	ASA B 1.10	UNM	0,80 UNM
UNJ-Feingewinde	– GB	ISO 3161 BS 4084	UNJF	1.375–12 UNJF 1.250–12 UNJF
UNJ Regelgewinde	– GB	ISO 3161 BS 4084	UNJC	3:500–4 UNJC 1:250–7 UNJC
Gewinde für Übermaßpassungen	USA	ANSI B 1.12	NC 5	NC 5 HF
Whitworth-Regelgewinde	GB	BS 84	B.S.W.	¼ in.–20 B.S.W.
Whitworth-Feingewinde	GB	BS 84	B.S.F.	½ in.–16 B.S.F.
B.A.-Gewinde	GB	DD 90	B.A.	8 B.A.
Zylindr. Rohrgewinde Innengewinde für Rohrkupplungen	USA	ANSI/ASME B 1.20.1	NPSC	⅛–27 NPSC
Zylindr. Rohrgewinde für mech. Verbindungen mit Gegenmuttern	USA	ANSI/ASME B 1.20.1	NPSL	⅛–27 NPSL
Zylindr. Rohrgewinde für mech. Verbindungen	USA	ANSI/ASME B 1.20.1	NPSM	⅛–27 NPSM
Zylindr. Rohrgewinde, mech. Verbindungen für Schlauchkupplungen und Nippel	USA	ANSI/ASME B 1.20.1 ANSI B 1.20.7	NPSH	1–11,5 NPSH
Zylindr. Rohrgewinde trockendichtend, für Kraftstoffe	USA	ANSI B 1.20.3	NPSF	⅛–27 NPSF
Zylindr. Rohrgewinde trockendichtend, Innengewinde (mittelfein)	USA	ANSI B 1.20.3	NPSI	⅛–27 NPSI
Kegeliges Rohrgewinde	USA	ANSI/ASME B 1.20.1	NPT	⅜–18 NPT
Kegeliges Rohrgewinde für Geländer fittings	USA	ANSI/ASME B 1.20.1	NPTR	½–14 NPTR
Kegeliges Rohrgewinde trockendichtend	USA	ANSI B 1.20.3 ANSI B 1.20.4	NPTF	⅛–27 NPTF
Kegeliges Rohrgewinde	USA	API Spec 3	API 7-thread API 8-thread	1⅝ × 2⅝ API 7-thread 1 × 1½ API 8-thread
Kegeliges Rohrgewinde für Steigrohre	USA	API Std 5 B	API TBG	3½ API TBG
Trapezgewinde	USA GB	ANSI B 1.5 BS 1104	Acme	1¾–4 Acme
Sägengewinde	USA	ANSI B 1.9	Butt	2.5–8 Butt
Sägengewinde	GB	BS 1657	Buttress	2.0 BS Buttress thread 8 tpi medium class

16. UNIFIED-Gewinde (UNC Grobgewinde), USA
Amerikanische Norm ANSI B 1.1

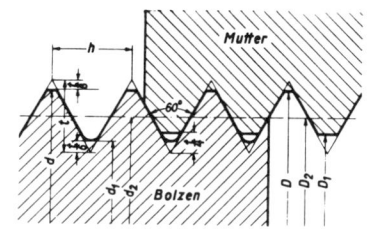

$t = 0{,}866025\ P$
$t/8 = 0{,}108253\ P$
$t/6 = 0{,}144338\ P$
$t/4 = 0{,}216506\ P$
$d_2 = d - 0{,}649519\ P$
$D_1 = d - 1{,}082532\ P$
$d_1 = d - 1{,}226868\ P$

Grobgewinde UNC (NC) = American-National-Coarse-Gewinde

Bezeich-nung	Außen-Ø $d = D$ mm	Gang-zahl auf 1 Zoll	Steigung P mm	Flanken-Ø $d_2 = D_2$ mm	Kern-Ø Bolzen d_1 mm	Kern-Ø Mutter D_1 mm
Nr. 0	1,524	—	—	—	—	—
Nr. 1	1,854	64	0,397	1,598	1,367	1,425
Nr. 2	2,184	56	0,454	1,890	1,628	1,694
Nr. 3	2,515	48	0,529	2,172	1,864	1,941
Nr. 4	2,845	40	0,635	2,433	2,065	2,156
Nr. 5	3,175	40	0,635	2,764	2,395	2,487
Nr. 6	3,505	32	0,794	2,990	2,532	2,642
Nr. 8	4,166	32	0,794	3,650	3,193	3,302
Nr. 10	4,826	24	1,058	4,138	3,528	3,683
Nr. 12	5,486	24	1,058	4,798	4,188	4,343
1/4"	6,350	20	1,270	5,524	4,793	4,978
5/16"	7,938	18	1,411	7,021	6,205	6,401
3/8"	9,525	16	1,588	8,494	7,577	7,798
7/16"	11,112	14	1,814	9,934	8,887	9,144
1/2"	12,700	13	1,954	11,430	10,302	10,592
9/16"	14,288	12	2,117	12,913	11,692	11,989
5/8"	15,875	11	2,309	14,376	13,043	13,386
3/4"	19,050	10	2,540	17,399	15,933	16,307
7/8"	22,225	9	2,822	20,391	18,763	19,177
1"	25,400	8	3,175	23,338	21,504	21,971
1 1/8"	28,575	7	3,629	26,218	24,122	24,638
1 1/4"	31,750	7	3,629	29,393	27,297	27,813
1 3/8"	34,925	6	4,233	32,174	29,731	30,353
1 1/2"	38,100	6	4,233	35,349	32,906	33,528
1 3/4"	44,450	5	5,080	41,151	38,217	38,964
2"	50,800	4,5	5,644	47,135	43,876	44,679
2 1/4"	57,150	4,5	5,644	53,485	50,226	51,029
2 1/2"	63,500	4	6,350	59,375	55,710	56,617
2 3/4"	69,850	4	6,350	65,725	62,060	62,967
3"	76,200	4	6,350	72,075	68,410	69,317
3 1/4"	82,550	4	6,350	78,425	74,760	75,667
3 1/2"	88,900	4	6,350	84,775	81,110	82,017
3 3/5"	95,250	4	6,350	91,125	87,460	88,367
4"	101,600	4	6,350	97,475	93,810	94,717

| | Gruppen-Nr. 15.2.5 | **Gewindeherstellen** | Abschn./Tab. Gw/17, 17.1 |

17. UNIFIED-Gewinde: Gewindemaß-Toleranzen für Fertigschneider

Toleranzklasse: **2A** und **2B** — mit vorgeschriebenem Kleinstspiel für allgemeine Zwecke, z.B. Schrauben, Muttern und ähnliche Anwendungszwecke. Weitere Klassen sind: 1A/1B, 3A/3B.

Es bedeuten: **A** = Bolzengewinde, **B** = Muttergewinde

Die **Kleinstmaße** des Muttergewindes sind für alle Klassen gleich, d.h. es ist das System der Einheitsmutter zugrunde gelegt.

Das **Kleinstspiel** ist für beide Klassen 1A und 1B sowie 2A und 2B gleich groß. Es bietet auch die Möglichkeit für einen Oberflächenüberzug des Bolzengewindes.

Das **UN-Gewinde** (UST-Gewinde = Unified Screw Threads): ist aus dem Whitworth-Gewinde und dem amerikanischen National-Gewinde entwickelt. Es wurde von den USA, Großbritannien und Kanada angenommen und liegt in den Normen ANSI B 1.1, BS 1580 fest.

Bezeichnungen: Nenn⌀ (-Durchmesser) in Gewinde-Nr. oder Zoll; Gangzahl bezogen auf 1 Zoll. Beispiel ¼ – 20 UNC-2A

17.1 Grobgewindereihe UNC (= Unified Coarse-Thread-Series): Grenzmaß

2A Bolzengewinde (Fertigungstoleranz)   Maße in mm

Nenn⌀/ Gangzahl	Außendurchmesser d		Flanken-Durchm. d_2		Kern⌀ d_3 2)
	max.	min.	max.	min.	
1–64	1,839	1,742	1,582	1,532	1,351
2–56	2,169	2,065	1,875	1,821	1,631
3–48	2,497	2,383	2,154	2,096	1,847
4–40	2,824	2,695	2,413	2,350	2,045
5–40	3,155	3,025	2,743	2,677	2,375
6–32	3,485	3,332	2,969	2,898	2,512
8–32	4,143	3,990	3,627	3,553	3,170
10–24	4,801	4,618	4,112	4,028	3,503
12–24	5,461	5,278	4,773	4,686	4,163
1/4–20	6,322	6,116	5,497	5,404	4,765
5/16–18	7,907	7,686	6,990	6,888	6,175
3/8–16	9,492	9,253	8,461	8,349	7,544
7/16–14	11,077	10,815	9,898	9,779	8,852
1/2–13	12,662	12,385	11,392	11,265	10,264
9/16–12	14,247	13,957	12,873	12,741	11,651
5/8–11	15,834	15,527	14,336	14,196	13,002

| Gruppen-Nr. 15.2.5 | Gewindeherstellen | Abschn./Tab. Gw/17.1 |

Grobgewindereihe UNC: Grenzmaße

Maße in mm

Nenn∅/ Gangzahl	Außendurchmesser d max.	min.	Flanken-Durchm. d_2 max.	min.	Kern∅ d_3 2)
3/4–10	19,004	18,677	17,353	17,203	15,888
7/8–9	22,177	21,824	20,343	20,183	18,715
1–8	25,349	24,968	23,287	23,114	21,453
1 1/8–7	28,519	28,103	26,162	25,979	24,066
1 1/4–7	31,694	31,278	29,337	29,149	27,242
1 3/8–6	34,864	34,402	32,113	31,910	29,670
1 1/2–6	38,039	37,577	35,288	35,082	32,845

Anmerkung: Tabelle bezieht sich auf das geschnittene Gewinde, nicht auf den Gewindebohrer.

2B Muttergewinde (Fertigungstoleranz)

Maße in mm

Nenn∅/ Gangzahl	Außen∅ d min. 1)	Flanken-Durchm. d_2 min. 1)	max.	Grenzmaße: Kernbohrungen D_1 min. 1)	max.
1–64	1,854	1,598	1,664	1,425	1,582
2–56	2,184	1,890	1,961	1,694	1,872
3–48	2,515	2,172	2,248	1,941	2,146
4–40	2,845	2,433	2,517	2,156	2,385
5–40	3,175	2,764	2,847	2,487	2,697
6–32	3,505	2,990	3,084	2,642	2,896
8–32	4,166	3,650	3,746	3,302	3,531
10–24	4,826	4,138	4,247	3,683	3,962
12–24	5,486	4,798	4,910	4,343	4,597
1/4–20	6,350	5,524	5,646	4,978	5,258
5/16–18	7,938	7,021	7,155	6,401	6,731
3/8–16	9,525	8,494	8,639	7,798	8,153
7/16–14	11,112	9,934	10,089	9,144	9,550
1/2–13	12,700	11,430	11,595	10,592	11,024
9/16–12	14,288	12,913	13,086	11,989	12,446
5/8–11	15,875	14,376	14,559	13,386	13,868
3/4–10	19,050	17,399	17,595	16,307	16,840
7/8–9	22,225	20,391	20,599	19,177	19,761
1–8	25,400	23,338	23,561	21,971	22,606
1 1/8–7	28,575	26,218	26,457	24,638	25,349
1 1/4–7	31,750	29,393	29,637	27,813	28,524
1 3/8–6	34,925	32,174	32,438	30,353	31,115
1 1/2–6	38,100	35,349	35,616	33,528	34,290

| Gruppen-Nr. 15.2.5 | **Gewindeherstellen** | Abschn./Tab. Gw/17.2 |

17.2 Feingewindereihe UNF (= Unified Fine-Thread-Series): Grenzmaße

2A Bolzengewinde (Fertigungstoleranz)

Maße in mm

Nenn∅/ Gangzahl	Außendurchmesser d max.	min.	Flanken-Durchm. d_2 max.	min.	Kern∅ d_3 2)
0–80	1,511	1,430	1,306	1,260	1,123
1–72	1,839	1,750	1,610	1,562	1,407
2–64	2,169	2,073	1,913	1,862	1,681
3–56	2,497	2,393	2,202	2,146	1,941
4–48	2,827	2,713	2,484	2,423	2,177
5–44	3,157	3,035	2,781	2,718	2,449
6–40	3,485	3,355	3,073	3,007	2,705
8–36	4,145	4,006	3,688	3,617	3,279
10–32	4,803	4,651	4,288	4,211	3,830
12–28	5,461	5,296	4,872	4,780	4,348
1/4–28	6,325	6,160	5,735	5,652	5,212
5/16–24	7,910	7,727	7,221	7,127	6,612
3/8–24	9,497	9,314	8,809	8,712	8,199
7/16–20	11,079	10,874	10,254	10,147	9,522
1/2–20	12,667	12,461	11,841	11,732	11,110
9/16–20	14,252	14,031	13,335	13,221	12,520
5/8–18	15,839	15,618	14,922	14,822	14,107
3/4–16	19,012	18,773	17,981	17,854	17,064
7/8–14	22,184	21,923	21,006	20,869	19,959
1–12	25,354	25,065	23,980	23,830	22,758
1 1/8–12	28,529	28,240	27,155	27,003	25,933
1 1/4–12	31,704	31,415	30,330	30,173	29,108
1 3/8–12	34,877	34,587	33,503	33,343	32,281
1 1/2–12	38,052	37,762	36,678	36,515	35,456

2B Muttergewinde (Fertigungstoleranz)

Maße in mm

Nenn∅/ Gangzahl	Außen∅ d min. 1)	Flanken-Durchm. d_2 min. 1)	max.	Grenzmaße: Kernbohrungen D_1 min. 1)	max.
0–80	1,524	1,318	1,377	1,181	1,306
1–72	1,854	1,626	1,689	1,473	1,613
2–64	2,184	1,928	1,966	1,755	1,913
3–56	2,515	2,220	2,291	2,024	2,197
4–48	2,845	2,502	2,581	2,271	2,459
5–44	3,175	2,799	2,880	2,550	2,741
6–40	3,505	3,094	3,180	2,819	3,023

Gewindeherstellen

Gruppen-Nr. 15.2.5 — Abschn./Tab. Gw/17.2

Feingewindereihe UNF: Grenzmaße

Maße in mm

Nenn∅/ Gangzahl	Außen∅ d min. 1)	Flanken-Durchm. d_2 min. 1)	Flanken-Durchm. d_2 max.	Grenzmaße: Kernbohrungen D_1 min. 1)	Grenzmaße: Kernbohrungen D_1 max.
8–36	4,166	3,708	3,800	3,404	3,607
10–32	4,826	4,310	4,409	3,962	4,166
12–28	5,486	4,897	5,004	4,496	4,724
1/4–28	6,350	5,761	5,870	5,359	5,588
5/16–24	7,938	7,249	7,371	6,782	7,036
3/8–24	9,525	8,837	8,961	8,382	8,636
7/16-20	11,112	10,287	10,424	9,728	10,033
1/2-20	12,700	11,874	12,017	11,328	11,608
9/16–20	14,288	13,371	13,520	12,751	13,081
5/8–18	15,875	14,958	15,110	14,351	14,681
3/4–16	19,050	18,019	18,184	17,323	17,678
7/8–14	22,225	21,046	21,224	20,269	20,676
1–12	25,400	23,338	23,561	21,971	22,606
1 1/8–12	28,575	27,201	27,399	26,289	26,746
1 1/4–12	31,750	30,376	30,579	29,464	29,921
1 3/8–12	34,925	33,551	33,759	32,639	33,096
1 1/2–12	38,100	36,726	36,937	35,814	36,271

1) Diese Werte entsprechen den **theoretischen Maßen**
2) Diese Werte entsprechen für Toleranzfeld 3A den theoretischen Maßen

Anmerkungen: Die Gewindemaße der geschliffenen **Gewindebohrer** sind so bemessen, daß damit hergestellte Gewinde innerhalb der Toleranz **2B** liegen (siehe Tab. 25a und b Muttergewinde). Dieser Wert gilt in der Regel, weil die Maße des fertigen Innengewindes nicht allein von den Abmessungen des Gewindebohrers, sondern auch von den Arbeitsbedingungen (Werkstoff, Zustand der Maschinen usw.) abhängen.

| Gruppen-Nr. 15.2.5 | **Gewindeherstellen** | Abschn./Tab. Gw/18 |

18. Bohrer-Durchmesser für Gewinde-Kernlöcher nach UNIFIED-Gewinde (USA-Norm)

a) Grobgewinde UNC (NC) = American-National-Coarse-Gewinde

Maße in mm

Gewinde-Bezeichnung		Gewinde-Kern-Ø in mm für Passung 2 B		Bohrer-Ø in mm Auszug aus ISO 2306-1972
		min.	max.	
1	-64 UNC	1,425	1,582	1,55
2	-56 UNC	1,694	1,872	1,85
3	-48 UNC	1,941	2,146	2,10
4	-40 UNC	2,156	2,385	2,35
5	-40 UNC	2,487	2,697	2,65
6	-32 UNC	2,642	2,896	2,85
8	-32 UNC	3,302	3,531	3,50
10	-24 UNC	3,683	3,962	3,90
12	-24 UNC	4,343	4,597	4,50
1/4	-20 UNC	4,976	5,268	5,10
5/16	-18 UNC	6,411	6,734	6,60
3/8	-16 UNC	7,805	8,164	8,00
7/16	-14 UNC	9,149	9,550	9,40
1/2	-13 UNC	10,584	11,013	10,80
9/16	-12 UNC	11,996	12,456	12,20
5/8	-11 UNC	13,376	13,868	13,50
3/4	-10 UNC	16,299	16,833	16,50
7/8	- 9 UNC	19,169	19,748	19,50
1	- 8 UNC	21,963	22,598	22,25
1 1/8	- 7 UNC	24,648	25,349	25,00
1 1/4	- 7 UNC	27,823	28,524	28,00
1 3/8	- 6 UNC	30,343	31,120	30,75
1 1/2	- 6 UNC	33,518	34,295	34,00
1 3/4	- 5 UNC	38,951	39,814	39,50
2	- 4 1/2 UNC	44,689	45,598	45,00

Anmerkung: Für sehr zähe Werkstoffe wie rostfreie Stähle, Bronzen usw. Kernlöcher etwas größer bohren als Tabellenwert (bis 2 %).

| Gruppen-Nr. 15.2.5 | **Gewindeherstellen** | Abschn./Tab. Gw/18 |

Bohrer-Durchmesser für Gewinde-Kernlöcher nach UNIFIED-Gewinde (USA-Norm)

b) Feingewinde UNF (NF) = American-National-Fine-Gewinde

Maße in mm

Gewinde-Bezeichnung		Gewinde-Kern-Ø in mm für Passung 2 B		Bohrer-Ø in mm Auszug aus ISO 2306-1972
		min.	max.	
1	-72 UNF	1,473	1,613	1,55
2	-64 UNF	1,755	1,913	1,90
3	-56 UNF	2,024	2,197	2,15
4	-48 UNF	2,271	2,459	2,40
5	-44 UNF	2,550	2,741	2,70
6	-40 UNF	2,819	3,023	2,95
8	-36 UNF	3,404	3,607	3,50
10	-32 UNF	3,962	4,166	4,10
12	-28 UNF	4,496	4,724	4,70
1/4	-28 UNF	5,367	5,580	5,50
5/16	-24 UNF	6,792	7,038	6,90
3/8	-24 UNF	8,379	8,626	8,50
7/16	-20 UNF	9,738	10,030	9,90
1/2	-20 UNF	11,326	11,618	11,50
9/16	-18 UNF	12,761	13,084	12,90
5/8	-18 UNF	14,348	14,671	14,50
3/4	-16 UNF	17,330	17,689	17,50
7/8	-14 UNF	20,262	20,663	20,40
1	-12 UNF	23,109	23,569	23,25
1 1/8	-12 UNF	26,284	26,744	26,50
1 1/4	-12 UNF	29,459	29,919	29,50
1 3/8	-12 UNF	32,634	33,094	32,75
1 1/2	-12 UNF	35,809	36,269	36,00

Anmerkung: Für sehr zähe Werkstoffe wie rostfreie Stähle, Bronzen usw. Kernlöcher etwas größer bohren als Tabellenwert (bis 2 %).

Gruppen-Nr. 15.2.6	**Gewindeherstellen**	Abschn./Tab. Gw/19

19. Begriffe und Konstruktionselemente: Gewindebohrer

In Anlehnung an: DIN 202 „Gewinde, Übersicht",
DIN 2244 „Gewinde, Begriffe",
DIN 2197 „Lieferbedingungen für Gewindebohrer"

Begriffe	Definitionen/Erläuterungen	Anmerkungen
1. **Aufgabe**	Gewindebohrer sowie Gewindeformer sollen allgemein: 1. sich selbsttätig in das Werkstück hineinschrauben, 2. sauberes maßgenaues Gewinde herstellen, 3. Gewindebohrer sollen die erzeugten Späne selbst aus der Bohrung fördern.	Wegen hoher Belastungen sind die optimalen Leistungen nur aufzubringen, wenn die Einflußfaktoren bei Gestaltung und Einsatz aufeinander abgestimmt werden.
2. **Arbeitsprinzip**	Schneidvorgang ist gekennzeichnet durch geringe Schnittgeschwind. v_c in m/min, aber hohen axialen Vorschub f in mm/U, der gleich der Gewindesteigung P ist. — Der Gewindebohrer schraubt sich in das Werkstück hinein und schneidet dabei die Gewindezähne von innen nach außen aus (Bild 5). — Der Vorschub f ergibt sich normalerweise durch die Gewindebohrer-Konstruktion exakt von selbst. — Eine Unterstützung durch **Zwangvorschub** (Leitpatrone od. Getriebe) ist nur erforderlich bei: a) weichen Werkstoffen b) feiner Steigung P und/oder c) schwergängigen Maschinenspindeln. Das **Gewindeformen** erfolgt durch Formarbeit mit dem Einlaufkegel des Gewindeformers (spanlose Fertigung).	Wichtig: 1. Etwa 70 bis 80 % aller Gewindearbeiten sind mit nur 5 Maschinen-Gewindebohrer-Ausführungen bzw. -Typen wirtschaftlich herzustellen. Für die restlichen Fälle ist eine größere Anzahl von Typen notwendig. 2. Nur bei größeren Durchmessern besteht die Möglichkeit, zusätzlich Gewindefräser oder Ausdrehwerkzeuge einzusetzen. **Gewindeform** (s. a. Tabellen Gw 20 bis Gw 23) wird bestimmt durch: · den Außendurchmesser d_1 · die Gewindesteigung P (mm) · den Flankenwinkel α · den Flankendurchmesser d_2 · den Anschnittdurchm. d_3 ($<d_4$) · den Kernlochdurchmesser d_4 ($>d_3$) · die Gewindelänge l_2 · die Anschnittlänge l_4
3. **Anschnitt** (Bild 1)	Der Anschnitt wird durch ein kegeliges Anschleifen des vorderen Gewindeteiles hergestellt. Die Zerspanarbeit wird von den **Anschnittzähnen** des Gewindebohrers	Beim Einschrauben des Werkzeugs liegt, entsprechend dem Kegel, immer ein Zahn höher bzw. auf einem größeren Durchmesser als der vorausgehende.

| Gruppen-Nr. 15.2.6 | **Gewindeherstellen** | Abschn./Tab. Gw/19 |

Begriffe und Konstruktionselemente: Gewindebohrer

Begriffe	Definitionen/Erläuterungen	Anmerkungen
	geleistet. Die voll ausgebildeten Zähne hinter dem Anschnitt dienen nur der Führung. Sie sind für die Einhaltung des Vorschubs (der Gewindesteigung P) verantwortlich.	Wichtig: Zur Vermeidung von Meßdifferenz muß (n. DIN) die Messung der Gewindemaße zwischen 1. und 2. Gang hinter dem Anschnitt erfolgen, Bild 2. (DIN 2197)

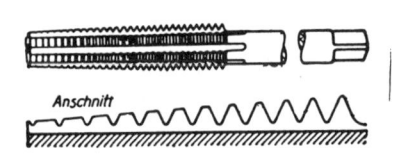

Bild 1

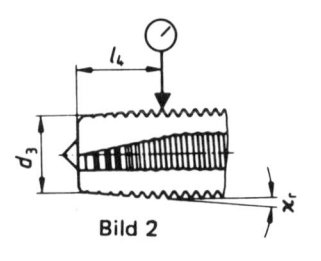

Bild 2

4. Anschnittlänge l_4 und wirksame Anschnittlänge $x_{1,2}$ (l_{aw}) (Bild 3)	a) bestimmt mit der Nutenzahl (Zahnstollen) die Spanaufteilung, d.h. die Spandicke. · **Langer** Anschnitt und große Nutenzahl ergibt viele feine Späne. · **Kurzer** Anschnitt und kleine Nutenzahl ergibt wenige grobe Späne und höhere Belastung der einzelnen Schneiden.	Sobald der Anschnitt in Eingriff kommt, steigt das Drehmoment M_d steil an, bis der erste Zahn des vollen Gewindeprofils und damit alle Anschnittzähne schneiden (Bild 2).
	Bei sehr großer **Schnittunterteilung** (d.h. bei dünnen Spänen) steigt die spez. Schnittkraft k_c und damit das Drehmoment M_d stark an.	Deshalb keine Gewindebohrer mit langem Anschnitt (Form A) für Gewindetiefen über 1 x d verwenden.
	b) Die wirksame Anschnittlänge $x_{1,2}$ ist stets kleiner als die Anschnittlänge l_4, da der Anschnittdurchm. d_3 unter dem Kernlochdurchm. liegt (Bild 3). c) l_4 und d_3 ergeben den Anschnittwinkel κ_1 (früher ϑ; Bild 4 und 16) d) l_4 ist mit der **Anschnittform** abhängig von der Bohrungsart (d.h. vom Gewindeloch), z.B. ob	Gewindebohrer taucht also etwas in das Kernloch ein, bevor der Anschnitt zum Schneiden kommt.

7 – 35

| Gruppen-Nr. 15.2.6 | **Gewindeherstellen** | Abschn./Tab. Gw/19 |

Begriffe und Konstruktionselemente: Gewindebohrer

Begriffe	Definitionen/Erläuterungen		Anmerkungen	
	· Durchgangsloch (kurz/lang) oder · Grundloch bzw. Sackloch bzw. von dem gewünschten Gewindeauslauf.			
5. **Anschnittformen**	genormt für Maschinen-Gewindebohrer		(Siehe Bilder 8 und 19)	
Form	Bild 6	Anschnitt für folgende Bohrungsarten:	Länge l_4	Anschnittwinkel $\kappa_1 \approx$
A	1	Durchgangslöcher, kurz	6...8 Gänge	5°
B	2	Durchgangslöcher, mittel mit Schälanschnitt	3,5...5 Gänge	8°
C	3/4	Grund-/Sacklöcher, kurz	2...3 Gänge	15°
D	2/3/4	Durchgangslöcher, mittel Grundlöcher (Sack-) mit genügendem Gewindeauslauf	3,5...5 Gänge	8°
E	3/4	Grund-/Sacklöcher, extrem kurz, möglichst vermeiden	1,5...2 Gänge	23°

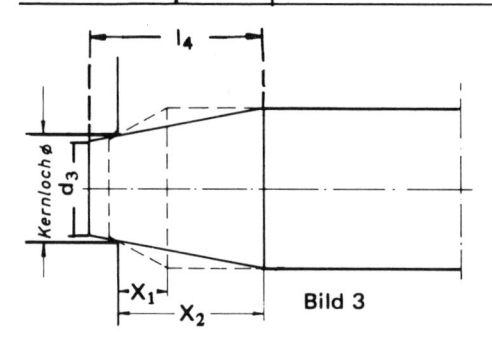

Bild 3

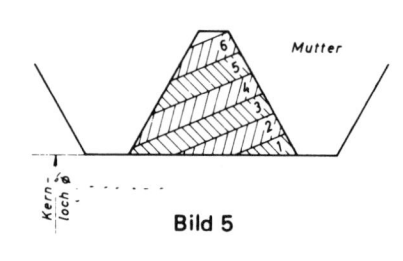

Bild 5

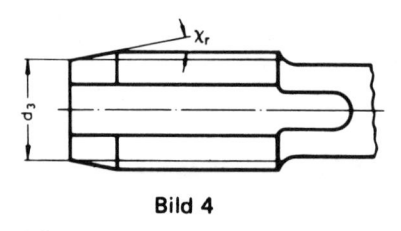

Bild 4

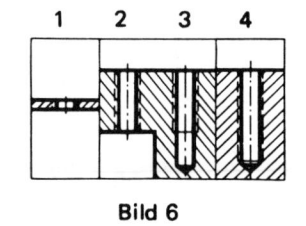

Bild 6

| Gruppen-Nr. 15.2.6 | Gewindeherstellen | Abschn./Tab. Gw/19 |

Begriffe und Konstruktionselemente: Gewindebohrer

Begriffe	Definitionen/Erläuterungen	Anmerkungen
6. **Anschnittwinkel** κ_r (ϑ) (Hinterschliff)	ist in seiner Größe abhängig von · der Anschnittlänge l_4,	Zur Erreichung des gleichen Wirk-Freiwinkels α_x (α_w) bei kurzen und langen Anschnittlängen l_4 werden die kurzen Anschnitte mit höheren Hubkurven hinterschliffen.
7. **Spannuten** (Bild 7)	dienen zur Aufnahme und/oder Abführung der anfallenden Späne und der Zuführung von Kühlschmiermittel. Die Nuten sind in Form, Anzahl und Richtung abhängig von: · dem zu schneidenden Werkstoff (Werkstückstoff) · der Werkstückform · dem Werkzeug⌀ · der Ausführungsform, dem Typ des Gewindebohrers	a) **Form** z.B. · Profilnut: Normalausführung (Bild 7a) · Halbrundnut (Bild 7b) b) **Nutenzahl** ist abhängig von · dem Gewindedurchmesser d_1 · der Gewindesteigung P (mm) · der Ausführungsart, dem Typ des Gewindebohrers c) **Nutenrichtung:** — **Gerade Nuten** · mit Schälanschnitt für Durchgangslöcher · mit langem Anschnitt nur für Durchgangslöcher bis 1 x D · mit kurzem Anschnitt für Grund-/Sacklöcher bis ca. 1,5 x D Tiefe und für kurzspanende Werkstoffe wie Gußeisen oder spröde Messingsorten auch bei größeren Gewindetiefen — **Rechtsdrall-Nuten** für Grund-/Sacklöcher; Späne werden in Schaftrichtung gefördert.

a)
b) 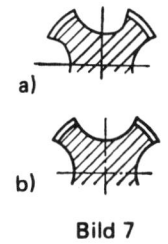
Bild 7

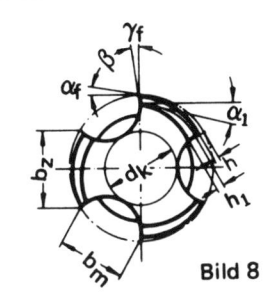

Bild 8

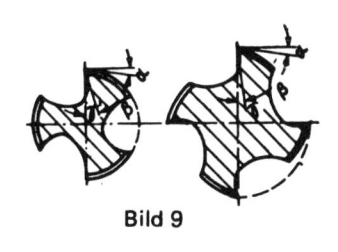

Bild 9

7 – 37

| Gruppen-Nr. 15.2.6 | **Gewindeherstellen** | Abschn./Tab. Gw/19 |

Begriffe und Konstruktionselemente: Gewindebohrer

Begriffe	Definitionen/Erläuterungen	Anmerkungen
8. Schneiden-form (Bilder 8 bis 10)	ist geometrisch durch folgende **Winkel** und Maße festgelegt: α_f Seiten-Freiwinkel (Flankenhinter-schleifwinkel) (α_x) α_r Frei-/Hinterschleifwinkel am An-schnitt β Keilwinkel γ_f Seiten-**Spanwinkel** (γ_x) κ_r Anschnittwinkel Für den Schälanschnitt sind zusätzlich vorhanden (Bild 11): γ_{fA} Schrägungswinkel γ_{f4} Spanwinkel am 4. Gang l_5 (l_{as}) Schälanschnitt-Länge	Spanwinkel τ_f ist abhängig von der Art des zu schneidenden Werkstoffes. **Maße** (in mm): d_3 Anschnittdurchmesser h Hinterschliff der Zahnflanken h_1 Hinterschliff am Anschnitt d_k Nuten-Kerndurchm. b_n Nutenbreite b_z Zahn-/Stegbreite
9. Schäl-schnitt (Bild 11)	ist ein zusätzlicher Schrägschliff der Spanfläche bis zu den ersten vollen Gewindezähnen unter dem Schrägungs-winkel (τ_{fA}). Anschnittform ist sehr zweckmäßig bei allen langspanenden Werkstoffen. — siehe auch Pkt. 5 Anschnittformen	Der hierdurch entstehende **Links-drall** der Spanfläche bewirkt eine stetige Abführung der Späne aus dem Gewindeloch, deshalb vor-wiegend für Durchgangslöcher ver-wendbar.

Bild 10

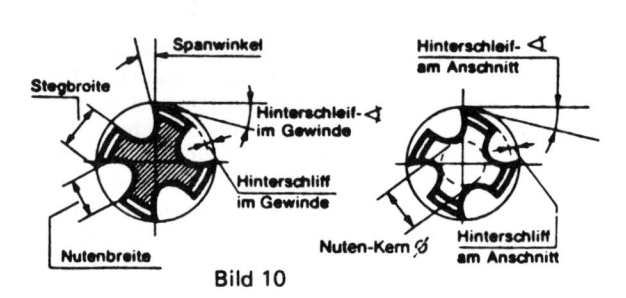

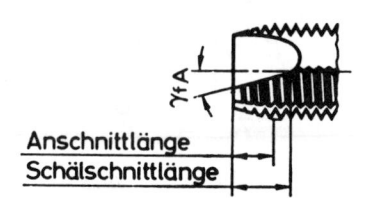

Bild 11

| Gruppen-Nr. 15.2.6 | **Gewindeherstellen** | Abschn./Tab. Gw/19 |

Begriffe und Konstruktionselemente: Gewindebohrer

Begriffe	Definitionen/Erläuterungen	Anmerkungen
10. **Bohrungsarten**	Gewindebohrer sind nach Art und Tiefe zu unterscheiden für	Konstruktion des Gewindebohrers entsprechend anpassen. Größe der Kernlöcher sind in DIN 336 festgelegt (s. Tab. Gw/18).
	a) **Durchgangsbohrungen** Werkzeug hat kleine, schmale Nuten, die einem großen, stabilen Querschnitt erlauben, zweckmäßig Gewindebohrer mit Schälanschnitt verwenden.	Gewindebohrer kann die Späne vor sich herschieben (Bild 12).
	b) **Grund-/Sacklöcher** Werkzeug mit breiten Nuten erforderlich. Je nach Tiefe der Grundlochbohrung werden die Späne · von weiten **Geradnuten** aufgenommen · von **Drallnuten** abgeführt	Späne müssen in den Nuten aufgenommen und abgeführt werden (Bild 13). Die Späne bleiben also vorwiegend in den Nuten hängen. Die Nuten führen die Späne in Locken am Werkzeug vorbei aus der Bohrung.
	Wichtig! Es ist unbedingt falsch, das Kernloch extrem klein zu bohren, weil: · dadurch der Traganteil des Gewindes nicht größer wird. · durch die ungünstige Spanbildung die Zahnspitzen am KernØ des geschnittenen Gewindes aufgerissen, die Flanken rauh und das Gewinde zum Teil zu groß werden.	Regel: Für kurzspanigen, spröden Werkstoff (z.B. Messing, Gußeisen, Duroplaste) werden bei **beiden Bohrungsarten** zweckmäßig Gewindebohrer mit geraden und weiten Nuten und kurzem Anschnitt eingesetzt.

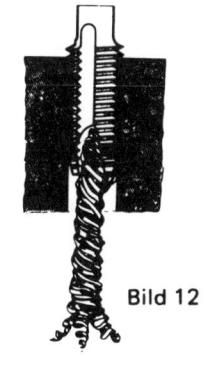

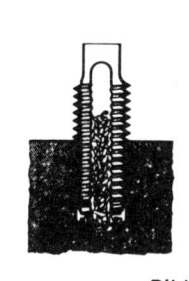

Bild 12　　　　Bild 13
Bilder nach Günther & Co (Titex Plus)

7 – 39

| Gruppen-Nr. 15.2.6 | **Gewindeherstellen** | Abschn./Tab. Gw/19 |

Begriffe und Konstruktionselemente: Gewindebohrer

Begriffe	Definitionen/Erläuterungen	Anmerkungen
11. **Typenwahl** u. **Satzwahl**	wird bestimmt durch: · Form des Kernloches · Länge und Tiefe des Kernloches · Gewinde-Nenndurchmesser d_n · Werkstückstoff (Art/Festigkeit/ Härte)	Die Wahl der günstigsten Satzzahl soll besonders unter Berücksichtigung des Werkstückstoffes erfolgen.
	1. Mehrschnitt-Gewindebohrer Satz-Gewindebohrer Die einzelnen Gewindebohrer unterscheiden sich im Außen- und Flankendurchm. sowie in der Anschnittlänge (Abstufung): Sätze allgemein 2 bis 4 Stück.	Vorwiegend beim Handeinsatz angewendet.
2S: 2teilig	Satz mit Vor- + Fertigschneider (V + F) Dieser Satz wird weitgehend bevorzugt bei Feingewinden.	
3S: 3teilig	Satz mit Vor-, Mittel- und Fertigschneider (V+M+F) Abstufung des Außen- und Flankendurchm. (Bild 14) sowie in der Anschnittlänge (Bild 15). Beim Vorschneider (V) ist 1 Ring, beim Mittelschneider (M) sind 2 Ringe am Schaft; Fertigschneider (F) ohne Ring.	Anschnittlänge Bei 3teiligen 2teiligen Sätzen V 5 Gänge V 5 Gänge M 3,5 Gänge F 2 Gänge F 2 Gänge Siehe DIN 2197 (Tab. Gw/20)

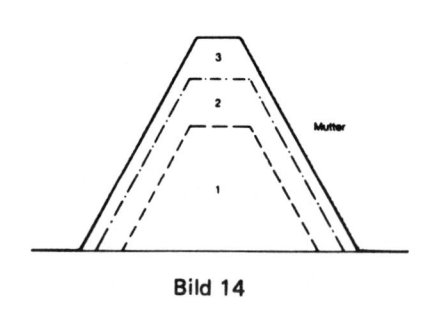

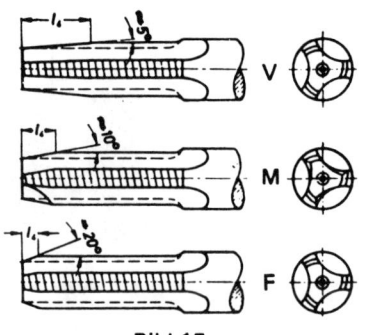

Bild 14

Bild 15

| Gruppen-Nr. 15.2.6 | **Gewindeherstellen** | Abschn./Tab. Gw/19 |

Begriffe und Konstruktionselemente: Gewindebohrer

Begriffe	Definitionen/Erläuterungen	Anmerkungen
	Genormt sind: **kurze** Baureihe für den Handeinsatz — sehr widerstandsfähig gegen Biegung · **dreiteiliger** Satz (V+M+F) · **zweiteiliger** Satz (V+F)	Die Werkzeugstabilität, die Leistungsgewinn bringt, kann erhöht werden: · durch geeignete Baumaßnahme (kurze Gewindebohrer) · durch richtige Wahl der Schneidenform. DIN 352 für Metrisches ISO-Gewinde M1 bis M68 DIN 2181 für Metr. ISO-Feingewinde (P 0,2 bis 3 mm) M1 bis M52. DIN 5157 für Rohrgewinde Rp 1/16 bis Rp 4"
	2. **Einschnitt-Gewindebohrer** (Maschinen-Gewindebohrer) Sie stellen das fertige Gewinde in einem Arbeitsgang her. **lange** Baureihe · bis M 10 mit verstärktem Schaft (DIN 371) · mit durchfallendem Schaft (DIN 376/374); Überlaufschaft Zusätzlich werden auch die **kurzen** Baureihen für Einschnitt-Gewindebohrer verwendet (DIN 352, 2181, 5157).	Vorzugsweise als Maschinen-Gewindebohrer einzusetzen. Für Metrisches ISO-Regelgewinde M1 bis M10 DIN 376 für Metr. ISO-Regelgewinde M1,6 bis M68. DIN 374 für Metr. ISO-Feingewinde M1,6 bis M52.

Die **Konstruktion** des Gewindebohrers wird bestimmt durch folgende Merkmale:
· die **Baumaße**
· den **Werkzeugtyp** mit **Funktionsmaßen**

	Ausführung	Anmerkungen/Erläuterungen
a) **Baumaße**	werden bestimmt durch die geometrischen Gegebenheiten an Maschine, Werkzeug und Werkstück. Sie sind zum Teil genormt; (siehe auch Bilder 16.1 bis 16.3):	Folgende Typen und Baumaße der Gewindebohrer stehen zur Verfügung (siehe Bilder 17a bis 17e): 1. **Kurz** (17a) nach DIN 352 und 2181

7 – 41

Gruppen-Nr.	Gewindeherstellen	Abschn./Tab.
15.2.6		Gw/19

Begriffe und Konstruktionselemente: Gewindebohrer

Ausführung	Anmerkungen/Erläuterungen
Gewinde-Nenndurchm. d_1 Schaft-Durchmesser d_2 Anschnitt-Durchmesser d_3 Kerndurchm. des zu schneid. Muttergewindes D_1 Vierkant (Schaft-) a Gesamtlänge l_1 Gewindelänge l_2 Nutzbare Länge l_3 (im Bild 16.2 $l_2 + l_5$ angegeben!) Anschnittlänge l_4 Schälschnittlänge l_5 (Bild 11)	2. **Lang** (17b) mit verstärktem Schaft nach DIN 371 3. **Lang** (17c) mit Überlaufschaft nach DIN 376 und 374 4. **Extra Lang** (17d) mit Überlaufschaft nach DIN 357 5. **Kegelige** Gewindebohrer (17e)

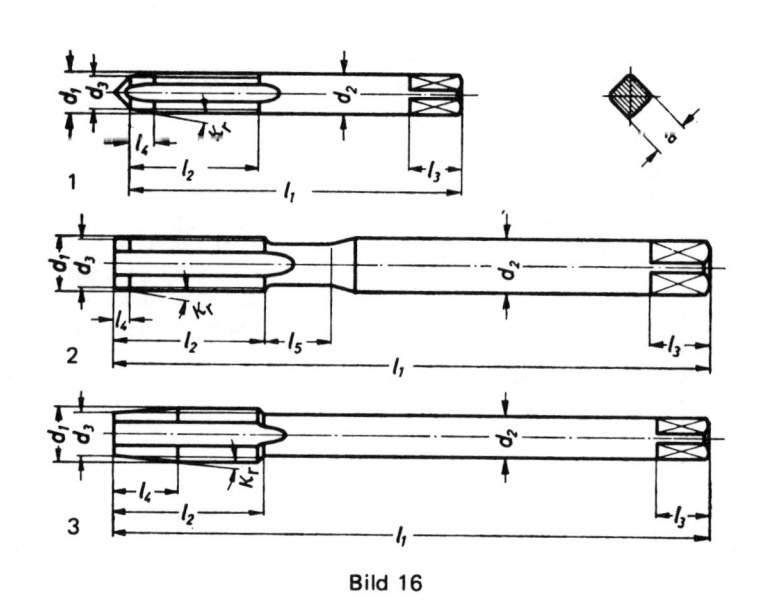

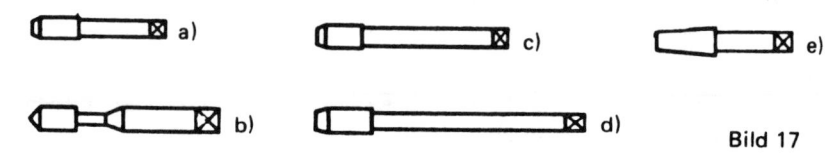

Bild 16

Bild 17

| Gruppen-Nr. 15.2.6 | **Gewindeherstellen** | Abschn./Tab. **Gw/19** |

Begriffe und Konstruktionselemente: Gewindebohrer

	Ausführung	Anmerkungen/Erläuterungen
b) **Gewindebohrer-Typ**	besitzt nach Ausführung folgende Merkmale mit ihren Funktionsmaßen (Abmess./Winkel) und Werkstoffe: 1. **Schneidstoff** (HSS, HSS-E, (s. Tab. WH/1 bis 5) 2. **Schneidengeometrie** (Bild 8) Die **Funktionsmaße** umfassen die Schneidengeometrie: a) der Spanwinkel γ_p (γ) b) der Anschnitt-Rückfreiwinkel α_r c) der Anschnittwinkel χ_r d) der Schälanschnittwinkel γ_{fA} e) der Seiten-Spanwinkel oder Drallwinkel γ_f	Diese Merkmale werden wiederum bestimmt durch: a) Art des Werkstückstoffes (Festigkeit, Härte, Zerspanbarkeit); b) Art und Tiefe der Kernlochbohrung (s. Punkt **4**, Begriffe) c) Einsatzmenge von Gewindebohrern: Einschnitt- oder Satz-Gewindebohrer: Gw/19.11 (siehe auch Tab. Gw/20.7) Zentrierbohrung (ZB) siehe Bild 4 siehe Bild 11 Beispiele: Rechtsschneidende Spirale · Drall links (s. Bild 19a) · Drall rechts (s. Bild 19b). Geradgenutete Gewindebohrer (Bild 19c) mit Schälanschnitt (Bild 19d), $\gamma_f = 0$

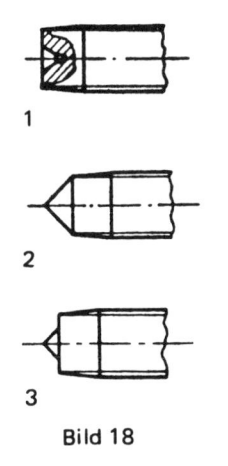

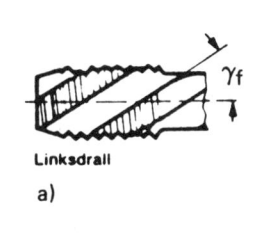

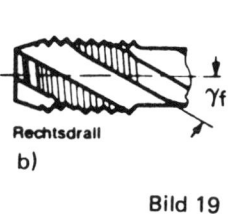

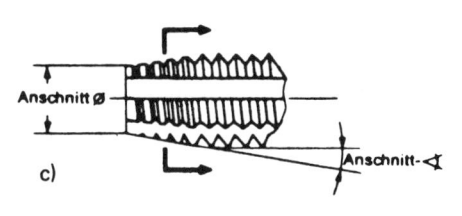

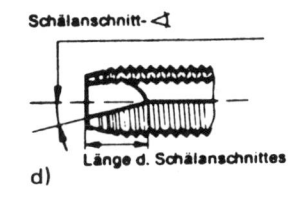

Bild 18

Bild 19

7 – 43

| Gruppen-Nr. 15.2.6 | **Gewindeherstellen** | Abschn./Tab. **Gw/20** |

20. Technische Lieferbedingungen: Gewindebohrer (DIN 2197)

Aufbau und Schneide für HSS- oder HSS-E-Gewindebohrer

Weitere **Normen:**	DIN 323	Normzahlen/Normzahlreihe
	DIN 332	Zentrierbohrung 60°; Form R/A
	DIN 802	Toleranzen des Gewindeteils v. Gewindebohrern

Zusätzliche Kennzeichen: Gewinde-Kurzzeichen z.B. M10, G2
Toleranzklasse (bei metr. ISO-Gew.) z.B. 6H
Drallsteigung P_f und Drallwinkel τ_f (bei Drall-Gewindebohrern)

Bild 1

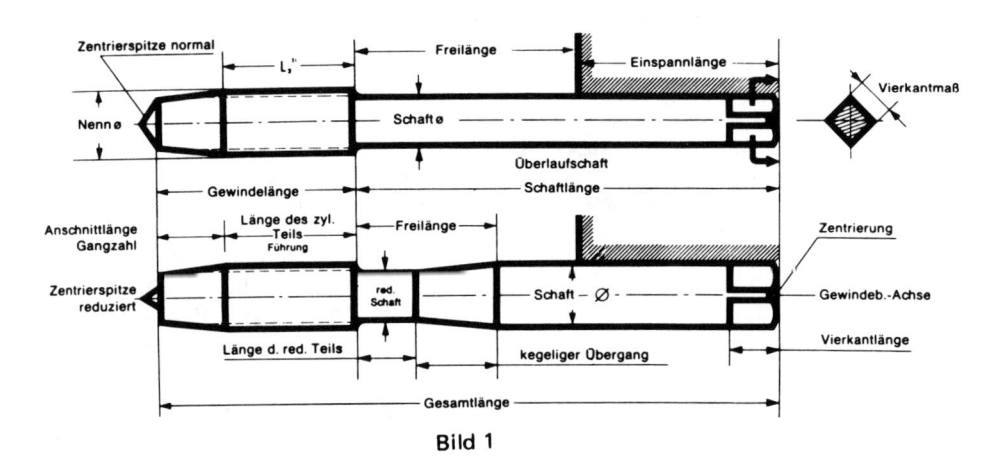

Begriff	Ausführung/Daten	Anmerkungen/Zahlenwerte
1. Maße des Schneidteils	a) **Gewindemaße** Nenndurchm. d_1, Steigung P, Toleranzen oder Gänge pro 1 Zoll Länge · für Metrische Gewinde nach DIN 802 Teil 1 · für Rohrgewinde nach DIN 802 Teil 3	bestimmen die Gewindebohrer-Maßnormen (Nennwerte): Außen-, Flanken-, Kerndurchm., Profilwinkel. Bei Vor- u. Mittelschneider Außen∅ und Flanken∅ nach Wahl des Herstellers. Prüfstelle: im Bereich des 1.n und 2.n Gewindeganges hinter dem Anschnitt; bei mehrgäng. Gewinde zwischen den 1.n und 4.n Gewindegängen.
	b) **Anschnittdurchmesser** d_3 muß kleiner als d_s oder D_1 (Gewindekern-Durchm.) sein.	Wenn nicht festgelegt gilt d_3 (h13) = $D_1 - 0{,}05\,P$

Gruppen-Nr.	Gewindeherstellen	Abschn./Tab.
15.2.6		Gw/20

Technische Lieferbedingungen: Gewindebohrer (DIN 2197)

Begriff	Ausführung/Daten	Anmerkungen/Zahlenwerte
2. Maße des Zylinderschaftes	a) Schaftdurchmesser d_2 Toleranz h9, für Vor- u. Mittelschneider Toleranz h12 b) Vierkante an Zylinderschäften (s. Tab. WH/27) DIN 10 Tab. 2	Siehe Maß-/Toleranzwerte in den DIN Blättern
3. Lauf-Toleranzen Rundlauf-Toleranzen in μm	der Werkzeuge (in μm = 0,001 mm): · der Anschnittlänge T_{lA} · des Gewindes T_{rG} · des Schaftes T_{rS}	Die Werte berücksichtigen eine statistische Sicherheit von 95%. Prüfstellen (s. Bild 16 in Gw/19): T_{lA} am Außen⌀ (bei $l_4/2$) T_{rG} am Flanken⌀ (bei $(l_2-l_4)/2$) T_{rS} etwa $0,3 \cdot l_1$ von Schaftende

	a) Maschinen-/Muttergew.-Bohrer			b) Satz-Gewindebohrer		
Gew.⌀ d_1 in mm	T_{lA} in μm	T_{rG} in μm	T_{rS} in μm	T_{lA} in μm	T_{rG} in μm	T_{rS} in μm
bis 8	18	18	40	27	27	40
8 ... 12	18	18	30	27	27	30
12 ... 16	22	18	30	33	27	30
16 ... 24	27	22	24	40	33	24
24 ... 40	33	22	20	50	33	20
über 40	39	22	20	60	33	20

Begriff	Ausführung/Daten	Anmerkungen/Zahlenwerte
4. Längemaße	· Gesamtlänge l_1, ohne evtl. vorhandener Zentrierspitze · Gewindelänge l_2, gegebenenfalls nutzbare Länge l_3 · Anschnittlänge l_4; Toleranz siehe Pkt. 5 · Schälschnittlänge l_5	Toleranz: js 16 Werte in Gewindebohrer-Maßnormen angegeben. l_2 sind Maximalwerte. Siehe betreff. Tabelle Mindestens 1 Gewindegang länger als l_4
5. Anschnitt-Formen (Bild 2)	Einschnitt-(Maschinen-)Gewindebohrer:	Satz-Gewindebohrer: · Form A für Vorschneider (V), · Form D für Mittelschneid. (M), · Form C für Fertigschneid. (F) **Anwendung:**

	Gänge Anzahl	Einstell-winkel κ_r	Spannuten	
A	6 ... 8	5°	gerade	lange Durchgangsbohrungen
B	3,5 ... 5	8°	gerade/m. Schälanschn.	Durchgangsbohrungen in mittel- bzw. langspan. Werkstoffen

7 – 45

Gruppen-Nr. **15.2.6** | **Gewindeherstellen** | Abschn./Tab. **Gw/20**

Technische Lieferbedingungen: Gewindebohrer (DIN 2197)

Begriff	Ausführung/Daten			Anmerkungen/Zahlenwerte
	Gänge Anzahl	Einstellwinkel κ_r	Spannuten	
C	2 ... 3	15°	gerade/ drallgenutet	Grundlöcher/Durchgangsbohr. in kurzspan. Werkstoffen
D	3,5 ... 5	8°		Grundlöcher mit langen Gew.-auslauf/Durchgangsbohr.
E	1,5 ... 2	23°	möglichst vermeiden	Grundlöcher mit sehr kurzem Gewindeauslauf.
6. Winkel-Maße	Siehe Bild 3			
a) Anschnitt-Rückfreiwinkel α_p	Hinterschliff, als werkstoffabhängige Größe, wird an der halben Anschnittlänge ($l_4/2$) gemessen Allgemein: $\alpha_p = 1°$ bis $5°$			Beeinflußt die Maßhaltigkeit des Gewindes.
b) Schälanschnittwinkel τ_{fA}	Z.B. bei Form B; er wird an der halben Anschnittlänge ($l_4/2$) gemessen. Allgemein: $\tau_{fA} = 8°$ bis $18°$			Abhängig vom Verhältnis der Steigung P zum Durchm. d sowie von der Schneidengeometrie des Gewindebohrers, der hinter den Schälanschnitt geradgenutet ist.
c) Spanwinkel γ_p	nach Wahl des Herstellers oder auf Wunsch des Anwenders. Ist abhängig vom zu spanenden Werkstoff und Gew.B. Ausführung (Typ)			Meßstelle: bei Anschnittform B wie bei α_p und γ_{fA} A, C, D und E am 1.n vollen Gewindegang

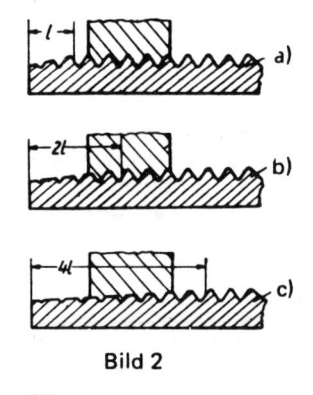

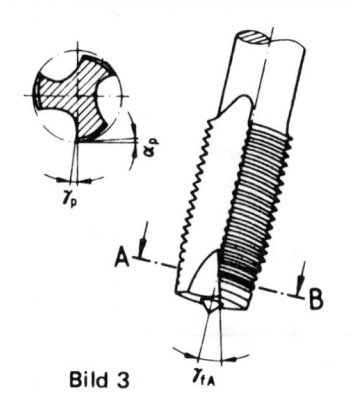

Bild 2

Bild 3

7 – 46

Gruppen-Nr. 15.2.6 | **Gewindeherstellen** | Abschn./Tab. Gw/20

Technische Lieferbedingungen: Gewindebohrer (DIN 2197)

Begriff	Ausführung/Daten				Anmerkungen/Zahlenwerte
d) Seiten-Spanwinkel γ_f (Drall-)	Drallrichtung/-größe (mit entsprechenden Kurzzeichen und Werten): Mittelwerte in Klammern.				Abhängig von: · Bohrungsart (Grund-, Durchgangsloch, Bohrungstiefe) · Gewindedurchmesser d_1 · Gewindeart (Rechts-/Links-G.) · Werkstückstoff
Bild / Form		Drallricht.	γ_f in °	Kurzz.	
4a / A,C,D,E		Geradnuten	0	–	Tafel gilt für Rechtsgew.; für Linksgew. gilt die entgegengesetzte Drallrichtung (z.B. L45 anstatt R45). In Bohrerbezeichn. angeben. γ_f = arc tan $\pi \cdot d_1/P_f$. Form B bevorzugen. Zuordnung zum Nenndurchm. ist unter Sicherung der γ_f-Werte dem Hersteller freigestellt.
4b / B		Geradnuten mit Schälanschnitt	8...18	–	
4c / C,E		Rechtsdrall	10...20(15) 20...30(25) 30...40(35) 40...50(45)	R15 R25 R35 R45	
4d / D		Linksdrall	10...20(15)	L15	
e) Drallsteigung P_f	ist Steigungshöhe in mm Bild 4				

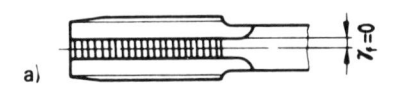

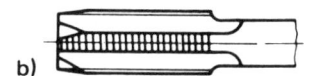

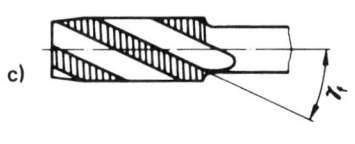

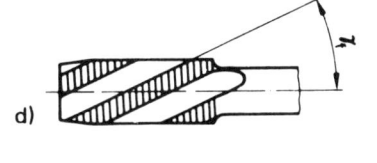

a) b) c) d)

Bild 4

7. Zentrierung	kann nach Wahl des Herstellers oder Anwenders vorgesehen werden innerhalb vorgegebener Grenzen	Zentrierungsart ist abhängig: · vom Gewindedurchm. d_1 · vom Werkzeugtyp
Ausführung: Bild 5a Bild 5b Bild 5c	Vollspitze (VS) am Schneidteil Vollspitze (VS) am Schaft Abgesetzte Spitze (AS) am Schneidteil	

7-47

| Gruppen-Nr. 15.2.6 | **Gewindeherstellen** | Abschn./Tab. Gw/20 |

Technische Lieferbedingungen: Gewindebohrer (DIN 2197)

Begriff	Ausführung/Daten	Anmerkungen/Zahlenwerte
Bild 5d	Zentrierbohrung (ZB) am Schneidteil	Zentrierung allgemein bei d_1 über 12 mm.
Bild 5e	Zentrierbohrung (ZB) am Schaft	
Bild 5f	Fasenzentrierung (FZ) am Schaft	
Zentrierung a) am **Schaft**	bei d_1 bis 12 mm: VS, FZ oder ZB	über d_1 = 12 ZB
b) am **Schneidteil**: Form B	bei d_1 bis 5,6 mm: VS d_1 = 5,6 ... 10 mm: VS, AS od. ZB	über d_1 = 10 ZB
A,C,D,E	d_1 bis 4,2 mm: VS bis 5,6 mm: auch AS d_1 = 5,6 ... 10 mm: VS, AS oder ZB d_1 = 10 ... 12: AS od. ZB	über d_1 = 12 ZB
8. **Werkzeug-Kennzeichnung**	wird auf Schaft geätzt, gestempelt oder elektroerosiv bzw. durch Laserbeschriftung, aufgebracht.	

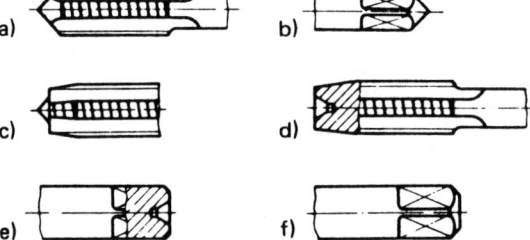

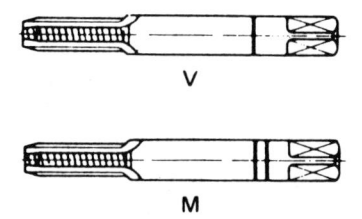

a) b)
c) d)
e) f)

Bild 5

V
M
Bild 6

| 9. **Gewindeprofil-Toleranzen** | Beim metrischen ISO-Gewindeprofil sind die Toleranzen nach Genauigkeitsgrad (Ziffer) und Toleranzlage (Buchstabe) geordnet: die **Genauigkeitsgrade** werden beim **Bolzengewinde** durch die Ziffern 3 bis 9, beim **Muttergewinde** durch die Ziffern 4 bis 8 ausgedrückt. | Um eine Verwechslung mit den Bezeichnungen für Bohrungen und Wellen zu vermeiden, wird beim ISO-Gewinde die Ziffer dem Buchstaben vorangestellt, z.B. 6H für Muttergewinde 6g für Bolzengewinde Die 3 steht für die engste, die 9 für die weiteste Toleranz. |

| Gruppen-Nr. 15.2.6 | Gewindeherstellen | Abschn./Tab. Gw/21 |

21. Gewinde-Schneideisen: Arbeitsprinzip und Ausführungen
Schneiden von Außengewinde

Begriff	Ausführung	Anmerkung/Anwendung
1. Arbeits-prinzip	Schneideisen werden auf den Schraubenbolzen aufgeschraubt: entw. manuell (von Hand) oder maschinell. Sie werden im Schneideisen-Halter z.B. nach DIN 225 (rund) aufgenommen oder haben außen einen Sechskant zum Einspannen. Die **Zerspanarbeit** wird, wie beim Gewindebohren, vom **Anschnitt** geleistet. Regelausführung ist beidseitig angesenkt; Senkwinkel des Anschnittes (Anschnittwinkel ϑ) ist allgemein 60° (Bild 1). Anzahl der **Spanlöcher** nach Wahl des Herstellers. Für die **Spreizschraube** kann entw. Kegelsenkung (von 90°) oder keilförmige Anfräsung angeordnet werden. Für das Arbeiten gelten die gleichen Gesichtspunkte wie für Gewindebohrer. Besonders der Außen⌀ des Bolzens ist innerhalb der zuläss. Toleranz möglichst klein zu halten: · da sonst ein Ausreißen der Gewindespitzen beim Schneiden möglich ist, · weil dadurch geringerer Spanquerschnitt und Entlastung des Werkzeugs erreichbar ist.	Bedingung ist, daß das Werkzeug gerade, d.h. in genau senkrechter Stellung zur Bolzenachse anschneidet. **Funktionsmaße** nach DIN: d_1 = Nenndurchm. (Gewindeaußen⌀, Bilder 1 und 3) d_2 = Flankendurchm. (Bild 3) d_3 = Kerndurchm. (Bild 3) d_5 = Anschnitt (Bild 1) P = Steigung (Bild 1) τ = Spanwinkel (Bild 2) λ_1 = Schrägungswinkel (Schälanschnitt, Bild 2) **Weitere Maße** (Bez.) nach DIN: d_2 = Schneideisen⌀, Außen⌀ d_3 = Aussparungs⌀ (wenn vorhanden) d_4 = Körnerloch⌀ (für Halte- und Zuspannschraube) n_1 = Schlitzbreite n_2 = Prisma (für Spreizschr.) h_1 = Schneideisenbreite h_2 = Gewindelänge Wichtig! Die **Bolzenkante** sollte angefast werden (zum leichteren und sicheren Anschneiden). Die **Schnittgeschwindigkeit** v_c bzw. Drehzahl n_c (1/min) soll nicht über der unteren Grenze der Richtwerte beim Gewindebohren eingestellt werden (siehe Tabellen Gw/26).
2. Bauarten und -maße	a) **Runde Schneideisen** (Bild 4) Ausführung nach DIN 223: DIN 5158 spez. f. zyl. Rohrgewinde DIN 5159 spez. f. kegel. Rohrgewinde **Form A** – geschlitzt (offen) Sie ist innerhalb bestimmter Grenzen	

7 – 49

| Gruppen-Nr. 15.2.6 | **Gewindeherstellen** | Abschn./Tab. Gw/21 |

Gewinde-Schneideisen: Arbeitsprinzip und Ausführungen
Schneiden von Außengewinde

Begriff	Ausführung	Anmerkung/Anwendung
	einstellbar (Bild 4a) (zum Einregulieren abweichender Toleranzen).	
	Form B – vorgeschlitzt (geschlossen), Regelausführung. Normal für Bolzen-Toleranzklasse 6g bis M 1,4 6h bei metr. Gewinde.	Einheitliche **Baumaße** nach DIN 223 Teil 10 (ISO 2568).
	Schneideisen in **geläppter** Ausführung dienen zur Fertigung besonders sauberer maßhaltiger Gewinde oder für Werkstoffe, die sich leicht an den Gewindeflanken verkleben, z.B. Messing oder Al-Leg.. Schneideisen ab ca. M 30 und mit größerer Steigung P sind, je nach Werkstückstoff, nur zum Nachschneiden oder als Kalibrier-Werkzeug einzusetzen.	Schneideisen ab M 2 werden für langspanende Werkstoffe mit Schälanschnitt versehen.

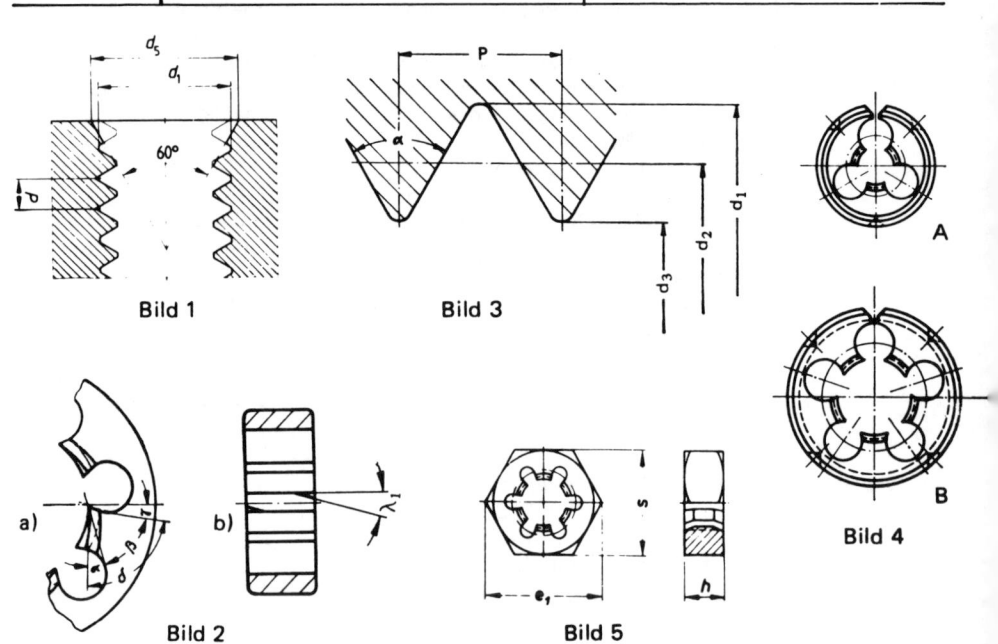

Bild 1

Bild 3

Bild 2

Bild 5

A

B

Bild 4

Gruppen-Nr. 15.2.6 | **Gewindeherstellen** | Abschn./Tab. Gw/21

Gewinde-Schneideisen: Arbeitsprinzip und Ausführungen
Schneiden von Außengewinde

Begriff	Ausführung	Anmerkung/Anwendung
	b) **Sechskantige Schneideisen** (Bild 5) sind nach DIN 382 genormt.	Dienen zum Nachschneiden und zum Regulieren beschädigter bzw. zu starker Bolzengewinde.
3. **Nach-schleifen**	erfolgt bei Schneideisen nur am **Anschnitt** und auf Spezial-Werkzeugschleifmaschinen. Es gelten allgemein die Arbeitsregeln wie beim Schleifen von Gewindebohrern.	Wichtig! Rechtzeitiges Nachschleifen erhöht die **Standzeit** des Werkzeuges.

| Gruppen-Nr. 15.2.8 | **Gewindeherstellen** | Abschn./Tab. Gw/22 |

22. Gewindeformen (Gewindefurchen) von Innengewinde

Werkzeug, Arbeitsvorgang und Vorteile des spanlosen Gewindeformens

Begriff	Definition/Ausführung	Anwendung/Anmerkungen
1. Arbeitsprinzip	Dieses Verfahren ist zu vergleichen mit dem Rollen und Walzen von Außengewinden. Hierbei überträgt aber das Formwerkzeug die Verformungskräfte durch rollende Reibung auf das Werkstück. Demgegenüber werden beim Innengewindeformen die gesamten Verformungskräfte durch **gleitende Reibung** auf das Werkstück übertragen. Beim Außengewindeformen kann die Roll- oder Walzvorrichtung nach außen praktisch jede Form und Größe annehmen. Beim Innengewindeformen muß indessen das Formwerkzeug in der Gewindebohrung Platz haben. Beim Einschrauben des Formers drückt rein theoretisch der Gewindezahn das Werkstoffvolumen der Fläche, Bild 1, in den Zahngrund, Fläche II.	Gegenüberstellung **Schneiden/Formen** von Gewinde: Beim Gewindeschneiden mit Gewindebohrern wird das **Kernloch** vor dem Schneiden schon auf den endgültigen Durchmesser (Kernloch⌀) gebohrt. Das Werkzeug schneidet mit den Zähnen des Anschnitteiles das Muttergewinde von innen nach außen; dabei entstehen **Späne**. Beim Formen dagegen wird der Formbohrungs-Durchmesser in etwa auf das Maß des **Flankendurchmessers** gebohrt. Beim Einschrauben des Formers drücken sich die Zahnspitzen in den Werkstoff, der ausweicht und in die Zahnlücken des Formers steigt. Kern⌀ bildet sich erst beim Formvorgang. Es entstehen **keine Späne**.
2. Geometrie des Gewindeformers	Dieses Werkzeug unterscheidet sich insbesondere vom Gewindebohrer durch die fehlenden **Spannuten**. Diese sind überflüssig, weil keine Späne anfallen. Der Former besteht im Gewindeteil aus: a) einem **Form-** oder **Einlaufkegel**, der die Arbeit bewältigt. Der Formkörper enthält kein rund umlaufendes Gewinde, sondern es befinden sich am Umfang Erhebungen oder **Formstege**. Zwischen diesen liegen freigeschliffene Räume (Hinterschliffe, Hinterarbeitungen, Bild 2). Der Einlaufkegel ist 2 – 2,5 Gänge lang (Bild 3)	Die **Hinterschliffe** (Freiräume): · bewirken ein besseres Fließen des Werkstoffes, · setzen die Reibung herab, · nehmen den erforderlichen Schmierstoff auf. Form und Anzahl der **Formstege** sind, in Verbindung mit geeignetem Schneidstoff (HSS-E) und optimaler Härtung, entscheidend für das Arbeitsergebnis. Durch passende Oberflächenbehandlung des Werkzeuges kann: · die Standlänge erhöht und

Gruppen-Nr. **15.2.8** | **Gewindeherstellen** | Abschn./Tab. **Gw/22**

Gewindeformen (Gewindefurchen) von Innengewinde

Begriff	Definition/Ausführung	Anwendung/Anmerkungen
	b) dem **Führungsteil**, das · zur Einhaltung der exakten Führung und · zum **Glätten** bzw. Kalibrieren des Gewindes dient. Die günstigste **Steigung** (P) für das Gewindeformen liegt allgemein zwischen 0,5 und 2 mm, d.h. also bis M 16 bei Regelsteigung. · Unter 0,5 mm ist es schwieriger, die enge Durchmesser-Toleranz der Vorbohrung einzuhalten. · Über 2 mm ist die Verformarbeit zu groß. Weil die Maße des geformten Gewindes niemals größer als die Formermaße werden, sind die Former mit größerem **Aufmaß** als die Gewindebohrer angefertigt. Dadurch ist höhere Standzeit erreichbar.	· die Gefahr von Aufschweißungen verringert werden. Das **Drehmoment** M_d ist abhängig: · von der Verformbarkeit des Werkstoffes, · vom angestrebten Traganteil (in %) des Gewindes, · vom Gewindedurchm. d, · von der Gewindesteigung P, · von der Geometrie des Formers. Erfahrungsgemäß ist M_d ca. 1,2— bis 1,5mal so groß wie beim Gewindeschneiden. Aber Bruchgefahr trotzdem geringer, da keine Formerschwächung durch Nuten eintritt. Maschinen und Spannfutter müssen dementsprechend auf das erhöhte Drehmoment M_d eingestellt werden.

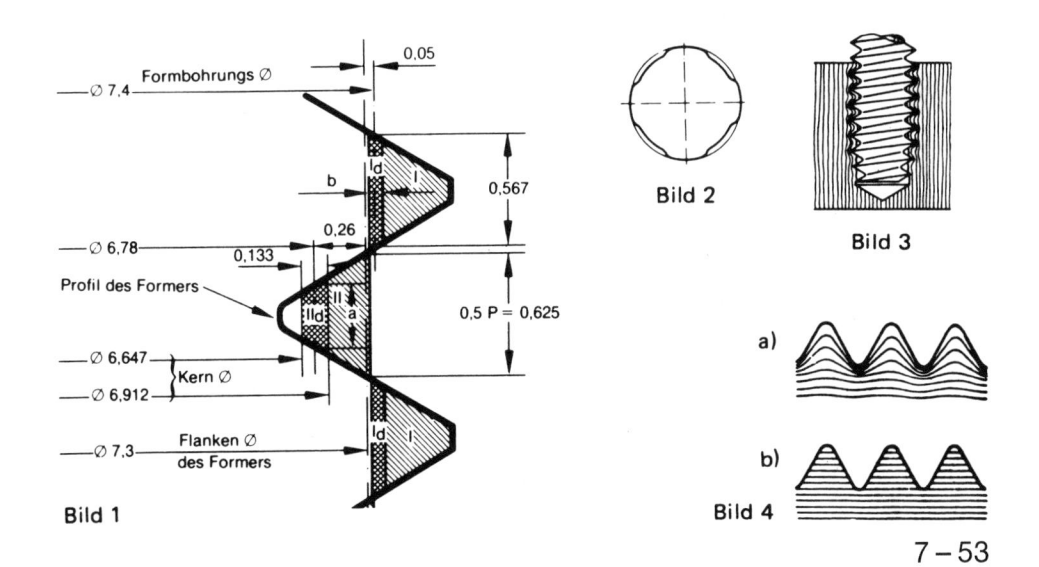

Bild 1

Bild 2

Bild 3

Bild 4
a)
b)

7–53

| Gruppen-Nr. 15.2.8 | **Gewindeherstellen** | Abschn./Tab. Gw/22 |

Gewindeformen (Gewindefurchen) von Innengewinde

Begriff	Definition/Ausführung	Anwendung/Anmerkungen
3. **Bedingungen**	a) Der zu bearbeitende Werkstoff muß eine bestimmte **Dehnung** aufweisen. Es eignen sich im allgemeinen: · Stahl bis 800 N/mm² Zugfestigk. · Automatenstahl, Tiefziehblech · Kupfer (C-Cu, D-Cu, F-Cu) und CuZn-Legier. Mit hohem Cu-Gehalt), Rotguß · Rost- und säurebeständige Stähle (allerdings nur weiche Legier.) · Zinklegier. (z.B. ZnAl4Cu3) · Aluminium, AlMg-Leg., AlSi-Legier. (bis 12 % Si) · Al- und Zn-Druckguß b) Der relativ kleine Former-Querschnitt kann nur ein beschränktes **Drehmoment** aufnehmen. Deshalb ist das Verfahren nur für leicht verformbare Werkstoffe geeignet. c) Bei hoher Werkstoff-Festigkeit ist der **Verschleiß** der Former unverhältnismäßig groß und der Einsatz von Formern unwirtschaftlich. d) Einwandfreies Gewindeformen ist oft nur bei Verwendung geeigneter **Schmiermittel**, Schneidöl, möglich, evtl. mit Graphit- od. Mo-Sulfid-Zusatz. Sie dienen: · zur Verringerung von Reib- und Druckkräften, und damit des **Drehmomentes** (M_d) und · zur Verhinderung von Werkstoff-**Aufschweißungen**. e) **Formbohrungs⌀** muß so gelegt werden, daß nach dem Formen der gewünschte (genormte) Mutter-Kern⌀ entstanden ist. Bohrung darf niemals so klein sein, daß der Werkstoff bis in den Zahngrund des Formers fließt (Gefahr für Formerbruch). Richtwerte siehe Tab. Gw/23.	Spröde Werkstoffe sind nicht verformbar, z.B. Gußeisen und sehr harte Werkstoffe. Verschiedene Werkstoffe sind nur bedingt verformbar bei Innengewindeformung, obwohl sie für Außengewindeformung noch gut geeignet sind. Folgende Punkte sind auch zu beachten: 1. Durch die gleitende Reibung zwischen Werkzeug und Werkstück kann es bei ungenügender Schmierung zu **Kaltschweißungen** kommen. 2. Ein 100%iges Ausformen der Gewinde ist nicht möglich, da hierbei der Gewindeformer immer zu Bruch gehen würde (Verdrängungsmöglichkeit fehlt). 3. Da der Kern⌀ des Innengewindes also niemals vollkommen ausgeformt ist, sind die Gewindespitzen rauh oder haben zum Teil kraterförmige Vertiefungen. 4. Durch die Kaltverformung erfahren die **Gewindeflanken** geformter Gewinde eine Festigkeitssteigerung. 5. Das **Drehmoment** ist sehr stark abhängig: · vom Formbohrungsdurchm., · vom Werkstoff (Art/Festigkeit), · von der Schmierung. Allgemein gültige Angaben sind also problematisch. M_d schwankt deshalb z.B. bei M 8 von 6 bis 40 Nm (600 bis 4000 Ncm). 6. Es muß beachtet werden, daß die **Wanddicke** der zu verfor-

| Gruppen-Nr. 15.2.8 | **Gewindeherstellen** | Abschn./Tab. Gw/22 |

Gewindeformen (Gewindefurchen) von Innengewinde

Begriff	Definition/Ausführung	Anwendung/Anmerkungen
		menden Teile genügend groß ist (Werkstückverformung, Ausbuchtung)
4. Formwerte	Die Formgeschwindigkeit ist stark abhängig: · vom Werkstoff (Art/Festigkeit), · von der Qualität und Intensität der Schmierung. Die Arbeitsgeschwind. v_c und damit die Drehzahl soll bis 2mal so groß wie beim Gewindeschneiden gewählt werden, um ein Fließen des Werkstoffes zu begünstigen, s. Tab. Gw/26 (v_c-Werte bis auf das Doppelte erhöhen)	
5. Vorteile des Gewindeformens	1. Es entstehen keine **Späne**. 2. Höhere **Festigkeit** des geformten Gewindes. 3. Gewinde wird günstig geformt und erhält dadurch erhöhte **Dauerfestigkeit**. 4. Die Gewindeflanken sind geglättet und haben geringere **Rauhtiefen** als beim Gewindeschneiden. 5. Geformte Gewinde fallen nie zu groß aus. 6. Hohe **Maßgenauigkeit** des geformten Gewindes.	Das erleichtert die Arbeit an der Maschine (Späneentfernung entfällt). Besonders günstig bei Grundlöchern und bei Werkstücken, die eine galvanische Oberflächenbehandlung erhalten. Die Oberflächen-Kaltverfestigung der geformten Gewindeflanken erhöht die Belastbarkeit. Der Faserverlauf wird nicht unterbrochen, sondern allgemein verdichtet (Bilder 4a, geschnitten in Bild 4b). Dadurch Gewinde mit guter Oberflächenbeschaffenheit. Dadurch wird auch eine **Vorweite** der ersten Gewindegänge vermieden. Sie ist überwiegend von den Maßen des Gewindeformers abhängig. Sogar bei Anwendung von neuen, gegenüber gebrauchten bzw. abgestumpften Formern entstehen nur geringe Maßabweichungen.

7–55

Gewindeformen (Gewindefurchen) von Innengewinde

Begriff	Definition/Ausführung	Anwendung/Anmerkungen
	7. Kein „Nachschneiden" bei Differenzen zwischen Vorschub und Gewindesteigung.	**Zwangsvorschub** mit Leithülsen oder mittels Vorschubgetriebe können selbst bei Feinsteigungen entfallen.
	8. Kürzere **Fertigungszeiten** (Stückzeiten) durch Erhöhung der Arbeitsgeschwindigkeit.	Bei weichen, leicht verformbaren Werkstoffen lassen sich bis zu 100 % höhere Drehzahlen einstellen als beim Gewindeschneiden.
	9. Bei geeigneten Werkstoffen sind hohe **Standzeiten** zu erreichen.	Der Gewindeformer ist erst dann verbraucht, wenn durch Profilverschleiß das Maß an Formgewinde nicht mehr erreicht wird.
	10. Kein **Nachschleifen** erforderlich bzw. möglich.	

23. Formbohrungs-Durchmesser beim Innengewinde-Formen (Richtwerte)

Allgemein wird empfohlen:

Formbohrungs⌀ d_0 = Gewinde-Außendurchm. d_1 minus 0,5 x Steigung P

Diese Formel ergibt folgende Werte (wenn d_0 Vorbohrdurchm. und d_1 Gewindeaußen⌀ = Nenn⌀ ist):

Maße in mm

Nenn⌀ d_1	Steigung P	Vorbohr⌀ d_0
M 1	0,25	0,88
M 1,1	0,25	0,98
M 1,2	0,25	1,08
M 1,4	0,3	1,25
M 1,6	0,35	1,45
(M 1,7)	0,35	1,55
M 1,8	0,35	1,65
M 2	0,4	1,8
M 2,2	0,45	2,0
(M 2,3)	0,4	2,1
M 2,5	0,45	2,3
(M 2,6)	0,45	2,4
M 3	0,5	2,75
M 3,5	0,6	3,2

Fortsetzung

| Gruppen-Nr. 15.2.8 | **Gewindeherstellen** | Abschn./Tab. Gw/23 |

Formbohrungs-Durchmesser beim Innengewinde-Formen (Richtwerte)

Maße in mm

	Nenn⌀ d_1	Steigung P	Vorbohr⌀ d_0
(Forts.)	M 4	0,7	3,65
	(M 4,5)	0,75	4,15
	M 5	0,8	4,6
	M 6	1,0	5,5
	(M 7)	1,0	6,5
	M 8	1,25	7,4
	M 9	1,25	8,4
	M 10	1,5	9,3
	M 12	1,75	11,2
	M 14	2,0	13,0
	M 16	2,0	15,0

Anmerkung: Diese Werte können nur Richtwerte sein, denn der Formbohrungs⌀ ist abhängig von: Werkstoff (Art/Festigkeit) – Gewindeprofil – Wanddicke – Bohrungstiefe – gewünschtem Kern⌀. Die eingeklammerten Gewinde sind im Metrischen ISO-Gewinde nicht enthalten.

24. Gewindeformen (-rollen, -walzen) von Außengewinde

24.1 Arbeitsprinzip: Verfahren zum Gewinderollen/-walzen

Definition	Gewinderollen bzw. -walzen ist ein Verfahren der Kalt-Massivumformung, mit dem Gewinde fast aller Arten, sowie Kordel, Rändel und Schrägverzahnungen, Wölbungen, Verjüngungen und Profile hergestellt werden können.
Werkzeugarten 1. **Flachwerkzeuge**	1. eingeteilt nach geometrischer **Form** Werkzeuge mit **endlichen** Arbeitsflächen.
1.1 **Flachbacken-Verfahren** Backenwerkzeuge	Gewindeformung durch zwei Flachbacken, die das Profil des zu fertigenden Gewindes formen. Die Neigung der Profilrillen muß dem Steigungswinkel α des gewünschten Gewindes entsprechen. Die Arbeitsbacke wird durch einen Kurbeltrieb hin und her bewegt, während die andere Flachbacke feststehend angeordnet ist (Bild 1). Werkstücktransport erfolgt durch Zuführschiene und Einstoßschieber. Das zu formende Werkstück (noch Rohteil) wird durch Reibschluß mitgenommen (Einsteckverfahren). Bei diesem Verfahren können auch beide Backen als Arbeitsbacken eingesetzt werden.

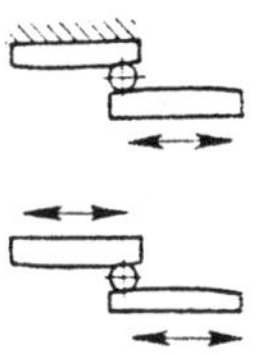

Bild 1 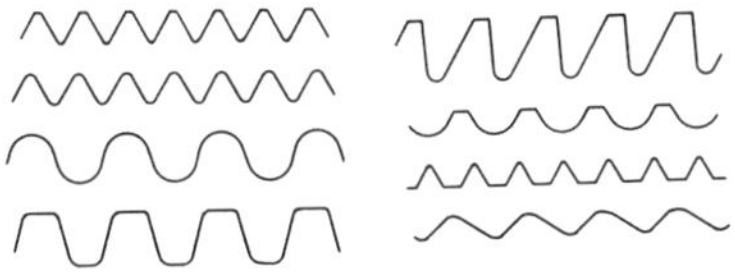   Bild 2

| Gruppen-Nr. 15.2.8 | **Gewindeherstellen** | Abschn./Tab. Gw/24.1 |

| Anwendung | Zum Walzen von umlaufenden Profilen (Gewindearten s. a. Bild 2) sowie von achsparallelen Profilen (Keilwellen, Kernverzahnungen) und Rändelungen. Für Werkstücke, deren Bearbeitungsflächen kleiner oder gleich der Werkzeugbreite sind. |

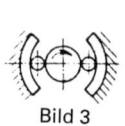

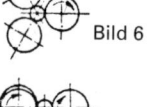

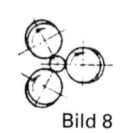

Bild 3   Bild 4   Bild 6   Bild 8
Bild 5   Bild 7

1.2 Hohlbacken-Verfahren Segmentwerkzeuge	Hierbei setzt man ein oder mehrere (bis 4) auf dem Umfang angeordnete gekrümmte Segmente ein (Bild 3), deren Länge der Umfangslänge des zu formenden Werkstückteil entspricht. Das Werkzeug enthält einen Sperr- und Einstoßschieber. Vielfach wird zusätzlich eine umlaufende Gewinderolle angeordnet, die bei einer Umdrehung dann so viele Werkstücke walzen (rollen, formen) kann, wie außen feststehende Segmente vorhanden sind.
Anwendung	Siehe unter Punkt 1.1. Allgemein in der Massenfertigung zur Herstellung von Schrauben und Gewindebolzen mit ausreichenden Genauigkeitsforderungen (s. Bild 2): hohe Mengenleistung erzielbar.
2. Rundwerkzeuge 2.1 Einsteckverfahren	Werkzeuge mit **unendlichen Arbeitsflächen**. Bei diesem Verfahren werden allgemein **zwei** mit gleicher Drehzahl und Drehrichtung laufende Walzen (Rollen) mit Gewindegravur (-rillen) eingesetzt. Die Profilrillen der Walzen haben die Steigung P des gewünschten Gewindes. Eine der beiden Walzen ist ortsfest gelagert, während die andere radial gegen die ersten hydraulisch zugestellt wird (Bild 4 Radial-Rollkopf, Prinzipbild). Das Werkstück dreht sich beim Walzen (Rollen) durch Reibschluß, ohne sich axial zu verschieben, und stützt sich dabei auf einem Lineal (Auflage) ab. Vielfach kann es auch zwischen Spitzen aufgenommen werden. Die maximale Gewindelänge ist durch die Breite der Rollwerkzeuge (30...225 mm) begrenzt.
Anwendung	Zunehmend in der **Massenfertigung**, insbesondere für Gewinde mit höchster Steigungsgenauigkeit, z. B. bei Meß- und Regelspindeln in der Feinmechanik. Erhöhung der Fertigungsleistung ist durch den Einsatz von Segment-Rollwerkzeuge 2...8 Segmente erreichbar (Bild 5).
2.2 Durchlauf-Walzverfahren	Hierbei können allgemein drei Verfahren unterschieden werden. a) Es werden **achsparallele** Walzen (Rollen) eingesetzt (Achsenkreuzwinkel $\beta = 0°$), deren Profile einen Steigungswinkel $\alpha_{Wz} > \alpha_{Wst}$ haben. Dadurch erhält das Werkstück einen Axialschub (Vorschub f). Er bewegt sich bei einer vollen Umdrehung um eine Gewindesteigung P. $\alpha_{Wz} = \alpha_{Wst} + \alpha_{erg}$ (wenn α_{erg} = sich ergebender Winkel α auf Grund des Vorschubs f. Siehe Bild 6). Der Unterschied zwischen α_{Wz} und α_{Wst} darf nicht zu groß sein, da sonst Beschädigungen der Gewindeflanken entstehen.
Anwendung	Nur in der **Serienfertigung,** weil die Abmessungen der Walzen (Rollen) nur auf eine bestimmte Werkstückgeometrie bezogen sind. b) Die Walzwerkzeuge haben **steigungslose** Rillen (Profile), deren Querschnittsform dem flankennormalen Profil entspricht. Die Walzen müssen um den Achsenkreuzwinkel $\beta (= \alpha_{Wst})$ geschwenkt werden. $\alpha_{Wz} = 0°$ (siehe Bild 7).
Anwendung	In der **Kleinserienfertigung,** weil für verschiedene Steigungswinkel α sowie Durchmesser d bei gleichem Profil nur ein Satz Walzwerkzeuge genügt. Für große Steigungen nicht besonders geeignet.

| Gruppen-Nr. 15.2.8 | **Gewindeherstellen** | Abschn./Tab. Gw/24.1, 2 |

	c) Bei dem kombinierten **Einstech-Durchlaufverfahren** werden die Walzen (Rollen) mit Winkel α_{Wz} um den Winkel β geschwenkt; es ist bzw. wird. $\beta_{Wz} + \beta = \alpha_{Wst}$. Bei axialer Einstellung erfolgt Änderung der Walzendrehrichtung. Siehe Bild 8. Wiederholung des Vorganges notwendig, bis verlangte Gewindetiefe erreicht ist.
Anwendung	Zum Gewindewalzen (im Durchlaufverfahren) bei großen Steigungswinkeln α und hoher Genauigkeit. Insbesondere für lange Gewinde mit großen Gewindetiefen (große Umformung erforderlich), z. B. bei Trapezgewinden, Schnecken/ Schraubenrädern.
Gewinde-Rollköpfe	2. eingeteilt nach **Vorschubrichtungen** (Pfeilrichtung)
1. **Axial-Rollkopf (AR)** (mit 3 Rollen)	a) Rollkopf umlaufend, Werkstück stillstehend b) Rollkopf stillstehend, Werkstück umlaufend Gewinde wird fortschreitend erzeugt.
2. **Radial-Rollkopf (RR)**	Vorschub erfolgt radial durch geeignete **Rollengeometrie**.
mit 2 Rollen	Rollkopf stillstehend, Werkstück umlaufend
mit 3 Rollen	a) Rollkopf umlaufend, Werkstück stillstehend b) Rollkopf stillstehend, Werkstück umlaufend
3. **Tangential-Rollkopf** (mit 2 Rollen, Bild 11)	Vorschub erfolgt tangential Rollkopf stillstehend, Werkstück umlaufend
Aufnahme, allgem.	Längs-/Querschlitten, Revolverkopf, Spindelkopf, Reitstock
Anwendung, allgemein	auf: einfachen Drehmaschinen, automatischen Drehmaschinen, z. B. Revolver-, Mehrspindel-, Kopier-Drehmaschinen, NC-, CNC-Drehmaschinen, Transferstraßen, speziellen Rollenmaschinen.

24.2 Allgemeine Vorteile (z. B. gegenüber dem Gewindeschneiden)

1. Höhere Werkstoff-Festigkeit (Kaltverfestigung)
2. Höhere Verschleißfestigkeit/Wechselfestigkeit
3. Verminderung der Kerbempfindlichkeit
4. Weniger Materialabfall (Werkstoffeinsparung)
5. Preßglatte Oberfläche der Gewinde (spiegelblank)
6. Hohe Profilgenauigkeit
7. Kürzere Fertigungszeiten (bis 80 000 je Stunde)
8. Hohe Standzeit der Werkzeuge (bis 300 000 Wst.)
9. Einfache Bedienung und gute Maschinenausnutzung
10. Fast alle wichtigen Knetmetalle (etwa bis 1400 N/mm², Bruchdehnung mind. 5%) sind walzbar.
11. Geeignet für fast alle Gewinde- und Profilformen Bild 2): zylindr./kegelige Spitzgewinde, Trapez-, Rund-, Halbrund-Gewinde, zylindr. Holzgewinde, bedingt Sägengewinde, Verzahnungen, Keilwellen, Rändel, Kreuzrändel, Kordel, Kümpeln von Rohren, Verjüngung von Rohrenden.

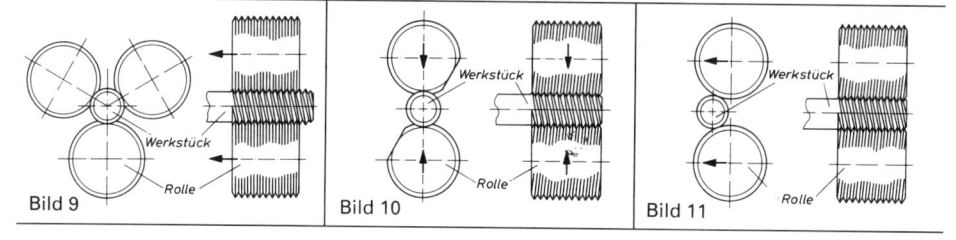

Bild 9

Bild 10

Bild 11

| Gruppen-Nr. 15.2.8 | **Gewindeherstellen** | Abschn./Tab. Gw/25 |

25. Technische Daten zum Gewindewalzen mit Rollköpfen

Begriffe/Merkmale	Technische Daten/Werte
a) **Abmessungen**: Werkstück⌀ d in mm	1,5...230 (meist ...130)
Gewindelänge L erreichbar	
beim Einstech-Verfahren	max. 225
beim Durchlauf-Verfahren	max. 5000
Gewindesteigung (a_{Wst}) P	max. 14
b) **Walz-/Rollkraft** F	10 bis 500 kN
(beim Einstech-/Durchlaufverfahren) bei Rollendurchmesser d_r	120...320 mm
c) **Roll-/Walzzeiten**: • Einstechverfahren	2...12 s/St.
t_r t_w • Durchlaufverfahren	30...60 s/m
$t_r = t_w = 60 \cdot L/n \cdot P$ (in h)	
d) **Rollgeschwindigkeit** v_r (je nach Ausgangswerkstoff)	
$v_r = \sim \cdot d_0 \cdot n/1000$	
d_0 = Ausgangs⌀ • mit **Rundwerkzeug**:	
n^0 = Werkstück- Axial-Rollkopf AR	20...60 (evtl. bis 90) m/min
drehzahl in Radial-Rollkopf RR	20...80 "
1/min Tangential-Rollkopf TR	30...100 (evtl. bis 125) "
– Allgemein	20...125 "
– Rundgewinde	30...90 "
– Spitzgewinde	20...75 (80) "
– Trapezgewinde und ä. Profile	15...40 "
• mit **Flachbacken**:	

erreichbare Stückzahl je min; Gewinde	M 6	M 10	M 20
bei $R_m \approx$ 500 N/mm²	500	220	100
$\approx$ 1000 N/mm²	200	100	40

erreichbare Stückzahl je Werkzeug bei	
$R_m \approx$ 600 N/mm²	280 000...300 000
$\approx$ 800 N/mm²	180 000...200 000
$\approx$ 1000 N/mm²	100 000...120 000
e) **Drehzahl** n bei Rundwerkzeugen allg.:	1600 1/min
f) **Erreichbare Oberflächengüte** (Rauhtiefe)	R_t = 30 bis 4 µm

	Vormaß d_v in mm	
g) **Vormaß** am Werkstück = Werkstück⌀ vor dem Walzen, ist ausschlaggebend für die Genauigkeit des gewalzten Profils. Da beim Walzvorgang der Profilgrund im Werkstück beim Eindringen der Profilspitzen des Werkzeugs entsteht und dabei der Werkstoff nach außen fließt, muß das Vormaß kleiner sein als Nennmaß am gewalzten Profil (d_n); ist $\approx$ Flankendurchmesser d_f. **Anfasung** am Werkstück schont das Werkzeug. Anfaswinkel α = 10...30°.	Höchstwert	Kleinstwert
bei P = 1 z.B. M 6	5,36	5,33...5,29
M 7	8,36	6,33...6,29
P = 1,5 M 10	9,05	9,01...8,95
usw.		

26. Schnittgeschwindigkeiten beim Gewindeschneiden (SS und HSS)
Werkzeuge aus Hochleistungsschnellstahl (HSS) oder Schnellarbeitsstahl (SS)

Werkstoff	Festigkeit σ_B in kN/cm²	Schnittgeschwindigkeit v_c in m/min			
		a) Gewindebohrer, Schneideisen, -kopf		b) Gewindemeißel, Gewindestrehler	
		SS	HSS	SS	HSS
Unleg. Baustahl z. B. St 50	< 50	5...10	12...20	4...10	15...20 (20...25)
z. B. St 70	< 70	4...8	8...15 (20)	3...7	9...15
	> 70	2...6	5...10	2...3	5...8
Leg. Baustahl	< 90	2...5	4...8	1...3	4...7
	> 90	2...4	3...5	0...3	1...4
Werkzeugstahl		2...4	4...8	2...5	5...8
Rostfreier Stahl, CrNi-Stahl		2...4	2...8	0...3	2...3
Stahlguß (GS–45)		6...10	6...12	2...3	5...7
Temperguß (GTW–40)		8...12	10...15	2...3	5...8
Gußeisen (GG–20)	weich	8...12	10...16	6...8	12...16
(GG–25)	hart	3...8	5...8	3...5	8...12
Kupfer		8...12	10...18 (25)	8...12 (15)	12...20
Messing (G-CuZn 40),	spröde	10...20	30...40	12...18	20...30
Rotguß (Rg 10)	zähe	6...15	15...25	8...12	14...22
Bronze (G-Sn PbBz)		5...8	8...15	6...12	12...25
Aluminiumlegierungen		10...20	15...25 (30)	12...25	20...35
		8...15	10...20	8...20	15...25
Magnesiumlegierungen		12...22 (30)	20...30 (40)	10...25	25...40
		8...12	3...8 (15)	15...20	18...24
Hartpapier, Hartgewebe		12...20	8...10 (20)	12...25	15...30

Bemerkung:

1. Der Gewindebohrer soll je nach Durchmesser ein Untermaß von 0,01...0,04 mm haben.

2. Die Richtwerte gelten für übliche Gewindetiefen und -längen, durchgehende Bohrungen sowie gute Schmierung bei Verwendung von Einzelschneidern mit langem Anschnitt. Die Schnittgeschwindigkeit kann bei günstigen Arbeitsbedingungen erhöht, bei geringeren Gewindetiefen sogar um etwa 40...50 % gesteigert werden; bei großen Tiefen sowie bei stark schmirgelnden oder schmierenden Werkstoffen (z. B. AlSi-Legierungen und Isolierstoffe) muß sie herabgesetzt werden.

3. Beachte, daß beim Schneiden mit zu hoher Schnittgeschwindigkeit die Gewindeflanken vielfach weniger glatt und sauber werden (durch Herausreißen von Werkstoffteilchen).

4. Zum Schneiden von Preßstoffen und ähnlichen Stoffen werden hartverchromte Werkzeuge empfohlen.

Gruppen-Nr.	Gewindeherstellen	Abschn./Tab.
15.2.12		Gw/27

27. Schneidenwinkel für Gewindeschneidwerkzeuge (SS und HSS)

Werkstoff	An-schnitt-winkel δ [°]	a) Gewindebohrer, Schneideisen, -kopf		b) Gewindemeißel Gewindestrehler	
		Freiwinkel α [°]	Span-winkel γ [°]	Frei-winkel α [°]	Span-winkel γ [°]
Allgemein:					
weiche Werkstoffe	25	18...20			
harte Werkstoffe	15	12...15			
Stahl,					
bis St 50	30		15...20	8	15...20
bis St 70	30		12...16	8	12...25
über St 70	30		9...12	8	7...10
Leg. Stahl, z. B. CrNi-Stahl	30		6...10	8	6...12
Gußeisen,		allgemein	3...6		3...5
< GG-25	45		3...8	8	5...10
> GG-25		0 bis 15	0...5	8	2...6
Stahlguß, GS	45		8...12	8	4...8
Temperguß, GT	45		6...12	8	10...15
Kupfer	45		10...20	8	15...25
Phosphorbronze	45		6...8		8...10
Messing, Bronze	45	(nicht zu klein	3...12	8	4...8/15
	45	wählen, damit	5...12		5...0
Weichmetalle, Zinn, Zink	45	Schneide frei in	20...25	8	20...30
Reinaluminium	30	die Bohrung	12...25	10	12...20
Aluminiumlegierungen	30	gehen kann)	20...25	10	15...25
AlSi-Legierung	30		10...22	10	8...20
Magnesiumlegierungen	30		0...5	10	3...8
Hartpapier	30		16...20	12	18..20
Kunstharz, Preßstoffe	30		10...20	15	10...25

Bemerkung:
Der Freiwinkel wird durch Hinterschleifen nur mit Topfscheibe, (sonst wird Spanwinkel zu stumpf) der Zähne im Anschnitt erreicht. Beachte $\alpha + \beta + \gamma = 90$.

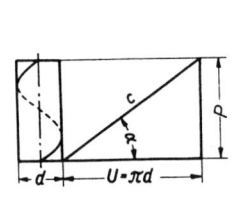

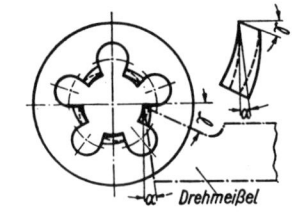

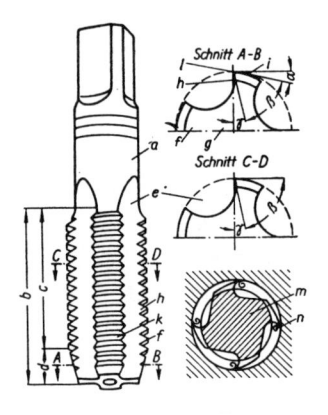

28. Kühlschmiermittel zum Gewindeschneiden

Werkstoff	Kühl- und Schmiermittel
Baustahl, unleg.	Ölemulsion; Schneidöl
Legierter Stahl	Ölemulsion; Schneidöl, geschwefelt
Werkzeugstahl	Schneidöl, geschwefelt, (Rüböl; Lardöl);
Gußeisen	Ölemulsion; Preßluft, trocken; auch trocken
Stahlguß, Temperguß	Ölemulsion; Schneidöl; auch trocken
Kupfer	Schneidöl, Ölemulsion; auch trocken
Messing (Tombak)	Ölemulsion; trocken; bei Automaten; Schneidöl
Bronze, Rotguß	trocken; Schneidöl; Ölemulsion
Nickel	Ölemulsion; Schneidöl
Neusilber	trocken; Schneidöl; Ölemulsion
Zink	Ölemulsion; Schneidöl
Zinn	Rüböl; Rübölersatz
Lagermetall	Ölemulsion; trocken
Reinaluminium	Schneidöl; Ölemulsion; trocken
Aluminiumlegierungen	Sehr intensiv und reichlich
AlCuMg Legierungen	Schneidöl; Ölemulsion
AlSiLe Legierungen	Ölemulsion; Schneidöl; Mineralöl; Emulsion + 5% Spiritus
Magnesiumlegierungen	trocken; notfalls 4% wäßrige Natriumfluoridlösung
(Elektron)	(Sonderschneidöl) Kein Wasser!
Isolierstoffe, Hartgummi	nur trocken
Kunstharz, Preßstoffe, Hartpappe	trocken oder Schneidöl
Hartgewebe, Hartpapier	Fett, Wachs oder Öl
Keramische Stoffe	Wasser

Siehe für Kühlschmierstoffe DIN 51385

Bemerkungen:

a) Schneidöl und Kühlöl sind mit Wasser nicht mischbar (s. DIN 51385 und Tab. WH/16, 19 bis 20)
b) Ölemulsion ist ein Gemisch aus Wasser und Schneidöl mit Bohrfett (siehe Tab. WH/18)
c) Rübölersatz ist ein Gemisch aus Rüböl und Petroleum;
d) pflanzliche Schmiermittel haben nur in frischem Zustand gute Schmierwirkung; sie altern schnell und zersetzen sich, wodurch ihre Schmierwirkung rasch sinkt. Schneidöle (bestehend aus mineralischen, tierischen, pflanzlichen Ölen oder aus Mischungen hiervon) altern nicht. Mineralöle zum Schmieren möglichst vermeiden.
e) Kühl- und Schmiermittel bewirken eine Herabsetzung der Reibung und damit einen günstigen Einfluß auf die Ausbildung des Gewindes (Oberflächengüte und Gewindegenauigkeit).

Gruppen-Nr. 15.2.12	**Gewindeherstellen**	Abschn./Tab. Gw/29

29. Instandhaltung: Nachschleifen der Gewindebohrer

Vorgang	Aufgabe/Ausführung	Anmerkung
1. **Instandhaltung** der Gewindebohrer	ist von entscheidender Bedeutung für a) Leistung und Lebensdauer des Gewindebohrers. b) Oberflächengüte und Maßhaltigkeit des geschnittenen Gewindes. c) Belastung und Schonung der Werkzeugmaschine.	Beachte, daß **stumpfe Werkzeuge** 1. nicht maßgenau bzw. unsauber arbeiten 2. schneller abnutzen 3. das Drehmoment erhöhen und 4. eine Überlastung der Maschine verursachen, besonders bei größeren Werkzeugdurchmessern 5. geringere Schnittleistung liefern
Nachschleifen (Schärfen)	muß unbedingt rechtzeitig, gewissenhaft und maschinell erfolgen. Schneidengeometrie und Zahnteilung (der Schneiden) sind genau auf Arbeitszweck abzustimmen. Das Scharfschleifen der Gewindebohrer ist nicht die Aufgabe des Werkstattmannes, sondern nur Sache der **Werkzeugschleiferei**. Einwandfreie Auswahl der **Schleifscheibe** nach Art (Körnung/Härte) und Form ist wichtigste Bedingung.	Zum Prüfen der Winkel (z.B. des Seiten-Spanwinkels γ_x) eines Gewindebohrers (Bild 1) kann man u. a. **Lehren** mit aufklappbarem, auswechselbarem Meßschenkel (c), Tastgeräte oder Opto-Meßgeräte anwenden. Bei Lehrringen ist für jede Gewindeart und -größe ein besonderer Lehrring erforderlich. Berücksichtige, daß **Naßschliff** besser ist als Trockenschliff, weil beim Naßschleifen etwaiges Ausglühen der Schneiden vermieden wird.
Schleifscheibe (Empfehlung)	soll für **HSS**-Gewindebohrer möglichst Keramik-gebunden sein	Sie ist für Umfangsgeschwindigkeiten bis 30 m/s (aus Sicherheitsgründen) geeignet.

Durchmesser des Gewindebohrers	Körnung/Härte für Anschnitt	Spanfläche
klein (2 mm Ø)	100-M	80-L
mittel	80-L	60-K
groß	60-J/K	60-L

2. **Nachschleifen** der **Freiflächen** (im Anschnitt)	Bei Gewindebohrern für **Durchgangslöcher** werden zweckmäßig nur die Stollen im Anschnitt an der **Freifläche** (also im Außendurchm. d_1) hinterschliffen. Siehe b in Bild 2 (Abstumpfung a). Da der **Anschnitt** einen entscheidenden Einfluß auf die Oberflächengüte und die Maßhaltigkeit des geschnitte-	Hierdurch wird sich vorher die Anschnittlänge l_4 etwas vergrößern, die Maßhaltigkeit und die Lebensdauer des Gewindebohrers werden nicht beeinträchtigt. Zu beachten ist, daß die gesamte Schneidarbeit praktisch aufgenommen (geleistet) wird:

| Gruppen-Nr. 15.2.12 | **Gewindeherstellen** | Abschn./Tab. Gw/29 |

Instandhaltung: Nachschleifen der Gewindebohrer

Vorgang	Aufgabe/Ausführung	Anmerkung
	nen Gewinde hat, muß er stets ausreichend und symmetrisch hinterschliffen werden. Beim Nachschleifen muß: 1. der Wert des Anschnittwinkels ϑ stets beibehalten werden. 2. beachtet werden, daß der Anschnittdurchm. d_3 kleiner wird. 3. die Anschnittlänge l_4 notfalls verkürzt werden.	· vom Anschnitt, · vom ersten vollen Gewindezahn. Zum Beispiel, wenn sie störend wirkt, wie bei Sack-/Grundlöchern.
3. **Nachschleifen** der **Spanfläche**	a) Bei nur **leichtem Verschleiß** an den Spanflächen genügt das Längsschärfen der Zahnstege (an der Zahnbrust b, Bild 3). Weil die Stollen normal radial hinterschliffen sind, wird beim Nachschleifen an der Brust der Durchmesser (Außen-Flanken-$\varnothing$) kleiner. Schnittrichtung und Anstellwinkel der Schleifscheibe unbedingt so wählen, daß eine **Gratbildung** vermieden wird. — Nötigenfalls diese durch Bürsten sorgfältig entfernen. Beim Nachschärfen muß: · die Größe des erforderl. Seiten-Spanwinkel γ (Bild 4) exakt beibehalten bleiben. · die Nutenform möglichst gleich bleiben. b) auch bei Gewindebohrern für **Grund-/Sacklöcher** (also mit kurzem Anschnitt) wird die **Spanfläche**, z.B. mit einer Topfscheibe, nachgeschliffen (b in Bild 3; a = Abstumpfung), da eine Vergrößerung der Anschnittlänge l_4 nicht zulässig ist.	Da bei gerade genuteten Gewindebohrern diese Nacharbeit am einfachsten geht, sollte man die Gewindebohrer möglichst oft frühzeitig nachschärfen. Anwendung: · Tellerschleifscheibe nach DIN 69149 oder · kegelige Topfschleifscheibe nach DIN 69148. Keine geraden Schleifscheiben einsetzen, da sich sonst Abnutzungsstufen bilden (Bild 4). Bei Gewindebohrer mit **Geradnuten** wird der Spanwinkel durch Verstellen um den Einstellwert e eingestellt. $e = (d_1/2) \cdot \sin \gamma_x$ (in mm). (d_1 = Gewindebohrer$\varnothing$) Auch hier muß unbedingt der ursprüngliche Spanwinkel beim Schärfen erhalten bleiben. Zu beachten ist, daß die Zahnstollen beim Schärfen des Gewindebohrers erheblich geschwächt werden und sich dementsprechend schnell verbrauchen.
4. **Nachschleifen** des **Schälanschnittes**	Da der erste volle **Gewindezahn** die stärkste Abnutzung erfährt, muß beachtet werden, daß	Es sollen gerundete Schleifscheibe (mit Radius r) eingesetzt werden (Bilder 6 und 7).

Gruppen-Nr. **Gewindeherstellen** Abschn./Tab.
15.2.12 Gw/29

Instandhaltung: Nachschleifen der Gewindebohrer

Vorgang	Aufgabe/Ausführung	Anmerkung
	die Schälanschnitt-Länge l_{sa} 1 bis 2 Gänge länger als der Anschnitt l_4 ist.	Bei mehrmaligem Anschliff wird empfohlen, den Bohrer an der Stirnseite zu kürzen.
5. **Nachschleifen gedrallter Gewindebohrer**	Hierfür werden allgemein spezielle Schleifmaschinen eingesetzt, die die Drallsteigung messen und selbsttätig einstellen können.	

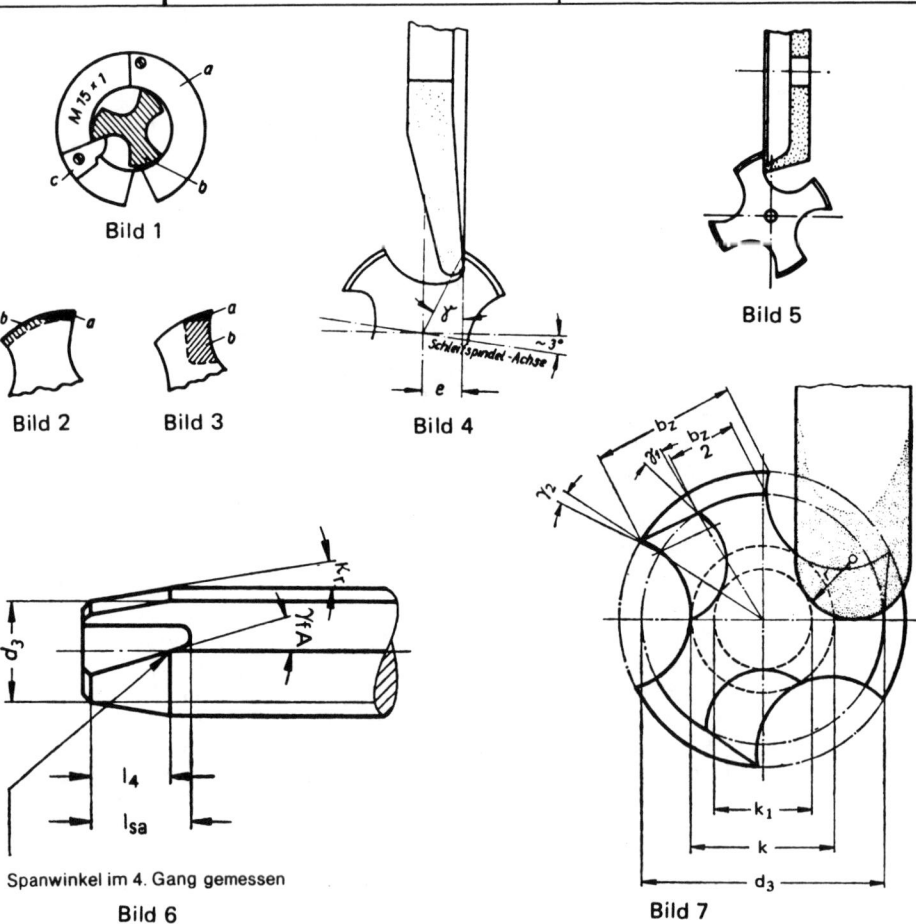

Bild 1

Bild 2   Bild 3   Bild 4   Bild 5

Spanwinkel im 4. Gang gemessen

Bild 6   Bild 7

| Gruppen-Nr. 15.2.12 | Gewindeherstellen | Abschn./Tab. Gw/30, 30.1 |

30. Fehler beim Gewindeschneiden: Fehler und Fehlerquellen
30.1 Fehler: Folgen, Ursachen und Behebung

Fehler: Folge/Ursachen	Behebung (Abhilfe)
1. Falsche **Passung** verwendet. Sie stimmt nicht mit der gewünschten Passung überein.	Nur Gewindebohrer für die gewünschte Passung einsetzen.
2. Falsche **Gewindebohrerwahl**. Gewindebohrer ist nicht geeignet für die zu bearbeitende Werkstoffgruppe	Unbedingt Gewindebohrer für die zu zerspanende Werkstoffgruppe anwenden (s. a. Tabelle Gw/27 und WH/32).
3. **Spanwinkel** nicht für vorliegenden Werkstückstoff geeignet. a) wenn γ zu klein, werden die Gewinde größer und rauh. b) wenn γ zu groß, wird das Gewinde eng.	wie oben (siehe Tabelle Gw/27)
4. **Hinterschliff** (Freiwinkel α) im Gewindeprofil nicht geeignet. Gewindebohrer mit zu großem Freiwinkel schneiden ein größeres Gewinde als die mit zu kleinem oder fehlendem Hinterschliff.	wie oben
5. **Spanstauungen** in den Nuten. Sie drücken den Gewindebohrer aus der Flucht; das Gewinde wird größer und rauh. Bruchgefahr wegen Drehmomentanstieg.	Gewindebohrer in der geeigneten Ausführung anwenden.
6. **Kernloch**-Durchmesser zu klein. Gewindebohrer schneidet mit dem Kern und erzeugt zu große und rauhe Gewinde. Bruchgefahr, u.a. durch stirnseitiges Auflaufen des Werkzeuges.	Kernloch-Durchmesser nach DIN 336 oder die Toleranzen nach DIN 13 bzw. den zutreffenden Normen beachten.
7. **Anschnitt** zu kurz. Gewinde wird zu groß und rauh. Gefahr von Zahn-Ausbrüchen durch Über-Überlastung.	Die größtmögliche Anschnittlänge ausnutzen. Eventuell Schneidsätze einsetzen.
8. **Anschnitt** zu lang. a) Werkzeugüberlastung bei Durchgangslöchern größerer Tiefe. b) Einklemmen von Spänen beim Rücklauf aus Grundlöchern.	Anschnittlänge l_4 von 6 und mehr Gängen sind nur für Durchgangslöcher von Längen bis max $1 \times d$ geeignet.
9. **Anschnittdurchmesser** des Gewindebohrers (d_3) zu klein und dadurch bedingt eine zu kurze wirksame Anschnittlänge (s.a. Pkt. 7)	Beim Nachschleifen den vorgeschriebe- Anschnittwinkel genau einhalten.

7 – 67

| Gruppen-Nr. 15.2.12 | **Gewindeherstellen** | Abschn./Tab. **Gw/30.1** |

Fehler beim Gewindeschneiden: Folgen, Ursachen und Behebung

Fehler: Folge/Ursachen	Behebung (Abhilfe)
10. Rundlauffehler im **Anschnitt**. Einseitiges Schneiden des Gewindebohrers; Vorweite im Gewinde.	Beim Nachschärfen des Gewindebohrers ist auf einwandfreien Rundlauf zu achten. Tabellenwerte einhalten.
11. **Anschnitt-Hinterschliff** (Freiwinkel) a) ist zu groß: beim Rücklauf aus dem Grundloch werden die angeschnittenen Späne nicht vollständig abgeschert; sie klemmen und ergeben Bruchgefahr. b) ist zu klein: Standlänge wird reduziert.	Beim Nachschleifen den vorgeschriebenen Freiwinkel genau einhalten.
12. **Kühlschmierung** ist unzureichend. Es entstehen rauhe, aufgerissene und zu große Gewinde (Gewindeflanken „aufgeschweißt").	Auf geeignete, ausreichende und intensive Kühlschmierung mit passendem KS-Mittel achten.
13. Falsches bzw. ungeeignetes **Kühlschmiermittel**. Gewindebohrer klemmt ein und hat geringe Standlänge.	Geeignetes Kühlschmiermittel, z. B. nach Tabelle 28, verwenden.
14. **Achsversatz** zwischen Kernlochdurchmesser und Gewindebohrer. Es entsteht Gewinde mit Vorweite bzw. zu großes Gewinde; Bohrerbruch möglich.	Fluchtungsfehler beseitigen, nötigenfalls Spannfutter mit achsparallelem Ausgleich anwenden.
15. Kernloch steht nicht winklig zur Bohrerachse. Werkzeugüberlastung durch stirnseitiges Auflaufen.	Werkstück fluchtend spannen oder mit Aufbohrer nacharbeiten.
16. Schneiden ohne **Zwangsvorschub** (Leitpatrone, Getriebe), z.B., wenn Spindel schwergängig läuft. Starke Vorweite bzw. verschnittene Gewinde.	Spannfutter mit Längenausgleich einsetzen. Gewindebohrer ohne Hinterschliff (Freiwinkel) anwenden. nötigenfalls Zwangsvorschub mittels Leitpatrone oder Getriebe einsetzen.
17. **Führung** ist ungenügend wegen geringer Gewindetiefe. Durch Nachschneiden der Führungsgänge entsteht zu großes Gewinde; Steigungsverzug.	
18. **Schnittgeschwindigkeit** zu hoch. Wenn hierbei die Schmierung ungenügend ist, entstehen aufgerissene und zu große Gewinde. Geringe Standlänge.	Entweder Drehzahl verringern oder intensivere Kühlschmierung vorsehen.
19. **Umschaltzeit** bei Grundlöchern mit tief ausgeschnitt. Gewinde ist zu lang. Bohrerbruch	Gewindeschneidfutter mit Überlastungskupplung einsetzen.

Gruppen-Nr.	**Gewindeherstellen**	Abschn./Tab.
15.2.12		Gw/30.1

Fehler beim Gewindeschneiden: Folgen, Ursachen und Behebung

Fehler: Folge/Ursachen	Behebung (Abhilfe)
durch Auflaufen auf den Grund des Kernloches.	
20. Erhöhter Werkzeug-**Verschleiß** durch verfestigte Bohrungswandung des Kernloches. Geringere Standlänge.	Kernlochbohrer frühzeitig schärfen, damit die Verfestigung des Werkstückstoffes vermieden wird.
21. Überlastung bei großer **Gewindesteigung**. Gewinde rauh und zu groß; Ausbrüche an den Anschnittzähnen.	Bei Steigung P über 4 mm (bzw. üb. 2 mm bei schwer zerspanbaren Werkstoffen) möglichst Satz-Gewindebohrer anwenden.
22. **Aufbauschneidenbildung** bei weichen Stählen. Gewinde rauh und zu groß, Gewindegänge ausgerissen, Gewindeflanken „aufgeschweißt".	Zweckmäßige Schnittgeschwindigkeit wählen und intensive Kühlschmierung vorsehen. Gewindebohrer mit Oberflächen-Behandlung oder Gewindeformer einsetzen.
23. Bei **Plexiglas**: Gewinde matt und verschmiert. Schmelzpunkt des Kunststoffes wurde überschritten.	Kühlung durch Emulsion oder Wasser mit Rostschutzmittel. Schnittgeschwind. reduzieren.
24. Kleine **Massenteile** ungenügend festgespannt. Nicht gegen Verkanten gesicherte Teile liefern Gefahr von Bohrerbruch.	Äußerst stabile, jedoch elastische Gewindebohrer anwenden.
25. **Gratbildung** nach dem Schärfen. Gewinde wird zu groß und Flanken aufgerissen (riefig).	Grat mit einem Ölstein oder mit einer Messingbürste entfernen.

| Gruppen-Nr. 15.2.12 | **Gewindeherstellen** | Abschn./Tab. **Gw/30.2** |

Fehler beim Gewindeschneiden: Folgen, Ursachen und Behebung

30.2 Fehlerquellen. Suche beim Gewindeschneiden: nach beobachteten Fehlern

Fehler (Beobachtung)	Mögliche Fehlerquellen und ihre Behebung Prüfen Sie nacheinander folgende Punkte in Tabelle 30.1
Gewinde zu groß	1/2/3/4/5/6/7/9/12/14/16/17/18/21/22/25
Gewinde zu klein	1/2
Vorweite	10/14/16/17
Gewinde zu rauh	2/3/5/6/7/9/12/18/21/22/23/25
Gewinde verschnitten	16/17
Standlänge(-zeit) zu gering	2/3/4/5/6/7/9/11/12/13/14/15/18/20/21
Ausbrüche oder Bohrerbruch beim Vorlauf	2/5/6/7/8/9/14/15/21/24
Bohrerbruch beim Umschalten auf Rücklauf	8/11/19
Aufbauschneidenbildung und Aufschweißungen	2/12/13/22

Anmerkung: Sollten Sie unter Beachtung dieser Hinweise keine Lösung Ihrer Fertigungsprobleme finden, fordern Sie den technischen Berater Ihres Werkzeugherstellers an.

Gruppen-Nr.		Abschn./Tab.
15d	**Fräsen**	Fr/1

1. Aufbau und Anwendung: Walzen-, Stirn- und Schaftfräser

Bohrnutenfräser = Langlochfräser (n. DIN 327); Spannsysteme

Begriffe	Erläuterungen/Anmerkungen
1. Fräsen	a) ist ein spanendes Fertigungsverfahren, das mit meist mehrzahnigen Werkzeugen bei **kreisförmiger Schnittbewegung** bzw. in Richtung der Fräserachse (Stirnfräsen, Bohren) oder auch schräg zur Drehachse gerichteter **Vorschubbewegungen** beliebiger Formen ergibt.
	b) kann nach DIN 8589 (Tl. 3) in folgenden Verfahren unterschieden werden:
	· Planfräsen — Umfangs- und Stirnfräsen, **Stirn-Umfangsfräsen** (Nuten-/Absatzfräsen)
	· Rundfräsen — Zylinderflächen fräsen (wie oben)
	· Schraubfräsen — Lang- und Kurz-Gewindefräsen
	· Wälzfräsen — Zahnradfräsen
	· Profilfräsen — Längs- und Rundfräsen
	· Formfräsen — Freiform-, Nachform-, NC-Formfräsen, Kinematisch-Formfräsen
2. Fräser	können grundsätzlich in **vier** verschiedene **Fräswerkzeugtypen** unterteilt werden; in Umfangs-, Stirn-, Profil- und Formfräser.
	Fräser haben an ihrem Umfang bzw. an ihrer Stirnseite Zähne oder Schneiden (evtl. Messer) und sind meist vielschneidig.
	· Die **Hauptschneiden** sind die Umfangsschneiden, sie liegen auf der Mantelfläche des Zylinders.
	· Die **Nebenschneiden** sind die Stirnschneiden, sie befinden sich auf der Kreisfläche (an der Stirn).
3. Schaftfräsen	ist ein kontinuierliches **Umfangs-Stirnfräsen** unter Anwendung eines Schaft- bzw. Fingerfräsers (Bild 1 und 2)
	Wirkprofil: Werkstückungebunden.
	Wirkfläche: Seiten- (Stirn-) und Umfangsflächen.
4. Schaftfräser	a) entsprechen im Aufbau einem **Walzenstirnfräser**, werden zu den Stirnfräser gerechnet, und sind zum Spannen mit einem Zylinder-Schaft oder Kegelschaft (MK) versehen.
	b) können in der Form, je nach Bearbeitungsaufgabe, zylindrisch, kegelig oder als Sonderanfertigung beliebig ausgebildet sein.
	— Die **Stirnseite** der Schaftfräser ist im allgemeinen flach- oder halbrund gestaltet.
	c) können prinzipiell unterschieden werden in:
	· rechts- und linksschneidende Fräswerkzeuge, sowie
	· rechts-, linksgedrallte und geradverzahnte Fräswerkzeuge.

8–1

| Gruppen-Nr. 15d | **Fräsen** | Abschn./Tab. Fr/1 |

Aufbau und Anwendung: Walzen-, Stirn- und Schaftfräser

Begriffe	Erläuterungen/Anmerkungen

	Nach **DIN-Norm** auch eingeteilt in (siehe Bilder 2a bis e):
	 · **Langloch-** — mit Zylinder- oder Kegel-Schaft
	   fräser in HSS/HSS-E (DIN 327),
	                      in HM (DIN 8027/8026)
	 · **Schaftfräser** — mit Zylinder oder Kegel-Schaft
	                      in HSS/HSS-E (DIN 844/845),
	                      in HM (DIN 8044/8045)
	 Weiterhin gibt es noch z. B.
	 · **Gesenkfräser** (DIN 1889/Teil 1 bis 3)
	 · **Bohrnutenfräser** (siehe Langlochfräser)
	 d) werden vorteilhaft eingesetzt:
	 · zur Herstellung von **Formflächen**, z.B. im Gesenkbau, Flugzeug- und Karosseriebau.
	 · zur Ausbildung von **Nuten, Taschen, Schlitzen** und **Aussparungen** aller Art und Größe

5. **Fräser-schneiden**	haben die Form eines **Keils** (Bild 3). Innerhalb des von der Werkstückoberfläche und der Fräserachse gebildeten rechten Winkel (90°) kann man klar erkennen (Bild 3 und 5): 1. den **Keilwinkel** β (Seitenkeilwinkel β_f); 2. den **Freiwinkel** α (Seitenfreiwinkel), meist mindestens etwa 6°, mit der Freifläche; 3. den **Spanwinkel** γ (Seitenspanwinkel), meist zwischen 10° und 40°, mit der Spanfläche Die Größe von α_f, β_f und γ_f ($\alpha_f + \beta_f + \gamma_f = 90°$) richtet sich nach dem Werkstückstoff. (Auch Index x statt f.) Der **Neigungswinkel** λ (Drallwinkel) zeigt bei drallgenuteten Umfangsstirnfräsern die Neigung der Schneidkanten gegenüber der Fräserachse (Bild 4). Da λ größer als 0° (meist 15 bis 45°) ist, dringt die Schneidkante allmählich in die Werkstückoberfläche ein, und sichert geringere Ratterneigung sowie saubere Oberfläche.
6. **Schneiden-zahl** (Zähnezahl)	a) ist abhängig von: · dem zu bearbeitenden Werkstückstoff, · der zu erzeugenden Werkstückform, · dem Fräserdurchmesser (d_1) · dem Fräsertyp. b) ist insbesondere vom Material des Werkstücks abhängig, z.B. Fräser für · **harte Werkstoffe**: es entstehen geringere Spannungen und größere Belastung der Schneiden (Bild 5a), deshalb

Gruppen-Nr.	Fräsen	Abschn./Tab.
15 d		Fr/1

Aufbau und Anwendung: Walzen-, Stirn-Schaftfräser: Bohrnuten- (Langloch-), Schaftfräser

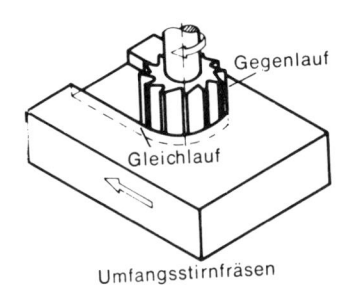

Bild 1 — Umfangsstirnfräsen (Gegenlauf, Gleichlauf)

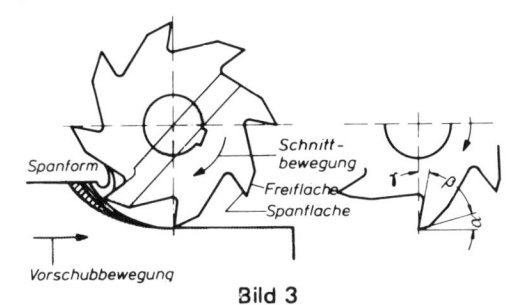

Bild 3 — Spanform, Schnittbewegung, Freifläche, Spanfläche, Vorschubbewegung

Bild 4 — α_0, γ_f, α_p, d_1, Hohlschliff 1 bis 2°

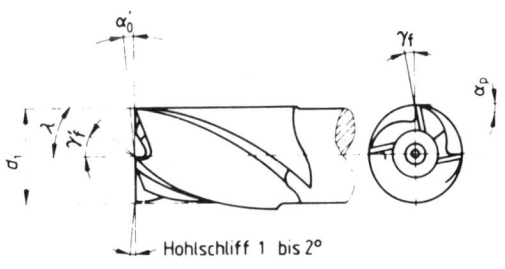

Bild 2:
a) Langlochfräser mit Morsekegel oder mit Innenanzugsgewinde
b) Schaftfräser mit Zylinderschaft rechtsschneidend mit Rechtsdrall 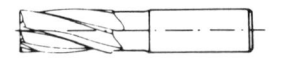
c) Gesenkfräser mit Zylinderschaft rechtsschneidend mit Rechtsdrall Stirnseite halbrund 
d) Gesenkfräser kegelig rechtsschneidend mit Rechtsdrall 

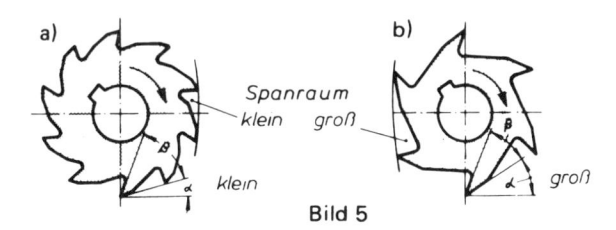

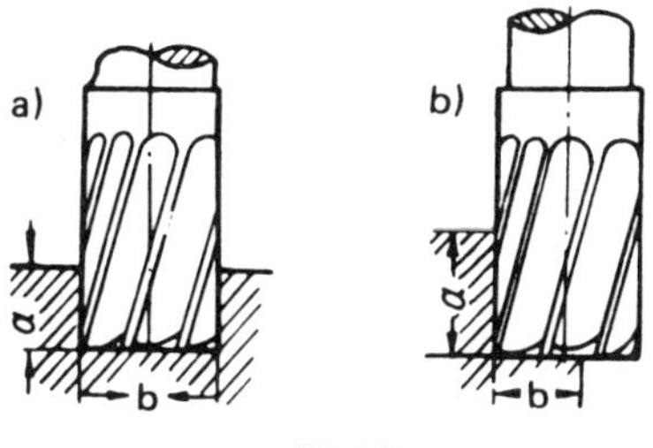

Bild 5 — a) Spanraum klein, klein   b) Spanraum groß, groß

Bild 6 — a), b)

8 – 3

Gruppen-Nr.		Abschn./Tab.
15 d	**Fräsen**	**Fr/1**

Aufbau und Anwendung: Walzen-, Stirn- und Schaftfräser

Begriffe	Erläuterungen/Anmerkungen			
Wichtig!	· **weiche Werkstoffe:** (Bild 5b)	· kleine Zahnlücken (-räume) und · große Zähnezahl erwünscht. es ergeben sich größere Spanmengen, deshalb · große Zahnlücken (ausgerundet), · kleine Zähnezahl erforderlich.		
	Schneidenzahl stets **klein** (d.h. Spanräume groß) wählen, wenn die Abfuhr der Späne Schwierigkeiten bereitet (z.b. beim Fräsen von tiefen, senkrecht liegenden Schlitzen).			
	Bevorzugt werden Fräser mit **großer Schneidenzahl** z.B. · beim Nuten- und Profilfräsen von Blechen oder · beim Fräsen von Flächen an dünnen, labilen Werkstücken. Für einen ruhigen Lauf sollte möglichst immer **eine** Schneide im Eingriff sein. siehe Bild 6: a) Nutenfräsen, b) Absatzfräsen			
Typen	Nach DIN sind folgende Typen festgelegt: N (normal) W (weich) und H (hart)			
	Typ	für Werkstoff	Langloch-/Schaftfräser	
	N/H	Eisenmetalle, Kupferleg. Kunststoffe (Duroplaste)	$\alpha_f = 5 \ldots 10°$ $\gamma_f = 10 \ldots 15°$ $\lambda = 15°$	
	W	Kupfer, weiche Kupferleg. Al-Legier., Mg-Legier. Schichtpreßstoffe	$\alpha_f = 10 \ldots 15°$ $\gamma_f = 30 \ldots 40°$ $\lambda = 25°$	
	Bezeichnung	Anwendung		
7. **Spannsysteme** nach Schaftarten	1. **Spannzange** (Bild 7)	Fräser mit Zylinderschaft und für Fräser⌀ d_1 bis 16 mm (evtl. bis 20 mm)		
	2. **Selbstspannfutter** (Bild 8)	Fräser mit Zylinderschaft (und Außen-Anzugsgewinde) und für Fräser⌀ von 4 bis 40 mm.		
	3. **Einsteckfutter** (Bild 9)	Fräser mit Zylinderschaft (bis 25 mm ⌀ mit 1, darüber mit 2 Spannflächen; s. Tabelle Fr/5).		
	4. **Morsekegel-Aufnahme** (Bild 10)	Fräser mit MK- oder SK-Schaft und für Fräser⌀ über 14 mm. (SK = Steilkegel)		
	Die **Schafttoleranz** h 6 der Stirn-Umfang-Fräser gewährleistet: · gute Rundlaufgenauigkeit des Fräsers, · auch bei Einsteckfuttern hohe Meßgenauigkeit und Oberflächengüte.			

Gruppen-Nr.	Fräsen	Abschn./Tab.
15 d		**Fr/1**

Aufbau und Anwendung: Walzen-, Stirn- und Schaftfräser
Lieferbedingungen: Bohrnuten- (Langloch-), Schaftfräser

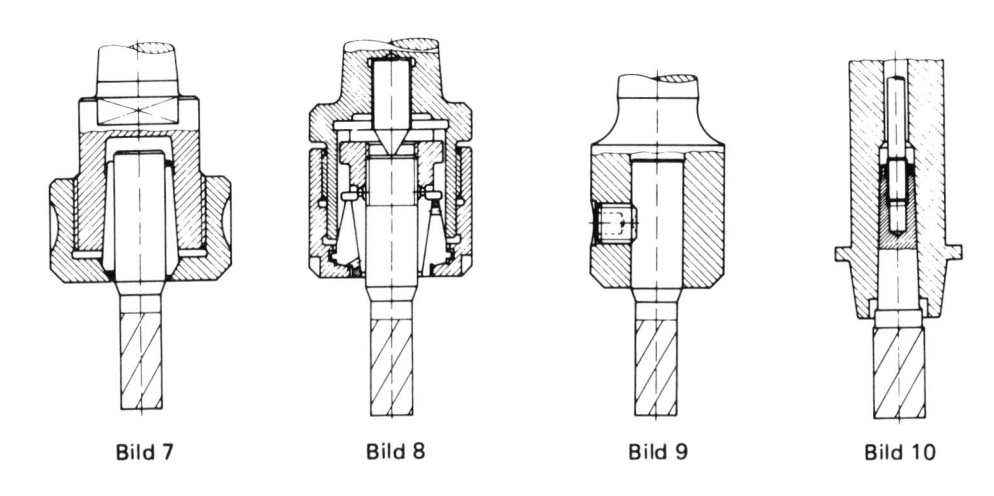

Bild 7　　Bild 8　　Bild 9　　Bild 10

Begriffe	Erläuterungen/Anmerkungen
8. **Stabilität**	Zu beachten ist, daß große **Auskraglänge** (bzw. Schneidenlänge) der Werkzeuge zu Instabilitäten, insbesondere zu Verbiegungen des Werkzeugs führt. Folge: Formfehler und Maßungenauigkeiten im Werkstück.

8−5

| Gruppen-Nr. 15d | **Fräsen** | Abschn./Tab. Fr/2, 3 |

2. Schnitt- und Vorschubgeschwindigkeit für HSS-Fräser (Allgem.)
(Allgemeine Richtwerte für das Gegenlauffräsen)

Werkstoff (Zugfestigkeit R_m in kN/cm² Härte HB)		Schnittgeschwindigkeit v_c in m/min			Vorschubgeschwindigkeit v_f in mm/min
		Allgemein	Schruppen v	Schlichten vv	
Stahl	$R_m < 60$	18...24	15...28 (35)	22...38 (50)	90...300
	$R_m < 85$	15...22	12...22 (26)	16...30 (35)	75...200
Leg. Stahl, Einsatz-, CrNi-Stahl	$R_m < 110$	12...18	10...18	15...25 (30)	50...120
	$R_m < 110$	8...14	8...16	12...20 (25)	30...80
Werkzeugstahl		—	12...16	15...24	—
Stahlguß		12...22	8...16 (20)	12...24 (30)	—
Temperguß		15...24	8...18	12...28	—
Hartguß		—	10...12	12...18	—
Gußeisen	HB < 200	—	10...18 (25)	15...25 (38)	120...350
Kupfer		—	bis 200	bis 600	150...500
Messing	mittelhart	50...70	30...60	60...120	125...400
Rotguß	hart	25...50	20...40	30...80	80...300
Bronze	weich	40...60	30...50	50...100	150...400
	hart	20...40	20...35	30...60	100...250
Aluminium, Al-Legierung		150...500	80...300	160...500	150...800
G-AlSi (Kolbenleg.)		120...250	—	—	100...400
AlCuMn-Leg.		250...400	—	—	150...500
G-AlSi (< 13% Si)		100...300	50...150	100...250	100...300
Mg-Legier. (MgAlZnMn)		250...500	120...200	200...500	180...500
Hartgewebe		50...100	50...80	60...100	100...400
Hartpapier		30...80	25...60	40...80	100...400
Kunst-, Preß-, Isolierstoffe		—	bis 200	bis 600	100...400

Bemerkung: Die höheren Werte der Vorschubgeschwindigkeit v gelten besonders für Fräser aus Hochleistungs-Schnellarbeitsstahl (HSS) (s. a. Richtwerte in Tab. Fr/3 bis 5)

3. Vorschubgeschwindigkeit v_f für versch. SS- und HSS-Fräser (Richtwerte)

Werkstoff (Zugfestigkeit R_m in kN/cm² Härte HB)		a) Walzen-, Stirnfräser		b) Schaft-, Nuten-, Langlochfräser	c) Schlitz-, Scheibenfräser
		SS	HSS		
Stahl	$R_m < 70$	90	300	60	75
	$R_m < 100$	40	100	30	40
Gußeisen	HB < 200	120	350	60	80
Kupfer		160	300	80	80
Messing		150	400	80	100
Bronze		120	400	80	120
Aluminium, Al- u. Mg-Legierung.		180	300	120	140

Bemerkung: Obengenannte Richtwerte sind Erfahrungswerte, die wirtschaftliche Ergebnisse zeigten.

| Gruppen-Nr. 15d | Fräsen | Abschn./Tab. Fr/4 |

4. Schnitt- und Vorschubgeschwindigkeit für verschiedene HSS-Fräser
Werte für Schruppen und Schlichten beim Gegenlauffräsen

Fräserart Werkstoff (zu fräsen)		Schnittgeschwindigkeit v_c in m/min		Vorschubgeschwindigkeit v_f in mm/min	
		Schruppen V	Schlichten VV	Schruppen V	Schlichten VV
a) Walzen- und Stirnfräser, große Schaftfräser (Schnittiefe $a_p = 3…5$ mm, Fräserbreite $b < 100$ m)					
Stahl, weich	$R_m < 70$	16…20	20…25	150…90	90…50
Stahl, vergütet	$R_m < 110$	10…14	12…18	75…50	45…30
Gußeisen	HB < 180	12…16	14…22	160…100	100…65
Messing, Bronze		30…40	40…60	220…160	150…100
Al- und Mg-Legierung		180…300	220…350	400…250	225…100
b) Scheiben-, Schlitz-, Nutenfräser, kleine Schaftfräser (Schnittiefe $a_p = b = 0{,}2 \cdot D$ in mm; D = Fräsdurchm. in mm)					
Stahl, weich	$R_m < 70$	16…22	20…25	100…50	55…30
Stahl, vergütet	$R_m < 110$	12…16	14…20	60…30	30…20
Gußeisen	HB < 180	14…18	18…22	110…70	75…40
Messing, Bronze		30…40	40…60	140…100	100…60
Al- und Mg-Legierung		160…250	200…320	220…150 (120…80)	120…80 (100…60)
c) Formfräser, hinterdreht ($a_p = 0{,}05 \cdot D$ in mm)					
Stahl, weich	$R_m < 70$	12…18	18…25	36…26	30…18
Stahl, vergütet	$R_m < 110$	10…14	13…18	30…18	18…14
Gußeisen	HB < 180	13…16	16…22	45…35	35…25
Messing, Bronze		25…32	30…45	70…50	60…35
Al- und Mg-Legierung		125…160	150…250	250…150	100…50
d) Messerköpfe ($a_p = 3…5$ mm, $b = 0{,}8 \cdot D$ in mm)					
Stahl, weich	$R_m < 70$	20…25	25…35	140…80	70…45
Stahl, vergütet	$R_m < 110$	12…18	16…28	90…50	60…28
Gußeisen	HB < 180	16…20	20…25	180…110	80…50
Messing, Bronze		45…60	50…75	300…220	150…90
Al- und Mg-Legierung		240…350	260…400	400…240	180…90

Bemerkung:
Für Walzenstirnfräser müssen die Vorschubwerte (v_f-Werte) um etwa 10% niedriger gewählt werden.

$10 \text{ N/mm}^2 = 1 \text{ kN/cm}^2$

5. Vorschub je Zahn f_z für verschiedene HSS-Fräser (Richtwerte)
(Werte nur gültig für Gegenlauffräsen und für stabile Werkstücke)

Werkstoff Zugfestigkeit R_m in kN/cm² Härte HB		Vorschub je Zahn f_z in mm (mm/Zahn)					
		Walzenfräser	Walzenstirnfräser	Scheiben-, Schlitzfräser	Schaft-, Nutenfräser	Formfräser hinterdreht	Messerköpfe
Stahl St 50	$R_m <$ 60	0,25	0,20	0,08	0,06	0,05	0,10...0,30
C 45; St 60	$R_m <$ 70	0,20	0,15	0,07	0,05	0,04	0,08...0,25
St 70	$R_m <$ 85	0,15	0,10	0,06	0,04	0,03	0,08...0,20
Leg. Stahl NiCr-Stahlleg. CrMo-Stahlleg.	$R_m <$ 85	0,15	0,10	0,06	0,04	0,03	0,08...0,20
	$R_m <$ 110	0,10	0,08	0,05	0,03	0,02	0,05...0,15
	$R_m <$ 110	0,08	0,06	0,04	0,02	0,01	0,05...0,10
Stahlguß							
GS-45	$R_m <$ 50	0,20	0,16	0.08	0,07	0,06	0,05...0,25
GS-52	$R_m >$ 50	0,15	0,12	0,06	0,05	0,04	0,05...0,20
Temperguß							
GTS-38	$R_m <$ 40	0,25	0,20	0,07	0,08	0,06	0,10...0,30
Gußeisen							
GG-20	HB < 200	0,25	0,22	0,08	0,06	0,05	0,25...0,40
GG-25	HB > 200	0,20	0,16	0,06	0,04	0,03	0,10...0,25
Kupfer		0,25	0,22	0,12	0,08	0,06	0,20...0,30
Bronze, zähe		0,20	0,15	0,07	0,04	0,03	0,15...0,30
GBz 14, spröde		0,25	0,20	0,08	0,05	0,04	0,20...0,32
Messing Ms 58		0,25	0,20	0,08	0,05	0,04	0,15...0,25
Sondermessing		0,18	0,15	0,06	0,04	0,03	0,10...0,22
Rotguß (Rg 10)		0,25	0,20	0,08	0,06	0,05	0,12...0,30
Aluminium, rein		0,20	0,15	0,07	0,05	0,04	0,10...0,20
Al-Legier., zähe		0,15	0,10	0,08	0,04	0,03	0,10...0,20
Al-Legier., ausgehärtet		0,08	0,06	0,05	0,04	0,03	0,08...0,12
AlCu-Leg.		0,18	0,15	0,07	0,05	0,04	0,10...0,20
AlSi-Leg.		0,12	0,10	0,07	0,05	0,04	0,12...0,18
Al-Gußlegierung		0,15	0,10	0,06	0,03	0,03	0,10...0,15
Al-Kolbenlegier. (> 13% Si)		0,12	0,10	0,07	0,04	0,03	0,08...0,15
Al-Sonderlegierung, spröde		0,08	0,05	0,06	0,03	0,04	0,06...0,10
Mg-Legier. (MgAlZnMn)		0,15	0,12	0,08	0,05	0,04	0,10...0,25
Kunst-, Preß-, Isolierstoffe		0,20	0,15	0,10	0,06	0,05	0,10...0,30
Hartpapier-, gewebe		0,18	0,12	0,08	0,05	0,04	0,10...0,30

Bemerkungen:
1. Die Vorschubwerte gelten für normales Schruppen und Schlichten mit der Maßgabe, daß beim Schlichten die Schnittgeschwindigkeit um 30...50% heraufgesetzt werden kann. Für das Feinschlichten werden die Vorschubwerte bis etwa auf die Hälfte herabgesetzt. Rauhigkeitsgrade: Beim Schruppen 30 μm, Schlichten 10 μm und beim Feinschlichten 5 μm.
2. Die Werte gelten für Frästiefe a: ≈ 3 mm bei Walzenfräsern, etwa 5 mm bei Stirnfräsern, bis 8 mm bei Messerköpfen, ist Fräserbreite b bei Scheibenfräser, ist Fräserdurchm. bei Schaftfräser. Bei größerer Schnittiefe als angegeben sind kleinere Vorschübe zu wählen. Formeln: $f_z = v_f/n \cdot 2$; $f_z = f/z$ [mm/Zahn], wenn z Zähnezahl des Fräsers ist.

Gruppen-Nr.	Fräsen	Abschn./Tab.
15 d		Fr/1

6. Vorschub je Umdrehung für verschiedene HSS-Fräser (Richtwerte)

Werkstoff Zugfestigkeit R_m in kN/cm² Härte HB		Vorschub je Umdrehung f in mm (mm/Umdr.)				
		Walzen-, Stirn- fräser	Scheiben-, Schlitz- fräser	Form- fräser	Messerköpfe	
					SS	HM
Stahl, weich	$R_m <$ 60	2,0	1,3	0,65	4,0	2,0
hart	$R_m <$ 85	1,6	1,0	0,5	2,5	1,2
Leg. Stahl	$R_m <$ 110	1,3	1,8	0,35	1,5	0,7
verschleißfest	$R_m <$ 130	1,0	0,8	0,25	1,2	0,5
Gußeisen	HB < 200	2,5	1,6	0,08	5,0	1,5
	HB > 200	1,8	1,2	0,65	3,0	1,2
Kupfer		2,5	1,8	0,8	4,0	2,0
Hartmessing; Bronze, spröde		2,0	1,4	0,65	4,0	1,8
Sondermessing, Bronze, zähe		1,6	1,2	0,6	2,5	1,2
Al- und Mg-Legier.		1,2	0,8	0,5	2,0	0,8

Zum Vergleich: Neben SS- auch HM Messerköpfe; $f = f_c$

7. Schnittgeschwindigkeit und Vorschub für HSS-Messerköpfe
(Fräsmesser aus Hochleistungs-Schnellarbeitsstahl)

Werkstoff Zugfestigkeit R_m in kN/cm² Härte HB		Schnittgeschwindigkeit v_c in m/min		Vorschub je Zahn f_z in mm (mm/Zahn)	
		HSS 1	HSS 2	HSS 1	HSS 2
Stahl	$R_m <$ 70	22...35	25...40	0,08...0,20	0,05...0,25
	$R_m <$ 110	—	15...30	—	0,05...0,18
Leg. Stahl	$R_m <$ 125	—	12...24	—	0,05...0,12
	$R_m >$ 125	—	8...16	—	0,05...0,10
Stahlguß	$R_m <$ 50	22...30	25...35	0,06...0,20	0,05...0,20
	$R_m >$ 50	—	15...25	—	0,05...0,15
Gußeisen	HB < 200	22...35	—	0,10...0,40	—
	HB > 200	15...22	—	0,10...0,25	—
Kupfer, Messing, Bronze, Rotguß		50...75	—	0,10...0,25	—
Zink-Legierung		50...80	—	0,10...0,30	—
Al- und Mg-Legierung		150...300	—	0,10...0,30	—
Al-Kolbenlegierung (G-AlSi)		80...180	—	0,10...0,25	—
Preßstoffe (Novotext), Hart- papier, -gewebe		50...90	—	0,10...0,20	—

10 N/mm² = 1 kN/cm²

| Gruppen-Nr. 15d | Fräsen | Abschn./Tab. Fr/8,9 |

8. Schnittgeschwindigkeit und Vorschub für HSS-Sonderfräser

Werkstoff Zugfestigkeit R_m in kN/cm²		a) Hinterdrehte Formfräser			b) Abwälzschneckenfräser (Modul 3)	
		Schnittgeschwindigkeit v_c in m/min	Vorschub		Schnittgeschwindigkeit v_c in m/min	$f(f_c)$ in mm/Umdr.
			f_z in mm/Zahn	$f(f_c)$ in mm/Umdr.		
Stahl	$R_m < 50$	24...28	0,06	0,6	30...40	1,5
	$R_m < 70$	20...24	0,05	0,5	25...32	1,2
	$R_m < 85$	18...22	0,04	0,4	20...28	1,0
	$R_m < 100$	12...16	0,03	0,4	18...24	0,9
	$R_m > 100$	8...12	0,02	0,3	15...20	0,8
Stahlguß		14...18	0,04	0,6	16...25	1,0
Gußeisen		16...22	0,06	0,75	16...25	1,4
Bronze, Rotguß		20...28	0,06	0,8	25...40	1,2
Al- und Mg-Legierung		120...160 (60...120)	0,04	0,5	100...180	1,2
		—	—	—	20...35	1,0

Bemerkung:
Die Vorschübe als Höchstwerte gelten für Schlichten; für Schrupparbeit kann höchstens die Hälfte der angegebenen Werte angesetzt werden.

9. Schnitt- und Vorschubgeschwindigkeit für HSS-Zahnformfräser
(für mittlere Profilhöhen)

Werkstoff des Werkstücks	Schnittgeschwindigkeit v_c in m/min		Vorschubgeschwindigkeit v_f in mm/min	
	Schruppen	Schlichten	Schruppen	Schlichten
Stahl, weich	14...18	18...28	28...36	22...32
Stahl, vergütet $R_m < 110$ kN/cm²	10...15	14...18	18...22	14...20
Gußeisen HB < 200	13...16	16...22	35...45	28...40
Messing, Bronze	25...35	32...45	56...70	40...65
Al- und Mg-Legierung	125...180	160...260	75...90	50...80

1 kN/cm² = 10 N/mm²

| Gruppen-Nr. 15d | Fräsen | Abschn./Tab. Fr/10 |

10. Schnittgeschwindigkeit und Vorschub für HSS-Abwälzfräser

Werkstoff (Zugfestigkeit R_m in kN/cm² Härte HB)		Schnittge-schwindigkeit v_c in m/min		Vorschub s in mm/Umdr. für Modul			
				1…2	2…3	3…4,5	4,5…6
Stahl	$R_m < 70$	von	25	0,5	0,7	1,0	1,2
		bis	30	1,0	1,2	1,4	1,6
	$R_m < 85$	von	20	0,5	0,6	0,8	1,0
		bis	25	0,8	0,9	1,2	1,4
Leg. Stahl	$R_m < 110$	von	15	0,4	0,5	0,7	0,9
		bis	20	0,7	0,8	1,0	1,2
CrNi-Stahl	$R_m > 110$	von	8	0,3	0,4	0,6	0,8
		bis	15	0,6	0,7	1,0	1,2
SiMn-Stahl, verschleißfest		von	8	0,4	0,6	0,9	1,1
		bis	12	0,8	0,9	1,2	1,4
Gußeisen	HB < 200	von	15	0,6	0,8	1,0	1,2
		bis	25	1,2	1,4	1,6	1,8
Bronze, Messing		von	25	0,5	0,7	0,9	1,2
		bis	40	1,0	1,2	1,4	1,6
Hartpapier, -gewebe Preßstoffe		von	20	0,6	0,8	0,9	1,2
		bis	35	0,9	1,0	1,3	1,5

Bemerkungen:
1. Werte zum Abwälzfräsen von Stirn- und Schraubenrädern auf einer Abwälzfräsmaschine in zwei Schnitten (1. mit Vorfräser, 2. mit Schlichtfräser, der nur noch in den Flanken schneidet).
2. Bei dünnwandigen Werkstücken sind die Vorschubwerte zu erniedrigen. Für Räder mit großer Zahnschräge sind die Werte (je nach Schrägungswinkel) herabzusetzen.
3. Werkstück (Rad) und Fräser (auf Frässpindelkopf) bewegen sich derart miteinander, daß während einer Fräserumdrehung die Drehbewegung des Rades seiner Zähnezahl und Zahnschrägung entspricht. Abwälzbewegung (d. h. Fräser und Rad kämmen miteinander wie ein Getriebe). Während einer Umdrehung des Werkstücks bewegt der Fräser sich um den Vorschub s_n vorwärts, d. h. die Zähne werden alle fortlaufend fertig gefräst. Der Fräser ist praktisch als archimedische Schnecke, für genaue Arbeiten meist noch hinterschliffen ausgeführt.
4. Beachte, daß Frästiefe a und Einstell- oder Verschwenkwinkel (für Schrägstellung des Frässpindelkopfes) stets auf dem Fräser angegeben ist.
5. Steigungswinkel des Fräsens ist α bei Durchmesser D_t; $D_t = D_f - 2 \cdot 1{,}16$ Modul, also um zwei Fräserzahnkopfhöhen verminderten Fräserdurchmesser; Fräser- bzw. Schraubensteigung $P = t/\cos \alpha$, wobei t Zahnteilung des zu fräsenden Rades ist; $\sin \alpha = t/(D_t \cdot \pi)$.

8 – 11

Gruppen-Nr. 15d	**Fräsen**	Abschn./Tab. Fr/11, 12

11. Schnittgeschwindigkeit für HSS-Gewindefräser
(Allgemein bestimmt durch den zu schneidenden Werkstoff)

Werkstoff	Zugfestigkeit R_m in kN/cm² bzw. Härte HB	Schnittgeschwindigkeit v_c in m/min	
		normal	wirtschaftlich
Baustahl, weich	$R_m <$ 50	20...30...40	40...55
	< 60	25...35	35...50
mittelhart	< 70	25...30	30...45
	< 85	20...25	25...40
vergütet	< 110	8...15...20	20...30
Legierter Stahl	< 80	12...20	20...30
CrNi-, CrMo-Stahl	< 100	10...15	15...22
	< 120	8...12	8...15
	> 120	6...10	8...12
Gußeisen	HB < 200	15...25	20...40
Stahlguß, Temperguß		25...35	30...60
Kupfer		30...60	80...120
Messing		40...80	80...200
Bronze, Rotguß		40...60	60...120
Zinklegierung		80...120	80...180
Aluminium, Al-Legierung (z. B. AlCuMg)		140...200	100...300
Magnesium-Legierung (z. B. MgAlZnMn)		160...225	200...300

Bemerkungen:
Bei Fräsern aus Hochleistungs-Schnellarbeitsstahl (HSS) können die Werte gesteigert werden, bei HM-Fräsern können die Werte bedeutend erhöht werden.
Die Werte gelten für Kurzgewinde- und Langgewindefräsen.

12. Vorschubgeschwindigkeit für HSS-Kurzgewindefräser
(Werte für hinterdrehte walzenförmige Gewindefräser, bei Steigung bis 3 mm und Gewindebreite bis 30 mm)

Werkstoff	Zugfestigkeit R_m in kN/cm² bzw. Härte HB	Vorschubgeschwindigkeit v_f in mm/min	Vorschub je Zahn f_z in mm
Baustahl, weich	$R_m <$ 50	40...75	0,02...0,08
	< 70	35...60	0,02...0,06
	< 85	30...50	0,01...0,02
hart	< 100	20...35 (40)	0,006...0,012
vergütet	> 100	15...25 (30)	0,004...0,01
Gußeisen	HB < 200	40...75	0,025...0,1
Kupfer, Bronze, Messing		50...80	0,03...0,12
Aluminium, Al-Legierung		50...85	0,03...0,15
Magnesiumlegierung		50...85	0,02...0,15

1 kN/cm² = 10 N/mm²

Bemerkungen siehe nächste Seite

| Gruppen-Nr. 15d | **Fräsen** | Abschn./Tab. Fr/12, 13 |

Bemerkungen zu Tab. 12:

1. Die unteren Grenzwerte gelten für erhöhte Sauberkeit; für größere Steigungen und Gewindebreiten muß v_f etwa 30% kleiner gewählt werden.
2. Vorschub f_z nicht zu klein wählen! Sonst erfolgt kein Fräsen, sondern nur ein Schaben, wodurch übermäßiger Fräserverschleiß (geringe Standzeit). Allgemein bei nicht starren Werkstücken und hohen verlangten Oberflächengüten zweckmäßig f_z 0,02...0,04 mm/Zahn wählen; 0,02 bis 0,06 mm/Zahn ohne hohe Anforderungen, 0,01...0,15 mm/Zahn ist hochwertig, 0,005...0,01 mm/Zahn ist besonders hochwertig (für Festsitz).
3. Das Gewinde (Außen- und Innengewinde, Rechts- oder Linksgewinde) wird in einem Arbeitsgang während 1⅙ Werkstückumdrehung gleich über der ganzen Länge fertiggefräst.

13. Vorschubgeschwindigkeit für HSS-Langgewindefräser

(Werte für scheibenförmige Fräser)

Werkstoff (Zugfestigkeit R_m in kN/cm²)	Arbeitsgang	Vorschubgeschwindigkeit v_f in mm/min bei Gewindesteigung (Teilung) P in mm			
		< 10	10...20	20...35	> 35
Stahl, weich ($R_m < 50$)	Schruppen	40...70	30...40	20...30	20
	Schlichten	30...45	20...30	15...25	15
	Fertigfräsen	20...30	15...25	10...15	10
Stahl, vergütet ($R_m < 110$)	Schruppen	14...20	10...15	8...12	8
	Schlichten	10...15	8...12	5...8	6
	Fertigfräsen	8...12	5...8	3...6	4

Bemerkungen:

1. Die Vorschubgeschwindigkeit ist abhängig von Arbeitsgang (Oberflächengüte), Werkstückdurchmesser und Gewindesteigung. Bei größeren Genauigkeitsansprüchen wird der Arbeitsgang in mehrere Schnitte unterteilt.
2. Das Langgewindefräsen wird zur Herstellung langer Gewinde mit groben steilgängigen Formen (Trapezgewinde, Schneckengewinde usw.) angewendet.
3. Die Vorschubgeschwindigkeit v_f wird gemessen am Gewindedurchmesser d; Werkstückdrehfrequenz (Drehzahl) n = v_f/f_c in 1/min.

| Gruppen-Nr. 15d | Fräsen | Abschn./Tab. Fr/14 |

14. Vorschub und Vorschubgeschwindigkeit für HM-Fräser (Grenzwerte)

Werkstoff (Zugfestigkeit R_m in kN/cm² bzw. Härte HB)		Vorschub (je nach Fräsart) f_z in mm (je Zahn) bis		Vorschubgeschwindigkeit v_f in mm/min	HM-Sorte
Stahl	$R_m <$ 60	0,20...0,05	(0,15...0,04)	300...80	P 10
		0,10...0,05			P 30
	$R_m <$ 70	0,20...0,05	(0,10...0,03)	250...80	P 10
		0,10...0,05			P 30
Einsatzstahl	$R_m <$ 85	0,08...0,02	(0,05...0,02)	200...60	P 10
		0,1...0,05			P 30
Leg. Stahl	$R_m <$ 125	0,06...0,02	(0,05...0,02)	120...60	P 10
		0,08...0,05			P 30
Werkzeugstahl WS	$R_m >$ 125	0,03...0,02	(0,05...0,02)	80...50	P 10
		0,05...0,02			P 30
CrNi-Stahl		0,10...0,04		160...80	P 10
Stahlguß	$R_m <$ 50	0,05...0,02			P 10
		0,10...0,05		160...80	P 30
	$R_m <$ 70	0,05...0,02			P 10
		0,10...0,05		140...80	P 30
	$R_m >$ 70	0,04...0,01			P 10
		0,08...0,04		120...60	P 30
Temperguß GTS-38		0,10...0,04		120...80	K 20
Hartguß		0,08...0,02		100...40	P 30
Gußeisen	HB < 200	0,20...0,04	(0,20...0,10)	120...60	K 20
	HB > 200	0,10...0,03	(0,10...0,05)	100...40	K 10
Kupfer		0,15...0,10		600...250	K 20
Messing, Rotguß					
	mittelhart	0,20...0,04		600...300	K 20
	hart	0,15...0,02		400...100	K 20
Bronze	weich	0,20...0,10		600...400	K 20
GBz 14	hart	0,15...0,08		400...100	K 20
Zinklegierungen		0,15...0,10			K 20
Aluminium		0,15...0,05	(0,20...0,04)	2000...500	K 20
Al-Legierungen		0,15...0,02		1200...300	K 20
G · AlSi (Kolbenlegierung)		0,10...0,03	(0,15...0,10)	1000...300	K 20
AlCuMn		0,15...0,04		1200...300	K 20
G-AlSi (< 13 Si)		0,10...0,04		800...300	K 20
Magnesiumlegierung		0,10...0,03	(0,15...0,08)	1500...500 (2500...600)	K 20
Kunst-, Preß- und Isolierstoffe		0,15...0,10	(0,20...0,06)	600...100	K 20
Hartpapier-, -gewebe		0,15...0,04		600...150	K 20

Bemerkungen:
1. Die Vorschübe als Höchstwerte gelten für Schlichten; für Schrupparbeiten kann höchstens die Hälfte der angegebenen Werte angesetzt werden.
2. Bei größerer Schnittiefe a, unregelmäßiger Oberfläche und unter Berücksichtigung der Aufspannart des zu fräsenden Werkstücks sind die Tabellenwerte diesen anzupassen.
3. Vorschubgeschwindigkeit $v_f = z \cdot n \cdot f_z$ [mm/min], wenn z die Zähnezahl und n die Drehfrequenz (Drehzahl) (in 1/min) des Fräsers ist; f_z Vorschub je Zahn bzw. je Schneide (in mm).

1 kN/cm² = 10 N/mm²

| Gruppen-Nr. 15d | Fräsen | Abschn./Tab. Fr/15 |

15. Schnittgeschwindigkeit für HM-Fräser (Richtwerte)

Werkstoff (Zugfestigkeit R_m in kN/cm² bzw. Härte HB)		HM-Sorte	Schnittgeschwindigkeit v_c in m/min		
			Allgemein	Schruppen	Schlichten
Stahl	$R_m < 60$	P 10	50...180 (150...250)	40...100	80...150
		P 30	40...60		
	$R_m < 70$	P 10	40...125 (80...200)	30...80 (30...130)	60...120 (60...180)
		P 30	40...60		
Einsatzstahl	$R_m < 85$	P 10	30...100 60...150	40...80 (40...100)	80...120 (80...150)
		P 30	30...50		
Leg. Stahl	$R_m < 125$	P 10	30...75 (80...120)	25...40	40...80
Werkzeugstahl WS		P 30	25...35		
	$R_m > 125$	P 10	25...60 (40...80)		
		P 30	20...30		
CrNi-Stahl		P 10	—	30...80 (40...110)	60...120 (60...150)
Stahlguß	$R_m < 50$	P 10	150...250		
		P 30	40...100 (30...150)	30...80 (40...125)	60...120 (60...200)
	$R_m < 70$	P 10	130...200		
		P 30	30...75 (30...100)	25...60	50...90
	$R_m > 70$	P 10	100...150		
		P 30	25...55 (30...60)	20...50	40...70
Temperguß GTS-38		K 20		50...80	80...120
Hartguß		P 30		30...50	40...75
Gußeisen	HB < 200	K 20	60...150 (100...180)	50...80 (50...120)	80...120 (80...180)
	HB > 200	K 10	35...100 (40...100)	30...60 (40...80)	40...80 (40...100)
Kupfer		K 20	60...125 (100...250)	120...200 (bis 450)	200...450 (bis 700)
Messing (G-CuZn 40), Rotguß (Rg 5) mittelhart		K 20	100...250	120...200	200...450
hart		K 20	80...175	90...150	-150...300
Bronze (G-SnPbBz) weich		K 20	100...250	100...150	200...300
hart		K 20	60...150	80...100	125...200
Zinklegierungen		K 20	100...300		
Aluminium		K 20	800...1500	500...1200	1200...2000

1 kN/cm² = 10 N/mm²

| Gruppen-Nr. 15d | Fräsen | Abschn./Tab. Fr/15, 16, 17 |

Werkstoff (Zugfestigkeit R_m in kN/cm² bzw. Härte HB)	HM-Sorte	Schnittgeschwindigkeit v_c m/min		
		Allgemein	Schruppen	Schlichten
Al-Legierungen	K 20	300...750		
G-AlSi (Kolbenlegierung)		200...500	200...400 (bis 1200)	300...600 (bis 2000)
AlCuMg; AlCuMn		500...750	200...500	300...800
G-AlSi		400...500	80...200	150...300
Magnesiumleg., z. B. MgAlZn	K 20	800...1500	200...500	300...1000
Kunst-, Preß-, Isolierstoffe	K 20	150...300	(bis 450)	(bis 700)
Hartpapier		50...200	30...60	40...80
Hartgewebe		60...250	60...90	60...120

Bemerkungen:
1. Die v-Werte in Spalte „Allgemein" gelten für Schruppen (niederer Wert) und Schlichten (höherer Wert). Die Klammerwerte sind außergewöhnliche Erfahrungswerte aus dem In- und Ausland.
2. Freiwinkel α = 5°, Spanwinkel γ für Stahl bis 60, Stahlguß bis 70 kN/cm², Gußeisen (HB < 200) und Temperguß etwa bis 12°; für alle anderen Werkstoffe etwa 5°.

16. Vorschub je Zahn f_z für HM-Walzenstirnfräser
(je nach Einstellwinkel der Hauptschneide)

Zugfestigkeit des Werkstoffs R_m in kN/cm²	Zulässiger Vorschub f_z in mm (je Zahn) bei Einstellwinkel der Fräserhauptschneide ϰ [°]			
	90°	60°	45°	30°
< 60	0,20...0,16	0,23...0,18	0,27...0,22	0,35...0,30
60...80	0,16...0,11	0,18...0,13	0,22...0,15	0,30...0,22
80...100	0,11...0,09	0,13...0,10	0,15...0,12	0,22...0,17
100...120	0,09...0,07	0,10...0,08	0,12...0,09	0,17...0,13
> 129	0,07...0,04	0,08...0,045	0,09...0,06	0,13...0,08

Bemerkung: Fräser mit kleineren Einstellwinkeln können mit größtmöglichem Vorschub arbeiten (z. B. Kegelstirnfräser).

17. Schnittgeschwindigkeit und Vorschub beim Schlagzahnfräsen
Bearbeitungsverfahren, bei dem nur eine einzige Fräserschneide (Einzahn-Schlagfräser mit HM-Bestückung) im Eingriff steht

Werkstoff des Werkstückes	Zugfestigkeit (R_m in kN/cm² bzw. Härte HB)	HM-Sorte	Schnittgeschwindigkeit v_c in m/min	Vorschub je Zahn f_z in mm
Stahl	< 50	P 10	175...300	0,25...0,20
	< 100	P 10	150...250	0,22...0,18
Stahlguß	< 70	P 10	130...225	0,20...0,16
	> 70	P 10	110...180	0,18...0,12
Gußeisen	HB < 200	K 20	130...180	0,40...0,35
	HB > 200	K 20	110...150	0,35...0,28

Bemerkungen:
1. Werte gelten für Freiwinkel α = 3...5°, Spanwinkel γ = 0...−6° (γ bis −12° für besonders harte Werkstoffe) und Drall- oder Neigungswinkel λ bis 30°.

1 kN/cm² = 10 N/mm²

Weitere Bemerkungen siehe nächste Seite

| Gruppen-Nr. 15d | Fräsen | Abschn./Tab. Fr/17, 18 |

2. Fräser mit zwei Schlagzähnen (z. B. als Nutenfräser): ein Schlagzahn als Vorschneider, ein zweiter als Fertigschneider. Bei scheibenförmigen Fräsern Spanwinkel $\gamma = 0°$; bei messerkopfartigen Fräsern Spanwinkel $\gamma = 0 \ldots -6°$; Freiwinkel α in beiden Fällen $3 \ldots 5°$.
3. Schlagfräser nur auf starren, kräftigen Fräsmaschinen anwenden. Leistung P mindestens 4 kW, Drehzahl n bis zu 1000 U/min; Tischvorschubgeschwindigkeiten v_f bis etwa 500 mm/min.

18. Schnittgeschwindigkeit und Vorschübe für HM-Messerköpfe
(Schnittiefe $a_p = 3 \ldots 5$ mm; Schnittbreite $b = 0{,}8\,D$; D = Messerkopfdurchmesser)

Werkstoff (Zugfestigkeit R_m in kN/cm² bzw. Härte HB)			Schnittgeschwindigkeit v_c in m/min		Vorschub		Vorschubgeschwindigkeit v_f in mm/min	
			Schruppen V	Schlichten VV	f_c in mm/Umdr.	f_z in mm/Zahn	V	VV
Stahl	$R_m < 70$	von	60	100	0,5...1,0	0,09	280	110
		bis	100	200			450	180
	$R_m < 90$	von	40	80	0,3...0,8	0,08	180	90
		bis	80	180			225	140
	$R_m > 90$	von	30	60	0,2...0,6	0,06	120	75
		bis	60	140			160	100
Leg. Stahl	$R_m < 110$	von	25	40		0,05	80	60
		bis	40	120			100	80
	$R_m > 110$	von	20	30		0,04		
		bis	30	100				
Stahlguß		von	40	60	0,3...0,8	0,08		
		bis	60	120				
Temperguß		von	60	75		0,09		
		bis	80	100				
Gußeisen	HB < 200	von	50	60	0,5...1,5	0,1	180	120
		bis	60	140			240	180
	HB > 200	von	30	50	0,3...0,8	0,08		
		bis	50	100				
Kupfer		von	80	120	0,3...0,8			
		bis	120	200				
Bronze, Bz		von	50	60		0,1		
		bis	80	100				
Messing, Ms		von	60	80		0,12	350	140
		bis	100	150			450	180
Aluminium		von	400	800		0,08		
		bis	1000	1500				
Al-Leg., zähe z. B. G-AlSi		von	300	500	0,5...1,0	0,08	400	250
		bis	500	900			600	450
z. B. AlCuMn						0,08		
		von	250	400	0,3...0,8	0,1		
		bis	400	600				
Mg-Legierung z. B. MgAlZnMn		von	600	1000	0,5...1,0	0,08		
		bis	1000	1500				
Kunststoff, Preßstoff		von	80	125		0,2		
		bis	130	200				
Hartpapier			—	—		0,1		

1 kN/cm² = 10 N/mm²   HM: P 25...P 40 bzw. K 10...K 20

8–17

| Gruppen-Nr. 15d | Fräsen | Abschn./Tab. Fr/19, 20 |

19. Abmessungen von Zahnformfräsern nach Modul

Modul m	Teilung t [mm]	Fräser-durchm. D [mm]	Bohrungs-durchm. d [mm]	Modul m	Teilung t [mm]	Fräser-durchm. D [mm]	Bohrungs-durchm. d [mm]
0,5	1,57	40	16	5,5	17,28	100	32
0,75	2,36	40	16	6	18,85	100	32
1	3,14	50	16	6,5	20,42	105	32
1,25	3,93	50	16	7	21,99	105	32
1,5	4,71	60	22	7,5	23,56	110	32
1,75	5,50	60	22	8	25,13	110	32
2	6,28	60	22	8,5	26,70	115	32
2,25	7,07	60	22	9	28,27	115	32
2,5	7,85	60	22	9,5	29,84	120	32
2,75	8,64	70	27	10	31,42	120	32
3	9,42	70	27	11	34,56	135	40
3,25	10,21	75	27	12	37,70	145	40
3,5	11,00	75	27	13	40,84	155	40
3,75	11,78	80	27	14	43,98	160	40
4	12,57	80	27	15	47,12	165	40
4,25	13,35	85	27	16	50,27	170	40
4,5	14,14	85	27	17	53,41	180	50
4,75	14,92	90	32	18	56,55	190	50
5	15,71	90	32	19	59,69	195	50
				20	62,83	205	50

20. Beziehungen zwischen Modul, Diametral Pitch und Circular Pitch

Diametral Pitch Dp	Circular Pitch Cp	Modul m	Teilung t [mm]	Diametral Pitch Dp	Circular Pitch Cp	Modul m	Teilung t [mm]
1	3,14	25,4	79,80	8	0,39	3,17	9,97
1 1/4	2,51	20,32	63,84	9	0,35	2,82	8,87
1 1/2	2,09	16,93	53,20	10	0,31	2,54	7,98
1 3/4	1,80	14,51	45,60	11	0,29	2,31	7,25
2	1,57	12,70	39,40	12	0,26	2,12	6,65
2 1/4	1,40	11,29	35,46	14	0,22	1,81	5,69
2 1/2	1,26	10,16	31,92	16	0,20	1,59	4,99
2 3/4	1,14	9,24	29,02	18	0,17	1,41	4,43
3	1,05	8,47	26,60	20	0,16	1,27	3,99
3 1/2	0,90	7,26	22,80	22	0,14	1,15	3,63
4	0,79	6,35	19,95	24	0,13	1,06	3,32
5	0,63	5,08	15,96	26	0,12	0,98	3,07
6	0,52	4,23	13,30	28	0,11	0,91	2,85
7	0,45	3,63	11,40	30	0,10	0,85	2,66

Bemerkungen: Nach dem Zollsystem werden die Stirnräder nach der auf Zollbasis beruhenden Diametral Pitchteilung berechnet.
Diametral Pitch $D_p = 3{,}14/C_p = 25{,}4/m$ Circular Pitch $C_p = 3{,}14/D_p = m/8{,}09$
Modul $m = 25{,}4/D_p = 8{,}09 \cdot C_p$.

8–18

| Gruppen-Nr. 15d | Fräsen | Abschn./Tab. Fr/21 |

21. Schneidenwinkel an verschiedenen HSS-Fräsern, nach Werkstoff
(α Freiwinkel, γ Spanwinkel, ε Drallwinkel des Fräsers) Erfahrungswerte

Werkstoff Zugfestigkeit R_m in kN/cm²	Winkelgröße in ° bei Fräserart								
	Walzenfräser			Walzenstirnfräser			Scheibenfräser, kreuzverzahnt		
	α	γ	λ	α	γ	ε	α	γ	λ
Stahl $R_m<$ 60	7	15; 20	45	6	12; 15	20; 25	6; 7	15	20
$R_m<$ 85	5; 6	12; 15	40; 45	5; 6	10; 12	20	6	12	15
$R_m<$110	4; 5	8; 10	35; 40	4; 5	8; 10	18; 25	4; 5	7; 10	10
CrNi-Stahl $R_m>$110	3	8	30; 35	3	6	18; 20	3	6	10
Stahlguß GS-45	5	12; 15	40	5	10	20; 25	5	10	20
Temperguß GTS-38	5	15; 20	40; 45	5	12	20	5	12	20
Hartguß	4	8	30	3	6	10	3	6	10
Gußeisen GG-25	6	12; 15	40; 45	6	12	20; 25	6	12	15
Kupfer	6	20	35; 45	6	15	25	6	15	20
Rotguß Rg 7, Messing CuZn 40	6	15; 20	35; 45	6	12; 15	20; 25	6	15	20
Bronze G-SnPbBz	5	12; 15	40; 45	5	12	20; 25	5; 6	12	15
Aluminium, Al-Leg.	8	25	45; 50	8	25	35; 40	8	25	30; 40
Magnesium-Legier. MgAlZnMn	8	25	50	8	25	40	8	25	30
Hartpapier, Preßstoffe	8	25	45	8	25	35	8	20; 25	35
Kunststoffe	8	15	35	8	20	25	8	15	30

	Schaftfräser			Messerköpfe		
	α	γ	λ	α	γ	λ
Stahl $R_m<$ 60	7; 8	15	30…45	7	15	15
$R_m<$ 85	5; 7	10; 12	20…45	5; 6	10; 12	12…15
$R_m<$110	4; 6	6; 8	15…45	4; 5	6; 8	8…12
CrNi-Stahl $R_m>$110	3	6	10…45	3	6	8
Stahlguß GS-45	5; 6	10	30…45	5	10	8…10
Temperguß GTS-38	6	12	30…45	5	12	12
Hartguß	4	8	15	3	5	5
Gußeisen GG-25	6; 7	12	30	6	12; 15	12…15
Kupfer	6	12	45	6	15…25	12…15
Rotguß Rg 7, Messing CuZn 40	6	12	35	6	8…15	12…15
Bronze G-SnPbBz	5; 6	10	30	5; 6	12; 15	10…12
Aluminium, Al-Leg.	8; 10	20; 25	40	7; 8	15…25	20
Magnesium-Legier. MgAlZnMn	10	25	40	8	30	25
Hartpapier, Preßstoffe	10	20	40	8	20…25	20
Kunststoffe	8	15	30	8	15	15

8 – 19

| Gruppen-Nr. 15d | Fräsen | Abschn./Tab. Fr/21, 22, 23 |

Bemerkungen:
Für Fräser über 50 mm Durchmesser (bei Schaftfräser über 20 mm Durchmesser) können die Werte für Freiwinkel α um 1 bis 3 vergrößert werden.

22. Schneidenwinkel an HM-Walzen- und Scheibenfräsern
(Werte nur bei hoher Schnittgeschwindigkeit gültig)

Werkstoff	a) Walzen-, Stirnfräser			b) Scheibenfräser		Einstell-winkel ϰ
	α	γ	λ	α	γ	
Stahl, weich	14...16	0...5	— 5	18...20	0...5	40...45 meist
mittelhart	12...14	—5...—10	—10	18...20	— 5	
hart	10...12	—10	—15...—20	18...20	—10	60...75
Gußeisen	16...18	3...7	7...8	18...20	0...5	45...65
Messing	12...15	5	3...15	18...20	5...10	60...75
Bronze	12...15	3	3...15	18...20	5...10	60...75
Al- und Mg-Leg.	12...15	7...15	10...20	18...20	5...10	60...75
				λ allgemein 0...5°, besser 0°		

Bemerkungen:
Die Einstellwinkel der Stirnschneide (Nebenschneide) ϰ′ ist möglichst klein zu wählen (allgemein ϰ′ = 2...5°); Einstellwinkel der zweiten Hauptschneidkante (Übergangsschneidkante) n_1 = 45°.

23. Schneidenwinkel an HM-Fräsern mit negativen Winkeln
(Werte besonders für hohe Schnittgeschwindigkeit gültig)

Werkstoff Zugfestigkeit (R_m in kN/cm² bzw. Härte HB)		a) Walzen-, Stirn-, Scheiben- und Schaftfräser		b) Messerköpfe		Freiwinkel α [°] allgemein
		γ [°]	λ [°]	Spanwinkel γ [°]	Drallwinkel λ [°]	
Stahl	R_m < 60	—8	—8	—8	—6/—8	6
	R_m < 85	—8; —6	—8	—8	—6/—8	6; 5
	R_m < 110	—6	—8	—8; —6	—5/—6	5
Gußeisen	HB < 200	±8	—8	±6...±8	—6	5
	HB > 200	±4; ±5	—8	±3...±6	—6	4; 3
Bronze		±8	—8	±	—6	5
Leichtmetalle (Al- und Mg-Leg.)		±15...±25	±8	±14...±17	±4	6...8
Kunststoffe		±15...±25	±8	±12...±15	±8	4...5

Bemerkungen:
1. Hartmetallsorten: K 10 (notfalls K 20) für Guß (Stahl- und Gußeisen), Bronze, Leichtmetalle und Kunststoffe; P 10 für Stahl.
2. Bei bestimmten Werkstoffen (z. B. Gußeisen GG-20) erlaubt die Anwendung negativer Schnittwinkel keine Erhöhung der Schnittgeschwindigkeit; in diesen Fällen läßt sich daher lediglich eine Erhöhung der Schneidenstandzeit erreichen.

| Gruppen-Nr. 15d | Fräsen | Abschn./Tab. Fr/24 |

24. Schneidenwinkel an HM-Fräsern je nach Werkstoff (allgemein)

Werkstoff (Zugfestigkeit R_m in kN/cm² bzw. Härte HB)		HM-Sorte	Freiwinkel Rückenwinkel α [°]	Spanwinkel Brustwinkel γ [°]	Drallwinkel λ [°] allgemein
Stahl	$R_m < 50$	P 10	5...7	12...15	20...35
	$R_m < 70$	P 10	5...6	10...12	15...32
	$R_m < 850$	P 10	5...6	10...12	15...30
Legierter Stahl	$R_m < 110$	P 10	4...5	8...10	10...30
	$R_m < 125$	P 10	4...5	6...8	10...28
	$R_m > 125$	P 10	4...5	5...8	10...30
Mangan-Hartstahl, Werkzeugstahl	$R_m < 180$	P 10	4...5	4...6	10...25
Stahlguß	$R_m < 50$	P 30	5...6	8...10	15...35
	$R_m > 50$	P 30	5...6	5...8 (6)	10...30
Temperguß		K 20	4...6	8...10	15...30
Hartguß		P 30	5...6	0...4	15...30
Gußeisen	HB < 200	K 20	5...6	8...10	15...35
	HB > 200	K 10	4...5	5...6	10...30
Kupfer		K 20	5...6	10...15	15...35
Messing, zähe; Rotguß		K 20	6...10	10...15	15...30
Messing, spröde; Bronze		K 20	5...6	6...8	15...30
Al-Legierungen, zähe		K 20	8...12	20...25	25...45
spröde		K 20	6...8	15...25	25...40
vergüt., ausgehärtet		K 20	5...7	12...22	20...40
Mg-Legier. (MgAlZnMn)		K 20	5...8	20...25	25...40

Bemerkungen:
Beachte bei HM-Schneiden die Verringerung des Frei- und Spanwinkels (α und γ) gegenüber die der HSS-Schneiden, so daß der Keilwinkel $\beta = 5...10°$ größer wird.

Hier Bemerkungen zu Tab. Fr/25

1. N1 nur bei hohen Ansprüchen verwenden.
2. Kühlschmierstoffe nach DIN 51385; siehe auch Tabellen WH/17 bis 20 (Seite 2—22 bis 25)
3. Bearbeitungsgruppen für Kühlmittel und Schneidflüssigkeiten:
   E: Erzeugnisse, die in Wasser löslich oder mit Wasser mischbar oder emulgierbar sind.
   N: Erzeugnisse ohne Gehalt an Fetten, Fettstoffen oder Produkten hieraus, die mit Wasser nicht mischbar sind und aus reinem Mineralöl bestehen oder für Werkstoffbearbeitungszwecke geeignete, fettstofffreie Zusätze erhalten.
   N_2, N_3, N_4: Erzeugnisse mit Gehalt an Fetten, Fettstoffen oder Produkten hieraus, die mit Wasser nicht mischbar sind.
   N2: bis zu 3 Gewichts-%, N3: über 3 bis 25 Gewichts-%, N4: über 25 bis 100 Gewichts-%.

| Gruppen-Nr. **15d** | **Fräsen** | Abschn./Tab. **Fr/25** |

25. Kühlschmiermittel beim Fräsen

Zu bearbeitende Werkstoffe	Kühlschmiermittel (s. Tab. WH/16 bis 20)			
	a) Schruppen	b) Schlichten	c) Gewindefräsen	d) Zahnradfräsen
Metalle				
1. Aluminium	Ölemulsion (E)	trocken	Schneidöl (N)	—
2. Al-Mg-Legierung (z. B. AlCuMg)	Ölemulsion (E) (Seifenwasser)	trocken Rübölersatz, Schneidöl (N)	Ölemulsion (E) Schneidöl	—
3. AlSi-Legierung (z. B. G-AlSi)	Ölemulsion (Seifenwasser)	Ölemulsion trocken	Schneidöl	—
4. Blei	Rübölersatz	Rübölersatz	—	—
5. Bronze, Rotguß	Ölemulsion	trocken	Schneidöl	Schneidöl
6. Gußeisen	Druckluft Schneidöl Wasser + 5% Soda	trocken, Ölemulsion	trocken, Ölemulsion	trocken
7. Leg. Stähle Werkzeugstähle	Bohremulsion Schneidöl	Ölemulsion Rübölersatz für Feinarbeiten	Schneidöl	Schneidöl
8. Kupfer, Messing Tombak	Bohremulsion	Ölemulsion trocken	Ölemulsion Schneidöl trocken	Schneidöl trocken
9. Mg-Legierung (z. B. MgAlZn) Brandgefahr	4% wässrige Natrium-Fluoridlösung	trocken, Nie Wasser verwenden!	trocken	—
10. Neusilber	Ölemulsion	Ölemulsion	Ölemulsion	Ölemulsion
11. Nickel	Ölemulsion	Ölemulsion	Ölemulsion	Ölemulsion
12. Stähle (Baustähle, C-Stähle)	Ölemulsion Schneidöl	Ölemulsion	Schneidöl Rüböl	Schneidöl
13. Stahlguß	Ölemulsion Schneidöl	Ölemulsion Schneidöl Rübölersatz für Feinarbeiten	Schneidöl	Schneidöl
14. Temperguß	Ölemulsion Schneidöl trocken	Ölemulsion Rübölersatz für Feinarbeiten	Schneidöl	trocken
Zink, Zinn	Rübölersatz	Rübölersatz	—	—

Siehe auch Bemerkungen auf Seite 8 – 21.

26. Schneid- und Drallrichtung, Axialdruck beim Fräsen (DIN 857)

Schneidrichtung:
Rechtsschneidend: Fräser laufen vom Antrieb aus gesehen rechtsdrehend (in der Tab. „rechts").
Linksschneidend: Fräser laufen vom Antrieb aus gesehen linksdrehend (in der Tab. „links").
Spannutenrichtung: a) Gerade Spannuten (geradegenutet).
b) Spannuten mit Rechts- oder Linksdrall (ist bei Walzenfräsern im allgemeinen der Schneidrichtung entgegengesetzt).

a) Walzenfräser	Drallrichtung	Schneidrichtung	Axialdruck
	Linksdrall	rechts	der Antriebsseite zugewandt
	Rechtsdrall	links	
	Rechtsdrall + Linksdrall	rechts	aufgehoben
	Linksdrall + Rechtsdrall	links	aufgehoben
b) Schaftfräser	1. mit Anzugsgewinde		
	Rechtsdrall	rechts	von Antriebsseite abgewandt; Spanwinkel an der Stirnseite günstig
	Linksdrall	links	
	2. mit Mitnehmerlappen		
	Linksdrall	rechts	der Antriebsseite zugewandt; Spanwinkel an der Stirnseite ungünstig
	Rechtsdrall	links	

Gruppen-Nr.		Abschn./Tab.
15 d	**Fräsen**	Fr/27

27. Kriterien bei der Auswahl verschiedener Fräserarten

Fräserart	Erforderliche Angaben
1. a) Stirn- und Schraubenrad-Wälzfräser	a) **Fertigfräser** (Bezugsprofil I oder II) nach DIN 3972, hinterdrehte oder hinterschliffene Ausführung. Modul, Eingriffswinkel, besonderes Profil (Knickprofil), Kopfkantenbruch, gerade oder gekrümmte Flanken für Eingriffsspiel, ein- oder mehrgängige Ausführung; für Schraubenradwälzfräser einseitige oder doppelseitige Anspitzung (Anschrägung, doppelseitig nur unterhalb Modul 4). Es ist vorteilhaft, für Schraubenräder mit Schrägungswinkel über 12° den Wälzfräser kegelig anzuspitzen. b) **Vorfräser** (Bezugsprofil III oder IV) nach DIN 3972, Angaben wie unter a), ferner: gegebenenfalls angeben, ob Freiarbeitung des Zahnfußes des zu fräsenden Zahnrades gewünscht wird; zur leichteren Fertigbearbeitung durch Schleifen oder Schaben.
b) Zahnformfräser	Modul, Eingriffswinkel, Zähnezahl des zu fräsenden Rades. Bei Zähnezahl unter 12 wird Zahnform korrigiert, dann den gewünschten Profilverschiebungsfaktor angeben.
c) Zahnform-Fingerfräser	Skizze oder Maße der Werkzeugaufnahme (z. B. Gewindemaße des verwendeten Innen- oder Außengewindes). Für Festlegung des Fertigfräser-Durchmessers, Hinweise ob Profil vorgegossen oder vorgefräst ist.
2. Schneckenrad-Wälzfräser	Schnittrichtung, Modul in Achse, Eingriffswinkel, Gangzahl — Richtung (rechts oder links), Teilkreisdurchmesser der Schnecke, gewünschtes Aufmaß des Wälzfräsers. Fräsverfahren: Radial = ohne Anspitzung (Anschrägung), Tangential (über ca. 8° Steigungswinkel) = mit Anspitzung, Größe der Bohrung oder Schaftmaße.
3. a) Kettenrad-Wälzfräser	Kettenteilung, Rollendurchmesser.
b) Kettenrad-Formfräser	wie unter 3a), zusätzlich: Zähnezahl des Kettenrades.

| Gruppen-Nr. 15d | Fräsen | Abschn./Tab. Fr/27 |

Kriterien bei der Auswahl verschiedener Fräserarten

Fräserart	Erforderliche Angaben
4. a) Keilwellen-Wälzfräser	nur hinterschliffene Ausführung.
b) Keilwellen-Formfräser	hinterdrehte oder hinterschliffene Ausführung, Maße und Toleranzen der Keilwelle (Innendurchmesser, Außendurchmesser, Keilbreite, Anzahl der Keile), ferner gegebenenfalls mitzufräsender Bunddurchmesser, Ausführung mit oder ohne Höcker, sowie Kantenbruch. Fertig- oder Vorfräser (für Vorfräser gewünschte Aufmaße).
5. Andere hinterdrehte Formfräser	Schnittrichtung, Maße und Toleranzen der zu fräsenden Form.
6. Winkel- und Prismenfräser	Winkel des zu fräsenden Profils; Hinweise, wenn absolut spitzes Profil gefordert wird (normale Ausführung mit Rundung an der Spitze).
7. Nutenfräser	je nach Fräsverfahren hinterdrehte oder gefräste scheibenförmige Ausführung, Langlochfräser mit Zylinderschaft oder Kegelschaft, Bohrnutenfräser.
8. Schruppfräser	a) ohne Unterteilung: Für große Vorschübe (Typ N mit weiten Spanräumen). b) mit Unterteilung: mit hinterdrehtem Kordelgewinde, Schaftausführung mit Schlüssel- oder Mitnehmerfläche, mit Querkeil, mit Anzugsgewinde oder Lappen.
9. Gesenkfräser	zylindrische oder kegelige nach DIN 1889 (nach DIN wird der Neigungswinkel angegeben und nicht der Kegelwinkel).
10. Kegelige Schaftfräser	Angabe des Kegelwinkels oder des Kegels 1 : x

8-25

| Gruppen-Nr. 15d | **Fräsen** | Abschn./Tab. Fr/28 |

28. Spannfläche an Zylinder-Schäften für Schaft-Fräser

Mitnahmefläche und Anschlußmaße für Spannfutter (n. DIN 1835): **Form B**   Maße in mm

Mitnahmefläche		Bild 1			Bild 2	Spannschraube		
SchaftØ d_1 (H5/h6)	Schaftlänge l_1	Erste (1e) Spannfläche l_2	l_3	h_1	2e. Spannfläche l_5/l_6	Gewinde M	Länge l_4	Steckschlüssel s ≈
6	36	18	4,2	4,8	—	6	10	3
(8)	36	18	5,5	6,6	—	8	10	4
10	40	20	7	8,4	—	10	12	5
12	45	22,5	8	10,4	—	12	16	6
16	48	24	10	14,2	—	14	16	6
20	50	25	11	18,2	—	16	16	8
25	56	—	12	23	32/17	18x2	20	10
32	60	—	14	30	36/19	20x2	20	10
40	70	—	14	38	40/19	20x2	20	10
50	80	—	18	47,8	45/23	24x2	20	12
63	90	—	18	60,8	50/23	24x2	20	12

Bild 1

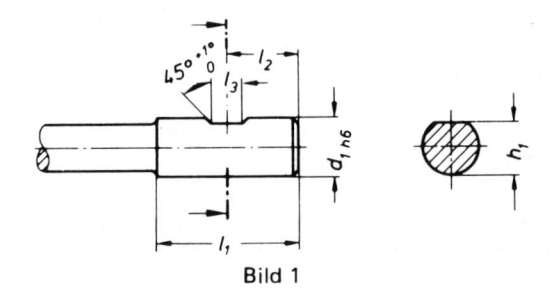

Zylinderschaft:
mit **einer** Mitnahmefläche
für d_1 = 6 bis 20 mm

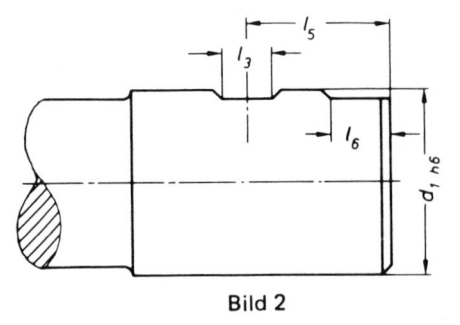

Bild 2

mit **zwei** Mitnahmeflächen
für d_1 = 25 bis 63 mm

Formel C: Fräserschaft für Bajonettverschluß siehe DIN 1836
Zylinderschäfte für Fräser, Anschlußmaße für Spannfutter; Zubehör

| Gruppen-Nr. 15d | **Fräsen** | Abschn./Tab. Fr/29 |

29. Instandhaltung: Nach- und Scharfschleifen von Schaftfräsern

Allgemeine Richtlinien	1. Bedingt durch die unterschiedlichen Möglichkeiten für die Herstellung der **Schneidenzähne** muß auch ihr Nachschleifen unterschiedlich vorgenommen werden, damit die Fräser arbeitsfähig bleiben. 2. Um eine **saubere Fräsarbeit** zu erhalten, muß der Fräser: · genau rundlaufen und scharf sein, · häufig nachgeschliffen werden oder besser rechtzeitig und oft scharfgeschliffen werden. — Das regelmäßige **Scharfschleifen** ist einfacher und billiger als umfangreiches Nachschleifen. 3. Beim Arbeiten mit **stumpfen Fräserschneiden:** · vergrößert sich der Kraftbedarf der Maschine (durch Vergrößerung der erforderlichen Schnittkräfte), · verschlechtert sich die Oberflächengüte und Maßgenauigkeit, · besteht die Gefahr eines Fräserbruches. 4. Zum Werkzeugschleifen werden Schleifscheiben, wie Flach-, Teller- und Topfscheiben eingesetzt. Teller- und vor allem **Topfscheiben** sind am günstigsten, weil auf diese Weise **gerade**, also keine hohlen **Freiflächen** entstehen. **Schleifrichtung** gegen die Fräserschneide. 5. Beim Schärfen von Fräsern aus HSS bzw. HSS-E benutzt man bevorzugt Schleifscheiben aus **Edelkorund** (EK). Für HM-Schneiden (VHM = Voll-Hartmetall bzw. HMB = HM-Bestückung) wählt man Schleifscheiben aus **Si-Carbid** oder mit Diamant. Allgemein keramische Bindung (Ke); Körnung 46 ... 60, Härte Jot/K/L. Eventuell vorteilhaft mit Diamant schleifbar. 6. Das Schärfen des Fräsers darf nur auf speziellen **Fräser-Schärfmaschinen** (Werkzeug- bzw. Universal-Schleifmaschinen) erfolgen. Sie müssen es erlauben, Fräser und Schleifscheibe (Topf- oder Flachscheibe, Bilder 2 und 3) in jede gewünschte Lage/Position zueinander zu bringen.
Wichtig!	Es ist wirtschaftlicher, bei **öfteren** Nachschliffen jeweils **wenig** Werkstoff abzuschleifen als bei wenigen Nachschliffen jeweils viel Werkstoff abschleifen zu müssen.
Arbeitsfolge	Scharfschleifen von **spitzgezahnten** (gefrästen) **Fräsern:**
	a) **Schleifen der Umfangszähne**
1. **Rundschleifen**	auf Rundschleifmaschine und mit gerader oder Flach-Schleifscheibe (nach DIN 69120). Nur bei starker Abstumpfung oder Zahnausbrüchen erforderlich.

8–27

| Gruppen-Nr. 15d | **Fräsen** | Abschn./Tab. Fr/29 |

Instandhaltung: Nach- und Scharfschleifen von Schaftfräsern

2. **Freifläche schleifen** (Hinterschliff)	auf Universal-/Werkzeug-Schleifmaschine und a) mit **Topfscheibe** (nach DIN 69 149 Form D) oder b) mit Flachscheibe. Die Topfscheibe wird um einen Winkel von etwa um 2° bis 3° schräg gegen die Fräsachse gestellt, damit bei langen Fräsern nur eine Kante der Schleifscheibe kommt (Bild 1). Den richtigen **Freiwinkel** α erhält man: · bei **nicht verstellbarer** Schleifspindel, wenn die Topfscheibenmitte etwas tiefer als die Fräsermitte liegt (Bild 2). Mindest-Abstand a ist abhängig vom gewünschten Freiwinkel; Abstützung a = $(d_1/2) \cdot \sin \alpha$. · bei neig- oder **schwenkbarer** Schleifspindel wird die Zahnstütze auf Fräsermitte gestellt und die Spindel um den Betrag des Freiwinkels α geschwenkt (durch direkte Einstellung nach einer Skala). Bei Anwendung einer **Flachscheibe** muß die Schleifscheibenmitte etwas **höher** (Maß a) als die Fräsermitte liegen (Bild 3). Man erhält dabei allerdings einen Hohlschliff.
3. **Spanfläche schleifen**	auf Universal-/Werkzeug-Schleifmaschinen und mit **Tellerscheibe** (n. DIN 69 149 Form A oder B): geradzahnige Fräser mit gerader Scheibenseite (Bild 4), kreuzverzahnte Fräser mit kegeliger Seite anwenden. Bei Fräsern mit großem Drallwinkel gerade Seite mit gerundeter Umfangskante benutzen; Einstellung der Schleifscheibe 2° über Drallwinkel.

Bild 1

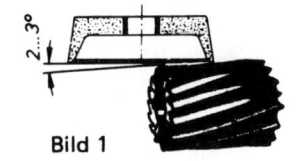

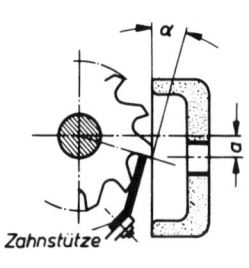

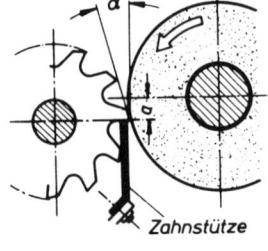

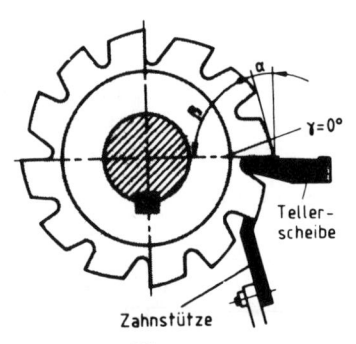

Bild 2

Bild 3

Bild 4

Gruppen-Nr.	Fräsen	Abschn./Tab.
15 d		Fr/29

Instandhaltung: Nach- und Scharfschleifen von Schaftfräsern

Zahnstütze	Beim Schleifen der Fräser wird jeder Fräserzahn an der Spanfläche auf einer Zahnauflage oder -stütze (am Ständer) abgestützt. Der so abgestützte Fräser gleitet bei der Tischbewegung an dieser festen Zahnstütze entlang. Die zu schleifende Fläche des Fräsers steht dadurch stets in der richtigen Stellung zur Schleifscheibe. Eine Zahnstütze ist nicht erforderlich, wenn der Fräser zum Schleifen in einen **selbsttätigen Teilapparat** eingespannt wird, z.B. wenn Frei- und Spanflächen gerad- oder spiralverzahnt sind.
	b) Schleifen der Stirnzähne
4. **Freifläche schleifen**	auf Universal-/Werkzeug-Schleifmaschine und mit Topfschleifscheibe. Fräserachse gegenüber Schleifscheibenachse um den Freiwinkel α neigen. Zahnstellung parallel zur Tischbewegung.
5. **Spanfläche schleifen**	auf Universal-/Werkzeug-Schleifmaschine und mit gerader Seite der Tellerscheibe schleifen. Fräserachse entsprechend dem Spanwinkel τ_f neigen.

30. HM-Wendeschneidplatten mit Planschneiden: zum Fräsen

HM = Hartmetall: z. B. Sorte P 30 bei Bestellung angeben; DIN **6590,** Auswahl

Zusammensetzung der **Kurzzeichen** sowie der **Bezeichnung** siehe Tabelle WH/33 (DIN 4987) und Tabelle WH/34 (DIN 4988).
Ohne Spanbrecher auf der Spanfläche (N); Toleranzklassen **A, C, K.**
$\varkappa_r$ = Einstellwinkel; α_n' = Normal-Freiwinkel der Planschneide (Pl.)
L = links- und R = rechtsschneidend; N = links- und rechtsschneidend.
WSP = Wendeschneidplatten. Maße in mm

Kurzzeichen (+ Maß-Nr.): Toleranzklasse			Abmessungen in mm							
A	C	K	l	s	d	m	b_f	ε	$\varkappa$	α_n/α_n'
1. Dreieckige WSP (T) (Bild 1)			a) mit **symmetrischer** Planschneide (N)					60°	90°	11°
TPAN...	TPCN...	TPKN...								
1103 PPN	1103 PPN		11	3,175	6,35	1,72	0,7			
1603 PPN	1603 PPN		16,5	3,175	9,525	2,45	1,2			
2204 PPN	2204 PPN		22	4,76	12,7	3,55	1,3			
			b) mit **asymmetrischer** Planschneide (R)						90°	11°/15°
1603 PDR	1603 PDR	1603 PDR	16,5	3,175	9,525	2,45				
1603 PDL	1603 PDL	1603 PDL								
2204 PDR	2204 PDR	2204 PDR	22	4,76	12,7	3,55				
2204 PDL	2204 PDL	2204 PDL								

8–29

| Gruppen-Nr. 15d | **Fräsen** | Abschn./Tab. Fr/30 |

HM-Wendeschneidplatten mit Planschneiden: zum Fräsen

Kurzzeichen (+ Maß-Nr.): Toleranzklasse			Abmessungen in mm							
A	C	K	l	s	d	m	b_f	ε	$\varkappa$	α_n/α_n'
2. Quadratische WSP (S) (Bild 2)			a) mit **symmetrischer** Planschneide (N)							
SNAN...	SNCN...	SNKN...						90°	75°	0°
1204 ENN	1204 ENN	1204 ENN	12,7	4,76	–	0,80				
1504 ENN	1504 ENN	1504 ENN	15,875	4,76	–	1,15				
			b) mit **asymmetrischer** Planschneide							
SPAN...	SPCN...	SPKN...						90°	75°	
1203 EPR	1203 EPR	1203 EPR	12,7	3,175	–	0,9				11°
1203 EPL	1203 EPL	1203 EPL								
1203 EDR	1203 EDR	1203 EDR								15°
1203 EDL	1203 EDL	1203 EDL								
1504 EPR	1504 EPR	1504 EPR	15,875	4,76	–	1,25				11°
1504 EPL	1504 EPL	1504 EPL								
1504 EDR	1504 EDR	1504 EDR								15°
1504 EDL	1504 EDL	1504 EDL								

Bezeichnung: z. B. „Schneidplatte DIN 6590 – TPKN 1603 PDR – P 30"

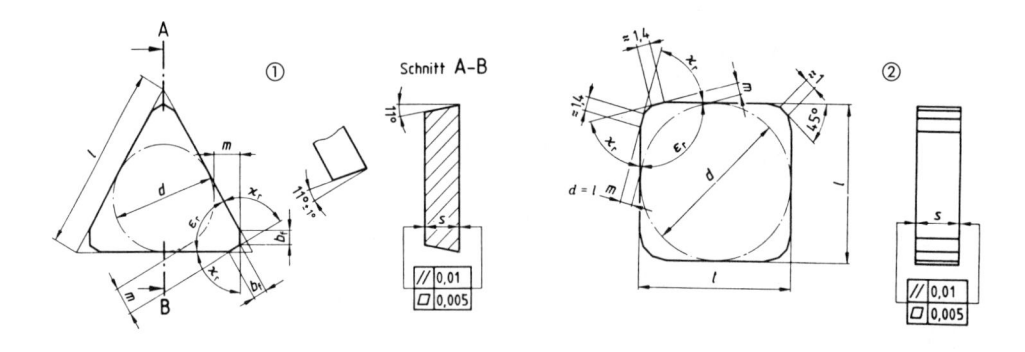

Gruppen-Nr.	Sägen	Abschn./Tab.
15d		Sä/1

1. Metall-Sägeblätter: Zahnformen, Winkel, Freischliff, Querschnitt
Zum Teil Auszüge aus DIN 1840

Begriff	Erläuterung
1. **Sägen** (Sägeblätter)	dienen grundsätzlich zum Trennen von Werkstoffen und zum Herstellen von Aus- und Einschnitten.
	Sie haben viele hintereinanderstehende Zähne (mit kleinen Meißeln zu vergleichen), die über die ganze oder geringere Schnittbreite (b) eingreifen und bei der Schnittbewegung entweder **gleichzeitig** (bei Bandsägen, Bild 1) oder **nacheinander** (bei Kreissägen) schneiden (Bild 11). Siehe Zahnformarten Pkt. 6.
	Neben Band- und Bügelsägen werden die **Kreissägen** in der Praxis wohl am häufigsten eingesetzt.
2. **Schneidstoff**	**Kleinere** Sägeblätter werden allgemein aus HSS (Hochleistungs-Schnellarbeitsstahl) bzw. VHM (Voll-Hartmetall) hergestellt.
	Bei **größeren** Sägeblättern wird das Blatt entweder aus HSS oder aus Stahllegierung bestehen und die Schneiden mit HM-Bestückung versehen. Bei Hochleistungs-Sägeblättern werden auch einzelne **Zähne** oder **Zahnsegmente** aus HSS bzw. HM in das Stammblatt eingesetzt. Dadurch wird beim Ausbrechen eines Sägezahnes nicht das gesamte Sägeblatt (mit HM-Bestückung), das sehr teuer ist, unbrauchbar.
3. **Zahnlücken**	dienen zur Aufnahme und dann Abführung der abgetrennten Späne aus dem Schnittspalt. Die werden deshalb auch Spanräume genannt (Bild 1).
	Bild 1
4. **Zahnformen**	Form und Größe von Zahn (Schneide) und **Zahnlücke** richten sich nach der Beschaffenheit des Werkstoffes (vom Werkstück) und der Schnitttiefe (Eingriffslänge der Zähne) (Siehe Bild 1 bis 6).
5. **Zahnteilung** t	ist Abstand von Zahnspitze zu Zahnspitze und bestimmt die Größe der Zahnlücken für die Aufnahme der Späne (Bild 7 und 11).
	a) Beim Sägen **weicher Metalle** (z.B. Stahl bis 600 N/mm² Zugfest., Kupfer, Aluminium) und bei **langen** Schnittfugen muß die Zahnteilung möglichst grob (**t groß**) sein, da sonst die Spanräume verstopfen.

9 – 1

Gruppen-Nr.	Sägen	Abschn./Tab.
15 d		Sä/1

Metall-Sägeblätter: Zahnformen, Winkel, Freischliff, Querschnitt

Begriff	Erläuterung
	b) Beim Sägen **harter Metalle** (z.B. Stähle über 600 N/mm², Stahllegierungen) und bei **kurzen** Schnittfugen sowie zum Schneiden von Blechen, dünnwandigen Profilen und Rohren fallen wesentlich geringere Spanmengen an, so daß keine Gefahr besteht, daß die Spanräume (Zahnlücken) verstopfen.
	Deshalb sollte hier die **feine** Zahnteilung (t) gewählt werden. Dadurch kommen mehr Schneiden zum Eingriff, wird der einzelne Zahn geschont und bleibt das Blatt länger scharf.
	Zahnteilung wird vorwiegend nach DIN 1837 fein, DIN 1838 grob gewählt.
6. **Zahnformarten** (DIN 1837, 1838, 1840)	Kurzzeichen: A, Aw, B, Bw oder C (siehe Bilder 2 bis 6). Werkzeugtypen: N, H, W

(b/t = Maße, Mindest-Blattdicke und Teilung)	Spanwinkel γ ±2°			Maße in mm ≥	
	N	H	W	b	t
1. **Winkelzahn**; Form A (Bild 2) Regelausführung	5°	0°	10°		
2. **Winkelzahn** mit wechselseitiger Abkantung; Form Aw (Bild 3). Sonderausführung	5°	0°	10°		
3. **Bogenzahn**; Form B (Bild 4) Regelausführung	15°	8°	25°		
Sonderausführung					3,15
4. **Bogenzahn** mit wechselseitiger Abkantung; Form Bw (Bild 5)	15°	8°	25°		
Sonderausführung				2	3,15
Sonderausführung				2	–
5. **Bogenzahn** mit Vor- und Nachschneider; Form C (Bild 6)	15°	8°	25°		
Sonderausführung				2	3,15
Sonderausführung				2	–

Begriff	Erläuterung
7. **Spanwinkel** τ (Bild 7)	ist möglichst groß zu wählen (z.B. 10° bis 25°), wenn eine große Zahnlücke erforderlich ist, z.B. beim Sägen von weichen Werkstoffen und bei langen Schnittfugen. (Siehe Bild 2 bis 6).

| Gruppen-Nr. 15d | **Sägen** | Abschn./Tab. Sä/1 |

Metall-Sägeblätter: Zahnformen, Winkel, Freischliff, Querschnitt

Begriff	Erläuterung
8. Freischliff, seitlicher (s)	der Sägeblätter soll ein Festklemmen vermeiden (für sog. Freischnitt). Der erzeugte Schlitz muß/soll breiter sein als die Dicke des Sägeblattes (b). Ausführungen (nach DIN): a) Regelausführung (s. Bild 8) b) Sonderausführung für verstärkten Freischliff (Bild 9). Allgemeine Richtwerte für seitlichen Freischliff bei Sägeblättern von 50 bis 315 mm Außendurchm. d_1 siehe Diagramm (Bild 10); Werte a und s (Bilder 8, 9). Werden in Ausnahmefällen Sägeblätter mit verstärktem Freischliff benötigt, so sollen sie nach den Richtwerten dieser Norm ausgeführt werden; siehe Werte für a und s. Bei Bestellung evtl. Zusatz-Bemerkung „jedoch für verstärkten Freischnitt" aufnehmen.

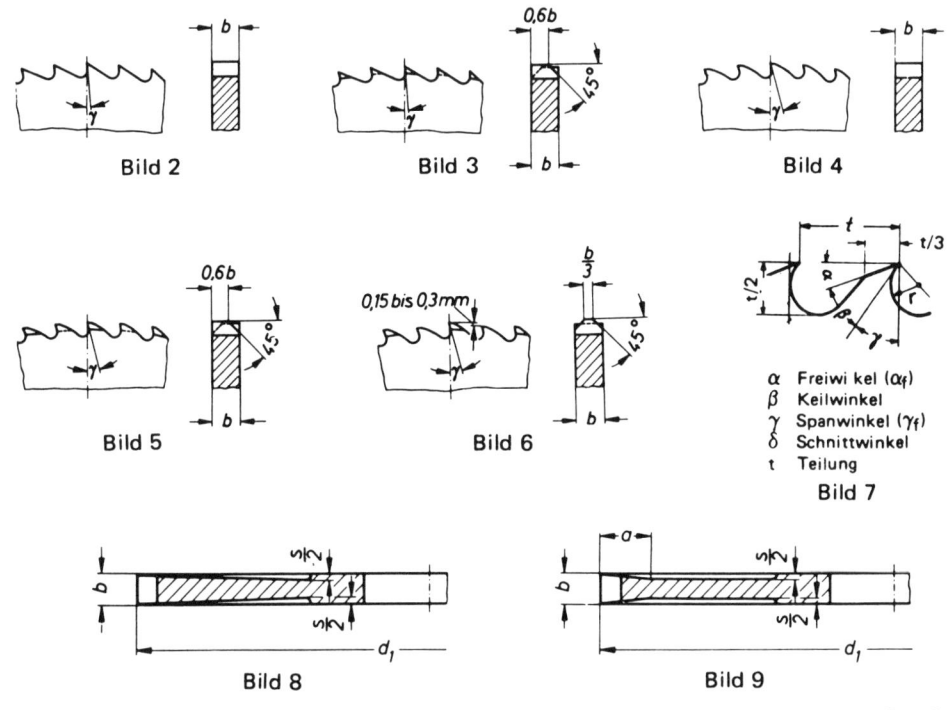

Bild 2

Bild 3

Bild 4

Bild 5

Bild 6

α Freiwinkel (α_f)
β Keilwinkel
γ Spanwinkel (γ_f)
δ Schnittwinkel
t Teilung

Bild 7

Bild 8

Bild 9

Gruppen-Nr.	Sägen	Abschn./Tab.
15d		Sä/1

Metall-Sägeblätter: Zahnformen, Winkel, Freischliff, Querschnitt

Begriff	Erläuterung
9. Herstellungs- genauigkeit	Beim Messen (Meßstelle 1 und 2, Bild 11) ist das Kreissägeblatt auf einem innerhalb 10 μm (= 0,01 mm) rundlaufenden Dorn aufzunehmen.
10. Schnittwerte	Die jeweilige Schnittiefe a beeinflußt die Richtwerte für Schnitt- und Vorschubgeschwind. (v_c, v_f) Siehe hierzu Tabelle Sä/15

Außendurchm. d_1		Zulässige Abweichung für Stirnlauf/Rundlauf (2/1)	
über	bis	Meßstelle 2	Meßstelle 1
	40	0,1	0,1
40	100	0,16	0,1
100	200	0,25	0,16
200	315	0,4	0,16

Bild 10

Bild 11

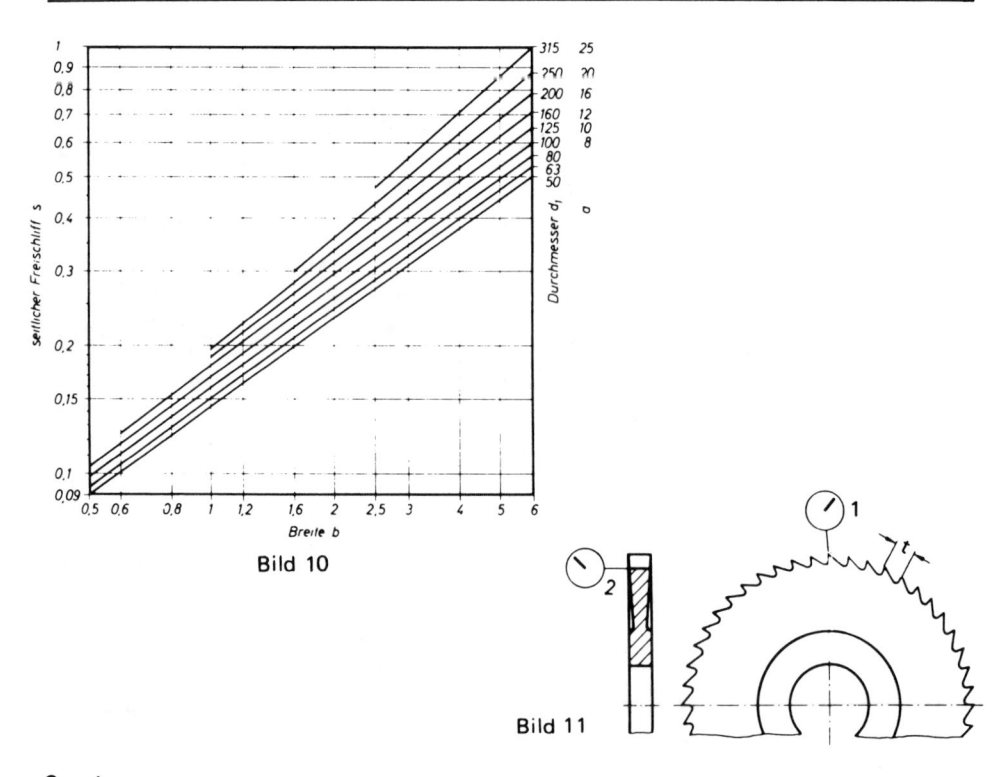

| Gruppen-Nr. 15d | **Sägen** | Abschn./Tab. Sä/2 |

2. Zahnteilung, Zähnezahl und Anwendung der Handsägeblätter

a) theoretische Zahnform   b) praktische Zahnform   Teilung
(Zahlenwerte nur als Beispiele)

Bemerkung:
Zahnteilung ist Abstand von Zahnspitze zu Zahnspitze und bestimmt die Größe der Zahnlücken für die Aufnahme der Späne. Die abgerundete Zahnlücke (Zahnbrust) hat die Aufgabe, den an der Schneide ablaufenden Span gleich bei seiner Entstehung mit geringstem Widerstand aufzurollen und nach beendigtem Schnitt leicht freizugeben.

Zahnteilung	Zahnteilung t in mm	Zähnezahl auf 1 Zoll (inch) (Ausland)	Anwendung
grob (Bem. a) (möglichst vermeiden, nicht genormt)	3...2 2,5...1,6	8...12 10...16	für große Querschnitte (vollen Werkstoff) bei Stahl und Gußeisen (großer Spanabfall)
mittel (Bem. b)	3...2,5 2,5...1,6 2,5...2 1,8...1,25 1,8...1,6 1,4...1,25	8...10 10...16 10...12 14...20 14...16 18...20	Weichmetalle, Leichtmetalle, Aluminium Kupfer, Bronze Kunstharz- und Preßstoffe für massive Werkstücke; für den allgemeinen Werkstattgebrauch, auf Montage für mittelharten, gewöhnlichen Baustahl für mittelwandige Werkstücke, Formstähle, Rohre; für ausgehärtete Leichtmetalle, z.B. Al Cu Mg-Legierung
fein (Bem. c)	1,4...1 1...0,8	18...24 24...32	Hartmessing, Bronze für dünnwandige Werkstücke, Rohre, Profile; für harte bzw. sehr harte Werkstoffe, hochwertigen Baustahl, Drähte, Bleche; für Werkzeugstahl, Kabel

Bemerkungen:

a) Die großen Zähne dringen tief in den Werkstoff ein, und die großen Zahnlücken bieten Raum für die größeren Spanmengen. Die geringere Zahl im Eingriff stehender Zähne begünstigt das Haken und Ausbrechen

b) Die mittelfeinen Zähne dringen genügend tief in den Werkstoff ein, und die Größe der Zahnlücken reicht aus für die Aufnahme der dicken Späne

c) Die kleinen Zähne dringen nicht so tief ein. Die größere Zahl im Eingriff stehender Zähne verhindert das Haken und Ausbrechen.

(Standardzahnungen sind, 16, 18, 22, 24 und 32, für weiche Metalle auch 8 und 10, Zähne je Zoll)

| Gruppen-Nr. 15d | **Sägen** | Abschn./Tab. Sä/3, 4, 5 |

3. Zahnteilung, Zähnezahl und Anwendung der Maschinensägeblätter

Handelsübliche Zahnteilungen			Zahnform	Anwendung
Zahnteilung (neu) t in mm	Zähnezahl auf 10 mm (veraltet)	Zähnezahl auf 1 Zoll (inch) (Ausland)		
4...2	3...5	6...12	geschränkt	Zinn, Zink, Blei, Preßpappe, Holz
3,15...1,6	4...7	8...16		Stahl, Gußeisen, Vollquerschnitte
1,6...1,25	7...10	18...22		dickwand. Stahlguß- u. Stahlrohre
1,6...1,25	7...10	18...22	gewellt	Kupfer, Messing, Aluminium
1...0,8	11...14	28...32		dünnwand. Röhre, Bleche, Draht
6,3...4	2...3	4...6		Kabel, Hartpapier u. Hartgewebe

4. Blattdurchmesser und Zähnezahl an Metallkreissägen (HSS)

Blattdurchmesser D in mm	Bohrungsdurchmesser d in mm	Blattdicke b_s in mm (DIN 1838)	Zähnezahlen z bzw. Zahnteilung t in mm des Sägeblattes (grobgezahnt)			
			für normale Stähle (DIN)		für Leichtmetalle	
			z	t	z	t
63	16	0,5...6	64...24	3,15...8	18	10,5
80	22	0,6...6	64...32	4...8	22	11,5
100	22	0,6...6	80...32	4...10	26	12,4
160	32	1...6	80...48	6,3...10	36	13,1
200	32	1,2...6	100...48	6,3...12,5	42	14,9
250	40	1,6...6	100...64	8...12,5	48	16,4
315	40	2,5...6	100...80	10...12,5	52	18,2

5. Zahnformen von Kreissägeblättern mit Hochleistungsverzahnung

(mit Vor- und Nachschneider; Maße in mm)

Zahnteilung t	6	8	10	15	20	25	30	35	40
Zahntiefe t_1	2,4	3,2	4	6	8	10	12	14	16
Abrundung r	1,4	1,8	2,3	3	4,6	5,7	7	8	9
Fase F	0,8	1,0	1,5	1,5	2	2	2,5	2,5	3
Höhenunterschied h	0,2	0,2	0,3	0,3	0,4	0,5	0,6	0,6	0,7
Schnittbreite B	4	5	6	8	10	12	14	16	18
Vorschneider b	1,4	1,6	2	2,7	3,5	4	5	5	6
Nachschneider s	0,1	0,2	0,3	0,3	0,4	0,4	0,5	0,5	0,5

6. Abmessungen der Stahltrennsägeblätter für Schmelzschnitt
(Maße in mm)

Blattdurchmesser D	Blattdicke s	Schnittbreite $f(b_s)$	Teilung der Kordierung	Blattdurchmesser D	Blattdicke s	Schnittbreite $f(b_s)$	Teilung der Kordierung
300	1,5	3,5	1	700	4	6	2
500	2	4	1	900	5	7	2
650	4	4	2	1300	8	10	2

7. Schneidenwinkel für Kaltkreissägen aus HSS (zum Nachschleifen)

Werkstoff	Zugfestigkeit R_m in kN/cm²	Freiwinkel α [°]	Keilwinkel β [°]	Spanwinkel γ [°]
Stahl	bis 40	7...10	58...52	25...28
Stahl	bis 50	6...8	64...57	20...25
Stahl	bis 70	5...7	70...63	15...20
Stahl	über 70	5...6	75...70	10...14
Legierte Stähle (zähhart)		5...6	77...72	8...12
Gußeisen		6...8	69...62	15...20
Stahlguß und Walzprofile	bis 50	6...8	64...57	20...25
Messing, Bronze		5...6	83...76	2...8
Kupfer		7...10	63...55	20...25
Leichtmetalle, Aluminium		10...15	55...45	25...30
Kunststoffe		5...6	75...69	10...15
Schichtstoffe, Hartpapier		39...40	56...52	5...8

Bemerkung:
Allgemein gilt: je größer der Spanwinkel γ, desto geringer ist der Kraftaufwand. Der Freiwinkel α verhindert nachteilige Reibung am Sägezahnrücken. Spanwinkel und Freiwinkel dürfen jedoch nicht so groß gemacht werden, daß der Keilwinkel β zu klein wird und Bruchgefahr entsteht.
Hochleistungsverzahnung für Leichtmetalle: α = 40°, β = 50°, γ ≈ 25°

Spanfläche Zahnlücke Zahngrund

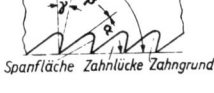

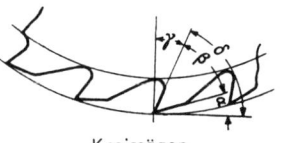

Kreissägen

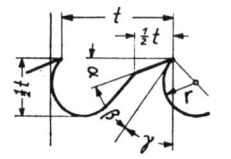

α Freiwinkel
β Keilwinkel
γ Spanwinkel
δ Schnittwinkel
t Teilung

1 kN/cm² = 10 N/mm²

| Gruppen-Nr. 15d | Sägen | Abschn./Tab. Sä/8 |

8. Schnittgeschwindigkeit und Vorschub je nach Zahnteilung; für Kaltkreissägen

Werkstoff	Zug- festig- keit R_m in kN/ cm²	mit grober Zahnteilung $t = 7,5...14$ mm		mit mittlerer Zahnteilung $t = 3...10$ mm		mit fein. Zahnteilung $t = 1...5$ cm	
		v_c in m/min	v_f in mm/min	v_c in m/min	v_f in mm/min	v_c in m/min	v_f in mm/min
A Sägen aus Schnellarbeitsstahl (SS)							
Baustahl	bis 50	20...30	5...**25**...50	40...60	30...**60**...90	60	60...100
	bis 70	20...30	5...**20**...40	40...45	20...**40**...80	45...60	40...80
	bis 9	10...20	4...**10**...20	15...25	10...**25**...40	25...30	25...30
Chromnickel- stahl	bis 90	10...20	4...**10**...20	15...25	10...**25**...40	25...30	25...30
Gußeisen GG-15, GG-20	12...20	20...30	60...80	20...40	80...150	35...40	100...150
Kupfer		100	200	100...500	200...800	—	—
Messing mit viel Kupfer		100	200	100...500	200...800	—	—
Messing mit wenig Kupfer		200	500	300...500	500...1000	300...500	bis 1000
B Sägen aus Hochleistungs-Schnellarbeitsstahl (HSS)							
Baustahl	bis 50	40...50	10...**50**...80	70...80	50...**90**...400	80...100	125...300
	bis 70	30...40	10...**50**...80	60...70	50...**80**...350	70...90	60...200
	bis 90	20...30	5...**30**...40	40...50	40...**60**...200	50...60	50...100
	bis 110	10...20	5...**20**...30	25...40	30...**50**...120	30...40	40...70
Chrom-Nickel- stahl	bis 90	20...30	5...**30**...40	40...50	40...**60**...200	50...60	50...100
	bis 100	10...20	5...**20**...30	25...40	30...**50**...120	30...40	40...70
Gußeisen GG-15, GG-20	12...20	25...40	bis 120	30...50	120...500	40...65	250...400
GG-25, GG-30	18...30	bis 20	bis 50...60	25...30	60...**80**...200	30...35	80...100
Stahlguß GS-52		bis 35	60...80	40...45	80...100	45...50	100...120
Nichtrostender Stahl, CrNi	unge- härtet	12...15	15...25	20...25	35...40	25...30	40...60
Werkzeugstahl	unge- härtet	18...20	10...25	30...40	25...40	35...40	40...60
Schnellarbeits- stahl	unge- härtet	15...20	10...25	25...30	25...40	30...35	40...60
Kupfer		bis 200	bis 400	200...1000	400...800	—	—
Messing mit viel Kupfer		bis 200	bis 400	200...500	400...800	500	bis 1000
Messing mit wenig Kupfer		200	bis 500	300...500	500...1000	300...500	bis 1000

Bemerkungen: Für schwere oder mittlere Schnitte gelten niedrige Zahlen. Für leichte oder sehr leichte Schnitte gelten höhere Zahlen. Fett gedruckte Zahlenwerte sind Mittelwerte.

1 kN/cm² = 10 N/mm²

| Gruppen-Nr. 15d | **Sägen** | Abschn./Tab. Sä/9, 10 |

9. Schnittgeschwindigkeit und Vorschub für HSS-Sägen je nach Werkstoff
(HSS = Hochleistungs-Schnellarbeitsstahl)

Werkstoff	Zugfestigkeit R_m in kN/cm²	Schnittgeschwind. v_c in m/min		Bemerkungen
		Bandsägen	Kreissägen	
1. Stahl	bis 70	30...50	50...80	Vorschub $f = f_c =$ allgemein 0,1...0,8 mm/U je nach Schnitthöhe a_p
2. Stahl, legiert	bis 100	10...30	25...50	
3. Stahl, hochleg. Werkzeugstahl		10...15	25...40	
4. Stahlguß		—	20...40	
5. Gußeisen		} 20...30	20...40	
6. Temperguß			20...40	
7. Messing, Bronze		80...120	80...200	
8. Kupfer, Zink		60...100	100...200	
9. Leichtmetalle	große Dicke	150...300	200...500	
10. Leichtmetalle	geringe Dicke	800...1200	250...800	
11. Aluminiumlegierungen	zum Bearbeiten von zähen Werkstoffen untere Werte wählen	1000...2500 ...(4000) (Band aus naturhartem Stahl)	200...400 ...(1200) 150...200 ...(400) (Blatt aus Werkzeugstahl)	f b. Bandsägen abhängig von v_c z.B. v_c = 2000 m/min Plattendicke 12, 20, 26, 30 mm Vorschub $f = f_c =$ 6,6 5,4 4,0 3,8 mm/Umdr.
12. Kunstharze, Phenol-, Kresol-		2000...2400	3000...3500	} Zahnteilung $t = 6...8$ mm
13. Hartpapier, -gewebe	dünn	300...400	2500...3000	
14. Hartpapier, -gewebe	dick	200...250	400...500	Zahnteilung $t = 4...6$ mm
15. Hartgewebe			300...400	
16. Isolierstoffe, allgemein			100...200	

10. Schnittgeschwindigkeit und Vorschub je nach Schnittiefe; für HSS-Kreissägen (HSS = Hochleistungs-Schnellstahl)
(Schnittbreite bis 3 mm). Mit Kühlung

Werkstoff	Zugfestigkeit R_m in kN/cm²	Schnittiefe a_p bis 4 mm		Schnittiefe a_p bis 8 mm		Schnittiefe a_p bis 20 mm	
		v_c m/min	v_f mm/min	v_c m/min	v_f mm/min	v_c m/min	v_f mm/min
Stahl, unlegiert	bis 70	45...50	60...75	40...45	45...60	35...40	25...30
Stahl, legiert	bis 80	35...40	45...60	30...35	35...50	25...30	20...25
Stahl, leg. vergütet	bis 100	25...40	30...40	20...25	20...30	15...20	10...15
Gußeisen GG	HB = 180	30...40	60...80	30...35	45...60	20...30	25...35
Messing, Bronze		300...400	200...500	300...400	150...300	300...350	100...200
Leichtmetalle		200...400	250...400	300...350	150...200	200...300	80...150

1 kN/cm² = 10 N/mm²

Gruppen-Nr.	Sägen	Abschn./Tab.
15d		Sä/11

11. Zahlenwerte für Zähnezahl und Zahnform verschiedener Sägeblätter

Benennung	Hauptmaße					
1. Sägebügel (DIN 6473)	Länge L (250), 300, (350) Sägeblattlänge Werkstoff: C 35					
2. Sägeblätter für Handsägen (DIN 6494)	A. einseitig gezahnt (z. B. A 300 · 16 DIN 6494) Werkzeugstahl: 1…2 % C; 1,2…2 % W; Zähne gefräst und gehärtet	Länge L in mm	Zähnezahl / 25 mm			
		(250) 300 (350)	16 geschränkt	32 geschränkt	22 gewellt	
	B. doppelseitig gezahnt (z. B. B 350 · 22 DIN 6494)	300 350	22	32 gewellt		
3. Sägeblätter für Maschinensägen (DIN 6495)	A. für Hochleistungsmaschinen					
	Länge L in mm	Zähnezahl / 25 mm			Breite b in mm	Werkstoff: Werkzeugstahl (wie unter 2). Unter Hochleistungsmaschinen versteht man moderne Sägemaschinen mit ausreichender Kühlung des Sägeblattes
	300	—	6	—	10	25
	350	—	6	—	10	30
	425	4	—	8	—	30
	500	4	—	8	—	35
	575	4	—	8	—	40
	650	4	—	8	—	50
	B. für leichte Maschinen					
	Länge L in mm	Zähnezahl / 25 mm			Breite b in mm	Werkstoff: Werkzeugstahl (wie 2), Schnellarbeitsstahl oder lufthärteter Stahl
	300	—	—	14	22	16
	350	—	12	—	22	20
	400	—	12	—	—	25
	500	10	—	14	—	30
	550	10	—	—	—	30
	600	10	—	—	—	35
4. Schienensägeblätter	Länge L in mm 325, 435 und 400 Teilung t in mm 3,15 (8 Zähne/25 mm)					

| Gruppen-Nr. 15d | Sägen | Abschn./Tab. Sä/12, 13 |

12. Schnittgeschwindigkeit und Schnittleistung von HSS-Kaltkreissägen
(HSS = Hochleistungs-Schnellarbeitsstahl)

Bearbeitete Werkstoffe	Schnittgeschwindigkeit v_c in m/min	Dauer-Schnittleistung Schnittfläche bis cm²/min	Zahnung	Vorschub v_f bei Flächenbreite			
				bis 2 mm		über 2 mm	
				Schnittiefe a_p in mm		Schnittiefe a_p in mm	
				20	40	20	40
Baustähl, Zugfestigkeit R_m = 30...80 kN/cm²	12...30	200	grob	15	25	40	30
Gußeisen	etwa 12	70	mittel	25	18	30	22
Temperguß	20	100	mittel	18	12	22	15
Bronze, Gußmessing	100...250	600	grob	—	—	—	—
Walzmessing	bis 200	1200	⎫ entsprechend	—	—	—	—
Kupfer, Zink	200...350	1000	⎬ dem Werk-	—	—	—	—
Al-, Mg-Legier.	250...400	800	⎭ stoffprofil	—	—	—	—

13. Zahnteilung und Schnittgeschwindigkeit von Metallbandsägen

Werkstoff	Festigkeit R_m in kN/cm²	Form, Zustand	Zahnteilung (Zähne je Zoll)	Schnittgeschwindigkeit v_c in m/min
Stahl	50	Platten	6...10	40...60
	50...70	Stäbe	8...14	30...50
	70...90	Stäbe	12...18	20...40
	90...120	Stäbe	18...24	15...30
Werkzeugstahl		ungehärtet	18...24	10...25
Schnellarbeitsstahl		ungehärtet	18...24	6...20

Maße in mm

Bemerkung:
Für Schmelzschnitt wird ein feingezahntes oder abgenutztes Sägeband (aus unlegiertem C-Stahl mit gehärteten Zähnen) auf einer normalen Bandsägemaschine mit hoher Geschwindigkeit (45 bis 80 m/s bzw. 2700...4800 m/min) umlaufend verwendet; geschnitten werden Stäbe, Profilstahl und Rohre bis 30 mm Durchmesser und bis 5 mm Wanddicke, Bleche bis 3 mm Dicke.

1 kN/cm² = 10 N/mm²

| Gruppen-Nr. 15d | **Sägen** | Abschn./Tab. Sä/14 |

14. Voll-Hartmetall-(VHM-)Kreissägeblätter: Baumaße (DIN)
Zahnform A oder B, fein- und grobgezahnt (nach DIN 1837/1838)   Maße in mm

fein	Bei Blatt-Nenn∅ d_1 (i 15) und Loch∅ d_2 (in Klammern)							
Blatt-dicke b(j11)	20 (5)		25 (8)		32 (8)		40 (10)	
	Zahn-teil. $t \approx$	Zähne-zahl	Zahn-teil. $t \approx$	Zähne-zahl	Zahn-teil. $t \approx$	Zähne-zahl	Zahn-teil. $t \approx$	Zähne-zahl
0,2	1,25	48	1,25	64	1,25	80	1,25	100
0,25	1,25	48	1,25	64	1,25	80	1,25	100
0,3	1,25	48	1,25	64	1,25	80	1,25	100
0,4	1,25	48	1,25	64	1,25	80	1,25	100
0,5	1,25	48	1,25	64	1,25	80	1,6	80
0,6	1,25	48	1,25	64	1,6	64	1,6	80
0,8	1,25	48	1,6	48	1,6	64	1,6	80
1	1,6	40	1,6	48	1,6	64	2	64
1,2	1,6	40	1,6	48	2	48	2	64
1,6	1,6	40	2	40	2	48	2	64
2	2	32	2	40	2	48	2,5	48

grob	Bei Blatt-Nenn∅ d_1 (i 15) und Loch∅ d_2 (in Klammern)							
Blatt-dicke b(j11)	50 (13)		63 (16)		80 (22)		100 (22)	
	Zahn-teil. $t \approx$	Zähne-zahl	Zahn-teil. $t \approx$	Zähne-zahl	Zahn-teil. $t \approx$	Zähne-zahl	Zahn-teil. $t \approx$	Zähne-zahl
0,5	3,15	38	3,15	64	–	–	–	–
0,6	3,15	48	4	48	4	64	4	80
0,8	4	40	4	48	4	64	5	64
1	4	40	4	48	5	48	5	64
1,2	4	40	5	40	5	48	5	64
1,6	5	32	5	40	5	48	6,3	48
2	5	32	5	40	6,3	40	6,3	48
2,5	–	–	6,3	32	6,3	40	6,3	48
3	–	–	6,3	32	6,3	40	8	40

Zur Bearbeitung von	Schnittgeschwindigkeit v_c in m/min	Vorschub v_f in mm/min
Stahl je nach Festigkeit und Legierung	50 – 200	40 – 250
Gußeisen je nach Härte und Qualität	80 – 240	60 – 275
Kupfer, Messing, Aluminium, Kunststoffen	120 – 500	100 – 1000

| Gruppen-Nr. 15d | Sägen | Abschn./Tab. Sä/15 |

15. Genormte Metall-Kreissägeblätter, HSS: Schnittwerte
Richtwerte für Schnittgeschwind. und -vorschub (v_c, v_f), -Kühlung

Werkstoff (Zugfestigkeit R_m in N/mm²)	Kühlung (s. a. Tabelle Sä/16)	DIN 1838: grobgezahnt					
		schwere Schnitte Schnittiefe über 0,12 x d *)		mittlere Schnitte Schnittiefe 0,08 bis 0,12 x d *)		leichte Schnitte Schnittiefe bis 0,08 x d *)	
		v_c m/min	v_f mm/min	v_c m/min	v_f mm/min	v_c m/min	v_f mm/min
Unleg. Stahl < 500 N/mm²	Ölemulsion	35**)	30	40**)	50	45	70
Unleg. Stahl 500...700 N/mm²	Ölemulsion	25**)	25	30**)	40	35	60
Unleg. Stahl > 700 N/mm²	Ölemulsion	20**)	20	25**)	30	30	50
Leg. Stahl 700...900 N/mm²	Ölemulsion	20**)	20	25**)	30	30	50
Leg. Stahl 900...1100 N/mm²	Ölemulsion	20**)	20	25**)	30	30	50
Rost- und säurebeständige Stähle (hoch Cr, Ni-leg.)	Schneidöl	–	–	12**)	20	15**)	30
Gußeisen bis GG-25	Preßluft	35	100	40	150	45	200
Gußeisen über GG-25	Preßluft, Emulsion	30	60	35	100	40	150
Hüttenkupfer	Ölemulsion	100	80	150	120	250	180
Elektrolytkupfer	Ölemulsion	40**)	60	50**)	100	60	150
Messing, spröde (Ms 58)	Ölemulsion	200	150	300	200	400	350
Messing, zäh (Ms 63)	Ölemulsion	150	80	200	120	250	180
Aluminium	Ölemulsion	200	200	300	300	400	800
AlSi-Legierungen, Si < 12 %	Ölemulsion	150	150	200	200	250	350
AlSi-Legierungen, Si > 12 %	Ölemulsion	60	80	80	120	100	200
Kunststoffe, weich (z.B. PVC, Polystyrol, Plexiglas)	Preßluft, Emulsion	–	–	–	–	–	–
Kunststoffe, hart (z.B. Bakelit)	Preßluft, Öl	200	300	300	500	400	800

9–13

| Gruppen-Nr. 15d | Sägen | Abschn./Tab. Sä/15 |

Genormte Metall-Kreissägeblätter, HSS: Schnittwerte
Richtwerte für Schnittgeschwind. und -vorschub (v_c, v_f), -Kühlung

Werkstoff (Zugfestigkeit R_m in N/mm²)	Kühlung (s. a. Tabelle Sä/16)	DIN 1837: feingezahnt			
		mittlere Schnitte Schnittiefe 0,08 bis 0,12 x d *)		leichte Schnitte Schnittiefe bis 0,08 x d *)	
		v_c m/min	v_f mm/min	v_c m/min	v_f mm/min
Unleg. Stahl < 500 N/mm²	Ölemulsion (E)	–	–	50	70
Unleg. Stahl 500...700 N/mm²	Ölemulsion	–	–	40	60
Unleg. Stahl > 700 N/mm²	Ölemulsion (N)	–	–	30	50
Leg. Stahl 700...900 N/mm²	Ölemulsion	–	–	30	50
Leg. Stahl 900...1100 N/mm²	Ölemulsion	–	–	30	50
Rost- und säurebeständige Stähle (hoch Cr, Ni-leg.)	Schneidöl (N)	–	–	–	–
Gußeisen bis GG-25	trocken, Preßluft	40	150	50	200
Gußeisen ab GG-30	Ölemulsion (E)	35	100	45	150
Hüttenkupfer	Ölemulsion	–	–	–	–
Elektrolytkupfer	Ölemulsion	–	–	70	150
Messing, spröde (Ms 58)	Ölemulsion	300	200	400	350
Messing, zäh (Ms 63)	Ölemulsion	200	120	250	180
Aluminium	Ölemulsion	–	–	–	–
AlSi-Legierungen, Si < 12 %	Ölemulsion	–	–	–	–
AlSi-Legierungen, Si > 12 %	Ölemulsion	–	–	100	150
Kunststoffe, weich (z. B. PVC, Polystyrol, Plexiglas)	Preßluft	–	–	–	–
Kunststoffe, hart (z. B. Bakelit)	Preßluft, Wasser	300	500	400	800

*) Bei Zugrundelegung von Schnitten ins Volle ohne Unterbrechung.

**) Hochleistungsverzahnung.

Gruppen-Nr.	Sägen	Abschn./Tab.
15 d		Sä/16, 17

16. Kühlschmiermittel beim Sägen

Werkstoff	Kühlmittel		Kühlmittel
1. Stahl, Baustahl	Ölemulsion (E)	13. Aluminium	Ölemulsion; Seifenwasser
2. Legierter Stahl Werkzeugstahl	Ölemulsion (E) oder Schneidöl (N)	14. Aluminium-Legierungen	Wasser, Schneidöl, Seifenwasser od. trock. (Notfall) Ölemulsion od. Seifen-
3. Gußeisen	trocken, Luftkühlung oder Ölemulsion (E)	15. Hochsiliziumhaltige Al-Legierungen	wasser, Maschinenöl
4. Stahlguß	Ölemulsion (E) oder Schneidöl (N)		trocken od. 4% wäßrige Na-
5. Temperguß	Ölemulsion	16. Magnesium-Legierungen, z. B. Elektron	triumfluoridlösung; Wasser od. wasserhaltige Ölgemische s. zu vermeiden!
6. Kupfer	Ölemulsion, Wasser oder trocken		
7. Messing, Bronze	Ölemulsion oder trocken		
8. Nickel	Ölemulsion oder trocken	17. Hartgummi, z. B. Ebonit, Trolit	trocken
9. Zink und Zinklegierungen	trocken oder Ölemulsion	18. Hartgewebe, Hartpapier	trocken
10. Zinn, Weißmetall	trocken oder Ölemulsion		
11. Neusilber	Ölemulsion	19. Keramische Stoffe, Marmor	trocken oder Wasser
12. Blei	trocken oder Ölemulsion		

Kühlschmiermittel nach DIN 51385 (siehe Tab. WH/17 bis 20).

17. Hauptmaße und Schnittbereich an Sägemaschinen für Metalle
1. Bügelmaschine Sä Bü

Sägeblattlänge L in mm	300	355	415	500	600	700
Höhe der Auflage lw in mm	600	500	500	500	500	500
Schnittbereich: Rund- und Vierkantstangen bis mm	160	160	200	250	315	400
⊥-Profilstahl (DIN 1025) bis mm	16	16	20	25	30	40

Bemerkung: $L = 300$ mm nur für leichte Maschinen ohne Abhebevorrichtung

2. Kreissägemaschine Sä K   Maße in mm

Sägeblattdurchmesser D	250	315	400	500	630	800	1000	1250	1600	2000	2500	3000
Flanschdurchm. d	63	80	100	125	160	200	200	325	400	500	630	710
Höhe der Auflage $a(d)$	750	750	750	750	750	750	750	750	750	750	950	950
Schnittbereich: Rundstangen bis mm	90	112	140	180	224	280	355	450	560	710	900	1120
Vierkantstangen bis mm	80	100	125	160	200	250	315	400	500	630	800	1000
I-Profilstahl (DIN 1025) b. mm	16	20	26	32	40	55	60	60	60	60	60	60
I-Profilstahl (DIN 1025) b. mm	—	10	12	16	20	24	30	80	100	100	100	100

| Gruppen-Nr. 15d | **Sägen** | Abschn./Tab. Sä/18 |

18. Schärfen der Kreissägeblätter auf Schärfmaschinen
(Arbeitsvorgang und Schärffehler)

Arbeitsvorgang

Bild 1
Schärfen der Zähne:
a) Vertiefung der **Zahnlücke**
b) Anschleifen des **Freiwinkels** durch Schleifen des Zahnes an der Spitze.

Bild 2
Seitliche Verschiebung des Sägeblattes auf Schärfmaschine

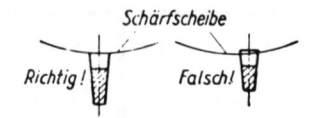

Bild 3
Sägeblatt unter Schleifscheibenmitte aufspannen

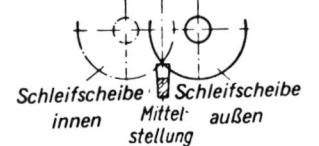

Bild 4
Abschrägen der Schneidkanten

Schärffehler

Fehler	Folge
1. Schleifscheibenhub zu klein	die Zahnlücken werden zu klein, dadurch haben die abgebrochenen Späne ungenügend Platz
2. Schleifscheibenhub zu groß (Schleifscheibe zu schmal)	die Zähne werden zu spitz (brechen leicht ab) und die Zahnlücken zu tief
3. Schaltklinke hat toten Gang und schiebt den Zahn zu spät vor	am Zahnrücken entsteht eine Ecke; dadurch können die Späne nicht ausfallen und werden im Zahngrund festgeklemmt
4. Schaltklinke schiebt den Zahn zu früh vor	es entsteht ein hohler Zahnrücken; der Zahn wird zu schwach
5. Spanwinkel zu groß eingestellt	die seitliche Schneidfase wird allmählich abgeschliffen
6. Schleifscheibe flattert, läuft unrund oder ist nicht spielfrei gelagert	der Zahnrücken wird wellig und bekommt blaue Anlaufflecken

| Gruppen-Nr. 15b | **Drehen** | Abschn./Tab. D/1, 2 |

1. Vorschub und Drehfrequenz beim Drehen von Stahl und Gußeisen
Richtwerte für mittelschwere Drehmaschinen; SS und HSS-Meißel

Werkstück-durchmesser d [mm]	SS-Meißel Vorschub v_f in mm/min	SS-Meißel Drehzahl n in 1/min	HSS-Meißel Vorschub v_f in mm/min	HSS-Meißel Drehzahl n in 1/min	Werkstück-durchmesser d [mm]	SS-Meißel Vorschub v_f in mm/min	SS-Meißel Drehzahl n in 1/min	HSS-Meißel Vorschub v_f in mm/min	HSS-Meißel Drehzahl n in 1/min
10	50	180	120	400	125	9	17,5	29	50
12	45	150	115	340	140	8,5	16	26	45
14	40	130	110	310	160	8	14,5	24	40
16	38	110	105	280	180	7,5	13,5	22	36
18	35	100	100	250	200	7	12,5	20	32
20	30	90	96	220	250	6	6	18	15
25	28	70	90	175	300	5	5	15	12,5
30	25	60	82	150	400	4	4	12	10,0
35	23	50	75	130	500	3	3	9	7,5
40	22	46	68	120	750	2	2	6,5	5
45	21	42	60	110	1000	1,8	1,75	5,25	4
50	19	38	54	100	1500	1,5	1,33	4,5	3
55	17,5	35	50	90	2000	1,2	1,0	3,5	2,25
60	16	32	46	82	3000	1,0	0,75	3,0	1,75
70	14,5	29	42	76	4000	0,75	0,5	2,5	1,25
80	13	26	38	70					
90	11,5	23	35	65					
100	10,5	21	32	60					
110	9,5	19	30	55					

Bemerkung:
Jeder Dreher kann für seine Drehmaschine eine ähnliche Tabelle zusammenstellen, wenn er die für seine Maschine geeigneten Schnittgeschwindigkeiten und Vorschübe berücksichtigt.

2. Schnittgeschwindigkeit für verschiedene Dreharbeiten und Werkzeuge
(allgemeine Richtwerte als Vergleich)

Werkstoff	Werkzeug aus:	1. Schruppen			2. Schlichten			3. Gewindeschneiden			4. Ein- und Abstechen		
		SS	HSS	HM	SS	HSS	HM	SS	HSS	HM	SS	HSS	HM
		Schnittgeschwindigkeit v_c in m/min (bei T = 60 min)											
Baustahl St 37-2	von	14	24	70	20	30	150	8	14	50	10	14	50
	bis	18	28	200	25	35	300	10	20	120	12	20	100
St 60-2	von	10	16	50	14	20	100	4	8	40	5	7	40
	bis	16	24	130	20	30	180	8	12	90	8	12	80
Gußeisen GG-20	von	8	16	50	14	18	50	6	8	30	4	8	30
	bis	12	20	90	16	22	120	8	10	75	8	12	80
Stahl- und Temperguß	von	8	10	40	10	16	60	4	6	25	3	6	25
	bis	10	14	80	14	18	100	6	10	75	5	10	60
Rotguß, Messing	von	25	30	300	35	55	300	14	20	80	20	25	100
	bis	30	50	500	40	70	500	16	25	160	22	30	200
Weich- und Leichtmetalle	von	100	200	600	200	300	800	20	25	100	200	200	500
	bis	200	400	1000	300	400	1500	25	40	250	400	400	800
Kunststoffe und Schichtpreßstoffe	von	10	15	30	15	25	50	6	10	40	6	12	40
	bis	20	30	40	25	40	80	8	25	120	10	30	100

10 – 1

	Gruppen-Nr.	Drehen	Abschn./Tab.
	15b		D/3

3. Schnittgeschwindigkeiten für Dreharbeiten auf Revolverdrehmaschinen
(Richtwerte)

Werkstoff	Schnittgeschwindigkeit v_c in m/min										
	Lang- und Plandrehen				Werkzeuge mit Schnellarbeitsstahl-Schneiden						
	Schruppen		Schlichten		Ein- u. Ab-stech-meißel	Reib-ahle	Drall-bohrer	Öl-kanal-bohrer	Gewindeschneiden mit		
	HSS	HM	HSS	HM					Schneid-kopf	Leit-apparat	Schneid-bohrer
Baustahl (unlegiert)											
St 33, 37-2	45	140	60	175	20	8	20	22	7	16	6
St 44-2	45	140	60	175	20	8	20	22	7	16	6
St 50, 52*	40	120	50	150	20	8	20	22	7	16	6
St 60-2	40	120	45	150	15	6	18	20	6	14	5
St 70-2	30	90	35	120	12	4	14	16	4	10	4
St 80*	20	70	25	90	12	4	12	14	4	10	3
Legierter Stahl (nicht genormt)											
14 NiCr 10	18	48	24	55	14	8	14	16	5	10	5
14 NiCr 14	16	40	20	48	12	6	10	12	4	8	4
14 NiCr 18	14	35	18	45	10	4	8	12	3	6	3
Gußeisen											
GG-15	20	45	24	55	15	8	18	—	6	14	6
GG-20	18	40	20	50	12	6	15	—	5	12	5
GG-25	12	35	15	45	7	4	12	—	4	8	4
Stahlguß											
GS-45	18	40	22	50	14	8	18	20	6	14	5
GS-52	15	35	18	45	10	6	16	18	5	12	4
GS-60	12	30	15	40	6	4	12	14	4	8	3
Temperguß											
GTW-35-04	20	45	24	55	15	8	18	18	6	14	6
GTW-40-05	18	40	20	50	12	6	15	15	5	12	5
GTW-45-07	12	35	15	45	7	4	12	12	4	8	4
Leichtmetalle											
Aluminium	70	130	120	200	45	18	60	60	16	22	14
Mg-Lg. (Typ MgAlZn)	55	100	70	150	40	18	50	50	12	20	12
Messing Ms											
CuZn 40	60	140	80	185	40	18	60	60	16	25	14
CuZn 35*	55	115	65	150	35	16	50	50	13	22	18
CuZn 25*	40	90	50	125	25	12	40	40	10	20	8
Bronze Bz (CuPbSn-Legier.)											
G-CuPbSn 10	40	90	65	150	20	12	20	20	8	14	8
G-CuPbSn 12	35	80	50	130	16	8	16	16	6	12	6
G-CuPbSn 14	30	70	38	115	10	6	12	12	4	8	5
Kunststoffe, Schichtpreßstoffe											
	60	120	75	180	38	15	60	60	16	18	8

* nicht genormt

| Gruppen-Nr. 15b | **Drehen** | Abschn./Tab. D/4 |

4. Schnittgeschwindigkeit und Spanverhältnis beim Drehen mit HSS-Meißeln

Grenz- bzw. Richtwerte in Abhängigkeit vom Werkstoff, Vorschub und Standzeit. Werte für Schneidenwinkel s. Tab. D/11 bis D/14, HSS = Hochleistungs-Schnellarbeitsstahl

Werkstoff	Festigkeit R_m in kN/cm² bzw. Härte HB	Wirtsch. Schnittgeschwindigkeit v_c in m/min	Wirtschaftl. Spanverhältnis f_c/a_p	Schnittgeschwindigkeit v_c in m/min (T = 240 min) bei Vorschub f_c in mm/Umdreh.						Umrechnungsfaktor für	
				0,1	0,2	0,4	0,8	1,6	3,2	$v_{c\,60}$	$v_{c\,480}$
A. Baustähle, unlegiert											
St 33	<50	20…100	1/3,2	58	43	32	24	18	13	1,42	0,84
St 37, St 44-2	50…60	15…80	1/4	46	34	25	19	14	11	1,41	0,84
St 50, St 52*	60…70	13…67	1/5	37	28	21	16	12	9	1,42	0,84
St 60-2	70…85	10…53	1/6	29	22	17	13	9,5	7,1	1,40	0,85
St 70-2	85…100	8…42	1/8	25	18	13	10	7,5	5,6	1,40	0,85
(St 85)*											
B. Legierte Stähle											
Mn-Stahl, CrNi-	70…85	—	—	29	21	15	11	7,5	5,3	1,40	0,85
Stahl,	85…100	—	—	23	17	12	8,5	6	4,2	1,41	0,83
CrMo-Stahl,	100…140	4…20	1/10	20	14	8	5,6	4	—	1,40	0,85
50 CrMo 4	140…180	—	—	11	6,7	4,2	—	—	—	1,42	0,84
Werkzeugstahl	150…180	—	—	10,5	46,3	3,5	—	—	—	1,43	0,85
C. Guß											
Stahlguß											
GS-38, GS-45	30…50	16…65	1/4	49	36	27	20	15	11	1,43	0,85
GS-52, GS-60	50…70	8…46	1/5	32	24	18	13	10	7,5	1,44	0,84
GS-62, GS-C25	>70	6…30	1/6	19	15	11	8,5	6,3	4,8	1,40	0,84
GS-70											
Gußeisen											
weich, GG-10, GG-15	HB<180	7,5…60	1/4	48	34	19	13	11	6,7	1,41	0,84
mittel, GG-20	180…225	7…50	1/4	44	30	17	11	9,2	5,8	1,42	0,84
hart, GG-25	225…250	—	—	38	22	13	9,5	6,7	4,5	1,43	0,84
legiert	250…400	—	—	24	17	11	7,1	5	3,4	1,42	0,84
Temperguß GT	115…200	8,5…45	—	43	30	20	14	9,5	6,3	1,43	0,84
D. NE-Metalle											
Kupfer, Cu-E	22…33	17…95 (60…150)	—	66	53	38	28	21	16	1,20	0,89
Messing, Ms	HB = 80…120	21…190 (90…250)	—	140	95	63	43	27	21	1,33	0,84
Rotguß, Rg		21…125 (80…220)	—	83	63	48	36	25	18	1,35	0,84
Bronze, Guß Bz		21…85 (40…100)	—	63	48	40	32	27	21	1,32	0,84

10 N/mm² = 1 kN/cm²   * nicht genormt

Fortsetzung   10 − 3

| Gruppen-Nr. 15b | **Drehen** | Abschn./Tab. D/4, 5 |

Werkstoff	Festigkeit R_m in kN/cm² bzw. Härte HB	Wirtsch. Schnittgeschwindigkeit v_c in m/min	Wirtschaftl. Spanverhältnis f_c/a_p	Schnittgeschwindigkeit v_c in m/min (T = 240 min) bei Vorschub f_c in mm/Umdreh.						Umrechnungsfaktor für	
				0,1	0,2	0,4	0,8	1,6	3,2	v_{60}	v_{480}
Zink, Zn-Legier. Zn-Al 10-Cu 2	HB <90	60...100	—	43	40	38	38	36	34	2,10	0,70
Aluminium, rein		42...560	—	224	170	112	67	43	28	1,76	0,76
Al-Legierung Guß-, Knetlegier.	8...30	14...236	—	75	48	32	21	—	—	1,77	0,76
Knetlegierung	30...42	9...150	—	71	45	30	20	—	—	1,78	0,75
	42...58	7...90	—	67	43	28	19	—	—	1,77	0,75
AlSi-Legierung Guß (11...13%)	18...34	10...15 (Silumin)	—	86	56	38	25	17	11	1,78	0,76
Mg-Legierung		560...1120 (400...600)	—								

5. Schnittgeschwindigkeit je nach Spanquerschnitt A beim Drehen mit HSS-Meißeln

Werkstoff	Festigkeit R_m in kN/cm² bzw. Härte HB	Spanquerschnitt A [mm²]				
		1	2	3	5	10	50
		Wirtschaftliche Schnittgeschwind. v_c in m/min					
Stahl, Baustahl	30...40	55	40	34	27	22	11,0
	40...50	44	34	28	23	18	8,8
	50...60	35	27	23	19	14	7,0
	60...70	28	21	17	14	11	5,5
	70...80	20	15	13	10	8	4,0
CrNi-Stahl	HB 220	29	19	15	11	7	3,0
Stahlguß	HB = 135...150	29	23	19	16	12	6,8
Gußeisen	HB = 140...160	26	22	19	17	15	9,0
Messing Ms (CuZn)	HB = 80...120	112	75	58	40	28	10,0
Rotguß Rg (CuSnZn)	HB = 60... 70	77	58	48	38	27	13,8
Aluminium	HB = 65... 70	250	152	118	82	50	17,6
Mg.-Legierung (MgSiZnMn)	HB = 50... 60	400	240	178	120	72	22,5

Bemerkung:
Die v-Werte sind als Richtwerte aus mehreren Erfahrungswerten (Grenzwerten!) ermittelt.

10 N/mm² = 1 kN/cm²

| Gruppen-Nr. 15b | **Drehen** | Abschn./Tab. D/6 |

6. Schnittgeschwindigkeiten und Vorschübe beim Drehen auf Drehautomaten

Die Richt- und Grenzwerte sind Erfahrungswerte für starre Werkstücke und bei günstigen Standzeiten.

Werkstoff	Festigkeit R_m in kN/cm² bzw. Härte HB	Schnittgeschwindigkeit v_c in m/min				
		Drehen mit Werkzeugen aus			Bohren mit HSS	Gewinde-schneiden mit HSS
		HSS	HM: P 10	HM: P 30		
Stahl:	50...60	32...40	70...120	20...60	24...30	8...10
	60...85	25...35	40...90	15...50	18...26	7...10
	85...110	20...30	40...70	15...40	15...25	6...8
	110...140	18...25	25...40	10...30	14...20	5...7
Stahlguß	50...70	20...30	40...70	20...40	15...25	5...7
Automatenstahl		50...70	80...140	25...60	35...55	10...15
Gußeisen	HB < 200	18...24	HM: K 10	50...70 / <200	14...20	5...7
Bronze		80...100		<225	60...80	12...20
Messing		80...120		<225	60...90	15...25
Leichtmetalle (Al, Al-Legierungen)		100...180		<600	70...140	20...40

HSS-Werkzeuge

Werkstoff	Festigkeit R_m in kN/cm² bzw. Härte HB	Vorschub f_c in mm/Umdreh.						Einstechen mit Form-scheiben-meißel (SS)	Abstechen mit SS-Meißel
		Längs-drehen m. SS-Meißel	Bohren mit SS-Drallbohrer						
			Bohrdurchmesser d in mm						
			5	10	15	20	27		
Stahl	50...60	0,12...0,18	0,10	0,12	0,14	0,16	0,18	0,02...0,06	0,03...0,12
	60...85	0,10...0,15	0,08	0,10	0,12	0,14	0,16	0,02...0,06	0,03...0,10
	85...110	0,08...0,12	0,05	0,06	0,08	0,12	0,14	0,02...0,05	0,03...0,10
	110...140	0,08...0,12	0,04	0,06	0,08	0,10	0,14	0,02...0,04	0,02...0,08
Stahlguß	50...70	0,08...0,12	0,04	0,05	0,07	0,10	0,14	0,02...0,05	0,02...0,08
Gußeisen	HB < 200	0,20...0,40	0,10	0,14	0,18	0,22	0,25	0,02...0,08	0,05...0,20
Automatenstahl		0,12...0,18	0,10	0,12	0,14	0,16	0,18	0,02...0,06	0,03...0,12
Bronze		0,20...0,50	0,10	0,15	0,20	0,25	0,30	0,03...0,10	0,05...0,20
Messing		0,20...0,50	0,10	0,15	0,20	0,25	0,30	0,03...0,12	0,05...0,25
Leichtmetalle (Al, Al-Legierungen)		0,10...0,15	0,08	0,10	0,10	0,12	0,14	0,03...0,10	0,02...0,12

10 N/mm² = 1 kN/cm²

10−5

| Gruppen-Nr. 15b | Drehen | Abschn./Tab. D/7 |

7. Schnittgeschwindigkeit beim Schruppen und Schlichten mit HM-Meißeln

Grenzwerte (fettgedruckte sind Durchschnittswerte) nach Unterlagen von Hartmetallzentrale (Essen), Krupp (Widia), AWF u. a.

Abkürzungen: Schr. = Schruppen, Schl. = Schlichten

Werkstoff	Festigkeit R_m in kN/cm² bzw. Härte HB	Span-winkel γ [°] ($\alpha = 5°$)	Schnittgeschwindigkeit v_c in m/min — Hartmetallqualität					
			P 10		P 20		P 30	
			Schr.	Schl.	Schr.	Schl.	Schr.	Schl.
a) Stähle								
St 33...44-2	bis 50	10...**18**	100...250	150...380	70...180	100...200	20...120	70...160
St 50-2, St 52*	50...60	10...**14**	100...220	150...320	70...160	100...185	20...110	70...150
St 60-2	60...70	10...**14**	80...180	125...250	70...140	100...175	20...100	60...125
St 70-2	70...85	8...**12**	70...160	100...200	60...120	80...150	15...80	50...120
(St 85)*	85...110	6...**10**	50...130	80...170	30...100	60...140	12...70	40...100
Legierter Stahl	110...140	6...**8**	20...75	40...100	15...60	30...80	10...40	25...60
Nichtrost. Stahl		6...**10**	30...100	50...100	25...80	40...100	20...60	30...80
Mn-Hartstahl (12% Mn)	60...80	6...**8**	12...30	25...50	10...25	20...40	6...25	12...30
Stahlguß								
GS-38, GS-52	bis 70	8...**14**	50...125	75...170	30...80	50...120	20...70	40...90
GS-52, GS-60	über 70	6...**10**	20...70	40...100	15...50	30...75	12...40	20...60
Gehärteter Stahl	140...180	0...—4	10...25	15...50	—	—	—	—
b) Temperguß	HB<200	6...**10**	40...100	50...140	30...80	40...125	25...70	30...100

Werkstoff	Festigkeit R_m in kN/cm² bzw. Härte HB	Schneidenwinkel		HM-Sorte	Schnittgeschwind. v_c in m/min		
		α [°]	γ [°]		Allgemein höchstens	Schruppen	Schlichten
Gußeisen GG-10	HB<160	5	6...**10**	K 20	80...230	40...100	60...125
GG-15, GG-20	160...200	5	6...**8**	K 20	56...170	40...80	50...100
GG-25, GG-30	HB>200	5	6...**8**	K 10	40...125	25...70	35...80
Temperguß GT	HB<200	5	6...**10**	K 20		40...80	50...125
				K 10	60...150		
Hartguß:							
Kokillen-	<90 Shore	5	2...—2	K 10	—	5...15	8...25
Legierter GG	90...110 Shore	4	0...—4	K 10		2...10	3...12
Kupfer (Cu-E)	22...33	6	18...24	K 20	—	125...280	150...400
		10	18...20	K 20	525...1250	—	—
Messing Ms (CuZn)	Guß	5	5...**10**	K 20	—	150...400	250...600
		5	0...2	K 20	550...1500	—	—
Rotguß Rg		5	8...**10**	K 20	375...850	150...400	230...550
Bronze Bz (SnBz)	Guß	5	8...**10**	K 20	250...750	150...380	225...500
Zink, Zn-Legierung		12	10...**12**	K 20	400...630	—	—

10 N/mm² = 1 kN/cm²   * nicht genormt

Fortsetzung

Gruppen-Nr.		Abschn./Tab.
15b	**Drehen**	D/7

Werkstoff	Festigkeit R_m in kN/cm² bzw. Härte HB	Schneidenwinkel		HM-Sorte	Schnittgeschwind. v_c in m/min		
		α [°]	γ [°]		Allgemein höchstens	Schruppen	Schlichten
Aluminium, rein		10	30...40	K 20	850...2800	bis 1250	bis 1800
Al-Legierung,	HB < 50	10	25...35	K 20	—	über 450	über 500
Guß-, Knetlegier.	12...18	10	18...25	K 20	325...950	—	—
	HB = 50...80	8	10...14	K 20	—	200...450	250...500
	32...42	10	10...12	K 20	200...600	—	—
	HB = 80...100	8	6...10	K 10	—	150...350	250...450
	HB = 100...130	6	6...10	K 10	—	100...300	150...350
	HB < 130	6	0...6	K 10	—	50...150	80...225
Ausgehärtet		6	10...14	K 20	—	200...350	250...400
AlSi-Legierung	Guß	5	6...10	K 20	—	100...250	150...350
Kolbenlegierung	< 13,5 % Si	10	10...14	K 20	53...118	—	—
(Alusil)		5	8...10	K 10	—	40...120	60...175
Mg-Legierung, z.B. MgAlZnMn		10	5...6	K 20	1100...3750	—	—
Gehärteter Stahl	HB = 140...180	4	0...−4	K 10	—	10...25	15...50
	HB = 180...250	4	3...−4	K 10	—	—	8...25
Kunst- und Preßstoffe		10	10	K 20	300...700	—	—
Hartgummi		8	16...25	K 10	—	80...200	150...450
Gummifreie Isoliermasse, Novotext, Pertinax, Bakelite		6	18...24	K 10	—	50...200	150...350
Preßstoffe: Typ 31, 51, 71, 74, 75		10	14...16	K 20	170...750	—	—
Hartpapier		10	10	K 20	200...600	—	—
				K 10	—	50...200	150...350
Keramische Stoffe							
Glas, leicht bearbeitbar		5	−6	K 20	30...100	—	—
		5	−5	K 10	—	25...70	40...100
Glas, schwer bearbeitbar		5	−8	K 10	—	8...30	15...40
Porzellan, weichgebrannt		5	−2	K 10	7...22	5...20	10...30
Porzellan, hartgebrannt		5	−4	K 10	—	0,5...3	2...5
Gestein, weich (Tuffstein)		10	18...25	K 20	—	250...400	350...500
				K 10	—	120...180	180...250
Gestein, mittelhart (Marmor)		8	4...12	K 10	—	20...60	35...80
Gestein, hart (Granit)		5	0...−5	K 10	—	4...10	6...14
Elektrodenkohle					—	60...80	80...100

Bemerkungen:

1. Die Schnittgeschwindigkeit ist außerdem abhängig vom Anschliff- und Einstellwinkel des Meißels, vom Vorschub s, von der Schnittiefe a, von der Standzeit T und der Motorleistung.
2. Die obenstehenden Schneidenwinkel verstehen sich für normale Schnittbedingungen:
   a) Für die Bearbeitung reiner (unlegierter) Werkstoffe sind die größeren positiven oder die kleineren negativen Spanwinkel zu wählen.

10 N/mm² = 1 kN/cm²

Fortsetzung 10−7

| Gruppen-Nr. 15b | **Drehen** | Abschn./Tab. D/7,8 |

b) Bei Werkstoffen mit Verunreinigungen oder bei Legierungen sowie bei stoßweiser Beanspruchung und ähnlichen ungünstigen Arbeitsbedingungen sind durch die Wahl kleinerer positiver oder größerer negativer Spanwinkel die Keilwinkel zu vergrößern und geringere Geschwindigkeitswerte anzuwenden.

3. Bei Werkstoffen mit Schmiedekrusten, Guß- oder Walzhaut sind die angegebenen Schnittgeschwindigkeiten um 25...50% herabzusetzen (besonders beim Schruppen).
4. Wenn die Meißelschneide es zuläßt, soll sie einen positiven Neigungswinkel λ erhalten:
   a) für glatte Dreharbeiten . . . . 3... 5°
   b) für Dreharbeiten mit Schnittunterbrechungen und schweren Schnitten . . . . 5... 8°
   c) für Hobelarbeiten und für Dreharbeiten bei besonders schweren Schnittbedingungen 8...10°

8. Vorschub und Zerspanungsleistung beim Schruppen mit HM-Meißeln
in Abhängigkeit von Schnittiefe, Festigkeit des Stahles und Hartmetallqualität

Werkstoff	Festigkeit R_m kN/cm²	HM-Sorte		Wirtschaftlicher Vorschub f_c in mm/Umdreh. und Zerspanungsleistung P_e in kW bei Schnittiefe a_p in mm									Spanverhältnis f_c/a_p
				0,5	0,8	1	1,5	2	3	4	5	8	10	
St 33 St 37-2 und St 44-2	bis 50	P 10	f_c	0,08	0,14	0,16	0,25	0,32	0,50	0,63	0,80	1,25	1,25	1/6
			P_e	1,32	2,15	3,2	5,37	8,1	13,5	19,3	26	48	59	
		P 20	f_c	0,10	0,16	0,20	0,32	0,4	0,6	0,8	1	1,6	2	1/5
			P_e	1	1,6	2,5	4,3	6,1	10	15	20	39	51	
		P 30	f_c	0,12	0,2	0,25	0,38	0,5	0,71	1	1,25	2	2,5	1/4
			P_e	0,8	1,5	1,9	3,4	4,8	7,8	11,7	16	30,5	41	
St 50-2 und St 52-3	50...60	P 10	f_c	0,06	0,1	0,12	0,18	0,25	0,32	0,5	0,63	1	1,25	1/8
			P_e	1,26	2,2	3,0	5,0	7,3	12	18	23,6	44	59	
		P 20	f_c	0,08	0,14	0,16	0,25	0,32	0,5	0,63	0,8	1,25	1,6	1/6
			P_e	1	1,8	2,3	3,9	5,8	9,8	13,7	18	34	46	
		P 30	f_c	0,10	0,16	0,20	0,32	0,4	0,6	0,8	1	1,6	2	1/5
			P_e	0,72	1,35	1,8	3,15	4,5	7,5	10,8	14,3	27	37	
St 60-2	60...70	P 10	f_c	0,05	0,08	0,1	0,16	0,2	0,3	0,4	0,5	0,8	1	1/10
			P_e	1	1,9	2,5	4,4	6,4	10,5	15	20,5	37,5	50	
		P 20	f_c	0,06	0,10	0,12	0,18	0,25	0,36	0,5	0,63	1,0	1,25	1/8
			P_e	0,8	1,4	2	3,3	4,7	7,8	11,5	15,5	28	38	
		P 30	f_c	0,08	0,14	0,1	0,25	0,32	0,50	0,63	0,80	1,25	1,6	1/6
			P_e	0,6	1,15	1,5	2,5	3,6	6,2	9	11,5	22	30	
St 70-2	70...85	P 10	f_c	0,04	0,06	0,08	0,12	0,16	0,25	0,32	0,40	0,63	0,8	1/12,5
			P_e	0,8	1,65	2,2	3,7	4,9	8,3	11,5	14,8	26,2	34	
		P 20	f_c	0,05	0,08	0,10	0,16	0,20	0,32	0,4	0,5	0,8	1	1/10
			P_e	0,6	1,2	1,45	2,5	3,5	5,2	7,9	10,3	18	23	
		P 30	f_c	0,06	0,10	0,12	0,18	0,25	0,36	0,5	0,63	1	1,25	1/8
			P_e	0,5	0,82	1,12	1,8	2,55	4,2	6,0	7,5	13,4	18,2	

10 N/mm² = 1 kN/cm²

Fortsetzung

| Gruppen-Nr. 15b | Drehen | Abschn./Tab. D/8, 9 |

Werkstoff	Festigkeit R_m kN/cm²	HM-Sorte		Wirtschaftlicher Vorschub f_c in mm/Umdreh. und Zerspanungsleistung P_e in kW bei Schnittiefe a_p in mm										Spanverhältnis f_c/a_p
				0,5	0,8	1	1,5	2	3	4	5	8	10	
(St 85)*	85…100	P 10	f_c	0,04	0,05	0,06	0,10	0,14	0,2	0,25	0,32	0,5	0,63	1/15
			P_e	0,75	1,37	1,9	3,2	4,75	7,6	10,4	13,5	23,5	30,5	
		P 20	f_c	0,04	0,06	0,08	0,12	0,16	0,25	0,32	0,4	0,63	0,8	1/12,5
			P_e	0,48	1	1,3	2,1	3	4,8	6,7	8,5	15	19,5	
		P 30	f_c	0,05	0,08	0,10	0,16	0,2	0,32	0,4	0,5	0,8	1	1/10
			P_e	0,37	0,66	0,85	1,45	1,95	3,3	4,5	5,9	10	13,2	
(St 100)*	100…140	P 10	f_c	0,04	0,04	0,05	0,08	0,12	0,16	0,22	0,25	0,4	0,56	1/17,5
			P_e	0,6	0,9	1,35	2,25	3,4	5,1	7,7	9,2	15	22,6	
		P 20	f_c	0,04	0,05	0,06	0,10	0,14	0,2	0,25	0,32	0,5	0,63	1/15
			P_e	0,4	0,65	0,85	1,5	2,2	3,3	46	5,9	10,4	13,1	
		P 30	f_c	0,04	0,06	0,08	0,12	0,16	0,25	0,32	0,4	0,63	0,8	1/12,5
			P_e	0,24	0,45	0,6	0,92	1,36	2,2	3,1	4,0	7	9	

Bemerkungen: 10 N/mm² = 1 kN/cm²
1. Werte für Zerspanungsleistung gelten für eine Standzeit T = 60 min.
   Für die Standzeit T = | 120 | 240 | 480 | 600 min
   gilt der Umrechnungsfaktor | 0,89 | 0,80 | 0,73 | 0,66
2. Die Werte für das Spanverhältnis s/a können um eine Stufe erhöht bzw. erniedrigt werden.
3. Aus der Zerspanungsleistung N_e ist einfach die Motorleistung P_{mo} bzw. P_N, wie sie bei einer wirtschaftlichen Zerspanung an den neuzeitlichen Drehmaschinen vorhanden sein müßte, zu ermitteln: $P_e = \eta\, P_N$.
4. Die Tabellenwerte gelten in der Praxis als hoch und sind darum nur auf gepflegten Maschinen erreichbar.

9. Schnittgeschwindigkeit und Vorschub beim Überdrehen von aufgespritzten Werkstoffen (Richtwerte für HSS- und HM-Meißel)

Spritzwerkstoff	Hochleistungs-Schnellarbeitsstahlmeißel		Hartmetallmeißel (K 10 oder K 20)			
			Vordrehen		Fertigdrehen	
	Schnittgeschwindigkeit v_c in m/min	Vorschub f_c in mm/Umdr.	Schnittgeschwindigkeit v_c in m/min	Vorschub f_c in mm/Umdr.	Schnittgeschwindigkeit v_c in m/min	Vorschub f_c in mm/Umdr.
Aluminium	50	0,1	80	0,1	95	0,05
Bronze	35	0,1	80	0,15	95	0,18
Monel-Metall	35	0,1	70	0,1	85	0,05
Nickel	35	0,1	70	0,1	85	0,05
Kupfer	35	0,1	80	0,13	95	0,08
Blei	60	0,2	—	—	—	—
Stahl: 0,1 % C	25	0,1	25	0,15	25	0,08
0,25 % C	20	0,1	20	0,1	20	0,08
Zinn	60	0,15	—	—	—	—
Zink	60	0,15	—	—	—	—

Einstellwerte bei Werkzeug-Standzeit T_s = 60 min

* nicht genormt   Bemerkungen siehe nächste Seite

| Gruppen-Nr. 15b | **Drehen** | Abschn./Tab. D/9, 10 |

Bemerkungen: Für Spritzschichtbearbeitung werden an HSS-Meißeln folgende Schneidenwinkel empfohlen:

Freiwinkel für Stahl (0,25% C)	$\alpha = 10°$	Spanwinkel, allgemein	$\gamma = 10°$	$(8...15°)$
für Bronze	$\alpha = 0°$	Keilwinkel, allgemein	$\beta = 80°$	$(65...82°)$
sonstige Stoffe	$\alpha \approx 7°$	Spitzenabrundung, allgemein	$r = 0,8$ mm	

10. Schnittiefe, Vorschub und Schnittgeschwindigkeit für das Drehen mit Diamantwerkzeugen

Erfahrungswerte für das Fein- und Feinstdrehen

Werkstoff	Feindrehen			Feinstdrehen		
	Schnittiefe a_p in mm	Vorschub f_c in mm/Umdr.	Schnittgeschwindigkeit v_c in m/min	Schnittiefe a_p in mm	Vorschub f_c in mm/Umdr.	Schnittgeschwindigkeit v_c in m/min
Metalle	—	—	—	0,02...0,06	0,1...0,02	60...3000
Aluminium, rein	0,2	0,07	100...200	0,02...0,1	0,06...0,03	<900
	0,1	0,06	250...350	1,0	0,023	<300
Al-Legierung	0,1	0,015	600	0,02...0,1	0,06...0,03	<900
AlSi-Legierung	—	—	—	0,02...0,1	0,04...0,02	<500
Mg-Legierung	—	—	300...380	0,02...0,1	0,06...0,03	<900
Kupfer	0,5	0,1	2000...2500	0,35...0,5	0,07	220...240
Kollektorkupfer	0,3...0,8	0,15...0,0	2000...2500	—	—	—
Messing	0,2	0,07	100...200	—	—	—
Gußbronze	0,1...0,12	0,2	140...400	0,1	0,02	400...600
Bleibronze	—	—	500...600	—	—	—
Phosphorbronze	—	—	—	0,5	0,023	<3300
Weißmetall	0,1...0,5	0,02...0,2	200...400	0,5	0,023	<3400
Nichtmetall. Werkstoffe	—	—	—	0,02...0,8	0,06...0,02	30...1000
Kunststoffe (Bakelit)	0,4	0,08	450	0,05...0,15	0,06...0,03	<400...500
Preßstoffe (Galalith)	0,1	0,1	1200	—	—	—
Hartgummi (Ebonit)	Abstechen; Nutenbreite 1,5 mm		80...200	—	—	—

Bemerkungen:
1. Diese Tabelle ist nach verschiedenen Richt- oder Grenzwerten mehrerer Großbetriebe und nach Angaben verschiedener Literaturquellen (erschienen nach 1980) zusammengestellt.
2. Stahlquerschnitt des Diamanthalters zum Drehen siehe DIN 770.

| Gruppen-Nr. 15b | **Drehen** | Abschn./Tab. D/11 |

11. Schneidenwinkel für SS- und HSS-Meißel (Grenz- und Richtwerte

Grenz- und Richtwerte für Frei-, Keil-, Span- und Neigungswinkel (Schneidenwinkel) in Abhängigkeit vom Werkstoff des Werkstückes. SS Schnellarbeitsstahl, HSS Hochleistungs-Schnellarbeitsstahl. Der fettgedruckte Wert ist ein Richtwert und wird am häufigsten angewendet.

Werkstoffe	Festigkeit R_m in kN/cm² bzw. Härte HB	SS-Meißel			HSS-Meißel			Neigungs- winkel λ [°]
		Frei- winkel α [°]	Keil- winkel β [°]	Span- winkel γ [°]	Frei- winkel α [°]	Keil- winkel β [°]	Span- winkel γ [°]	
A. Baustähle, unlegiert								
St 33	<35	8...**12**	68...**58**...56	14...**20**...22	6...**8**	68...**62**...57	14...**20**...25	3
St 37-2	<40	8...**10**	68...**62**...60	14...**18**...20	6...**8**	68...**62**...57	14...**20**...25	3
St 44-2	45...50	8...**10**	68...**66**...62	14...**16**...20	6...**8**	68...**64**...60	14...**18**...22	3
St 50-2, St 52-3	50...60	**8**	70...**68**...66	12...**14**...16	6...**8**	72...**66**...62	12...**16**...20	3
St 60-2	60...70	**8**	70...**68**	12...**14**	6...**8**	74...**66**...64	10...**16**...18	3
St 70-2	70...85	6...**8**	74...**72**	8...**10**	6...**8**	76...**70**...64	8...**14**...18	3
(St 85)	85...100	6...**8**	76...**72**	8...**10**	6...**8**	78...**72**...68	6...**12**...14	3
B. Legierte Stähle								
Mn-Stahl, CrNi-	70...85	6...**8**	76...**72**	8...**10**	6...**8**	74...**68**...64	10...**14**...18	4
Stahl, CrMo-	85...100	6...**8**	76...**72**	8...**10**	6...**8**	76...**72**...67	8...**10**...15	5
Stahl u. a.	100...140	6...**8**	76...**74**	**8**	5...**6**...8	81...**76**...72	4...**8**...10	5
	140...180	6...**8**	76...**74**	**8**	5...**6**...8	81...**78**...74	4...**6**...8	6
Cr-Stahl	>100	—	—	—	5...**6**	75...**72**	**10**...12	5
Nicht- rostend. Stahl (12...15% Cr)	60...70	—	—	—	6...**8**	76...**74**...70	8...**10**...12	—
Mn-Hartstahl (12% Mn)	140...180	—	—	—	6...**7**...8	81...**71**...68	3...**12**...14	5
Werkzeugstahl	150...180	(6...**8**)	(**81**)	(3...**6**)	6...**8**	81...**79**...76	3... **5**...6	—
C. Gußwerkstoffe								
Stahlguß GS-38, GS-45, GS-52, (GS-50)*	35...50	6...**8**	79...**72**	5...**10**	6...**8**	74...**68**...62	10...**14**...20	3
GS-60, legier- ter Stahlguß	50...60	**76**...8	79...**76**...74	5... **8**	6...**8**	76...**72**...68	8...**10**...14	4
	60...100	6...**8**	80...**78**...74	4...**6**...8	6...**8**	78...**76**...70	6...**8**....12	5
Stahlguß mit Schlacken- kruste	<100	6...**8**	80...**78**...74	4...**6**...8	6...**8**	**80**...78	**4**	—
Gußeisen GG-10, GG-15 (weich)	12...18 HB<160	6...**8**	74...**72**...70	**10**...12	7...**8**	77...**70**...68	6...**12**...14	4
GG-20, GG-25 (mittelhart)	18...25 HB = 160 bis 250	6...**8**	76...**74**...72	8...**10**	6...**8**	80...**72**...70	4...**10**...12	5
GG-30, GG-35 (hart)	26...35 HB<225	**6** —	76...**74**	8...**10**	6...**8**	81...**76**...70	3... **8**...12	5

10 N/mm² = 1 kN/cm²   * nicht genormt   Fortsetzung 10 – 11

Gruppen-Nr.		Abschn./Tab.
15 b	**Drehen**	**D/11**

Werkstoffe	Festigkeit R_m in kN/cm² bzw. Härte HB	SS-Meißel			HSS-Meißel			Neigungs-winkel λ [°]
		Frei-winkel α [°]	Keil-winkel β [°]	Span-winkel γ [°]	Frei-winkel α [°]	Keil-winkel β [°]	Span-winkel γ [°]	
C. Gußwerkstoffe [Fortstzg.]								
Legiertes Gußeisen	HB = 250 bis 400	6	76	8	5...6...8	85...80...74	0... 4...8	5
Si-Gußeisen (16% Si)		6	76	8	8	82	0	—
Hartguß (Kokil-lenhartguß) hart	<50 65...90 Sh.	6	84	0	6...8	84...80	0...2	—
(sehr hart)	>50 >90 Sh.	—	—	—	2...5	88...83	0...2	—
Temperguß GTW-35-04, GTS-35-10	mittelhart <40	6...	76...72	8...10	6...8	74...70...66	10...12...16	5
GTW-40-05, GTS-45-06	hart 38...50	6...8	76...74	8	6...8	78...74...70	6...10...12	5
D. NE-Metalle								
Kupfer Cu E	22...35	8...12...15	62...53...45	20...25...30	6...10...15	66...55...45	18...25...30	—
Kommutator-kupfer (Cu u. Glimmer)		—	—	—	8	68	14	—
Messing Ms weich CuZn 40	HB = 80 bis 120	8	74...72...68	8...10...14	6...10...51	78...65...51	6...15...25	5
hart CuZn 20	HB>120	6	84...78...76	0...6...8	6...8...10	84...74...70	0...8...10	6
Automaten-messing		6...8	82...76...70	2...8...12	5...8...10	85...80...75	0...2...5	—
Rotguß Rg	weich	8	74	8	6...8	76...70...60	8...12...22	—
	hart	6	84	0	4...6	86...76...72	°0...8...12	—
Bronze, Bz, Guß (SnBz)	weich	8	74	8 (20...28)	8...10	76...74...63	6...8...17	—
	mittelhart	7	79...77...75	4...6...8	6...8	84...78...76	0...4...6	—
	hart	6	84....2	0...2	6...8	84...82...8	0...2...4	5
Blei		—	—	—	9	50	31	—
Zink, Zn-Leg.		—	—	—	12	68...64	10...14	—
Aluminium, rein	7...18 HB<50	8...10...12	46...40...38	36...40	10...12	50...40...38	30...40	—
Al-Legierungen Guß-, Knet-legierungen	8...18 HB<50 18...30	6...10...12	44...35...24	40...45...54	8...10...12 10...12	52...45...33 (66...60)	30...35...45 (14...18)	5...10
Knetlegierung	HB= 50..80 <30	6...8...10	49...47...34	35...46	8...10...12	68...56...38	14...24...40	4...6
	HB<80	6...8...10	54...52...45	30...35	6...8...10	74...68...55	10...14...25	3...5

10 N/mm² = 1 kN/cm²

Fortsetzung

| Gruppen-Nr. 15b | Drehen | Abschn./Tab. D/11, 12 |

Werkstoffe	Festigkeit R_m in kN/cm² bzw. Härte HB	SS-Meißel			HSS-Meißel			Neigungswinkel λ [°]
		Freiwinkel α [°]	Keilwinkel β [°]	Spanwinkel γ [°]	Freiwinkel α [°]	Keilwinkel β [°]	Spanwinkel γ [°]	
AlSi-Legierung 10...13% Si	18...34	6	55...54	29...30	6...**10**...12	66...**62**...58	**18**...**20** (29)	3...6
Kolbenlegierung G AlSi 11...13,5% Si	16...26	6	56	28	6...**8**...12	70...**68**...64	14	3...6
Al-Automatenlegierung	—	—	—	—	6...**10**	84...**75**	0...**5**	5
Mg-Legierung	14...25	9...10	73...**65**...60	8...**16**...20	**8**...**10** 8	77...**64**...60 (55)	5...**16**...20 (27)	—
MgSi-Legierung		6	56	28	5...**8**...10	85...**77**...68	0...**5**...12	—
E. Org. Werkstoffe								
Hartgummi: Ebonit		6...**7**...8	64...**60**...54	20...**23**...28	6...**8**...12	74...**62**...50	10...**20**...28	—
Gummifreie Isolierpreßmasse: Bakelit, Novotext, Pertinax		6...**7**...8	64...**58**...54	20...**25**...28	5...**7**...12	71...**60**...52	14...**23**...26	—
Hartpapier		10	55...50	25...30	**10**...12	68...**60**...45	12...**20**...33	—
Vulkanfiber		—	—	—	30	55	5	—
Kunstharzpreßstoffe		30	55	5	6...**8**...12 (3...30)	68...**62**...52 (82...55)	16...**20**...26 (5)	—
Glas		—	—	—	6...8	86...**84**...78	—2...0...4	—
Holz		15	60...50	15...25	20	50...40	20...30	—

Bemerkungen:
1. Spitzenwinkel des Meißels allgemein $\varepsilon \geqq 90°$; Spitzenabrundung $r = 2,5 \cdot f_c$ (f_c = Vorschub); Einstellwinkel $\varkappa = 45°$.

10 N/mm² = 1 kN/cm²

12. Anwendung und Schneidenwinkel genormter HSS-Meißelarten

Meißelart (DIN-Nr.)	Freiwinkel α [°]					Keilwinkel β [°]					Spanwinkel γ [°]					Spitzenwinkel ε [°]	Einstellwinkel $\varkappa$ [°]
	a	b	c	d	e	a	b	c	d	e	a	b	c	d	e		
Schruppmeißel gerade (4951)	6	8	8	12	12	84	76	68	60	53	0	6	14	18	25	80...90	45, **60**, 75
			8					72					10				
gebogen (4952)	6	8	8	12	12	84	76	68	60	53	0	6	14	18	25	100..110	45
Schlichtmeißel gerade (4955)	3	3	3	5	5	77	77	73	67	60	10	10	14	18	25		
gebogen (4965)	3	3	3	5	5	87	77	73	67	67	0	10	14	18	18		
	3					78					6						

Fortsetzung 10–13

| Gruppen-Nr. 15b | Drehen | Abschn./Tab. D/12, 13 |

Meißelart (DIN-Nr.)	Freiwinkel α [°]					Keilwinkel β [°]					Spanwinkel γ [°]				Spitzenwinkel ε [°]	Einstellwinkel ϰ [°]
	a	b	c	d	e	a	b	c	d	e	a	b	c	d/e		
Kopfmeißel, Breitschlichtmeißel (4956)	6 6	8	8	12	12	84 78	72	68	60	53	0 6	10	**14**	**18**	25	
Seitenmeißel gerade	6 6	8	8	12	12	84 78	72	68	60	60	0 6	10	**14**	**18**	18	
abgesetzt (4960)	6	8	8	12	12	78	72	68	60	53	6	10	**14**	**18**	25	
Hakenmeißel (4963)	8	8	**12**	**12**	15	82	76	72	68	65	0	**6**	**6**	**10**	10	
Stechmeißel (4961)	6	6	8	8	84	78	76	72	72	1	6	6	**10**	10		
Bohrmeißel (Innenschruppmeißel 4953)	6	6	8	8	8	84	78	76	72	72	0	6	6	**10**	10	
Innenseitenmeißel (Eckbohrmeißel)	3	3	5	5	5	87	81	79	75	75	0	6	6	**10**	10	

Bemerkungen
1. In jeder Werkstatt sollte so eine Tabelle zusammengestellt werden (rationalisieren durch Artbeschränkung)
2. Fettgedruckte Werte bevorzugen.
Bezeichnungen der Buchstaben siehe unter Tab. D/13

13. Anwendung und Schneidenwinkel verschiedener HSS-Meißelarten

Meißelart	Freiwinkel α [°]					Keilwinkel β [°]				Spanwinkel γ [°]				Spitzenwinkel ε [°]	Einstellwinkel ϰ [°]
	a	b	c	d	e	a	b	c	d/e	a	b	c	d/e		
Schruppmeißel															
gerade	6	8	8	10	10	84	74	64	40	0	8	18	40	80..90	85...65
gebogen	6	8	8	10	10	84	74	66	40	0	8	16	40	100..110	45
Spitzenschlichtmeißel	6	8	8	10	10	84	74	62	40	0	8	20	40	30	
Kopfmeißel, Breitschlichtmeißel	6	8	8	10	10	84	74	66	40	0	8	16	40		
Seitenmeißel,															
gerade	6	8	8	10	10	84	74	64	40	0	8	18	40	55	90
abgesetzt	6	8	8	10	10	84	74	66	40	0	8	16	40	65	90
Messermeißel															
abgesetzte Seite	6	8	8	10	10	84	74	64	40	0	8	18	40		
Einstechmeißel															
gerade, gekröpft	6	8	8	8	10	84	82	82	82/80	0	0	0	0		
gebogen,	6	8	8	8	8	84	82	82	82	0	0	0	0		
gebogen, rechtwinklig	6	8	10	15	15	84	82	80	75	0	0	0	0	65	
Abstechmeißel	6	8	8	8	10	84	82	82	82/80	0	0	0	0		
Bohrmeißel für															
Durchgangslöcher	6	8	8	10	10	84	74	64	40	0	8	18	40	100	
Grundbohrungen	6	8	8	10	10	84	74	66	40	0	8	16	40	65	

Bemerkungen: Werte sind Beispiele von Normsätzen eines Großbetriebes. Es ist zu empfehlen, möglichst genormte Sätze aus Werten nach DIN zu wählen (s. Tab. D/12).
Bezeichnungen: a für Hartguß, spröde harte Kupferlegierungen (Messing, Bronze); b für Stahl und Stahlguß $R_m \geqq 70$ kN/cm²; hartes Gußeisen, Messing, Bronze, Rotguß; c für Stahl und Stahlguß $R_m = 34...70$ kN/cm², Gußeisen, weiches Messing; d für zähe und weiche Bronzen, weichste Stahlsorten; e für Weichmetalle und Reinaluminium.

| Gruppen-Nr. 15b | Drehen | Abschn./Tab. D/14 |

14. Schneiden- und Zerspanwinkel für HM-Meißel

Grenz- und Richtwerte für die Frei-, Keil-, Span- und Neigungswinkel (Schneidenwinkel) in Abhängigkeit vom Werkstoff des Werkstückes. HM = Hartmetall.
Der fettgedruckte Wert ist ein Richtwert und wird am häufigsten verwendet. Klammerwerte sind ungewöhnliche Erfahrungswerte
Sh. = Shore-Härte; NS = Normalschnitt; US-Unterbrachener Schnitt

Werkstoffe	Festigkeit R_m in kN/cm^2 bzw. Härte HB	Schnitt[1]	Frei-winkel α [°]	Keilwinkel β [°]	Spanwinkel γ [°][2]		γ_0 [°]	Nei-gungs-winkel λ [°]
					leichter Schnitt	schwerer Schnitt		
A. Baustähle, unlegiert								
St 33	<35	NS	5...**6**	69...**66**...64	16...**18**...20	5...**8**...10	—	3...4
		US	5...**6**	85...79	0...5		0	35
St 37-2, St 44-2	<50	NS	5...**6**	70...**67**...66	15...**17**...18	5...**8**...10	—	4...5
		US	5...**6**	85...79	0...5		0	35
St 50*, St 52-3	50...60	NS	4...**5**...6	72...**69**...66	14...**14**...18	5...**8**...10	—	4...5
		US	4...6	86...79	0...5		0	35
St 60-2	60...70	NS	4...**5**...6	74...**71**...68	12...**15**...16	5...**8**...10	—	4...5
		US	4...6	86...79	0...5		0	35
St 70-2	70...85	NS	4...**5**...6	76...**73**...70	10...**12**...14	4...**6**...8	—	4...**5**...6
		US	4...6	86...79	0...5		0	35
kaltgezogen	85...120	NS	4...**5**...6	78...**75**...72	8...**10**...12	0...4...6	—	4...**5**...6
		US	4...5	91...ff5	−5...0		0	35
Dynamoblech-pakete			5	71	14	—	—	4
B. Legierte Stähle								
Mn-, CrNi-Stahl, CrMo-Stahl u.a.	70...85	NS	4...5	78...**75**...69	8...**10**...16	2...6	—	4...5
		US	4...5	91...85	−5...0	—	0	35
	85...100	NS	4...5	80...**77**...75	6...**8**...14	0...5	—	**5**...6
		US	4...5	91...85	−5...0	—	0	35
	100...120	NS	4...5	82...**79**...77	4...**6**...8	0...5	—	**5**...6
		US	4...5	92...85	−6...0	—	0	35
CrMo-Stahl	120...140	NS	4...5	83...**80**...77	3...**5**...8	0...3	—	**5**...6
		US	4...5	92...85	−6...0	—	−5...0	−5...0
	140...180	NS	4...5	86...**83**...79	0...**3**...6	−2...0	—	**5**...6
		US	4...5	94...**88**...85	−8...−2...0	—	−10...0	35
	180...240	NS	3...4	91...**86**...83	−4...**0**...3	−6...−4	—	**5**...6
		US	3...4	97...90	−10...−4	—	−10...5	35
Cr-Stahl	>100		4...6	78...74	8...10	—	—	5
Hitzebestdg. Stahl		NS	6	78	6	—	—	4
Nichtrostend. Stahl (CrNi-Stahl)	60...70 12...15% Cr	NS	4...**5**...6	80...**75**...70	6...**10**...14	3...8	—	4...5
		US	4...6	86...79	0...5 (10)	—	0	35
		NS	4...6	78...72	8...12	—	—	5
Mn-Hartstahl (12% Mn)	165...200 (140...180)	NS	4...**5**...6	86...**81**...76	0...**4**...8	3...5	—	4...**5**...6
		US	4...**5**...6	89...**85**...81	−3...**0**...3	—	0	35
Werkzeugstahl, legiert	150...180	NS	4...5	84...**79**...77	2...**6**...8	—	—	4
		US	4...5	86...81...85	0...4	—	−10...0	35

10 N/mm² = 1 kN/cm²   * nicht genormt   Fortsetzung 10−15

Gruppen-Nr. 15b		Drehen					Abschn./Tab. D/14	

| Werkstoffe | Festigkeit R_m in kN/cm² bzw. Härte HB | Schnitt[1] | Frei-winkel α [°] | Keilwinkel β [°] | Spanwinkel γ [°][2] | | γ_0 [°] | Nei-gungs-winkel λ [°] |
					leichter Schnitt	schwerer Schnitt		
Gehärteter Stahl	150...180	NS	4...6 (12)	96...94...91 (63)	−10...−5 (15)	—	—	5
Gehärteter SS	<260	NS	4...6	78...74	8...10	—	—	6
C. Gußwerkstoffe								
Stahlguß								
GS-38, GS-45	35...50	NS	4...**5**...6	80...**75**...68	8...**10**...16	0...6	—	2...**3**...4
		US	5...6	88...80	−3...4	—	0	35
GS-52	50...60	NS	4...**5**...6	80...**77**...74	6...**8**...10	0...6	—	2...4
		US	4...5	92...83	−6...2	—	0	35
GS-60, leg. GS	60...100	NS	4...**5**...6	82...**79**...76	4...**6**...8	0...5	—	3...**5**
		US	4...5	96...85	−10...0	—	0	35
Stahlguß mit Schlackenkruste		NS	4...6	80...76	6...8	—	—	4
Gußeisen								
GG-15, -20 (weich)	15...20 HB <160	NS	4...**5**...6	80...**77**...72	6...**8**...12	0...6	—	2...**3**...4
		US	5...6	91...84	−6...0	—	—	35
GG-25, -30 (mittelhart)	25...30 HB = 160 bis 250	NS	4...**5**...6	84...**80**...78	2...**5**...6	0...6	—	2...**4**...5
		US	5...6	93...84	−8...0	—	—	35
GGL. GGG (hart)	35...70 HB >250	NS	4...5	86...**84**...80	0...**2**...5	0...6	—	4...5
		US	4...5	96...85	−10...0	—	—	35
Hartguß (Kokillenguß)	<50 65...90 Sh.	NS	3...**5**...7	87...**83**...79	0...**2**...5	—	—	2...**4**...5
		US	4...7	94...83	−8...0	—	—	35
	>50 >90 Sh.	NS	2...**3**...4	90...**87**...83	−2...**0**...3	—	—	4
		US	2...3	97...89	−10...−2	—	—	35
Si-Gußeisen	(16% Si)	NS	4...6	86...80	0...4	—	—	4
Temperguß								
GTW-35-04, GTS-35-10	mittelhart <40	NS	4...**6**...8	78...**74**...70	8...**10**...12	0...5	—	4...5
		US	4...6	94...84	−8...0	—	—	35
GTW-40-05, GTS-45-06	hart 38...50	NS	4...**5**...6	80...**77**...74	6...**8**...10	0...5	—	5
		US	4...5	96...85	−10...0	—	—	35
D. Nichteisenmetalle								
Kupfer Cu-E	22...35	NS	6...**8**...10	66...**57**...50	18...**25**...30	—	—	−4
Kommutatorkupf. (Cu u. Glimmer)		NS	6...**8**...10	72...**68**...60	12...**14**...20	—	—	−4
Messing Ms (CuZn) (mittelhart)	HB = 80 bis 100	NS	5...**6**...8	77...**72**...67	8...**12**...15	—	—	4
(hart)	HB >100	NS	4...5	80...**77**...75	6...**8**...10	—	—	4
Automatenmessing		NS	6	78...76	6...8	—	—	4
Rotguß Rg	weich	NS	5...**6**...8	79...**72**...68	6...**12**...14	—	—	4
	hart	NS	5...6	79...**77**...74	6...**8**...10	—	—	4

10 N/mm² = 1 kN/cm²

Fortsetzung

| Gruppen-Nr. 15b | Drehen | Abschn./Tab. D/14 |

Werkstoffe	Festigkeit R_m in kN/cm² bzw. Härte HB	Schnitt[1])	Frei-winkel α [°]	Keilwinkel β [°]	Spanwinkel γ [°] leichter Schnitt	Spanwinkel γ [°] schwerer Schnitt	γ_0 [°]	Neigungs-winkel λ [°]
Bronze Bz, Guß	weich	NS	3...**6**...8	79...**72**...66	8...**12**...16	—	—	5
(G-SnPbBz)	mittelhart	NS	3...**5**...6	81...**75**...69	6...**10**...15	—	—	5
	hart	NS	3...**4**...5	81...**78**...70	6...**8**...15	—	—	5
Phosphorbronze		NS	3...**5**	81...**75**...73	6...**10**...12	—	—	4
Zink, Zinklegierg.								
ZnAl 4 Cu 1	HB<80	NS	8...**10**...12	76...**70**...66	6...**10**...12	—	—	0
ZnAl 10 Cu 1	HB<80	NS	6...**8**...10	82...**74**...70	2...**8**...10	—	—	0
Zn-Automatenleg.								
ZnCu 4 A		NS	6...**17**...12	74...**78**...74	0...**2**...4	—	—	0
Aluminium, rein	HB<50	NS	0...**10**...12	52...**45**...33	31...**35**...45	—	—	0 (5...10)
Al-Legierungen	7...18							
Guß-, Knetlegier.	8...14	NS	8...**10**...12	62...**55**...43	20...**25**...35	—	—	4
	HB<50							
	18...30	NS	5...**8**...12	73...**66**...58	12...**16**...20	—	—	4
	HB = 50 bis 80							
Knetlegierung	30...42	NS	5...**7**...12	77...**69**...60	8...**14**...18	—	—	4
	HB = 80 bis 100							
	42...58	NS	5...**6**...12	79...**72**...64	6...**12**...14	—	—	3...5
	HB = 100 bis 130							
	58...80	NS	5...**6**...12	8...**78**...88	0...**6**...10 (30)	—	—	3...5
	HB>130							
	>80	NS	4...**5**...10	86...**85**...74	0...**6** (25...30)	—	—	3...6
Al-Legierung ausgehärtet		NS	10	65	15	—	—	4
AlSi-Legierung 10...13% Si (Alusil)	18...34	NS	6...**9**...12	72...**66**...58	12...**15**...50	—	—	4
Kolbenlegierung 11...13,5% Si,	(Silumin) 16...26	NS	4...**8**...12	76...**68**...58	10...**14**...20	—	—	3...4
GAlSi 13,5 bis 22% Si		NS	3...**6**...10	77...**72**...66	10...**12**...14	—	—	4
Al-Automaten-legierung		NS	6...**8** (6)	57...**55**...50 (78)	27...32 (0)	—	—	4...5
Mg-Leg. (MgAlZn)	14...25	NS	4...**6**...10	79...**74**...68	6...**10**...12	—	—	4
MgSi-Legierung		NS	12	64	14	—	—	4
E. Organische Werkstoffe								
Hartgummi: Ebonit		NS	5...**8**...12	75...**62**...52	10...**20**...26	—	—	4

10 N/mm² = 1 kN/cm²

Fortsetzung

| Gruppen-Nr. 15b | **Drehen** | Abschn./Tab. D/14 |

Werkstoffe	Schnitt[1]	Frei-winkel α [°]	Keilwinkel β [°]	Spanwinkel γ [°][2]		γ_0 [°]	Nei-gungs-winkel λ [°]
				leichter Schnitt	schwerer Schnitt		
Gummifreie Isolierpreßmasse							
Bakelit, Novotext, Pertinax	NS	6...**12**	70...**54**...48	14...**24**...30	—	—	4
Hartpapier, Hp 2061...2064	NS	10...**12**	70...**58**...48	10...**20**...30	—	—	4
Kunstharzpreßstoffe:							
Phenol-Kresolharz mit:							
a) Textilfüllstoff							
Typ Hgw 2031...2083							
b) Zellstoff-Füllstoff,	NS	9...**10**	67...**65**...50	14...**15**...30	—	—	4
Typ Hgw 2031...2083							
c) Asbestfüllst., Typ 12, 156							
d) Holzmehl-Füllstoff	NS	10	80...70	0...10	—	—	4
Typ 31, 150, 180							
Organisches Glas (Plexiglas)	NS	10	67...65	12...**13**	—	—	—
Glas, Spiegelglas	NS	4...**5**...6	92...**85**...79	−6...**0**...8	—	—	—
Porzellan	NS	3...**5**...6	97...**87**...79	−10...−2...5	—	—	—
Gesteine:							
weich: Tuffstein	NS	8...**10**..12	90...**75**...60	−8...**5**...18	—	—	4
		10	(50)	(30)			
mittelhart: Marmor	NS	4...**5**...6	91...**83**...74	−5...**2**...10	—	—	−4 ...0
hart: Granit	NS	4...**5**...6	91...**85**...76	−5...**0**... 8	—	—	−10...0
Elektrodenkohle (Graphit)	NS	8...**10**	62...**60**...55	**20**...25	—	—	—
Holz	NS	20	50...**45**...40	20...**25**...30	—	—	—

[1]) Spitzenwinkel des Meißels allgemein $\varepsilon = 90°$; Spitzenabrundung $r = 2,5 \cdot (f_c = $ Vorschub); Einstellwinkel $\varkappa = 45°$.

[2]) Hilfsspanwinkel γ_0 allgemein bei Baustahl, legiertem Stahl und Gußstahl als Fase mit Breite $F = f_c...1,5 f_c$.

| Gruppen-Nr. 15b | **Drehen** | Abschn./Tab. D/15 |

15. Arbeitsregeln für das Arbeiten mit Diamantwerkzeugen (Feinstdrehen)

Das Arbeiten mit Diamanten hat nur Erfolg (hohe Oberflächengüte), wenn folgende Voraussetzungen genau erfüllt werden!

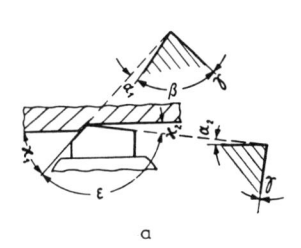

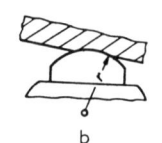

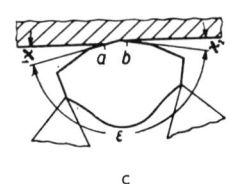

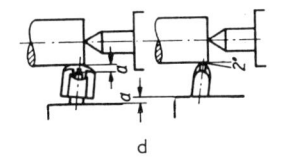

Daten für Schneidenwinkel:
Bemerkung: Winkelwerte in Klammern sind Erfahrungswerte aus einigen Großbetrieben.

Freiwinkel α:
- allgemein $\alpha = 10°$
- für Außendrehen $\alpha = 0\ldots8°\ (5\ldots8°)$
- für Innendrehen $\alpha = 8\ldots15°\ (8\ldots10°)$
- für Seitenmeißel $\alpha = 3\ldots4°$
- für Leichtmetalle $\alpha \approx 11°$

Keilwinkel β:
- allgemein $\beta = 80\ldots85°$
- bei negativem Spanwinkel β evtl. auch > 90

Spanwinkel γ:
- allgemein $\gamma = 0°$
- für Werkstoffe geringerer Festigkeit (Al-, Mg-Legierung, Lagermetalle) $\gamma = 0\ldots3°$
- für Werkstoffe höherer Festigkeit (Kupfer, Messing, Bronze u.a.) $\gamma = -6\ldots0°\ (0\ldots8°)$
- für Edelmetalle (Silber, Gold, Platin) $\gamma = -10\ldots0°$

Einstellwinkel der Hauptschneide $\varkappa$:
- für Diamanten mit einer Schneide (allg. üblich) $\varkappa = 30\ldots45°$
- Facettenschneide $\varkappa = 18\ldots20°$

Einstellwinkel der Nebenschneide $\varkappa'\ [= 180 - (\varkappa_1 + \varepsilon)]$
- allgemein (normale Oberflächengüte) $\varkappa' = 2\ldots30$
- für höchste Oberflächengüte $\varkappa' = 0,5\ldots2°$
- für sehr harte Werkstoffe $\varkappa' = 5°$
- für Bohrwerkzeuge (Bohrstangen) $\varkappa' = 5\ldots8°$

Spitzenwinkel ε:
- allgemein $\varepsilon = 180 - (\varkappa + \varkappa')$ $\varepsilon = 133\ldots161,5°$
- für Längs- u. Plandrehen (mit Bohrstange) mit gleichem Werkzeug $\varepsilon = 180 - (\varkappa + \varkappa')$ $\varepsilon < 90°$

Fortsetzung 10–19

| Gruppen-Nr. 15b | **Drehen** | Abschn./Tab. D/15 |

Arbeitsregeln:

1. Drehmaschine muß äußerst starr und schwingungsfest sein und erschütterungsfrei laufen:
   a) Alle umlaufenden Teile müssen dynamisch ausgewuchtet sein.
   b) Antrieb nur mit endlosem Seidenband-, Gummi- oder geleimten Lederriemen.
   c) Minimales Spiel (0,01...0,015 mm im Hauptlager); geläppte Oberflächen.
2. Schmierung mit dünnflüssigem Öl (Petroleum); noch besser ist Preßschmierung mit einem Gemisch von Lardöl, Soda und Wasser.
3. Tisch- und Schlittenführungen müssen sehr genau gleiten.
4. Werkstück stets unverrückbar fest einspannen.
5. Bevorzugt Drehwerkzeuge mit Kugelfassung für Diamant ($\approx$ ⅔ Teil soll eingebettet sein) verwenden. Die Fassung bestimmt die Lebensdauer des Diamanten wesentlich mit.
6. Zur Bearbeitung von Hartpapier und Hartgummi und z.T. auch Kunststoffen nur Diamanten mit runder Schneide (Bogenschneide; schwer herzustellen) verwenden.
7. Für die Metallbearbeitung Diamanten mit stetig gekrümmter Bogenschneide oder Facettenschliff verwenden.
8. Diamantwerkzeuge nur von Sachkundigen herstellen und wieder zurichten lassen. Abgestumpfte Diamanten mit Diamantstaub nachschleifen; Nachschliff muß unter Berücksichtigung der Kristallstruktur erfolgen.
9. Diamantschneide sehr genau auf Höhe einstellen. (h) und Winkellage (s. Bilder a bis d und Daten auf Seite 10–19 zu der Drehachse dem zu bearbeitenden Werkstoff anpassen:
   a) Auf Mitte (Spanwinkel $\gamma = 0$) allgemein üblich.
   b) Etwas über Mitte ($h = 0,01$ d) bei Innen- und Außengewinde großer Durchmesser (Freiwinkel α sehr klein und Spanwinkel γ groß).
   c) Einstellwinkel $\varkappa'$ der Nebenschneide des Facettenschliffes allgemein 1...2° wählen. Die Oberflächengüte wird sehr wesentlich vom Einstellwinkel $\varkappa'$ beeinflußt.
   d) Zur Einstellung der Schneide bevorzugt Schutz- und Visierkappe benutzen.
   e) Besonders beim Innendrehen bevorzugt einen Werkzeughalter verwenden, der nach allen Richtungen einstellbar ist.
10. Grundsätzlich nur mit Schnittgeschwindigkeit über 100 m/min arbeiten. Beachte bei Geschwindigkeiten über 1200...3000 m/min, daß jede Werkzeugmaschine bei einer bestimmten Drehzahl (kritische Drehzahl) in Eigenschwingungen gerät (Resonanz), die auch von der Art des Werkstückes abhängen kann.
11. Diamantwerkzeuge unbedingt vor Stößen schützen (stoßempfindlich; Ecken brechen leicht aus). Darum:
    a) nur bei voller Schnittgeschwindigkeit (bei laufendem Werkstück) in den Schnitt gehen (Schneide vorsichtig anstellen);
    b) zuerst Vorschub ausschalten und Werkzeug außer Schnitt bringen, dann erst Werkstück stillsetzen (Spindelgetriebe ausschalten).
12. Nur kleine Spanquerschnitte ($A = f_c \cdot a_p$) wählen!
    a) Kleine Schnittiefe a_p. Allgemein $a = 0,02$ bis $0,15$ mm, möglichst unter 0,1 mm.
    b) Kleiner Vorschub f (nur kraftschlüssig zu betätigen):

allgemein für normale Fälle	0,02 ...0,15 mm/Umdreh.
für besondere Werkstoffe und Werkzeuge	0,4 ...0,6 mm/Umdreh.
für Feinstbearbeitung	0,005...0,03 mm/Umdreh.

13. Die Späne sollen ungehindert ablaufen.

| Gruppen-Nr. 15b | **Drehen** | Abschn./Tab. D/16 |

16. Kühlschmiermittel beim Drehen mit HM-Werkzeugen

Zu bearbeitende Werkstoffe	Kühl- und Schmiermittel		
	a) beim Schruppen	b) beim Schlichten	c) beim Gewindeschneiden
1. Baustähle Unleg. Stähle	Ölemulsion (E) trocken	Ölemulsion (E) Schneidöl (N) trocken Für Feinschichten: Petroleum* (nicht übl.)	Ölemulsion (E) Schneidöl (N) trocken
2. Werkzeugstähle	Ölemulsion (E) trocken	Schneidöl (N) Rüböl Petroleum* (nicht übl.)	Schneidöl (N) Rüböl
3. Legierte Stähle	Ölemulsion trocken	Schneidöl Rübölersatz (nicht üblich)	Schneidöl Terpentinöl + Petroleum (5:1); nicht üblich
4. Stahlguß	Ölemulsion trocken	Ölemulsion Schneidöl trocken	Schneidöl trocken Rüböl m. Lithoponweiß (kaum noch angewend.)
5. Temperguß	trocken Ölemulsion	Ölemulsion trocken	Schneidöl trocken Rüböl m. Lithoponweiß (kaum noch angewend.)
6. Gußeisen	trocken Ölemulsion	trocken bei Hartguß Petroleum* (nicht üblich)	trocken Petroleum* (nicht übl.)
7. Nickel	trocken	trocken	Ölemulsion
8. Zink	Ölemulsion	trocken	Ölemulsion
9. Neusilber	trocken	trocken	trocken Ölemulsion
10. Kupfer	trocken Ölemulsion (schwefelfrei)	Ölemulsion Schneidöl trocken	trocken Ölemulsion Schneidöl Rüböl; Wollfett (nicht üblich)
11. Kupferlegierung (Messing, Bronze, Rotguß)	Ölemulsion Druckluftkühlung trocken	trocken Bohrölemulsion Schneidöl	Ölemulsion Schneidöl Rüböl trocken

Fortsetzung   10–21

| Gruppen-Nr. 15b | **Drehen** | Abschn./Tab. D/16 |

Zu bearbeitende Werkstoffe	Kühl- und Schmiermittel		
	a) beim Schruppen	b) beim Schlichten	c) beim Gewindeschneiden
12. Zinn	Rüböl oder -ersatz	—	Rüböl oder -ersatz
13. Aluminium, Al-Legierungen (z. B. AlCuMg)	Ölemulsion (E) trocken	trocken Ölemulsion (E) Petroleum, Seifenwasser	Schneidöl (N) Ölemulsion (E) Seifenwasser (Vorsicht, korrodierende Wirkung auf Maschinenteile!) trocken
14. Si-haltige Al-Leg. (z. B. GAlSi)	Ölemulsion (E) Schneidöl (N)	Schneidöl (N)	Schneidöl (N) Petroleum + Rüböl (Vorsicht)
15. Mg-Legierungen (z. B. MgAlZnMn) Brandgefahr!	Mineralöle (sog. Brandvorbeugungsöl) 4% wässerige Natriumfluoridlösung (Vorsicht, physiologisch sehr schädlich!) Nie Wasser verwenden!	trocken Druckluft	trocken oder 4% wässerige Natriumfluoridlösung (Vorsicht!)
16. Organische Werkstoffe (Hartgummi, Hartpapier, gummifreie Isolierstoffe)	trocken	trocken	trocken

Bemerkungen:

1. **Kühlschmierstoffe** nach DIN 51385 (siehe auch Tabellen WH/17 bis 20).
2. Bearbeitungsgruppen für Kühlmittel und Schneidflüssigkeiten:
   Emulsion E: Erzeugnisse, die in Wasser löslich oder mit Wasser mischbar oder emulgierbar sind.
   Öle (Schneidöle) N: Erzeugnisse ohne Gehalt an Fetten, Fettstoffen oder Produkten hieraus, die mit Wasser nicht mischbar sind und aus reinem Mineralöl bestehen oder für Werkstoffbearbeitungszwecke geeignete, fettstofffreie Zusätze erhalten.
   Öle (Schneidöle) N: Erzeugnisse mit Gehalt an Fetten, Fettstoffen oder Produkten hieraus, die mit Wasser nicht mischbar sind.
   N 3 Gewichts-% bis zu 3%; N 4 Gewichts-% über 3 bis 25%; N 5 Gewichts-% über 25 bis 100%.
*3. **Petroleum** ist feuergefährlich und kann leicht Hautschäden verursachen. Darum besser die gefundene Ablösung verwenden.
4. **Seifenspiritus**: Mischung von Spiritus (Weingeist) + Wasser (40%) + Schmierseife. Möglichst vermeiden, da die Mischung Übelkeit und Kopfschmerzen bei den Arbeitern hervorruft.
5. **Lithopone**: weißer Farbstoff, gemischt aus Bariumsulfat + Zinksulfat.

Gruppen-Nr.	Drehen	Abschn./Tab.
15b		D/17, 18

17. Richtwerte für Rändel-, Kreuzrändel- und Kordelteilungen (t)
(Auszug aus DIN 82; Maße in mm)

Abmessungen des Werkstückes				Teilung t			
Durchmesser d		Breite b		Rändel für alle Werkstoffe	Kreuzrändel für Hartgummi	Kordel (Negativ)-	
						für Messing Aluminium, Fiber u. dgl.	für Stahl
über	bis	über	bis				
	8	alle Breiten		0,5	0,6	0,6	0,6
8	16			0,5 u. 0,6	0,6	0,6	0,8
16	32		6	0,5 u. 0,6	0,6	0,6	0,8
		6		0,8	0,8	0,8	1,0
32	63		6	0,6	0,6	0,6	0,8
		6	16	0,8	0,8	0,8	1,2
		16		1,0	1,0	1,0	1,2
63	100		16	0,8	0,8	0,8	0,8 u. 1,0
		16	32	1,0	1,0	1,0	1,2
		32		1,2	1,2	1,2	1,6
100			2	0,8	0,8	0,8	1
		2	6	1	0,8	0,8	1
		6	16	1	1	1	1,2
		16	32	1	1,2	1,2	1,6
		32		1,2	1,6	1,6	2

Bemerkungen:
1. Beim Rändeln und Kordeln nimmt der Außendurchmesser des Werkstückes zu und wird bis zu 1½ t größer als d. In Zeichnungen wird nur der Drehdurchmesser d angegeben.
2. An Stelle der Fase kann eine Rundung vorgesehen werden. Bei Werkstücken bis zu einer Breite b von 6 mm ist die Fase kleiner als t.
3. Negativ-Kordeln sind weniger griffig und werden für oft und leicht zu betätigende Einstellknöpfe verwendet.

18. Arten und Abmessungen von Zentrierbohrungen für das Drehen

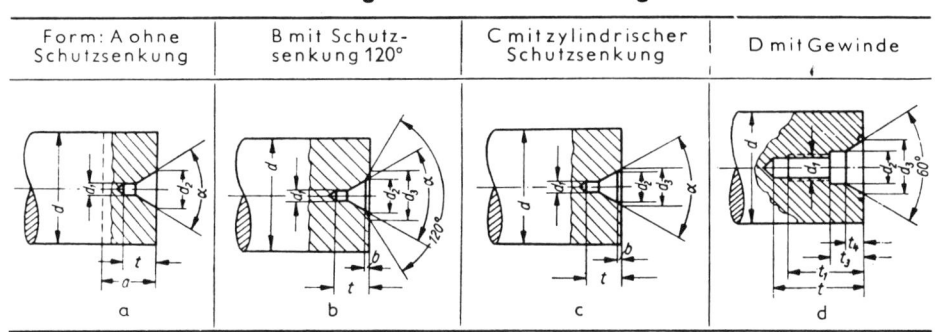

Form: A ohne Schutzsenkung	B mit Schutzsenkung 120°	C mit zylindrischer Schutzsenkung	D mit Gewinde
a	b	c	d

10 – 23

Gruppen-Nr.				Drehen					Abschn./Tab.	
15b									**D/18**	

1. Zentrierbohrungen ohne oder mit Schutzsenkung (Maße in mm)

Werkstückdurchm. (Fertigmaß) d		Bohrungs-dmr.	Größter Dmr. der Senkung		Gesamttiefe Kleinstmaß t			Tiefe $b \approx$	Abstech-länge a	Zentriersenker		Anwendung für Werkstücke
										Schaft-dmr. d_4	Gesamt-länge/	
über	bis	d_1	d_2	d_3	A	B	C	B/C	A/B, C	A/B	A/B	
4	4	0,5	1,06	–	1	–	1	–	2/–	3,15/–	20/–	bis 100 kg
4	6	0,8	1,7	–	1,5	–	1,5	–	2,5/–	3,15/–	20/–	Gewicht und
6	10	1	2,12	3,15	1,9	2,2	1,9	0,3/0,4	3/3,5	3,15/6,3	31,5/40	bei geringen
10	25	1,6	3,35	5	2,9	3,4	2,9	0,5/0,7	5/5,5	5/8	40/50	und mittle-
25	63	2	4,25	6,3	3,7	4,3	3,7	0,6/0,9	6/6,6	6,3/10	45/56	ren Schnitt-
63	100	2,5	5,3	8	4,6	5,4	4,6	0,8/0,9	7/8,3	8/11,2	50/63	kräften.
25	63	3,15	6,7	10	5,9	6,8	5,9	0,9/1,1	9/10	10/14	56/71	über 100 kg
63	100	4	8,5	12,5	7,4	8,6	7,4	1,2/1,7	11/12,7	12,5/16	63/80	Gewicht so-
100	160	5	10,6	16	9,2	10,8	9,2	1,4/1,7	14/15,6	16/20	71/90	wie bei grossen Schnitt-
		6,3	13,2	18	11,5	12,9	11,5	1,6/2,3	18/20	20/25	80/100	sen Schnitt-
		10	21,2	28	18,4	20,4	18,4	2 /3,9	28/31	31,5/–	125/–	kräften.

2. Zentrierbohrungen mit Gewinde (Form D)

Werkstück durchmesser (Fertigmaß) d		Ge-win-de-dmr. d_1	Durchmesser		Tiefe					Auswahl
über	bis		d_2	d_3	t	t_1	t_3	$t_4 \approx$		
10	13	M 4	4,3	6,7	14	10	3,2	2,1		Bezeichnung einer Zentrierbohrung mit $d_1 = 5$ mm
13	16	M 5	5,3	8,1	17	12,5	4	2,4		Form A (α = 60°)
21	24	M 8	8,4	12,2	25	19	6	3,3		Zentrierung A 5 x 10,6
30	38	M 12	13	18,1	37,5	28	9,5	4,4		Form B (α = 60°)
38	50	M 16	17	23	45	36	12	5,2		Zentrierung B 5 x 10,6
50	85	M 20	21	28,4	53	42	15	6,4		Form D (Gewinde M 8): Zentrierung D 8 DIN 332
85	130	M 24	25	34,2	63	50	18	8		Form R Lauffläche gewölbt (ohne Schutzsenkung)

Bemerkungen:
1. Für Durchmesser d bis 25 mm können auch größere Zentrierbohrungen und für Durchmesser d über 160 mm dürfen auch andere Zentrierbohrungen verwendet werden.
2. Bei Werkstücken von nicht kreisförmigem, also unregelmäßigem Querschnitt gilt das kleinste Maß als d, bei Gewinden der Kerndurchmesser. Bei Wellenenden mit verschiedenem Durchmesser wird für beide Seiten die zum kleineren Durchmesser zugeordnete Zentrierbohrung gewählt.
3. Darf die Zentrierbohrung am fertigen Werkstück nicht stehenbleiben (in der Zeichnung angegeben), sind die Werkstücke zunächst um das Maß a länger zu halten, das dann nach dem Drehen abzustechen ist.

Zeichnungsangabe: Zentrierung am Fertigteil

a) darf stehenbleiben	c) darf nicht stehenbleiben	„Fertigteil ohne Zentrierung
e	g	
b) muß stehenbleiben	d) bleibt stehen (Form D)	„Zentrierung D 8 DIN 332"
"Zentrierung A 5/30 DIN 332"		
f		h

| Gruppen-Nr. 15b | **Drehen** | Abschn./Tab. D/19 |

19. HSS-Schneidplatten für Dreh- und Hobelmeißel

HSS = Hochleistungs-Schnellarbeitsstahl (Legierungsgruppe bei Bestellung angeben).

Ausführung: Gehärtet, Auflageflächen plangeschliffen
Freimaßtoleranz Gütegrad grob (DIN 7168) für l, t, s.
Maße in mm (nach DIN 771, Auswahl)

Länge	Dicke	Plattenbreite (-tiefe t) bei Form (s. Bilder)			
l	s	A	B	C	D
12	4	–	10	10	–
16	5	10	14	14	20
16	8	10	14	14	20
20	6	12	18	18	–
20	8	12	18	18	25
20	10	12	18	18	25
25	8	16	20	20	–
25	10	16	20	20	32
25	14	–	–	–	32
32	10	20	25	25	–
32	14	20	25	25	40
32	18	–	–	–	40
40	14	25	32	32	–
40	18	25	32	32	–
50	14	32	40	40	–
50	18	32	40	40	–
50	20	32	40	40	–

Form A   Form B   Form C   Form D

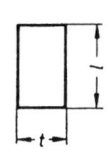

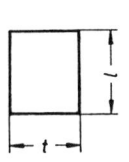

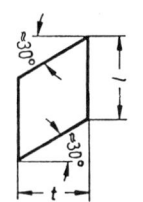

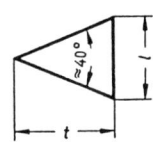

Bezeichnung: z. B. „Schneidplatte B 25 × 8 DIN 771–…" ($l \times s$)

| Gruppen-Nr. 15b | Drehen | Abschn./Tab. D/20 |

20. HM-Wendeschneidplatten mit Eckenrundungen: zum Drehen

HM = Hartmetall P 20 (oder Sorte bei Bestellung angeben)
Normal-Freiwinkel $\alpha_n = 0°$ (**N**); Toleranzklasse G oder U; (DIN 4968, Auswahl)
Zusammensetzung der **Kurzzeichen** sowie der **Bezeichnung** siehe Tabelle WH/33 (DIN 4987) und D/21 (DIN 4988)
Bezeichnung: z. B. „Schneidplatte DIN 4968 – TNUN 160408 – P 20"
✷ = Werte auch nach DIN ISO – 1976;   – = nicht genormt   (Maße in mm)

Kurzzeichen (mit Maß-Nr.) Toleranzklasse		Länge	Dicke	Durchm.	Radius	Eckmaß
G	U	l	s	d	r_ε	m
a) Dreieckige Schneidplatte		(s. Bild 1); $\alpha_n = 0°$ (**TN**)				
TNGN…	TNUN…					
✷ 110304	✷	11	3,18	6,35	0,4	9,128
110308	✷				0,8	8,731
160304		16,5	3,18	9,525	0,4	13,891
160308					0,8	13,494
160312					1,2	13,097
✷ 160408	✷	16,5	4,76	9,525	0,8	13,494
✷ 160412	✷				1,2	13,097
160416	–				1,6	12,700
–	220408	22	4,76	12,7	0,8	18,256
✷ 220412	✷				1,2	17,859
–	220416 ✷				1,6	17,463
–	270616	27,5	6,35	15,875	1,6	22,225
TPGN…	TPUN…	(s. Bild 2); $\alpha_n = 11°$ (**TP**)				
	110304	11	3,18	6,35	0,4	9,128
	110308				0,8	8,731
	160304	16,5	3,18	9,525	0,4	13,891
✷	160308 ✷				0,8	13,494
✷	160312 ✷				1,2	13,097
–	220408	22	4,76	12,7	0,8	18,256
✷	220412 ✷				1,2	17,859
	220416 ✷				1,6	17,463

Gruppen-Nr.	Drehen	Abschn./Tab.
15 b		D/20

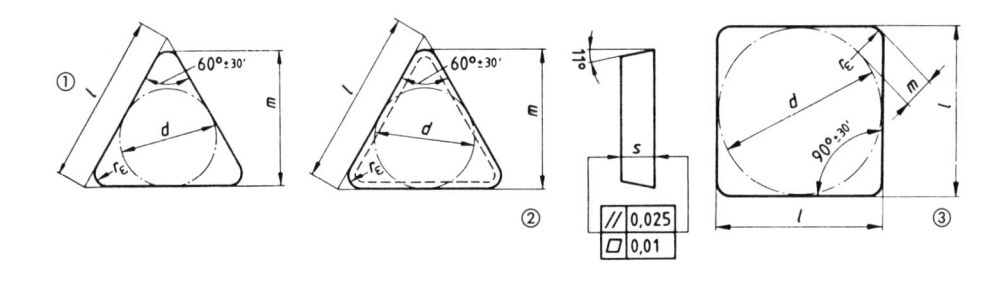

HM-Wendeschneidplatten mit Eckenrundungen: zum Drehen

Kurzzeichen (mit Maß-Nr.) Toleranzklasse G	U	Länge l	Dicke s	Durchm. d	Radius r_ε	Eckmaß m
b) Quadratische Schneidplatte		(s. Bild 3); $\alpha_n = 0°$ (**SN**); $d = l$				
SNGN...	SNUN...					
090304	✳	9,525	3,18	=l	0,4	1,808
✳ 090308	✳				0,8	1,644
	120304	12,7	3,18		0,4	2,466
	120308				0,8	2,301
	120312				1,2	2,137
✳ 120408	✳	12,7	4,76		0,8	2,301
✳ 120412	✳				1,2	2,137
120416					1,6	1,972
	150412✳	15,875	4,76		1,2	2,795
	150416✳				1,6	2,630
	190412✳	19,05	4,76		1,2	3,452
	190416✳				1,6	3,288
	250616	25,4	6,35		1,6	4,603
	250624				2,4	4,274
SPGN...	SPUN...	(s. Bild 4); $\alpha_n = 11°$ (**SP**)				
090304	–	9,525	3,18		0,4	1,808
090308	–				0,8	1,644
	120304	12,7	3,18		0,4	2,466
✳	120308 ✳				0,8	2,301
✳	120312 ✳				1,2	2,137
–	190416✳	19,05	4,76		1,6	3,288
–	250616	25,4	6,35		1,6	4,603

① ② ③

| Gruppen-Nr. 15b | Drehen | Abschn./Tab. D/21 |

21. HM-Wendeschneidplatten mit Bohrung und Eckenrundungen

Anwendung: vorwiegend zum **Drehen** (DIN 4988, Auswahl)

Normal-Freiwinkel $\alpha_n = 0°$ (**N**); Toleranzklasse M (**M**); Dicke $s \pm 0,13$

HM = Hartmetall P 10 (oder Sorte bei Bestellung angeben)

Bezeichnung der **Wendeschneidplatte**: dreieckig (**T**), quadratisch (**S**), rhombisch (**C**) bei $\varepsilon_r = 80°$ oder (**D**) bei $\varepsilon_r = 55°$, rund (**R**), Bohrungsdurchmesser d_2.

Bezeichnung der **Spanflächen**: ohne Spanbrecher (**A**), mit Spanbrecher auf einer Seite (M) oder auf beiden Seiten (G)

Bezeichnung zur Bestellung: z. B. „Schneidplatte DIN 4988 – TNMM 160404 – P 10"

Kurzzeichen (mit Maß-Nr.)	Seitenlänge $l \approx$	Dicke s	Radius $\pm 0,1$ r_ε	Durchmesser d_1	$\pm 0,08$ d_2	Maß m
a) Dreieckige Schneidplatte	(s. Bild 1)					
TNMA…/TNMM…/TNMG…						
110304	11	3,18	0,4	6,35	2,26	9,128
110308			0,8	$\pm 0,05$		8,731
160304	16,5	3,18	0,4	9,525	3,81	13,891
160308			0,8	$\pm 0,05$		13,494
160312			1,2			13,097
160404	16,5	4,76	0,4			13,891
160408			0,8			13,494
160412			1,2			13,097
220408	22	4,76	0,8	12,7	5,16	18,256
220412			1,2	$\pm 0,08$		17,859
220416			1,6			17,463
270612	27,5	6,35	1,2	15,875	6,35	22,622
270616			1,6			22,225
b) Quadratische Schneidplatte	(s. Bild 2)					
SNMA…/SNMM…/SNMG…						
090304	9,525	3,18	0,4		3,81	1,808
090308	$\pm 0,05$		0,8			1,644
120404	12,7	4,76	0,4		5,16	2,466
120408	$\pm 0,08$		0,8			2,301
120412			1,2			2,137
120416			1,6			1,972
190412	19,05	4,76	1,2		7,93	3,452
190612	$\pm 0,1$	6,35	1,2			3,452
190616		6,35	1,6			3,288
250724	25,4 $\pm 0,13$	7,94	2,4		9,12	4,274

Gruppen-Nr.	Drehen	Abschn./Tab.
15 b		D/21

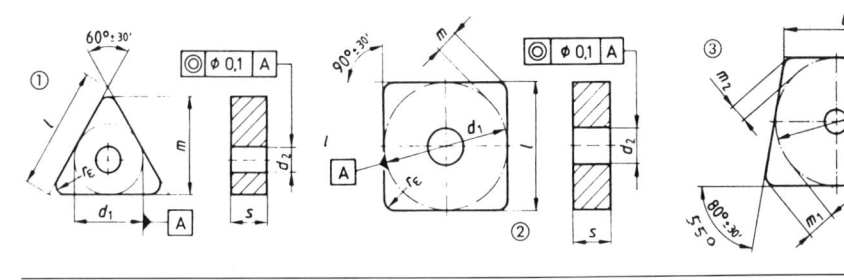

HM-Wendeschneidplatten mit Bohrung und Eckenrundungen

Kurzzeichen (mit Maß-Nr.)	Seitenlänge $l \approx$	Dicke s	Radius ± 0,1 r_ε	Durchmesser ± 0,08 d_1	d_2	Maß m
c) Rhombische Schneidplatte		(s. Bild 3) Eckenwinkel $\varepsilon_r = 80°$				
CNMA.../CNMM.../CNMG...						m_1/m_2
120408	12,9	4,76	0,8	12,7 ± 0,08	5,16	3,088 / 1,697
120412			1,2			2,867 / 1,576
120416			1,6			2,647 / 1,455
190612	19,3	6,35	1,2	10,05	7,93	4,631 / 2,546
190616			1,6			4,411 / 2,424
		(s. Bild 3) Eckenwinkel $\varepsilon_r = 55°$				
DNMA.../DNMM.../DNMG...						m
150408	15,5	4,76	0,8	12,7 ± 0,08	5,16	6,478
150412			1,2			6,015
150604		6,35	0,4			6,941
150608			0,8			6,478
150612			1,2			6,015
150616			1,6			5,552
190608	19,3	6,35	0,8	15,875 ± 0,10	6,35	8,327
190612			1,2			7,865
190616			1,6			7,402
d) Runde Schneidplatte						
RNMA.../RNMG...						
090300		3,18		9,525	3,81	
120400		4,76		12,7	5,16	
150600		6,35		15,875	6,35	
190600		6,35		19,05	7,93	
250900		9,52		25,4	9,12	

10 – 29

| Gruppen-Nr. 15b | Drehen | Abschn./Tab. D/22 |

22. Keramik-Wendeschneidplatten (mit Eckenrundungen) zum Drehen

Zusammensetzung der **Kurzzeichen** sowie der **Bezeichnung** siehe Tabelle WH/33 (DIN 4987) sowie Tabelle D/21 (4988)

Normal-Freiwinkel $\alpha_n = 0°$ (**N**); Maße in mm (DIN 4969, Auswahl); WSP = Wendeschneidplatte

Kurzzeichen (mit Maß-Nr.)	Länge l	Dicke s ± 0,13	Durchm. d ± 0,025	Radius r_ε ± 0,1	Eckmaß (m_1)	m	(m_2)
a) Dreieckige WSP	(s. Bild 1)						
TNGN 160408 T	16,5	4,76	9,525	0,8		13,494	
160412 T				1,2		13,097	
160416 T				1,6		12,700	
160808 T	16,5	8	9,525	0,8		13,494	
160812 T				1,2		13,097	
160816 T				1,6		12,700	
220812 T	22	8	12,7	1,2		17,859	
220816 T				1,6		17,463	
b) Quadratische WSP	(s. Bild 2) $d = l$						
SNGN 120408 T	12,7	4,70		0,8		2,301	
120412 T				1,2		2,137	
120416 T				1,6		1,972	
120808 T	12,7	8		0,8		2,301	
120812 T				1,2		2,137	
120816 T				1,6		1,972	
150812 T	15,875	8		1,2		2,795	
150816 T				1,6		2,630	
c) Rhombische WSP	(s. Bild 3); Eckenwinkel $\varepsilon_r = 80°$						
CNGN 120408 T	12,9	4,76	12,7	0,8	3,088		1,697
120412 T				1,2	2,867		1,576
120416 T				1,6	2,647		1,455
160812 T	16,1	8	15,875	1,2	3,749		2,061
160816 T				1,6	3,528		1,940
190816 T	19,3	8	19,05	1,6	4,631		2,546
190824 T				2,4	4,411		2,424

10 – 30

Gruppen-Nr.	Drehen	Abschn./Tab.
15b		**D/22**

Keramik-Wendeschneidplatten (mit Eckenrundungen) zum Drehen

Kurzzeichen (mit Maß-Nr.)	Länge l ±0,13	Dicke s	Durchm. d ±0,025	Radius r_ε ±0,1	Eckmaß (m_1) m (m_2)
Eckenwinkel $\varepsilon_r = 75°$					
ENGN 130808 T	13,2	8	12,7	0,8	3,571
130812 T				1,2	3,316
130816 T				1,6	3,060

Bezeichnung: z. B. Schneidplatte DIN 4969 – TNGN 160808 T"

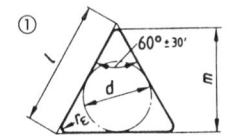

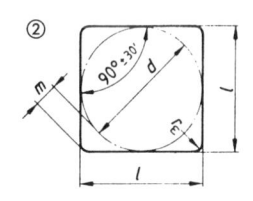

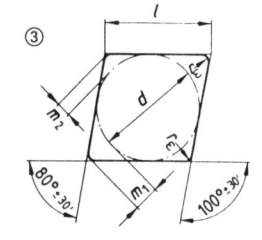

| Gruppen-Nr. 15b | **Drehen** | Abschn./Tab. D/22 |

23. Drehen mit Oxidkeramik-Schneidplatten: Schnittwerte

Zugfestigkeit R_m in kN/mm²; Rockwellhärte HRC
                            Brinellhärte HB
                            Vickerhärte HV

Freiwinkel α allgemein 5°; Neigungswinkel λ allgemein −4°

Spanwinkel γ: +0...6°   für Einsatzstähle, Vergütungsstähle, Gußeisen, Stahlguß
              −6°...−10° für Hartguß

Schnittiefe *a* in mm: beim Schruppen bis 5
                        beim Schlichten 0,5...1
                        beim Feinschlichten 0,3

Keramik-Auswahl:
Für **Schruppen** und **Schlichten** von Stahl und Gußeisen sowie für Feindrehen von Stahl wird weiße **Reinkeramik** gewählt (Al_2O_3).
Für Schruppen/Schlichten von Hartguß sowie Feindrehen von Gußeisen wird schwarze **Mischkeramik** Al_2O_3+TiC eingesetzt.
Zum Bearbeiten von Al-, Mg- und Cu-Legierungen werden vorteilhafter Hartmetallen verwendet.

Werkstoff (Festigkeit, Härte)	Schnittgeschwindigkeit v_c in m/s	Vorschub *f* in mm		
		Schruppen	Schlichten	Feindrehen
Einsatz-, Vergütungsstähle: R_m = 0,4 = 0,6 = 0,8 53 HRC	3...15 2,5...12,5 2 ...10 0,8... 3,7	0,3...0,5	0,2...0,4	0,1...0,2
Gußeisen 100...150 HB 230...300 HB	2,5...17 1,5...10	0,4...0,6	0,2...0,4	0,1...0,2
Hartguß 500 HV	0,3... 1,5			

Erfahrungswerte (USA): Schruppen/Schlichten (a = 2/0,4 mm) f. Schnittgeschw. v_c

Werkstoff (Fest.)	Schnittgeschwindigkeit v_c in m/s		Vorschub *f* in mm	
	Schruppen	Schlichten	Schruppen	Schlichten
Stahl: $R_m \leq 0,8$ ≤ 1	5 ... 1,7 4,2... 1,5	8,5... 3,5 6,8... 3,2	0,3...0,5 0,2...0,4	0,1...0,3 0,1...0,25
Stahlguß $R_m < 0,5$	5 ... 1,8	8,5... 3,4	0,3...0,6	0,1...0,43
Gußeisen bis GG 25	5 ... 2	6,8... 3,1	0,3...0,8	0,1...0,25
Al-Legierung	17 ...10	35 ...14	0,4...0,8	0,1...0,35

| Gruppen-Nr. 2.4 | Metalle/Nichtmetalle | Abschn./Tab. MN/1 |

1. Gewerbliche und chemische Benennung einiger technisch wichtiger Stoffe

Gewerbliche Benennung	Chemische Zusammenstellung	Chemische Formeln
Acetylengas	Acetylen	C_2H_2
Asbest (Bergflachs)	Ca-Mg-Silikate (Minerale)	
Benzol	Benzol	C_6H_6
Bleiweiß	Bas. Bleicarbonat	$Pb(OH)_2 \cdot 2\,PbCO_3$
Blutlaugensalz, gelb	Kaliumferrocyanid	$K_4Fe(CN)_4 \cdot 3\,H_2O$
Borax	Natriumtetraborat	$Na_2B_4O_7 \cdot 10\,H_2O$
Chlorkalk	Chlorkalk	$CaCl(OCl)$
Eisenchlorid	Ferrichlorid	$FeCl_3$
Eisenrost	Eisenoxidhydrat	$Fe(OH)_3$
Essig	Essigsäure	$CH_3 \cdot COOH$
Gips	Calciumsulfat	$CaSO_4 \cdot 2\,H_2O$
Glycerin	1, 2, 3-Propantriol	$C_3 \cdot H_5(OH)_3$
Grünspan	Bas. Kupferkarbonat	$CU(C_2H_3O_2)_2 \cdot Cu(OH)_2 \cdot 5\,H_2O$
Kalk, gebrannter	Calciumoxid	CaO
Kalk, gelöschter	Calciumhydroxid	$Ca(OH)_2$
Kalziumkarbid	Calciumcarbid	CaC_2
Kochsalz (Steinsalz)	Natriumchlorid	$NaCl$
Kohlenoxyd	Kohlenmonoxid	CO
Kohlensäure	Kohlendioxid	CO_2
Korund (Schmirgel)	Aluminiumoxid	Al_2O_3
Kreide, Kalkstein	Calciumkarbonat	$CaCO_3$
Kupfervitriol	Kupfersulfat	$CuSO_4$
Kupfervitriollösung		$CuSO_4 \cdot 5\,H_2O$
Lötsalz (in Lösung: Lötwasser)	Zinkchloridammoniak	$ZnCl_2 + 2\,NH_4Cl$
Mennige	Bleiorthoplumbat	Pb_3O_4
Ruß = Kohlenstoff	+ ölige Kohlenwasserstoffe (Teere)	
Salmiak	Ammoniumchlorid	NH_4Cl
Salmiakgeist	Ammoniak	$NH_2 \cdot H_2O$
Salpetersäure	Salpetersäure	HNO_3
Salzsäure	Chlorwasserstoffsäure	HCl
Schwefelsäure	Schwefelsäure	H_2SO_4
Soda (krist.)	Natriumkarbonat	$Na_2CO_3 \cdot 10\,H_2O$
Spiritus	Ethylalkohol	$C_2H_5 \cdot OH$

11 – 1

| Gruppen-Nr. 3.1 | Metalle/Nichtmetalle | Abschn./Tab. MW/1 |

2. Chemisch-physikalische Kennwerte wichtiger Elemente (Grundstoffe)

Name	Chemisches Symbol	Ordnungszahl	relative Atommasse	Atomradius r_A in nm 0,1	Gitter	Wertigkeit
Aluminium	Al	13	26,98	1,431	kfz	3^+
Antimon	Sb	51	121,76	1,452	Rhomboedr.	5^+
Argon	A	18	39,99	1,920	kfz	inert
Arsen	As	33	74,91	1,250	Rhomboedr.	$3^+, 5^+$
Barium	Ba	56	137,36	2,170	krz	2^+
Beryllium	Be	4	9,01	1,120	Hex. (α)	2^+
Blei	Pb	82	207,21	1,750	kfz	$2^+, 4^+$
Bor	B	5	10,82	0,460		3^+
Brom	Br	35	79,91	1,130		–
Cadmium	Cd	48	112,41	1,489	Hex.	2^+
Cäsium	Cs	55	132,91	2,620	krz	
Calcium	Ca	20	40,08	1,969	kfz	2^+
Cer	Ce	58	140,13	1,810	kfz (α)	
Chlor	Cl	17	35,45	0,905	Tetragon.	
Chrom	Cr	24	52,01	1,249	krz	3^+
Eisen	fe	26	55,85	1,241	krz (α)	$2^+, 3^+$
Fluor	F	9	19,00	0,600		
Gallium	Ga	31	69,72	1,218		3^+
Germanium	Ge	32	72,60	1,224	Diamantg.	4^+
Gold	Au	79	197,00	1,441	kfz	
Helium	He	2	4,003	1,760		inert
Indium	In	49	114,82	1,625	Tetr. flz	3^+
Iridium	Ir	77	192,20	1,357	kfz	4^+
Jod	J	53	126,91	1,350	Tetragon.	
Kalium	K	19	39,10	2,312	krz	
Kobalt	Co	27	58,94	1,248	Hex. (ϵ)	2^+
Kohlenstoff	C	6	12,01	0,710	Hex.	
Kohlenstoff	C			0,770	Diamantg.	
Krypton	Kr	36	83,8	2,010	kfz	inert
Kupfer	Cu	29	63,54	1,278	kfz	
Lanthan	La	57	138,92	1,880	Hex. (α)	3^+
Lithium	Li	3	6,94	1,519	krz (α)	
Magnesium	Mg	12	24,32	1,594	Hex.	2^+
Mangan	Mn	25	54,94	1,120	Kub. (α)	2^+

| Gruppen-Nr. 2.4 | Metalle/Nichtmetalle | Abschn./Tab. MN/2 |

Chemisch-physikalische Kennwerte wichtiger Elemente (Grundstoffe)

Symbol	Dichte ϱ $\frac{g}{cm^3}$	Schmelz-punkt °C	Siede-punkt °C	Elasti-zitäts-modul E $\frac{kN}{cm^2}$	Schub-modul $\frac{kN}{cm^2}$	Wärme-leitfähig-keit λ $\frac{W}{cm \cdot K}$	lineare Wärme-dehnung α $\frac{10^{-6}}{°C}$
Al	2,699	660,2	2450	7220	2720	2,22	23,6
Sb	6,620	630,5	1380	5600	2000	0,19	10,8
A	$1,784 \times 10^{-3}$	-189,4	-185,8			$1,7 \times 10^{-4}$	-
As	5,720	817	613			-	4,7
Ba	3,500	714	1640	980	500	-	-
Be	1,84	1277	2770	29300	13500	1,47	11,6
Pb	11,340	327,4	1725	1600	570	0,34	29,3
B	2,340	2030					8,3
Br	3,120	-7,2	58				
Cd	8,650	321	765	6400	2400	0,92	29,8
Cs	1,903	28,7	690	175			97
Ca	1,550	838	1440	2000	750	1,26	22,3
Ce	6,770	804	3470	3060	1230	0,11	8
Cl	$3,21 \times 10^{-3}$	-101	-34,7			$0,7 \times 10^{-4}$	
Cr	7,190	1875	2665	16000	7300	0,67	6,2
Fe	7,870	1536	3000	21000	8300	0,75	14,0
F	$1,696 \times 10^{-3}$	-219	-188				
Ga	5,907	29,8	2237	1000	430	0,34	18,0
Ge	5,323	937	2830	8000	3000	0,59	5,8
Au	19,320	1063,	2970	7900	2820	2,98	14,2
He	$0,178 \times 10^{-3}$	-269,7	-268,9			$13,9 \times 10^{-4}$	
In	7,310	156,2	2000	1070	380	0,24	33
Ir	22,500	2454	5300	53800	21400	0,59	0,8
J	4,940	113,7	183			$43,6 \times 10^{-4}$	93
K	0,860	63,7	760	360	130	1,01	83
Co	8,85	1495	2900	21000	7600	0,67	13,8
C	2,250	3727	4830	100000		0,24	0,6 - 4,3
C	3,510			80500			
Kr	$3,74 \times 10^{-3}$	-157,3	-152			$0,88 \times 10^{-4}$	
Cu	8,960	1083	2595	12500	4600	3,94	16,5
La	6,190	920	3470	3850	1500	0,14	5
Li	0,534	180	1330	1170	430	0,71	56
Mg	1,740	650	1107	4515	1770	1,54	27,1
Mn	7,430	1245	2150	16200	7800	0,05	22

| Gruppen-Nr. 2.4 | **Metalle/Nichtmetalle** | Abschn./Tab. **MN/2** |

Chemisch-physikalische Kennwerte wichtiger Elemente (Grundstoffe)

Name	Chemisches Symbol	Ordnungszahl	relative Atommasse	Atomradius r_A in nm · 0,1	Gitter	Wertigkeit
Molybdän	Mo	42	95,95	1,320	krz	4+
Natrium	Na	11	22,99	1,857	krz	
Neon	Ne	10	20,18	1,600	kfz	inert
Nickel	Ni	28	58,71	1,245	kfz	2+
Niob	Nb	41	92,91	1,249	krz	5+
Osmium	Os	76	190,21	1,357	Hex.	4+
Palladium	Pd	46	106,70	1,375	kfz	
Phosphor	P	15	30,97	1,280	kub.	5+
Platin	Pt	78	195,09	1,387	kfz	
Quecksilber	Hg	80	200,61	1,552		2+
Rhenium	Re	75	186,22	1,370	Hex.	
Rhodium	Rh	45	102,91	1,344	kfz	3+
Rhutenium	Ru	44	101,10	1,352	Hex.	4+
Sauerstoff	O	8	16,00		kub.	2−
Schwefel	S	16	32,06	1,060		2−, 6+
Selen	Se	34	78,96	1,160	Hex.	2−
Silber	Ag	47	107,88	1,444	kfz	
Silizium	Si	14	28,09	1,176	Diamantg.	4+
Stickstoff	N	7	14,01		Hex.	3−
Strontium	Sr	38	87,63	2,150	kfz (α)	2+
Tantal	Ta	73	180,95	1,429	krz	5+
Tellur	Te	52	127,61	1,430	Hex.	2+
Thallium	Tl	81	204,39	1,704	Hex. (α)	3+
Thorium	Th	90	232,05	1,800	kfz (α)	4+
Titan	Ti	22	47,90	1,458	Hex. (α)	4+
Uran	U	92	238,07	1,380		4+
Vanadium	V	23	50,95	1,316	krz	3+, 5+
Wasserstoff	H	1	1,008		Hex.	
Wismut	Bi	83	209,0	1,556		
Wolfram	W	74	183,86	1,369	krz	4+
Xenon	Xe	54	131,30	2,210	kfz	inert
Zink	Zn	30	65,38	1,332	Hex.	2+
Zinn	Sn	50	118,70	1,509	Tetr. (β)	4+
Zirkon	Zr	40	91,22	1,580	Hex. (α)	4+

| Gruppen-Nr. 2.4 | Metalle/Nichtmetalle | Abschn./Tab. MN/2 |

Chemisch-physikalische Kennwerte wichtiger Elemente (Grundstoffe)

Symbol	Dichte ϱ $\frac{g}{cm^3}$	Schmelz-punkt °C	Siede-punkt °C	Elasti-zitäts-modul E $\frac{kN}{cm^2}$	Schub-modul $\frac{kN}{cm^2}$	Wärme-leitfähig-keit λ $\frac{W}{cm \cdot K}$	lineare Wärme-dehnung α $\frac{10^{-6}}{°C}$
Mo	10,220	2610	5560	33600	12200	1,43	4,6
Na	0,971	97,8	892	910	340	1,34	71
Ne	0,899x10^{-3}	-248,6	-246			4,6x10^{-4}	
Ni	8,902	1453	2730	22500	7700	0,92	13,3
Nb	8,570	2468	4927	16000	6000	0,52	7,3
Os	22,57	2700	5500	57000	22800		
Pd	12,02	1552	3980	12300	4400	0,70	11,76
P	1,830	44,2	280				125
Pt	21,450	1769	4530	17300	6200	0,69	8,9
Hg	13,546	-38,4	357			0,08	6,1
Re	21,040	3180	5900	53000	21000	0,71	6,7
Rh	12,440	1966	4500	38600	15300	0,88	8,3
Ru	12,200	2500	4900	44000	17600		9,1
O	1,429x10^{-3}	-101,8	-183			2,5x10^{-4}	
S	2,070	119	444			26,5x10^{-4}	64
Se	4,790	217	685			5x10^{-3}	37
Ag	10,490	960,8	2210	8160	2940	4,18	19,6
Si	2,330	1410	2680	11500	4050	0,84	2,8 – 7,3
N	1,25x10^{-3}	-209,9	-195,8			2,5x10^{-4}	
Sr	2,600	768	1380	1600	620		
Ta	16,600	2996	5425	18900	7000	0,55	6,5
Te	6,240	450	990			0,06	16,7
Tl	11,850	303	1457	810	280	0,39	28
Th	11,660	1750	3850	7970	3160	0,38	12,5
Ti	4,507	1668	3260	11100	3870	0,15	8,6
U	19,070	1132	3818	12000	4000	0,30	6,4–14,1
V	6,100	1900	3400	13000	4710	0,31	8,3
H	0,089x10^{-3}	-259,2	-252,7			17x10^{-4}	
Bi	9,800	271,3	1560	3300	1300	0,09	13,3
W	19,300	3410	5930	41500	17000	1,68	4,5
Xe	5,896x10^{-3}	-111,9	-108			5,2x10^{-4}	
Zn	7,133	419,5	906	10000	3200	1,13	39,7
Sn	7,300	231,9	2270	5500	2060	0,63	23
Zr	6,489	1852	3580	6970	2540	0,15	5,8

| Gruppen-Nr. 2.4 | Metalle/Nichtmetalle | Abschn./Tab. MN/3 |

3. Zugfestigkeit, Dehnung und Härte wichtiger Gebrauchsmetalle

Metall	Zustand	Streck-grenze N/mm^2	Zug-festigkeit N/mm^2	Bruch-dehnung A_5 in % >	Brinell-härte HB 10
Aluminium Al 99,5	weich	30 ... 80	50 ... 90	30 ... 16	20 ... 25
	hart	140 ... 200	130 ... 170	4 ... 8	35
Al-Leg. AlCuMg	weich	60 ... 160	160 ... 220	25 ... 15	40 ... 60
	hart	220	280	2	75 ... 100
Al-Leg. AlMgSi	weich	50 ... 80	110	15	35
	hart	150 ... 200	170 ... 280	3	55 ... 80
Al-Leg. AlMg3	weich	80	180	15 ... 17	45
	hart	180	260	3 ... 4	75
Al-Leg. G AlSiMg	unbe-handelt	100 ... 130	150 ... 200	5 ... 1	50 ... 70
(Kokillenguß)	ausge-härtet	160 ... 290	200 ... 300	4 ... 1	80 ... 100
Blei			14	60	4
Eisen, rein			120	220	50	60
Stahl mit 0,1 % C	geglüht	190 ... 230	380 ... 420	30	100
Stahl mit 0,85 % C		450	900	13	250
Stahl mit 5 % Ni, 0,2 % C	geglüht	400 ... 450	350 ... 700	22	160
	gehärtet	520 ... 600	700 ... 950	15	200
Stahl mit 18 % Cr, 8 % Ni	abge-schreckt	etwa 250	etwa 550 ... 750	etwa 50	etwa 130 ... 180
Gold	gezogen	140	270	50	18
Cadmium			64	17	16

1 kN/cm² = 10 kN/mm²
1 N/m² = 1 Pa (Pascal); 1 N/mm² ≈ 0,1 kN/cm²
Streckgrenze R_e bzw. R_c; Zugfestigkeit R_m

| Gruppen-Nr. 2.4 | **Metalle/Nichtmetalle** | Abschn./Tab. MN/3 |

Zugfestigkeit, Dehnung und Härte wichtiger Gebrauchsmetalle

Metall	Zustand	Streckgrenze N/mm^2	Zugfestigkeit N/mm^2	Bruchdehnung A_5 in % >	Brinellhärte HB 10
Kupfer	weich-	40...70	200...250	50...30	40...50
	hart-				
	gezogen	300...400	350...450	5...1	80...100
Messing CuZn 30	weich		400...500	35...50	70...160
Messing CuZn 37	hart		470...580	28...15	110...180
Messing CuZn 33 Pb		80	150...200	12...8	60
Bronze G-CuPb 10 Sn		50...80	200...220	8...10	75...80
Bronze G-CuPb 22 Sn		65	320	20	30...40
Bronze G-CuAl 8 Mn	weich		300...450	50	60...100
	hart			8...15	130
Neusilber	geglüht	≈ 150	≈ 400	≈ 40	≈ 80
CuNi 18 Zn 19	hart	≈ 500	≈ 570	≈ 9	≈ 160
Magnesium			200	10	25
Mg-Leg. MgMn	geknetet	120...160	180...270	1,5...5	35...42
Mg-Leg. MgAl 6	geknetet	180...240	260...320	16...8	60
Nickel Ni 98	weich	≈ 120	400...450	≈ 45	80...90
	hart	≈ 760	≈ 800	≈ 2	180...200
Monel (67% Ni, 28% Cu)	kaltverformt		788	19,5	200
Silverin (67% Ni, 28% Cu)	kaltverf.		650	10	179
	weich		460	≈ 44	95
Platin	gezogen	260	340	50	55
Silber	angelassen	30	160	20...50	25
Zink (Reinzink)	gewalzt	150...180	200...250	20	55
	gewalzt u. geglüht	80...100	120...160	35...45	30...35
					25
	gegossen	20	30	1	
Zn-Leg. D ZnAl 4			250...280	1,5	60...70
Zinn			27,5	40	5

Streckgrenze R_e, Zugfestigkeit R_m

| Gruppen-Nr. 3.1 | Metalle/Nichtmetalle | Abschn./Tab. MN/4 |

4. Dichte verschiedener Stoffe (in kg/dm³, Gase in kg/m³)

a) Feste Körper	Dichte ϱ	a) Feste Körper	Dichte ϱ
Aluminium, chemisch rein	2,702	Kork	0,24
Asbest	2,1...2,8	Kupfer, gegossen	8,80...8,92
Beton	1,80...2,45	Leder, trocken	0,86
Blei	10,3...11,39	Marmor, gewöhnlicher	2,02...2,85
Braunkohle	1,2...1,5	Messing, gegossen	8,4...8,7
Diamant	3,5...3,6	Papier	0,70...1,1
Fette	0,92...0,94	Platin, gegossen	21,15
Flußeisen	7,85	Porzellan	2,3...2,5
Glas	2,40...3,90	Schnee, lose	0,125
Gold, gediegen	19,33	Silber, gegossen	9,40...10,53
Gummi (Kautschuk) roh	0,92...0,96	Stahl	7,85...7,87
Gußeisen	7,25	Steinkohle im Stück	1,2...1,5
Eiche, lufttrocken	0,69...1,03	Torf, Erde	0,64
Kiefer (Föhre) lufttr.	0,31...0,76	Wolfram	19,3
Kalk, gebrannt	0,9...1,3	Zemente	0,82...1,95
Kalkstein	2,46...2,84	Ziegel, gewöhnlich	1,4...1,6
Kies	1,8...2,0	Zink, gegossen	6,7...7,14
Koks im Stück	1,4	Zinn, gegossen	7,20...5,76

Kieselgur, lose 0,1...0,25   Aktivkohle 1,3...1,5

b) Flüssigkeiten	Dichte ϱ	bei °C	Flüssigkeiten	Dichte ϱ	bei °C
Alkohol, wasserfrei	0,79	15	Petroleum, Leucht.	0,79...0,82	15
Benzin	0,68...0,70	15	Quecksilber	13,60	0
Benzol	0,90	0	Salpetersäure (25%)	1,15	15
Brom	3,12	0	Salzsäure (10%)	1,05	15
Glycerin, wasserfrei	1,26	0	Schwefelsäure, rauchende	1,89	15
Mineralschmieröle	0,90...0,93	20			

c) Gase u. Dämpfe bei 0°C und 1 bar	Dichte ϱ	c) Gase u. Dämpfe bei 0°C und 1 bar	Dichte ϱ
Ätherdampf	2,586	Leuchtgas	0,34...0,44
Alkoholdampf	1,601	Sauerstoff	1,42895
Chlor	3,22	Stickstoff	1,2505
Grubengas (Sumpfgas)	0,559	Wasserdampf	0,6233
Kohlensäure	1,5291	Wasserstoff	0,08987

5. Neue Stahlsorten-Bezeichnung: Allgemeine Baustähle
(Auszug aus DIN 17 100 (1980) und EURONORM 25 (1972))

Die DIN-Normblattausgabe vom Januar 1980 hat nur noch 11 Stahlgrundsorten (gegenüber früher 24 Grundsorten) und 33 Sorten mit besonderen Gebrauchseigenschaften (statt 44).

Die Gütegruppe 1 wurde bei allen Stahlsorten generell gestrichen. Die Stahlgüten St 34 wurden ebenfalls alle gestrichen. Entsprechend den EURONORM-Vorschlag fielen die Stahlsorten St 42-2, St 42-3, St 46-2 und St 46-3 fort; als Ersatz wurden St 44-2 und St 44-3 neu aufgenommen. Bei vielen Stahlsorten wurde auch die Werkstoff-Nummer geändert.

Neue DIN-Bezeichnungen		EURONORM-Bezeichnung	Alte Werkstoff-Nr.	Anwendungsbeispiele
Kurzname	Werkstoff-Nr.	Kurzname		
St 33	1.0035	Fe 310-0	1.0033	Für untergeordnete Zwecke ohne Desoxidation
St 37-2	1.0037	–	–	ohne Desoxidation
USt 37-2	1.0036	Fe 360-BFU	1.0112	U ab 3···100 mm Dicke, für Stahlbau. Schweißkonstr. bis 12,5 mm.
RSt 37-2	1.0038	Fe 360-BFN	1.0114	R ab 12,5 mm Dicke, für Schweißkonstruktionen, Bolzen, Flansche, Armaturen.
St 37-3U St 37-3N	1.0116 1.0116	Fe 360-C Fe 360-D	1.0116	für hohe dynamische Schweißnahtbelastungen, Hohlprofile.
St 44-2 St 44-3U St 44-3N	1.0044 1.0044 1.0044	Fe 430-B Fe 430-C Fe 430-D	–	Gesenk- und Freiformschmiedestücke, gute Zerspanbarkeit, verschleißfest, kaltspröde; für Flansche, Kurbeln, Preßstücke, Schäkel, Treibstangen, Wellen
St 50-2	1.0050	Fe 490-2	1.0532	Achsen, Kurbelwellen; Form- und Stabstahl für höhere Festigkeiten, Bleche ab 3 mm Dicke.
St 52-3U St 52-3N	1.0570 1.0570	Fe 510-C Fe 510-D	1.0841	Schweißkonstr. für höhere Festigkeiten, Bleche ab 3 mm Dicke.
St 60-2	1.0060	Fe 590-2	1.0542	Buchsen, Kolbenstandgen, Keile, Paßfedern, Spindeln, Schnecken, Zahnräder, Walzen.
St 70-2	1.0070	Fe 690-2	1.0632	Gesenke, Gußformen, Preßdorne, Werkzeuge, Ziehringe

Anmerkungen: Mit Ausnahme des Stahls USt 37-2, der unberuhigt geliefert wird, werden alle Stahlgüten der Klasse -2 beruhigt und die der Güteklasse -3 besonders beruhigt geliefert.
Für Stahlgüten mit besonderen Gütevorschr. gelten besondere Kennzeichnungen (und W-Nr.), z. B. Q für Abkanten, Z für Blankzeichen, P für Gesenkschmieden, K für Walzprofilieren und Ro für geschweißte Rohre (und für Hohlprofile), die vor die Stahlsorten gesetzt werden (z. B. ZSt 44-2). Lieferzustand: U für warmgewalzt, N für normalgeglüht.

| Gruppen-Nr. 2.4 | **Metalle/Nichtmetalle** | Abschn./Tab. **MN/6** |

6. Einfluß von Legierungselementen auf die Werkstoffeigenschaften (Stahllegier.)

Begleit- bzw. Legierungselemente im Stahl → Werkstoffeigenschaft ↓	Al	Cr	Co	C	Cu	Mn	Mo	Ni	Nb	P	Si	N	Ta	Ti	V	W
Dauerstandsfestigkeit		O	O	O			●	O							●	O
Dehnung		△	△	◄	◄	△	△	O		△	△					△
Festigkeit		●		●	O	●	△	O	O	O	●		O	O	O	O
Härte		O	O	●	O	O	O	O	O	△	△		O	O	△	O
Kaltverformbarkeit																
Kerbschlagzähigkeit	△			◄	◄	O		O	O	△	O	◄	O	O	△	△
Korrosionswiderstand		O	O		●	O	O	O	O	O			O	O	O	
Streckgrenze				O			O									
Tiefziehfähigkeit			O	◄												
Verschleißwiderstand			O	O							△					
Warmfestigkeit		●					●								O	

Kennzeichen: O erhöht   ● erhöht stark   △ erniedrigt   ▲ erniedrigt stark

11-10

Gruppen-Nr. 2.5 | Metalle/Nichtmetalle | Abschn./Tab. MN/7

7. Elektrochemische Konstanten der Elemente

Element	Äquivalentgewicht	Wertigkeit	Abgeschiedene Menge[1]) g/A · h	Schichtdicke[1]) nach 1 Stunde bei 1 A/dm² µ	Kathodische Stromausbeute üblicher Bäder %
Al	8,99	3	0,335	12,4	85—98[2])
Sb	40,6	3	1,51	22,5	90—100
As	24,9	3	0,932	16,4	~ 90
Pb	103,6	2	3,87	34,2	95—100
Cr	17,3	3	0,647	9,4	—
	8,65	6	0,324	4,7	10—18
Fe	27,9	2	1,04	13,2	95—100
	18,6	3	0,694	8,8	—
Au	197,1	1	7,35	38,1	70—90
	65,7	3	2,45	12,7	—
Cd	56,2	2	2,09	24,0	90—95
Co	29,5	2	1,099	12,3	90—100
	19,7	3	0,733	8,2	—
Cu	63,6	1	2,37	26,6	65—98
	31,8	2	1,19	13,4	97—100
Mg	12,2	2	0,454	26,7	—
Mn	27,5	2	1,02	13,6	60—75
	18,3	3	0,683	9,1	—
Ni	29,3	2	1,094	12,3	95—98
	19,6	3	0,729	8,2	—
Pd	53,4	2	1,99	16,7	8—20
Pt	48,8	4	1,82	8,5	30—100
Hg	200,6	1	7,48	—	—
Rh	34,3	3	1,28	10,3	80—85
Ag	107,9	1	4,02	38,3	98—100
Zn	32,7	2	1,22	17,2	85—98
Sn	{ 54,4	2	2,21	30,3	} 70—95
	{ 29,7	4	1,11	15,2	
Br	79,9	1	2,98		
Cl	35,5	1	1,32		
F	19,0	1	0,709		
J	126,9	1	4,74		
O	8,0000	2	0,299		
H	1,008	1	0,0376		

[1]) Bei 100 % Stromausbeute.   [2]) Aus wasserfreien Elektrolyten.

| Gruppen-Nr. 2.5 | **Metalle/Nichtmetalle** | Abschn./Tab. MN/8, 9 |

8. Elektrolytische Spannungsreihe

Angaben in Volt gegenüber einer Wasserstoffelektrode

Gold	+1,5	Kobalt	−0,26
Chlor	+1,36	Kadmium	−0,42
Brom	+1,09	Eisen	−0,43
Platin	+0,87	Chrom	−0,56
Quecksilber	+0,86	Zink	−0,76
Silber	+0,80	Aluminium, oxidiert	−0,7 −0,9
Jod	+0,58	Mangan	−1,1
Kupfer	+0,35	Aluminium, blank	−1,45
Arsen	+0,30	Magnesium	−1,87
Wismut	+0,20	Kalzium (Calcium)	−2,5
Antimon	+0,20	Natrium	−2,72
Wasserstoff	0,00	Barium	−2,8
Blei	−0,13	Kalium	−2,95
Zinn	−0,15	Lithium	−3,02
Nickel	−0,25		

Berühren sich zwei Metalle in Gegenwart von Wasser, Säuren usw., so findet eine elektrolytische Zersetzung desjenigen Metalles statt, das in der elektrolytischen Spannungsreihe den niedrigeren Platz hat. Das unedlere Element korrodiert, das edlere wird geschützt.

4. Thermoelektrische Spannungsreihe

Angaben in mV für 100° C Temperaturdifferenz, Bezugsmetall: Kupfer 0° C

Chromnickel	+1,44	Manganin	−0,04
Eisen	+1,04	Aluminium	−0,36
Wolfram	+0,05	Platin	−0,76
Kupfer	0,00	Nickel	−2,26
Silber	−0,04	Konstantan	−4,16

Gruppen-Nr.	Betriebskunde	Abschn./Tab.
Ft 5		Bk/1a, b

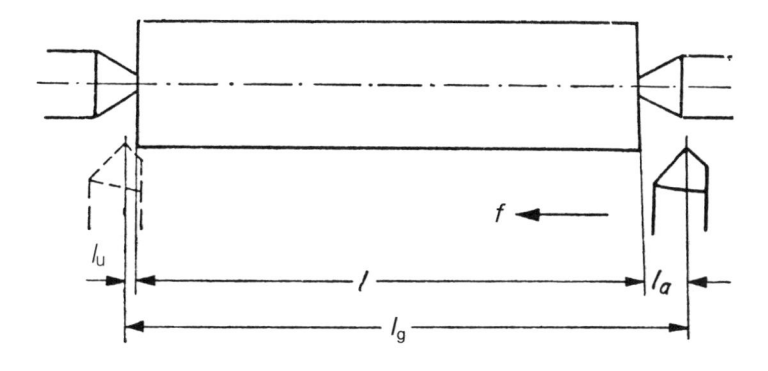

1. Arbeitszeitermittlung (Hauptzeit t_h)

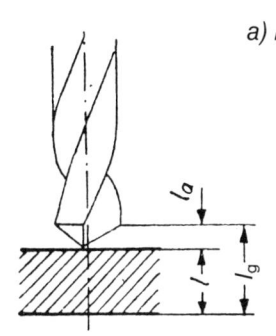

a) Bohren $\quad t_t = \dfrac{l_g}{f \cdot n_c} \quad$ min

Bohrlänge $(l + l_a)$	L_g	mm
Bohrtiefe	l	mm
Anlauf des Bohrers bis zum Schnitt	l_a	mm
Vorschub je Umdrehung	f, f_c	mm/U
Drehfrequenz (Drehzahl) der Bohrspindel	n, n_c	1/min

b) Drehen $\quad t_t = \dfrac{l_g \cdot i}{f \cdot n_c} \quad$ mm

Werkstücklänge $\quad l_g \quad$ mm

beim Langdrehen: $l_g = l + l_a + l_u$
beim Plandrehen:

volle Planfläche $\quad l_g = \dfrac{d_a}{2} + l_a \quad$ mm

Kreisringfläche $\quad l_g = \dfrac{d_a - d}{2} + l_a + l_u \quad$ mm

Anzahl der Schnitte i
Drehlänge (Nennmaß) $\quad l \quad$ mm
Anlauf des Werkzeugs bis zum Schnitt $l_a \quad$ mm
Überlauf des Werkzeugs über l hinaus $l_u \quad$ mm
Außendurchmesser des Werkstücks $\quad d_a \quad$ mm
Innendurchmesser der Kreisringfläche $d \quad$ mm

12 – 1

Gruppen-Nr.	Betriebskunde	Abschn./Tab.
Ft 5		Bk/1c, d

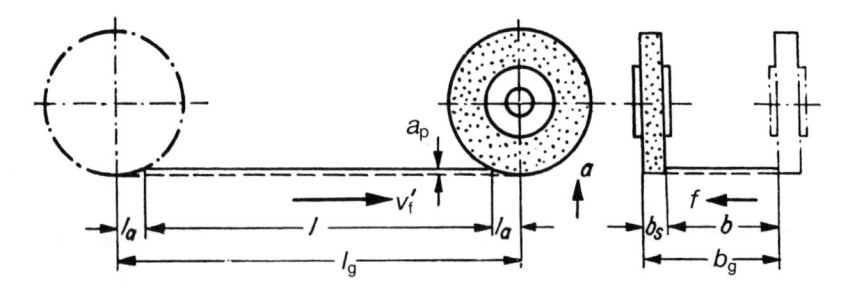

Arbeitszeitermittlung (Hauptzeit t_h)

c) Fräsen $\qquad t_t = \dfrac{l_g \cdot i}{v_f} \qquad$ min

Fräslänge $l_g = l + l_a + l_u$		mm
Länge des Werkstücks	l	mm
Anlauf	l_a	mm
Überlauf	l_u	mm
Schnittzahl	i	—
Vorschubgeschwindigkeit	v_f	mm/min

d) Flachschleifen mit der Umfangschleifscheibe

$$t_t = \frac{l_g \cdot i}{v_f} \qquad \text{min}$$

Schleiflänge $l_g = l + l_a + l_u$		mm
Länge des Werkstücks	l	mm
Anlauf	l_a	mm
Überlauf	l_u	mm
Schnittzahl $\quad i = \dfrac{z}{a_p} \cdot \dfrac{b_g}{f}$		—
Schleifzugabe an jeder Schleiffläche	z	mm
Spantiefe	a	mm
Schleifbreite $b_g = b + b_s$		mm
Breite des Werkstücks	b	mm
Breite der Schleifscheibe	b_s	mm
Seitlicher Vorschub	f, f_e	mm
Längsvorschubgeschwindigkeit	v_f	mm/min

12 – 2

| Gruppen-Nr. Ft 5 | **Betriebskunde** | Abschn./Tab. Bk/1e, f, g |

Arbeitszeitermittlung (Tätigkeitszeit t_t)

e) Rundschleifen $\quad t_t = \dfrac{l_g \cdot i}{f \cdot n} \quad$ min

Schleiflänge $l_g = l + l_a + l_u$		mm
Länge des Werkstücks	l	mm
Anlauf	l_a	mm
Überlauf	l_u	mm
Anzahl der Schnitte	i	—
Vorschub je Umdrehung (U) des Werkstücks	f, f_c	mm/U
Drehfrequenz(-zahl) des Werkstücks	n	1/min

f) Hobeln $\quad t_t = \dfrac{2 \cdot l_g \cdot b \cdot i}{v_{cm} \cdot f} = \dfrac{b \cdot i}{f \cdot n} \quad$ min

Hublänge $l_g = l + l_a + l_u$	l_g	m
Hobelbreite	b_g	mm
Anzahl der Schnitte	i	—
Mittlere Hubgeschwindigkeit	v_{cm}	m/min
Vorschub je Doppelhub (DH)	f	mm
Doppelhubzahl (DH-zahl)	n	1/min

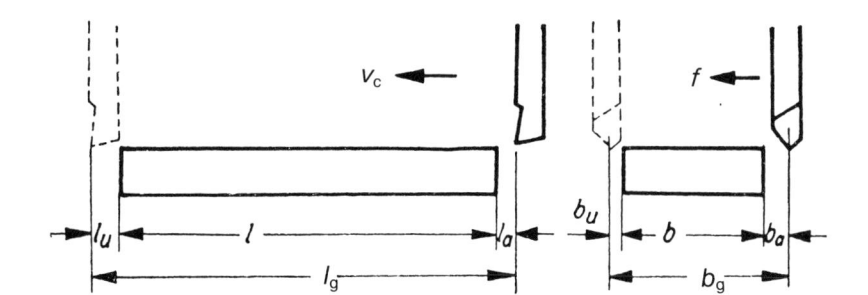

g) Grundzeit t_g = Tätigkeitszeit t_t + Wartezeit t_w + Brachzeit t_b [min]

h) Auftragszeit T = Rüstzeit t_r + Ausführungszeit t_a [$= m \cdot t_e$]

i) Stückzeit t_e = Grundzeit t_g + Verteilzeit t_v + Erholungszeit t_{er}

| Gruppen-Nr. Ft 5 | **Betriebskunde** | Abschn./Tab. Bk/2 |

2. Schnittkräfte: Drehen

Spezifische Schnittkraft

$$k_s = \frac{F_c}{a_p \cdot f} = \frac{F_c}{b\,c} \quad \text{(in N/mm}^2\text{)}$$

(Haupt)Schnittkraft F_c

v_c Schnittgeschwindigkeit (m/min)

$$F_c = k_s \cdot a_p \cdot f \text{ (in N)}$$

F_t Vorschubkraft
F_p Passivkraft, Rückkraft (N)
F_e Gesamtschnittkraft (N)
F_c (Haupt-)Schnittkraft (N)

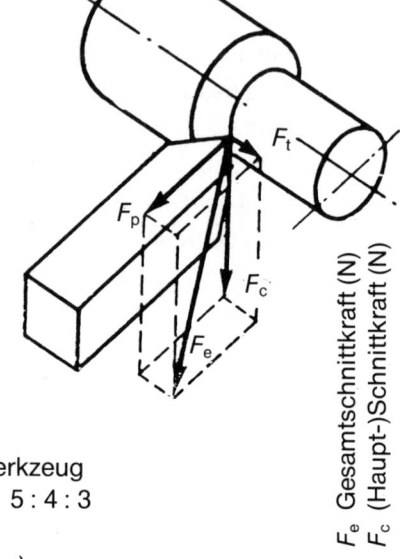

Schnittkräfteverhältnisse
(Annäherungswerte für St 50 und $\varkappa = 45°$)

Scharfes Werkzeug
$F_c : F_p : F_t = 5 : 2 : 1$

Stumpfes Werkzeug
$F_c : F_p : F_t = 5 : 4 : 3$

Zerspanleistung P_e (effektive Leistung)

$$P_e = \frac{k_s \cdot a_p \cdot f \cdot v_s}{60 \cdot 1000} \quad \text{(in kW)}$$

Antriebsleistung P_A

η_D mechanischer Wirkungsgrad der Drehmaschine

$$P_A = \frac{P_e}{\eta_D} \quad \text{(in kW)}$$

η_D abhängig von der Drehspindeldrehzahl und der Belastung.
Für $P_{e\,max}$ ist $\eta_{D\,max} = 0{,}7 \cdots 0{,}88$

Vorschubleistung

F_t Vorschubkraft (in N)

$v_f = n \cdot f$ ist Vorschubgeschwindigkeit (in m/min)

$$P_t = \frac{F_v\, v_f}{60 \cdot 1000} \quad \text{(in kW)}$$

12 – 4

3. Erreichbare Oberflächengüte beim spanenden und spanlosen Formen

(Rauhtiefe und Traganteil), die durch ein bestimmtes
Bearbeitungsverfahren erreicht werden kann

Bearbeitungsverfahren		Rauhtiefe in μm	Mindesttraganteil[1] in %	
			t_{ap} für Rauheit	t_{ap} für Welligkeit
Drehen	Schruppen	40...250		
	Schlichten	10...40		
	Feindrehen (HM)	2,5...10	25	16
	Feinstdrehen (Diamant)	1...2,5	40	25
Hobeln	Schruppen	40...250		
	Schlichten	10...40		
Fräsen	Schruppen	25...100		
	Schlichten	10...25		
	Feinfräsen	4...10	25	10
	Feinstfräsen	1,6...4	40	25
Bohren	Schruppen	25...100		
	Schlichten	10...25		
	Feinbohren (HM, Diamant)	4...10	25	10
	Feinstbohren (Diamant)	1,6...4	40	25
Senken		10...40	10	
Räumen	Räumen	4...25	10	
	Feinräumen	1...4	40	
Schaben	1...3 Pkt/cm²	10...40		
	3...5 Pkt/cm²	2,5...10		
Reiben	Reiben	4...16	10	
	Feinreiben	1...4	25	
Schleifen	Schleifen	4...25	10	
	Feinschleifen	1...4	40	25
	Feinstschleifen	0,25...1	63	40
	Läppschleifen	0,06...0,25	80	63
Zieh-schleifen	Honen	0,4...1,6	63	40
	Feinziehschleifen[2]	0,16...0,6	80	63
	Feinstziehschleifen[2]	0,04...0,16	90	80
Strahlhonen		0,4...4		

| Gruppen-Nr. Ft 5 | Betriebskunde | Abschn./Tab. Bk/3 |

Erreichbare Oberflächengüte beim spanenden und spanlosen Formen

Bearbeitungsverfahren		Rauhtiefe R_z in µm	Mindesttraganteil[1] in %	
			t_{ap} für Rauheit	t_{ap} für Welligkeit
Läppen	Läppen mit Maschinen	0,25...0,6	63	40
	Feinläppen	0,1...0,25	80	63
	Feinstläppen	0,04...0,1	90	80
Polieren	Schwabbeln	0,06...0,25	80	
	Polieren	0,06...0,25	80	
	Preßpolieren	0,4...1,6	80	
	Rollieren	0,4...1,6	80	
Gießen	Sandguß	250...1000		
	Kokillenguß	63...250		
	Druckguß	40...160		
Schmieden	Freiformschmieden	250...1000		
	Gesenkschmieden	100...400		
	Genauschmieden	25...100		
Pressen	Pressen	25...100		
	Prägen	4...25		
Ziehen		4...16	10	
Walzen (Rollen)		0,6...2,5	40	
Sandstrahlen, grob		40...160		
fein		10...40		
Kugelblasen		10...40		

[1]) Traganteil ist das Verhältnis der Traglänge zur Bezugsstrecke

$t_{ap}:100 \frac{L_t}{S_b}$ %. Hierbei ist die Traglänge L_t die Summe der Längen, die eine Linie im Abstand 0,1 R von der Hüll-Linie aus dem Profilausschnitt innerhalb der Bezugsstrecke herausschneidet. R ist die dabei gemessene Rauhtiefe. Die Bezugsstrecke S_b erfaßt lediglich die Rauheit, aber nicht die Welligkeit. Diese entsteht vorwiegend durch Schwingungen am Werkzeug und an der Maschine. Sie beeinflußt oft den Traganteil wesentlich stärker als die Rauheit. Deshalb ist in der rechten Spalte t_{ap} der Profiltraganteil unter Berücksichtigung der Welligkeit noch zusätzlich aufgenommen. (Vgl. hierzu DIN 4760 bis 4762).

[2]) Entspricht superfinish

Gruppen-Nr.	Geometrie	Abschn./Tab.
1.2.–MF		G/1

1. Formeln für Flächenberechnung (Planimetrie)

Art der Fläche	Flächeninhalt A Umfang U Sonstige Angaben	Schwerpunkt S_0 Schwerpunktabstand e Bezeichnungen
1. Dreieck a) spitz- oder stumpf- winklig ($\gamma \neq 90°$)	$A = \dfrac{c\,h_c}{2} = \dfrac{a\,b\,c}{4r} = \varrho\,s$ $= \sqrt{s(s-a)(s-b)(s-c)}$ (Heron) $= \dfrac{1}{2}b\,c\sin\alpha$ $= \dfrac{1}{2}c^2 \cdot \dfrac{\sin\alpha\sin\beta}{\sin\gamma}$ $= 2r^2 \sin\alpha\sin\beta\sin\gamma$ $a = \dfrac{2A}{h_a} \qquad h_a = \dfrac{2A}{a}$ $U = a + b + c;\quad s = \dfrac{U}{2}$	S_0 Schnittpunkt der Seitenhalbieren- den oder Schwerlinien (schneiden die Mitten der gegenüberliegenden Seiten) $e = \tfrac{1}{3}h_c$ $e_z = \tfrac{1}{3}(z_a + z_b + z_c)$ Abstand von einer beliebigen Achse $2m_c^2 = a^2 + b^2 - \dfrac{1}{2}c^2$ $m_c = \dfrac{1}{2}\sqrt{2(a^2+b^2) - c^2}$ a, b, c Seiten h_a, h_b, h_c Höhen m_a, m_b, m_c Seitenhalbierende $\alpha + \beta + \gamma = 180°$ r Umkreishalbmesser ϱ Inkreishalbmesser m_c Seitenhalbierende von c
b) gleichschenklig	$A = \dfrac{a\,h_a}{2}$ $h_a = \sqrt{b^2 - \dfrac{a^2}{4}}$ $U = a + 2b$	a Grundlinie b Schenkel h_a Höhe
c) gleichseitig	$A = \dfrac{a^2}{4}\sqrt{3}$ $h = \dfrac{a}{2}\sqrt{3}$ $U = 3a$	a Seite h Höhe

Fortsetzung

| Gruppen-Nr. 1.2.–MF | **Geometrie** | Abschn./Tab. G/1 |

Art der Fläche	Flächeninhalt A / Umfang U / Sonstige Angaben	Schwerpunkt S_0 / Schwerpunktabstand e / Bezeichnungen
d) rechtwinklig ($\gamma = 90°$)	$A = \dfrac{ch}{2} = \dfrac{ab}{2}$ (Pythagoras) $c^2 = a^2 + b^2; \ c = \sqrt{a^2 + b^2}$ $a = \sqrt{c^2 - b^2}; \ b = \sqrt{c^2 - a^2}$ (Thales) $a = \sqrt{qc}; \ b = \sqrt{pc}$ $h^2 = pq; \ c = p + q$ $U = a + b + c$	$e_1 = \dfrac{1}{3}h$ (a und b halbieren) S_0 siehe unter 1. a): Schwerlinien $m_c = \dfrac{c}{2}$ a, b Katheten c Hypotenuse $h_c = h; \ h_a = b; \ h_b = a$ p Projektion von b auf c q Projektion von a auf c m_c Seitenhalbierende von c
2. Trapez	$A = \dfrac{(a+b)}{2} \cdot h = m\,h$ $h = \dfrac{2A}{a+b};$ $a = \dfrac{2A}{h} - b; \ b = \dfrac{2A}{h} - a$ $U = a + b + c + d$	S_0 Schnittpunkt der Verbindungslinien GH und EF $e_1 = \dfrac{h}{3} \cdot \dfrac{a + 2b}{a + b}$ $x = \dfrac{pa + qb}{p + q}$ $\quad a \| x \| b$ a, b Grundlinien c, d Schenkel h Höhe GH, EF Schwerlinien $MN = m$ (Mittellinie) $= \dfrac{1}{2}(a + b)$
3. Rechteck	$A = ab$ $a = \dfrac{A}{b}; \ b = \dfrac{A}{a}$ $U = 2a + 2b = 2(a + b)$	S_0 Schnittpunkt der Diagonalen; $e_1 = e_2 = b/2$ a, b Seiten d_1, d_2 Diagonalen $d_1 = d_2 = \sqrt{a^2 + b^2}$ $\alpha = \beta = \gamma = \delta = R$ $h = b$ Höhe
4. Parallelogramm Rhomboid	$A = ah$ $h = \sqrt{b^2 - g^2} = \dfrac{A}{a}$ $a = \dfrac{A}{h}$ $U = 2a + 2b = 2(a + b)$	S_0 Schnittpunkt der Diagonalen; $e_1 = e_2 = h/2$ a, b Seiten h Höhe d_1, d_2 Diagonalen $\alpha = \gamma \quad \alpha + \beta = 180°$ $\beta = \delta \quad \alpha + \delta = 180°$
5. Quadrat	$A = a\,a = a^2 = \dfrac{1}{2}d^2$ $a = \sqrt{A} = \sqrt{d^2/2} = \dfrac{d}{2}\sqrt{2}$ $d = \sqrt{2a^2} = a\sqrt{2} = 1{,}4142\,a$ $U = 4a$	S_0 Schnittpunkt der Diagonalen; $e_1 = e_2 = a/2$ a Seite d_1, d_2 Diagonalen ($d_1 \perp d_2$) $\alpha = \beta = \gamma = \delta = 90°$

Fortsetzung

| Gruppen-Nr. | Geometrie | Abschn./Tab. |
| 1.2.–MF | | G/1 |

Art der Fläche	Flächeninhalt A Umfang U Sonstige Angaben	Schwerpunkt S_0 Schwerpunktabstand e Bezeichnungen
6. Regelmäßiges Vieleck	$A = \frac{1}{4} n a^2 \cot \frac{\varphi}{2}$ $= \frac{1}{4} n a^2 \cot \alpha$ $= \frac{1}{2} n r^2 \sin \varphi$ $= \frac{1}{8} n D^2 \sin$ $= n \varrho^2 \tan \alpha$ $= n \frac{a \varrho}{2}$ $\approx 0{,}866 \, d^2$ (6 kant) $\approx 0{,}828 \, d^2$ (8 kant) $U = n a$	n Seitenzahl; a Seite r Halbmesser des Umkreises $D =$ Umkreis-Durchmesser $\varrho =$ Halbmesser des Inkreises d Inkreis-Durchmesser $=$ Schlüsselweite S $\varphi = \frac{360°}{n}$ Zentriwinkel zur Seite $\alpha = \frac{180°}{n} = \frac{\varphi}{2}$ $180° - 2\alpha$ Eckwinkel des Vielecks S_0 im Mittelpunkt des Vielecks $a = 2 \sqrt{r^2 - \varrho^2} = 2 r \sin \frac{180°}{n}$ $\varrho = r \cos \frac{180°}{n}$
7. Kreis	$A = \frac{\pi}{4} d^2 = \pi r^2$ $= 0{,}7854 \, d^2 = 3{,}1416 \, r^2$ $r = \sqrt{\frac{A}{\pi}}$ $d = \sqrt{\frac{4A}{\pi}}$ $U = \pi d = 2 \pi r$	S_0 Zentrum (Mittelpunkt) r Halbmesser (Radius) d Durchmesser K Kreislinie (Peripherie)
8. Kreisausschnitt (Sektor)	$A = \frac{1}{2} b r = \frac{\varphi}{360°} \pi r^2$ $\varphi = \frac{180° \, b}{\pi r} = 57{,}296 \frac{b}{r}$ $b = \frac{\varphi}{180°} \pi r = 0{,}01745 \, r \varphi$ $r = \sqrt{\frac{360° A}{\pi \varphi}} = \frac{180° \, b}{\pi \varphi}$ $U = 2r + b$	S_0 Schwerpunktlage $e = \frac{2 r s}{3 b} = \frac{r^2 s}{3 A} = \frac{2}{3} r \cdot \frac{\sin \alpha}{\alpha}$ für Sechstelkreis: $e = \frac{2r}{\pi} = 0{,}6366 \, r$ für Viertelkreis: $e = \frac{4r}{3\pi} \sqrt{2} = 0{,}6002 \, r$ für Halbkreis: $e = \frac{4r}{3\pi} = 0{,}4244 \, r$ $s =$ Sehne; r Halbmesser (Radius) φ Zentriwinkel zur Sehne $\alpha = \varphi/2$; b Kreisbogenlänge

Fortsetzung

| Gruppen-Nr. 1.2.–MF | Geometrie | Abschn./Tab. G/1 |

Art der Fläche	Flächeninhalt A Umfang U Sonstige Angaben	Schwerpunkt S_0 Schwerpunktabstand e Bezeichnungen
9. Kreisabschnitt (Segment) 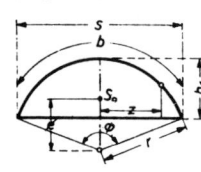	$A = \dfrac{1}{2} r^2 \left(\dfrac{\pi \varphi}{180°} - \sin \varphi \right)$ $ = \dfrac{1}{2} [r(b-s) + s b] \approx \dfrac{2}{3} s h_1$, wenn φ klein ist; $r \approx \dfrac{s^2 + 4 h_1^2}{8 h_1}$ $b = \pi r \dfrac{\varphi}{180°} = 0{,}01745\, r \varphi$ $U = s + b$ $s = 2 r \sin \dfrac{\varphi}{2} = 2 \sqrt{h_1 (2r - h_1)}$	e Schwerpunktabstand vom Kreismittelpunkt h_1 Pfeil-, Abschnitts-, Segmenthöhe $h_1 = r - r \cos \dfrac{\varphi}{2}$ $ = r \left(1 - \cos \dfrac{\varphi}{2} \right)$ $ = r - \sqrt{r^2 - \dfrac{1}{4} s^2}$ $e = \dfrac{s^3}{12 A} = \dfrac{2 r^3 \sin^3 (\varphi/2)}{3 A}$ s Sehne r Halbmesser n Zentriwinkel zur Sehne b Kreisbogenlänge
10. Kreisring 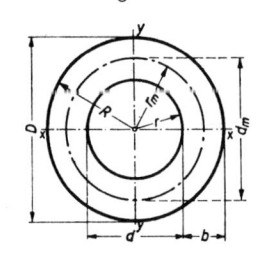	$A = A_1 - A_2$ $ = \dfrac{1}{4} \pi (D^2 - d^2)$ $ = 0{,}785 (D^2 - d^2)$ $ = \pi (R^2 - r^2)$ $ = \pi d_m b;\ = 2 \pi r_m b$ $r_m = \dfrac{1}{2} (R + r)$ $d_m = \dfrac{1}{2} (D + d)$ $U = 2 \pi (R + r)$	S_n Zentrum der beiden Kreise D Durchmesser R Halbmesser des großen Kreises d Durchmesser r Halbmesser des kleinen Kreises d_m mittlerer Durchmesser r_m mittlerer Halbmesser $b = \dfrac{1}{2} (D - d)$ Ringbreite A_1 Inhalt des großen Kreises A_2 Inhalt des kleinen Kreises
11. Halbkreis 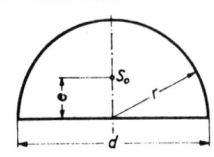	$A = \dfrac{\pi r^2}{2} = 1{,}571\, r^2$ $ = 0{,}3927\, d^2$ $U = r(2 + \pi) = 5{,}14\, r$	S_0 im Abstande e vom Mittelpunkt auf der Mittelachse $e = \dfrac{4 r}{3 \pi} = 0{,}4244\, r$ d Durchmesser r Halbmesser (Radius)
12. Halbkreisring 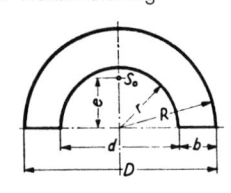	$A = \dfrac{\pi (R^2 - r^2)}{2}$ $ = \dfrac{\pi}{8} \cdot (D^2 - d^2)$ $U = \pi (R + r) + 2 (R - r)$	$e = \dfrac{2}{3} \dfrac{(D^3 - d^3)}{\pi (D^2 - d^2)}$ wenn $b < 0{,}2\, R$, ist $e \approx 0{,}32\, (R + r)$ Siehe „Kreisring" Punkt 13

13–4   Fortsetzung

| Gruppen-Nr. 1.2.–MF | Geometrie | Abschn./Tab. G/1, 2 |

Art der Fläche	Flächeninhalt A Umfang U Sonstige Angaben	Schwerpunkt S_0 Schwerpunktabstand e Bezeichnungen
13. Beliebige Fläche 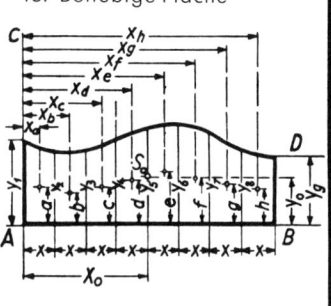	$A = \dfrac{x}{3}(y_1 + 4y_2 + 2y_2 + 4y_4 + 2y_5 + \ldots + 2y_{n-2} + 4y_{n-1} + y_n)$ (Simpsonsche Regel) $A = f_a + f_b + \ldots f_n$ Eine beliebige Fläche, die durch krumme Linien begrenzt ist, wird in eine gerade Anzahl gleichbreiter Streifen x mit den Senkrechten $y_1 \ldots y_n$ zerlegt (n also ungerade, im nebenstehenden Falle $n = 9$)	Schwerpunktermittlung Zerlegung der Gesamtfläche in Teilflächen, deren Schwerpunktslagen bekannt sind. Abstand von S_0 ist, wenn $f_a, f_b \ldots$ die Teilflächeninhalte, $a, b \ldots n$ und $x_a, x_b \ldots x_n$ die zugehörenden Schwerpunktabstände sind: $x_0 = \dfrac{f_a x_a + f_b x_b + \ldots + f_n x_n}{A}$ $y_0 = \dfrac{f_a a + f_b b + \ldots + f_n n}{A}$ $AC \perp AB$ Die Fläche ist in beliebig großen Streifen x zerlegt, die $\perp AB$ stehen. x_0 Abstand des Schwerpunkts von AC y_0 Abstand des Schwerpunkts von AB $x_a, x_b, x_c \ldots x_n$ Abstände der Teilschwerpunkte von AC $a, b, c \ldots n$ Abstände der Teilschwerpunkte von der Strecke AB

2. Formeln für Körperberechnung (Stereometrie)

Art des Körpers	Rauminhalt V Oberfläche O Mantelfläche M Sonstige Angaben	Schwerpunktslage S_0 Bezeichnungen und Bemerkungen
1. Würfel Kubus 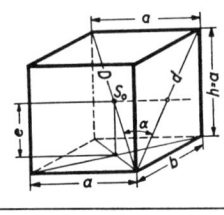	$V = a^3 = \dfrac{d^3}{2\sqrt{2}} = \dfrac{d^3}{2{,}8284}$ $D = \sqrt{3a^2} = a\sqrt{3} = 1{,}7321\,a$ $d = \sqrt{2a^2} = a\sqrt{2} = 1{,}4142\,a$ $O = 6a^2 = 3d^2$ $M = 4a^2$	S_0 Schnittpunkt der Volumendiagonalen $a = \sqrt[3]{V} \quad a = \sqrt{\dfrac{O}{6}}$ $e = \dfrac{a}{2} = \dfrac{h}{2}$ a und b Seiten; $a = b = h$ D Diagonale des Körpers d Diagonale der Fläche h Höhe
2. Rechteckiges Prisma Quader 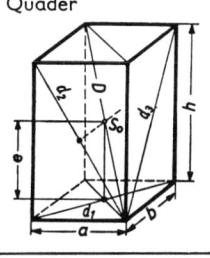	$V = abh$ $D = \sqrt{a^2 + b^2 + h^2}$ $d_1 = \sqrt{a^2 + b^2}$ $d_2 = \sqrt{a^2 + h^2}$ $d_3 = \sqrt{b^2 + h^2}$ $O = 2(ab + ah + bh)$ $M = 2h(a + b)$	S_0 Schnittpunkt der Volumendiagonalen $F = ab$ Grundfläche h Höhe a, b Seiten der Grundfläche e Schwerpunktsabstand d_1, d_2, d_3 jeweilige Diagonalen als Hypotenusen der in den Formeln vorkommenden Seiten

Fortsetzung

13 – 5

| Gruppen-Nr. 1.2.–MF | Geometrie | Abschn./Tab. G/2 |

Art des Körpers	Rauminhalt V Oberfläche O Mantelfläche M Sonstige Angaben	Schwerpunktslage S_0 Bezeichnungen und Bemerkungen
3. Dreiseitiges Prisma 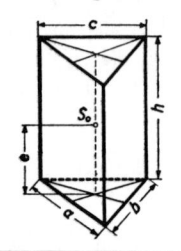	$V = G h \quad h = \dfrac{V}{A}$ $O = (a + b + c) h + 2 G$ $M = (a + b + c) h$	S_0 liegt auf der Verbindungslinie zwischen den Schwerpunkten der Dreiecksgrundflächen $e = \dfrac{h}{2}$ G Grundfläche h Höhe O und M gelten für das gerade dreiseitige Prisma
4. Dreiseitiges Prisma schief abgeschnitten 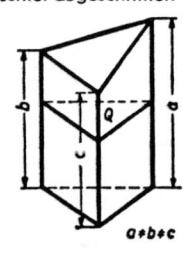	$V = \dfrac{1}{3} Q (a + b + c)$ $Q = \dfrac{3 V}{a + b + c}$	G Grundfläche Q Querschnitt senkrecht zu den parallelen Kanten a, b, c Längen der parallelen Kante
5. Regelmäßiges sechsseitiges Prisma 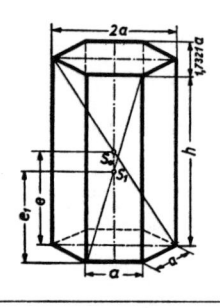	$V = G h = 2{,}598\, a^2 h$ $D = \sqrt{4 a^2 + h^2}$ $h = \dfrac{V}{2{,}598\, a^2}$ $O = U h + 2 F = M + 2 F$ $\quad = 5{,}196\, a^2 + 6 a h$ $M = 6 a h$	$e = \dfrac{h}{2}; \quad e_1 = \dfrac{h}{2}$ S_0 Schnittpunkt der Volumendiagonalen S_1 Schnittpunkt der Seitenflächendiagonalen G Grundfläche Q Normalschnitt D Diagonale des Körpers h Höhe e Schwerpunktsabstand des Körpers e_1 der Seitenflächen
6. Vielseitiges gerades Prisma	$V = G h$ $O = 2 F + n h a$ $M = n h a$	$e = \dfrac{h}{2}$ a Grundkantenlänge h Körperhöhe n Anzahl der Seiten

| Gruppen-Nr. 1.2.–MF | Geometrie | Abschn./Tab. G/2 |

Art des Körpers	Rauminhalt V Oberfläche O Mantelfläche M Sonstige Angaben	Schwerpunktslage S_0 Bezeichnungen und Bemerkungen
7. Kreiskegelstumpf 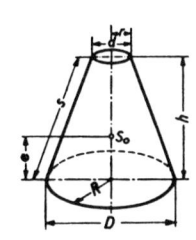	$V = \dfrac{1}{3} \pi h (R^2 + Rr + r^2)$ $= \dfrac{1}{12} \pi h (D^2 + Dd + d^2)$ $= \dfrac{1}{6} \pi h (R^2 + p^2 + r^2)$ $= \dfrac{1}{4} \pi h \left(p^2 + \dfrac{q^2}{3}\right)$ $s = \sqrt{(R-r)^2 + h^2}$ $= \sqrt{q^2 + h^2}$ $h = \dfrac{12\,V}{\pi(D^2 + Dd + d^2)}$ $O = \pi(R^2 + r^2) + M$ $= F + f + M$ Nur für geraden Stumpf: $M = \dfrac{1}{2} \pi s (D + d)$ $= \pi s (R + r) = \pi s p$	$e = \dfrac{h}{4} \cdot \dfrac{R^2 + 2Rr + 3r^2}{R^2 + Rr + r^2}$ R Radius der Grundfläche r der Deckfläche h Höhe e Schwerpunktsabstand F untere, f obere Fläche $p = R + r;\ q = R - r$ D Durchmesser des Grundkreises d des Deckkreises
8. Kreiszylinder (Walze) 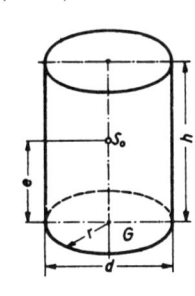	$V = Gh = \pi r^2 h$ $= \dfrac{\pi}{4} d^2 h = 0{,}785\, d^2 h$ Beim schiefen Zylinder: $V = Ql = Gh = \pi r^2 h$ $G = \pi r^2 = \dfrac{\pi}{4} d^2$ $h = \dfrac{V}{G} = \dfrac{V}{\pi r^2} = \dfrac{4V}{\pi d^2}$ $O = M + 2G$ Nur für geraden Zylinder: $O = \pi d \left(h + \dfrac{1}{2} d\right)$ $M = \pi d h = 2 \pi r h$	$e = \dfrac{h}{2}$ $Q = \pi r \cdot r \dfrac{h}{l} = \pi r^2 \dfrac{h}{l}$ G Grundfläche h Höhe Beim schiefen Zylinder: Q Querschnitt, Fläche einer Ellipse mit den Halbachsen r und $r\dfrac{h}{l}$ l Länge der Achse 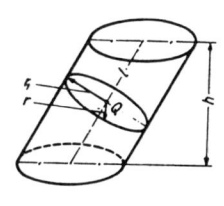

Fortsetzung

| Gruppen-Nr. 1.2.–MF | **Geometrie** | Abschn./Tab. G/2 |

Art des Körpers	Rauminhalt V Oberfläche O Mantelfläche M Sonstige Angaben	Schwerpunktslage S_0 Bezeichnungen und Bemerkungen
9. Gerader Hohlzylinder (Rohr) 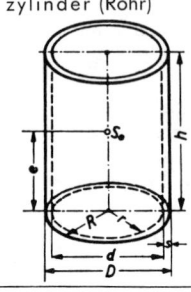	$V = \dfrac{\pi}{4}(D^2 - d^2)h$ $= \pi h(R^2 - r^2) = 2\pi h s r_m$ $= \pi h s(2R - s) =$ $= \pi h s(2r + 2s)$ $s = \dfrac{1}{2}(D - d) = R - r$ $h = \dfrac{V}{\pi(R^2 - r^2)} = \dfrac{4V}{\pi(D^2 - d^2)}$ $r_m = \dfrac{1}{2}(R + r)$ $M = 2\pi h(R + r)$ $O = 2\pi h(R + r) + 2\pi(R^2 - r^2)$	$e = \dfrac{h}{2}$ R, r Radien h Höhe des Zylinders s Wanddicke r_m Mittlerer Radius
10. Schief abgeschnittener Zylinder 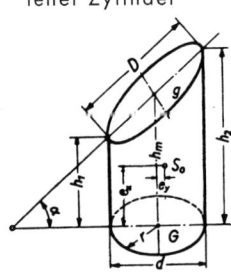	$V = \dfrac{1}{2}\pi r^2(h_1 + h_2)$ $= \pi r^2 h_m$ $G = \pi r^2 = \dfrac{1}{4}\pi d^2$ $D = \sqrt{4r^2 + (h_2 - h_1)^2}$ $g = \pi r \dfrac{D}{2}$ $M = \pi r(h_1 + h_2)$ $= 2\pi r h_m$ $O = \pi r(h_1 + h_2) + G + g$ $= G + M + g$	$e_x = \dfrac{h_1 + h_2}{4} + \dfrac{(h_2 - h_1)^2}{16(h_2 + h_2)}$ $e_y = \dfrac{r(h_2 - h_1)}{4(h_1 + h)_2}$ h_1 kürzeste Seitenlinie h_2 längste Seitenlinie r Grundkreisradius D Hauptachse der Schnittfläche G Grundfläche g Schnittfläche h_m Mittlere Höhe α Neigung der Schnittfläche e_x Schwerpunktabstand von Grundfläche e_y Schwerpunktabstand von Mittelachse des Zylinders
11. Zylinderhut 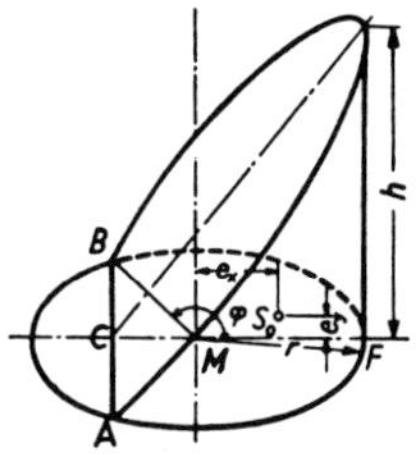	$V = \dfrac{h}{3a}[b(3r^2 - b^2) +$ $\quad + 3r^2(a - r)\varphi]$ Wenn der Grundriß ein Halbkreis ist: $V = \dfrac{2}{3}r^2 h$ $M = \dfrac{2rh}{a}[(a - r)\varphi + b]$ Wenn der Grundriß ein Halbkreis ist: $M = 2rh$ $O = 2rh + \dfrac{1}{2}\pi r^2 + g$ $g = \dfrac{1}{2}\pi r r_1$ $r_1 = \sqrt{a^2 + h^2}$	$e_x = \dfrac{3\pi h}{32}$; $e_y = \dfrac{3\pi r}{16}$ h Seitenlinie $a = FC$ $b = AC = BC$ $r = AM_1 = BM_1 = FM_1$ φ im Bogenmaß $\quad = \dfrac{\varphi^0 \pi}{180°} = \sphericalangle FM_1 B$ $a = b = r$, wenn C mit M_1 zusammenfällt, d. h. wenn Linie AB durch M_1 geht e_x und e_y siehe oben

Fortsetzung

| Gruppen-Nr. 8.3.2 | **Toleranzen/Passungen** | Abschn./Tab. TP/1 |

1. Grundbegriffe: Maße und Toleranzen (Auszug aus DIN 7182, T. 1)

Maß ist der Wert der physikalischen Größe „Länge"; Winkelmaß ist der Wert der physikalischen Größe „ebener Winkel". Zahlenwert und Einheit.

Nennmaß N ist das auf Zeichnungen, Schriftstücken usw. genannte Maß, auf welches die Abmaße bezogen werden (Bilder 1 bis 3); N dient zur Größenangabe und zur Gliederung des Anwendungsbereiches.

Paßmaß M_p ist auf Zeichnungen usw. ein durch Nennmaß mit Kurzzeichen oder mit Abmaßen bezeichnetes Maß, z.B. 25 f7 oder 25 h8; M ist ein toleriertes Maß für eine Paßfläche bzw. ein Paar Paßflächen (Innen- und Außen-).

Istmaß I ist die an einem bestimmten Werkstück durch **Messen** ermittelte Größe. Das Maß ist stets mit einer Meßunsicherheit behaftet (Bild 1).

Sollmaß S ist das Maß, von dem die Istmaße (I) so wenig wie möglich abweichen sollen.

Grenzmaße G sind die zwei auf Zeichnungen usw. angegebenen Maße, zwischen denen das Istmaß beliebig liegen darf, z.B. 24,90 und 25,15 mm (Mindest- und Höchstmaß).

Höchstmaß G_o (z.B. 25,15 mm) ist das größte, **Mindestmaß** G_u (z.B. 24,90 mm) das kleinste der beiden zugelassenen Grenzmaße (Bild 2).

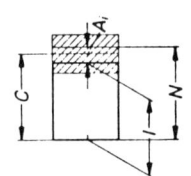

$$A_o = G_o - N$$
$$A_u = G_u - N$$
$$T = G_o - G_u$$
$$T = A_o - A_u$$

Bild 1.
Istmaß (I) und Istabmaß (A_i); Mittenmaß (C) und Nennmaß (N)

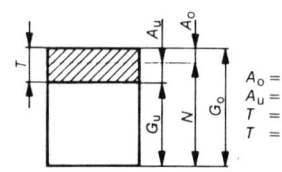

Bild 2.
Toleranzfeld (T)
Grenzmaße (G_u, G_o)
Grenzabmaße (A_u, A_o)
u. Nennmaß (N)

Abmaß A ist der Unterschied zwischen Maß und Nennmaß (DIN 55350 Tl. 12).

Istabmaß A_i ist der Unterschied zwischen Istmaß und Nennmaß (Bild 1).

Grenzabmaß ist das untere oder obere Grenzabmaß.

Oberes Grenzabmaß A_o ist der Unterschied zwischen Höchstmaß und Nennmaß (Bild 2 und 3).

Unteres Grenzabmaß A_u ist der Unterschied zwischen Mindestmaß und Nennmaß (Bild 2 und 3).

14 – 1

Gruppen-Nr. 8.3.2	**Toleranzen/Passungen**	Abschn./Tab. TP/1

Grundbegriffe: Maße und Toleranzen

Grundabmaß ist das Grenzabmaß, das zusammen mit der Maßtoleranz die Lage des Toleranzfeldes festlegt; ISO-Grundabmaß ist A_g.

Winkelabmaß A_w ist Winkelmaß minus Winkelnennmaß (N_w).

Nullinie ist in der grafischen Darstellung der Toleranzfelder die dem Nennmaß und somit dem Grenzabmaß O entsprechende Bezugslinie für Abmaße (Bild 1 bis 3).

Einstellmaß ist das unter Berücksichtigung einer Werkzeugabnutzung vorgegebenes Maß im Toleranzfeld, das sich vom **Sollmaß** unterscheidet.

Prüfmaß ist ein toleriertes Maß, das bei der Prüfung (n. DIN 55350) bezüglich des Prüfumfangs besonders beachtet wird (n. DIN 406 z.B. 24).

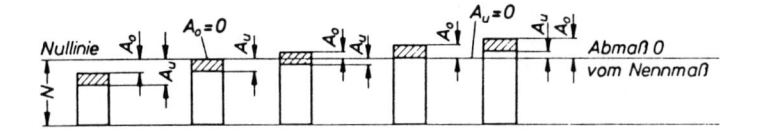

Bild 3. Obere und untere Grenzabmaße in Beziehung zum Nennmaß

Toleranz ist Höchstwert minus Mindestwert und auch obere Grenzabweichung minus unterer Grenzabweichung.

Maßtoleranz T ist der Unterschied zwischen dem Höchstmaß und dem Mindestmaß: kurz auch „Toleranz" genannt (Bild 4).

$$T = G_o - G_u, \text{ z.B. } 25^{+0,15}_{-0,10}, \text{ und zugleich } A_o - A_u.$$

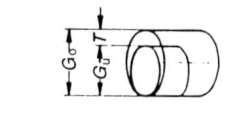

Bild 4. Maßtoleranz

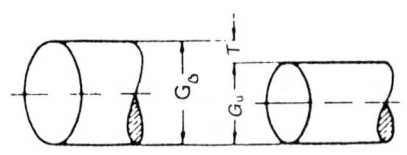

Toleranzbereich ist der Bereich zugelassener Werte zwischen Mindestwert und Höchstwert.

Toleranzfeld ist das Intervall zwischen Mindestmaß und Höchstmaß. Es ist in der grafischen Darstellung das Feld, das durch die Linien Höchstmaß und Mindestmaß begrenzt wird. Das Toleranzfeld gibt sowohl die Größe der Toleranz als auch ihre Lage zur Nullinie an (Bild 5).

| Gruppen-Nr. 8.3.2 | **Toleranzen/Passungen** | Abschn./Tab. TP/1 |

Grundbegriffe: Maße und Toleranzen

Toleranzsystem ist ein System zur Bildung von Toleranzen und Grenzabweichungen. **ISO**-Toleranzsystem s. DIN 7150.

Grundtoleranz ist das einer Toleranzklasse (s. S. 14–5) und einem Nennmaßbereich zugeordnete, in einem Toleranzsystem festgelegte Maßsystem.

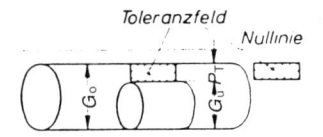

Bild 5. Toleranzfeld

Toleranzreihe ist die bei einer vorgegebenen Toleranzklasse die einer Reihe von Nennmaßbereichen zugeordnete Reihe von Toleranzen.

Formtoleranz T_F ist die zulässige Abweichung von der vorgeschriebenen geometrischen Form (Zylinderform, Ebenheit, Parallelität, Rechtwinkeligkeit usw.); ist der Höchstwert für die Weite des zulässigen Bereiches für Formabweichungen (Bild 6). S. DIN ISO 1101.

Lagetoleranzen T_L ist der Höchstwert für die Weite des zulässigen Bereiches für Lageabweichungen (T_W = Winkeltoleranz).

Toleranzfaktor ist der als Funktion des Nennmaßbereiches festgelegte Faktor zur Berechnung einer Grundtoleranz; ISO-Toleranzfaktor ist i (bzw. I), früher „Toleranzeinheit".

Bild 6. Formtoleranz T_F

14 – 3

| Gruppen-Nr. 8.3.2 | **Toleranzen/Passungen** | Abschn./Tab. TP/2 |

2. Passungen: Grundlagen (z.T. nach DIN 7182)

Passung *P* (Sitz) ist die allgemeine Bezeichnung für die Beziehung zwischen gepaarten Teilen (mit Innen- und Außen-Paßflächen), die sich aus dem Maßunterschied dieser Teile vor dem Paaren ergibt, z.B. zwischen Bohrung 25 H7 und Welle 25 m6.

Paßfläche ist jede der mit einem Paßmaß versehenen Flächen, an denen sich gepaarte Teile berühren oder an denen gegeneinander bewegliche Teile in Berührung kommen können (Paarung = Fügen der zusammengehörigen Paßteile/Formelemente).
 a) Kreiszylinder. Paßflächen = Rundpassung
 b) Ebene Paßflächenpaare = Flachpassung
 c) Kreiskegelige Paßflächen = Kegelpassung

Paßteile sind Teile, mit einer oder mehreren Paßflächen, die für eine Passung bestimmt sind.
 a) Außenteil; b) Innenteil

Grenzpassung ist Mindestpassung P_u oder Höchstpassung P_o (der Innen- bzw. Außenfläche).

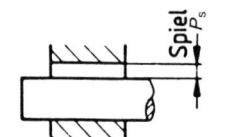

Bild 1.
Spiel P_s

Spiel P_S ist der Unterschied zwischen dem Innenmaß des Außenteils (z.B. der Bohrung) und dem Außenmaß des Innenteils (z.B. der Welle), wenn das Innenmaß größer als das Außenmaß (die Differenz positiv ist): **positive Passung** (Bild 1).

Übermaß $P_Ü$ ist der Unterschied zwischen dem Außenmaß des Innenteils (z.B. der Welle) und dem Innenmaß des Außenteils (z.B. der Bohrung, Bild 2), wenn vor dem Paaren der Paßteile das Außenmaß größer ist als das Innenmaß. Übermaß kann als negatives Spiel angesehen und als **negative Passung** bezeichnet werden.

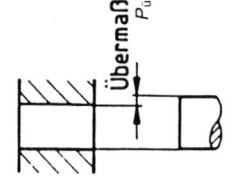

Bild 2.
Übermaß $P_Ü$

$P_{Üo}$ = Höchstübermaß
$P_{Üu}$ = Mindestübermaß

Istpassung (P_{Im}) ist die als Ergebnis von Messungen festgestellte Passung.

Paßtoleranz P_T ist die Toleranz der Passung, nämlich die mögliche Schwankung des Spieles oder des Übermaßes zwischen den zu paarenden Teilen (P_T = Höchstpassung – Mindestpassung = $P_u - P_o$). Sie ist gleich der Summe der Toleranzen von Außenteil und Innenteil ($P_T = P_A + P_I$ bzw. $P_T = P_B + P_W$, d.h. Bohrung und Welle).

$$P_T = P_{So} - P_{Su} = P_{So} + P_{Üo} = P_{Üo} - P_{Üu}$$

Paßtoleranzfelder, z.B. Spiel-, Übergangs- und Übermaß-Toleranzfeld, siehe Bild und Text auf Seite 14–8.

Paßsystem ist ein System zur Bildung von Paßtoleranzen (s.d.).
 EB = ISO-Paßsystem „Einheitsbohrung"
 EW = ISO-Paßsystem „Einheitswelle"

14 – 4

| Gruppen-Nr. 8.3.2 | **Toleranzen/Passungen** | Abschn./Tab. TP/3 |

3. Paßsysteme: Grundlagen (z.T. nach DIN 7182)

Voraussetzung für die wirtschaftliche Fertigung austauschbarer Teile ist die Sicherung des **Zusammenpassens** der Teile in der gewünschten Güte und Toleranzklasse.
Paßsysteme dienen dieser Aufgabe durch Festlegen von **Grenzwerten** für die Maße der Teile (Formelemente). Werden diese Grenzwerte eingehalten, dann passen die Teile in der gewünschten Art.
Wirtschaftlich ist die Anwendung der Paßsysteme nur dann denkbar, wenn ein sinnvolles **Lehrensystem** die Grenzwerte werkstattmäßig zu messen gestattet und
wenn die Zahl der **Meßgrößen** durch Beschränkung auf normale Zahlenwerte soweit nur möglich verringert wird.
Außerdem ist eine einheitliche **Bezugstemperatur** für die Messungen nötig.

Ein **Paßsystem** ist eine systematische Reihe von Passungen, die durch Kombinieren bestimmter Toleranzfelder für Bohrungen und Wellen entsteht.

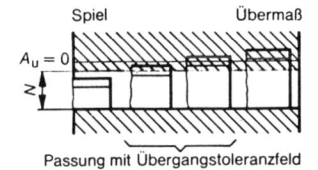

Bild 1. ISO-Paßsystem „Einheitsbohrung"

Bei **Rundpassungen** (Bohrungen und Wellen), unterscheidet man zwei Systeme:

1. **Einheitsbohrungs-System** (*EB*): Bohrung immer gleich ($A_u = 0$), Welle erhält die Maßabweichungen, die den gewünschten Passungscharakter sichern.
2. **Einheitswellen-System** (*EW*): Welle immer gleich ($A_u = 0$), Bohrung erhält die Maßabweichungen, die den gewünschten Passungscharakter sichern.

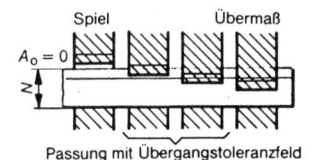

Bild 2. ISO-Paßsystem „Einheitswelle"

Innerhalb dieser beiden Systeme unterscheidet man **3 Gütegrade**:
Spielpassung; $P_{So} = G_{oB} - G_{uW}$; $P_{Su} = G_{uB} - G_{oW}$; $P_T = P_{So} - P_{Su}$

Übergangspassung:
(= Spiel- oder Übermaß)
$P_o = G_{oB} - G_{uW}$; $P_u = G_{oW} - G_{uB}$; $P_T = P_o + P_u$

Übermaßpassung:
(früher Preßpassung)
$P_o = G_{uW} - G_{oB}$; $P_u = G_{oW} - G_{uB}$; $P_T = P_u + P_o$

Jeder Gütegrad (jede Toleranzfeldlage) enthält verschiedene **Sitzarten**, deren Abmaße nach **Toleranzfaktoren** (früher Paß- bzw. Toleranzeinheiten) abgestuft sind. Der Toleranzfaktor *i* ist einheitlich über den gesamten Maßbereich gleich (siehe Tabelle PT/4). Beachte, daß eine **Grundtoleranz** aus zwei Faktoren errechnet wird. Erstens der Klassenfaktor und zweitens der Toleranzfaktor(i).

| Gruppen-Nr. 8.3.2 | **Toleranzen/Passungen** | Abschn./Tab. TP/4 |

4. ISO Passungen

Das von der International Federation of the National Standardizing Organization, d.i. internationalen Vereinigung nationaler Normenausschüsse, aufgestellte System hat einen **Nennmaßbereich** von über 1,6 bis 500 mm (Nullinie ist als Begrenzungslinie geblieben). Ferner wird unterschieden zwischen dem Toleranzsystem, dem Paßsystem und dem Grenzmaßsystem für Lehren.

4.1 ISO-Toleranzsystem

System zur Bildung von Toleranzen und Grenzabweichungen. Der Begriff der Paß- und Toleranzeinheit ist dem des **ISO-Toleranzfaktors** gewichen. Dieser Toleranzfaktor i (I) in µm (= 0,001 mm) wird bestimmt zu

$$i = 0{,}45 \sqrt[3]{D} + 0{,}001\, D,$$

worin D gleich dem geometrischen Mittel der beiden Grenzen eines Nennmaßbereiches in mm ist.

Toleranzfaktor ist der als Funktion des Nennmaßbereiches festgelegte Faktor zur Errechnung einer Grundtoleranz.

Klassenfaktor K ist der als Funktion der Toleranzklasse festgelegte Faktor zur Errechnung einer Grundtoleranz.

Toleranzklasse ist der Schlüssel für die Auswahl von Toleranzen, die unter etwa gleichen Bedingungen im allgemeinen annähernd gleiche Fertigungsschwierigkeiten verursachen (früher „Qualität" genannt).

Es werden in jedem Nennmaßbereich **20 Toleranzklassen** (Toleranzstufen) als Grundtoleranzen gebildet. Dabei bezieht sich der Begriff Toleranzklasse auf die Toleranz des einzelnen Stückes. Die Grundtoleranzreihen werden mit IT 01, 0, 1 bis IT 18 (IT = ISO-Toleranzklasse) bezeichnet. Die Klassen 01 bis 5 dienen vorwiegend für Lehren, 6 bis 11 für Passungen im allgemeinen **Maschinenbau** und 12 bis 18 für gröbere Fertigungstoleranzen.
Die Grundtoleranzen sind von IT 6 ab als Vielfache des Toleranzfaktors i geometrisch mit dem Stufensprung 1,6 gestaffelt. Ihre Zahlenwerte entsprechen damit der Normungszahlenreihe R 5 (vgl. DIN 323); siehe Tab. TP/5.

Die **Größe** der Toleranz liegt nun fest; ihre **Lage** zur Nullinie bestimmt aber erst die Abmessung der Bohrung oder der Welle eindeutig. Die Größe des **Toleranzfeldes** bestimmt sich aus Nennmaß und der Klasse der Passung. Die Angabe im Kurzzeichen erfolgt durch eine **Ziffer**.

Die **Toleranzfeldlage** wird für Bohrungen (Innenmaße) mit **großen** Buchstaben und für Wellen (Außenmaße) mit **kleinen** Buchstaben bezeichnet. Der Buchstabe **H** (Kleinstmaß = Nennmaß) entspricht der **Einheitsbohrung** (s. Bild 1 auf Seite 4–7), entsprechend **h** der **Einheitswelle** (Größtmaß = Nennmaß)
Je weiter nun ein Buchstabe des Alphabets von H bzw. h entfernt ist, desto weiter liegt das Toleranzfeld von der Nullinie ab. Dabei liegen die Toleranzen der Bohrungen A…G oberhalb von K…Z unterhalb der Nullinie,
die Toleranzen der Wellen a…g unterhalb und k…z oberhalb der Nullinie.

Größe und Lage der **Toleranzfelder** werden also durch die Angabe eines Buchstabens (= Lage) und einer Ziffer (= Toleranzklasse) bestimmt. Die **Art der Passung** wird durch entsprechende Wahl der Wellentoleranz bzw. der Bohrungstoleranz erreicht.

| Gruppen-Nr. 8.3.2 | **Toleranzen/Passungen** | Abschn./Tab. TP/4 |

ISO-Passungen

Beispiele:
G7 ist eine Bohrung, deren Toleranzfeld oberhalb der Nullinie beginnt und der die Grundtoleranzreihe der Klasse 7 (IT 7) zugeordnet ist;
h11 bedeutet ein an der Nullinie beginnendes, nach Minus liegendes Toleranzfeld von Toleranzklasse 11.
Diese **Kurzzeichen** sind die Kennzeichen, welche im Schriftverkehr, auf Zeichnungen, bei Lehren usw. benutzt werden. Wird dabei eine bestimmte Paarung angegeben, so steht die Bezeichnung der Bohrung vor der der Welle, z. B. H7/m6. In Zeichnungen schreibt man das Kurzzeichen der Bohrung über das der Welle unter die Maßlinie.

Kennzeichnung eines **tolerierten Maßes**:
    Nennmaß + Toleranzfeldlage + Toleranzklasse, z. B. 50 n 7

Kennzeichnung einer **Passung**:
Nennmaß der gepaarten Teile, z. B. 100 H7 (Toleranzfeld: Innenpaßmaß)
             g6 (Toleranzfeld: Außenpaßmaß)

Zu beachten ist folgendes:
a) ISO-Toleranzen gelten nicht für **Absatzmaße** und **Lochmittenabstände**

Bild 1. ISO-Paßsystem

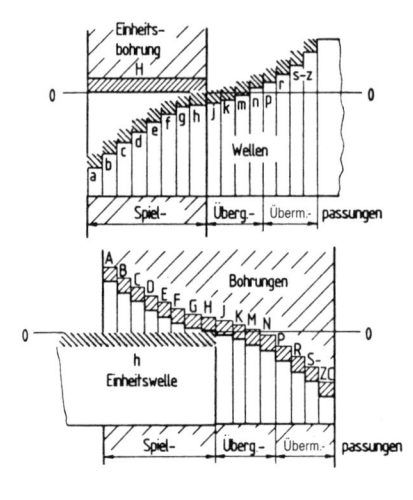

b) Um in Konstruktion und bei Gestaltung die Funktion der Passung kostengünstig zu erzielen (z. B. geringe Zahl von Werkzeugen und Prüfmittel), müssen die genormte Abmaßen folgender Paßsysteme verwendet werden:
Einheitsbohrung nach DIN 7154,
Einheitswelle nach 7155,
engeres Auswahlsystem nach DIN 7157 (bevorzugt anzuwenden).

c) Während der **Toleranzfaktor** bei einem Nennmaßbereich für alle Toleranzklassen denselben Wert hat, besitzt der Klassenfaktor (K) bei einer Toleranzklasse für alle Nennmaßbereiche denselben Wert.

d) **Toleranzklasse** ist ein Anforderungsniveau. Die Qualität ist aber nach internationale Normung die „Beschaffenheit einer Einheit bezüglich ihre Eignung, festgestellte und vorausgesetzte Anforderungen zu erfüllen."

e) Für Nennmaßbereiche N über 500 mm wird der ISO-Toleranzfaktor I nach DIN 7172 (s. Tab. TP/9) gewählt.

Grundsätze nach DIN ISO 8015:
a) Alle Maß-, Form- und Lagetoleranzen gelten unabhängig voneinander, jede **Toleranz** ist einzuhalten.
b) **Maßtoleranzen** begrenzen nur die **Istmaße** an einem Formelement, nicht seine Formabweichungen.

Allgemeintoleranz (früher „Freimaßtoleranz") ist die Toleranz gemäß einem Toleranzsystem, deren Anwendung auf das betrachtete Maß durch eine allgemeingültige Eintragung (s. DIN 7168) festgelegt wird. Toleranzsysteme für spezielle Fertigungsverfahren siehe DIN 1683 (Gußteile) und DIN 6930 (Stanzteile, spanlose Fert.).

14 − 7

| Gruppen-Nr. 8.3.2 | **Toleranzen/Passungen** | Abschn./Tab. TP/4 |

ISO Passungen

4.2 ISO-Paßsystem

Beim ISO-Paßsystem ist eine **freizügige Paarung** der verschiedenen Bohrungen und Wellen möglich ohne die starre Bildung an die Systeme Einheitsbohrung und Einheitswelle.
Im ISO-Paßsystem liegen diese beiden Systeme dem Aufbau allerdings ebenfalls zugrunde. Es stellen die **H-Bohrungen** mit den Wellen a...z das Einheitsbohrungssystem, entsprechend die **h-Wellen** mit den Bohrungen A...Z das Einheitswellensystem im ISO-Paßsystem dar (vgl. DIN 7154 und 7155).

$$\text{Paßtoleranz } P_T = P_{So} - P_{Su} = P_{So} + P_{Üo} - P_{Üu}$$

Es werden **3 Passungsarten** unterschieden (s. Bild 2)

| Spielpassungen | Übergangspassungen | Übermaßpassungen |
| (nur Spiel) | (Spiel oder Übermaß) | (früher Preßpassungen) |

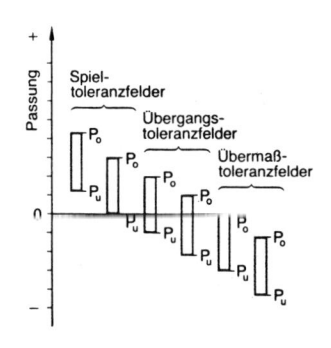

Bild 2. Passungsarten: mögliche Lagen von Paßtoleranzfeldern

Bohrungen für Spielpassungen sind A...H; Wellen entsprechend a...h.

J...Z bzw. j...z stellen Bohrungen bzw. Wellen für die Übergangs- und Übermaßpassungen dar.

Unter Passungsfamilie versteht man auch die Zusammenfassung aller Passungen mit einer Einheitsbohrung (H-Bohrung) bzw. einer Einheitswelle (h-Welle). Sie entsprechen etwa dem Begriff **Genauigkeitsgrad** (Gütegrad) des früheren DIN-Systems (vgl. DIN 7154 und 7155).

4.3 ISO-Grenzmaßsystem für Lehren (vgl. DIN 7150 Tl. 2, DIN 7162..7164)

Man unterscheidet:
Arbeitslehren: sie werden bei der Arbeit in der Werkstatt gebraucht.

Abnahmelehren: sie dienen zur Nachprüfung der Erzeugnisse durch Dritte. Abnahmelehren entsprechen im neuen Zustand abgenutzten Arbeitslehren (im ISO-Paßsystem nicht genormt). Die **Revisionslehre**, die vom Revisor im Betrieb benutzt wird, ist meist eine gering abgenutzte Arbeitslehre.

Prüflehren: sie dienen nur zur Prüfung der Arbeitslehren (im ISO-Paßsystem nur zum Teil genormt).

| Gruppen-Nr. 8.3.2 | Toleranzen/Passungen | Abschn./Tab. TP/5 |

5. ISO-Grundtoleranzen für Längenmaße (Nach DIN 7151)

Sie gelten für alle Längenmaße wie Durchmesser, Längen, Breiten usw.

Werte in µm = 1/1000 mm. Bezeichnung der Grundtoleranzreihe von Toleranzklasse 4: ISO-Toleranzreihe 4, abgekürzt: IT 4

Toleranz-klasse in µm	Grund-toleranz-reihe	Nennmaßbereich mm												Toleranzen in i
		1 bis 3	über 3 bis 6	über 6 bis 10	über 10 bis 18	über 18 bis 30	über 30 bis 50	über 50 bis 80	über 80 bis 120	über 120 bis 180	über 180 bis 250	über 250 bis 315	über 315 bis 400	über 400 bis 500	
1	IT 1	0,8	1	1	1,2	1,5	1,5	2	2,5	3,5	4,5	6	7	8	—
2	IT 2	1,2	1,5	1,5	2	2,5	2,5	3	4	5	7	8	9	10	—
3	IT 3	2	2,5	2,5	3	4	4	5	6	8	10	12	13	15	—
4	IT 4	3	4	4	5	6	7	8	10	12	14	16	18	20	—
5	IT 5	4	5	6	8	9	11	13	15	18	20	23	25	27	≈ 7
6	IT 6	6	8	9	11	13	16	19	22	25	29	32	36	40	10
7	IT 7	10	12	15	18	21	25	30	35	40	46	52	57	63	16
8	IT 8	14	18	22	27	33	39	46	54	63	72	81	89	97	25
9	IT 9	25	30	36	43	52	62	74	87	100	115	130	140	155	40
10	IT 10	40	48	58	70	84	100	120	140	160	185	210	230	250	64
11	IT 11	60	75	90	110	130	160	190	220	250	290	320	360	400	100
12	IT 12	100	120	150	180	210	250	300	350	400	460	520	570	630	160
13	IT 13	140	180	220	270	330	390	460	540	630	720	810	890	970	250
14	IT 14	250	300	360	430	520	620	740	870	1000	1150	1300	1400	1550	400
15	IT 15	400	480	580	700	840	1000	1200	1400	1600	1850	2100	2300	2500	640
16	IT 16	600	750	900	1100	1300	1600	1900	2200	2500	2900	3200	3600	4000	1000
17	IT 17	—	—	1500	1800	2100	2500	3000	3500	4000	4600	5200	5700	6300	1600
18	IT 18	—	—	—	2700	3300	3900	4600	5400	6300	7200	8100	8900	9700	2500
0	IT 0	0,5	0,6	0,6	0,8	1	1	1,2	1,5	2	3	4	5	6	—
01	IT 01	0,3	0,4	0,4	0,5	0,6	0,6	0,8	1	1,2	2	2,5	3	4	—

14 – 9

| Gruppen-Nr. 8.3.2 | **Toleranzen/Passungen** | Abschn./Tab. TP/6, 6.1 |

6. Bildung von Toleranzfeldern aus den ISO-Grundabmaßen (DIN 7152)

Nach dem ISO-Toleranzsystem können **beliebige Toleranzfelder** gebildet und zu Passungen gepaart werden. Um die Anzahl der Toleranzfelder zu beschränken, gibt DIN 7160/7161 (s. TP7/TP8) eine Auswahl gebräuchlicher Toleranzfelder, die den üblichen Ansprüchen des Maschinen- und Apparatebaus genügen. Eine noch engere allgemein gültige Auswahl wird in DIN 7157 (siehe Tab. TP/9) empfohlen.

6.1 Grundabmaße für Außenmaße (Wellen): Auswahl

a) Obere Grenzabmaße A_o (Werte nur mit **Minuszeichen** −)

in μm $A_o = A_u +$ Grundtoleranz (s. Tab. 5)

Nennmaßbereich (mm)		Toleranz: Lage	d	e	f	g	h	js
über	bis	Qualität		alle Qualitäten				
1	3		−20	−14	−6	−2	0	allgemein
3	6		−30	−20	−10	−4	0	± 1/2 IT
6	10		−40	−25	−13	−5	0	der jeweiligen
10	18		−50	−32	−16	−6	0	Qualität
18	30		−65	−40	−20	−7	0	
30	50		−80	−50	−25	−9	0	
50	80		−100	−60	−30	−10	0	
80	120		−120	−72	−36	−12	0	
120	180		−145	−85	−43	−14	0	

b) Untere Grenzabmaße A_u (A_o − Grundtoleranz)

z.B. für Paßmaß „25 d 15": $A_o = -65$ μm,
Grundtol. Qual. 15 = 840 μm, also
$A_u = -65 - 840 = -905$ μm.
somit 25 d 15 = $\begin{matrix}-0{,}065\\-0{,}905\end{matrix}$

Nennmaßbereich (mm)		Toleranz: Lage	i		k		n	s	u
über	bis	Qualität Klasse	5/6	7	3	4−7	ab 8	alle (Qualitäten)/Klassen		
1	3		−2	−4	0	0	0	+4	+14	+18
3	6		−2	−4	0	+1	0	+8	+19	+23
6	10		−2	−5	0	+1	0	+10	+23	+28
10	18		−3	−6	0	+1	0	+12	+28	+33
18	30		−4	−8	0	+2	0	+15	+35	+41/48 (üb.24)
30	50		−5	−10	0	+2	0	+17	+43	+60/70 (üb.40)

Fortsetzung

| Gruppen-Nr. 8.3.2 | **Toleranzen/Passungen** | Abschn./Tab. TP/6.1, 6.2 |

Bildung von Toleranzfeldern aus den ISO-Grundabmaßen (DIN 7152)
Grundabmaße für Außenmaße (Wellen): Auswahl

(Fortsetzung)

Nennmaßbereich (mm)		Toleranz: Lage							
			i		k		n	s	u
über	bis	Qualität	5/6	7	3	4–7	ab 8	alle Klassen (Qualitäten)		
50	65		−7	−12	0	+2	0	+20	+53	+87
65	80		−7	−12	0	+2	0	+20	+59	+102
80	100		−9	−15	0	+3	0	+23	+71	+124
100	120		−9	−15	0	+3	0	+23	+79	+144

Abmaße betragen bei „js": ±1/2 IT der jeweiligen Qualität

6.2 Grundabmaße für Innenmaße (Bohrungen): Auswahl

a) **Untere Grenzabmaße** A_u in μm ($A_u = A_o -$ Grundtoleranz (Tab. TP/5)

Nennmaßbereich (mm)		Toleranz: Lage					
			D	E	F	G	H	JS
über	bis	Qualität	alle Klassen (Qualitäten)					
1	3		+20	+14	+6	+2	0	beträgt
3	6		+30	+20	+10	+4	0	±1/2 IT
6	10		+40	+25	+13	+5	0	der jeweiligen
10	18		+50	+32	+16	+6	0	Qualität
18	30		+65	+40	+20	+7	0	
30	50		+80	+50	+25	+9	0	
50	80		+100	+60	+30	+10	0	
80	120		+120	+72	+36	+12	0	
120	180		+145	+85	+43	+14	0	

Beispiel für Paßmaß „20 D10":   unteres Grenzabmaß A_u + 65
                              Grundtol. (Tag. TP/5)   + 84
                              oberes Toleranzabmaß   + 149

also 20 D10   = 20^{+149}_{+65}

| Gruppen-Nr. 8.3.2 | **Toleranzen/Passungen** | Abschn./Tab. TP/6.2 |

Bildung von Toleranzfeldern aus den ISO-Grundabmaßen (DIN 7152)
Grundabmaße für Innenmaße (Bohrungen) : Auswahl

b) **Obere Grenzabmaße** A_o in μm ($A_o = A_u$ + Grundtol. (Tab. TP/5) Qual.

Nennmaßbereich (mm) über	bis	Toleranz: Lage (Qualität 6) Klasse 6	J 7	8	K bis 8 +Δ	N bis 8 +Δ	S ab 8	Δ-Wert 5	6	7	8
1	3	+2	+4	+6	0	−4	−14	Δ = 0			
3	6	+5	+6	+10	−1	−8	−19	1	3	4	6
6	10	+5	+8	+12	−1	−10	−23	2	3	6	7
10	18	+6	+10	+15	−1	−12	−28	3	3	7	9
18	30	+8	+12	+20	−2	−15	−35	3	4	8	12
30	50	+10	+14	+24	−2	−17	−43	4	5	9	14
50	80 S:65 S:80	+13	+18	+28	−2	−20	−53 −59	5	6	11	16
80	100	+16	+22	+34	−3	−23	−71	5	7	13	19
100	120	+16	+22	+34	−3	−23	−79				
120	180 S:140 S:160 S:180	+18	+26	+41	−3	−27	−92 −100 −108	6	7	15	23

Beispiel für Paßmaß „20 S8": oberes Grenzabmaß $A_o = -35 + \Delta = -35 + 10 = -35$
Grundtoleranz (Tab. TP/5), Q. 8 $= -33$
unteres Grenzabmaß $= -68$
also 20 S8 $= 20^{-035}_{-068}$

7. ISO-Abmaße für Außenmaße, Wellen (DIN 7160)

Auswahl

Nennmaßbereich (mm) über	bis	Grenzabmaße für Außenmaße (in µm) bei Toleranzklassen (Lage/Qual.)								
		g6	h6	h7	h8	h10	js6	js8	js9	m6	n6
von 1	3	−2 −8	0 −6	0 −10	0 −14	0 −40	±3	±7	±12,5	+8 +2	+10 +4
3	6	−4 −12	0 −8	0 −12	0 −18	0 −48	±4	±9	±15	+12 +4	+16 +8
6	10	−5 −14	0 −9	0 −15	0 −22	0 −58	±4,5	±11	±18	+15 +6	+19 +10
10	18	−6 −17	0 −11	0 −18	0 −27	0 −70	±5,5	±13,5	±21,5	+18 +7	+23 +12
18	30	−7 −20	0 −13	0 −21	0 −33	0 −84	±6,5	±16,5	±26	+21 +8	+28 +15
30	50	−9 −25	0 −16	0 −25	0 −39	0 −100	±8	±19,5	±31	+25 +9	+33 +17
50	80	−10 −29	0 −19	0 −30	0 −46	0 −120	±9,5	±23	±37	+30 +11	+39 +20
80	120	−12 −34	0 −22	0 −35	0 −54	0 −140	±11	±27	±43,5	+35 +13	+45 +23
120	180	−14 −39	0 −25	0 −40	0 −63	0 −160	±12,5	±31,5	±50	+40 +15	+52 +27
180	250	−15 −44	0 −29	0 −46	0 −72	0 −185	±14,5	±36	±57,5	+46 +17	+60 +31

| Gruppen-Nr. 8.3.2 | Toleranzen/Passungen | Abschn./Tab. TP/8 |

8. ISO-Abmaße für Innenmaße, Bohrungen (DIN 7161)

Auswahl

Nennmaßbereich (mm)		Abmaße für Innenmaße (in µm) bei Toleranzklasse (Lage/Qual.)								
über	bis	H6	H7	H8	H9	H10	H12	J8	N9	P9
von 1	3	+6 0	+10 0	+14 0	+25 0	+40 0	+100 0	+6 −8	−4 −29	−6 −31
3	6	+8 0	+12 0	+18 0	+30 0	+48 0	+120 0	+10 −8	0 −30	−12 −42
6	10	+9 0	+15 0	+22 0	+36 0	+58 0	+150 0	+12 −10	0 −36	−15 −51
10	18	+11 0	+18 0	+27 0	+43 0	+70 0	+180 0	+15 −12	0 −43	−18 −61
18	30	+13 0	+21 0	+33 0	+52 0	+84 0	+210 0	+20 −13	0 −52	−22 −74
30	50	+16 0	+25 0	+39 0	+62 0	+100 0	+250 0	+24 −15	0 −62	−26 −88
50	80	+19 0	+30 0	+46 0	+74 0	+120 0	+300 0	+28 −18	0 −74	−32 −106
80	120	+22 0	+35 0	+54 0	+87 0	+140 0	+350 0	+34 −20	0 −87	−37 −124
120	180	+25 0	+40 0	+63 0	+100 0	+160 0	+400 0	+41 −22	0 −100	−43 −143

Anmerkung: Die ISO-Toleranzfelder js und JS sind für alle Qualitäten von 1 bis 18 symmetrisch zur Nullinie (Plus-Minus-Toleranzen). Ihre Abmaße betragen ±1/2 IT der jeweiligen Qualität (s. Tab. TP/6).

| Gruppen-Nr. 8.3.2 | Toleranzen/Passungen | Abschn./Tab. TP/9 |

9. ISO-Passungen der Auswahlreihe 1 (DIN 7157)

Passungskurzzeichen			Abmaß der mittl. Paßtoleranz, dargest. für Nennmaß 25 mm	Passung	
Einheits-bohrung	Einheits-welle	beliebig gepaart *)		Erläuterung in Tab. 10	Frühere Bezeichnung
		D 10 d 9	+ 198		
	D 10 h 11		+ 172		
		D 10 e 8	+ 163,5	Grobe Spielpassung	
		E 9 d 9	+ 157		
H 11 d 9			+ 156		
	D 10 h 9		+ 133		
	E 9 h 11		+ 131		
		F 8 d 9	+ 127,5		
		E 9 e 8	+ 122,5		
		G 7 d 9	+ 108,5	Weite Spielpassung	Spiel-toleranz-felder (Spiel-passungen)
H 8 d 9			+ 107,5		
H 7 d 9			+ 101,5		
		E 9 f 7	+ 96,5		
		F 8 e 8	+ 93		
	E 9 h 9		+ 92		
		G 7 e 8	+ 74		
H 8 e 8			+ 73	Leichte Spielpassung	
		F 8 f 7	+ 67		
H 7 e 8			+ 67		
	F 8 h 9		+ 62,5		
		G 7 f 7	+ 48		
H 8 f 7			+ 47		
	G 7 h 9		+ 43,5	Feinste Spielpassung	
	F 8 h 6		+ 43		
H 7 f 7			+ 41		
	G 7 h 6		+ 24	Enge Spielpassung	
H 11 h 11	H 11 h 11		+ 130	Grobe Gleitpassung	Übergangs-toleranz-felder (Über-gangs-passungen)
H 11 h 9	H 11 h 9		+ 91	Weite Gleitpassung	
H 8 h 9	H 8 h 9		+ 42,5	Leichte Gleitpassung	
H 7 h 9	H 7 h 9		+ 36,5		
H 8 h 9	H 8 h 6		+ 23	Feine Gleitpassung	
H 7 h 6	H 7 h 6		+ 17		
		F 8 n 6	+ 15	Schiebepassung	
		G 7 n 6	− 4		
H 8 n 6			− 5	Treibpassung	
		F 8 s 6	− 5		
H 7 n 6			− 11	Feste Passung	
		G 7 s 6	− 24	Leichte Preßpassung	Übermaß-toleranzfelder (Preß-passungen)
H 8 s 6			− 25		
		F 8 u 8[1]	− 28	Mittlere Preßpassung	
H 7 s 6			− 31		
		G 7 u 8[1]	− 47		
H 9 u 8[1]			− 48	Feste Preßpassung	
H 7 u 8[1]			− 54		

[1]) u 8 für Nennmaß über 24 mm; x 8 für unter 24 mm

| Gruppen-Nr. 8.3.2 | Toleranzen/Passungen | Abschn./Tab. TP/10, 11 |

10. Erläuterung zu den Tabellen 6 bis 9
Anmerkungen zur Tabelle der ISO-Passungen

Die in DIN 7152, 7157, 7160 empfohlene Paarung der Toleranzfelder von Bohrungen und Wellen zu Passungen nach der berichtigten Auswahlreihe 1 bedeutet einen wichtigen Schritt zu einer rationelleren Ausnutzung der Lehren. Wenn heute die beliebige Paarung der Toleranzfelder noch ungewohnt ist, so liegt das in der geschichtlichen Entwicklung begründet.

Die früheren DIN-Passungen waren auf den Passungssystemen Einheitsbohrung und Einheitswelle aufgebaut. Da sie von fast allen europäischen Ländern übernommen wurden, behielt man die beiden Systeme bei, als die noch besseren ISO-Passungen geschaffen wurden. Es liegt nun nahe, die beliebige Paarung von Toleranzfeldern nach der 3. Spalte der Tab. 9 vorzugsweise anzuwenden, weil sie die wirtschaftlichste Ausnutzung der Lehren gewährleistet.

11. Allgemein-Toleranzen: Längen-, Winkel-, Radien-, und Formabmaße

(früher Freimaß-Toleranzen) Obere und untere Grenzabmaße (± ...) nach DIN 7168
Sie gelten:
a. Für **Längenmaße** (auch bei zusammengesetzten und dann gemeinsam bearbeiteten Teilen) wie Außenmaße, Innenmaße, Absatzmaße, Durchmesser, Breiten, Höhen, Dicken, Lochmittenabstände;
b. Für **Winkelmaße**: an Teilen, die spanend oder spanlos, wie z.B. Ziehen, Sicken und nach Verfahren der Stanztechnik gefertigt werden.

a) Zahlenwerte für **Längenmaße** (in mm) ± bei Toleranzklasse

Nennmaßbereich		fein f	mittel m	grob g	sehr grob sg
über	bis				
0,5	3	±0,05	±0,1	±0,15	–
3	6	±0,05	±0,1	±0,2	±0,5
6	30	±0,1	±0,2	±0,5	±1
30	120	±0,15	±0,3	±0,8	±1,5
120	400	±0,2	±0,5	±1,2	±2
400	1000	±0,3	±0,8	±2	±3
1000	2000	±0,5	±1,2	±3	±4
2000	4000	±0,8	±2	±4	±6
4000	8000	–	±3	±5	±8
8000	12000	–	±4	±6	±10
12000	16000	–	±5	±7	±12
16000	20000	–	±6	±8	±12

b) Zahlenwerte für **Winkelmaße** (in ° und ') bei Toleranzklasse

Nennmeßbereich		fein/mittel f/m		grob g		sehr grob sg	
über	bis						
	10	± 1°	1,8 mm/10 cm	± 1°30'	2,6 mm/10 cm	± 3°	5,2 mm/10 cm
10	50	± 30'	0,9 mm/10 cm	± 50'	1,5 mm/10 cm	± 2°	3,5 mm/10 cm
50	120	± 20'	0,6 mm/10 cm	± 25'	0,7 mm/10 cm	± 1°	1,8 mm/10 cm
120	400	± 10'	0,3 mm/10 cm	± 15'	0,4 mm/10 cm	± 30'	0,9 mm/10 cm

Werte gelten nicht:
a. für Maße an Rundungen und an Schweißgruppen (nicht Bearbeitungsmaße);
b. für Winkelmaße an Genauigkeitskegeln und Rohrbogen sowie einer Kreisteilung.

14–16

| Gruppen-Nr. 8.3.2 | **Toleranzen/Passungen** | Abschn./Tab. TP/11 |

Allgemein-Toleranzen: Längen-, Winkel-, Radien- und Formabmaße
c) Zahlenwerte für Rundungshalbmesser(r) und Fasen (in mm)

Nennmaßbereich		± bei Toleranzklasse (Genauigkeitsgrad)	
über	bis	fein/mittel **f/m**	grob/sehr grob **g/sg**
0,5	3	± 0,2	± 0,2
3	6	± 0,5	± 1
6	30	± 1	± 2
30	120	± 2	± 4
120	400	± 4	± 8

Zeichnungseintragung: z.B. für die Toleranzklasse „mittel" in das vorgesehene Feld des Schriftfeldes „DIN 7168-m".

d) Zahlenwerte für Form und Lage bei spanender Fertigung
(für durch Spanen entstandene Formelemente (DIN 7168 Tl. 2))

Allgemeintoleranz: Geradheit (Länge der betreffenden Linie)
(in mm) Ebenheit (größte Seitenlänge der Fläche)
Durchmesser der Kreisfläche

Nennmaßbereich		Toleranzklasse			
über	bis	R	S	T	U
	6	0,004	0,008	0,025	0,1
6	30	0,01	0,02	0,06	0,25
30	120	0,02	0,04	0,12	0,5
120	400	0,04	0,08	0,25	1
400	1000	0,07	0,15	0,4	1,5
1000	2000	0,1	0,2	0,6	2,5
2000	4000	–	0,3	0,9	3,5
4000	8000	–	0,4	1,2	5
8000		–	–	1,8	7
1. Rund-/Planlauf-Toleranz		0,1	0,2	0,5	1
2. Symmetrie-Toleranz		0,3	0,5	1	2

Parallelität: Die Begrenzung der Abweichung ergibt sich aus den Allgemeintoleranzen für die **Geradheit** oder **Ebenheit** bzw. aus der Toleranz für das Abstandsmaß der parallelen Linien oder Flächen. Dabei gilt das längere der beiden Formelemente als Bezugselement.

Rundheit: Allgemeintoleranz entspricht dem Zahlenwert der **Durchmessertoleranz,** sie ist aber nicht größer als die Werte für Rundlauf.

Zylindertoleranz: Allgemeintoleranzen sind hierfür nicht festgelegt.

Rechtwinkligkeit/ Neigung: Allgemeintoleranzen sind hierfür nicht festgelegt; es können die für Winkel angewendet werden.

Koaxialität: Allgemeintoleranzen sind hierfür nicht festgelegt.

Bezeichnung für **Eintragung:** z. B. DIN 7168-mST" für Toleranzklasse m und Toleranzklasse S für Form und T für Lage.

14 –17

Notizen

| Gruppen-Nr. 21.2.1 | **Numerische Steuerungen** | Abschn./Tab. NS/1, 2 |

1. Beschreibungsschlüssel für NC-Werkzeugmaschinen

Genormt (nach DIN 66025):
Vierstellige Buchstabengruppe und dreistellige Zifferngruppe

1. Buchstabe	– Steuerungsart	P:	Punktsteuerung
		L:	Streckensteuerung
		C:	Bahnsteuerung
2. Buchstabe	– Wortschreibweise	A:	Adreß-Schreibweise
		T:	Tabulator-Schreibweise
3. Buchstabe	– Maßsystem für lineare Maßangaben	M:	Maßangaben in Millimeter (mm) und dezimalen Bruchteilen
		I:	Maßangaben in Inches (Zoll) und dezimalen Bruchteilen
4. Buchstabe	– Maßsystem für rotatorische Maßangaben	D:	Maßangaben in Grad und dezimalen Bruchteilen
		R:	Maßangaben in Umdrehungen und dezimalen Bruchteilen
1. Ziffer	Sie gibt Auskunft über die Anzahl aller numerisch steuerbaren Positionierbewegungen der Werkzeugmaschine.		
2. Ziffer	Sie gibt die Anzahl der mit Wörtern für Koordinaten numerisch steuerbaren Positionierbewegungen an.		
3. Ziffer	Sie gibt die Anzahl der mit Wörtern für die Koordinaten programmierbaren gleichzeitig ausführbaren Positionierbewegungen an.		

2. Symbole für NC-Werkzeugmaschinen (DIN 30 600, 55 003)

(Symbol, Bildzeichen und Begriff bzw. Bedeutung)

a) **Grundsymbole**

Symbol	Bedeutung	Symbol	Bedeutung
➡	Funktionspfeil	⊢⊣	Kompensation oder Verschiebung (Korrektur)
→	Richtungspfeil	⟩	Programm ohne Maschinenfunktionen
⊕	Bezugspunkt, Ursprung	⟩	Programm mit Maschinenfunktionen
⟫	Datenträger	⌀	Ändern
⟩	Speicher	⌀	Wechsel
☐	Satz		

15–1

| Gruppen-Nr. 21.2.1 | Numerische Steuerungen | Abschn./Tab. NS/2 |

b) Programm, Satz, Speicher, Bezugspunkt, Korrektur

Symbol	Bezeichnung	Symbol	Bezeichnung
%⟩	Programmanfang	⟩	Programmende
⇢⟩	Programm einlesen (ohne Maschinenfunktionen)	⇢⟩	Programm einlesen (mit Maschinenfunktionen)
⇢	Satzweise Einlesen ohne Maschinenfunktionen; Auflösung durch Handbetätigung	⇢	Satzweise Einlesen mit Maschinenfunkt.; Auflösung durch Handbetätigung
⟩	Programmspeicher	↓⟩	Dateneingabe extern
⤓⟩	Datenträger von externen Geräten	↩	Datenausgabe aus einem Speicher
↑⇢	Vorwarnung, Speicherüberlauf	?⇢	Speicherüberlauf
⟩	Speicherinhalt löschen	⟩	Speicherinhalt rücksetzen
⟩	Daten im Speicher veränderung	?⟩	Speicherfehler
⟩	Programm verändern	⟩⟩	Unterprogramm
⟩	Unterprogrammspeicher	%⟩	Programmende; Datenträger rücklauf z. Programmanfang (ohne Maschinenfunktionen)
%⇢	Suchlauf, rückwärts zum Programmanfang (ohne Maschinenfunktionen)	⟩	Zwischenspeicher
?⟩	Datenträger fehlerhaft	?⟩	Programmdaten fehlerhaft
⟩→	Vorlauf Datenträger (ohne Einlesen, ohne Maschinenfunktionen)	⟩←	Rücklauf Datenträger (ohne Einlesen, ohne Maschinenfunktionen)
⇢□	Suchlauf vorwärts	□⇢	Suchlauf rückwärts
⇢	Dateneingabe in Speicher	⟩	Handeingabe
⇢N	Satznummer-Suche vorwärts	N⇢	Satznummer-Suche rückwärts
⇢H	Hauptsatz-Suche vorwärts	H⇢	Hauptsatz-Suche rückwärts
○⟩	Programmierter Halt (M 00)	○⟩	Wahlweise programmierter Halt (M 01)
⌀⟩	Satzunterdrückung	//	Rücksetzen, Grundstellung
⟩	Kontur Wiederanfahren	///	Löschen

Numerische Steuerungen

Gruppen-Nr. 21.2.1 — Abschn./Tab. NS/2

Symbole für NC-Werkzeugmaschinen (Fortsetzung)

Symbol	Bedeutung	Symbol	Bedeutung
	Position		Positions-Istwert
	Positions-Sollwert programmiert		Positionsfehler
	Positionsgenauigkeit fein		Positionsgenauigkeit mittel
	Positionsgenauigkeit grob		Nullpunktverschiebung
	Koordinaten-Nullpunkt		Werkstück-Nullpunkt
	Referenzpunkt		Werkzeugkorrektur
	Werkzeugdurchmesser-Korrektur		Werkzeuglängen-Korrektur
	Werkzeugradius-Korrektur		Werkzeugschneidenradius-Korrektur
	Maßangabe absolut (Bezugsmaße)		Maßangaben relativ
	Normale Achssteuerung (die Maschine folgt dem Programm)		Achssteuerung im Spiegelbild (die Maschine spiegelt Programm)

c) Anzeigeelemente

Symbol	Bedeutung	Symbol	Bedeutung
	Ein		Aus
	Ein/Aus, stellend		Ein/Aus, tastend
	Vorbereiten		Vorbereitendes Schalten
	Zuschalten		Abschalten
	Start		Stop
	Schnellstart		Schnellstop
	Handbetätigung		Automatischer Ablauf
	Größe verändern		Größe bis zum Minimalwert verändern
	Größe bis zum Maximalwert-verändern		Drehbewegung, rechts
	Drehbewegung, links		Drehbewegung, links-rechts

15 – 3

| Gruppen-Nr. 21.2.1 | **Numerische Steuerungen** | Abschn./Tab. NS/2 |

Symbole für NC-Werkzeugmaschinen (Fortsetzung)

Symbol	Bedeutung	Symbol	Bedeutung
	Drehbewegung, unterbrochen		Drehzahl, Umdrehungen, Drehen
	Einmalige Umdrehung		Umdrehung pro Minute
	Änderung der Drehzahl		Bewegung in Pfeilrichtung
	Bewegung in Pfeilrichtung, unterbrochen		Bewegung in Pfeilrichtung, begrenzt
	Bewegung in Pfeilrichtung aus Begrenzung		Bewegung in zwei Richtungen
	Bewegung in zwei Richtungen, begrenzt		Bewegung in einer Richtung, begrenzt
	Begrenzte Bewegung in Pfeilrichtung; hin und zurück		Oszillierende Bewegung, beiderseits begrenzt
	Geschwindigkeit		Schnelle Bewegung aus Begrenzung
	Schnelle Bewegung in eine Begrenzung		Temperatur, Thermometer
	Temperaturzunahme		Temperaturabnahme
	Getriebe, allgemein		Riementrieb
	Schaltgetriebe		Regelgetriebe
	Kupplung, allgemein		Bremsen
	Bremse lösen		Schmierung
	Einfüllöffnung; Einfüllen		Ablaßöffnung; Ablassen
	Überlauf		Festklemmen, Anpassen, Einspannen
	Lösen, Abheben		Mittelstellung
	Nachformen: Taster, Fühler abheben		Nachformen: Taster, Fühler anstellen
	Verriegeln		Entriegeln
	Saugen		Blasen

Numerische Steuerungen

Symbole für NC-Werkzeugmaschinen (Fortsetzung)

Symbol	Bedeutung	Symbol	Bedeutung
〰	Vorschub, allgemein	ᴠᴠ	Vorschub, Eilgang
	Spanende Bearbeitung		drehendes Werkzeug
	Bohren		Fräsen
	Schleifen		Reiben
	Gewindeschneiden		Räumen
	Längsdrehen		Plandrehen
	Drehen, innen		Drehen, außen
	Nachformen, Schablone		Gesamtlöschen, Gesamtnullstellen

15–5

Gruppen-Nr. 21.2.1	**Numerische Steuerungen**	Abschn./Tab. NS/3

3. Steuerungsarten der NC-Werkzeugmaschinen
(nach Koordinatensystemen)

Steuerungsart	Wirkprinzip/Verfahrbewegung (Bilder)
3.1 Punktsteuerung Mit dem **Werkzeug** können einzelne Punkte innerhalb eines Bearbeitungsfeldes angefahren werden. Das Werkzeug steht während der Verfahrbewegung nicht am Werkstück im Eingriff. Die **Verfahrgeschwindigkeit** ist nicht unabhängig von der Bearbeitungstechnologie. Zwischen den Verfahrbewegungen in den einzelnen Verfahrrichtungen besteht kein mathematisch-geometrischer Funktionszusammenhang. **Anwendung:** zum Positionieren ohne Werkzeugeingriff. **Anwendungsbeispiele:** – Blechabkantmaschinen (mit gesteuerten Verstellung von Anschlägen) – Stanz- und Nibbelmaschinen – Bohrmaschinen – Punktschweißen – Bohrwerke	Bild 1 a b c
3.2 Streckensteuerung Werkstückkonturen können nur parallel zu den Verfahrachsen der Maschinenschlitten gefertigt werden. Das **Werkzeug** kann am Werkstück während der Verfahrbewegung im Eingriff stehen. Die **Verfahrgeschwindigkeit** kann den technologischen Erfordernissen angepaßt werden. Die Steuerung kann aber keine geometrischen Funktionszusammenhänge zwischen den Bewegungen in den einzelnen Verfahrachsen verwirklichen. Da der Gleichlauf der Vorschubmotoren nicht hinreichend exakt ist, können auch keine unter 45° zu den Verfahrachsen verlaufenden Werkstück-Konturen gefertigt werden.	Bild 2 a b

15 – 6

| Gruppen-Nr. 21.2.1 | **Numerische Steuerungen** | Abschn./Tab. **NS/3** |

Steuerungsarten der NC-Werkzeugmaschinen (Fortsetzung)

Steuerungsart	Wirkprinzip/Verfahrbewegung
Anwendung: Wenn Bohrungen mittels Bohr- oder Ausdrehmaschinen gebohrt oder gerade bzw. parallel zu einer Maschinenachse verlaufende Flächen oder Kanten gefräst werden sollen, ist eine Streckensteuerung ausreichend. **Anwendungsbeispiele:** — einfache Drehmaschinen — einfache Fräsmaschinen — Bohrwerke	c
3.3 Bahnsteuerung Universell einsetzbar, also vielseitigste Steuerungsart, die auch die Möglichkeit der Punkt- und Streckensteuerung umfaßt. Das **Werkzeug** kann während der Verfahrbewegungen am Werkstück im Eingriff stehen. Zwischen den lage- und geschwindigkeitsgeregelten **Verfahrbewegungen** lassen sich unterschiedliche geometrische Funktionszusammenhänge verwirklichen. Je nach Anzahl der gleichzeitig mit funktionalem Zusammenhang steuerbaren **Achsen** unterscheidet man **2 D-, 3 D-, 4 D-** oder auch **2½ D-Steuerungen** (D = Direction, evtl. Dimensional). Bild 3 c = 2 D-St., Bild 3 d = 3 D-St. **Anwendung:** allgemein, wenn schräge Flächen, Kreise oder beliebige Konturen gedreht, gefräst, geschnitten oder gezeichnet werden sollen. **Anwendungsbeispiele:** — NC-Drehmaschinen — NC-Bohrmaschinen — NC-Gewindebohrmaschinen — NC-Fräsmaschinen — NC-(DNC-)Bearbeitungszentren (horizontal / vertikal) — NC-Nibbelmaschinen — NC-Drahterodiermaschinen — NC-Brennschneidmaschinen — NC-Zeichenmaschinen	Bild 3 a Verfahrbewegung kreisförmig P1 Verfahrbewegung linear P0 b c d **Anmerkung:** **Numerische Steuerung** (Numerical Control = NC) ist dadurch gekennzeichnet, daß die Eingangsgröße (x) dieser Steuerungen **binär-digitale Signale** sind. Die Eingangsgrößen werden in Form eines **Steuerungsprogramms** in die Steuerung eingegeben.

15 – 7

Gruppen-Nr. 21.2.1	**Numerische Steuerungen**	Abschn./Tab. NS/3

Steuerungsarten der NC-Werkzeugmaschinen (Fortsetzung)

Wichtig! (Siehe auch Seiten 14–16...22)

1. Die Steuerung dieser Maschinenarten besitzt eine als **Interpolator** bezeichnete fest verdrahtete oder – bei **CNC** – frei programmierbare Rechenschaltung. Diese berechnet zwischen Startpunkt (P0) und Zielpunkt (P1, P2 usw.) einer Bahnkurve laufend die aktuellen Sollpositionen der **Werkzeuglage**.

   Die vom Programm her beeinflußbare Rechenfrequenz bestimmt dabei die **Vorschubgeschwindigkeit** des Werkzeuges. Die berechneten Sollpositionen werden mit der Lage-Ist-Position verglichen. Aus der Differenz beider Werte leitet die Lageregelung die Stellbefehle für die Vorschubmotoren in den einzelnen Achsrichtungen ab.

2. Bei **DNC** kann die Interpolation auch in einem externen **Zentralrechner** ausgeführt werden. Die berechneten Lage-Sollwerte werden der NC-Maschine dann über Leitungsverbindung **(on line)** mitgeteilt.

3. Für die Zukunft der NC-Technik wird eine vollständige Umstellung auf CNC (Computerized NC) und DNC (Direct NC) sowie eine erhebliche Zunahme der Fertigung auf **flexiblen Fertigungssystemen (FFS)** vorausgesagt, unter Einbeziehung der AC (Adaptive Control = Anpassungsregelung).

4. Hauptaufgabe des **Zentralrechners** (CPU = central processor unit) ist die Verwaltung der CNC-Teileprogramme und ihre zeitrichtige Verteilung auf die nachgeschalteten CNC-Maschinen.
   Die Funktionen eines DNC Systems sind im Bild 3.1 dargestellt. Man unterscheidet Massenspeicher und Arbeitsspeicher (RAM).

5. Bei der **Anpassungsregelung** (AC = adaptive control) wird der Istwert von Größen, die für den Fertigungsprozeß kennzeichnend sind, mit Meßgliedern (Sensoren) erfaßt und zur Prozeßregelung benutzt. Nach der zu erfüllenden Aufgabe des AC-Systems beim Fertigungsprozeß sind zu unterscheiden:

   - Technologische AC – Regelung der technologischen Größen.
   - Geometrische AC – Regelung der geometrischen Größen.
   - ACC (AC-Contraint) = Regelung der Spannungsgrößen (z. B. Schnittkraft F_c) auf vorgegeben Grenzwert.
     Ziel: Konstante Ausnutzung der Leistungsfähigkeit von Werkzeug und Maschine.
   - ACO (AC Optimization) = Regelung auf optimale Größe des gesamten Spanungsprozesses (Schnittbedingungen).

Funktionen eines DNC-Systems:

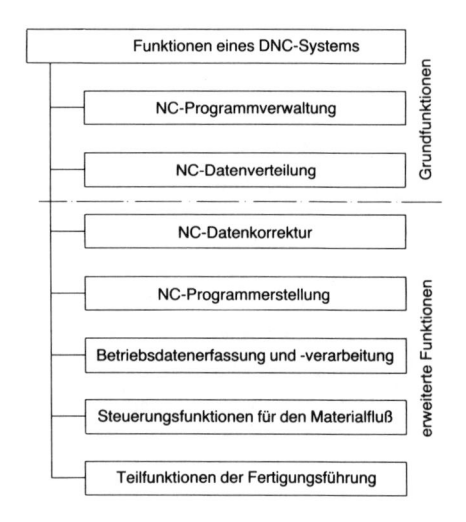

Grundfunktionen:
- NC-Programmverwaltung
- NC-Datenverteilung
- NC-Datenkorrektur

erweiterte Funktionen:
- NC-Programmerstellung
- Betriebsdatenerfassung und -verarbeitung
- Steuerungsfunktionen für den Materialfluß
- Teilfunktionen der Fertigungsführung

Bild 3.1

Gruppen-Nr. 21.2.1	**Numerische Steuerungen**	Abschn./Tab. NS/4

4. Koordinatenachsen und Bewegungsrichtungen für NC-Maschinen

Zur Vereinheitlichung der Programmierung numerisch gesteuerter Arbeitsmaschinen, sind die Koordinaten des Werkstückes und die Lage der Achsrichtungen (Bewegungsrichtungen) in DIN 66217 festgelegt.

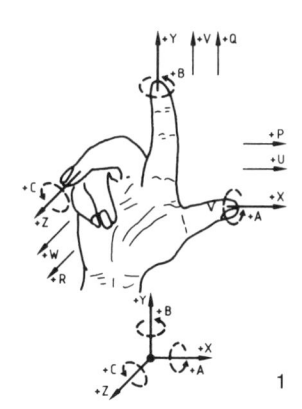

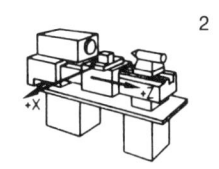

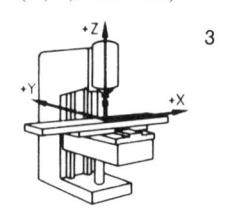

Koordinatensystem	Bilder / Beispiele
Verwendet wird ein **rechtshändiges, rechtwinkliges** Koordinatensystem mit den Achsen X, Y und Z (s. Bild 1), das auf die **Hauptführungsbahnen** der numerisch gesteuerten Arbeitsmaschine ausgerichtet ist. Dieses Koordinatensystem bezieht sich grundsätzlich auf das aufgespannte **Werkstück.**	2. Drehmaschine (X,Z-Achsen)
Daraus ergibt sich folgende kurze **Programmierregel**: Das Werkstück steht still, nur das Werkzeug bewegt sich. Beim Programmieren wird also immer angenommen, daß sich das Werkzeug relativ zum Koordinatensystem des stillstehend gedachten Werkstückes bewegt.	3. Konsol-Fräsmaschine (X,Y,Z-Achsen)
	4. Zeichenmaschine (X,Y,Z-Achsen)
Ordnet man das Koordinatensystem einer Maschine zu, so kann je nach Aufbau der Maschine und der Funktion ihrer Bewegungsachsen das Koordinatensystem **als Ganzes** um die Koordinatenachsen gedreht werden. Bei der Zuordnung an die Maschinenart orientiert man sich im allgemeinen an der **Arbeitsspindel.**	**Anmerkung** zu Bild 2: Bei **Drehmaschinen** ist die Arbeitsspindel der Träger des rotierenden Werkstückes. Das Drehwerkzeug (z.B. Drehmeißel) führt die translatorischen Bewegungen in X- und Z-Richtung aus. Zu Bild 3: Bei **Fräsmaschinen** ist die Arbeitsspindel der Träger des rotierenden Werkzeugs (z.B. Fräser)

| Gruppen-Nr. 21.2.1 | **Numerische Steuerungen** | Abschn./Tab. NS/4 |

Koordinatenachsen und Bewegungsrichtungen Fortsetzung)

Lage der Achsrichtung

1. Z-Achse	• Bei Maschinen mit nicht schwenkbarer Arbeitsspindel liegt die Z-Achse parallel zur Arbeitsspindelachse oder fällt mit dieser zusammen. • Ist eine schwenkbare Arbeitsspindel und nur in einer Schwenkposition zu **einer** Koordinatenachse parallel, dann ist diese Achse die Z-Achse. • Kann die Arbeitsspindel parallel zu **mehreren** Koordinatenachsen geschwenkt werden, dann ist die Z-Achse die auf der Haupt-Werkstückaufspannfläche senkrechtstehende Achse. • Ist eine schwenkbare Arbeitsspindel in Achsrichtung **verschiebbar**, wird diese Achse mit W bezeichnet (s. Bild 1). • Verfügt die Maschine über mehrere Arbeitsspindeln, ist die Spindel **Hauptspindel,** deren Achse vorzugsweise senkrecht auf der Werkstückaufspannfläche steht. • Bei Maschinen ohne Arbeitsspindel steht die Z-Achse senkrecht auf der Werkstückaufspannfläche.
2. X-Achse	Die X-Achse ist die Hauptachse in der Positionsebene, liegt parallel zur Werkstückaufspannfläche und verläuft vorzugsweise horizontal. a) Maschinen mit **rotierendem Werkzeug** (z. B. Bohrer, Senker, Gewindebohrer, Fräser; Bild 3): • Liegt die Z-Achse horizontal, verläuft die positive X-Achse nach rechts (von der Hauptspindel zum Werkstück geblickt). • Liegt die Z-Achse vertikal, verläuft bei Einständermaschinen die positive X-Achse nach rechts (von der Hauptspindel zum Ständer geblickt, siehe Bild 3). • Liegt die Z-Achse vertikal, verläuft bei Zweiständermaschinen die positive X-Achse nach rechts, wenn man von der Hauptspindel zum linken Ständer blickt. b) Maschinen mit **rotierendem Werkstück** (z. B. Drehmaschine): • Die X-Achse liegt radial zum Werkstück und verläuft von der Werkstückachse (Drehachse) zum Haupt-Werkzeugträger (siehe Bild 2). • **Programmierregel:** Bewegt sich das Drehwerkzeug auf das Werkstück zu, muß eine negative Bewegungsrichtung programmiert werden. Entfernt sich das Drehwerkzeug vom Werkstück, entsteht eine positive Bewegungsrichtung.

Koordinatenachsen und Bewegungsrichtungen Fortsetzung)

	c) Maschinen **ohne Arbeitsspindel**: • Die X-Achse verläuft parallel zur Hauptbearbeitungsrichtung.
3. Y-Achse	Durch die Festlegung der Z- bzw. X-Achse ergibt sich die Lage der Y-Achse aus dem dreiachsigen Koordinatensystem.
4. Drehachsen	Sind bei numerisch gesteuerten Arbeitsmaschinen Drehachsen (z.B. Drehtische oder Schwenkeinrichtungen) vorhanden, werden diese mit **A, B** und **C** bezeichnet (Bild 1). Diese Drehbewegungen A, B und C werden entsprechend den translatorischen Achsen X, Y und Z zugeordnet. Blickt man bei einer Achse in die positive Richtung, so ist die Drehung im Uhrzeigersinn die positive Drehrichtung.
5. Zusätzliche Achsen	Sind zu X, Y und Z weitere unabhängig gesteuerte Achsen vorhanden, so werden diese mit **U, V** bzw. **W** bezeichnet (s. Bild 1). Weitere zu den Hauptachsen parallele Achsen werden mit **P, Q** bzw. **R** bezeichnet (s. Bild 1).

15 – 11

| Gruppen-Nr. 21.2.1 | **Numerische Steuerungen** | Abschn./Tab. **NS/5** |

5. Bezugspunkte an Werkzeugmaschinen (Koordinatensystem)

Folgende Bezugspunkte sind wichtig für die **Programmierung** der Weginformationen und technologischen Informationen:

Bezeichnung / Erläuterung	Bilder
1. Maschinen-Nullpunkt M Liegt im Ursprung des **Maschinen-Koordinatensystems** unverändert fest und ist in der Maschine nicht verschiebbar. Beim Einrichten der NC-Maschine wird dieser M-Punkt von allen Maschinenschlitten überfahren und damit alle Koordinaten-Anzeigen auf 0 (Null) gesetzt. Bei Drehmaschinen liegt M z.B. im Bereich des Futters, meist der Anschlagfläche des Spindelflansches.	①
2. Werkstück-Nullpunkt W Ist identisch mit dem Ursprung des **Werkstück-Koordinatensystems**. Dieser wird vom Programmierer beliebig gewählt und gibt den Punkt auf der **Fertigteilzeichnung** an, von dem alle Fertigungsmaße ausgehen. Die Differenz zwischen M und W wird der Steuerung als Nullpunkt-Verschiebung mitgeteilt. Durch diese Angabe beziehen sich alle programmierten Koordinatenwerte auf den W-Punkt.	②
3. Programm-Nullpunkt P0 Gibt den Punkt an, bei dem sich das **Werkzeug** (z.B. Meißelspitze) zu Beginn der Bearbeitung befindet. Der W-Punkt ist dafür meist ungeeignet, da er z.B. bei Rohteilen im Werkstück liegt.	Ohne Bild (siehe Angabe in Tabelle NS/6) **Beachte!** P0-Punkt soll zweckmäßig so gewählt werden, daß das Werkstück bzw. Werkzeug problemlos gewechselt werden kann.
4. Maschinen-Referenzpunkt R Ist Hilfs-Maschinennullpunkt, der zweite Bezugspunkt auf den Achsen. Er ist erforderlich, wenn das aufgespannte Werkstück oder die Aufnahmevorrichtungen ein Anfahren des M-Punktes verhindern. Ausgangsstellung ist durch Markierung bzw. durch Nocken- oder Endschalter (am Maschinenschlitten) festgehalten.	③

Gruppen-Nr. **21.2.1** | **Numerische Steuerungen** | Abschn./Tab. **NS/5**

Bezugspunkte an Werkzeugmaschinen (Fortsetzung)

Bezeichnung / Erläuterung	Bilder
Sein Abstand zum M-Punkt muß bekannt sein. Der F-Punkt (s. Nr. 9) kann in den Referenzpunkt verlegt werden.	
5. Anschlagpunkt A Ist der Punkt, in dem das Werkstück gegen das Spannzeug anschlägt. Er kann mit dem Werkstück-Nullpunkt W zusammenfallen, wenn die Anschlagfläche der Werkstücke eine fertig bearbeitete Fläche ist und unbearbeitet bleibt. A-Punkt ist auf der Anschlagfläche frei wählbar.	④
6. Startpunkt B Ist für jeden Programmschritt frei wählbar und im Programm festlegbar. Bei einigen Steuerungssystemen wird B auch als Anfangspunkt bezeichnet. Bei der Festlegung von A muß unbedingt auf Kollisionsfreiheit geachtet werden. A und R bzw. A und F sind zusammenlegbar.	⑤
7. Steuerungs-Nullpunkt C Ist der Nullpunkt im Koordinatensystem, der evtl. in den Werkstück-Nullpunkt W verschoben werden kann.	⑥
8. Einstell-Nullpunkt E Ist fester Punkt am Werkzeugeinstellgerät.	⑦
9. Schlitten-Bezugspunkt F Ist der auf dem Werkzeugträgerschlitten festgelegte Punkt. Mit seiner Hilfe können beliebige Stellungen im Koordinatensystem beschrieben werden.	⑧

15 – 13

| Gruppen-Nr. 21.2.1 | **Numerische Steuerungen** | Abschn./Tab. **NS/5** |

Bezugspunkte an Werkzeugmaschinen (Fortsetzung)

Bezeichnung / Erläuterung	Bilder
10. Werkzeughalter-Bezugspunkt N Wird allgemein dem Werkzeug-Karteiblatt entnommen.	  ⊕ N (9) ⊕ T (10)
11. Werkzeugträger-Bezugspunkt T Dieser Punkt muß bei mehreren Werkzeugen (z.B. bei Revolverköpfen) mehrfach ermittelt werden.	**Anmerkung:** Mit den N und T-Punkten werden die Abstände der Werkzeugmaße zum Schlitten-Bezugspunkt F festgelegt.
12. Werkzeug-Bezugspunkt P Dieser Punkt dient zur Bestimmung der Lage des Werkzeugs im Arbeitsraum der Maschine (Werkzeugmaschine).	Im Bild 11: x_M, z_M = Achsen des Maschinen-Koordinatensystems; x_W, z_W = Achsen des Werkstück-Koordinatensystems

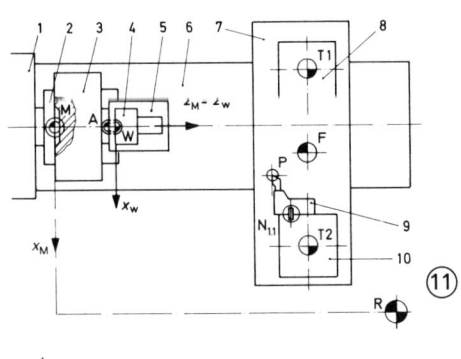

Bild 11: 1 Spindelstock; 2 Spindelflansch; 3 Spannfutter; 4 Werkstück; 5 Ausgangsteil; 6 Maschinenbett; 7 Schlitten; 8 Werkzeugrevolver 1; 9 Werkzeughalter (mit Meißel); 10 Werkzeugrevolver 2.

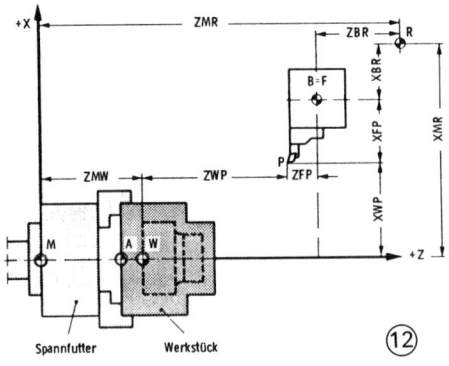

Im Bild 12:

XFP, ZFP	Werkzeugeinspannlängen
XBR, ZBR	Abstände Startpunkt-Referenzpunkt
XMR, ZMR	Abstände Maschinen-Nullpunkt-Referenzpunkt
XWP, ZWP	Werkzeug-Istposition im Werkstückkoordinatensystem bei Programmstart
ZMW	Abstand Maschinen-Nullpunkt-Werkstück-Nullpunkt

15 – 14

Gruppen-Nr. 21.2.1 | **Numerische Steuerungen** | Abschn./Tab. **NS/6**

6. Bezugsmaß- und Kettenmaß-Programmierung

P0: Startposition (Startpunkt)
P1: Zielposition (Zielpunkt)

a) Bezugsmaßprogrammierung (G90)

Bei der Bezugsmaßprogrammierung (Wegbedingung **G90**) werden die Koordinaten der Zielposition (des Zielpunktes) als Absolutwerte auf den Nullpunkt des Werkstück-Koordinatensystems bezogen angegeben.

Programm:
N 001   G 90
N 002   G 01   X 120   Y 80   F 75

Beispiel – Bild 1

b) Kettenmaßprogrammierung (G91)

Bei der Kettenmaßprogrammierung (Wegbedingung **G91**) werden die Koordinaten der Zielposition (des Zielpunktes) als Relativwerte von Start- und Zielpunkt in den einzelnen Verfahrachsen angegeben.

Programm:
N 001   G 91
N 002   G 01   X 100   X 60   F 75

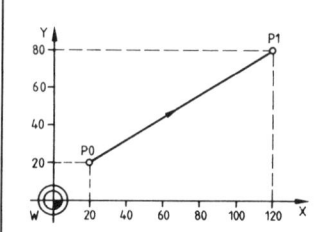

Beispiel – Bild 2

Informationsfluß der Lageinformation bei numerischer Stellung (NC)

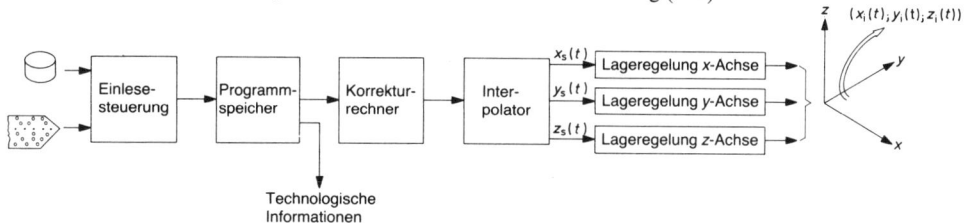

Einlesesteuerung → Programmspeicher → Korrekturrechner → Interpolator → $x_s(t)$ Lageregelung x-Achse / $y_s(t)$ Lageregelung y-Achse / $z_s(t)$ Lageregelung z-Achse → $(x_i(t); y_i(t); z_i(t))$

Technologische Informationen

15 – 15

Gruppen-Nr. 8.9.9	**Numerische Steuerungen**	Abschn./Tab. NS/7

7. Numerische Steuerungen (NC, CNC): Bedeutung/Anwendung

Die numerische Steuerung (zahlenmäßige Steuerung) kann als Weiterentwicklung der Ablauf- oder **Taktketten-Steuerung** betrachtet werden. Bei ihr werden alle geometrischen und technologischen Daten für das **Bearbeitungsprogramm**, das beispielsweise auf einer Werkzeugmaschine ausgeführt werden soll, in Form von Zahlen (numerisch) eingegeben. Siehe Wirkungsschema einer numerischen Steuerung im Bild 7.1: 8-Lochstreifen für ein Bohrwerk. Alle erforderlichen Daten (beispielsweise Werkzeug- und Werkstückabmessungen, Zustellung, Längs-, Quer- und Vorschub, Schnittgeschwindigkeit) werden in Zahlen verschlüsselt der Maschine durch den **Informationsträger** (mit Programmplan oder -satz) eingegeben.

Mit Hilfe der numerischen Steuerung können über Lochkarten, Lochstreifen (Schaltfolgeplan Bild 7.2), Magnetbänder als Informationsträger (Datenträger) sowohl zeitabhängige und wegeabhängige als auch ablaufabhängige Programme gesteuert werden. Der Unterschied liegt in der Art, wie der nächste **Programmschritt** abgerufen wird, beispielsweise abhängig von einer Zeitvorgabe, einem Wege-Soll oder einer erfüllten Arbeitsoperation.

Eine numerisch gesteuerte Werkzeugmaschine wird allgemein kurz mit **NC-Maschine** bezeichnet (NC von numerically controlles). Entscheidend für die Wahl der NC-Werkzeugmaschine ist Art und Form des Werkstücks sowie seine Stückzahl (Losgröße).

Ein besonderes Merkmal der NC-Maschine ist die leichte Auswechselbarkeit des Informationsträgers (z.B. Lochstreifen oder -band von der Arbeitsvorbereitungs-Abteilung), der die numerische Steuerung mit Daten (bzw. Signalen) versorgt.

Elektrische, hydraulische und pneumatische Lochband-Steuerungen sind zeit- und wegabhängige frei programmierbare Steuerungen. Die **Programminformation** z.B. im Lochband (meist 8-Spurband) wird durch einen Lochband-Leser in entsprechende Informationen umgesetzt. Jede Zeile des Lochbandes entspricht einem Steuerungs-Ablaufschritt und enthält alle Programminformationen für den jeweiligen Schritt. Durch dieses Lochband mit 8 Spuren (für Befehlsinformationen) und eine 9. Spur (die sog. Transportspur o) kann das Schritt-Schaltwerk zeitabhängig oder wegabhängig eingesteuert werden.

Entsprechend dem Zusammenhang zwischen den **Arbeitsbewegungen** kann man folgende Numerik-Steuerungen unterscheiden (Bild 7.3):

a) **Punktsteuerung** (Positionssteuerung), beispielsweise bei Bohrmaschinen. In Prinzip wird hierbei das Werkstück zum Werkzeug (oder umgekehrt) positioniert. Dazu wird auf beliebigen, aber möglichst kurzen Wegen zwischen Punkten mit beliebiger Geschwindigkeit verfahren (ohne Zerspanung).

b) **Streckensteuerung** (Punkt-zu-Punkt-Steuerung), beispielsweise beim Nachformen (Kopierdrehen, Kopierfräsen u.a.) treppenartiger Bahn (X-/Y-Achse). In Prinzip bewegt das Werkstück sich relativ zum Werkzeug (oder umgekehrt) auf jeweils nur einer schlittengeführten Strecke. Gleichzeitig wird auf diesem Wege mit bestimmter Geschwindigkeit zerspant.

c) **Bahnsteuerung,** beispielsweise Nachbilden einer Kurve durch ein Werkzeug, X-/Y-/Achse (z.B. beim Fräsen). In Prinzip bewegt das Werkstück sich relativ zum Werkzeug (oder umgekehrt) auf einer beliebig gekrümmten Bahn. Gleichzeitig wird auf diese Bahn mit bestimmter Vorschubgeschwindigkeit zerspant, so daß zwischen den Koordinaten ein Funktionszusammenhang besteht.

15 – 16

Gruppen-Nr. 8.9.9 | **Numerische Steuerungen** | Abschn./Tab. NS/7

Numerische Steuerungen (NC, CNC): Bedeutung/Anwendung

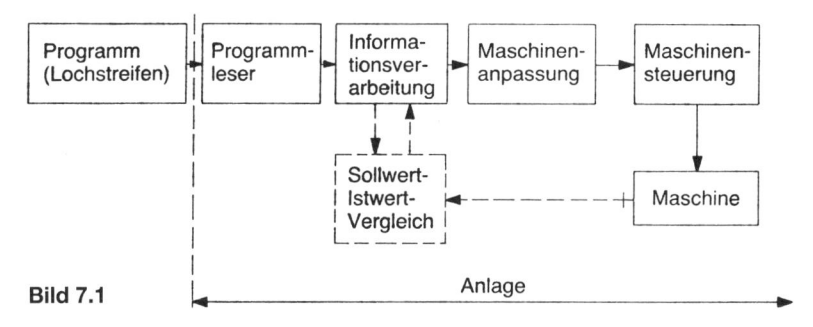

Programm (Lochstreifen) → Programmleser → Informationsverarbeitung → Maschinenanpassung → Maschinensteuerung → Maschine

Sollwert-Istwert-Vergleich

Anlage

Bild 7.1

		Satzende
	N 004	Satz-Nr. 4
	G 03	Der Korrekturschalter 3 für die Werkzeuglängenkorrektur wird angewählt
	X 148 95	Der Koordinatenwert $x = 148{,}95$ mm wird angefahren
	Y 5380	Der Koordinatenwert $y = 53{,}60$ mm wird angefahren
	F 99	Vorschubgröße : Eilgang
	S 53	Die Drehzahl 45 min^{-1} wird aufgerufen
	T 27	Das Werkzeug Nr. 27 wird ausgewählt
	M 03	Die Drehung der Spindel erfolgt im Uhrzeigersinn
		Satzende

Bild 7.2

15 – 17

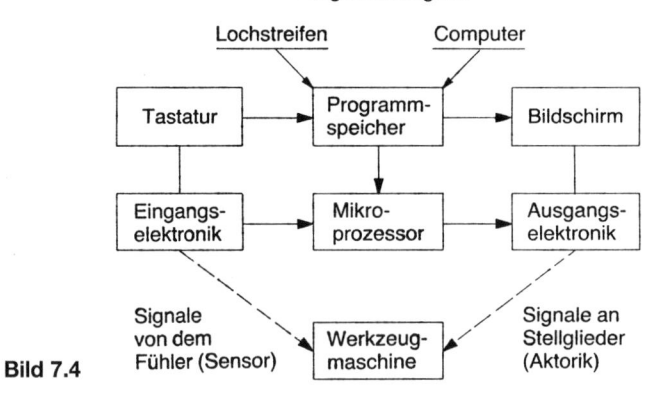

| Gruppen-Nr. 8.9.9 | **Numerische Steuerungen** | Abschn./Tab. **NS/7** |

Numerische Steuerungen (NC, CNC): Bedeutung/Anwendung

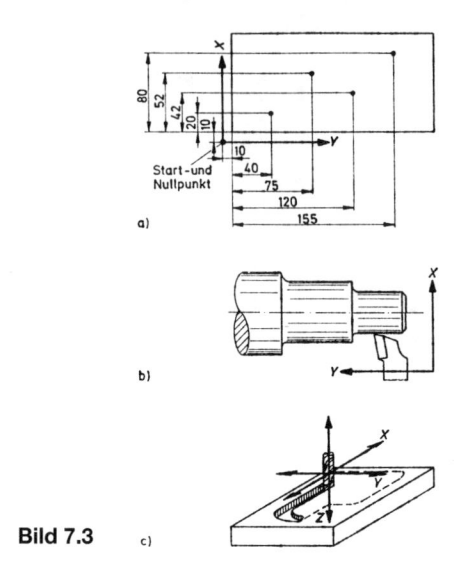

Bild 7.3

Bild 7.4

| Gruppen-Nr. 8.9.9 | **Numerische Steuerungen** | Abschn./Tab. NS/7 |

Numerische Steuerungen (NC, CNC): Bedeutung/Anwendung

Bahnsteuerungen sind für Dreh- und Fräsmaschinen sowie Brennschneidemaschinen geeignet.

Der Steuerung werden stets nur **Sollwerte** für die Position eingegeben. Die Positions-**Istwerte** müssen mit den Positions-Sollwerten ständig verglichen werden, z. B. mit dem Soll-Istwert-Vergleicher (Bild 7.1) durch Einsatz von:

- **analogen Meßsystemen** – vergleichende Messung (Weg-, Temperatur-, Spannungsmessung u. a.);
- **digitalen Meßsystemen** – Zunahme anzeigende Messung (bei Wegmessung, Schaltvorgänge);
- **gemischte Meßsystemen** – digital-absolute Wegmessung (Umsetzung digitaler Impulse in analoge Meßwerte und umgekehrt),
  – digital-inkrementale Wegmessung.

Das Arbeitsprogramm für eine bestimmte Bearbeitungsaufgabe einer NC-Maschine befindet sich, wie bereits erwähnt, z. B. auf einem Lochstreifen. Dieser Streifen muß für jedes einzelne, zu bearbeitende Werkstück neu eingelesen werden. Da das Lesen des Lochstreifens ein teilweise mechanischer Vorgang ist, können Verschleißerscheinungen und dadurch Fehlerquellen auftreten.

Durch die Entwicklung der **CNC-Systeme** (Computer numerical control) konnten u. a. diese Nachteile beseitigt und sogar zusätzlich viele Vorteile geschaffen werden.

Ein CNC-System enthält ein eigenes Computersystem auf der Basis der Micro-Computer-(μC-)Technologie. Als Programmspeicher dient hier ein Halbleiter-Speicher. Der **Lochstreifen** wird nur dann benötigt, wenn das Arbeitsprogramm in den Halbleiter-Speicher transferiert wird (Programm-Eingabetechnik). Wirkungsschema und Schaltfolgeplan einer CNC-Steuerung siehe Bild 7.4.

CNC-Systeme haben bedeutende **Vorteile** und bieten zusätzlich folgende Möglichkeiten:

- Über entsprechende Schnittstellen können sie Programme direkt von externen Computern übernehmen.
- Mit einer Tastatur und einem Bildschirm ausgestattet ist eine Programmierung direkt vor Ort durchführbar. (**Werkstatt-Programmierung** genannt).
- Wenn Tastatur und Bildschirm vorhanden sind, besteht die Möglichkeit Programme vor Ort zu ändern und zu optimieren. – Bei NC-Systemen sind Anpassungen und Änderungen wesentlich zeitaufwendiger.
- Mit Hilfe des Computers können umfangreichen Rechenoperationen (vor allem beim Bearbeiten von komplizierten Konturen notwendig) leicht programmiert werden.
- Der Computer kann die günstigsten Einstellwerte für Schnitt-, Vorschub- und Spanngeschwindigkeiten ermitteln, diese Werte fortlaufend kontrollieren und anpassen.
- Die CNC-Steuerung kann sich selbst überwachen und meldet dem Bediener selbständig vorkommende Fehler.

Für die **NC-** und **CNC-Programmierung** sind allgemein folgende anwendungsorientierte Programmiersprachen geeignet:
APT, EXAPT, EASIPROG, COBOL, MINIAPT, TELEAPT, AUTOPIT, ...

15 – 19

8. Speicherprogrammierbare Steuerungen (SPS):

In ein **Automatisierungskonzept** werden zunehmend Werkzeugmaschinen einbezogen, die man mit einer speicherprogrammierbaren Steuerung (SPS) ausstattet.

Im Gegensatz zur Relaissteuerung ermöglicht die SPS umfassende Bedienerführung, Fehlerdiagnose und das Programmieren in der Arbeitsvorbereitung.

Prinzipieller Aufbau der SPS (Bild 8.1).

- Eine SPS besteht aus einem **Leitrechner**, der über einen Datenbus die Signaleingänge abfragt und die Signalausgänge ansteuert, gemäß dem im **Speicher** des Rechners vorhandenen Programm.
- Zur Stromversorgung des Rechners sowie der Ein- und Ausgänge ist ein **stabilisiertes Netzteil** vorhanden.
- SPS der einfacheren Ausführungen haben eine feste Zahl von **Ein-** und **Ausgängen**, aufwendigere Systeme sind über Erweiterungsgeräte nahezu beliebig ausbaubar.
- Unter **Signaleingängen** versteht man die Anschlußmöglichkeit von Befehlsgeräten wie Taster, Endschalter und Sensoren.
- **Signalausgänge** sind Anschlüsse für Relaisspulen, Magnetventile und Stellglieder allgemein.
- Dem Rechner ist ein **Programmspeicher** angegliedert. In diesen Speicher wird das Maschinenprogramm eingelesen, das für jeden Steuerungsschritt, den die Maschine ausführen soll, die notwendige Signalkombination enthält.
- Das **Programm** entsteht mit Eingabe über die Tastatur eines Programmiergerätes.
- Am Beginn der Entwicklung von SPS standen wenig komfortable **Programmiergeräte** mit einzeiligem Leuchtdiodendisplay (-anzeige). Inzwischen gibt es sehr komfortable Programmiergeräte mit Bildschirmanzeige und Disketten-Laufwerken, die ähnlich wie Personalcomputer gehandhabt werden können.
- In den **Schaltschrank** einer Werkzeugmaschine ist die SPS eingebaut.
  Im **oberen** Teil befindet sich allgemein das Netzteil, der Prozessor, der Programmspeicher, mindestens vier Ein- und Ausgangsbaugruppen sowie die **Verbindungskarte** zu Erweiterungsgeräten.
  Die **unteren** Einschübe enthalten die Erweiterungsgeräte mit weiteren Ein- und Ausgangsmodulen sowie die Klemmleisten.
  Die **Bedientafel** oder das **Bedienpult** enthält zur Vereinfachung des Bedienens eine **Tabelle** der einzelnen Schaltschritte sowie eine **Grafik** der Einzelfunktionen.
- Der **Vorteil** der speicherprogrammierbaren Steuerung (SPS) liegt hauptsächlich darin, daß für den Aufbau des Schaltschranks und zur Verdrahtung der Werkzeugmaschine lediglich bekannt sein muß,
  - auf welche Eingänge die Signalgeber der Maschine gelegt werden müssen und
  - welche Ausgänge der Steuerung mit welchen Stellgliedern verbunden werden müssen.

  Erst beim Einschalten der Maschine muß das **Programm** bekannt sein. Da es parallel zum Aufbau der Maschine, z. B. vom Elektrokonstrukteur geschrieben wird, werden die Zeiten für den Aufbau der Steuerungen bedeutend gekürzt.
- Die grafische Darstellung der **Einzelfunktionen** zeigt über Meldeleuchten den augenblicklichen Zustand der Maschine.

| Gruppen-Nr. 8.9.10 | **Numerische Steuerungen** | Abschn./Tab. NS/8 |

- Der entsprechende Text der Informationen zur **Fehlerbehebung** wird ebenfalls im Diagnosespeicher abgelegt (Bedienerführung). Neue Systeme gehen sogar soweit, daß an der Bildschirmanzeige **Maschinenbilder** dargestellt werden, die eine vereinfachte Fehlerbeseitigung ermöglichen. Anzeige blinkend oder durch Farbwechsel bzw. Helligkeitssteigerung. Verschiedene **Betriebszustände** können auf verschiedenen Bildern abgespeichert werden.
- Weil SPS immer **Zentralrechner** haben, können sie auch wie übliche Rechner erweitert und verwendet werden, z. B. zur Fehlerdiagnose. Das System hat meistens einen weiteren Speicher, der sämtliche Fehleradressen enthält. Zu jeder Fehleradresse steht im Speicher ein bestimmter Text. Stellt nun der Rechner einen nicht programmgemäßen Betriebszustand fest, so bildet er daraus die entsprechende Fehleradresse und zeigt den Fehlertext in der Anzeige an.
- Der **Steuerungstechniker** muß aber während des Steuerungsaufbaus die entsprechende Signalkombination festlegen, die als fehlerhaft zu beurteilen ist.
- Es können auch verschiedene **Betriebszustände** auf verschiedenen Bildern abgespeichert werden. Die einzelnen Bilder können dann über eine Tastatur vom Speicher abgerufen werden.

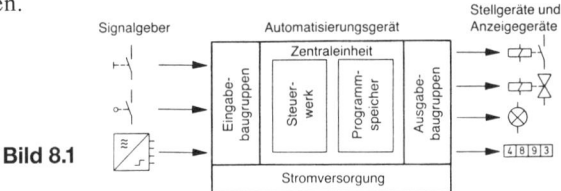

Bild 8.1

Zusammenfassung
Eine speicherprogrammierbare Steuerung (SPS; siehe Aufbau in Bild 8.1) besteht aus:
a) einem **Automatisierungsgerät**; es umfaßt allgemein
- die Stromversorgungseinheit,
- die Ein- und Ausgabebaugruppen (-geräte),
- die Zentraleinheit mit
  - dem Steuerwerk und
  - dem Programmspeicher, evtl.
  - den Zeit-Baugruppen (zur Realisierung von Zeitverzögrungen).

b) den **Signalgebern** (z. B. Endschalter, Taster, Näherungsschalter) und
c) den **Stellgeräten** (z. B. Hauptschütze, Magnetventile) sowie
d) den **Anzeigegeräten** (z. B. Meldeleuchten, Zifferanzeigen).

Im **CNC-Programm** enthaltene Schaltbefehle (z. B. Spindeldrehzahl und -drehrichtung, Werkzeugspeicherabruf und Kühlmittel-Einschaltbefehl) werden von der Steuerung in die Anpaßsteuerung weitergegeben.

Die **Anpaßsteuerungen** werden (siehe auch Seite 15 – 8):
- bei **NC**-Steuerungen elektromechanisch als Relaissteuerung realisiert;
- bei **CNC**-Steuerungen als speicherprogrammierbare Steuerungen (PC = programmable control) ausgeführt; meist modular in die CNC integriert (ohne Nahtstellen).

Die **DNC** (direct numerical control) ist die direkte Verbindung (on line) der CNC-Maschinen (evtl. mehrere NC-Arbeitsmaschinen) mit einem Rechner (Digitalrechner). Die Steuerungsinformationen werden vom Rechner nach dem Lochstreifenleser in die Steuerung der CNC-Maschinen eingegeben (BTR-Betrieb = behind tape reader).

15 – 21

Notizen

| Gruppen-Nr. 16.1 | **Normblatt-Verzeichnis** | Abschn./Tab. |

Titel (gekürzt): Inhalt	DIN-Blatt-Nr. (T. = Teil)
a) Allgemeines	
Begriffe der **Zerspantechnik:** Kräfte / Energie / Leistung	6584
Standbegriffe	6583
Bewegungen / Geometrie des Zerspanvorganges	6580
Geometrie am Schneidkeil	6581
Ergänzende Begriffe am Werkzeug	6582
Werkzeug-Anwendungsgruppen zum Zerspanen (N, H, W)	1836
Zerspanungs-Anwendungsgruppen für Hartmetalle (HM)	4990
Maschinenwerkzeug (für Metall) mit Zyl.-/Kegelbohr.:	
Bohrungen / Nuten / Mitnehmer	138
Werkzeug-Vierkante und Schaft$\varnothing$ (Zylinderschaft)	10
Morsekegel und Metr. Kegel: Kegelschäfte	228 T. 1
Kegelhülsen	228 T. 2
Rundungshalbmesser (r)	250
Kegel: Bereich / Zweck / Kurzzeichen / Begriffe	254
Normzahlen und -zahlreihen: Haupt- / Genau- / Rundwerte	323 T. 1
Zentrierbohrungen: 60°; Form R, A, B, C	332 T. 1
: mit Gewinde: für Wellenenden (el. Masch.)	332 T. 2
Mitnehmer an Werkzeugen mit Zylinderschaft	1809
Steilkegelschäfte für Werkzeuge / Spanwerkzeuge (A/B)	2080 T. 1/2
Durchgangslöcher für Schrauben	ISO 273
Austreiber für Kegelschäfte mit Austreiblappen	317
ISO-Toleranzen und -Passungen für Längenmaße	7150
ISO-Grundtoleranzen für Längenmaße	7151
Toleranzfelder aus ISO-Grundmaßen: (d = 1...500 mm)	
● ISO-Außenabmaße: Wellen	7160
● ISO-Innenabmaße: Bohrungen	7161
Allgemein-Toleranzen: Länge- / Winkelmaße	7168 T. 1
: Form / Lage	T. 2
Form- und Lage-Toleranzen: Begriffe / Kurzfassung	7167 und 7184 Bl. 3
Kegeltoleranz- und Kegelpaß-System (Verjüngung C = 1:3 bis 1:500)	7178 T. 1–4
b) Bohrwerkzeuge	
Spiralbohrer: Begriffe	1412
Durchmesser für Bohrwerkzeuge für Gewindekernlöcher, (MG)	336 T. 1
Spiralbohrer aus SS/HSS: Technische Lief.	1414
Spiralbohrer: für Waager.-Konsol-Bohrmasch. (Lehrenbohrwerk)	1861
: mit Morsekegel-(MK-)Schaft	345
: mit größerem MK-Schaft	346
: mit Zylinderschaft und HM-Schneidplatte; – für Metall	8037
– für Duroplast	8038
: mit MK-Schaft und HM-Schneidplatte; für Metall	8041
Kurze Spiralbohrer mit Zylinderschaft	338
Extra kurze Spiralbohrer mit Zylinderschaft	1897
Bohrbuchsen-Spiralbohrer mit Zylinderschaft	339
Lange Spiralbohrer: mit Zyl.-Schaft; für Bohrbuchsen	340
mit MK-Schaft; für Bohrbuchsen	341
Überlange Spiralbohrer: mit Zylinderschaft	1869
mit MK-Schaft	1870

16 – 1

| Gruppen-Nr. 16.1 | **Normblatt-Verzeichnis** | Abschn./Tab. |

Titel (gekürzt): Inhalt	DIN-Blatt-Nr.
Stiftlochbohrer (für Kegelstiftbohr.): mit Zyl.-Schaft	1898 T.1
mit MK-Schaft	1898
Zentrierbohrer: 60°; Form R, A und B	333
Kleinstbohrer, geradegenutete Spiralbohrer, Spitzbohrer	1899
Mehrfasen-Stufenbohrer für Durchgangslöcher:	
● mit Zylinderschaft ⎫ für Senkschrauben	8074
● mit Morsekegelschaft ⎭	8075
● mit Zylinderschaft ⎫ für Zylinderschrauben	8076
● mit MK-Schaft ⎭	8077
Mehrfasen-Stufenbohrer für Kernlochbohrungen und	
Freisenkungen: ● mit Zylinderschaft	8378
● mit MK-Schaft	8379
HM-Schneidplatten für Bohrer: Spitzenwinkel 115°, für große F_c	8010
85°, sehr kleine F_c	8013
c) Senkwerkzeuge	
Kegelsenker: 60°/90°	334/335
90° mit Zyl.-Schaft und festem Führungszapfen	1866
120°	347
90° mit MK-Schaft und auswechselbarem Führungszapfen	1867
Flachsenker: mit Zyl.-Schaft und festem Führungszapfen	373
mit MK-Schaft und auswechselbarem Führungszapfen	375
Stirnsenker; für Waagerecht-Koordin.-Bohrmaschinen	1862
Senker für Senkniete	1863
Führungszapfen (auswechselb.): für Flach-/Kegelsenker	1868
Senker mit Schaft und Führungszapfen: Techn. Lief.	2173 T.1
Senkdurchmeser für zylindrische Senkungen	974
Senkungen: für Senkschrauben	74 T.1
für Schrauben mit zylindr. Kopf	74 T.2
für Sechskantschrauben- und muttern	74 T.3
d) Aufbohrwerkzeuge	
Aufsteck-Aufbohrer	222
Aufsteck-Aufbohrer mit HM-Schneidplatten	8022
Aufbohrer mit MK-Schaft/Zylinder-Schaft	343/344
Lange Aufbohrer mit MK-Schaft: zum Aufb. durch Bohrbuchsen	1864
Aufbohrer mit HM-Schneidplatten	8043
Aufbohrer; Schaft-/Aufsteck-: Techn. Lief.	2155 T.1/2
e) Reibwerkzeuge	
Hand-Kegelreibahlen: für Kegelstiftbohrungen	9
für Morse-Kegel (MK)	204
für Metrische Kegel	205
Hand-Reibahlen: mit Zylinderschaft und Vierkant (A/B)	206
mit Zylinderschaft; nachstellbar, geschlitzt	859
Maschinen-Kegelreibahlen: für Morsekegel	1895
für Metr. Kegel	1896
für Kegelstiftbohr.; mit Zylinderschaft	2179
mit MK-Schaft	2180

Gruppen-Nr.	Normblatt-Verzeichnis	Abschn./Tab.

Titel (gekürzt): Inhalt	DIN-Blatt-Nr.
Maschinen-Reibahlen: MK-Schaft; Form A / B / C	208
mit aufgeschraubten Messern (A / B)	209
mit Zylinderschaft (durchgeh./abges.)	212 T. 1/2
Aufsteck-Reibahlen: genutet (A / B); Schäl-R. (C)	219
mit aufgeschraubten Messern (A / B)	220
mit HM-Schneidplatten	8054
Techn. Lief.	2172 T. 2
Reibahlen mit Schaft: Techn. Lief.	2172 T. 1
Reibahlen: Herstellungstoleranzen und Bezeichnungen	1420
Nietloch-Reibahlen: mit MK-Schaft	311
HSS-Messer: für Masch.-/Aufsteck-R. (aufgeschraubt)	8086
Automaten-Reibahlen aus HSS-E	8089
HM-Schneidplatten für Reibahlen / Senker / Schaftfräser	8011
Maschinen-Reibahlen: Zylinderschaft und HM-Schneidplatten; Schneidteil kurz	8050
lang	8093
mit MK-Schaft und HM-Schneidplatten; Schneidteil kurz	8051
lang	8094
Automaten-Reibahlen: mit HM-Schneidplatten	8090
mit Zylinderschaft; Schneidteil lang	8093
f) Gewindeschneidwerkzeuge	
Runde Schneideisen: für Metr. ISO-Gewinde (A / B)	223 T. 1
für Metr. ISO-Feingewinde	223 T. 3
Generalplan der Abmessungen	223 T. 10
für zylindr. Rohrgewinde (bis G 2¼)	5158
für kegel. Whitworth-Rohrgewinde	5159
Sechskantige Schneideisen	382
Mutter-Gewindebohrer: Metr. ISO-Regelgewinde	357
Satz-Gewindebohrer, 3teilig: für metr. ISO-Regelgewinde	352
2teilig: für metr. ISO-Feingewinde	2182
2teilig: für Maschinen; Whitworth-Rohrgewinde	5157
Maschinen-Gewindebohrer: mit verstärktem Schaft; Metr. ISO-Regelgewinde	371
Überlaufbohrer; für Metr. ISO-Feingewinde	374
für Metr. ISO-Regelgewinde	376
HSS-Gewindebohrer, geschliffen: Techn. Lief.	2197
Toleranzen des Gewindeteils von Gewindebohrern für Metr. ISO-Gewinde	802 T. 1
Metr. ISO-Gewinde: Regelgewinde	13 T. 1
Feingewinde, P 0,2 bis 8 mm	13 T. 2–11
Regel-/Feingewinde; Auswahl	13 T. 12
Gewindeübersicht für Schrauben/Muttern	13 T. 13
Grundlagen des Toleranzsystems	13 T. 14
Grundabmaße/Toleranzen	13 T. 15
g) Fräswerkzeuge	
Maschinen-Fräswerkzeuge: Schneid-/Spannutenricht.	857
Zylinderschäfte für Fräser: Maße	1835 T. 1
Langlochfräser: mit MK-Schaft; Maße/Techn. Lief.	326 T. 1/2
mit Zylinderschaft; Maße/Techn. Lief.	327 T. 1/2
mit HM-Schneidplatten: mit MK-Schaft	8026
mit Zylinderschaft	8027

16 – 3

Gruppen-Nr.	Normblatt-Verzeichnis	Abschn./Tab.

Titel (gekürzt): Inhalt	DIN-Blatt-Nr.
Aufsteck-Winkelstirnfräser: Maße/Techn. Lief.	842 T. 1/2
Schaftfräser: mit Zylinderschaft; Maße/Lief.	844 T. 1/2
mit MK-Schaft; Maße/Lief.	845 T. 1/2
mit Steilkegel-Schaft; Maße/Lief.	2328 T. 1/2
mit HM-Schneidplatten: mit MK-Schaft	8045
mit Zylinderschaft	8044
Prismenfräser: Maße/Lief.	847 T. 1/2
Schlitzfräser: Maße/Lief.	850 T. 1/2
T-Nutenfräser: mit Zylinderschaft; Maße/Lief.	851 T. 1/3
mit MK-Schaft; Maße/Lief.	851 T. 2
Aufsteck-Gewindefräser: für Metr. ISO-Gewinde: Maße/Lief.	852 T. 1/2
Halbrund-Profilfräser, konkav; Maße/Lief.	855 T. 1/2
konvex; Maße/Lief.	856 T. 1/2
Viertelrund-Profilfräser, konkav; Maße/Lief.	6513 T. 1/2
Winkelfräser für Werkzeuge: Maße/Lief.	1823 T. 1/2
Winkelfräser mit Zylinderschaft; Maße/Lief.	1833 T. 1/2
Lückenfräser für Werkzeuge; Schneiden hinterdreht	1824
Gesenkfräser, zylindr.: mit Zyl.-/Kegelschaft	1889 T. 1/2
kegelig: mit Zyl.-/Kegelschaft	1889 T. 3
Techn. Lieferbedingungen	1889 T. 5
Nutenfräser, geradeverzahnt, hinterdreht; Maße/Lief.	1890 T. 1/2
gekuppelt/verstellbar; Maße/Lief.	1891 T. 1/2
Walzenfräser, Maße/Lief.	884 T. 1/2
Walzenfräser, gekuppelt / 2teilig; Maße/Lief.	1892 T. 1/2
Walzenstirnfräser mit Quernut; Maße/Lief.	1880 T. 1/2
mit HM-Schneidplatten	8056
Gewinde-Scheibenfräser für Metr. Trapezgewinde; Maße/Lief.	1893 T. 1/2
Scheibenfräser; Maße/Lief.	855 T. 1/2
mit eingesetzten Messern	1831 T. 1/2
mit Hartmetall-(HM-)Schneidplatten	8047
mit auswechselbaren Messern (HM-Schneiden)	8048
Fräsmesserköpfe mit eingesetzten Messern	1830 T. 1–3
Fräsköpfe mit Wendeschneidplatten	8030 T. 1
HM-Frässtifte: Zylinder-/Walzenrund-/Spitzkegel-/Rundkegel-/Kegelsenk-/Winkel-/	8032
Kugel-/Spitzbogen-/Rundbogen-/flammenförmige/tropfenförmige Frässtifte	8033 T. 1–12
HM-Wendeschneidplatten: mit Planschneiden	6590
für Schaftfräser/Senker/Reibahlen	8011
h) **Sägewerkzeuge** (für Metall)	
Metall-Kreissägeblätter, fein-/grobgezahnt	1837/1838
Zahnformen/Genauigkeit	1840
Segment-Sägeblätter für Kaltkreissägemaschinen	8576
Langsägeblätter (Bügelsäge-), Metall; für Sägemaschinen	6495
Sägeblätter für Metall: Begriffe/Maße/Toleranzen/Eigenschaften	

| Gruppen-Nr. | Normblatt-Verzeichnis | Abschn./Tab. |

Titel (gekürzt): Inhalt	DIN-Blatt-Nr.
i) **Drehwerkzeuge**	
Schaftquerschnitte für Dreh-/Hobelmeißel	770 T. 1/2
Freistiche	509
Wendeschneidplatten: Bezeichnungen	4987 T. 1/2
HM-Wendeschneidplatten: mit zylindr. Bohrungen	4988
mit Eckenrundungen	4968
mit Senkbohrung/Eckenrundungen	4967 T. 1
Wendeschneidplatten aus Schneidkeramik	4969
HM-Schneidplatten; Allgemeines	4950
für leichte Schnitte	4966
Drehmeißel mit HSS-Schneiden: gerade Dr.	4951
gebogene Dr.	4952
spitze Dr.	4955
breite Dr.	4956
Drehmeißel mit HM-Schneidplatte: Übersicht/Bez.	4982
gerade Dr.	4971
gebogene Dr.	4972
breite Dr.	4976
spitze Dr.	4975
Seitendrehmeißel mit HSS-Schneidplatte, abgesetzte Dr.	4960
Seitendrehmeißel mit HM-Schneidplatte	4980
Stech-Drehmeißel mit HM-Schneidplatte	4981
Stech-Drehmeißel mit Schneiden aus HSS	4961
Innen-Stechdrehmeißel mit Schneiden aus HSS	4963
Innen-Drehmeißel mit HM-Schneidplatte	4973
Innen-Eckdrehmeißel mit HM-Schneidplatte	4974
Gebogene Eckdrehmeißel mit HSS-Schneiden	4965
Abgesetzte Eckdrehmeißel mit HM-Schneidplatte	4978
Schneidplatten aus HSS	771
Drehlinge aus HSS	4964 T. 1
Klemmhalter für Wendeschneidplatten: Bezeichnungen	4983
Übersicht	4984 T. 1
Formen A bis T	4984 T. 2–13
Typ A, Formen F bis Y	4985 T. 1–12
Fertigungsverfahren Spanen; Drehen; Einordnung, Unterteilung, Begriffe	8589 T. 1
Fertigungsverfahren: Einteilung	8580
Spanen: Einordnung, Unterteilung, Begriffe	8589 T. 0
Abtragen: Einordnung, Unterteilung, Begriffe	8590
Werkzeugmaschinen für die Metallverarbeitung: Begriffe	69651 T. 1
Zerteilmaschinen	69651 T. 4
für Werkzeuge mit geometrisch bestimmten Schneiden	69651 T. 5
Umform. Werkzeugmaschine	69561 T. 3
Numerisch gesteuerte Arbeitsmaschinen: Begriffe	66257
Programmaufbau	66025 T. 1/2
Programmierung (CLDATA)	66215 T. 1/2
Prozessor-Eingabesprache	66246 T. 1
Koord.achsen/Beweg.richt.	66217
Numerisch gesteuerte Werkzeugmaschinen: Bildzeichen	55003 T. 3

Bedeutung der Abkürzungen:
HM = Hartmetall   HSS = Hochleistungs-Schnellstahl   Lief. = Lieferbedingung

Gruppen-Nr.	**Normblatt-Verzeichnis**	Abschn./Tab.

Titel (gekürzt): Inhalt	DIN-Blatt-Nr.
k) Drehwerkzeuge	
Schaftquerschnitte für Dreh-/Hobelmeißel	770 T. 1/2
Freistiche	509
Wendeschneidplatten: Bezeichnungen	4987 T. 1/2
HM-Wendeschneidplatten: mit zylindr. Bohrungen	4988
mit Eckenrundungen	4968
mit Senkbohrung/Eckenrundungen	4967 T. 1
Wendeschneidplatten aus Schneidkeramik	4969
HM-Schneidplatten; Allgemeines	4950
für leichte Schnitte	4966
Drehmeißel mit HSS-Schneiden: gerade Dr.	4951
gebogene Dr.	4952
spitze Dr.	4955
breite Dr.	4956
Drehmeißel mit HM-Schneidplatte: Übersicht/Bez.	4982
gerade Dr.	4971
gebogene Dr.	4972
breite Dr.	4976
spitze Dr.	4975
Seitendrehmeißel mit HSS-Schneidplatte, abgesetzte Dr.	4960
Seitendrehmeißel mit HM-Schneidplatte	4980
Stech-Drehmeißel mit HM-Schneidplatte	4981
Stech-Drehmeißel mit Schneiden aus HSS	4961
Innen-Stechdrehmeißel mit Schneiden aus HSS	4963
Innen-Drehmeißel mit HM-Schneidplatte	4973
Innen-Eckdrehmeißel mit HM-Schneidplatte	4974
Gebogene Eckdrehmeißel mit HSS-Schneiden	4965
Abgesetzte Eckdrehmeißel mit HM-Schneidplatte	4978
Schneidplatten aus HSS	771
Drehlinge aus HSS	4964 T. 1
Klemmhalter für Wendeschneidplatten: Bezeichnungen	4983
Übersicht	4984 T. 1
Formen A bis T	4984 T. 2–13
Typ A, Formen F bis Y	4985 T. 1–12
Fertigungsverfahren Spanen; Drehen; Einordnung, Unterteilung, Begriffe	8589 T. 1
Fertigungsverfahren: Einteilung	8580
Spanen: Einordnung, Unterteilung, Begriffe	8589 T. 0
Abtragen: Einordnung, Unterteilung, Begriffe	8590
Werkzeugmaschinen für die Metallverarbeitung: Begriffe	69651 T. 1
Zerteilmaschinen	69651 T. 4
für Werkzeuge mit geometrisch bestimmten Schneiden	69651 T. 5
Umform. Werkzeugmaschine	69561 T. 3
Numerisch gesteuerte Arbeitsmaschinen: Begriffe	66257
Programmaufbau	66025 T. 1/2
Programmierung (CLDATA)	66215 T. 1/2
Prozessor-Eingabesprache	66246 T. 1
Koord.achsen/Beweg.richt.	66217
Numerisch gesteuerte Werkzeugmaschinen: Bildzeichen	55003 T. 3

Bedeutung der Abkürzungen:
HM = Hartmetall   HSS = Hochleistungs-Schnellstahl   Lief. = Lieferbedingung

16.2 Literaturverzeichnis
Buchtitel

[1]	*Victor/Müller*	Zerspantechnik, Springer-Verlag, Berlin
[2]	*Paucksch/Preger:*	Zerspantechnik, Vieweg Verlags-GmbH, Wiesbaden
[3]	*König u. a.:*	Fertigungsverfahren, VDI Verlag, Düsseldorf
[4]	*Bruins/Dräger:*	Werkzeuge und Werkzeugmaschinen für die spanende Metallbearbeitung, Carl Hanser Verlag, München
[5]	*Spur/Stöferle:*	Handbuch der Fertigungstechnik, Band 3, Teil 1/II: Spanen, Carl Hanser Verlag, München
[6]	*Perovic:*	Werkzeugmaschinen, Vieweg Verlags-GmbH, Wiesbaden
[7]	*Weck:*	Werkzeugmaschinen, VDI Verlag, Düsseldorf
[8]	*Autorenteam:*	DIN Taschenbuch 122: Spanende Werkzeugmaschinen 2, Beuth Verlag, Berlin
[9]	*Autorenteam:*	DIN Taschenbuch 121: Spanende Werkzeugmaschinen 1, Beuth Verlag, Berlin
[10]	*Hasselbeck:*	Hasselbeck-Export-Werkzeugkatalog, Ziegler Verlag, Regensburg
[11]	*Dey/Leonhardt/Spieß:*	Grafische Symbole Werkzeugmaschinen, Beuth Verlag, Berlin
[12]	*Autorenteam:*	Fertigungsverfahren Band 220: Trennen/Zerteilen/Spanen, Beuth Verlag, Berlin
[13]	*Schamschula:*	Spanende Fertigung, Springer-Verlag, Berlin
[14]	*Charchut/Tschätsch:*	Werkzeugmaschinen, spanlose/spanende Formgebung, Carl Hanser Verlag, München
[15]	*Degner/Böttger:*	Handbuch der Feinbearbeitung, Carl Hanser Verlag, München
[16]	*Fritz u a.:*	Fertigungstechnik, VDI Verlag, Düsseldorf
[17]	*Fahle/Landsknecht:*	Metalltechnische Tabellen, Westermann Verlag, Braunschweig
[18]	*Altendicker u. a.:*	Grundkenntnisse Metall, Verlag Handwerk und Technik, Hamburg
[19]	*Rotthowe/ Fuchsgruber u. a.:*	Lehrbuch für Metallberufe, Verlag Europa-Lehrmittel, Wuppertal
[20]	*Hoischen:*	Technisches Zeichen, Grundlagen/Beispiele, Cornelsen Verlag, Düsseldorf
[21]	*Mang:*	Schmierung in der Metallbearbeitung, Vogel-Verlag, Würzburg
[22]	*Müller u. a.:*	FETTE-Schleifbuch, Instandhaltung/Prüfung von spanenden Werkzeugen, Viebranz-Verlag, Schwarzenbeck
[23]	*Bausch u. a.:*	Zahnradfertigung, Expert-Verlag, Ehningen
[24]	*Witte:*	Werkzeugmaschinen, Vogel-Verlag, Würzburg
[25]	*VDM-A Hrsg:*	Wer baut Maschinen?, Hoppenstedt-Verlag, Darmstadt
[26]	*Klein:*	Einführung in die DIN-Normen, Teubner GmbH, Stuttgart
[27]	*Gehring:*	Konstruktion von Werkzeugmaschinen, Vogel-Verlag, Würzburg
[28]	*Hart:*	Einführung in die Meßtechnik, Vieweg Verlags-GmbH, Wiesbaden
[29]	*Profos:*	Handbuch der industriellen Meßtechnik, Vulkan-Verlag, Essen
[30]	*Schweizer/ Kiesewetter:*	Moderne Fertigungsverfahren der Feinwerktechnik, Springer-Verlag, Berlin
[31]	*Warnecke/Dutschke:*	Fertigungsmeßtechnik, Springer-Verlag, Berlin

[32]	*Matuszewski:*	Handbuch Vorrichtungsbau, Konstruktion/Einsatz, Vieweg Verlags-GmbH, Wiesbaden
[33]	*Walcher:*	Winkel- und Wegmessung im Maschinenbau, VDI Verlag, Düsseldorf
[34]	*Mauri:*	Vorrichtungen, 2 Bände, Springer-Verlag, Berlin
[35]	*Mesch:*	Meßtechnisches Praktikum für Maschinenbauer und Verfahrenstechniker, B.I.-Verlag, Mannheim
[36]	*Kaspers/Küfner:*	Messen, Steuern, Regeln für Maschinenbauer, Vieweg Verlags-GmbH, Wiesbaden
[37]	*Böttle/Boy/ Grothusmann:*	Elektrische Meß- und Regeltechnik, Vogel-Verlag, Würzburg
[38]	*Fleck u. a.:*	Automatisierungssysteme, VDE-Verlag, Berlin
[39]	*Böhm:*	Elektrische Steuerungen, Vogel-Verlag, Würzburg
[40]	*Böhm:*	Elektrische Antriebe, Vogel-Verlag, Würzburg
[41]	*Schönfeld:*	Grundlagen der automatischen Steuerung, Hüthig-Verlag, Heidelberg
[42]	*Paetzold:*	Numerische Steuerung in der Fertigungstechnik, 2 Bände, Verlag Europa-Lehrmittel, Wuppertal
[43]	*Sautter:*	Numerische Steuerungen für Werkzeugmaschinen, Vogel-Verlag, Würzburg
[44]	*Lieberwirth:*	Technologie von CNC-Werkzeugmaschinen, Verlag Giradet, Düsseldorf
[45]	*Koschnik u. a.:*	Numerisch gesteuerte Werkzeugmaschinen, Expert-Verlag, Ehningen
[46]	*Rohbein:*	Industrie Praktikum Maschinenbau, Springer-Verlag, Berlin
[47]	*Schumny:*	PC-Praxis: Technik/Betrieb, Vieweg Verlags-GmbH, Wiesbaden
[48]	*Puttkammer/ Rissberger:*	Informatik für technische Berufe, Teubner GmbH, Stuttgart
[49]	*Böhm:*	Elektronische Steuerung, Vogel-Verlag, Würzburg
[50]	*Bachl:*	Qualifizierung an Industrie-Roboter, Springer-Verlag, Berlin
[51]	*Lemke:*	Vorrichtungsbau, Teubner GmbH, Stuttgart
[52]	*Desoyer/Kopacek:*	Industrie-Roboter und Handhabung, Verlag Oldenbourg, München
[53]	*Schwarz/Zecha u. a.:*	Industrie-Robotersteuerung, Hüthig-Verlag, Heidelberg
[54]	*Frei:*	SPS – Speicherprogrammierte Steuerung, Hüthig-Verlag, Heidelberg
[55]	*Krist u. a.:*	Automatisierung/Vorrichtungsbau, Hoppenstedt Technik-Tabellen-Verlag, Darmstadt
[56]	*Autorenteam:*	Rationelle Vorrichtungskonstruktionen, VDI Verlag, Düsseldorf
[57]	*Stark:*	SPS-Lehre, Vogel-Verlag Würzburg
[58]	*Naval:*	Industrie-Roboter-Praxis, Vogel-Verlag, Würzburg
[59]	*Schaft:*	Einführung in die Industrie-Robotertechnik, Expert-Verlag, Ehningen
[60]	*Fleck:*	Mikroprozessortechnik für Messen/Steuern/Regeln, VDE-Verlag, Berlin
[61]	*Blume/Jakob:*	Programmiersprache für Industrie-Roboter, Hüthig-Verlag, Heidelberg
[62]	*Widmer:*	NC-Fräsen und -Verzahnen, Birkhäuser-Verlag, Therwil

[63]	*Dworatschek:*	Grundlagen der Datenverarbeitung, Verlag Walter de Gruyter, Berlin
[64]	*Autorenteam:*	Z-Katalog über Werkzeug und Maschinen für die Metallbearbeitung, Ziegler Verlag, Regensburg
[65]	*Behrendt u. a.:*	Flexible numerisch gesteuerte CNC-Fertigungssysteme, Expert-Verlag, Ehningen
[66]	*Tschätsch, H.:*	Handbuch Umformtechnik, Hoppenstedt Technik-Tabellen-Verlag, Darmstadt
[67]	*Tschätsch, H.:*	Handbuch spanende Formgebung, Hoppenstedt Technik-Tabellen-Verlag, Darmstadt
[68]	*Autorenteam:*	DIN Taschenbuch 22: Einheiten und Begriffe für phys. Größen, Beuth Verlag, Berlin
[69]	*Autorenteam:*	DIN Taschenbuch 127: Bedienteile, Normen, Beuth Verlag, Berlin
[70]	*Autorenteam:*	DIN Taschenbuch 141: Normen für Planung und Konstruktion, Beuth Verlag, Berlin
[71]	*Autorenteam:*	DIN Taschenbuch 1: Mechanische Technik, Grundnormen, Beuth Verlag, Berlin
[72]	*Autorenteam:*	DIN Taschenbuch 148: Zeichnungswesen (Eintrag/Angaben), Beuth Verlag, Berlin
[73]	*Autorenteam:*	DIN Taschenbuch 202: Formelzeichen, -satz; math. Zeichen/Begriffe, Beuth Verlag, Berlin
[74]	*Autorenteam:*	DIN Taschenbuch 153: Publikation und Orkumetation, Beuth Verlag, Berlin
[75]	*Autorenteam:*	DIN Taschenbuch 6: Werkzeuge 1, Bohrer, Senker, Gewindebohrer, -schneideisen, Reibahlen, Beuth Verlag, Berlin
[76]	*Autorenteam:*	DIN Taschenbuch 40: Werkzeuge 2, Drehwerkzeuge, Beuth Verlag, Berlin
[77]	*Autorenteam:*	DIN Taschenbuch 41: Werkzeuge 3, Schraubwerkzeuge, Beuth Verlag, Berlin
[78]	*Autorenteam:*	DIN Taschenbuch 42: Werkzeuge 4, Hand-Werkzeuge, Beuth Verlag, Berlin
[79]	*Autorenteam:*	DIN Taschenbuch 46: Werkzeuge 5, Stanzwerkzeuge, Beuth Verlag, Berlin
[80]	*Autorenteam:*	DIN Taschenbuch 108: Werkzeuge 6, Schleifwerkzeuge, Beuth Verlag, Berlin
[81]	*Autorenteam:*	DIN Taschenbuch 167: Werkzeuge 7, Fräswerkzeuge/Sägeblätter, Beuth Verlag, Berlin
[82]	*Autorenteam:*	DIN Taschenbuch 14: Spannzeuge 1, Werkzeugspannen, Beuth Verlag, Berlin
[83]	*Autorenteam:*	DIN Taschenbuch 151: Spannzeuge 2, Werkzeugspannen/Vorrichtungen, Beuth Verlag, Berlin
[84]	*Autorenteam:*	DIN Taschenbuch 200: NC-Maschinen, Numerische Steuerungen, Beuth Verlag, Berlin
[85]	*Autorenteam:*	DIN Taschenbuch 45: Gewinde, Beuth Verlag, Berlin
[86]	*Autorenteam:*	Beuth-Kommentare, Internationale Gewindeübersicht, Beuth Verlag, Berlin

Notizen

16.3 Stichwortverzeichnis (Sachwort-Register)

Abkürzungen: Abm. = Abmessungen; Allg. = Allgemeines; Anw. = Anwendung;
Aufg. = Aufgabe; Ausf. = Ausführung; Bed. = Bedeutung; Begr. = Begriffe;
Bez. = Bezeichnung; Bohr. = Bohrungen; Eig. = Eigenschaften; Fo. = Formeln;
Grundl. = Grundlagen; Konstr. = Konstruktion; KSS = Kühlschmierstoffe;
Leg. = Legierung; Num. St. = Numerische Steuerung; Pass./Tol. = Passungen/Toleranzen;
Schm. = Schmierstoffe; Tab. = Tabellen; Wz = Werkzeuge; Wzm = Werkzeugmaschine;
Zus. = Zusammensetzung

A

Abmaße, ISO-; Bohr./Welle 14 – 10…13
Abwälzfräser, Schnittgeschw. 8 – 11
–, Vorschub 8 – 11
Abwälz-Schneckenfräser 8 – 10
AC, ACC, ACO 15 – 8
Achtkantstahl, Masse 2 – 23
Adreßbuchstaben, EDV; Progr. 15 – 23
Aktivierungsstoffe, Schm. 2 – 24
Aktivkraft, Spanen 1 – 30
Amerik. Gewindearten 7 – 24…33
Anpassungsregel.; NC-Maschinen 15 – 8
Anpaßsteuerungen; NC/CNC 15 – 21
Arbeitsbeding., Einflußgrad 1 – 36
Arbeitsebene, Schneide 1 – 21, 25
Arbeitszeitermittl., Bohren 12 – 1
–, Drehen 12 – 1
–, Flachschleifen 12 – 2
–, Fräsen 12 – 2
–, Hobeln 12 – 3
–, Rundschleifen 12 – 3
ASP-Stahl (s. PM HSS) 2 – 3
Aufbohrer, Anschnitt⌀ 5 – 6
–, Durchmesser 3 – 24, 5 – 6
–, Gewindeloch-Dmr. 3 – 23
–, Instandhaltung 5 – 9
–, Lieferbeding.; DIN 5 – 1
–, Nachschleifen 5 – 9
Aufsteck-Aufbohrer; Anschnitt⌀ 5 – 6
– –, HM- 5 – 11
– –, Vorbohrungs⌀ 5 – 6
Aufstecksenker, Schnittgeschw. 4 – 6
Auftragszeit, Berechn. 12 – 3
Außengewindeformen, spanl. 7 – 58

B

Bahnsteuerung, NC-Masch. 15 – 7/16
Bandsägen, Metall- 9 – 11
Baustähle, neue Sortenbez. 11 – 9
Bearbeitungsglätte 1 – 2
Betriebskunde, Tabellen 12, 14 – 1…5
Bewegungsrichtungen, NC-Ma. 15 – 9

Bezugsebene, Schneide 1 – 21
Bezugsmaß-Programmierung 15 – 15
Bezugspunkte, Werkz.masch. 15 – 12
Bildzeichen, s. a. Symbole NC 15 – 1
Blechschrauben, Gewinde 7 – 6
Bohren, Tabellen 3 – 1…36
–, Werkzeugschneide 2 – 28
–, Winkelgröße 3 – 17
Bohrerdurchm., Gewinde 3 – 23
–, Gewinde-Kernlöcher 3 – 23
–, – –; UNC (USA) 7 – 32
–, – –; UNF (USA) 7 – 33
Bohrloch-Übermaß 3 – 24
Bohrlöcher, verlaufene 3 – 25
Bohrmaschinen, Säulen-/Ständer- 3 – 28
Bohrmeißel, Anschliffwinkel 3 – 17
Bohröle, -wasser (E) 2 – 22
Bohrsenker, Nachschleif-Daten 3 – 35
–, Voll-HM; Daten 3 – 34
Bohrstange, Schnittgeschw. 3 – 16
Bohrungstoleranz, erreichbare 2 – 42
Bohrwerkzeuge, Aufbau/Anwend. 3 – 1, 2
–, Schneidteil 3 – 1
–, Schneidenwinkel 3 – 2
Borcarbid, Schleifen 2 – 20
Bornitrid, kub. (CBN); Eig. 2 – 1…8
Britische Gewindearten 7 – 25, 26
BDF/BSP/BSW; Gewinde 7 – 7
BS HM (LHM); beschicht. HM 2 – 4

C

Cermets; Schneidkeramik 2 – 2…8
Chemische Benennung, techn. Stoffe 11 – 1
Chemisch-physikal Kennwerte, Stoffe 11 – 2
CNC, Bedeutung/Anwend. 15 – 16, 19, 21
–, freiprogramm. NC 15 – 8
CNC-Werkzeugmasch., Progr. 15 – 9, 16, 2

D

Dehnung, Metalle 11 – 6
Diamant, Eigenschaften 2 – 6, 8

–, Schmieren/Kühlen 2 – 26
Diamantwerkzeuge, Arbeitsregeln 10 – 19
–, Drehen 10 – 10
–, Schnittiefe/Bohrschub 10 – 23
Diametral/Circular/Pitch 8 – 18
Dichte, Elemente/Stoffe 11 – 2...5
–, Flüssigkeiten/Gase 11 – 8
DIN-Normblatt-Verzeichnis 16 – 1
DNC, Bedeutung/Anwendung 15 – 21
–, NC-Masch. + CPU (ZR) 15 – 8
Drall-/Schneidrichtung, Fräsen 8 – 23
Drall-/Spiralbohrer, Daten 3 – 11...20
Drallbohrer, Schnittgeschw. 3 – 14
–, Vorschub 3 – 11
Drallsenker, Schnittgeschw. 4 – 6
–, Vorschub 4 – 6
Drangkraft, Schneide 1 – 32
Dreharbeiten, Daten 10 – 1, 2
Drehautomaten, Daten 10 – 5
Drehen, Tabellen 10 – 1...23
–, Werkzeugschneide 2 – 28
Drehfrequenz(-zahl), Drehen 10 – 1
–, Reiben 6 – 12
Drehmoment, Bestimmung 2 – 43
Dreiecke, Formeln 13 – 1
Durchgangslöcher, Bohrer 3 – 22
–, Gewinde 3 – 22
–, Schrauben 3 – 22

E
Eckenwinkel, Schneide 1 – 25
Effektivleistung 1 – 33
Einheitsbohrung/-welle 16 – 4
Einstellwinkel, Werkzeuge 1 – 25
Elektrochem. Konstanten 11 – 11
Elektrolyt. Spannungsreihe 11 – 12
Elemente, Atomgew./Dichte 11 – 2...5
–, Elastizitätsmodul 11 – 2...5
–, Siede-/Schmelzpunkt 11 – 2...5
–, Schubmodul 11 – 2...5
–, Wärmedehn./-leitfäh. 11 – 2...5
Ellipse, Formeln 13 – 4
Emulgatoren/Emulsionen 2 – 23

F
Fehler, Gewindeschneiden 7 – 67
Fehlerquellen, Gewindeschn. 7 – 70
Fehler-Tabellen, Senken 4 – 17
Feinbohren/-reiben, Daten 6 – 1
Fein-/Feinstdrehen, Daten 10 – 10

Feingewinde, ISO-; Maße 7 – 10
–, UNF (USA); Maße 7 – 33
Fertigungstechnik/-verfahren 1 – 1
–, / –, Unterteilung 1 – 1
Fettöle, Schmierung 2 – 25
FFS = flexible Fert.systeme 15 – 8
Flächenberechnung, Fo. 13 – 1...4
Formbohrungs⌀, Innengewinde 7 – 56
Formfräser, Schnittgeschw. 8 – 7, 10
Formsenker, Aufbau (DIN) 4 – 1
Formtoleranz 14 – 2, 3
Fräsen, Kühlen/Schmieren 8 – 22
–, Tabellen 8 – 6...25
–, Werkzeugschneide 2 – 29
Fräser, Drall-/Schneidricht. 8 – 23
–, HSS-; Schnittgeschw. 8 – 6...12
–, HSS-; Vorschub 8 – 6...14
–, SS-; Vorschub/Geschwind. 8 – 6
Fräserarten, Angaben 8 – 23/25
–, Auswahlkriterien 8 – 24
Freiflächen-Verschleiß 1 – 34
Freiwinkel; Reibahle, HM-/HSS- 6 – 19

G
Gebrauchsmetalle, Fest./Härte 11 – 6
Geometrie, Tabellen (Fo.) 13 – 1...8
Gewinde, ISO-; Bohrerdmr. 3 – 23
Gewinde, ISO-; Maße 7 – 8
Gewindearten, amerikan./brit. 7 – 24, 25
–, angelsächsische; Norm 7 – 26
–, Form/Anwendung 7 – 1
Gewindearten, Internationale 7 – 7
–, Kurzbezeichnung 7 – 2...4
–, Steigungswinkel 7 – 22
Gewindebohren/-schneiden 2 – 28, 29
Gewindebohrer, Nachschleifen 7 – 64
Gewindeformen/-furchen 7 – 52
Gewindefräsen, Vorschub./Geschw. 8 – 12
Gewinde-Kernlöcher 3 – 23; 7 – 8
–, Bohrerdurchm.; UNC/UNF 7 – 32
Gewindemaß-Toleranzen, Gewindebohr. 7 – 23
Gewindereihe: Maße (USA), fein 7 – 30
–, Maße (USA), grob 7 – 28
Gewinderollen/-walzen 7 – 60
Gewindeschneideisen; Maße 7 – 49
Gewindeschneiden, Kühlen/Schm. 7 – 63
–, Schnittgeschwind. 7 – 61
–, Tabellen 7 – 1...70
–, Werkzeuge (Arten) 7 – 62

G-Funktion; Code, Bedeutung (NC) 15 – 25
Grundabmaße; Bohrung/Welle 14 – 10
Grundzeit, Berechn. 12 – 3
Grenzabmaße 14 – 9…14

H
Härte, Metalle 11 – 6
Hand-Sägeblatt; Anw./Zähne 9 – 5
Hartlegierungen, GHL 2 – 3
Hartmetalle, beschicht./Sinter- 2 – 4
–, gegossene 2 – 3
–, Anwendung/Eigensch. 2 – 15
Hauptzeit s. Arbeitszeitermittl. 14 – 1
High Speeds Steels (HSS) 2 – 26
Hinterläppwinkel, Reibahle 6 – 19
HM-Bohrer, Daten 3 – 11…15, 17
HM-Fräser 8 – 14…21
HM-Gruppen, ISO; Anwend. 2 – 17
HM-ISO-; Merkmale 2 – 15
HM-Meißeln, Daten 10 – 6, 9
– –, Winkel 10 – 15…1
HM-Reibahle 6 – 12
HM-Schneidplatten 3 – 36, 4 – 19, 5 – 11, 8 – 30
HM-Wendeschneidplatten 8 – 30, 10 – 26, 2
Hochleistungs-SS (HSS) 2 – 2, 3, 9
Hohl-/Spindelbohrer 3 – 15
HSS-Bohrer 3 – 11, 14
HSS-Drehmeißel 10 – 3, 4
HSS-Gewindefräser 8 – 12, 13, 19
HSS-Reibahlen 6 – 12
HSS-Schneidplatten, Drehen 10 – 25
– –, Hobeln 10 – 25
HSS-Sägen, Einstellwerte 9 – 9

I
Informationsfluß, NC-Masch. 15 – 15
Inhibitoren, Aufgabe 2 – 23
Innengewinde-Formen 7 – 52
Instandhaltung: s. a. Nachschleifen
Internationale Gewindearten 7 – 7
ISO-Abmaße, Bohrung/Welle 14 – 13, 14
ISO-Code; Lochstreifen f. NC-Wzm. 15 – 20
ISO-Einheitsbohrung, Reiben 6 – 13
ISO-Feingewinde 7 – 10
ISO-Gewinde, metr. 3 – 23, 7 – 8
ISO-Grenzmaßsystem, Lehren 14 – 8
ISO-Grundabmaße 14 – 10
ISO-Grundtoleranzen, Länge 14 – 9
ISO-Passungen, Allgemein 14 – 6
– –, Auswahlreihe 1 14 – 15

ISO-Paßsystem 14 – 8
ISO-Toleranzen, Präzisionswz. 2 – 27
ISO-Toleranzensystem 14 – 6
ISO-Trapezgewinde, Maße 7 – 16
Isolierstoffe, Bohren 3 – 20

K
Kantenverschleiß, Schneide 1 – 34
Kegelschäfte, Wz-Kegel 2 – 30, 32
Kegelsenker, Aufbau (DIN) 4 – 1
–, Nachschleifen 4 – 8
Keilmeßebene, Schneide 1 – 21
Keilschneiden 1 – 18
Keilwinkel, Schneide 1 – 28
Kennwerte, Elemente 11 – 2
Keramik-Schneidplatten, Drehen 10 – 30
– –, Schnittgeschwind. 10 – 32
– –, Vorschub 10 – 32
– –, Winkeldaten 10 – 32
Keramik-Schneidstoffe 1 – 14
Kettenmaß-Programmierung (NC) 17 – 15
Körperberechnung, Fo. 5 – 15
Kolkverschleiß, Schneide 1 – 34
Koordinatenachen, NC-Masch. 15 – 9
Koordinatsystem, NC Masch. 15 – 6, 9
Kraftkomponenten, Drehen 1 – 30, 31
–, Fräsen/Wälzfräsen 1 – 30, 31
Kreisringstück, Geom.; Fo. 10 – 14
Kreissägeblätter, VHM-; Maße 9 – 12
– –, Schärfen (Nachschl.) 9 – 16
Kreissägen, HSS-; Daten 9 – 7, 9, 11
–, Kalt-/Metall- 9 – 6…8
–, SS-; Einstelldaten 9 – 9, 11
Kühlmittel (N, S) 2 – 24
Kühlschmierlösung (L) 2 – 22
Kühlschmierstoffe, Bohren 3 – 27
–, Drehen 10 – 21, 22
–, Fräsen 8 – 22
–, Gewindeschneiden 7 – 63
–, nichtwassermischbar 2 – 24, 25
–, f. Schneidstoffe 2 – 26
–, wassermischbar 2 – 23
–, Zusammensetzung 2 – 22
Kühlschmierstoff-Mengen 2 – 25
Kunststoffe, Bohren 3 – 20

L
Längen-/Winkelmaße; Tol./Pass. 14 – 16
Legierungselemente, f. Stahl 11 – 10
Leistungen, erford.; f. Masch. 1 – 33, 2 – 43

Literatur-Verzeichnis 16 – 7
Lochstreifen, 8-Spur-; CNC-Masch. 15 – 26
Lochdurchm., mind.; Aufbohren 5 – 6

M
Maße, Grundbegriffe (Tol./Pass.) 14 – 1
Maßtoleranzen, Begriffe 14 – 1
Meißelarten, HSS-; Anwend. 10 – 13, 14
Messerköpfe, HM-; Daten 8 – 17, 20
–, Schnittgeschwind. 8 – 7, 9
–, Winkelgröße 1 – 27, 8 – 19
Meßsysteme, NC-Maschinen 15 – 19
Metalle/Nichtmetalle; Tab. 11 – 1...12
Metall-Kreissägen 9 – 6, 12, 13
Metallspritzung, Überdrehen 10 – 9
Metrisches Feingewinde 7 – 4, 10; 3 – 23
Metrische Gewinde 7 – 4, 8; 3 – 23
Metr. ISO-Feingewinde 7 – 10
Metrische ISO-Gewinde 7 – 8
M-Funktionen; Code/Bedeut. (NC) 15 – 25
Mineralöle, Schmieren/Kühlen 2 – 24
Mitnehmer; an Werkzeugen 2 – 36
Modul, Zahnfräsen 8 – 18

N
Nachschleifen, Aufbohrer 5 – 9
–, Bohrer (Spiral-/Drall-) 3 – 29
–, Fräser 8 – 20
–, Gewindebohrer 7 – 64
–, HSS-/HM-Werkzeuge 2 – 28, 19
–, Reibahlen 6 – 20
–, Schaftfräser 8 – 27
NC: Bedeutung/Anwendung 15 – 16, 20
NC-/CNC-Programmierung 15 – 19
NC-Werkzeugmasch., Bildzeichen 15 – 1
– –, Beschreibungsschlüssel 15 – 1
Neigungswinkel, Werkzeug 1 – 25
Nullpunkte, Werkzeugmasch. 11 – 12
Numerische Steuerung (NC) Tab. 15 – 1
– –, Bedeutung/Anwendung. 15 – 16...1

O
Oberflächenbehandlung, Werkz. 2 – 12
Oberflächen-Gestalt/-Güte 1 – 2, 14 – 5
Oberflächengüte, erreichbare 2 – 40
Öllochbohrer, Einstellwerte 3 – 16
–, Schnittgeschwind. 3 – 16
Oxid-Carbid-Keramik (OCK) 2 – 5, 7
Oxid-Keramik (OK), Eigensch. 2 – 7, 8
Oxid-Metall-Keramik (OMK), Eigensch. 2 – 5

P
Parallelprogramm, Geom.; Fo. 13 – 2
Passivkräfte, Schneide 1 – 32
Passungen, Begriffe/Grundl. 14 – 4
Paßlöcher, Aufbohren 6 – 1
Paßsysteme, Grundlagen 14 – 5, 8
Paßtoleranzen, Grundlagen 14 – 3, 4
Planimetrie (Flächenlehre), Fo. 13 – 1
PM HSS; pulvermetall. HSS 2 – 3
Präzisionswerkz., Toleranz 2 – 27
Prisma/Quader, Geom.; Fo. 13 – 5
Programm-Aufbau f. CNC-Masch. 15 – 22
Programmierung, CNC-Masch. 15 – 22...26
–, Regeln; NC-Masch. 15 – 12
Programm-Informationen 15 – 16, 22
Programm-Informat., Adreßbuchst. 15 – 22
– –, Sonderzeichen 15 – 22
Pulvermetallischer HSS 2 – 3
Punktsteuerungm NC-Masch. 15 – 6, 16

Q
Quadrate, Geom.; Formeln 13 – 3

R
Rauhtiefe/Traganteil 12, 5, 6
Rechtecke, Geom.; Fo. 13 – 6
Reibahlen, Aufbau/Ausführ. 6 – 3
–, Freiwinkel 6 – 19
–, Lieferbeding. (DIN) 6 – 3
–, Nachschleifen 6 – 20
–, Schleifzugabe 6 – 13
–, Wahl- n. Werkstoff 6 – 15
–, zuläss. Abmaß 6 – 18
Reiben, Feinbohren; Daten 6 – 1, 3
–, Tabellen 6 – 1...20
–, Werkzeugschneide 6 – 1
Reiblöcher, Untermaße 6 – 2
Reibüberweite, Kühlmittel 6 – 15
Reibzugabe, Reiben (Paßlöcher) 6 – 14
–, Vorbohrungen 6 – 2
Revolver-Drehmaschine 10 – 2
Rhombus/Raute, Geom.; Fo. 13 – 3
Rückenwinkel, Schneide 1 – 28
Rundgewinde, Maße 7 – 4, 7 – 19
Rundstahl, Masse (Gewicht) 2 – 13

S

Sägeblätter, Anwendung 9 – 5, 6
 –, Arten/Zähne 9 – 10
 –, Kreis- 9 – 6
 –, Maschinen-; Zähne 9 – 6, 10
 –, Trenn- 9 – 7
Sägemaschinen, Maße/Leist. 9 – 15
Sägen, HSS-, SS- 9 – 9
 –, Tabellen 9 – 5 … 16
Sägengewinde, Maße 7 – 20, 22
 –, Steigungen/Durchm. 7 – 15
Satz-Nr., Programmierung 15 – 22
Schärfen, HSS-/SS-Werkz. 2 – 18
Schärfen, Kreissägeblätter 9 – 16
Schärfmaschine (Schleif-) 9 – 16
Schaft-Aufbohrer, Mindest∅ 5 – 5
Schaftfräser, Aufbau/Anwend. 8 – 1 … 5
 –, Nachschleifen 8 – 27
 –, Schnittgeschwind. 8 – 7
 –, Spannfläche 8 – 26
 –, Winkelgrößen 8 – 19, 20
Schaltinformationen, CNC-Masch. 15 – 22
Scheibenfräser, Schnittgeschwind. 8 – 7
 –, Winkelgrößen 8 – 19, 20
Schlagzahnfräser, Daten 8 – 16
Schleifen v. Werkzeugen 2 – 19
Schleif-/Läppmaße; Reiben 6 – 13
Schleifmittel, Anw./Werkz. 2 – 19, 20
 –, Härte/Körnung/Zus. 2 – 20, 21
Schleiföle (N, S) 2 – 24
Schlüsselzahlen: G-Funkt. 15 – 23
 –, : f. M-Funkt. (Wegbed.) 15 – 25
Schmelzschnitt, Sägen 9 – 7
Schneiden, Zerspantechnik 1 – 18, 19
Schneidenebene 1 – 21
Schneidenecken 1 – 18, 19
Schneidenfasen 1 – 20
Schneidenflächen 1 – 18, 19
Schneidengeometrie 1 – 18, 21
Schneidenwinkel; allg. Werkz. 2 – 28
 –, Drehmeißel (SS/HM) 10 – 11 … 18
 –, Fräserarten 8 – 19, 21
 –, Gewindeschneiden 7 – 62
Schneidkantenverschleiß 1 – 34
Schneidkeil, Keilwinkel 1 – 18, 25
Schneidöle (N, S) 2 – 24
Schneidplatten: s. a. Wendeschneidplatten, f. Aufbohrer 5 – 11

 –, f. Bohrer 3 – 36, 37
 –, f. Drehmeißel; HSS 10 – 25
 –, f. Fräser 8 – 30
 –, f. Hobelmeißel; HSS 10 – 25
 –, f. Leichtschnitte 2 – 52
 –, f. Normalschnitte 2 – 52
 –, f. Reibahlen 4 – 18, 19
 –, f. Schaftfräser 4 – 18, 19
 –, f. Senker 4 – 18, 19
Schneidstoffe, Anw./Zus. 2 – 2
 –, Eigensch./Merkmale 2 – 7, 8
 –, Kühlen/Schmieren 2 – 26
Schnellarbeitsstahl s. u. HSS, SS
Schnittgeschwind., Abwälzfräser 8 – 11
 –, Bandsägen 9 – 11
 –, Bohrer 3 – 14 … 20
 –, Bohrstange 3 – 16
 –, Drehmeißeln 10 – 1 … 10
 –, Fräser 8 – 6, 7
 –, Gewindebohrer 7 – 61
 –, Gewindefräser 8 – 12
 –, HM-Fräser 8 – 15
 –, Kreissägen (Metall-) 9 – 9, 11
 –, Messerköpfe 8 – 9, 17
 –, Öllochbohrer 3 – 16
 –, Reibahlen (HM/HSS) 6 – 12
 –, Sägen (HSS-) 9 – 9
 –, Schlagzahnfräser 8 – 16
 –, Senker/Aufbohrer 4 – 6
 –, Sonderfräser 8 – 10
 –, Tieflochbohrer 3 – 15
 –, Walzenstirnfräser (HM) 8 – 16
 –, Zahnformfräser 8 – 10
Schnittkräfte, Aufbohren 5 – 10
 –, Schnittleist. 1 – 30, 33, 12 – 4
Schnittleist., Aufbohren 5 – 10
Sechskantstahl, Masse (Gewicht) 2 – 23
Seitenwinkel, Schneide 1 – 28
Senken, Tabellen 4 – 1 … 18
 –, Vorschub/Schnittgeschw. 4 – 7
Senker, Dmr. f. Gewinde 3 – 23
 –, f. Zentrierbohrer 4 – 17
Senkschrauben, Senkungen f. 4 – 9
Senkungen, f. Senkschrauben 4 – 9
 –, f. Zylinderschrauben 4 – 12
SHM, Sinter Hart-Metall 2 – 4
SK, Schneidkeramik 2 – 5
Spannflächen, zyl. Schaftfräser 8 – 26

Spanquerschnitt, Drehen 10–4
Spanungsgeometrie 1–21
Spanungskraft 1–30
Spanungsvorgang, Allg. 1–6...13
–, Bewegungen 1–8...13
–, Flächen/Größen 1–14...17
Spanverfahren, Geometrie 1–4, 5
Spanverhältnis, Drehen 10–3
Spanwinkel 1–27, 28
Spezif. Schnittkraft, Daten 2–44
Spiralbohrer, Instandhalten 3–29
–, Nachschleifen 3–29
Spitzgewinde, Form/Anw. 7–1...4
SPS (= Speicherprogr. Steuerung)
  f. Werkzeugmasch. 15–22
SS, HSS: Analyse/Härtung 2–10
SS, Schnellarbeitsstahl (s. a. HSS) 2–9
SS-Meißel, Winkel 10–11...13
SS-Werkzeuge, Gestaltung 2–12
Stahlleg., Elementeneinfluß 11–10
Stahlsorten, neue Bezeichn. 11–9
Standbegriffe, Spanen 1–34, 2–9
Standgrößen/-kriterien/-menge 1–35
Standweg/-zeit 1–35
Steigungswinkel, Gewinde 7–22
Steilkegelschäfte: f. Spanzge 2–34
–; f. Werkzeuge 2–34
Stellite, Eigenschaften 2–3, 7
Stereometrie (Körperlehre), Fo. 15–1
Steuerungsarten, NC-Masch. 15–6
Stirnfräser, Aufbau/Anw. 8–1...5
–, Schnittgeschwind. 8–7
Stoffbenennung, chem./gewerbl. 11–1
ST-Panzerrohr-Gewinde 3–23
Streckensteuerung, NC-Masch. 17–6
Streckgrenze, Metalle 11–6
Stückzeit, Berechn. 12–3
Stützkraft, Schneide 1–30
Symbole, Anzeigeelemente 15–3
–, NC-Maschinen; Allg. 15–2
–, Programm/Satz/Speicher 15–2

T
Taktketten-Steuerung 15–16
Thermoelektr. Spannungsreihe 11–12
Tieflochbohrer, Einstelldaten 3–15, 16
Toleranzen, Grundbegriffe 14–1
Toleranzen und Passungen 14–1...18

Toleranzfelder 14–2, 8, 10
Trapez, Geom.; Formeln 13–2
Trapezgewinde, ISO-; Maße 7–16, 18
–, Steigung/Dmr. 7–15
Trapezoid, Geom.; Formeln 13–3
Trennsägeblätter, Abmess. 9–7
Toleranzen, allgemeine 14–16, 17

U
Übermaße, Bohrlöcher 3–23
UNC, UNF, UPTF; Gewinde 7–7, 28
Unified-Gewinde (USA) 7–27, 28

V
Verschleißbegriffe, Spanen 1–34, 35
Verschleißmarkenbreite 1–34
V (Van.) SS-Reibahlen 6–12
Vielecke, Geom.; Fo. 13–3
Vierkantstahl, Masse (Gewicht) 2–23
Vorbohrungs⌀: beim Senken 5–5, 6
Vorschub, Abwälzfräser 8–11
–, Bohrer 3–11
–, Drehmeißeln 10–1...15
–, Fräser 8–8, 9
–, HM-Fräser 8–14, 16
–, Hohl-/Spindel-Tieflochbohrer 3–15
–, Kreissägen 9–9
–, Messerköpfe 8–9, 16
–, Reibahlen 6–12
–, Schlagzahnfräser 8–16
–, Senker/Aufbohrer 4–6, 7; 5–7
–, Wanzenstirnfräser 8–16
Vorschubgeschwind., Fräser 8–6, 12–1
–, Gewindefräser 8–12, 13
–, Zahnformfräser 8–10
Vorschubkraft, Schneide 1–30
Vorschubleistung, Schneide 1–33

W
Wärmebehandlung, SS/HSS 2–11
Walzenfräser, Aufbau/Anw. 8–1...15
–, Schnittgeschwind. 8–7
–, Winkelgröße 8–19, 20
Walzenstirnfräser, HM- 8–16, 20
Wassermischbare Kühlschmierstoffe 2–23
Wegbeding., Code: G-Funkt. 15–23
–, : M-Funktionen 15–25
–, Erläuterung 15–24

–, Zusatzfunktionen 15 – 25
Weginformationen, CNC-Masch. 15 – 22
Wendeschneidplatten, Allg. 2 – 16
–, Bezeichn./Daten 2 – 49, 51
–, HM-: zum Drehen 10 – 26, 28
–, HM-: zum Fräsen 8 – 30
–, Keramik-: zum Drehen 10 – 30, 3
–, Kurzzeichen/Daten 2 – 49, 51
–, s. a. Schneidplatten
Werkstoff-Gruppen: DIN/SEL 2 – 46
Werkzeuge/Handhabung, Tab. 2 – 1…36
Werkzeugkegel, Arten/Maße 2 – 30
Werkzeugschäfte, Anzugsgewinde 2 – 33
Werkzeugstahl (WS) 2 – 2
Wergzeugtypen, Anwendung 2 – 1
Werkzeug-Vierkante, neu/alt 2 – 37, 39
Werkzeug-Vierkante, ISO- 2 – 37
Werkzeugwinkel, Schneide 1 – 21, 24
Whitworth-Gewinde 3 – 23, 7 – 12…14
Whitworth-Feingewinde 7 – 12
Whitworth-Rohrgewinde 3 – 23, 7 – 13, 14
Winkel, Schneiden- 1 – 21
Winkelgröße, Bohrer 3 – 17
Wirkkraft, Schneide 1 – 32
Wirkleistung, Schneide 1 – 33

Wirkwinkel, Schneide 1 – 21, 23
Würfel, Geom.; Fo. 13 – 15

X
X-, Y-, Z-Achse; NC-Masch. 15 – 11

Z
Zahlenwerte: Längen-/Winkelmaße 14 – 17
–, : Fasen/Form/Lage 14 – 17
Zahnform/-teilung, Sägeblätter 9 – 6
Zahnform-Fräser 8 – 18
Zapfsenker, Aufbau/Anw. 4 – 1
Zentralrechner (CPU; SPS-Masch.) 15 – 21
Zentrierbohrungen, Arten 10 – 23, 24
–, Maße 4 – 14, 17; 10 – 23, 24
–, DIN: D, DR, DS 4 – 16
–, –: R, A, B, C 4 – 14
Zerspanleistung, Drehen 10 – 8
Zerspantechnik, Tabellen 1 – 1…32
Zerspanwinkel, HM-Meißel 10 – 15…18
Zoll-Gewinde (Whitworth-) 7 – 7
Zugfestigkeit, Metalle 11 – 6
Zusatzfunktion, Code: NC-Masch. 15 – 23
Zylinderschrauben, Senkung 4 – 12

Arbeitshilfen und Formeln für das technische Studium

Die Bände Arbeitshilfen und Formeln für das technische Studium helfen Schülern und Studenten an Technischen Lehranstalten im Unterricht und beim Selbststudium.

Band 1 Grundlagen
von Böge, Alfred
Erarb. v. Böge, Alfred/Herrmann, Klemens/Schlemmer, Walter/Weißbach, Wolfgang.
Hrsg. von Böge, Wolfgang.
8., überarbeitete Auflage 1994. X, 258 Seiten mit 453 Abbildungen.
(Viewegs Fachbücher der Technik) Kartoniert.
ISBN 3-528-74030-2

Band 2 Konstruktion
von Böge, Alfred
Erarb. von Schlemmer, Walter. Hrsg. von Böge, Wolfgang.
4., überarbeitete und erweiterte Auflage 1991. VIII, 184 Seiten mit 256 Abbildungen
I II, 58 Seiten Beispielheft. (Viewegs Fachbücher der Technik) Kartoniert.
ISBN 3-528-34070-3

Band 3 Fertigung
von Böge, Wolfgang/Wittig, Heinz
Hrsg. von Böge, Wolfgang.
5., verbesserte Auflage 1993. VIII, 163 Seiten mit 209 Abbildungen
(Viewegs Fachbücher der Technik) Kartoniert.
ISBN 3-528-44071-6

Band 4 Elektrotechnik/Elektronik/Digitaltechnik
von Böge, Wolfgang
Erarb. von Franke, Peter/Lachmann, Dieter. Hrsg. von Böge, Wolfgang.
4., überarbeitete Auflage 1993. XII, 215 Seiten mit über 500 Abbildungen
(Viewegs Fachbücher der Technik) Kartoniert.
ISBN 3-528-34003-7

Verlag Vieweg · Postfach 15 46 · 65005 Wiesbaden

vieweg

Zerspantechnik

von Eberhard Paucksch

*10., verbesserte Auflage 1993.
XVIII, 376 Seiten mit 387 Abbildungen und 35 Tabellen.
(Viewegs Fachbücher der Technik) Kartoniert.
ISBN 3-528-84040-4*

In diesem Buch werden die Grundlagen und Zusammenhänge der wichtigsten Zerspanungsverfahren dargestellt. Sprache und Bilder sind klar und einfach gewählt, um den Inhalt gut verständlich zu machen.

Verlag Vieweg · Postfach 15 46 · 65005 Wiesbaden

Spanende Formgebung

von Heinz Tschätsch

3. Auflage 1991. 372 Seiten, 275 Abbildungen, 122 Tabellen. Kartoniert.
ISBN 3-528-04986-3

Die Zerspanverfahren bilden in der Fertigung einen Schwerpunkt. Dieses Handbuch informiert in straffer Form über die einzelnen Verfahren, die nach der jeweils gleichen Ordnung abgehandelt werden: Definition, Verfahrensbeschreibung, erreichbare Genauigkeit, Berechnung von Schnitt, Kraft- und Antriebsleistungen, Hauptzeiten, Werkzeuge, Fehler, Richtwerte, Berechnungsbeispiele. Zusätzlich bietet dieses Werk dem Fertigungstechniker 52 Literaturempfehlungen, eine Übersicht aller betreffenden DIN- und ISO-Normen sowie der entsprechenden Richtlinien. Insgesamt 273 Abbildungen und 122 Tabellen runden das Informationsangebot ab. Das Handbuch ermöglicht so schnelle Orientierung in Studium und Praxis.

Verlag Vieweg · Postfach 15 46 · 65005 Wiesbaden